Excel
经典教程

公式与函数

[美] 保罗 · 麦克费德里斯（Paul McFedries）◎著
刘静华 ◎译

人民邮电出版社
北京

图书在版编目（CIP）数据

Excel经典教程 : 公式与函数 / (美) 保罗·麦克费德里斯著 ; 刘静华译. -- 北京 : 人民邮电出版社, 2022.1
ISBN 978-7-115-57315-5

Ⅰ. ①E… Ⅱ. ①保… ②刘… Ⅲ. ①表处理软件－教材 Ⅳ. ①TP391.13

中国版本图书馆CIP数据核字(2021)第184371号

版权声明

◆ 著　　[美] 保罗·麦克费德里斯（Paul McFedries）
　译　　刘静华
　责任编辑　贾鸿飞
　责任印制　王　郁　彭志环
◆ 人民邮电出版社出版发行　　北京市丰台区成寿寺路 11 号
　邮编　100164　　电子邮件　315@ptpress.com.cn
　网址　https://www.ptpress.com.cn
　山东百润本色印刷有限公司印刷
◆ 开本：800×1000　1/16
　印张：27　　　　2022 年 1 月第 1 版
　字数：587 千字　　2022 年 1 月山东第 1 次印刷
　著作权合同登记号　图字：01-2010-6559 号

定价：149.90 元

读者服务热线：(010) 81055410　印装质量热线：(010) 81055316
反盗版热线：(010) 81055315
广告经营许可证：京东市监广登字 20170147 号

内容提要

本书全面、系统、细致地讲解了使用 Excel 公式与函数各方面的知识。本书共 20 章，分别介绍了如何将区域的作用发挥到极致、如何使用区域名称、如何建立基本公式和高级公式、如何解决公式中出现的问题，并详述了函数的概念，进而对文本函数、逻辑函数、信息函数、查找函数、日期和时间函数、数学函数、统计函数的用法逐一进行了讲解，然后讲解了如何使用表、数据透视表、分析工具、回归分析、规划求解等工具或模型，结合函数进行数据分析，最后介绍了如何使用函数建立贷款公式、投资公式和贴现公式。

本书内容非常丰富，几乎涵盖了 Excel 公式与函数涉及的全部知识点，讲解由浅入深，又不乏生动，提及的案例贴近实际工作，非常适合想全面、透彻掌握公式与函数知识的职场人士阅读。

关于作者

保罗·麦克费德里斯（Paul McFedries），任 Logophilia Limited 公司总裁，自 1975 年起一直学习各种计算机知识，钻研各类操作系统与应用软件的使用，涵盖 Windows、macOS、Microsoft Office 等；1991 年开始编写计算机图书，目前已出版 90 多本，全球总销量超过 400 万册。

前　　言

作为 Excel 的核心功能之一，公式与函数的使用是非常值得花时间和精力来学习并理解的。在这个学习的过程中，你将发现以前不能理解的、想象不到的高效处理日常任务的思路和方法。

本书特色

与很多直接讲解公式和函数的图书不太一样的是，本书开篇介绍的是区域——作为函数的参数，区域看似很简单，却关联着不少我们应该掌握的知识和技巧。在正式开始介绍 Excel 公式之前，还讲解了区域名称的应用，这将给高效使用公式和函数带来不少便利。

当然，如何应对公式中出现的错误，文本函数、逻辑函数、信息函数、查找函数、日期和时间函数、数学函数、统计函数等常见函数的用法，本书会详尽而深入地进行介绍，并结合案例和经验，给出在应用场景下的使用技巧。

随后，本书将使用大量的篇幅讲解在区域转换而来的表中如何分析数据；如何通过公式与函数，在数据透视表、分析工具、规划求解、回归分析等工具与模型中对数据进行分析和预测，相信这在以“公式与函数”作为主题的图书中是不多见的。

最后，本书用 3 章的篇幅，通过基础知识介绍与案例分析，详细讲解了财务函数在建立贷款公式、投资公式和贴现公式中的实际应用。

阅读完本书，会有什么收获

公式与函数的“介入”，对于提升工作效率的作用无需赘述。下面简单列出一些阅读完本书的收获，包含但不局限于这些内容。

- 创建更强大的公式；
- 使用条件格式立即揭示异常、问题或机会；
- 解决公式、范围和函数的问题；
- 熟练使用各类函数对单元格及单元格区域中的数据进行处理；
- 使用标准表格和数据透视表分析数据；

- 使用复杂条件过滤列表中的数据；
- 了解数据之间的相关性；
- 执行复杂的假设分析；
- 使用回归来跟踪趋势并进行预测；
- 熟练使用贷款、投资和贴现公式。

学习建议

相信不少读者有过这样的经历，面对工作需要用公式与函数解决的问题，上互联网搜索解决方案，最后发现方案不止一种——有些方案公式嵌套了一层又一层，有些方案则相对简单，甚至比其他的少了三四层嵌套。这种解决方案的多样性形成的原因是方案提供者的思路不同，而决定思路的固然有思维的灵活程度，更重要的却是信息储备。关于公式与函数的信息储备——很多人不知道有可以实现某些功能的函数的存在，谈何用来简化公式呢？这就引出一个问题：Excel 有 11 种共计 400 多个函数，怎么才能把名称、参数及用法都记住呢？

事实上，要做到这一点非常不容易，而且也完全没有必要。但不得不说的是，尽管不需要记住每一个函数的名称、参数及用法，但想成为一名熟练使用 Excel 的职场人士，至少需要知道 Excel 有哪些函数，可以实现什么样的功能。而且，使用频率高的函数，如 IF( )、LEN( )、MID( )、AND( )、INDEX( )、VLOOKUP( )、IFERROR( )、FIND( )等，对其用法必须烂熟于心。也就是说，对这些函数，有些必须要记住名称及用法，有些则只需知道大概是用来干什么的——否则，连存在可以用来实现某一项功能的函数都不知道，怎么可能给出一个最佳的解决方案。

另外，对函数的参数引用方式、数组知识、函数出错的解决方式等，也需要熟练掌握，否则面对实际工作中的问题，同样不一定能给出最佳的函数方案。

想要透彻理解并熟练使用函数，最好遵循由浅入深、从简单到复杂、基础知识到实际使用的路径学习。在将来的某一天，你会发现打下的牢固基础对解决实际问题，特别是复杂的问题有多么大的作用。

最后

我们总是说，大多数用户只使用了 Excel 很少的一部分功能，实际上多数时候也不用使用大部分功能。而公式与函数作为 Excel 的核心功能，如果可以熟练掌握其用法，就能更充分地发挥 Excel 的威力。希望你们不要被这些看起来深奥的词汇所击败，跨出第一步并坚持下去，收获必将越来越大。

目　录

第 1 章　将区域使用到极致

使用 Excel 时，除了数据输入这些琐事，我们的时间大部分都花在区域操作上了。不管是复制、移动、格式化、命名还是填充，都会涉及区域相关操作。面对区域比面对很多单独的单元格简单多了。举例来说，假设想求出从 B1 到 B30 这一列数字的平均值，我们可以在 AVERAGE 函数中把 30 个参数一一输入，不过那样的话你大概也就不想再待在计算机屏幕前了；而毫无疑问，输入“=AVERAGE(B1:B30)”将会更快，也更准确。

换句话说，区域能帮我们节省时间，同时保护手指。区域还是发掘 Excel 潜在功能的有力工具。对区域了解得越多，我们能用 Excel 做到的事就越多，尤其是在建立公式时。本章将带你打破区域常规，并告诉你一些运用 Excel 区域的高级技巧。

1.1　高级区域选择技巧

当我们使用 Excel 时，有 3 种情况需要选择一个单元格区域。

- 出现对话框要求时。
- 输入函数参数时。
- 选择所需区域中输入的命令时。

在出现对话框和输入函数参数的情况下，最简单的选择区域的方式就是直接手动输入区域坐标。你可以输入左上角单元格（我们称之为定位格）的地址，接着输入一个冒号，然后输入右下角单元格的地址。使用这种方法时，你必须能够看到所选择的区域，或者是预先知道区域坐标。因为通常情况并非如此，所以大部分人会使用鼠标或者键盘来选择区域。

本章介绍的不是那些基本而普通的区域选择方法，而是把区域选择变得简单快捷的高级技巧。

1.1.1　鼠标区域选择窍门

使用鼠标选择区域时可以用到以下几个小窍门。

- 当选择的是长方形且相邻的区域时，如果右下角单元格选择错误，区域将会过大或过小。要解决这个问题，你可以按住【Shift】键，同时单击正确的右下角单元格，区域会被自动调整为合适的大小。

■ 当我们选择了一个很大的区域时，不向下滚动页面就无法看到完整的当前活动单元格。此时可以使用滚动条来查看，或者按【Ctrl】+【BackSpace】组合键。

■ 也可以使用鼠标来选取一个长方形的区域，这里我们会用到 Excel 的扩展模式：单击所要选择区域的左上角单元格，按【F8】键打开扩展模式（此时可以在状态栏中看到【扩展式选定】选项），然后单击所要选择区域的右下角单元格，Excel 会选择好整个区域。按【F8】键关闭扩展模式。

■ 如果要选择的区域或单元格是不相连的，那就需要把它们整合到一个不相邻的区域内。窍门就是选择的时候按住【Ctrl】键，在选择了第一个区域或单元格以后，继续按住【Ctrl】键不放，然后选择其余的单元格或者区域即可。

警告：当选择不相邻区域时，记得在选定第一个单元格或区域后要一直按着【Ctrl】键。否则，在你将当前选定的单元格或者区域定义为函数的参数时，它会作为非相邻区域的一部分被循环引用。

→想了解什么是循环引用，请看“5.2.3　解决循环引用”。

1.1.2　键盘区域选择窍门

Excel 中有很多小窍门，它们使得用键盘选择区域变得简单而高效。

■ 如果你想选择的是一片包含数据的区域，首先选择区域左上角的单元格，然后按【Ctrl】+【Shift】+【End】组合键。

■ 如果所选择的区域很大，超出屏幕显示范围，我们可以使用【Scroll Lock】键（屏幕滚动锁定键）来滚动所选择的单元格区域。当【Scroll Lock】键在打开状态下时，按方向键（或【Page Up】【Page Down】键）来滚动单元格可以使所选择的区域在滚动时保持完整。

1.1.3　三维区域选择

三维区域选择是指在多重工作表上进行区域选择。这是一个很有用的功能，因为这意味着我们可以在两个或更多的工作表中选择区域并输入数据、应用格式或下达命令，而这些操作将同时对多重工作表中的所有选择区域起作用。当我们面对的是多重工作表，而且其中的一些或所有标签都相同时，这个就非常有用了。举例来说，制作各部门费用计算表时，每个工作表中的部门不同，但项目一样，当我们需要在所有工作表的单元格 A1 中标注费用的时候，三维区域选择就派上用场了。

使用三维区域选择时，需要先将几个工作表归到同一个组中。我们可以使用以下几种方法。

- 选择相邻的工作表时，单击第一个工作表的标签，按住【Shift】键，然后单击最后一个工作表的标签。
- 选择不相邻的工作表时，按住【Ctrl】键，然后单击所有需要的工作表的标签。
- 选择一个工作簿中的所有工作表时，在任意工作表标签上右击，然后选择【选定全部工作表】选项。

每个被选择的工作表标签都会呈高亮显示，同时工作簿的标题栏处会出现【工作组】字样。若要取消组合，单击任意一个不在组内的工作表的标签即可。或者，也可以右击组内的任意工作表，在弹出的快捷菜单中选择【取消组合工作表】选项。

我们可以使用工作组中任意一个工作表来创建三维区域并进行区域选择。Excel 会同时选中工作组中的其他所有工作表中相同的单元格。

也可以手动输入公式来选择三维区域，格式通常为：

```
FirstSheet : LastSheet ! ULCorner : LRCorner
```

其中，FirstSheet 是三维区域中第一个工作表的名字，LastSheet 是三维区域中最后一个工作表的名字，ULCorner 和 LRCorner 是指所需选择区域的单元格。举例来说，想选择工作表 1、工作表 2、工作表 3 的 A1 到 E10 的区域，使用如下公式即可：Sheet1: Sheet3! A1:E10。

警告：三维区域选择完成后，请一定记得取消工作组，以免因不小心而覆盖数据或者因疏忽而造成错误。

我们平时在工作表中使用的函数在三维区域中也都是可用的。这些函数包括 AVERAGE( )、COUNT( )、COUNTA( )、MAX( )、MIN( )、PRODUCT( )、STDEV( )、STDEVP( )、SUM( )、VAR( )，以及 VARP( )。（以上以及更多函数的用法你将在后续章节中学到。）

1.1.4　利用【定位】对话框选择区域

对于特别大的区域，可以使用【定位】命令跳转到所需要的单元格或区域。以下几步将告诉你如何实现这个操作。

1. 选中左上角单元格。
2. 选择【开始】⇨【查找和选择】选项，在下拉列表中选择【转到】选项（也可以按【F5】键或【Ctrl】+【G】组合键）。此时会出现【定位】对话框，如图 1.1 所示。
3. 在【引用位置】文本框中输入所选区域的右下角单元格的地址。

小贴士：也可以在【引用位置】文本框中输入坐标来选择区域。

图 1.1　使用【定位】对话框选择较大的区域

4. 按住【Shift】键并单击【确定】按钮，此时区域选择就完成了。

小贴士：另一个选择较大区域的方法是选择【视图】⇨【显示比例】选项，在弹出的【显示比例】对话框中选择缩放比例，如 50%或 25%；也可以拖曳位于状态栏右边的滑块来调整缩放比例；还可以按住【Ctrl】键并滚动鼠标滚轮来缩放区域。之后就可以选择区域了。

1.1.5　利用【定位条件】对话框选择区域

在一个工作表中，我们通常会根据位置来选择单元格。Excel 提供了一个有用的工具，让我们能够根据内容或特殊属性来选择单元格。选择【开始】⇨【查找和选择】⇨【定位条件】选项（或单击位于【定位】对话框左下角的【定位条件】按钮），打开【定位条件】对话框，如图 1.2 所示。

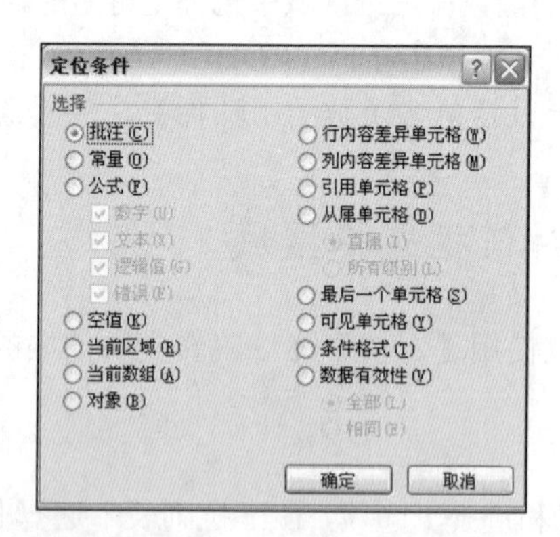

图 1.2　使用【定位条件】对话框，根据单元格的内容、公式关联等选择区域

根据类型选择单元格

【定位条件】对话框中有很多选项，但其中只有 4 项可以根据内容来选择单元格。表 1.1 总结了这 4 项的具体内容。（其余的选项会在后面讲到。）

表 1.1　根据类型选择单元格

选项	描述
【批注】	可以选择所有包含批注的单元格。也可以通过选择【开始】⇨【查找和选择】⇨【批注】选项来使用此选项
【常量】	可以选择所有包含常量的单元格。此常量指【公式】选项下边列出的 4 种类型中的前 3 种。也可以通过选择【开始】⇨【查找和选择】⇨【常量】选项来完成
【公式】	可以选择所有包含公式的单元格。也可通过选择【开始】⇨【查找和选择】⇨【公式】选项来完成。
	【数字】：选择所有包含数字的单元格
	【文本】：选择所有包含文本的单元格
	【逻辑值】：选择所有包含逻辑值的单元格
	【错误】：选择所有包含错误的单元格
【空值】	选择所有空白的单元格

选择相邻的单元格

如果需要选择与当前活动单元格相邻的单元格，【定位条件】对话框中有两个选项可供使用。选择【当前区域】选项，可以选择与当前活动单元格相邻的非空白单元格的矩形区域。

如果当前活动单元格是数组的一部分，选择【当前数组】选项可以选择所有位于数组中的单元格。

→如果想深入全面地了解 Excel 数组，请看“4.1　使用数组”。

利用差异选择单元格

我们可以通过对比行或列内的数据，利用差异来选择区域，步骤如下。

1．选好想要进行比较的行或列（确保当前活动单元格与所要比较的对比值都在选中的行或列中）。

2．打开【定位条件】对话框，选择以下选项中的一个。

■ 【行内容差异单元格】选项——此选项将当前活动单元格所在列的数据作为对比值。这与在 Excel 中选择相应行的单元格是不同的。

■ 【列内容差异单元格】选项——此选项将当前活动单元格所在行的数据作为对比值。这与在 Excel 中选择相应列的单元格是不同的。

3．单击【确定】按钮。

举例来说，图 1.3 显示的是一组数字区域的选择情况。B 列的值是分配给公司各部门的预算值，C 列和 D 列分别是东区和西区实际的支出费用。假设现在你想知道在结束的时候，各部门的支出是在预算之内还是超出了预算，那么，你需要把 C、D 两列与 B 列比较一下，找出不同的值。此时你想比较的是位于同一行的数据，所以需要选择【定位条件】对话框中的【行内容差异单元格】选项。图 1.4 显示的就是结果。

利用差异选择单元格 - Microsoft Excel

文件 开始 插入 页面布局 公式 数据 审阅 视图

B5 fx 45

	A	B	C	D	E
1		对比值	差异单元格		
2					
3	预算值		实际支出		
4	代码	所有区域	东区	西区	
5	EX01	45	44	45	
6	EX02	67	67	70	
7	EX03	34	30	34	
8	EX04	87	87	87	
9	EX05	41	41	45	
10	EX06	37	37	37	
11	EX07	98	98	98	
12	EX08	56	55	56	
13	EX09	43	40	46	
14	EX10	22	22	22	
15	EX11	14	14	1	
16	EX12	76	72	76	
17	EX13	61	61	61	
18					

Sheet1 Sheet2 Sheet3

图 1.3　使用【定位条件】对话框前，选中要比较的所有数据所在的整个区域

利用差异选择单元格 - Microsoft Excel

文件 开始 插入 页面布局 公式 数据 审阅 视图

C5 fx 44

	A	B	C	D	E
1		对比值	差异单元格		
2					
3	预算值		实际支出		
4	代码	所有区域	东区	西区	
5	EX01	45	44	45	
6	EX02	67	67	70	
7	EX03	34	30	34	
8	EX04	87	87	87	
9	EX05	41	41	45	
10	EX06	37	37	37	
11	EX07	98	98	98	
12	EX08	56	55	56	
13	EX09	43	40	46	
14	EX10	22	22	22	
15	EX11	14	14	1	
16	EX12	76	72	76	
17	EX13	61	61	61	
18					

Sheet1 Sheet2 Sheet3

图 1.4　选择【行内容差异单元格】选项后，C、D 两列中与 B 列不同的值被标注了出来

根据引用选择单元格

如果一个单元格内包含公式，那么 Excel 会将此公式涉及的那些单元格定义为引用单元

格。举例来说，如果单元格 A4 包含公式“=SUM(A1:A3)”，那么单元格 A1、A2、A3 就是单元格 A4 的引用单元格。间接引用单元格指的是与引用单元格有关的单元格。举例来说，如果单元格 A1 包含公式“=B3*2”，那么单元格 B3 就是 A4 的间接引用单元格。

Excel 会将一个包含公式的单元格定义为从属单元格，而这个公式会涉及此单元格的引用单元格。在上述例子中，单元格 A4 便是 A1 的从属单元格。和引用单元格一样，从属单元格也分为直接与间接两种形式。

注意：可以这样理解从属单元格：单元格 A4 中的值取决于 A1 中输入的值。

你可以使用【定位条件】对话框，按以下的步骤选择引用单元格和从属单元格。

1．选择好所需区域。

2．打开【定位条件】对话框。

3．选择【引用单元格】选项或【从属单元格】选项。

4．选择【直属】选项，可以选中所有引用单元格和从属单元格；如果同时还需要选择两种单元格的间接形式，则可以选择【所有级别】选项。

5．单击【确定】按钮。

【定位条件】对话框中的其他选项

【定位条件】对话框中还有一些选项可以帮助我们完成区域选择等琐事，功能如表 1.2 所示。

表 1.2　【定位条件】对话框中的其他选项的功能

选项	描述
【最后一个单元格】	选择工作表中包含数据或格式的最后一个单元格（即右下角单元格）
【可见单元格】	仅选择未隐藏的单元格
【条件格式】	仅选择包含条件格式的单元格（也可以通过选择【开始】⇨【查找和选择】⇨【条件格式】选项来完成）
【数据有效性】	选择包含数据有效性规则的单元格（可通过选择【开始】⇨【查找和选择】⇨【数据有效性】选项来完成）。如果选择【全部】选项，Excel 将选择包含数据有效性规则的全部单元格。选择【相同】选项，Excel 将选择与当前活动单元格有相同数据有效性规则的单元格

→学习条件格式，请看“1.8　在区域中应用条件格式”。

→学习数据有效性，请看“4.6　在单元格中应用数据有效性规则”。

用【定位条件】对话框中选项的快捷键来选择区域

表 1.3 列出了一些快捷键，可以用来进行定位操作。

表 1.3　进行定位操作的快捷键

快捷键	选项
【Ctrl】+【*】	【当前区域】
【Ctrl】+【/】	【当前数组】
【Ctrl】+【\】	【行内容差异单元格】
【Ctrl】+【|】	【列内容差异单元格】
【Ctrl】+【[】	【直接引用单元格】
【Ctrl】+【]】	【直接从属单元格】
【Ctrl】+【{】	【所有级别引用单元格】
【Ctrl】+【}】	【所有级别从属单元格】
【Ctrl】+【End】	【最后一个单元格】
【Alt】+【;】	【可见单元格】

1.2　在区域中快速选择单元格

如果我们事先知道将要在哪片区域输入数据，那么先选择好这片区域将会事半功倍。可以使用表 1.4 所列的快捷键来选择单元格。

表 1.4　选择区域的快捷键

快捷键	结果
【Enter】	向下移动一行
【Shift】+【Enter】	向上移动一行
【Tab】	向右移动一列
【Shift】+【Tab】	向左移动一列
【Ctrl】+【.】（句号）	由区域中的一角移动到另一角
【Ctrl】+【Alt】+【右箭头】	移动到不相邻区域中的下一块
【Ctrl】+【Alt】+【左箭头】	移动到不相邻区域中的上一块

这个小窍门的好处是当前活动单元格总在所选区域内。举例来说，如果我们在所选区域最后一行的单元格内输入数据后按【Enter】键，那么当前活动单元格会切换回所选区域的首格。

1.3　区域的填充

如果我们需要用特殊的值或公式来填充一个区域，Excel 提供了以下两种方法。

■　选好所需填充的区域，输入值或公式，然后按【Ctrl】+【Enter】组合键。此时 Excel 会将公式栏中输入的所有数据都填充在所选区域中。

■　输入原始数据，选择好所要填充的区域（包括原始数据格在内），然后选择【开始】⇨【填充】选项，在下拉列表里选择适当的选项。举例来说，如果要填充原始数据格以下的区域，选择【向下】选项即可。如果选择的是多重工作表，则选择【开始】⇨【填充】⇨【成组工作表】选项来填充。

小贴士：按【Ctrl】+【D】组合键实现的功能与选择【开始】⇨【填充】⇨【向下】选项实现的功能相同；
按【Ctrl】+【R】组合键实现的功能与选择【开始】⇨【填充】⇨【向右】选项实现的功能相同。

1.4　使用填充柄

填充柄是所选区域或当前活动单元格右下角的一个黑色小方块。这个小工具有很多功能，包括创建一个序列文本或序列数值。接下来的几小节将告诉你如何使用填充柄。

1.4.1　使用自动填充来创建序列文本和序列数值

工作表中经常会用到序列文本（如一月、二月、三月或星期天、星期一、星期二）和序列数值（如 1、3、5 或 2009、2010、2011），我们可以使用填充柄来让 Excel 自动创建它们，而不必一一手动输入。这个很方便的功能就叫作【自动填充】，下面是使用步骤。

1．创建序列文本时，选好所需区域的第一个单元格，然后输入原始数据。如果是序列数值，则输入前两个数据，然后将其全选中。

2．将鼠标指针放到填充柄处，此时鼠标指针会变成加号（+）状。

3．按住鼠标左键并拖曳鼠标，直至所需区域已被全部选中。如果你不确定该什么时候停止拖曳，可以看着鼠标指针的旁边，那里会显示最后一个选择的单元格的数据。

4．释放鼠标左键。此时序列文本或序列数值就填充好了。

当我们使用完自动填充功能并释放鼠标左键后，会出现一个【自动填充选项】小标签，单击小标签的向下箭头可以看到下拉列表。创建不同类型的序列，下拉列表中的内容也会有所不同，不过，至少会有以下 4 个选项。

■ 【复制单元格】：以复制原始单元格中的数据的方式填充选中的单元格。

■ 【填充序列】：以序列的方式填充选中的单元格。

■ 【仅填充格式】：仅以原始单元格的格式来填充选中的单元格。

■ 【不带格式填充】：不按照原始单元格的格式填充，仅填充序列数据。

→详细的【自动填充】使用方法，请看“1.5　创建序列”

图 1.5 所示为使用填充柄创建的一些序列。阴影部分是输入的原始数据。特别要注意的是，在 Excel 中，任何数据都可以递增，如第 1 季度（E 列）和客户 1001（F 列）。

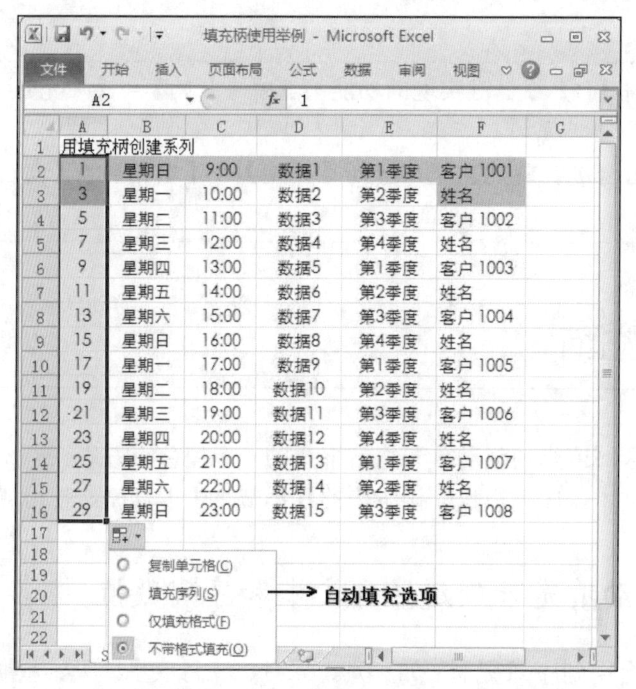

图 1.5　填充柄使用举例。阴影部分是输入的原始数据

使用填充柄的时候要注意以下几点。

■ 单击并拖曳填充柄向下或向右是增加值，向上或向左为递减值。

■ 填充柄可识别标准缩写，如 Jan（一月）和 Sun（星期日）。

■ 想要隔行填充，需要在拖曳前选中所输入的前两个数据。举例来说，输入第一、第三，则此序列将会以第一、第三、第五……的方式来排列。

■ 如果原始数据为 3 个或以上的数字，Excel 可以创建最佳匹配或趋势线。

→更多趋势分析的知识，请看“第 16 章　使用回归分析追踪趋势并作出预测”。

1.4.2　创建自己的自动填充表

正如之前看到的，Excel 能够识别一些固定的数据，如一月到十二月、星期日到星期六、第 1 季度到第 4 季度等。当我们拖曳包含以上数据的单元格的填充柄时，Excel 会用合适的数据来填充单元格。当然，我们不会局限于 Excel 所能识别的这几个有限的列表上，我们可以自由地创建自己的自动填充表，步骤如下。

1．选择【文件】⇨【选项】选项，调出【Excel 选项】对话框。

2．选择【高级】选项，然后单击【常规】选项组下的【编辑自定义列表】按钮，此时【自定义序列】对话框出现。

3．在【自定义序列】对话框中，选择【新序列】选项，此时旁边的【输入序列】文本框中会出现插入光标。

4．在【输入序列】文本框中输入所要创建的项目，按【Enter】键。重复这一步，直到所有的项目都输入完毕，如图 1.6 所示。（请确保所输入的项目是按照所需要的顺序排列的。）

图 1.6　使用【自定义序列】对话框创建自己的填充表

5．单击【添加】按钮，将新的填充表添加到【自定义序列】列表框中。

6．单击【确定】按钮完成添加，再单击【确定】按钮回到工作表中。

注意：如果需要删除自定义填充表，在【自定义序列】列表框中选中它并单击旁边的【删除】按钮即可。

小贴士：如果在工作表中已经有整理好的填充表，就不用那么麻烦地手动输入每个项目了。此时可以使用单元格编辑框中的【导入】按钮，为所选区域设定一个引用范围。我们可以手动输入引用范围，也可以直接从工作表上选取引用范围。最后单击【导入】按钮，将填充表添加到【自定义序列】列表框中。

1.4.3 填充区域

我们可以使用填充柄在区域中添加数据或者公式。具体操作是输入原始数据或公式，选中此数据或公式，然后单击并拖曳填充柄直至选中所有目标区域。（此时我们假设所输入的数据不是创建过的序列。）当松开鼠标左键的时候，区域已被填充好了。

需要注意的是，如果原始单元格内的公式包含相对引用，那么 Excel 会根据其进行调整。举例来说，假设原始单元格包含公式“=A1”，那么此时向下填充时，下一个单元格会包含公式“=A2”，再下一个会包含公式“=A3”，以此类推。

→关于相对引用，请看“3.4.3　了解相对引用格式”

1.5 创建序列

除了填充柄，我们还可以使用 Excel 的【系列】命令来创建序列，步骤如下。

1．选中需要的第一个单元格，输入起始值。如果想创建的序列不是特定模式（如 2、4、6 等），则要输入足够的数据。

2．选中需要填充的所有区域。

3．选择【开始】⇨【填充】⇨【系列】选项，【序列】对话框出现，如图 1.7 所示。

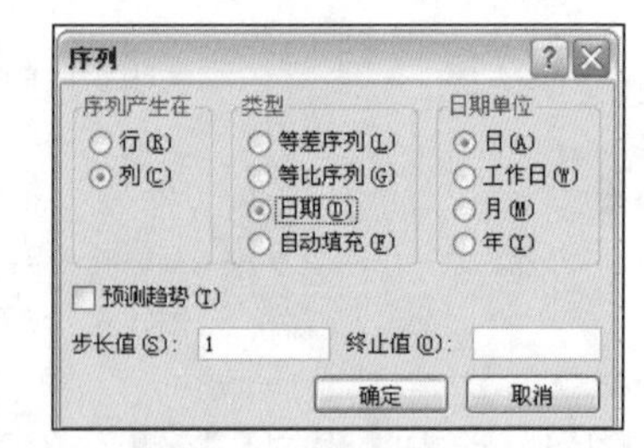

图 1.7　使用【序列】对话框创建序列

4．选择【行】或【列】选项。

5．使用【类型】选项组中的选项来创建需要的序列类型。其选项有以下 4 个。

■ 【等差序列】：选择此选项会以增加步长值的方式创建序列（参见第 6 步）。

■ 【等比序列】：选择此选项会以同等比值增长的方式创建序列。

■ 【日期】：选择此选项会根据所选择的【日期单位】选项组中的选项来创建序列，如【日】【工作日】【月】和【年】。

■ 【自动填充】：此选项和填充柄差不多。我们可以使用它来扩展数值模式或创建文本序列，如第 1 季度、第 2 季度、第 3 季度等。

如果想扩展数列趋势，可以选中【预测趋势】复选框。此复选框只在选择【等差序列】或【等比序列】选项时可用。

6．如果我们选择的是【等差序列】【等比序列】或【日期】，则需在下面的【步长值】文本框内输入一个数字，这个数字是 Excel 用来在序列中增量的值。

7．若要设立一个范围，可以在【终止值】文本框中输入合适的数字。

8．单击【确定】按钮完成设置，返回工作表中。

图 1.8 所示为一些例子。注意“等比序列”这一列（C 列）在单元格 C12 处（数值 128）停止了，这是因为下一个数值（256）超出了所设定的数值范围；“日”列（D 列）为每隔一天的日期，因为步长值设置为 2；而“工作日”列（E 列）有些许不同，即日期是连续的，但周末被跳过了。

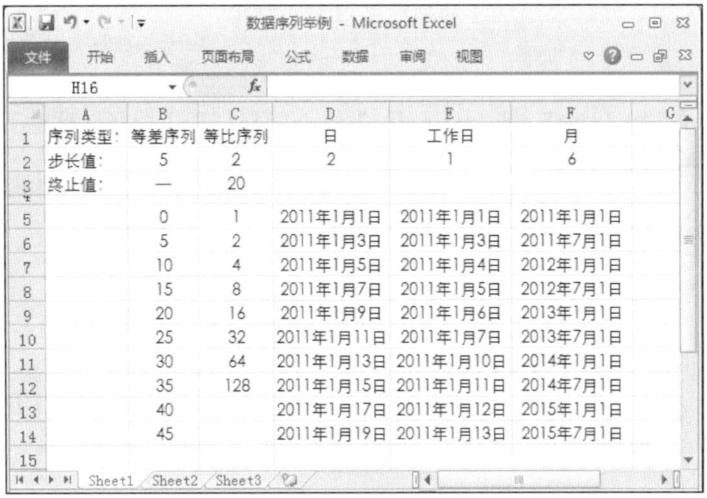

数据序列举例 - Microsoft Excel

	A	B	C	D	E	F
1	序列类型:	等差序列	等比序列	日	工作日	月
2	步长值:	5	2	2	1	6
3	终止值:	—	20			
4						
5		0	1	2011年1月1日	2011年1月1日	2011年1月1日
6		5	2	2011年1月3日	2011年1月3日	2011年7月1日
7		10	4	2011年1月5日	2011年1月4日	2012年1月1日
8		15	8	2011年1月7日	2011年1月5日	2012年7月1日
9		20	16	2011年1月9日	2011年1月6日	2013年1月1日
10		25	32	2011年1月11日	2011年1月7日	2013年7月1日
11		30	64	2011年1月13日	2011年1月10日	2014年1月1日
12		35	128	2011年1月15日	2011年1月11日	2014年7月1日
13		40		2011年1月17日	2011年1月12日	2015年1月1日
14		45		2011年1月19日	2011年1月13日	2015年7月1日
15						

图 1.8　选择【序列】选项的举例

1.6　高级区域复制技巧

普通的区域复制方法（例如选择【开始】⇨【复制】选项或按【Ctrl】+【C】组合键，然后选择【开始】⇨【粘贴】选项或按【Ctrl】+【V】组合键）通常会将区域内每一个单元格的内容都复制下来，包括数据、公式、格式或任意单元格的命令。而使用高级区域复制技巧时，我们可以根据属性来选择性地复制，或将数据转置到别的行或列。此外，我们还可以用运算方法合并原始资料与目标区域。以上这些都可以通过 Excel 的【选择性粘贴】命令来实现。接下来的 3 个小节会讲到这些技巧。

1.6.1 复制选定单元格的属性

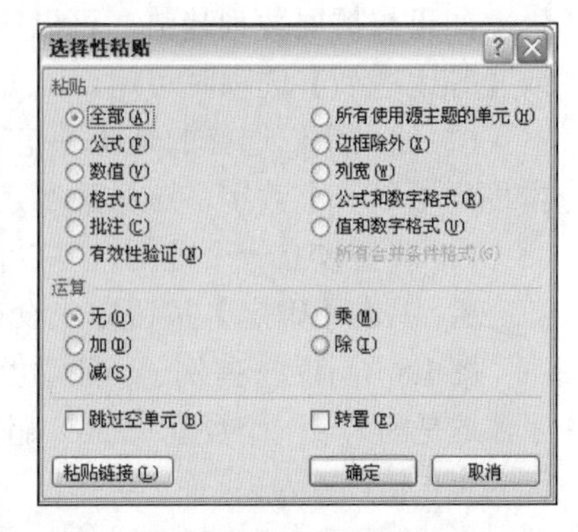

图 1.9 使用【选择性粘贴】对话框，按设定的属性来选择性粘贴

整理工作表时，合并单元格属性可以帮我们节省时间。举例来说，当我们想复制一些公式到某个区域但又不想破坏已有的格式时，可以只复制公式。

想只复制选定的单元格的某些属性，可以按以下步骤进行操作。

1. 将需要的区域选中并复制好。
2. 选择目标区域。
3. 选择【开始】⇨【粘贴】选项，在下拉列表中选择【选择性粘贴】选项。此时会出现【选择性粘贴】对话框，如图 1.9 所示。

小贴士：我们也可以按【Ctrl】+【Alt】+【V】组合键来打开【选择性粘贴】对话框，或者在目标区域右击，在弹出的快捷菜单中选择【选择性粘贴】选项。

4. 在【粘贴】选项组中，选择所需要粘贴到目标区域的单元格的属性。

- 【全部】：粘贴单元格的所有属性。
- 【公式】：仅粘贴单元格内的公式。（也可以选择【开始】⇨【粘贴】⇨【公式】选项，即【粘贴】下拉列表中【粘贴】选项下的第二个图标。）
- 【数值】：将单元格内的公式转换为数值进行粘贴。（也可以选择【开始】⇨【粘贴】⇨【值】选项，即【粘贴】下拉列表中【粘贴数值】项下的第一个图标。）
- 【格式】：仅粘贴单元格格式。
- 【批注】：仅粘贴单元格批注。
- 【有效性验证】：仅粘贴遵循有效性规则的单元格。
- 【所有使用源主题的单元】：粘贴单元格的所有属性，同时将目标区域按照源主题格式化。
- 【边框除外】：粘贴除边框以外的单元格的所有属性。（也可以选择【开始】⇨【粘贴】⇨【无边框】选项，即【粘贴】下拉列表中【粘贴】项下的第五个图标。）
- 【列宽】：改变目标区域的列宽以适应源列宽。此时无数据粘贴。
- 【公式和数字格式】：粘贴单元格内的公式和数字格式。
- 【值和数字格式】：将单元格内的公式转换为数值，且只粘贴数值和数字格式。
- 【所有合并条件格式】粘贴单元格的所有属性，并根据源文件和目标区域合并条件格式。

5. 如果不想粘贴空白的单元格，可选中【跳过空单元】复选框。
6. 如果仅仅想粘贴公式，让目标单元格的数据和源单元格的一致，可以单击【粘贴链接】

按钮。举例来说，源单元格为 A1，则目标单元格的数据会根据公式“=$A$1”来设置。如果不需如此，则单击【确定】按钮即可。

1.6.2 用运算方法合并源单元格与目标单元格

Excel 可以用运算方法合并两片区域。举例来说，我们想将一片区域内的常量都翻一番。除去使用公式或更笨的方法，如手动将每个单元格乘以 2，我们还可以创建一个和之前的区域一样大的只包含 2 的新区域，然后将这两个区域合并，并使用 Excel 将它们相乘。接下来的几步会告诉你怎么做。

1．选好目标区域。（请确保目标区域和源区域形状大小都相同。）

2．输入所需要的常量，然后按【Ctrl】+【Enter】组合键。Excel 会用此常量将目标区域填满。

3．选择并复制源区域。

4．再次选择目标区域。

5．选择【开始】菜单，在【粘贴】的下拉列表中选择【选择性粘贴】选项，打开【选择性粘贴】对话框。

6．使用【运算】选项组中的选项来完成运算。

- 【无】：不进行任何操作。
- 【加】：将目标单元格与源单元格相加。
- 【减】：用目标单元格内的数字减去源单元格内的数字。
- 【乘】：将目标单元格与源单元格相乘。
- 【除】：用目标单元格内的数字除以源单元格内的数字。

7．如果在操作时想避免选中空白单元格，可以选中【跳过空单元】复选框。

8．单击【确定】按钮。此时目标单元格内粘贴的就是运算结果。注意此结果为最终数据，而不是公式。

1.6.3 行与列的转置

如果我们想将行内的数据转移到列内，或者反过来，则可以使用【转置】命令来完成，步骤如下。

1．选择并复制源单元格。

2．选中目标区域左上角的单元格。

3．选择【开始】⇨【粘贴】选项，在下拉列表中选择【转置】（即【粘贴】项下的最后一个图标）。如果此时【选择性粘贴】对话框是打开的，直接选中【转置】复选框也可以。最后单击【确定】按钮。Excel 就完成了对源区域的转置，如图 1.10 所示。

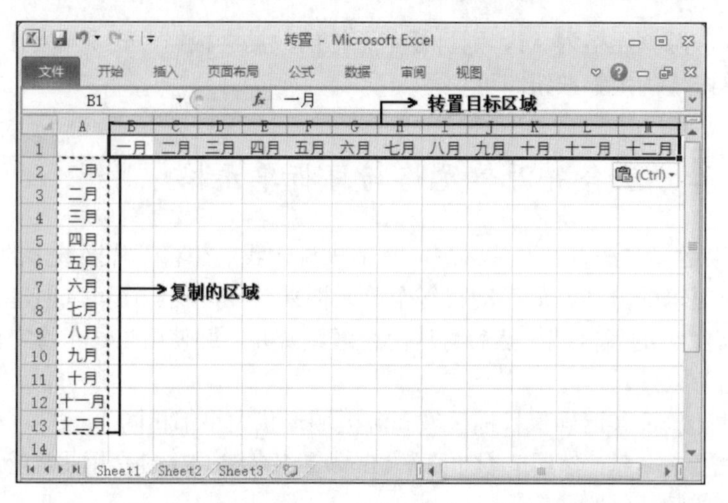

图 1.10　使用【转置】命令将列内的内容转移到行内，或反之

1.7　清除区域内容

删除一片区域意味着将单元格从工作表中完全删去。但如果我们想清除单元格里面的内容或公式，同时又想保留单元格，可以使用【清除】命令，请看以下步骤。

1．选择好想要清除的区域。

2．选择【开始】⇨【清除】选项，调出【清除】下拉列表。

3．按需要选择【全部清除】【清除格式】【清除内容】【清除批注】或【清除超链接】选项。

使用填充柄来清除区域内的数据或公式时，可以使用以下两个小窍门。

■　如果只是想清除区域内的数据和公式，可先选择好区域，然后单击并拖曳填充柄扫过所需清除的单元格，此时这些单元格变成了灰色。释放鼠标左键的时候，数据和公式就都被清除了。

■　如果想清除掉区域内的所有内容，包括数据、公式、格式和批注等，可以先选好区域，然后按住【Ctrl】键不放，接着单击并拖曳填充柄扫过所需清除的单元格。释放鼠标左键的时候，单元格的内容就都被清除掉了。

1.8　在区域中应用条件格式

Excel 中总是包含数以百计的数据，本书余下的章节会帮助你通过创建公式、应用函数、执行数据分析等来将复杂的数据理出个头绪。不过，有时候并不需要分析整个工作表，也许我们只是想知道某些简单问题的答案，例如，哪个单元格内的数据小于零？最大的 10 个数据是哪些？哪些单元格内的数据高于或低于平均水平？

仅仅瞥一眼工作表并不能轻松回答这些简单的问题，而且数据越多，这些问题就越难回答。为帮助你盯好自己的工作表并回答以上或类似的问题，Excel 提供了条件格式来帮助你处理单元格。条件格式是一种特殊格式，仅适用于那些满足某种条件——在 Excel 中称之为规则的单元格。例如，我们可以使用条件格式来将所有的负值变为红色字体。

1.8.1　创建突出显示单元格规则

【突出显示单元格规则】是指应用于能满足指定标准的单元格的规则。要创建这个规则，可以选择【开始】⇨【条件格式】⇨【突出显示单元格规则】选项。此时下拉列表中有以下 7 个选项。

■ 【大于】：选择此选项可应用格式于比指定的值大的单元格。举例来说，我们想确认销售额比去年多 10%的销售人员，则可以使用一列来计算年销售百分比差异（见图 1.12 的 D 列），并在此列应用【大于】规则来查看大于 0.1 的增长。

■ 【小于】：选择此选项可应用格式于比指定的值小的单元格。例如，我们想知道哪个销售员的业绩不如往年，则可以应用此选项来查看百分比，或查看小于 0 的绝对差。

■ 【介于】：选择此选项可应用格式于指定的两个值之间的单元格。举例来说，我们有一批固定收益投资待选择，但你仅对中期投资周期的项目感兴趣，此时可以应用这个规则来突出显示投资周期处于 5 至 10 年之间的值。

■ 【等于】：选择此选项可应用格式于与指定的值相同的单元格。例如，我们对库存清单上最近已脱销的产品感兴趣，可以应用此规则突出显示一列中等于 0 的值。

■ 【文本包含】：选择此选项可应用格式于包含指定文本的单元格（英文状态下不区分大小写）。举例来说，在你面前有一份包含等级评定的债券表，你只对那些评定等级为中上或更高（A 级、AA 级或 AAA 级）的债券感兴趣，则可以应用此规则来突出显示那些包含字母 A 的单元格。

注意：【文本包含】选项不适用于某些包含字母的低等级的特定等级代码，如 Baa、Ba 等。

■ 【发生日期】：选择此选项可应用格式于符合指定日期的单元格，如昨天、今天、明天、上周、下周等。例如，员工数据表里面包含各员工的出生日期，我们可以利用此规则来找出下周过生日的员工，以便提前做好庆祝的准备。

■ 【重复值】选择此选项可应用格式于那些在区域内出现不止一次的单元格。举例来说，你手头上有一份账号表，每个客户的账号都不会与他人的相同，此时可以运用此规则来确保每个客户账号的唯一性。你也可以将单元格格式化为唯一值，即仅在区域内出现一次的值。

每次应用规则时，都会出现一个用来指定条件和格式的对话框。例如，图 1.11 显示的就是【小于】对话框。在此规则下，你可以查找小于 0 的值。图 1.12 显示的是应用条件格式的工作表。

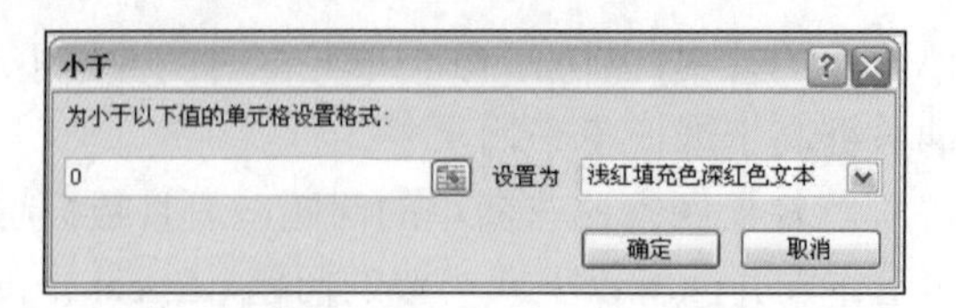

图 1.11 【小于】对话框

条件格式

	A	B	C	D	E	F
1	销售员	2009年销售业绩	2010年销售业绩	% +/-		
2	南希	$996,336	$960,492	-4%		
3	安德鲁	$606,731	$577,983	-5%		
4	卡塔斯	$622,781	$967,580	55%		
5	塞尔金科	$765,327	$771,399	1%		
6	索普	$863,589	$827,213	-4%		
7	迈克	$795,518	$669,394	-16%		
8	罗伯特	$722,740	$626,945	-13%		
9	乔萨尼	$992,059	$574,472	-42%		
10	安妮	$659,380	$827,932	26%		
11	哈珀	$509,623	$569,609	12%		
12	菲利	$987,777	$558,601	-43%		
13	沃亚齐斯	$685,091	$692,182	1%		
14	阿斯特	$540,484	$693,762	28%		
15	格拉尼克	$650,733	$823,034	26%		
16	阿里斯顿	$509,863	$511,569	0%		
17	哈蒙德	$503,699	$975,455	94%		
18	杜宾	$630,263	$599,514	-5%		
19	理查德森	$779,722	$596,353	-24%		
20	格雷格	$592,802	$652,171	10%		
21						

突出显示单元格 / 项目选取 / 数据条 / 色阶 / 图标集

图 1.12 应用图 1.11 中显示的条件格式规则后的结果显示在本图 D 列中

1.8.2 创建项目选取规则

【项目选取规则】是指在区域内将最高或最低的数据标出的规则。举例来说，我们要和一堆数字打交道，【项目选取规则】可以帮你标出那些最大或最小的数字。我们可以使用【项目选取规则】根据绝对值来选择，如选择值最大的 10 项；或根据百分比来选择，如选择值最小的 25%。也可以在那些高于或低于平均水平的单元格内使用此格式。选择【开始】⇨【条件格式】⇨【项目选取规则】选项，在下拉列表中有以下 6 个选项。

■【值最大的 10 项】：选择此选项，区域内值最大的 *N* 个单元格会被标出——此处的“*N*”是由我们所规定的数字，默认为 10。例如，在产品销售表中，我们可以利用此规则来查看排名前 50 的产品。

■【值最大的 10%项】：选择此选项，区域内值最大的 *N*%的单元格会被标出——此处的“*N*”是由我们所规定的百分比，默认为 10。例如，在销售人员销售业绩表中，我们可以利用此规则来查看位于前 5%的销售精英。

■【值最小的 10 项】：选择此选项，区域内值最小的 N 个单元格会被标出——此处的“N”是由我们所规定的数字，默认为 10。举例来说，我们可以运用此规则查看单位产品销售额表格中哪些产品是处于最后 20 名，以便决定是对它们进行促销还是停产。

■【值最小的 10%项】：选择此选项，区域内值最小的 N%的单元格会被标出——此处的“N”是由我们所规定的数字，默认为 10。例如，在产品生产缺陷表中，我们可以运用此规则查看缺陷最少排名前 10%的产品。

■【高于平均值】：选择此选项，可以找到整个区域中高于平均值的单元格。举例来说，在一份投资回报表中，我们可以利用此规则查看那些高于平均回报水平的投资。

■【低于平均值】：选择此选项，可以找到整个区域中低于平均值的单元格。例如，将此规则套用于一份产品收益表中，我们就可以找到那些收益低于平均水平的产品，然后决定下一步措施是改进销售还是降低成本。

每次应用【项目选取规则】时，都会出现一个用来设定条件的对话框。对于【值最大的 10 项】【值最大的 10%项】【值最小的 10 项】以及【值最小的 10%项】4 个规则，我们可以指定适用于单元格的条件和格式；而对于【高于平均值】和【低于平均值】规则，只可以指定格式。举例来说，图 1.13 所示为【10 个最大的项】对话框。在这个规则下，我们可以查找区域内 10 个最大的数值。图 1.14 显示的是套用了条件格式的工作表。

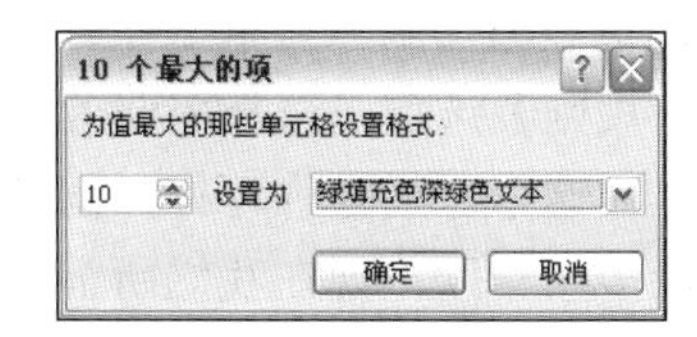

图 1.13 【10 个最大的项】对话框

	A	B	C
1	产品名称	单位	$ 合计
2	北风贸易公司-杏仁	20	$ 200
3	北风贸易公司-啤酒	487	$ 6,818
4	西部贸易公司-黑胡椒	100	$ 2,500
5	北风贸易公司-调料	40	$ 880
6	北风贸易公司-柴	40	$ 720
7	北风贸易公司-巧克力	200	$ 2,550
8	西部贸易公司-饼干	85	$ 782
9	北风贸易公司-蛤类拼盘	290	$ 2,799
10	北风贸易公司-咖啡	650	$ 29,900
11	北风贸易公司-蟹肉	120	$ 2,208
12	北风贸易公司-咖喱酱	65	$ 2,600
13	北风贸易公司-苹果干	40	$ 2,120
14	北风贸易公司-梨干	40	$ 1,200
15	北风贸易公司-梅干	75	$ 263
16	北风贸易公司-水果鸡尾酒	40	$ 1,560
17	北风贸易公司-汤团	10	$ 380
18	北风贸易公司-绿茶	275	$ 822
19	北风贸易公司-长香米	40	$ 280
20	北风贸易公司-果酱	40	$ 3,240
21	北风贸易公司-奶酪	90	$ 3,132
22	北风贸易公司-橄榄油	25	$ 534
23	北风贸易公司-馄饨	100	$ 1,950
24	北风贸易公司-司康	20	$ 200
25	北风贸易公司-糖浆	50	$ 500

图 1.14　套用图 1.13 中显示的条件格式规则后的结果显示在本图 C 列中

1.8.3 添加数据条

想在复杂的工作表中找出特殊数据，使用【突出显示单元格规则】和【项目选取规则】是很好的方法。不过有时候你可能对工作表中相似值之间的关系更感兴趣。举例来说，我们手里有一份产品表，其中有一列的内容是单位产品销售额。那么如果想比较一下所有相关产品的销售额该怎么办呢？我们可以创建一列新的数据，用来计算每种产品的销售额与最高销售额之间的百分比。例如最高销售额是 1000，那么销售了 500 的产品会显示为 50%。

改变原有规则

在系统内存范围内，Excel 提供了无限量的条件格式规则。不过需要记住的是，当我们在一片区域使用一个规则时，如果此时需要应用另一个规则，原有规则不会被替代，而新的规则会被添加到原有规则中。如果想改变原有规则，可以选择【开始】⇨【条件格式】⇨【管理规则】选项，选择需要改变的规则，然后单击【编辑规则】按钮。

这个方法也许可行，但那样的话我们所做的就只是在工作表中加了一堆数字，却对工作没多大帮助。现在我们所需要的是一个可以很容易地看到区域中相关数据的方法，而这个方法就是使用数据条。

数据条是一些彩色的水平方向的横条，填充于区域内的单元格中，看起来有点像横条图表。它的主要特征是数据条的长度取决于单元格内的数据值：数值越大，数据条越长。数值最大的数据条最长，数值大小都反映在数据条的长度上。举例来说，单元格内的数据是最大数值的一半，那么它的数据条的长度就是最大值数据条长度的一半。

想要使用【数据条】，可以先选择好区域，选择【开始】⇨【条件格式】⇨【数据条】选项，然后选择好颜色。图 1.15 显示的即在销量列使用了【数据条】规则后的情况。

在 Excel 中，默认最大的数值的数据条最长，最小的数值的数据条最短。但如果我们想要根据不同的标准来查看数据条该怎么办呢？例如，在一份测验分数表中，我们想看处于 0 到 100 之间的分数。在这种情况下，不管最高分是多少，50 分的数据条都只有一半长。

想要使用自定义数据条，先选择好区域，然后选择【开始】⇨【条件格式】⇨【数据条】⇨【其他规则】选项，这时弹出【新建格式规则】对话框，如图 1.16 所示。此时在【编辑规则说明】选项组里，要确保【格式样式】下拉列表框里选择的是【数据条】。注意【格式样式】下面的【类型】下拉列表框分为【最小值】和【最大值】两个部分，这两个部分决定了如何应用数据条。【类型】下拉列表框中有 6 个选项。

- 【自动】：这个是默认选项，Excel 会根据数据自动选择类型。
- 【最低值】/【最高值】：选择这两个选项时，最小的数值的数据条最短，最大的数值的数据条最长。这是最常用的类型，当我们选择【自动】时通常会使用这个类型。

条件格式

	A	B	C
1	产品名称	销量	$ 合计
2	北风贸易公司-杏仁	20	$ 200
3	北风贸易公司-啤酒	487	$ 6,818
4	西部贸易公司-黑胡椒	100	$ 2,500
5	北风贸易公司-调料	40	$ 880
6	北风贸易公司-柴	40	$ 720
7	北风贸易公司-巧克力	200	$ 2,550
8	西部贸易公司-饼干	85	$ 782
9	北风贸易公司-蛤类拼盘	290	$ 2,799
10	北风贸易公司-咖啡	650	$ 29,900
11	北风贸易公司-蟹肉	120	$ 2,208
12	北风贸易公司-咖喱酱	65	$ 2,600
13	北风贸易公司-苹果干	40	$ 2,120
14	北风贸易公司-梨干	40	$ 1,200
15	北风贸易公司-梅干	75	$ 263
16	北风贸易公司-水果鸡尾酒	40	$ 1,560
17	北风贸易公司-汤团	10	$ 380
18	北风贸易公司-绿茶	275	$ 822
19	北风贸易公司-长香米	40	$ 280
20	北风贸易公司-果酱	40	$ 3,240
21	北风贸易公司-奶酪	90	$ 3,132
22	北风贸易公司-橄榄油	25	$ 534
23	北风贸易公司-馄饨	100	$ 1,950
24	北风贸易公司-司康	20	$ 200
25	北风贸易公司-糖浆	50	$ 500

突出显示单元格　项目选取　数据条　色阶　图标集

图 1.15　使用【数据条】规则查看区域中有关联的数据

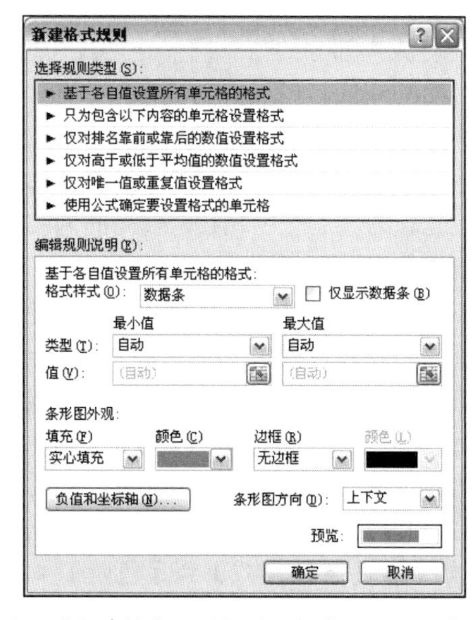

图 1.16　使用【新建格式规则】对话框来设置不同类型的数据条

■【数字】：选择此选项时，数据条的长度取决于我们所指定的数字，此数字需在【值】文本框中输入。区域中最短的数据条为所有小于或等于指定的最小值的数据，而大于或等于指定的最大值的数据所在的单元格将会得到最长的数据条。

■【百分比】：选择此选项时，最大值的百分比决定了数据条的长度。小于或等于指定的百分比的数据所在的单元格的数据条最短，举例来说，如果指定百分比为 10%，同时区域内的最大值为 1000，那么所有小于或等于 100 的单元格将会得到最短的数据条。而大于或等于指定的百分比的数据所在的单元格的数据条最长，例如指定百分比为 90%，同时区域内的最大值为 1000，那么所有大于或等于 900 的单元格的数据条都会是最长的。

■【公式】：选择此选项时，数据条的长度取决于单元格内的公式。

■【百分点值】：选择此选项时，数据条的长度取决于区域内每个数据占所有数据的百分点值。Excel 会将所有数据进行排列并分配位置，那些排在所指定的最小百分点值前面的数据将会得到最短的数据条。举例来说，100 个数据，指定最小百分点值为 10，则排在第 10 或更靠前的单元格的数据条会最短。而那些排在所指定的最大百分点值后面的数据的数据条会最长。例如，100 个数据，指定最大百分点值为 75，那么排在第 75 位或更高位置的单元格将会得到最长的数据条。

1.8.4 添加色阶

检查数据的时候，“查看大图”总是很有用。举例来说，我们可能想知道数据整体分布情况，如是否有很多的低值，而高值只有一点点？是否大部分值都处在平均水平？是否有些特殊的值大大高于或低于其他所有或大部分的值？同样地，我们也可能想对数据做个判断，如产品数量少但销售额高为优，而利润低、员工流动快为差。

我们可以使用【色阶】命令来对工作表中的以上或更多的情况进行分析。色阶和数据条很相似，都是用来比较区域中相关数据的，不过数据条表现为单元格内的横条，而色阶则表现为数据下面的底纹。例如，最低的值是红色底纹，较高的为浅红色底纹，然后依次是橙色、黄色、淡绿色，最后最高值为深绿色。

这种颜色分配方法可以方便用户直观地看清区域内各单元格的数据分布情况。举例来说，因为颜色完全不同于别的单元格，所以那些特殊值一眼就可以被找出来。此时数据判断就非常容易了，我们可以把红色的想象成红灯，所以为差；而绿色是绿灯，所以是优。

使用【色阶】命令时，先选好区域，接下来选择【开始】⇨【条件格式】⇨【色阶】选项，然后选好颜色。图 1.17 显示的是使用了【色阶】命令的多国 GDP 增长率表。

【色阶】选项的配置和之前学过的【数据条】选项的配置差不多。想要自定义色阶，先选好区域，然后选择【开始】⇨【条件格式】⇨【色阶】⇨【其他规则】选项，此时弹出【新建格式规则】对话框。在【编辑规则说明】选项组中，对于【格式样式】，你可以选择【双色刻度】或【三色刻度】选项。如果选择的是【三色刻度】选项，那么【类型】【颜色】下拉列表框和【值】文本框都有 3 个参数可选择，分别是【最小值】【中间值】和【最大值】，如图 1.18 所示。注意【类型】下拉列表框中的选项和我们之前学习的【数据条】中的选项是一样的。

条件格式

GDP，年增长率

	1998	1999	2000	2001	2002	2003	2004	2005	2006	2007
奥地利	3.9%	2.7%	5.3%	0.7%	1.2%	0.8%	2.2%	1.9%	2.6%	2.1%
比利时	2.0%	3.2%	3.9%	0.7%	0.9%	1.3%	2.9%	1.5%	2.1%	1.8%
加拿大	4.1%	5.6%	5.4%	1.8%	3.4%	2.0%	2.9%	4.6%	3.2%	2.8%
丹麦	2.5%	2.6%	2.8%	1.3%	0.5%	0.7%	2.4%	3.4%	2.5%	2.1%
芬兰	5.0%	3.4%	5.1%	1.1%	2.2%	2.4%	3.7%	3.3%	3.7%	2.8%
法国	3.4%	3.2%	5.3%	2.1%	1.2%	0.8%	2.3%	1.2%	1.9%	2.0%
德国	2.0%	2.0%	4.5%	1.2%	0.2%	0.0%	1.6%	1.2%	1.9%	1.1%
希腊	3.4%	3.4%	4.5%	4.3%	3.8%	4.7%	4.2%	3.7%	3.5%	3.2%
匈牙利	4.9%	4.2%	5.2%	4.3%	3.8%	3.4%	4.6%	4.1%	3.5%	3.6%
冰岛	5.6%	4.2%	5.4%	2.6%	-2.1%	4.2%	5.2%	5.6%	3.8%	-0.6%
爱尔兰	8.6%	11.3%	10.3%	6.0%	6.1%	3.7%	4.9%	4.7%	4.8%	4.6%
意大利	1.8%	1.7%	3.0%	1.8%	0.4%	0.3%	1.2%	0.1%	1.2%	1.2%
荷兰	4.3%	4.0%	3.5%	1.4%	0.6%	-0.9%	1.4%	1.5%	2.5%	2.1%
挪威	2.6%	2.1%	-2.8%	2.7%	1.1%	0.4%	2.9%	2.5%	2.2%	2.1%
波兰	4.8%	4.1%	4.0%	1.0%	1.4%	3.8%	5.4%	3.4%	5.0%	5.1%
葡萄牙	4.6%	3.8%	3.4%	1.7%	0.4%	-1.1%	1.0%	0.4%	1.0%	1.4%
罗马尼亚	-4.8%	-1.2%	0.6%	5.7%	5.1%	5.2%	8.3%	4.1%	6.3%	6.4%
俄罗斯	-5.3%	6.4%	10.0%	5.1%	4.7%	7.3%	7.1%	6.4%	6.0%	5.2%
西班牙	4.3%	4.2%	7.7%	3.5%	2.7%	2.9%	3.1%	3.4%	3.2%	2.9%
瑞典	3.6%	4.6%	4.3%	1.0%	2.0%	1.5%	3.6%	2.7%	3.6%	2.8%
瑞士	2.8%	1.3%	3.6%	1.0%	0.3%	-0.4%	2.1%	1.8%	2.8%	1.7%
英国	3.1%	2.8%	3.7%	2.3%	1.8%	2.2%	3.1%	1.9%	2.6%	2.8%
美国	4.2%	3.9%	4.2%	0.8%	1.6%	2.7%	4.2%	3.5%	3.5%	3.2%

实出显示单元格　项目选取　数据条　色阶　图标集

图 1.17　使用【色阶】命令可方便用户直观查看区域内数据的分布情况

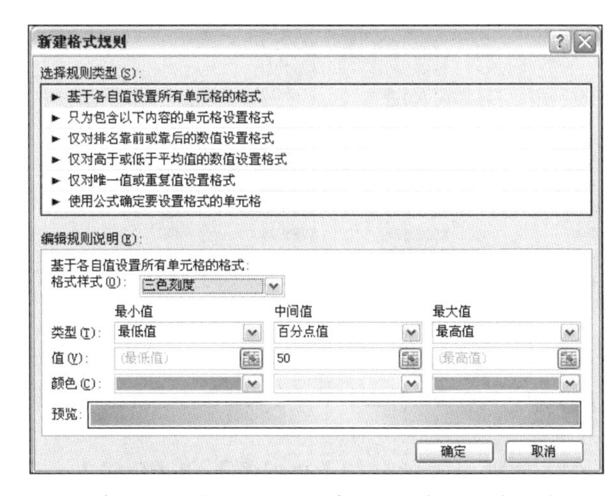

图 1.18　在【格式样式】下拉列表框中选择【三色刻度】选项

1.8.5 添加图标集

如果你正试图整理一大堆数据，那么图标将会是个不错的帮手。例如，在看电影评论时，一个简单的大拇指朝上或拇指向下的图标可以让你快速理解并得到一些关于电影的有用信息。

很多别的图标同样有很强的联想性。例如，“钩”号表示某事是很好的、已完成的，或可接受的；而相反地，“叉”号表示某事很不好、未完成或不可接受。绿色的圈表示肯定，而红色的圈则表示否定——就像红绿灯一样。笑脸表示好，愁容表示差。向上的箭头表示事物是向前发展的，向下的箭头表示倒退，而水平的箭头则意味着一成不变。

Excel 的图标集中有很多这样的很好用的图标。和使用数据条与色阶一样，我们可以使用图标集来查看区域内有关联的数据。而且，图标集中有很多特别的图标可以让我们更清楚地知道一个单元格内的数据和别的单元格内的数据之间的关系。例如，最高值的单元格内有向上的箭头，最低值的单元格内有向下的箭头，而中间值的单元格内则为水平箭头。

使用【图标集】命令时，先选好区域，接下来选择【开始】⇨【条件格式】⇨【图标集】选项，然后选好一套图标。我们选择了“五向箭头”来显示员工销售额百分比的增长与减少，如图 1.19 所示。

条件格式

	A	B	C	D	E	F
1	销售员	2009年销售业绩	2010年销售业绩	% +/-		
2	南希	$996,336	$960,492	-4%		
3	安德鲁	$606,731	$577,983	-5%		
4	卡塔斯	$622,781	$967,580	55%		
5	塞尔金科	$765,327	$771,399	1%		
6	索普	$863,589	$827,213	-4%		
7	迈克	$795,518	$669,394	-16%		
8	罗伯特	$722,740	$626,945	-13%		
9	乔萨尼	$992,059	$574,472	-42%		
10	安妮	$659,380	$827,932	26%		
11	哈珀	$509,623	$569,609	12%		
12	菲利	$987,777	$558,601	-43%		
13	沃亚齐斯	$685,091	$692,182	1%		
14	阿斯特	$540,484	$693,762	28%		
15	格拉尼克	$650,733	$823,034	26%		
16	阿里斯顿	$509,863	$511,569	0%		
17	哈蒙德	$503,699	$975,455	94%		
18	杜宾	$630,263	$599,514	-5%		
19	理查德森	$779,722	$596,353	-24%		
20	格雷格	$592,802	$652,171	10%		
21						

项目选取 数据条 色阶 图标集

图 1.19　使用【图标集】中有含义的图标查看相关数据

自定义【图标集】与之前学习的自定义【数据条】和【色阶】差不多，不过需要自己指定图标的类型和值。要记住，最小值的图标范围总是比次小值的图标范围要小。选好区域，选择【开始】⇨【条件格式】⇨【图标集】⇨【其他规则】选项，此时弹出【新建格式规则】对话框，如图 1.20 所示。在【编辑规则说明】选项组中，选择好所需要的图标样式，然后设置好【值】【类型】等。

图 1.20　使用【新建格式规则】对话框来自定义【图标集】

第 2 章　使用区域名称

尽管区域可以帮助我们有效地处理大量的单元格，但是在用区域坐标时仍然有以下障碍。

■　不能一次使用多于一组的区域坐标。每次使用区域时，都需要重新定义一次坐标。

■　区域表示法不是很直观。想知道类似“=SUM(E6:E10)”这样的公式是由哪些数字相加的，还得再对着单元格区域在表里看一遍。

■　定义区域坐标时，稍有不慎就可能会导致灾难性后果，尤其是当我们删除区域时。

不过以上障碍都可以通过定义“区域名称”，即给单个的单元格或单元格区域起名字来克服。区域名称可以用来代替区域坐标。举例来说，一片包含公式或者命令的区域，我们可以使用区域名称来选中，而不必手动选择或输入坐标。区域名称没有数量限制，想起多少就可以起多少，甚至还可以给同一片区域指定多重名称。

区域名称还可以使我们的公式直观而易读。例如，你将 E6 到 E10 这片区域定义为“八月销售额”，于是公式“=SUM(八月销售额)”的功能就不言而喻了。因为不需要再指定区域坐标，所以区域名称还可以增加区域操作的准确性。

除了可以解决以上问题，区域名称还有很多的好处，如下所示。

■　名称比坐标好记。

■　即使移动区域到另一个位置，名称也不会改变。

■　在区域内插入或删除行或列时，名称会自动调整。

■　区域名称使得工作表操作更加简便。可以使用【定位】命令来快速跳转到已定义的区域。

■　可以使用工作表标签来快速定义区域名称。

本章不仅会告诉你如何定义并使用区域名称，而且会带你感受区域名称在烦琐工作中的便利性。

2.1　定义区域名称

区域名称的定义是非常灵活的，只需遵循以下几点规则即可。

■　名称最多包含 255 个字符或汉字。

■　名称必须以字母、汉字或下划线开头，其余的可以是字母、汉字、数字或符号，但不可以是空格。对英文名称来说，可以用下划线将词与词之间分开，或英文字母大小写混合，如 Cost_Of_Goods 或 CostOfGoods。但其实 Excel 不能区分区域名称中的大小写，这么做只是为了自己明白。

■　不要使用类似 Q1 这样的单元格名称作为区域名称，也不要使用诸如+、-、*、/、＜、＞、&此类的运算符号来定义区域名称，否则的话当我们在公式中使用区域名称时会造成混乱。

■　为了方便输入，在保证清楚明白的情况下名称越短越好。输入“2010 总利润”比“2010 年财务年度利润总额”要快得多，同时也比“10 利润”要清楚明白得多。

■　不要使用 Excel 的保留字符串，如 Auto_Activate、Auto_Close、Auto_ Deactivate、Auto_Open、Consolidate_Area、Criteria、Data_Form、Database、Extract、FilterDatabase、Print_Area、Print_Titles、Recorder、Sheet_Title 等。

有了以上规则，接下来的几小节会告诉你如何定义区域。

2.1.1　使用【名称框】

Excel 编辑栏旁边的【名称框】里显示的一般是当前活动单元格的地址。不过，它也有很多额外的功能，这些功能使得定义区域更简单。

■　完成区域定义后，不管何时选择那个区域，区域名称都会显示在【名称框】里，如图 2.1 所示。

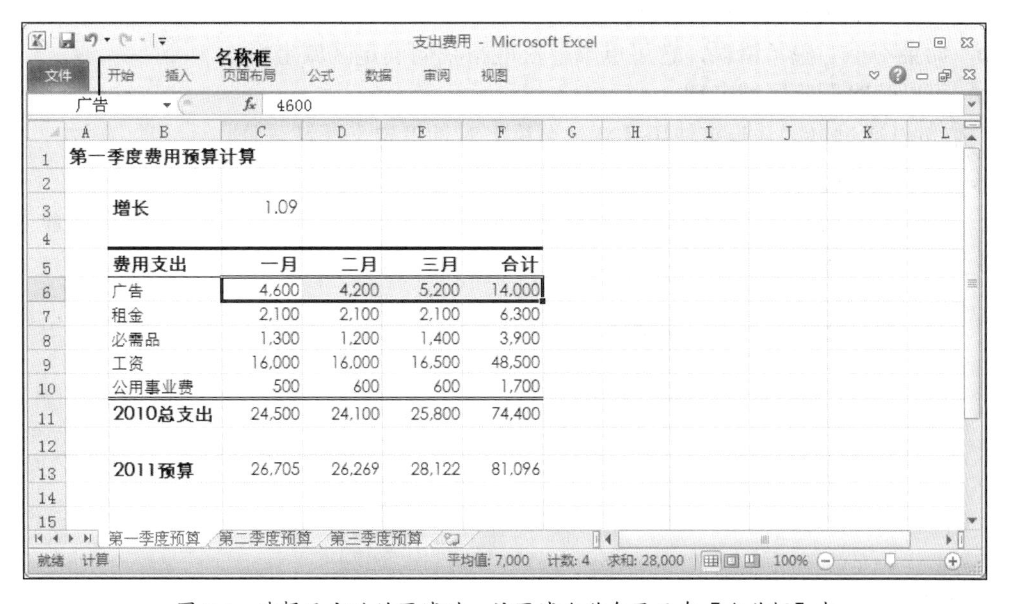

图 2.1　选择已定义的区域时，该区域名称会显示在【名称框】中

■ 【名称框】同时也是下拉列表框。想要快速选择已定义的区域，单击【名称框】右侧的小黑三角，在下拉列表中选择需要的名称，此时 Excel 会选中定义为此名称的单元格。

【名称框】有一个很方便的功能，就是可以调整大小。如果当前名称显示不完整，可以将鼠标指针移动到【名称框】的右边，当鼠标指针变成一个双向水平箭头的时候，单击并拖曳箭头就可以调整其大小了。

使用【名称框】可以很容易地定义一个区域，步骤如下。

1．选好需要定义的区域。

2．单击【名称框】，此时可以看到插入光标。

3．输入名称，按【Enter】键。这时 Excel 会自动定义此区域。

2.1.2 使用【新建名称】对话框

使用【名称框】来定义区域比较便捷而直观。不过，它有以下两个虽小却让人很恼火的问题。

■ 如果我们要定义的名称已经存在，那么 Excel 会直接放弃新选择的区域，回到与已存在名称相对应的区域。这就意味着我们不得不重新选择一遍区域并使用另一个名称定义。

■ 如果我们选择的区域不正确，那么定义的时候，Excel 不会直接让你选择是确定区域还是删除区域，而是会重新开始。

想解决以上两个问题，可以使用【新建名称】对话框，它有很多优点，如下所示。

■ 它会将定义好的名称一一列举，这样可以避免区域重名。

■ 如果不小心犯了错误，它可以很轻松地帮我们确定区域坐标。

■ 可以随时删除区域名称。

我们可以通过以下几步来使用【新建名称】对话框定义区域名称。

1．选好需要定义名称的区域。

2．选择【公式】⇨【定义名称】选项。或者，也可以右击选好的区域，然后选择【定义名称】选项。此时弹出【新建名称】对话框，如图 2.2 所示。

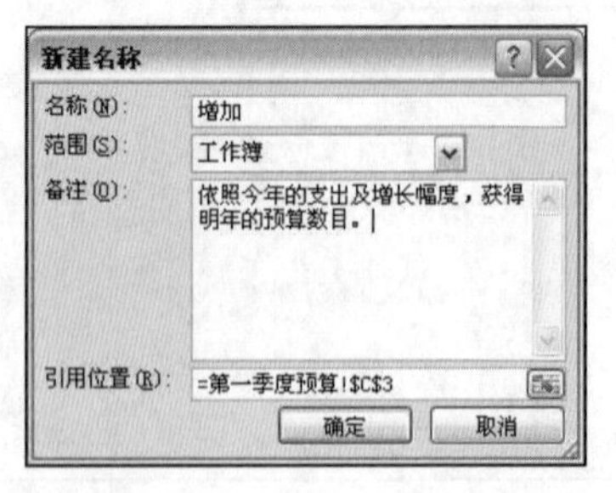

图 2.2 使用【新建名称】对话框来定义区域名称时，所选择区域的坐标会自动显示在【引用位置】文本框中

3．在【名称】文本框中输入名称。

小贴士：当你用英文定义区域名称时，记得将首字母大写。为什么呢？因为当你需要解决公式中的问题时，这就派上大用场了。你在已定义好的区域（此区域名称是区分大小写的）中插入一个公式，插入时可以全部以小写字母输入。公式输入完成后，Excel 会将你所插入的名称转换为当初定义的字母。如果这时候此名称依然全部是小写字母，说明 Excel 没有识别出这个名称，也就是说，你应该在输入名称的时候拼错了。

4．在【范围】下拉列表框中选择所定义名称的适用范围。大部分情况下应选择【工作簿】选项。在接下来的“2.1.3　改变范围来定义表级名称”小节中，我们会讨论到限定工作表名称的好处。

5．在【备注】文本框中输入对区域名称的描述或注解。在公式中使用此名称时，这个备注会出现。稍后在“2.2.2　使用自动填充”小节中，我们会详细讨论此命令。

6．如果显示在【引用位置】文本框中的区域不正确，可以使用以下两种方法来修正。

- 输入正确的单元格地址。记住输入时要以=（等号）开头。
- 单击【引用位置】文本框右侧的【暂时缩小对话框】按钮，然后用鼠标或键盘在工作表中选择新的区域。

警告：如果需要使用方向键在引用位置周围移动以便编辑区域地址，记得要先按【F2】键，让 Excel 进入编辑状态。否则的话，Excel 将会保持点状态，程序会认为你在选择一个单元格而不是一片区域。

7．单击【确定】按钮回到工作表。

2.1.3　改变范围来定义表级名称

我们可以使用 Excel 来定义区域名称的范围，也可以借此范围知道在公式中区域名称能被识别的程度。举例来说，在【新建名称】对话框中，如果我们在【范围】下拉列表框中选择了【工作簿】选项或直接在【名称】文本框中输入了名称，那么此名称将会适用于此工作簿中的所有工作表，这个就叫作簿级名称。也就是说，工作表 1 中的公式可以引用工作表 3 中的区域，只要直接引用已定义的区域名称即可。但是，如果我们需要在不同的工作表中使用相同的名称，例如，存在 4 个工作表，分别为第一季度、第二季度、第三季度和第四季度，我们需要在每个工作表中分别定义名称为预算时，以上情况就有些麻烦了。

如果我们需要在不同的工作表中使用相同的名称，可以为特定的工作表的名称定义一个范围，这个范围内的名称就叫作表级名称，这就意味着此名称只会涉及所定义的工作表区域，而非整个工作簿。

我们可以通过使用【新建名称】对话框来创建表级名称，具体操作是在【范围】下拉列表框中选择所需要的工作表。

2.1.4 使用工作表文本框定义名称

使用【新建名称】对话框时，Excel 有时会给选好的区域提供命名建议。举例来说，Excel 建议 C9 到 F9 这片区域命名为工资，如图 2.3 所示。“工资”其实是所选区域的行标题，Excel 会根据相邻单元格内的文本来推测我们会使用的名称。

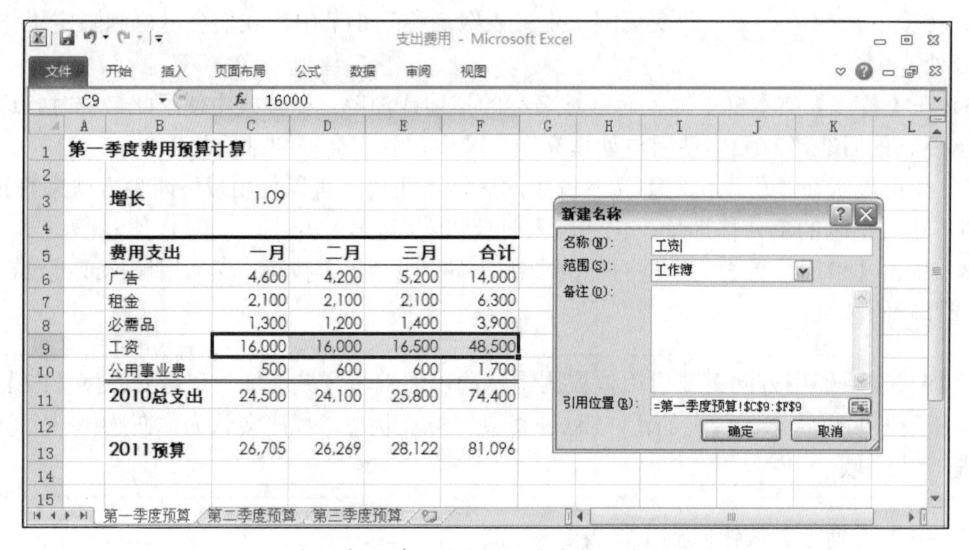

图 2.3 Excel 根据相邻单元格内的文本来推测我们会使用的名称

如果不想等待 Excel 的推测，我们可以明确指示程序使用相邻文字来作为区域名称，请看以下步骤。

1．选好要定义的区域，记得要包含准备用作名称的单元格，如图 2.4 所示。

2．选择【公式】⇨【根据所选内容创建】选项，或按【Ctrl】+【Shift】+【F3】组合键。打开【以选定区域创建名称】对话框，如图 2.5 所示。

Excel 会猜测用作名称的单元格的位置并选中合适的复选框。在上面的例子中，Excel 选中了【最左列】复选框。如果这不是你想要的，取消选中即可，然后选中合适的复选框。

3．单击【确定】按钮。

注意：如果用作名称的单元格里包含非法字符，如空格，则 Excel 会用下划线（_）来代替这些非法字符。

第一季度费用预算计算				
增长	1.09			
费用支出	一月	二月	三月	合计
广告	4,600	4,200	5,200	14,000
租金	2,100	2,100	2,100	6,300
必需品	1,300	1,200	1,400	3,900
工资	16,000	16,000	16,500	48,500
公用事业费	500	600	600	1,700
2010总支出	24,500	24,100	25,800	74,400
2011预算	26,705	26,269	28,122	81,096

图 2.4　选择区域时要包含准备用作名称的单元格

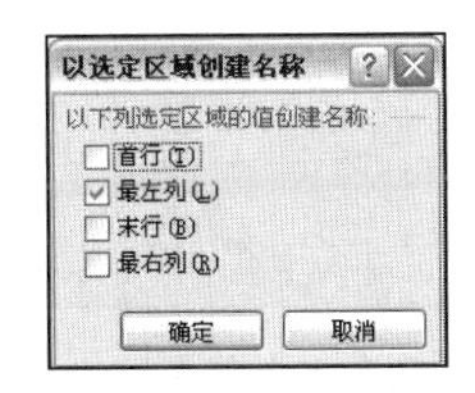

图 2.5　使用【以选定区域创建名称】对话框来指定用作名称的单元格的位置

文本定义区域并不局限于一行或一列，我们可以选择一片既包含行也包含列的区域，Excel 会根据每行或每列的标题来定义区域。图 2.6 所示的【以选定区域创建名称】对话框中，【首行】和【最左列】复选框都被选中。

第一季度费用预算计算				
增长	1.09			
费用支出	一月	二月	三月	合计
广告	4,600	4,200	5,200	14,000
租金	2,100	2,100	2,100	6,300
必需品	1,300	1,200	1,400	3,900
工资	16,000	16,000	16,500	48,500
公用事业费	500	600	600	1,700
2010总支出	24,500	24,100	25,800	74,400
2011预算	26,705	26,269	28,122	81,096

图 2.6　Excel 可以同时定义行和列的名称

当我们使用以上方法定义区域时，Excel 会给所选区域的左上角单元格以“特殊待遇”。具体来说，它会将此单元格内的文本作为所选择的包含表格数据的整个区域的名称。举例来说，在图 2.6 中，所选区域的左上角单元格是包含标签“费用支出”的 B5，在创建名称后，所有的表格数据，即 C6 到 F10 这一片区域都被命名为“费用支出”如图 2.7 所示。

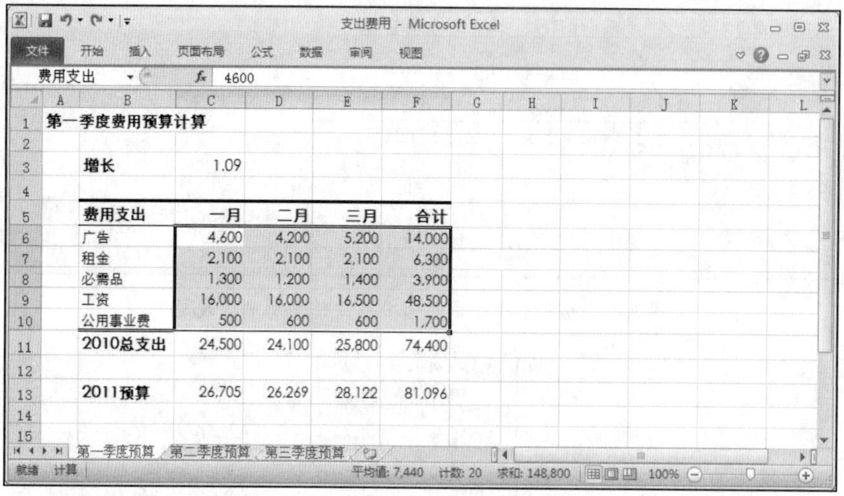

	A	B	C	D	E	F
1	第一季度费用预算计算					
2						
3		增长	1.09			
4						
5		费用支出	一月	二月	三月	合计
6		广告	4,600	4,200	5,200	14,000
7		租金	2,100	2,100	2,100	6,300
8		必需品	1,300	1,200	1,400	3,900
9		工资	16,000	16,000	16,500	48,500
10		公用事业费	500	600	600	1,700
11		2010总支出	24,500	24,100	25,800	74,400
12						
13		2011预算	26,705	26,269	28,122	81,096

图 2.7　同时命名行和列时，Excel 会使用左上角单元格内的标签作为包含表格数据的区域的名称

2.1.5　命名常量

让工作表变得易懂的最佳方法之一就是为每一个常量命名。举例来说，如果在工作表中，很多公式都涉及了一个可变利率，那么我们可以将其命名为利率并在公式中使用此名称，这样公式都变得易读多了。

命名常量的具体方法是先在工作表中为常量预留一个区域，然后将单元格分别命名。举例来说，图 2.8 所示为包含 3 个已命名常量的工作表：利率（单元格 B5）、期限（单元格 B6），以及合计（单元格 B7）。请注意单元格 E5 内的公式是如何使用这 3 个已命名的常量的。

如果不想让工作表显得很凌乱，可以将常量命名，并使其不在工作表中显示。选择【公式】⇨【定义名称】选项，打开【新建名称】对话框，在【名称】文本框中输入常量的名称，然后在【引用位置】文本框中输入等号（=）以及此常量的值，如图 2.9 所示。

小贴士：常量的命名并不局限于数字或字符串，也可以使用函数来命名。例如，我们可以在【引用位置】文本框中输入“=YEAR(NOW())”来创建一个常量，让其总是返回当前的年份。不过，这个方法只有在使用一个长而复杂的公式，且这个公式会在不同的地方使用时才比较好用。

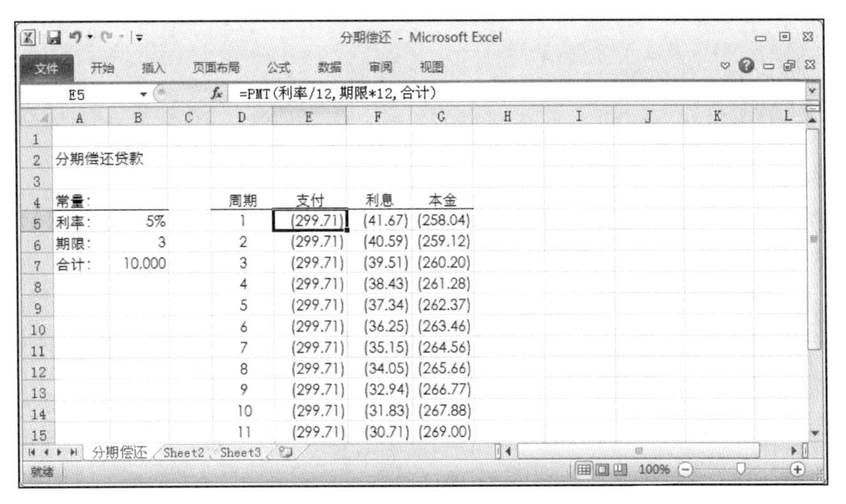

图 2.8　将公式中的常量分组并命名，使工作表变得易读

图 2.9　在【新建名称】对话框中创建并命名常量

2.2　使用区域名称

创建好一个名称后，我们就可以将它运用在公式或函数中了，还可以对其进行编辑、删除操作。在接下来的几小节中，你会学到以上这些操作，以及更多的技巧。

2.2.1　应用区域名称

区域名称可以直接在公式或函数中应用：用区域名称代替区域坐标即可。举例来说，一个单元格内包含以下公式：

```
=G1
```

这个公式将此单元格的值设置为单元格 G1 的当前值。如果 G1 的名称是总费用，那么刚才的公式也就相当于：

```
=总费用
```

同样地，假设有一个公式：

```
SUM (E3:E10)
```

如果 E3 到 E10 这片区域的名称是销售额，那么这个公式也就相当于：

```
SUM (销售额)
```

→想了解更多关于 Excel 公式中名称的使用，请看“3.7　在公式中使用区域名称”。

如果你对某个特定名称不太确定，可以通过如下步骤将它粘贴在工作表中。

1．输入公式或函数。

2．在需要插入区域名称的时候选择【公式】⇨【用于公式】选项，此时下拉列表中会显示当前工作表中的名称，如图 2.10 所示。

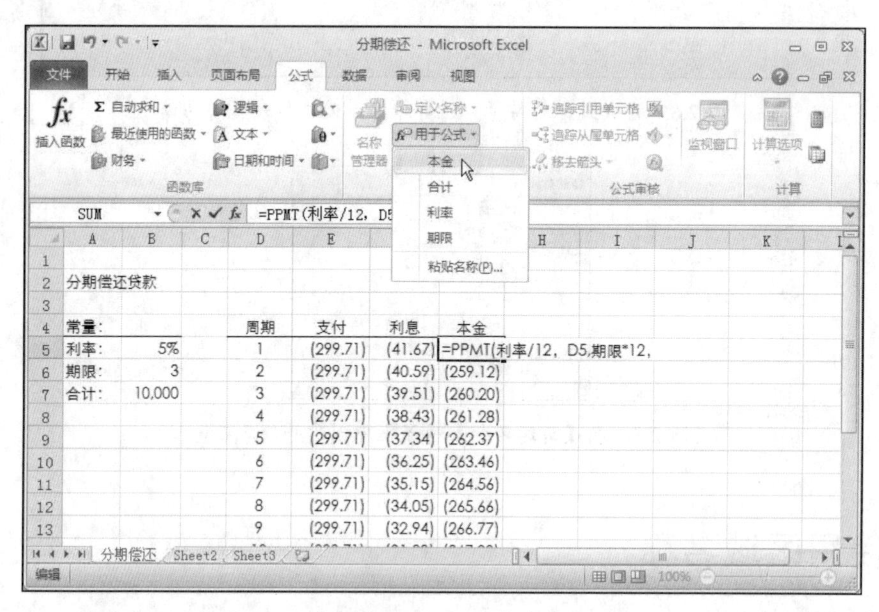

图 2.10　选择【用于公式】选项，下拉列表中会显示已定义的区域名称

3．单击所需要的名称，此时 Excel 会将其粘贴在指定位置。

如果我们使用的是表级名称，那么“怎么用”取决于“在哪里”，如下所示。

■　如果我们使用的名称就在其所定义的工作表中，则可以直接使用。也就是说，不用另外指定工作表名称。

■　如果我们使用的名称在别的工作表中，那么需要写出全称，包括工作表名称和区域名称（工作表名称!区域名称）。

■　如果要使用的名称在别的工作簿里，那么在此名称前面，必须加上由单引号（‘’）引起来的工作簿名称。例如，工作簿“抵押分期偿还”中包含区域名称“利率”，当我们使用此名称时，需要用以下格式：

```
'抵押分期偿还. xlsx'!利率
```

警告： Excel 并不介意我们将表级名称命名得和簿级名称一样。在工作簿所有其他的工作表中，如果我们单独使用一个名称，Excel 会认为我们所提到的是簿级名称。但如果是在命名此名称的工作表中使用这个名称，那么 Excel 会认为我们所要使用的是表级名称。

那么如果想要在命名了此名称的工作表中使用簿级名称该怎么办呢？答案是在此名称前面加上工作簿的名称以及一个感叹号（!）。举例来说，假设在“费用支出”工作簿中，当前工作表有一个名为“合计”的表级名称，同时也有一个同样的簿级名称。想在当前工作表中使用后者，使用如下格式即可：

费用支出.xlsx!合计

2.2.2 使用自动填充

在“第 6 章　理解函数”中，我们会学到 Excel 的【自动填充】功能。在输入时，会有一个和所输入的函数相配的函数名称下拉列表出现，我们可以从中选择想要的函数，而不必输入剩余的函数名称，这样更快、更准确。区域命名也同样可以使用【自动填充】功能。当我们在公式中输入区域名称的前几个字母时，Excel 就把它们加入了自动填充列表中。Excel 甚至还会显示相关注释文本，如图 2.11 所示。想要将名称插入公式中，使用方向键在列表中选择，然后按【Tab】键即可。

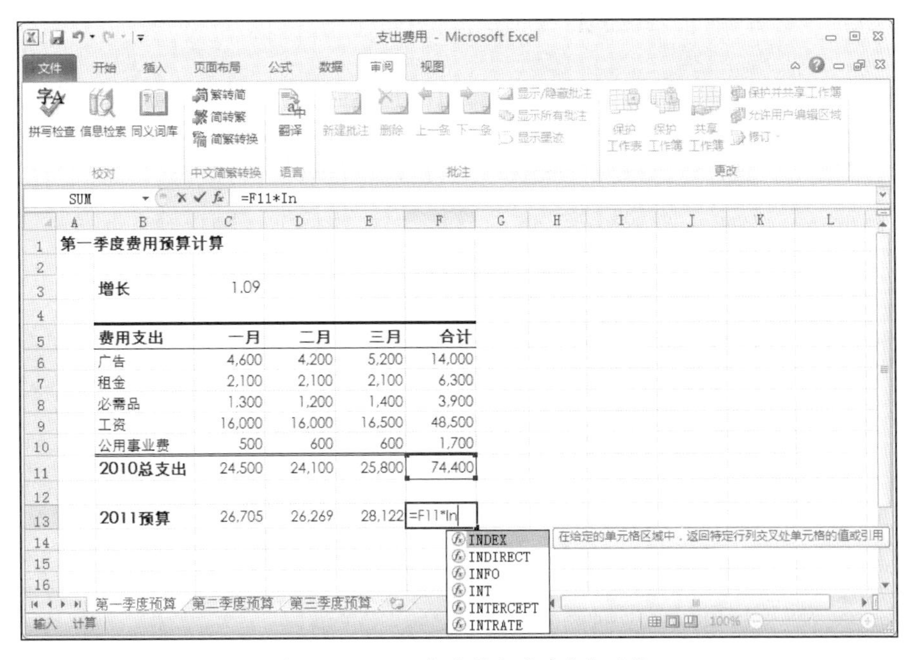

图 2.11　Excel 中的【自动填充】功能

2.2.3 区域名称导航

选择已经命名的区域很简单，有以下两种方法。

■ 使用【名称框】，快速选择想要的名称。

■ 选择【开始】⇨【查找和选择】⇨【转到】选项，打开【定位】对话框。在【定位】对话框中选择需要的区域名称并单击【确定】按钮。

2.2.4 在工作表中粘贴区域名称列表

如果我们需要给别人提供工作表或自己需要查找几个月前的表格，可以粘贴一份工作表区域名称列表。这份列表可以是区域的名称，以下为粘贴区域名称列表的步骤。

1．将活动单元格移动到工作表的空白区域。这个区域要足够大，还不能重叠在别的有数据的区域上。注意这个区域需要两列的位置：一列用来写名称，另一列用来标注与之相配的区域坐标。

2．选择【公式】⇨【用于公式】，打开【粘贴名称】对话框，或按【F3】键，弹出【粘贴名称】对话框。

3．单击【粘贴列表】按钮，此时 Excel 会将定义的名称和对应的范围粘贴至选定的区域。

2.2.5 展开【名称管理器】对话框

Excel 中的【名称管理器】对话框为用户提供了一个界面来管理区域名称。选择【公式】⇨【名称管理器】选项（或按【Ctrl】+【F3】组合键），弹出【名称管理器】对话框，如图 2.12 所示。

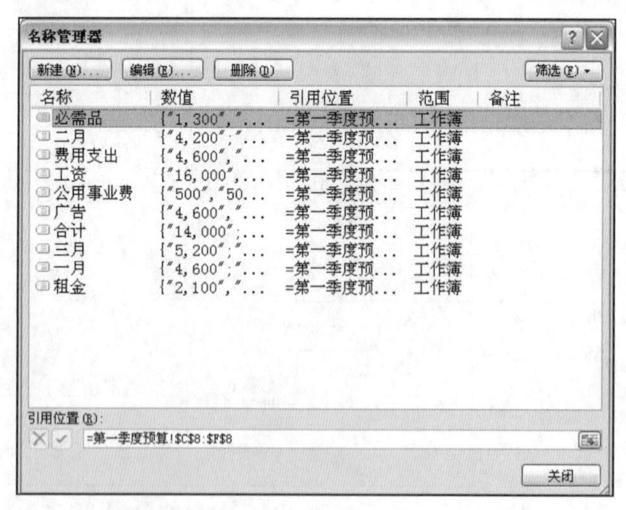

图 2.12 使用【名称管理器】对话框来修改、筛选或删除区域名称

2.2.6 筛选名称

如果工作簿中定义了太多的名称，那么使用【名称管理器】对话框会很不方便。我们可以使用 Excel 中的筛选功能来缩小名称范围。单击【筛选】按钮，然后可以选择以下筛选选项。

- 清除筛选：选择此选项，撤销所有筛选。
- 名称扩展到工作表范围：选择此选项，查看以当前工作表为范围的名称。
- 名称扩展到工作簿范围：选择此选项，查看范围为当前工作簿的名称。
- 有错误的名称：选择此选项，仅查看那些有错误的名称，如#NAME?、#REF!或#VALUE!。
- 没有错误的名称：选择此选项，仅查看那些没有错误的名称。
- 定义的名称：选择此选项，查看 Excel 内置名称或被用户定义的名称（也就是说，我们不会看到那些 Excel 自动创建的名称，如表名称等）。
- 表名称：选择此选项，仅查看 Excel 创建的表名称。

2.2.7 编辑区域名称的坐标

如果想让已存在的区域名称用于另一组区域坐标，有以下两种方法可以实现。

- 移动区域。当我们移动区域的时候，Excel 会同时将名称一起移动。
- 如果想调整已存在区域的坐标或者将一个名称与不同的区域相关联，打开【名称管理器】对话框，单击想要改变坐标的名称，然后在【引用位置】文本框中输入区域坐标即可。

2.2.8 自动调整区域名称坐标

在电子表格中，向一行或一列中不断地加入数据是很常见的。例如，你在跟进一份进行中的工程的花费清单，或想要跟踪某种产品每日的销售额。从区域名称的角度来看，如果你一直在已选定的区域中输入数据是没什么问题的，因为 Excel 会根据新数据来自动调整区域坐标。但是，如果你一直在区域的最后输入新数据就不行了，那样你就需要手动调整区域坐标来将新数据包含进区域内。数据输入得越多，麻烦就越大。为了避免这种情况的发生，下面提供了两种解决方法。

方法 1：在区域的最后加入一个空白单元格。第一个解决方法是将区域命名并在最后加入一个额外的空白单元格。举例来说，区域 C4 到 C12 被命名为总计，其中 C12 就是一个空白单元格，如图 2.13 所示。

这种方法的好处就是当你每次在区域中间插入数据的时候，Excel 会自动调整“总计”这个名称对应的区域坐标，而空白的单元格还是会在区域的最下面，如图 2.14 所示。从图中可看到，中间增加了一行数，而选中的区域变成 C4：C13，其对应的区域名称仍然是“总计”。

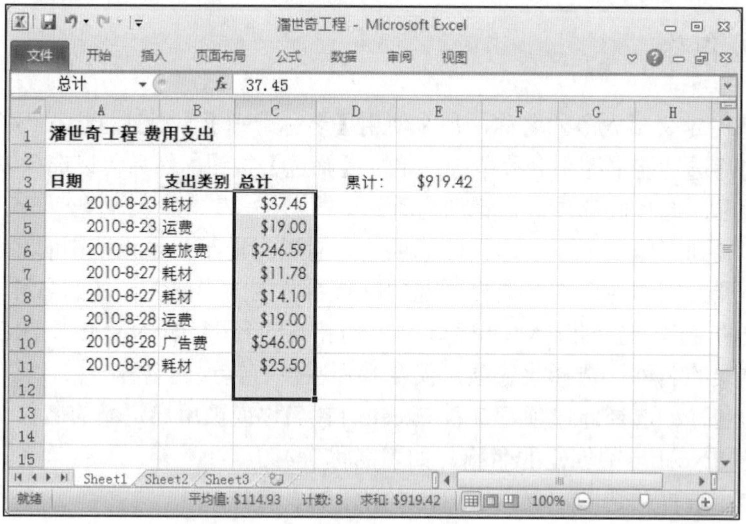

图 2.13 想要 Excel 自动调整区域名称坐标，可以在区域最后加入一个空白单元格

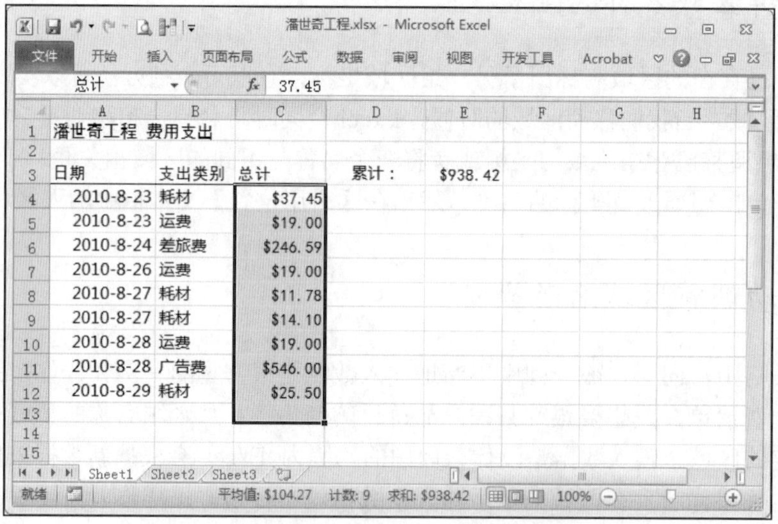

图 2.14 空白单元格仍在区域最下方

方法 2：命名整个行或列。更简便的方法是将要加入数据的整个行或列命名。首先选好行或列，在【名称框】中输入名称，然后按【Enter】键。使用这个方法，不管我们在行或列中加入什么数据，都会自动成为该区域的一部分。

警告：在使用方法 2 时，要插入数据的行或列中不能有其他相冲突的数据。举例来说，在我们要插入数据的那行里，有别的无关联的数字，这些数字也会被包含在区域名称中，而这些数字会妨碍我们在公式中使用该名称。

2.2.9　改变区域名称

如果需要改变一个或多个区域的名称，或者改变了一些行或列的标签，需要重新命名区域并删掉旧的名称，可以按照以下方法来做。

打开【名称管理器】对话框，选中需要改变的名称，然后单击【编辑】按钮，调出【编辑名称】对话框。在【名称】文本框中输入新的名称，单击【确定】按钮即可。

2.2.10　删除区域名称

如果我们不再需要一个区域名称，那么可以从工作表中删掉它，以避免杂乱。以下是必要的步骤。

1. 选择【公式】⇨【名称管理器】选项。
2. 选择想要删除的名称。
3. 单击【删除】按钮，此时会弹出确认删除的对话框。
4. 单击【确定】按钮。
5. 单击【确定】按钮。

2.2.11　区域名称的交集操作

如果有区域是重叠的，可以对重叠的区域进行交集操作。举例来说，图 2.15 所示的工作表有两个区域：C4 到 E9 和 D8 到 G11。那么对于交集单元格 D8 到 E9，可以用 C4:E9 D8:G11 来记录。

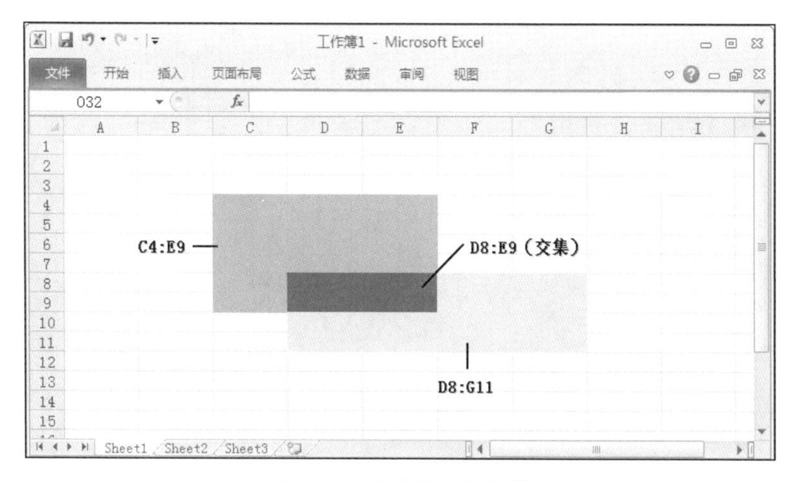

图 2.15　两片区域有交集

如果工作表中有已经命名了的区域，那么交集操作可以使得工作表更易读，因为我们可以通过单元格的行或列的名称来使用单独的单元格。例如，在图 2.16 中，C6 到 C10 被命名为一月，而 C7 到 F7 被命名为租金。那么它们的交集 C7 即为一月租金（请看单元格 I7）。

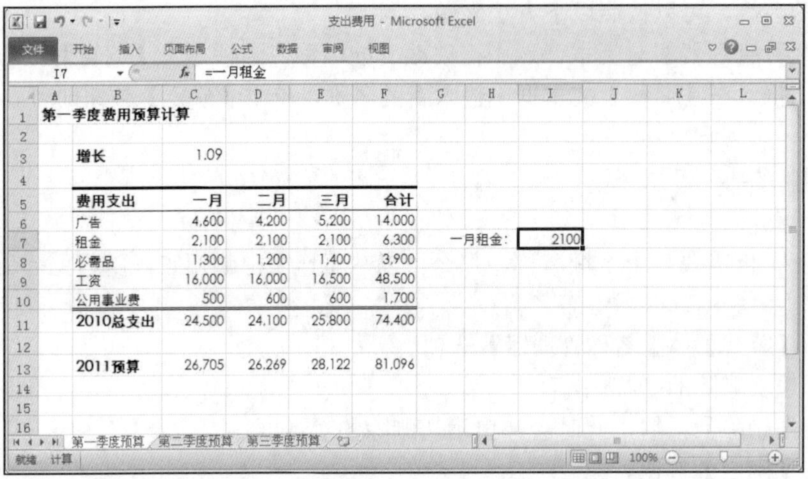

支出费用 - Microsoft Excel

I7 =一月租金

	A	B	C	D	E	F	G	H	I
1	第一季度费用预算计算								
2									
3		增长	1.09						
4									
5		费用支出	一月	二月	三月	合计			
6		广告	4,600	4,200	5,200	14,000			
7		租金	2,100	2,100	2,100	6,300		一月租金:	2100
8		必需品	1,300	1,200	1,400	3,900			
9		工资	16,000	16,000	16,500	48,500			
10		公用事业费	500	600	600	1,700			
11		2010总支出	24,500	24,100	25,800	74,400			
12									
13		2011预算	26,705	26,269	28,122	81,096			

第一季度预算 第二季度预算 第三季度预算

图 2.16 区域命名完毕后，可以给单独的单元格以行和列的标题来定义交集名称

警告：如果定义交集的时候 Excel 显示#NULL!，那说明你所定义的两个区域没有交集。

第 3 章　建立基本公式

工作表只不过是对数字和文本的收集，我们需要将这些众多条目都关联起来，而这就需要通过创建公式来进行计算并得到结果了。本章将带你学习一些公式的基础知识，包括建立普通的文本公式，了解运算符的优先级，复制和移动公式，以及使用区域名称来更简便地建立公式。

3.1　了解公式的基础知识

大部分工作表都是为了解决具体问题而创建的，如公司的利润如何？支出费用是否超出了预算以及超出了多少？某项投资的未来价值如何？本年度员工的分红有多少？这些以及更多的问题都可以通过 Excel 的公式来解决。

所有的 Excel 公式结构都大致相同：一个等号（=）外加一个或多个操作数。操作数可以是数据、单元格引用、区域、区域名称，以及函数名称。操作数由一个或多个运算符隔开。运算符是以某种方式混合了运算数的符号，例如加号（+）以及大于号（>）等。

注意：Excel 并不反对你在操作数和运算符之间使用空格。实际上这是一个很好的做法，因为在公式中使用空格可以更方便阅读。另外，Excel 同样也接受在公式中换行。如果公式很长的话，这是很方便的，公式可以分多行显示。想要在公式中换行，按【Alt】+【Enter】组合键即可。

3.1.1　Excel 公式中的一些数量限制

了解 Excel 公式在各方面的限制是个不错的主意，即使我们可能不会遇到这些限制。表 3.1 所示为 Excel 中公式的一些数量限制。

表 3.1　Excel 中公式的一些数量限制

项目	最大值
列	16,384
行	16,777,216
公式长度（字符）	8,192

续表

项目	最大值
函数参数	255
公式嵌套级	64
数列引用（行或列）	无限制
数据透视表列	16,384
数据透视表行	1,048,576
数据透视表领域	16,384
唯一透视表项目	1,048,576

可以使用括号括住公式嵌套级所涉及的数字然后将其嵌套在其他数字中。

→更多信息，请看“3.2.2　管理优先顺序”。

3.1.2　输入和编辑公式

在工作表中输入新的公式很简单，步骤如下。

1．选中想要输入公式的单元格。

2．输入一个等号（=），告诉 Excel 你准备输入公式了。

3．输入公式的操作数和运算符。

4．按【Enter】键来确认输入。

此外，Excel 还有以下 3 种不同的输入模式，用来解释某些键盘或鼠标操作。

■　当我们输入一个等号准备开始输入一个公式时，Excel 处于“输入模式”。此模式是用来输入文本的，例如操作数和运算符。

■　如果我们按了任意一个定位键，如向上翻页键、向下翻页键、任意方向键，或单击了工作表中的一个单元格，则此时 Excel 进入了“点模式”。这个模式是用来选择单元格或区域作为公式的操作数的。在“点模式”下，我们可以使用所有的区域选择方法。注意，在输入一个运算符或字符后，Excel 会立刻回到“输入模式”。

■　如果按【F2】键，那么 Excel 就进入了“编辑模式”，这个模式是用来修改公式的。举例来说，处于“编辑模式”时，我们可以使用左或右方向键来将光标移动到公式的某个部分，然后删除或插入字符。也可以单击公式内任意想要修改的地方，然后编辑公式。最后记得按【F2】键返回“输入模式”。

小贴士：想知道现在是什么模式，可以通过状态栏来查看。在左下角处，可以看到状态为“输入”“点”或“编辑”。

输入一个公式后，如果想要修改，Excel 提供了以下 3 种方法来进入“编辑模式”。

- 按【F2】键。
- 双击单元格。
- 使用公式栏，单击公式中任意想要修改的地方。

Excel 中的公式被分为了 4 组：运算、比较、文本以及引用。每组公式都有自己的运算符，使用起来也不尽相同。接下来的几小节将会告诉你如何使用每组公式。

3.1.3 使用运算公式

运算公式是最常见的公式。运算公式融合了数字、单元格以及函数结果，加上数学运算符，最后完成计算。表 3.2 总结了运算公式中会用到的运算符。

表 3.2　运算公式的运算符

运算符	名称	举例	结果
+	加法	=10+5	15
-	减法	=10-5	5
-	负数	=-10	-10
*	乘法	=10*5	50
/	除法	=10/5	2
%	百分比	=10%	0.1
^	幂	=10^5	100000

大部分运算符都很简单，不过幂需要进一步解释一下。公式“=x^y”的意思是，数据 x 的 y 次幂。例如，公式“=3^2”的结果是 9，也就是 3*3=9。同样地，公式 2^4 的结果为 16，即 2*2*2*2=16。

3.1.4 使用比较公式

比较公式是用来比较两个或多个数字、文本串、单元格内容或函数结果的指令。如果指令是正确的，那么结果会显示逻辑值“TRUE”（正确），即数据非零。如果指令错误，则结果会显示逻辑值“FALSE”（错误），相当于数据为零。表 3.3 总结了可以在比较公式中使用的运算符。

表 3.3　比较公式的运算符

运算符	名称	举例	结果
=	等于	=10=5	FALSE
>	大于	=10>5	TRUE

续表

运算符	名称	举例	结果
<	小于	=10<5	FALSE
>=	大于等于	=“a”>=“b”	FALSE
<=	小于等于	=“a”<=“b”	TRUE
<>	不等于	=“a”<>“b”	TRUE

比较公式有很多用处。举例来说，我们可以使用比较公式来对比一下销售员实际销售额与之前定的配额，以此来决定是否给这位销售员发奖金。如果实际销售额大于配额，那么当然要发放奖金给这位销售员了。我们还可以用比较公式来监控顾客信用。例如，如果一位顾客欠款逾期 150 天仍未还，我们就可以给代收欠款的公司发一份发票了。

3.1.5 使用文本公式

在前面两小节中讨论到的运算公式和比较公式是用来计算或者比较的公式，最终显示的是数据。而现在要讨论的文本公式最后会显示文本。文本公式通过运算符“&”来连接引号中的文本单元格、文本串，以及文本函数结果。

文本公式的用处之一是连接文本串。举例来说，如果我们在单元格中输入公式“="soft" & "ware"”，那么显示出来的会是“software”。注意引号和&不会出现在结果中。我们也可以使用&来合并包含文本的单元格。例如，如果 A1 包含文本“李磊”，A2 包含文本“韩梅梅”，那么输入公式“=A1&"和"&A2”，最后会显示“李磊和韩梅梅”。

→关于文本公式的其他应用，请看“第 7 章　使用文本函数”。

3.1.6 使用引用函数

引用函数会将两个引用单元格或区域合并为一个联合体。表 3.4 总结了可以在引用函数中使用的运算符。

表 3.4　引用公式的运算符

运算符	名称	描述
:（冒号）	区域	通过两个引用单元格创建区域，如 A1 到 C5
（空格）	交集	通过两个区域的交集来创建区域，如 A1 到 C5 和 B2 到 E8 的交集
,（逗号）	合并	通过合并两个区域来创建区域，如合并 A1 到 C5 和 B2 到 E8

3.2　了解运算符的优先级

我们可能会使用很简单的公式——只包含两个数据和一个运算符的公式。不过，我们所使用的大部分公式都是包含很多数字和运算符的。在这些比较复杂的式子里，计算的顺序是非常重要的。举例来说，在公式“=3+5^2”中，如果按从左往右的顺序依次计算，那么结果是 64（3+5=8，8^2=64）。但如果先计算幂再计算加法，结果就会是 28（5^2=25，3+25=28）。正如此例所示，计算的顺序不同，一个公式可以有多种答案。

为解决这个问题，Excel 中有一个预先规定的优先顺序，这个优先顺序明确规定了在公式中，哪些计算先进行，哪些随后，哪些最后。

3.2.1　优先顺序

Excel 中的优先顺序是由我们之前提到过的大量的运算符来决定的。表 3.5 总结了 Excel 中的优先顺序。

表 3.5　Excel 中的优先顺序

运算符	运算	优先顺序
:	区域	第一
（空格）	交集	第二
,	合并	第三
-	负数	第四
%	百分比	第五
^	幂	第六
* 和 /	乘和除	第七
+ 和 -	加和减	第八
&	并置	第九
=、<、>、<=、>=、<>	比较	第十

从上表中我们可以看出，幂是优先于加法的。所以，在之前的例子“=3+5^2”中，正确的结果应该是 28。另外，一些运算符具有同样的优先顺序，如乘法和除法，也就是说，对那些运算符来说，顺序并不是很重要。例如，在公式“=5*10/2”中，如果我们先算乘法，那么结果是 25（5*10=50，50/2=25）；如果先算的是除法，结果也是 25（10/2=5，5*5=25）。按惯

例，在相同优先顺序的情况下，Excel 会按照从左到右的顺序进行计算。所以，创建公式时要设想好计算的顺序。

3.2.2 管理优先顺序

有的时候，我们会想不按照规定的优先顺序来计算。举例来说，假设我们想创建一个公式来计算某个项目的税前成本。买了一个东西花费 10.65 美元，其中包括 7%的税，现在想计算减去税之后的钱，那么可以使用公式“=10.65/1.07”，得到正确的结果为 9.95 美元。一般来说，公式应该为总支出除以 1 加上税率，如图 3.1 所示。

$$\text{税前支出} = \frac{\text{总支出}}{1 + \text{税率}}$$

图 3.1 计算税前支出的一般公式

图 3.2 显示的是此公式的使用情况。单元格 B5 为参数“总支出”，B6 是参数“税率”。有了这些参数，我们的第一反应大概是使用公式“=B5/1+B6”。公式在单元格 E9 中显示，结果会显示在 D9 中。正如我们所见到的，此结果是错误的。为什么会这样呢？因为根据顺序规则，除法会先于加法计算，即 B5 中的值会首先除以 1，然后再加上 B6 中的值。想得到正确的结果，我们需要改变优先顺序，让加法 1+B6 先计算。此时可以用括号将需要优先计算的部分括起来，如图中单元格 E10 所示，然后正确的结果就会出现在 D10 中了。

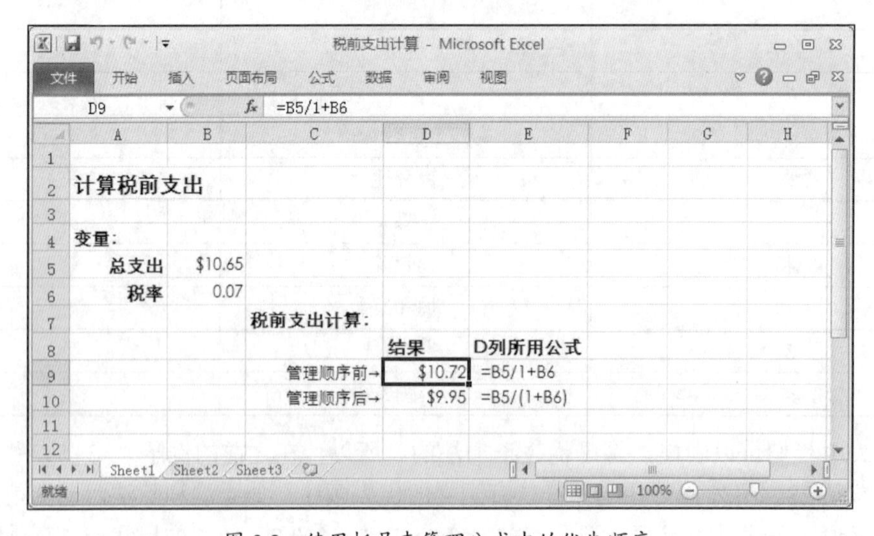

图 3.2 使用括号来管理公式中的优先顺序

小贴士：注意在图 3.2 中，单元格 E9 和 E10 中的公式是以文本形式显示的，只需在公式前加一个撇号（'）即可，如下所示：

```
'=B5/1+B6
```

一般来说，我们可以使用括号来管理公式的计算顺序。括号内的部分通常是先计算的，括号外的按照优先顺序依次计算。

小贴士：括号的另一个用法是将数字升为分数幂。例如，如果我们想求某数字的 N 次根，可以使用以下公式：

```
=数字 ^ (1 / N)
=A1 ^ (1 / 3)
```

为了更好地管理公式，我们可以在括号里套括号，即括号嵌套。最里面的括号里的部分将会被优先计算。以下是一些公式举例：

公式	第一步	第二步	第三步	结果
3^(15/5)*2-5	3^3*2-5	27*2-5	54-5	49
3^((15/5)*2-5)	3^(3*2-5)	3^(6-5)	3^1	3
3^(15/(5*2-5))	3^(15/(10-5))	3^(15/5)	3^3	27

注意，在括号内优先顺序规则同样存在。例如，在式子（5*2-50）中，5*2 是优先于减法计算的。

使用括号来决定计算顺序可以让我们更好地管理公式，能确保所得到的结果是我们想要的。

警告：使用括号时，最常犯的一个错误就是忘记用右括号将公式括起来。如果这样的情况发生，那么 Excel 会生成一个错误报告并提出一个解决方案。为确保将所有的公式都括起来，记得数一下左右括号。如果数目不符，那就是忘记添加某个括号了。

3.3　管理工作表运算

当我们确认输入的数据时，Excel 就会根据公式进行运算。此外，当数据改变时，Excel 会自动地重新计算。对比较简单的工作表来说，这样很方便。但是如果我们面对的是一个很复杂的模型，那么重新计算会花费我们不少时间。不想要 Excel 自动重新计算的话，可以使用以下两个方法。

- 选择【公式】⇨【计算选项】选项。

■ 选择【文件】⇨【选项】选项，然后单击【公式】选项卡。

不管是使用以上哪个方法，都会有以下 3 个计算选项。

■ 【自动】(第二种方法为【自动重算】)：默认方式。当我们输入数据或修改数据后，Excel 会马上重新计算。

■ 【除模拟运算表外，自动重算】：在这种模式下，除模拟运算表外，Excel 会将其余所有公式自动重新计算。如果我们的工作表中有一个或多个数据非常多的模拟运算表，这会是一个很好的选择，因为可以防止重新计算造成速度降低。

■ 【手动】(第二种方法为【手动重算】)：使用这种模式的话，Excel 不会自动进行任何重新计算，直到我们保存工作表或手动计算。或者我们可以调出【Excel 选项】对话框，然后取消选中【保存工作簿前重新计算】复选框（选择【文件】⇨【选项】⇨【公式】选项，在【计算选项】选项组下），这样 Excel 也不会自动重新计算。

当【手动】计算模式开启时，不论是工作表数据发生变化还是公式结果被更新，状态栏处都会显示“计算”字样。当我们需要重新计算的时候，先要打开【公式】菜单，在【计算】选项组处，有以下两个选项供选择。

■ 单击【开始计算】按钮或按【F9】键，每个开放的工作表都会被重新计算。

■ 单击【计算工作表】按钮或按【Shift】+【F9】组合键，当前活动工作表会被重新计算。

小贴士：如果想把所有公式都重新计算一遍，包括那些没有数据改变的公式，可以按【Ctrl】+【Alt】+【Shift】+【F9】组合键。

当【手动】计算模式开启，但你仅想重新计算工作表的一部分时，有以下两个选项可供选择。

■ 重新计算单个公式时，选好包含此公式的单元格，选择公式栏，然后单击【确定】按钮或按【Enter】键。

■ 重新计算区域时，先选好整个区域，然后选择【开始】⇨【查找和选择】⇨【替换】选项，或者按【Ctrl】+【H】组合键。在【查找内容】和【替换为】文本框中都输入等号（=），单击【全部替换】按钮，此时 Excel 会将每一个公式的等号都替换掉。其实这样做没有改变任何数据，只是强行让 Excel 重新计算了所有的公式而已。

小贴士：Excel 支持多重处理器或多核处理器计算机中的多线程计算。它会为每一个处理器或核提供一条单独的线路来分别执行任务，此时每一条可用的线路可以同时进行多线程计算。对包含多重独立公式的工作表来说，这样可以显著地提升计算速度。想要使用多线程计算，可以选择【文件】⇨【选项】⇨【高级】选项。在【公式】选项组下，确保【启用多线程计算】复选框已被选中即可。

3.4　复制和移动公式

移动包含公式的区域和移动普通区域的方法是一样的，不过得出的结果并不总是正确的。

举例来说，图 3.3 所示为某公司支出费用明细。单元格 C11 中使用了函数“SUM( )”来计算 C6 到 C10，也就是一月份的费用支出，而在工作表的下面我们准备根据 2010 年的实际总支出及增长率来计算 2011 年的预算支出。单元格 C3 显示的是参数“增长”，为 1.03。单元格 C13 中是计算 2011 年一月份预算支出的公式，为 2010 年的总支出乘以增长率，即“=C11*C3”。

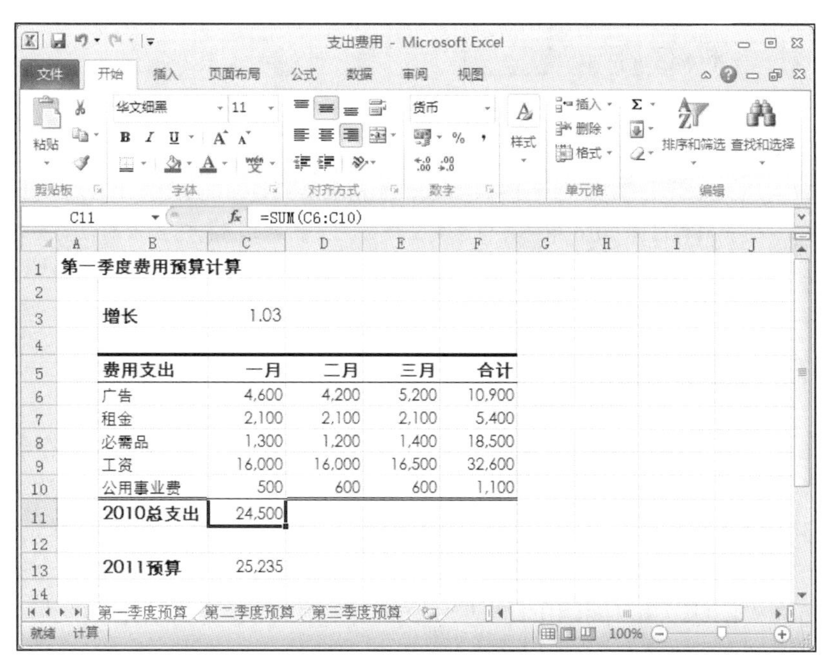

图 3.3　预算支出工作表中，对一月份的数字的两次计算：单元格 C11 中的总支出和单元格 C13 中的下一年增长率

下一步就是要计算 2010 年的总支出和 2011 年的预算支出了。我们可以输入新公式，不过复制单元格会更快些。图 3.4 所示即为从单元格 C11 中复制内容到单元格 D11 后的结果。正如我们所见，Excel 调整了函数“SUM()”的区域，所以在单元格 D11 中，计算的只有 D6 到 D10 的二月份的支出。Excel 怎么会知道要自动调整呢？在接下来的小节里，我们会讨论到 Excel 的相对引用格式，从中你就可以找到答案了。

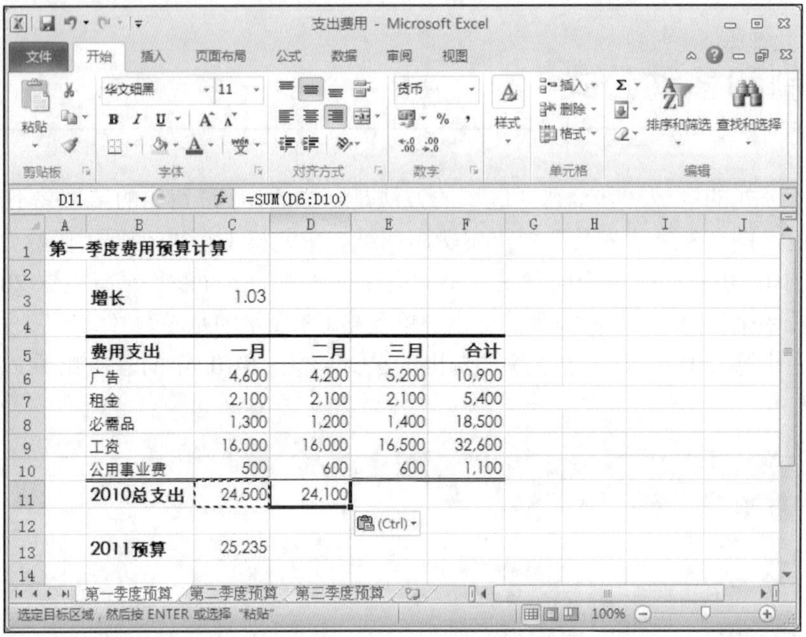

支出费用 - Microsoft Excel

D11　=SUM(D6:D10)

第一季度费用预算计算

	费用支出	一月	二月	三月	合计
3	增长	1.03			
5	费用支出	一月	二月	三月	合计
6	广告	4,600	4,200	5,200	10,900
7	租金	2,100	2,100	2,100	5,400
8	必需品	1,300	1,200	1,400	18,500
9	工资	16,000	16,000	16,500	32,600
10	公用事业费	500	600	600	1,100
11	2010总支出	24,500	24,100		
13	2011预算	25,235			

第一季度预算　第二季度预算　第三季度预算

选定目标区域，然后按 ENTER 或选择“粘贴”

图 3.4　当我们将计算 2010 年一月份总支出的公式复制到二月份总支出的位置处时，Excel 自动调整了引用单元格

3.4.1　了解相对引用格式

当我们在公式中引用一个单元格的时候，Excel 会将此单元格与公式的存储单元对应起来。举例来说，假设在单元格 A3 中有一个公式“=A1*2”，对 Excel 来说，这个公式的意思是：此单元格（此处即单元格 A3）的值等于以上两行处的单元格（此处即单元格 A1）的内容乘以 2。这个就叫作“相对引用格式”，是 Excel 的默认格式。这就意味着如果我们复制这个公式到单元格 A4，那么相对引用的仍是“此单元格以上两行处的单元格的内容乘以 2”，不过此时公式变为了“=A2*2”，因为现在 A4 以上两行处的单元格是 A2 了。

图 3.4 显示的就是公式移动后还可以正常使用，我们需要做的仅仅是把公式从单元格 C11 复制到 D11 中。想要得出三月份的支出金额，只需将同样的公式粘贴到单元格 E11 中就行了。你会发现，在你制作工作表模型时，这个复制操作节省了大量的时间。

不过，复制或移动公式时一定要多加注意。现在让我们回到费用支出工作表中，复制单元格 C13 到 D13 来求 2011 年二月的预算支出。你会发现，结果居然是 0，如图 3.5 所示。

这是怎么回事呢？公式栏告诉了我们问题所在：新的公式是“=D11*D3”。单元格 D11 是二月份的支出没有错，但是 D3 却不是 C3 中的数据“增长”，而是一个空白单元格。Excel 会将所有空白单元格看作 0，于是新公式的结果就是 0 了。问题的关键所在就是相对引用格

式。当公式被复制时，Excel 会认为新公式引用的单元格应该是 D3。想要解决这个问题，你需要了解另一个格式——绝对引用格式，我们将在下一小节中讨论到。

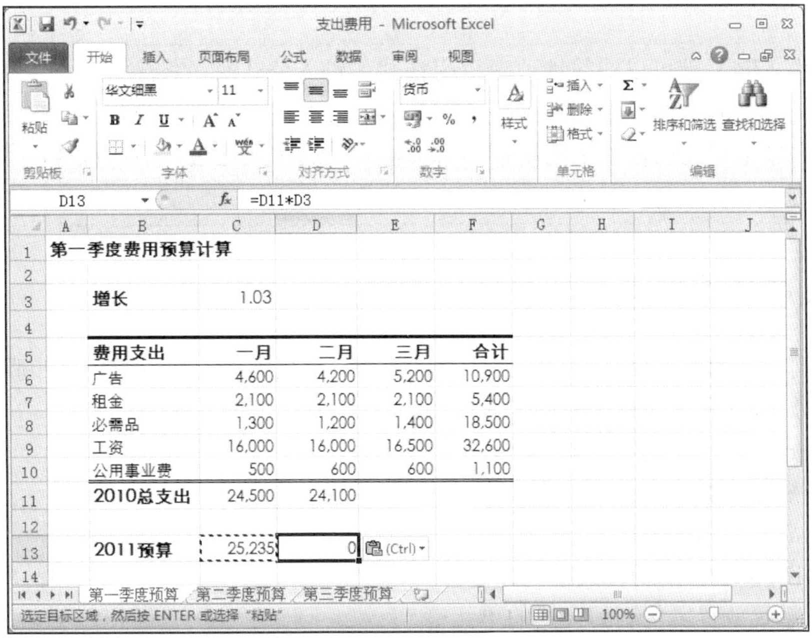

图 3.5　将 2011 年一月份预算公式复制到二月份预算处时发生了问题

注意：移动公式时以上的相对引用格式问题不会出现，因为 Excel 会认为你需要引用原有单元格中的数据。

3.4.2　了解绝对引用格式

当我们使用绝对引用格式引用单元格时，Excel 会引用此单元格的物理地址。在单元格地址的行和列前面加一个美元符号（$）就可以使用绝对引用格式了。让我们回到上一小节的例子中，Excel 会将公式“=$A$1*2”解释为“单元格 A1 中内容乘以 2”，所以不论你是要复制还是移动这个公式，单元格引用的内容都不会改变。这种情况下，单元格的地址即为已锁定的。

想在之前的支出费用工作表中得到正确的预算支出数字，我们需要将“增长”锁定。首先要将单元格 C13 中的 2011 年一月份预算公式改变为“=C11*$C$3”，然后复制此公式到 2011 年二月份预算公式列中，此时新的公式会变为“=D11*$C$3”，最后得出的就是正确的结果了。

需要知道的是，我们还可以使用混合引用格式。在这种格式下，可以只在行前加一个美元符号来锁定行坐标，如 B$6；或仅在列前加一个美元符号来锁定列坐标，如$B6。

警告： 大部分区域名称被引用时是绝对格式。也就是说，当我们复制的公式中包含区域名称时，复制后的公式会使用和源公式中一样的区域。这有时候会在工作表中造成错误。

小贴士： 使用【F4】键可以快捷地改变引用格式。输入公式时，将光标移动到单元格地址的左边或行和列数据的中间位置，然后按【F4】键，几种格式会循环出现，选择需要的格式即可。如果想在多重单元格地址中使用新的引用格式，选中此地址，然后按【F4】键，选中需要的格式即可。

3.4.3 复制公式但不调整相对引用

如果我们想复制一个公式但又不想让公式的相对引用改变，可以按以下步骤操作。

1. 选择好包含所需要的公式的单元格。
2. 在公式栏中单击选中此单元格。
3. 使用鼠标或键盘选中整个公式。
4. 复制高亮显示的公式。
5. 按【Esc】键取消对公式栏的选定。
6. 选中想要放置所复制的公式的单元格。
7. 粘贴公式。

小贴士： 还有两种方法可以在不调整相对引用的情况下复制公式，如下所示。

■ 如果要复制的公式位于当前单元格上方，可以直接按【Ctrl】+【'】（撇号）组合键。

■ 将公式转换成文本。选中公式栏，并在公式的起点处，即等号的左边输入“'”（撇号），按【Enter】键确定。复制此单元格，然后粘贴到预定位置。最后，删掉源单元格和目标单元格内的撇号，让文本转换回公式。

3.5 显示工作表公式

在默认的情况下，单元格中显示的是公式的结果，而非公式本身。如果想看到公式，需要选中单元格然后在公式栏中查看。不过有时候我们想在工作表中查看所有公式，以便消除工作中的疏漏或错误。此时可以选择【公式】⇨【显示公式】选项，所有的公式都会显示在单元格内。

小贴士： 也可以按【Ctrl】+【 `】（反单引号，一般位于键盘左上角，数据键“1”的左边，其上档符号是“～”）组合键来切换显示数据和公式。

3.6　转换公式为数据

如果单元格中的公式的值是恒定的，那么我们可以把此公式转换为数据。这样做不仅加快了工作表的重新计算速度，而且将我们的记忆从工作表中解放了出来，毕竟数据比公式好记多了。举例来说，工作表中公式的值是上一个财务年的数据，因为这些数据不会再改变了，所有我们可以放心地将这些公式转换为数据，步骤如下。

1．选中包含想要转换的公式的单元格。

2．双击此单元格或按【F2】键来对单元格进行编辑。

3．按【F9】键。此时公式转换成了数据。

4．按【Enter】键或单击【确定】按钮。

公式的结果在很多地方都需要用到。举例来说，单元格 C5 中有一个公式，我们可以在别的单元格内输入“=C5”来使用此公式的结果。如果公式的结果经常会变，这将是使用公式结果的最佳方法，因为 Excel 会自动在别的单元格里更新此结果。不过，如果确定结果不会改变，那么我们可以只复制公式的结果到别的单元格里，步骤如下。

警告：如果工作表设置为手动计算，要保证在复制公式数据前，按【F9】键更新了公式。

1．选择包含公式的单元格。

2．复制单元格。

3．选择一个或多个想要复制公式的结果的单元格。

4．选择【开始】菜单，展开【粘贴】下拉列表，然后选择【粘贴数值】选项。此时 Excel 会将源单元格内的值粘贴到所选定的每个单元格中。

另一个方法是从 Excel 2003 时起就有的，即复制单元格，将其粘贴到目标单元格内，单击【粘贴选项】中的【值】选项。

3.7　在公式中使用区域名称

在“第 2 章　使用区域名称”中，我们学过如何在工作表中定义并使用区域名称。但其实，区域名称在公式中也会经常被用到。毕竟，一个包含“=销售-支出”这样的公式比仅包含模糊的几个代码的公式，如“=F12-F3”这样的容易理解多了。在接下来的几小节中，你将学到一些在公式中使用区域名称的小窍门。

3.7.1 将名称粘贴到公式中

在公式中输入名称的方法之一是在公式栏里输入。不过，如果不记得那个名称了或者名称太长、时间太紧该怎么办呢？别担心，Excel 提供了很多方法来解决这个问题，可以让我们从列表中选择想要的名称并粘贴到合适的地方去。开始输入一个公式，到需要输入名称的时候，就可以使用以下几个小窍门。

■ 选择【公式】⇨【用于公式】选项，然后在出现的下拉列表中选择合适的名称即可，如图 3.6 所示。

图 3.6 在【用于公式】下拉列表中选择需要插入公式的名称

■ 选择【公式】⇨【用于公式】⇨【粘贴名称】选项，或按【F3】键，在弹出的【粘贴名称】对话框中选择需要的名称，单击【确定】按钮。

■ 输入名称的头一两个文字或字母，然后在显示的列表中选择需要的名称，最后按【Tab】键即可。

3.7.2 在公式中应用名称

如果我们在公式中先使用了名称，然后进行命名，则这些名称不会自动显示在公式中。

想要让 Excel 代替我们完成手动输入名称的工作，可以按以下的步骤进行操作。

1．选择将要应用名称的区域。或者如果想要在整个工作表中应用名称，则选择单独的单元格。

2．选择【公式】⇨【定义名称】⇨【应用名称】选项，此时弹出【应用名称】对话框，如图 3.7 所示。

图 3.7　使用【应用名称】对话框来选择应用于公式区域的名称

3．在【应用名称】列表中选择需要的名称。

4．选中【忽略相对/绝对引用】复选框，在应用名称时忽略此两种引用。（后文我们将会更详细地讨论相对引用和绝对引用。）

5.【应用行/列名】复选框是用来在规定应用名称时，设置是否使用工作表行或列的名称。如果选中了此复选框，可以单击【选项】按钮来进行更多的选择。（后文将会有更详细的讨论。）

应用名称时忽略相对引用和绝对引用

如果我们取消选中【应用名称】对话框中的【忽略相对/绝对引用】复选框，那么仅当名称为相对引用的时候，Excel 才会替代相关区域引用名称。同理，只有名称是绝对引用的时候，Excel 才会替代绝对区域引用名称。如果选中了此复选框，那么在公式中应用名称的时候，Excel 会忽略掉相对和绝对引用格式。

举例来说，假设我们有一个公式“=SUM(A1:A10)”，区域$A$1:$A$10 被命名为“销售”。如果【忽略相对/绝对引用】复选框未被选中，那么 Excel 将不会在此公式中应用这个名称，因为“销售”是绝对引用模式，而此公式属于相对引用。除非你准备将公式移来移去，否则还是将【忽略相对/绝对引用】复选框选中为好。

应用名称时使用行或列的名称

为了使公式更清楚，最好是把【应用名称】对话框中的【应用行/列名】复选框选中，这样 Excel 会将引用的所有可以用行和列的交集命名的区域重新命名。例如，将区域 C6 到 C10 命名为“一月”，C7 到 E7 命名为“租金”，如图 3.8 所示。这就意味着单元格 C7，也就是以上两个区域的交集，会被引用为“一月租金”。

	A	B	C	D	E	F
1	第一季度费用预算计算					
2						
3		增长	1.03			
4						
5		费用支出	一月	二月	三月	合计
6		广告	4,600	4,200	5,200	14,000
7		租金	2,100	2,100	2,100	6,300
8		必需品	1,300	1,200	1,400	3,900
9		工资	16,000	16,000	16,500	48,500
10		公用事业费	500	600	600	1,700
11		2010总支出	24,500	24,100	25,800	74,400

图 3.8 在公式中应用区域名称前，单元格“租金总计”，即 F7 中包含公式“=C7+D7+E7”

在图 3.8 中，单元格“租金合计”，即 F7 中包含公式“=C7+D7+E7”。如果我们在工作表中应用此区域名称并选中了【应用行/列名】复选框，那么我们预计公式会变成以下形式：

```
=一月租金+二月租金+三月租金
```

但实际上，如果你确实那么做了，会发现根本不是那么回事，如图 3.9 所示。

	A	B	C	D	E	F
1	第一季度费用预算计算					
2						
3		增长	1.03			
4						
5		费用支出	一月	二月	三月	合计
6		广告	4,600	4,200	5,200	14,000
7		租金	2,100	2,100	2,100	6,300
8		必需品	1,300	1,200	1,400	3,900
9		工资	16,000	16,000	16,500	48,500
10		公用事业费	500	600	600	1,700
11		2010总支出	24,500	24,100	25,800	74,400
12						
13		2011预算	25,235	24,823	26,574	76,632

图 3.9 应用区域名称后，单元格“租金合计”中的公式变为了“=一月+二月+三月”

原来如果名称在同一行的话，Excel 会省略掉行名称。例如在单元格 F7 中，行名称“租金”就被省略掉了。同理，同一列的名称也会被省略掉。

省略行名在小的模型下不成问题，但因为看不到行名，所以如果是在很大的工作表中，则会造成困惑。因此，在大的工作表中应用名称时，最好不要省略行名。

在【应用名称】对话框中单击【选项】按钮，展开的内容中有更多的选项可以供我们在应用名称时选择，如图 3.10 所示。

■ 【同列省略列名】：应用名称时取消选中此复选框，列名不会被省略。

■ 【同行省略行名】：应用名称时取消选中此复选框，行名不会被省略。

■ 【名称次序】：此选项用来选择名称引用次序，如【先行后列】或【先列后行】。

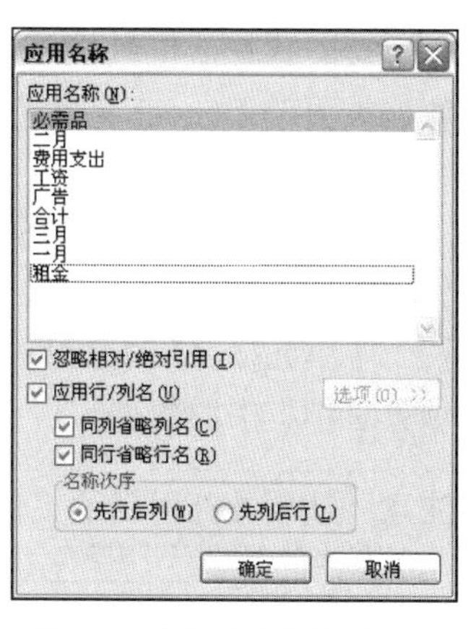

图 3.10 【应用名称】对话框

3.7.3 命名公式

在第 2 章中，我们学习了命名时常用的内容，其实也可以为常用的公式命名。正如内容一样，公式一般也不会显示在单元格中。这不仅能节省内存，同时也让我们的工作表更易读。以下的步骤会告诉你如何命名公式。

1. 选择【公式】⇨【定义名称】选择，展开【新建名称】对话框。
2. 在【名称】文本框中输入想要定义的公式名称。
3. 在【引用位置】文本框中输入和在工作表中一样的公式。
4. 单击【确定】按钮。

现在我们可以在工作表中输入公式名称而不是公式本身了。举例来说，在以下计算球体体积的公式中，“r”代表球体的半径：

$$4\pi r^3 / 3$$

假设此时工作簿中有一个单元格叫作“半径”，然后我们将一个公式命名为“球体体积”。那么此时可以在【引用位置】文本框中输入如下公式，其中“PI()”是 Excel 工作表函数，将会返回 Pi 值，即圆周率：

```
=(4 * PI() * 半径 ^ 3) / 3
```

3.8 在公式中使用链接

如果想将一个工作簿中的数据应用于另一个工作簿中，我们可以在两个工作簿中建立一个链接，这样就可以在公式中引用另一个工作簿中的单元格或区域了。如果所引用工作簿的数据被更改，Excel 会自动进行更新。

举例来说，图 3.11 所示为两个已链接的工作簿。工作簿“2011 年预算总结”中的工作表“预算总结”中包含另一个工作簿“2011 年预算”中的工作表的数据。具体来说，工作簿“2011 年预算总结”中单元格 B2 中的公式包含外部引用，即工作簿“2011 年预算”中的工作表“详情”中单元格 R7 的数据。如果 R7 中的数据被更改，那么 Excel 会立刻更新工作簿“2011 年预算总结”中的数据。

注意：使用外部引用的工作簿叫作从属工作簿，包含原始数据的工作簿叫作源工作簿。

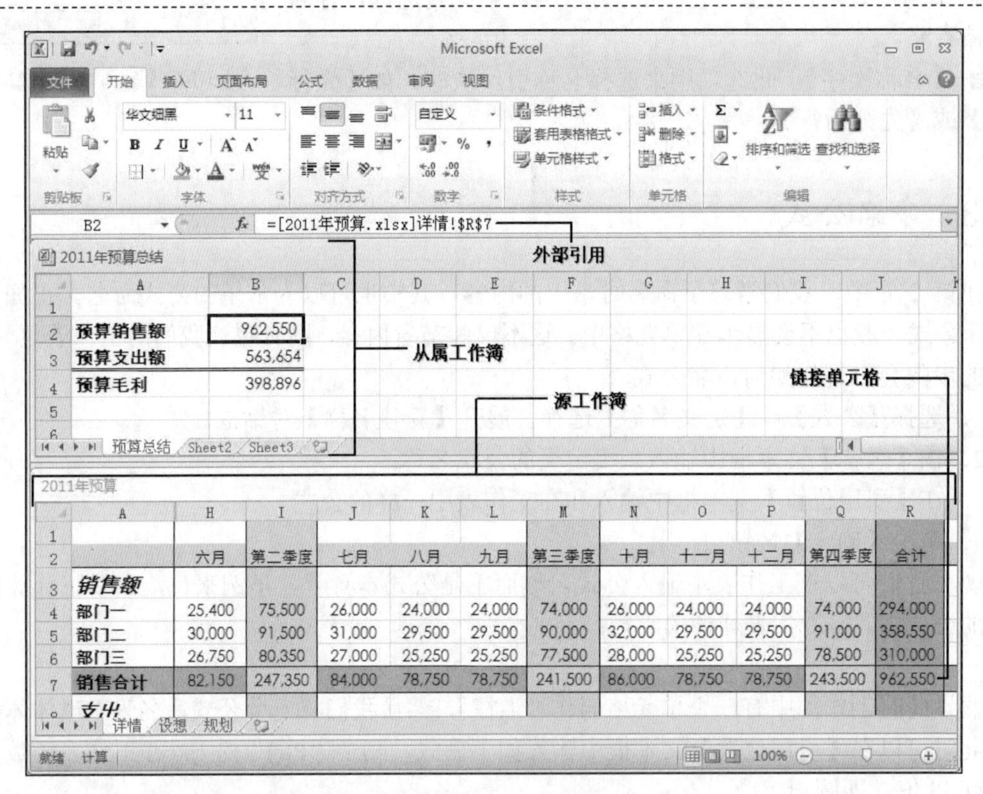

图 3.11　两个已链接的工作簿。工作簿“2011 年预算总结”中单元格 B2 内的公式引用了工作簿“2011 年预算”中单元格 R7 的数据

3.8.1　了解外部引用

其实外部引用链接没什么难度。只要在引用的时候包含另一个工作簿或同一个工作簿但不同工作表中的单元格或区域，外部引用链接就建立起来了。例如在图 3.11 中，在工作表“预

算总结”的单元格 B2 中输入一个等号，然后单击工作表“详情”中的单元格 R7 就可以了。不过，我们需要适应一下外部引用的格式。其语法如下：

```
'路径[工作簿名称]工作表名称'! 引用
```

路径：工作簿位置的驱动和索引。它可以是本地路径、联网路径，还可以是因特网地址。只有当要引用的工作簿被关闭的时候才需要写入路径。

工作簿名称：工作簿名称规定了一个范围，一般来说都用方括号（[]）括起来。如果所引用的是同一个工作簿中不同工作表的单元格或区域，那么工作簿名称可以省略。

工作表名称：如果引用的是同一个工作簿中已定义的名称，则工作表名称可以省略。

引用：所引用的单元格或区域，或者是已定义的名称。

举例来说，如果我们关闭了工作簿“2011 年预算”，那么 Excel 会根据文件的实际路径，自动调整图 3.11 所示的外部引用路径：

```
=' C:\Users\Paul\Documents\[2011 年预算. xlsx]详情'! $R$7
```

注意：仅当要引用的工作簿被关闭，或路径、工作簿名称、工作表名称中包含空格的时候，才需要在这些名称和路径周围使用单引号。或者，如果你不是很确定，那么可以在任何地方都使用单引号，Excel 会忽略掉这些单引号，因为它们不是必需的。

3.8.2　更新链接

链接的功能是避免在多重工作表中重复添加公式或数据。如果一个工作簿中包含我们所需要的信息，那么我们可以运用链接来直接引用这些数据，而不必在另一个工作簿中再次引用。

不过，为了更方便，从属工作簿总是会如实反映出源工作簿的实际数据。这可以通过更新链接来确定。

■　如果从属工作簿和源工作簿都处于打开状态，那么无论源文件夹中的数据在何时被更改，Excel 都会自动更新。

■　如果源工作簿是已打开的，此时打开从属工作簿，Excel 也会自动更新链接。

■　如果源工作簿处于关闭状态，此时打开从属工作簿，Excel 信息栏中会出现一个“安全警告”，显示“已禁止自动更新链接”。这种情况下，单击旁边的【启用内容】按钮即可。

小贴士：如果你的表格没有涉及第三方工作簿或别的不完全信任的工作簿，那么你应该将其设置为总是信任自己的工作簿，这样 Excel 会自动进行链接更新。选择【文件】⇨【选项】⇨【信任中心】选项，然后单击【信任中心设置】按钮。在弹出的【信任中心】对话框中，选择【外部内容】选项，然后选择【启用所有数据连接】选项，然后依次单击【确定】按钮即可。

■　如果打开从属工作簿的时候没有进行链接更新，你可以随时进行设置。选择【数据】⇨【编辑链接】选项，在弹出的【编辑链接】对话框中，选中需要的链接，然后单击【更新值】按钮，如图 3.12 所示。

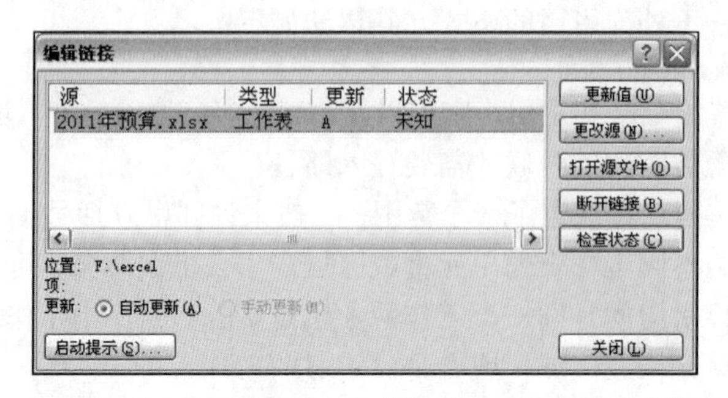

图 3.12　使用【编辑链接】对话框来更新所链接的源工作簿的数据

3.8.3　改变链接源

如果源文件改变了名称，那么我们需要编辑链接以确保数据是最新的。此时，可以直接编辑外部引用，或者更改源文件，步骤如下。

1. 在从属工作簿中，选择【数据】⇨【编辑链接】选项，打开【编辑链接】对话框。
2. 选中想要使用的链接。
3. 单击【更改源】按钮，此时【更改源】对话框出现。
4. 找到并选择新的源文件，然后单击【确定】按钮回到【编辑链接】对话框。
5. 单击【关闭】按钮回到工作簿中。

3.9　格式化数字、日期和时间

增强工作表可读性的最好方法之一就是让数据处于一种逻辑的、一致的、直接的状态。金额前面加上货币符号，百分比后面添上百分号，大的数字用逗号分隔开等，这些都是改进工作表的好方法。

本节将会介绍如何使用 Excel 内置格式化选项来格式化数字、日期及时间。你同样也可以学到建立自定义格式的方法，来使对工作表数据的控制最大化。

3.9.1　数字显示格式

当我们在工作表中输入数字的时候，Excel 会将位于前面或后面的所有零去掉，如 0123.4500 会显示为 123.45。此显示规则也有例外，当我们输入的数字比所在单元格宽的时候，

Excel 一般会扩大列宽来使之与数字长度相符。不过，在某些情况下，Excel 会根据四舍五入规则来修改小数点后面的数字，例如，数字 123.45678 可能会显示为 123.4568。需要注意的是，在这种情况下，数字只是表面被修改了，实际并未改变。

在默认情况下，当我们创立工作表时，每个单元格都是使用这种格式的，我们称之为常规数字格式。如果想让自己的数字以不同的格式出现，可以从 Excel 的 7 种数字格式选项里选择一种：数值、货币、会计专用、百分比、分数、科学记数，以及特殊。

- 数值格式——数值格式由 3 部分组成：小数位数（0～30），是否使用千位分隔符（,），以及负数的显示。关于负数的显示，我们可以选择括号括起来并有红色减号的格式，也可以选择由红色括号括起来的格式。
- 货币格式——货币格式和数值格式差不多，只是会强制使用千位分隔符。我们可以从货币符号选项中选择所要显示的货币符号，如¥、$等。
- 会计专用格式——在会计专用格式下，我们可以选择小数位数，以及所显示的货币符号。如果使用美元符号，那么单元格中的数字会以左对齐方式排列。此种格式下，所有负数都会被括号括起来。
- 百分比格式——在百分比格式下，数字会被乘以 100 并在右边显示百分号（%）。例如，.506 会显示为 50.6%。此种格式下，可以选择小数位数，从 0 到 30 位都可以。
- 分数格式——此格式让我们可以用分数形式来表示小数。有 9 种格式，包括以 2、4、6、8、10 及 100 等为分母。
- 科学记数格式——此格式显示了小数点左边最重要的数字，小数点右边 2 到 30 位的小数位数，以及指数。所以，123000 会显示为 1.23E+05。
- 特殊格式——特殊格式是专为特殊情况设计的格式集合。以下为特殊格式的列表及一些例子：

格式	**输入的数字**	**显示的格式**
邮政编码	12345	012345
中文小写数字	12345	一万二千三百四十五
中文大写数字	12345	壹万贰仟叁佰肆拾伍

改变数字格式

格式化数字最好的方法就是在输入的时候就指定好格式。举例来说，如果我们输入时以美元符号（$）开头，那么 Excel 会自动使用货币格式。同样地，如果我们在数字后面输入百分号（%），那么 Excel 也会自动将此数字认为是百分数。下面是更多的例子，注意在输入负数的时候可以使用负号（-）或者括号。

输入的数字	**显示的数字**	**使用的格式**
$1234.567	$1,234.57	货币
($1234.5)	($1,234.50)	货币
10%	10%	百分比

123E+02	1.23E+04	科学记数
5 3/4	5 3/4	分数
0 3/4	3/4	分数
3/4	3 月 4 日	日期

注意： Excel 一般会将普通的分数解释为日期，如上面的 3 月 4 日。如果想要在公式栏中输入普通分数，记得要在开始时输入一个 0 和一个空格。

输入数字的时候就指定格式是非常快速有效的，因为 Excel 会猜想我们所需要的格式。但不幸的是，Excel 有时候也会猜错，例如，把普通分数解释为日期。不过不管怎样，我们其实并不需要使用所有已有格式，例如将负数美元金额以红色显示等。所以，我们可以按照以下几步来从列表中选择需要的数字格式，以便突破那些限制。

1．选好想要使用新格式的单元格或区域。

2．选择【开始】菜单。

3．打开【数字】格式下拉列表框，Excel 内置的格式都会显示，如图 3.13 所示。每一个格式名称的下面都有示例。

4． 选择所需要的格式即可。

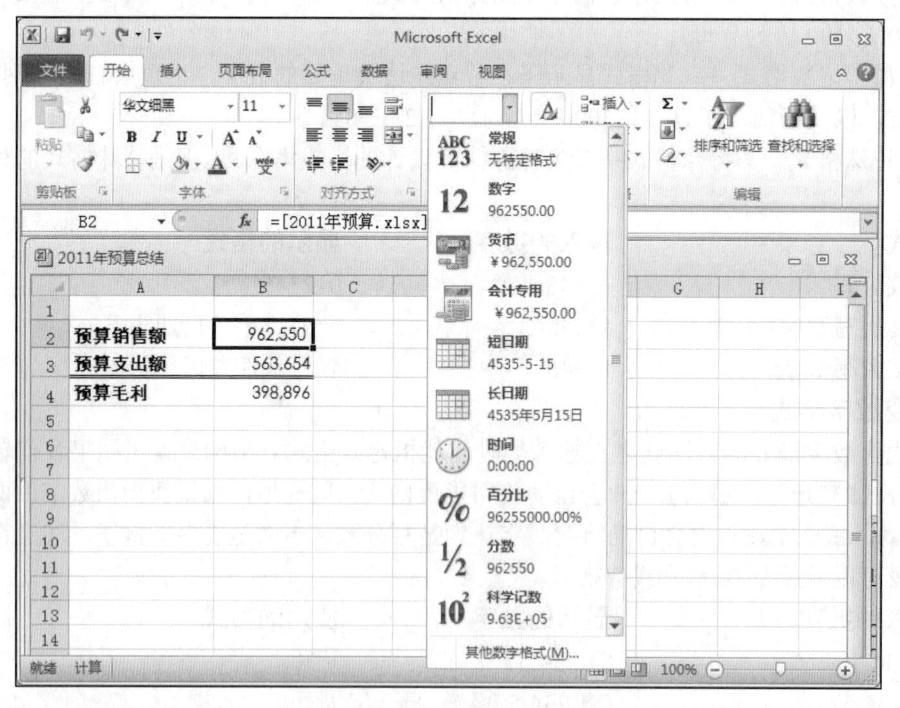

图 3.13　在【开始】菜单中，打开【数字】格式下拉列表框来查看 Excel 中所有内置数字格式

如果需要更多的数字格式选项，可以使用【设置单元格格式】对话框。选好单元格或区域后，选择【开始】菜单，打开【数字】格式下拉列表框，然后选择【其他数字格式】选项。或者，也可以直接单击【数字】标签右下角的快速启动栏或按【Ctrl】+【1】组合键来调出【设置单元格格式】对话框。当我们在【分类】列表中选择【数值】选项时，Excel 显示了更多的格式选项，如【小数位数】，如图 3.14 所示。所出现的选项是基于我们所选择的分类。【示例】框中会显示应用当前格式后单元格中的内容示例。

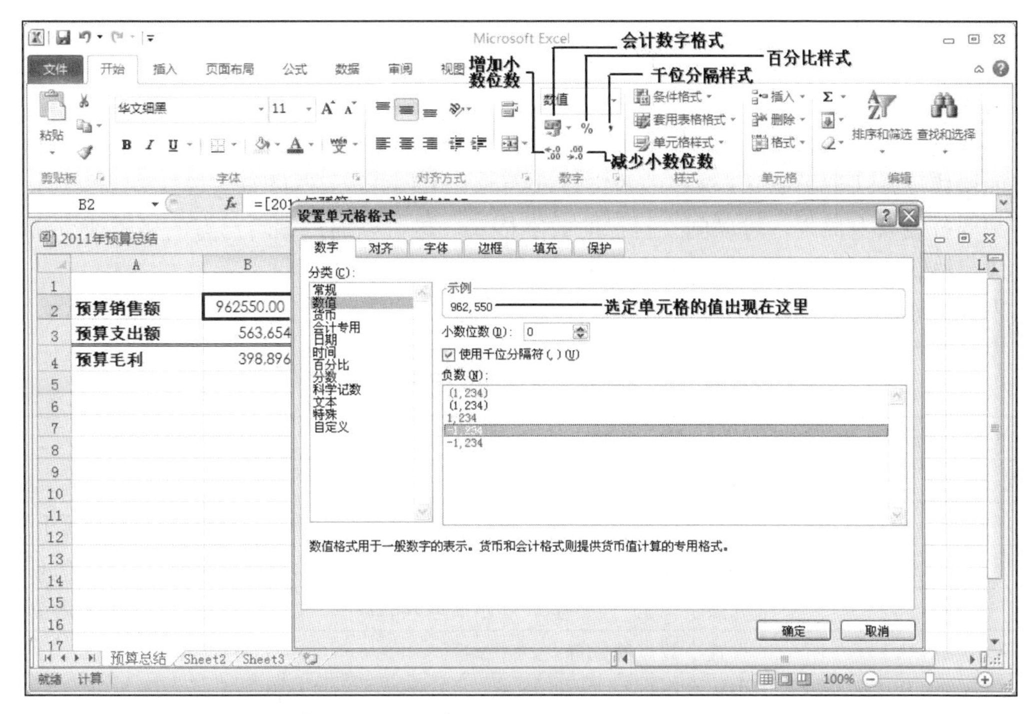

图 3.14　在【分类】列表中选好格式后，Excel 会显示格式选项

除了【设置单元格格式】对话框外，Excel 还提供了很多用来设置数字格式的快捷键。选中想要格式化的单元格或区域，然后使用表 3.6 中的组合键来格式化数据即可。

表 3.6　设置数字格式的组合键

快捷键	格式
【Ctrl】+【~】	常规
【Ctrl】+【!】	数值（保留两位小数，使用千位分隔符）
【Ctrl】+【$】	货币（保留两位小数，使用美元符号，负数由括号括起来）
【Ctrl】+【%】	百分比（小数位数为 0）
【Ctrl】+【^】	科学记数（保留两位小数）

我们也可以使用【开始】菜单的【数字】标签中的选项作为选择数字格式的另一种方法，如图 3.14 所示。以下是其中的一些。

按钮	**格式**
会计数字格式	会计专用（保留两位小数，使用货币符号）
百分比样式	百分比（不保留小数）
千位分隔样式	数值（保留两位小数，使用千分位分隔符）
增加小数位数	在现有格式中增加小数位数
减少小数位数	在现有格式中减少小数位数

自定义数字格式

Excel 的数字格式可以让我们自己控制数字的显示方式，不过它也有很多局限性。例如，内置的格式没办法把类似 0.5 这样的数字显示为.5，也不能显示温度符号等。

想要打破以上局限，可以创立自己的数字格式，这可以通过编辑已有的格式或重新输入来完成。格式的语法和符号将在本小节中详细解释。

表 3.7 列出了用来定义以上 4 种格式的特殊符号。

表 3.7　数字格式符号

符号	描述
常规	以常规格式显示数字
#	为数字保留一个位置，显示所输入的数字。如果没有输入，则什么都不显示
0	为数字保留一个位置，显示所输入的数字。如果没有输入，则显示为 0
?	为数字保留一个位置，显示所输入的数字。如果没有输入，则显示为空格
.（句号）	设置小数点的位置
,（逗号）	设置千分位分隔符的位置。仅标明第一个千分位
%	乘以 100（仅为显示用）并加上百分比符号（%）
E+、e+、E-、e-	以科学记数方式显示数字。E−和 e−会在指数前加一个−（减号）
/（斜线）	设置分数分隔符的位置
$、()、:、-、+、(空格)	显示字符
*	重复紧跟星号后的字符，直到单元格被填满。不会取代其他的符号或数字
_（下划线）	插入宽度和紧跟其后的字符一样的空白
\（反向斜线）	插入跟在反向斜线后面的字符
“文本”	插入引号中的文本
@	为文本保留一个位置
[COLOR]（颜色）	将单元格内容以特定的颜色显示
[condition value]（条件值）	使用条件语句来指定格式使用的时间

举例之前，让我们来看一下基本的步骤。自定义数字格式前，选好单元格或区域，然后进行以下步骤。

1．选择【开始】⇨【数字】⇨【其他数字格式】，或按【Ctrl】+【1】组合键，选择【数字】选项卡。

2．在【分类】列表中，选择【自定义】选项。

3．如果是以现有格式为基础来编辑格式，那么在【类型】下拉列表中选择好。

4．编辑或输入自己的格式。

5．单击【确定】按钮。Excel 会返回工作表中，且应用了自定义的格式。

Excel 会在自定义分类下保存所有自定义的新格式。如果我们编辑了已有格式，那么原格式会原封不动地被保存，然后新格式被加入列表中。自定义格式和内置格式的使用方法是一样的。如果我们想在别的工作簿中使用自定义格式，可以复制一个包含此格式的单元格到需要使用该格式的工作簿中。图 3.15 所示为一些自定义格式的例子。

自定义单元格格式举例

例子	自定义格式	单元格输入	结果
1	0,.0	12500	12.5
	0,,.0 "百万"	12500000	12.5 百万
2	#.##	.5	.5
3	#,##0; -#,##0; "输入一个数字"	1234	1,234
	#,##0; -#,##0; "输入一个数字"	-1234	-1,234
	#,##0; -#,##0; "输入一个数字"	0	0
	#,##0; -#,##0; "输入一个数字"	文本	输入一个数字
4	0¢	25	25¢
5	#,##0 "美元"	1234	1,234 美元
6	#.##\M	1	1.44M
7	#,##0.0° F	98.6	98.6° F
8	;;;	1234	
9	"会计专用"\#00-0000;;;"不要输入破折号"	123456	会计专用# 12-3456
	"会计专用\#00-0000;;;"不要输入破折号"	12-3456	不要输入破折号
10	#*.	1234	1234........................
	;;;@*.	三月	三月........................
11	;;;*.@	三月	........................三月
12	+?? ?/?;[红色]-?? /?	-12.75	-12 3/4

自定义数值格式　自定义日期和时间格式　Sheet3

图 3.15　自定义数字格式例子

以下是对图 3.15 中一些例子的解释。

■　例 1：这些格式可以让我们使用千分位分隔符来将一个大数字变得简略而易读。例如，在类似 0,000.0 这样的格式下，12300 会显示为 12,300.0。如果我们移开逗号和小数点之间的 3 个零，把格式变为 0,.0，那么数字会显示为 12.3，不过计算的时候还是会用原数字。实际上，此时我们让 Excel 显示的是几千。想要表达以百万计的大数字，只需再加一个千分位分隔符即可。

- 例 2：使用此格式可以不显示小数点前后的零。
- 例 3：这些是由 4 部分组成的格式的例子。前 3 部分分别定义了正数、负数和零的显示方法；而在第四部分中，如果我们在单元格中输入了一个文本，那么会显示“输入一个数字”。
- 例 4：在这个例子中，美分符号（¢）显示在数值后面。我们可以在数字键盘处按【Alt】+【0162】组合键来输入美分符号。不过要注意的是，如果你使用的是位于键盘上面的数字键，则此组合键不可用。表 3.8 所示为美国国家标准学会（American National Standards Institute，ANSI）所制定的一些常用字符的组合键。

表 3.8 ANSI 字符组合键

组合键	ANSI 字符
【Alt】+【0162】	¢
【Alt】+【0163】	£
【Alt】+【0165】	¥
【Alt】+【0169】	©
【Alt】+【0174】	®
【Alt】+【0176】	°

- 例 5：此例在格式中加了文本“美元”。
- 例 12：此例中的格式对于输入股票报价很有帮助。

隐藏零

如果隐藏起不必要的零，那么工作表会显得不那么凌乱且更加易读。Excel 中的一些功能让我们可以在整个工作表或某个选中的单元格中把零隐藏起来。

如果想要隐藏所有的零，那么选择【文件】⇨【选项】⇨【高级】选项，将鼠标滚轮向下滚动，找到【此工作表的显示选项】选项组，取消选中【在具有零值的单元格中显示零】复选框，然后单击【确定】按钮。

如果想要隐藏选中单元格内的零，可以创建一个自定义格式，使用以下语法即可：

```
positive format;negative format（正数格式；负数格式；）
```

最后附加的分号在格式中起到了占位符的作用。因为没有定义零值，所以零不会显示。举例来说，“$#,##0.00_);($#,##0.00);”这个格式会显示标准的美元值，而如果其中包含零的话，单元格会显示为空白。

小贴士：如果工作表中只包含整数而没有小数或分数，那么可以使用“#,###”的格式来隐藏零。

使用条件值

到目前为止，我们所见到的格式都是基于单元格内容的，看其是否为正数、负数、零或文本。这对大部分操作来说是很好的，不过有时候也需要不同条件的格式。举例来说，我们有时需要某些特定的数字或某范围内的数字，这就需要一个特殊的格式了。此时可以使用“条件值”格式符号来完成。使用这些符号，包括=、<、>、<=、>=，以及<>等，加上合适的数字，就可以指定格式中某些部分的条件了。举例来说，假设在一个工作表中，我们规定数值在-1000 到 1000 之间，那么为了将不在此范围内的数字摘出，可以使用以下格式：

```
[>=1000]"Error: Value>=1,000"; [<=-1000]"Error: Value <=-1,000"; 0.00
```

第一部分规定了大于等于 1000 的值会显示为错误；第二部分规定了小于等于−1000 的值会显示为错误；第三部分规定了所有其他的数字（0.00）。

→ 想要使用 Excel 的扩展条件格式功能，请看“1.8　在区域中应用条件格式”。

3.9.2　日期和时间显示格式

如果在工作表中有日期或时间，记得一定要确保它们是以易读且清晰的格式显示的。举例来说，大部分人会认为 8/5/10 指的是 2010 年 8 月 5 日，但在某些地方，这个格式指的是 2010 年 5 月 8 日。同样地，如果使用 2:45 来显示时间，那么这个时间指的是上午还是下午？为了避免这类型的错误，我们可以使用 Excel 内置的日期和时间格式，如表 3.9 所示。

表 3.9　Excel 内置的日期和时间格式

格式	显示
yyyy 年 m 月 d 日	二〇一〇年二月九日 / 2010 年 2 月 9 日
yyyy 年 m 月	二〇一〇年二月 / 2010 年 2 月
m 月 d 日	二月九日 / 2 月 9 日
yyyy-m-d	2010-2-9
yy-m-d	10-2-9
m-d	2-9 / Feb-9
m-d-yy	2-9-10
mm-dd-yy	02-09-10
d-mmm	9-Feb
d-mmm-yy	9-Feb-10
mmmm-dd	February-09
h:mm	14:09
h:mm PM	2:09 PM
h 时 m 分	十四时零九分 / 14 时 09 分
下午 h 时 m 分	下午二时零九分 /下午 2 时 09 分

续表

格式	显示
[h]:[mm]:[ss]	25:61:61
yyyy-m-d h:mm	2010-2-9 14:09
yyyy-m-d h:mm PM	2010-2-9 2:09 PM
星期 w / 周 w	星期二 / 周二

[h]:[mm]:[ss]这个格式需要说明一下。当显示的小时大于 24 或分秒大于 60 的时候，就需要这个格式。举例来说，假设我们需要总结一些时间值，例如在某工程上花费的总时间为 10 小时加 15 小时，Excel 一般会显示时间为 1:00，因为默认格式就是在时间到 24:00 的时候重新开始。想要时间显示为 25:00，使用[h]:00 这个格式就可以了。

选择日期和时间格式的方法和选择数字格式的方法是一样的。不过，我们还可以通过输入时间来指定格式。例如，输入二月九日，那么此单元格的格式就自动显示为 y 月 d 日了。我们还可以使用以下的快捷键来确定格式。

快捷键	格式
【Ctrl】+【#】	yyyy-m-d
【Ctrl】+【@】	h:mm
【Ctrl】+【;】	当前日期（yyyy-m-d）
【Ctrl】+【:】	当前时间（h:mm）

小贴士：Excel 中的时间系统在 mac OS 和 Windows 操作系统是不一样的。所以，如果需要在此两种系统中分享文件，记得在移动文件前确保日期是正确的。可以选择【文件】⇨【选项】⇨【高级】选项，向下滑动鼠标滚轮，在【计算此工作簿时】选项下，选中【使用 1904 日期系统】复选框。

自定义日期和时间格式

尽管内置的日期和时间格式已经很好了，不过我们有时候仍然需要定义自己的格式。举例来说，我们想显示星期，例如星期五或周五。日期和时间格式的自定义一般比数字的自定义要简单些。表 3.10 所示是一些格式符号，通常情况下我们并不需要为不同的情况设定特殊的格式。

表 3.10　时间和日期格式符号

符号	描述
日期格式	
d	日期前面没有零的格式（2-9）
dd	日期前面有零的格式（2-09）
ddd	3 个字母缩写的日期格式，如 Mon（星期一）

续表

符号	描述
dddd	日期的全称，如 Monday（星期一）
m	月份前面没有零的格式（2-9）
mm	月份前面有零的格式（02-9）
mmm	3 个字母缩写的月份，如 Aug（八月）
mmmm	月份的全称，如 August（八月）
yy	两位数的年份，如 84、11
yyyy	完整的年份，如 1984、2011
时间格式	
h	小时前面没有零的格式，如 0、7、12
hh	小时前面有零的格式，如 00、07、12
m	分钟前面没有零的格式，如 0、9、59
mm	分钟前面有零的格式，如 00、09、59
s	秒钟前面没有零的格式，如 0、7、59
ss	秒钟前面有零的格式，如 00、07、59
AM/PM, am/pm, A/P	使用 12 小时制时，显示上下午
/ : . -	用来分隔日期或时间的符号
（颜色）	用特殊的颜色来显示日期或时间
（条件值）	使用条件值来指定格式

图 3.16 所示为一些自定义日期和时间的例子。

自定义单元格格式举例

自定义格式	单元格输入	结果
dddd, mmmm d, yyyy	2010-8-23	Monday, August 23, 2010
mmmm, yyyy	2010-8-23	August,2010
dddd	2010-8-23	Monday
mm.dd.yy	2010-8-23	08.23.10
mmddyy	2010-8-23	082310
yymmdd	2010-8-23	100823
[>2005-8-15]"过期!";mm-dd-yy	2010-8-23	过期!
hhmm"小时"	3:10 PM	1510小时
hh"h" mm"m"	3:10 PM	15时 10分
[=.5]"中午 12点";[=0]"午夜 12点";h:mm AM/PM	0	午夜 12点
[=.5]"中午 12点";[=0]"午夜 12点";h:mm AM/PM	12:00	中午 12点
[=.5]"中午 12点";[=0]"午夜 12点";h:mm AM/PM	3:10 PM	3:10 PM

自定义日期和时间格式

图 3.16 自定义日期和时间格式

3.9.3 删除自定义格式

熟悉自定义格式的最好方法就是自己去尝试。不过要记住，Excel 会将我们试验的格式都保存下来。如果觉得自己的自定义格式列表越来越杂乱，而且有很多从没用过的格式，可以删除一些，步骤如下。

1. 选择【开始】⇨【数字】⇨【其他数字格式】选项。
2. 选择【自定义】选项。
3. 在【类型】下拉列表中选中所需要的格式。

小贴士：只能删除自己创建的格式。

4. 单击【删除】按钮，Excel 会将选中的格式删除。
5. 想要删除其他格式，重复步骤 2 至步骤 4 即可。
6. 单击【确定】按钮，返回表格中。

第 4 章　创建高级公式

Excel 是一个多功能软件。从支票簿到平面文件数据库管理系统，再到方程求解，或到高级计算器，它能做的事情很多。不过，对大部分商业用户来说，Excel 的主要用途就是建立模型，然后将商业中的特殊方面量化。商业模型是由大量输入、引进或复制到工作表中的数据构成的，但究其根源，其实就是公式——用来总结数据、回答问题和作出预测。

正如在“第 3 章　建立基本公式”中学到的，使用等号以及 Excel 的操作数和运算符，我们可以创造出有用但“单薄”的公式。其实 Excel 中还有很多技巧，可以让我们创造出更“丰满”的公式，让我们的商业模型水平达到另一个高度。

4.1　使用数组

当我们使用区域时，看起来好像是在处理单一的事情。但实际上，Excel 已经将此区域看作若干离散单元了。

而与此相反的情况就是数组。所谓数组，就是一组单元格或数据，Excel 会将它们看作一个单元。举例来说，在一个数组区域中，Excel 不会分别处理每个单元格，而会将其一起处理，这让我们只使用一个操作数就可以像使用了一个公式那样来处理事情了。

我们可以通过应用函数来创建数组，如“DOCUMETS()”，最后会返回数组。这些将在本章的“函数：使用或返回数组”小节中讨论到。我们还可以直接输入“数组公式”，即使用数组作为参数，即执行多次输入产生多个结果的单一公式。

使用数组公式

以下是数组公式的直观举例，如图 4.1 所示。在“支出费用”工作簿中，2011 年每个月的预算是使用单独的公式来计算的：

```
一月-2011 预算      =C11*$C$3
二月-2011 预算      =D11*$C$3
三月-2011 预算      =E11*$C$3
```

我们可以使用一个单独的数组公式来替代前面的 3 个公式，步骤如下。

1．选择想要使用数组公式的区域。在前面的“2011 预算”的例子中，选择区域 C13 到 E13。

C13 =C11*$C$3

支出费用

	B	C	D	E
1	第一季度费用预算计算			
2				
3	增长	1.03		
4				
5	费用支出	一月	二月	三月
6	广告	4,600	4,200	5,200
7	租金	2,100	2,100	2,100
8	必需品	1,300	1,200	1,400
9	工资	16,000	16,000	16,500
10	公用事业费	500	600	600
11	2010总支出	24,500	24,100	25,800
12				
13	2011预算	25,235	24,823	26,574
14				

第一季度预算 第二季度预算 第三季度预算

就绪 100%

图 4.1　此工作簿使用了 3 个单独的公式来计算 2011 年每个月的预算

2．输入公式。在需要输入引用单元格的时候，输入包含需要使用的单元格的区域。输入完毕后，注意，“不要”按【Enter】键。在上例中，输入“=C11:E11*$C$3”。

3．想要输入的公式是数组公式，按【Ctrl】+【Shift】+【Enter】组合键。

“2011 预算”的单元格 C13、D13 和 E13 现在都包含公式“{=C11:E11*$C$3}”了。

换句话来说，我们可以只使用一个操作数而在 3 个不同的单元格内输入公式。当我们需要在很多不同的单元格内输入相同的公式时，这可以节省大量的时间。

注意以上的公式是由大括号（{ }）括起来的，说明这是一个数组公式。（输入数组公式的时候不需要自己输入大括号，Excel 会自动加上的。）

注意：因为 Excel 把数组看作一个单元，所以数组内的任何部分都不能被移动或删除。如果需要使用一个数组，必须选中整个单元。如果想简化数组，则先选中它，激活公式栏，然后按【Ctrl】+【Enter】组合键来返回到输入普通公式的模式。之后可以选择较小的区域，然后重新输入数组公式。

小贴士：激活数组中的一个单元格并按【Ctrl】+【/】组合键，可以快速选中一个数组。

4.2　理解数组公式

想要理解 Excel 中数组是如何运作的，就要记住 Excel 总是将数组单元格和输入的数组公式使用的区域的单元格相关联。在“2011 预算”例子中，数组包含单元格 C13、D13 和 E13，而在数组中所使用的区域包含单元格 C11、D11 和 E11。Excel 将数组单元格 C13 和数组公式使用的单元格 C11、D13 和 D11、E13 和 E11 都分别联系起来。例如，计算 C13 中的值，也就是 2011 年一月份的预算值，Excel 就用单元格 C11 替换了公式中的数据。图 4.2 就是这一过程的图解。

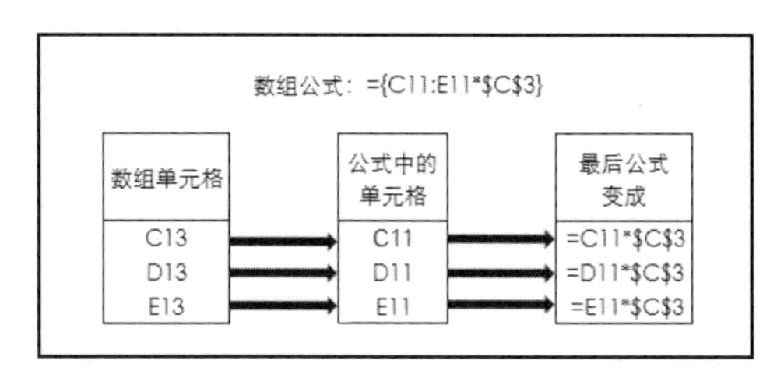

图 4.2　创建数组公式的时候，Excel 将数组单元格和公式中使用的区域联系起来

数组公式有时候可能会让你感到困惑，不过只要心中记着那些关联，对公式未来的走向就不会有什么疑问了。

数组公式在多重区域中的操作

在上例中，数组公式只是被应用在单一的区域中。实际上，多重区域中同样可以进行数组公式的操作。举例来说，在图 4.3 所示的“发票模板”工作表中，“范围”这一列的“合计”项，也就是单元格 F12 到 F16 的和，是由多个“价格”乘以“数量”这样的公式的结果相加得来的。

图 4.3　此工作表使用了很多公式来计算范围合计值

单元格	公式
F12	=B12*E12

F13　　　=B13*E13

F14　　　=B14*E14

F15　　　=B15*E15

F16　　　=B16*E16

我们可以在区域 F12 到 F16 间创建一个数组公式，用来替代所有的公式：

“=B12:B16*E12:E16”。

然后，用相关联的区域来代替每个单元格并创建公式，最后按【Ctrl】+【Shift】+【Enter】组合键，完成操作。

注意： 不必在多重单元格中输入数组公式。举例来说，如果在上例“发票模板”工作表中，不需要计算“范围合计”，就可以只计算单元格 F17 中的“小计”，使用如下数组公式即可：

```
=SUM(B12:B16*E12:E16)
```

4.3　使用数组常量

正如我们在数组公式中见到的，数组的参数一般是单元格区域。其实，常量同样可以用作数组的参数，而这一步骤可以使我们在输入数据时工作表不那么杂乱。

想要在公式中输入一个数组常量，首先要将数据正确输入，然后遵循以下方法。

- 将数据用大括号（{}）括起来。
- 如果想要 Excel 将数据当作一行中的值，就用分号将其分开。
- 如果想要 Excel 将数据当作一列中的值，就用逗号将其分开。

举例来说，以下的数组常量就如同在工作表的一列中输入了单独的数据：

{1；2；3；4}

同样地，以下的数组常量和在工作表的两行三列中输入数据是一样的：

{1，2，3；4，5，6}

图 4.4 所示为两个不同数组公式的例子。左边 E4 到 E7 的区域使用了 C5 到 C8 中给出的利率，计算出多个贷款支出；而右边 F4 到 F7 做的是同样的事情，所不同的是贷款利率是作为数组常量直接输入公式中的。

→学习关于函数“PMT()”的知识，请看“18.2　计算贷款偿还”。

函数：使用或返回数组

在使用很多工作表函数时，会需要一个数组参数或返回数组结果，或者两者皆有。表 4.1

列举并解释了一些此类型的函数及其使用数组的方法。（在后续章节中我们会看到关于这些函数的解释。）

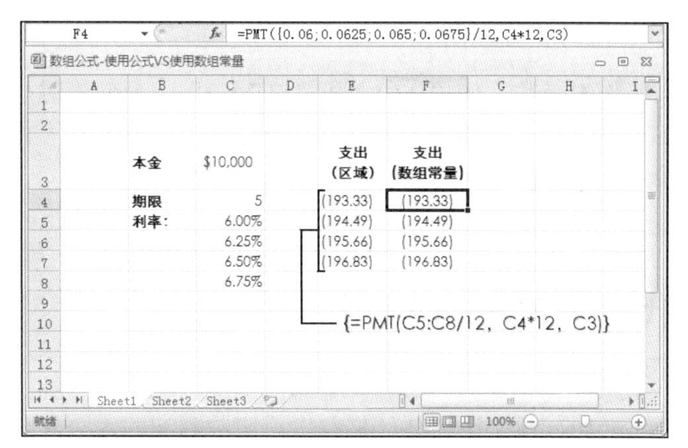

图 4.4　在数组公式中使用数组常量

表 4.1　一些使用数组的 Excel 函数

使用的函数	是否数组参数	是否返回数组结果
COLUMN( )	否	是，如果此参数是区域的话
COLUMNS( )	是	否
GROWTH( )	是	是
HLOOKUP( )	是	否
INDEX( )	是	是
LINEST( )	否	是
LOGEST( )	否	是
LOOKUP( )	是	否
MATCH( )	是	否
MDETERM( )	是	否
MINVERSE( )	否	是
MMULT( )	否	是
ROW( )	否	是，如果此参数是区域的话
ROWS( )	是	否
SUMPRODUCT( )	是	否
TRANSPOSE( )	是	是
TREND( )	是	是
VLOOKUP( )	是	否

注意：使用返回数组的函数时，记得确保先选中了能够放下结果数组的足够大的区域，然后再将函数作为数组公式输入。

→当你将数组与工作表函数，如“IF( )”和“SUM( )”一起使用时，数组将会是很有用的工具。我们将会在“第 8 章　使用逻辑函数和信息函数”中看到更多的数组函数的例子。更多数组函数，请看“8.1.5　将逻辑函数与数组混合使用”。

4.4　使用迭代计算和循环引用

一般的商业问题包括通过预先计算分红来得出公司纯利润的百分比。但这并不仅仅是一个普通的乘法计算，因为在一定程度上来说，纯利润是由分红数字来决定的。举例来说，某公司的年收益为 1,000,000 美元，支出为 900,000 美元，那么毛利就为 100,000 美元。此公司还需要将 10%的纯利润拿出来作为分红，所以某公司的年纯利润计算如下：

```
纯利润 = 毛利 - 分红
```

这个就叫作循环引用公式，因为等号左右两边的项目彼此依赖。具体来说，“分红”这一项是来源于以下的公式：

```
分红 = 纯利润 * 0.1
```

→在电子数据表中，循环引用的出现通常都不是什么好事。学习如何解决此类不好的循环引用，请看“5.2.3　解决循环引用”。

解决方法之一是猜测一个答案，然后看和结果有多接近。以上例来说，分红是纯利润的 10%，那么首先想到的是它会是毛利的 10%，也就是 10,000 美元。如果将此数字插入公式中，得出的结论是纯利润为 90,000 美元。但实际上这是不正确的，因为 90,000 美元的 10%是 9,000 美元。于是最后估算出，分红大概是 1,000 美元。

然后，让我们再来一遍。这次，我们把 9,000 美元作为分红的数字。将其插入公式，得出纯利润为 91,000 美元。这个数字换算成分红就成了 9,100 美元，最后估算出的分红仅剩下了 100 美元。

如果我们重复这个过程，最终分红的猜测会接近计算值，这个过程就叫作收敛。当猜测非常接近真实值，即误差在一美元之内时，我们就找到解决方法了，而这个过程就叫作迭代计算。

当然了，我们不会将辛苦挣来的钱花在和计算机做斗争上，所以通常会手动进行这类计算。迭代计算对 Excel 来说是小菜一碟，步骤如下。

1. 建立好工作表，然后输入循环引用公式。图 4.5 所示为我们之前讨论的例子。如果 Excel 中弹出一个对话框说因为循环引用所以可能无法正确计算，单击【确定】按钮，然后选择【公式】➪【移去箭头】选项。

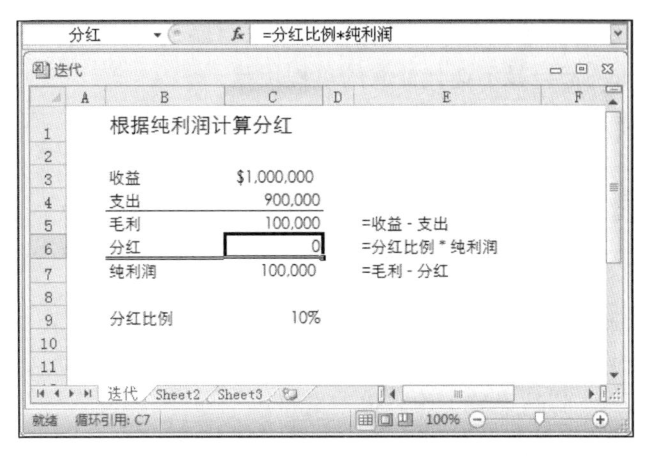

图 4.5　有循环引用公式的工作表

2. 选择【文件】➪【选项】选项，打开【Excel 选项】对话框。

3. 选择【公式】选项。

4. 选中【启用迭代计算】复选框。

5. 使用【最多迭代次数】数值调节钮来设定需要的迭代数。在大部分情况下，使用默认的 100 就足够了。

6. 使用【最大误差】文本框来设定所需结果的准确性。数字越小，迭代计算所使用的时间就越长，不过结果也越准确。同样地，默认的 0.001 在大多数情况下都是合理的。

7. 单击【确定】按钮。此时 Excel 开始进行迭代计算，直到找到解决方案，如图 4.6 所示。

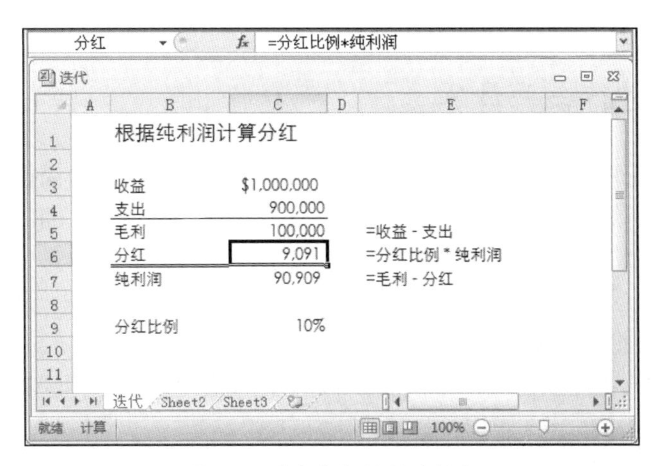

图 4.6　迭代分红问题的解决

小贴士：如果想看到迭代计算的步骤，可以选择【公式】⇨【计算】⇨【计算选项】选项，选择【手动】选项，然后在【最多迭代次数】文本框中输入 1。这样当我们回到工作表时，每次按【F9】键，Excel 都会显示迭代计算的单程步骤。

4.5 合并多表数据

很多公司会为了某项具体任务创建工作表，然后分发到各个部门。最常见的就是预算表了。会计部门做一个通用的“预算”模板，各部门或分部必须填好并送回。同样地，库存、销售预期、调查数据、实验结果等工作表也很常见。

创建、分发并填好工作表都是很简单的操作，复杂的是当这些工作表都回到发出部门后，需要将所有的数据都合并为一个全公司范围内的总结报告。这个任务也就是合并计算，并不是一个轻松的工作，尤其是当工作表数量很大时。不过，Excel 提供了一些很好的方法，可以让我们从合并计算的苦差事中解脱出来。

Excel 可以使用以下两种方法来帮助我们合并计算。

- 按位置进行合并计算：Excel 会根据每个不同工作表的相同区域坐标来合并计算。使用此方法必须保证所要合并的工作表拥有相同的布局。
- 按分类进行合并计算：使用这种方法，Excel 会根据每个工作表的行或列的标签来合并计算。举例来说，一个工作表在行 1 列举了“小玩意儿”的月销售额，而另一个工作表中同样的内容在行 5，但只要在这些行的开头部分都有“小玩意儿”这个标签，那么 Excel 就可以将它们合并。

在以上两种情况中，包含需要合并计算的区域叫作“源区域”，而合并后的数据显示的区域叫作“目标区域”。接下来的两小节中，将会细致地讲解合并计算的方法。

4.5.1 按位置进行合并计算

如果所使用的工作表布局相同，那么按位置来进行合并计算是最简便的方法。举例来说，有 3 个工作簿，即一部预算、二部预算和三部预算，如图 4.7 所示。每个工作表都使用相同的行或列标签，所以按位置进行合并计算再合适不过了。

首先创建一个新的工作表，让其和所需要合并的工作表布局相同。图 4.8 所示的就是这样一个工作簿，我们将用它来合并那 3 个预算工作表的数据。

我们以图 4.7 为例，看看如何将 3 个预算工作表中的数据合并。需要处理的源区域有以下 3 个：

```
'[一部预算]详情'!B4:M6
'[二部预算]详情'!B4:M6
'[三部预算]详情'!B4:M6
```

一部预算

	一月	二月	三月	四月	五月	六月	七月	八月	九月	十月	十一月	十二月	合计
销售额													
书籍	23,500	23,000	24,000	25,100	25,000	25,400	26,000	24,000	24,000	26,000	24,000	24,000	294,000
软件	28,750	27,800	29,500	31,000	30,500	30,000	31,000	29,500	29,500	32,000	29,500	29,500	358,550
CD	24,400	24,000	25,250	26,600	27,000	26,750	27,000	25,250	25,250	28,000	25,250	25,250	310,000
销售额合计	76,650	74,800	78,750	82,700	82,500	82,150	84,000	78,750	78,750	86,000	78,750	78,750	962,550
支出													
商品成本													
广告费													
租金													
必需品													
工资													
运费													
公共事业费													
总支出													
毛利													

二部预算

	一月	二月	三月	四月	五月	六月	七月	八月	九月	十月	十一月
销售额											
书籍	24,675	24,150	25,200	26,355	26,250	26,670	27,300	25,200	25,200	27,300	25,200
软件	30,188	29,190	30,975	32,550	32,025	31,500	32,550	30,975	30,975	33,600	30,975
CD	25,620	25,200	26,513	27,930	28,350	28,088	28,350	26,513	26,513	29,400	26,513
销售额合计	80,483	78,540	82,688	86,835	86,625	86,258	88,200	82,688	82,688	90,300	82,688
支出											
商品成本											
广告费											
租金											
必需品											
工资											
运费											
公共事业费											
总支出											
毛利											

三部预算

	一月	二月	三月	四月	五月	六月	七月	八月
销售额								
书籍	23,030	22,540	23,520	24,598	24,500	24,892	25,480	23,520
软件	28,175	27,244	28,910	30,380	29,890	29,400	30,380	28,910
CD	23,912	23,520	24,745	26,068	26,460	26,215	26,460	24,745
销售额合计	75,117	73,304	77,175	81,046	80,850	80,507	82,320	77,175
支出								
商品成本	6,009	5,864	6,174	6,484	6,468	6,441	6,586	6,174
广告费	4,140	3,780	4,680	4,500	4,950	4,725	4,950	4,680
租金	1,890	1,890	1,890	1,890	1,890	1,890	1,890	1,890

图 4.7　如果工作表有相同的布局，可以按位置进行合并计算

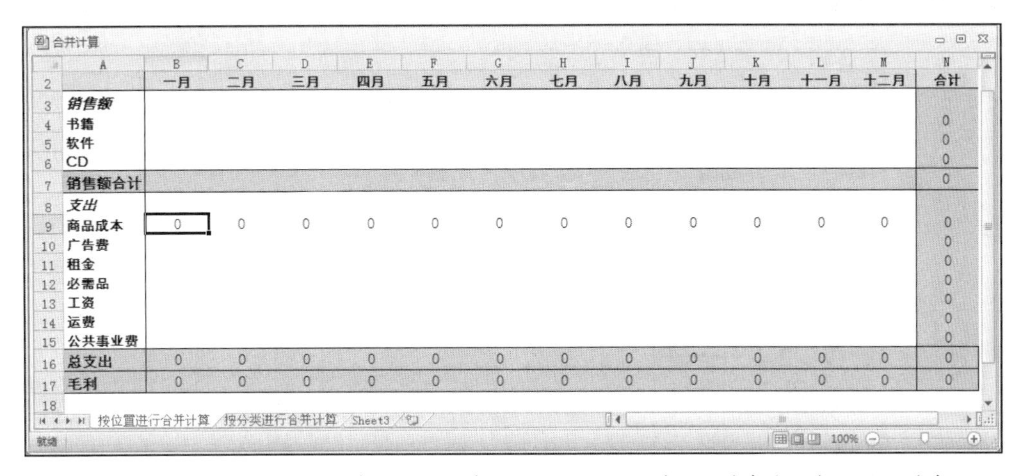

合并计算

	一月	二月	三月	四月	五月	六月	七月	八月	九月	十月	十一月	十二月	合计
销售额													
书籍													0
软件													0
CD													0
销售额合计													0
支出													
商品成本	0	0	0	0	0	0	0	0	0	0	0	0	0
广告费													0
租金													0
必需品													0
工资													0
运费													0
公共事业费													0
总支出	0	0	0	0	0	0	0	0	0	0	0	0	0
毛利	0	0	0	0	0	0	0	0	0	0	0	0	0

图 4.8　按位置进行合并计算时，先创建一个与所需要合并的工作表布局相同的工作表

将“合并计算”工作表作为当前活动工作表，然后通过以下几步来完成按位置进行合并计算的操作。

1．选中目标区域的左上角单元格。在“合并计算”工作表中，选中单元格 B4。

2．选择【数据】⇨【合并计算】选项，此时弹出【合并计算】对话框。

3．在【函数】下拉列表框中，选择合并时所需要的操作选项。大部分时间我们会选择【求和】

选项，不过 Excel 还提供了包括【计数】、【平均值】、【最大值】、【最小值】等在内的另外 10 个选项。

4. 在【引用位置】文本框处，输入一个引用源文件。可以使用以下方法。

■ 手动输入区域坐标。如果源区域在另一个工作簿中，记得要加上用方括号括起来的工作簿名称。如果源工作簿在另一个驱动器或文件夹中，则要包含此工作簿的全路径。

■ 如果源区域是打开的，直接单击选择即可。或者，也可以单击【视图】菜单，在【切换窗口】下拉列表中选择所需要的工作表，然后使用鼠标将所选区域高亮显示。

■ 如果工作簿不是打开的，那么单击【浏览】按钮，在【浏览】对话框中选好需要的文件，单击【确定】按钮。Excel 会将工作簿路径添加到【引用位置】文本框中。填好工作表名称及区域坐标。

5. 单击【添加】按钮。此时 Excel 将区域添加到了【所有引用位置】列表框中，如图 4.9 所示。

6. 重复第 4、5 步，直到添加了所有的源区域。

7. 如果想让合并数据在源数据变动的时候也能跟着改变，则同时选中【创建指向源数据的链接】复选框。

8. 单击【确定】按钮。Excel 收集合并了数据，并将其添加到了目标区域中，如图 4.10 所示。

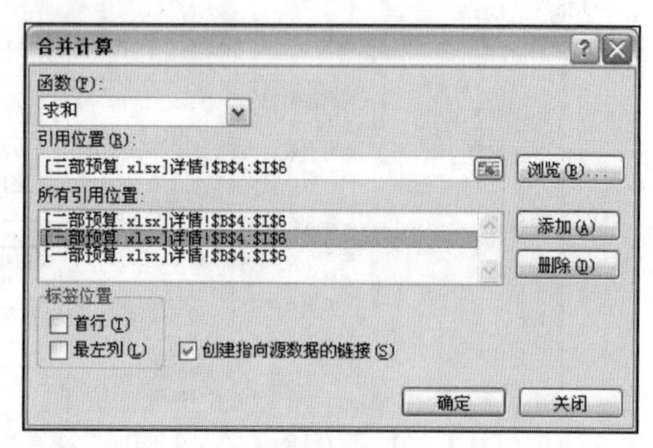

图 4.9 添加了源区域的【合并计算】对话框

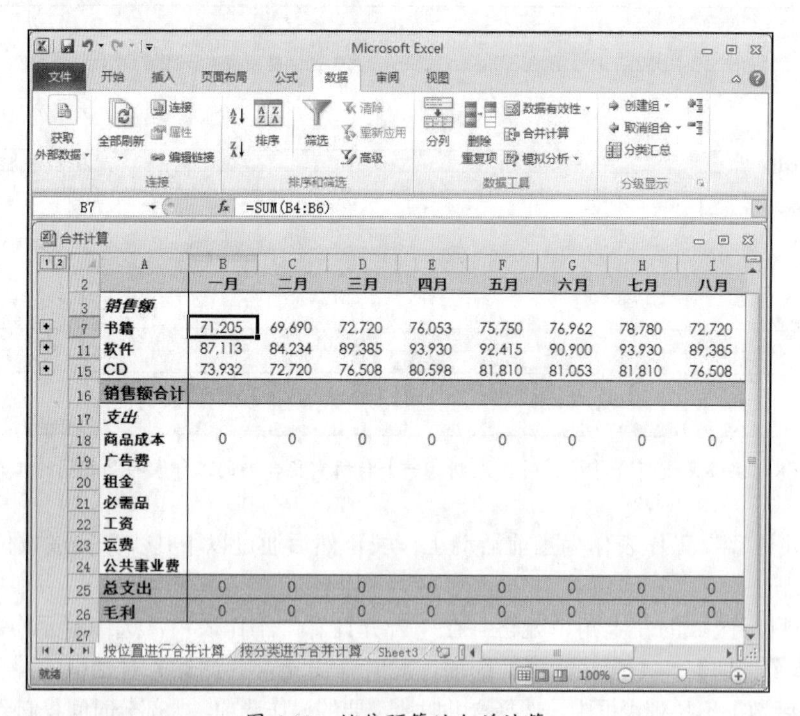

	A	B	C	D	E	F	G	H	I
2		一月	二月	三月	四月	五月	六月	七月	八月
3	销售额								
7	书籍	71,205	69,690	72,720	76,053	75,750	76,962	78,780	72,720
11	软件	87,113	84,234	89,385	93,930	92,415	90,900	93,930	89,385
15	CD	73,932	72,720	76,508	80,598	81,810	81,053	81,810	76,508
16	销售额合计								
17	支出								
18	商品成本	0	0	0	0	0	0	0	0
19	广告费								
20	租金								
21	必需品								
22	工资								
23	运费								
24	公共事业费								
25	总支出	0	0	0	0	0	0	0	0
26	毛利	0	0	0	0	0	0	0	0
27									

图 4.10 销售预算的合并计算

如果在第 7 步的时候不选中【创建指向源数据的链接】复选框，Excel 也会用合并数据来填充目标区域。不过，如果创建了链接，Excel 会做以下 3 件事情。

■　给目标区域内的每个单元格与所选择的源区域添加链接公式。

→关于链接公式的详情，请看“3.8　在公式中使用链接”。

■　通过添加的 SUM( )函数或在【函数】下拉列表框中选择的其他选项，来合并链接公式的结果，从而达到合并计算的目的。

■　概述合并计算工作表并隐藏链接公式。

如果我们展开的是第一阶段数据，那么看到的将是链接的公式。举例来说，图 4.11 所示的单元格 B7 中显示了一月份书籍的合并销售额详情，而单元格 B4、B5 和 B6 中显示了链接到 3 个预算工作表中的公式，如“[二部预算.xlsx]详情!$B$4”。

B4　=[二部预算.xlsx]详情!$B$4

合并计算

	A	B	C	D	E	F	G	H	I
2		一月	二月	三月	四月	五月	六月	七月	八月
3	销售额								
4		24,675	24,150	25,200	26,355	26,250	26,670	27,300	25,200
5		23,030	22,540	23,520	24,598	24,500	24,892	25,480	23,520
6		23,500	23,000	24,000	25,100	25,000	25,400	26,000	24,000
7	书籍	71,205	69,690	72,720	76,053	75,750	76,962	78,780	72,720
11	软件	87,113	84,234	89,385	93,930	92,415	90,900	93,930	89,385
15	CD	73,932	72,720	76,508	80,598	81,810	81,053	81,810	76,508
16	销售额合计								
17	支出								
18	商品成本	0	0	0	0	0	0	0	0
19	广告费								
20	租金								
21	必需品								
22	工资								
23	运费								
24	公共事业费								

按位置进行合并计算　按分类进行合并计算　Sheet3　就绪　100%

图 4.11　合并计算的链接公式详情

4.5.2　按分类进行合并计算

如果工作表的布局不相同，那么我们就要让 Excel 按分类来对数据进行合并计算了。在这种情况下，Excel 会检查每个源区域，并根据相同的行或列标签来进行合并计算。我们以图 4.12 为例，看一下 3 张工作表中“销售额”一行的情况。

图 4.12 中，C 部销售的是书籍、软件、VCD 和 CD，B 部销售的是书籍和 CD，而 A 部销售的是软件、书籍和 VCD。我们将在接下来的几步中学习如何按分类进行合并计算（注意，有些前面提到过的具体步骤被省略了）。

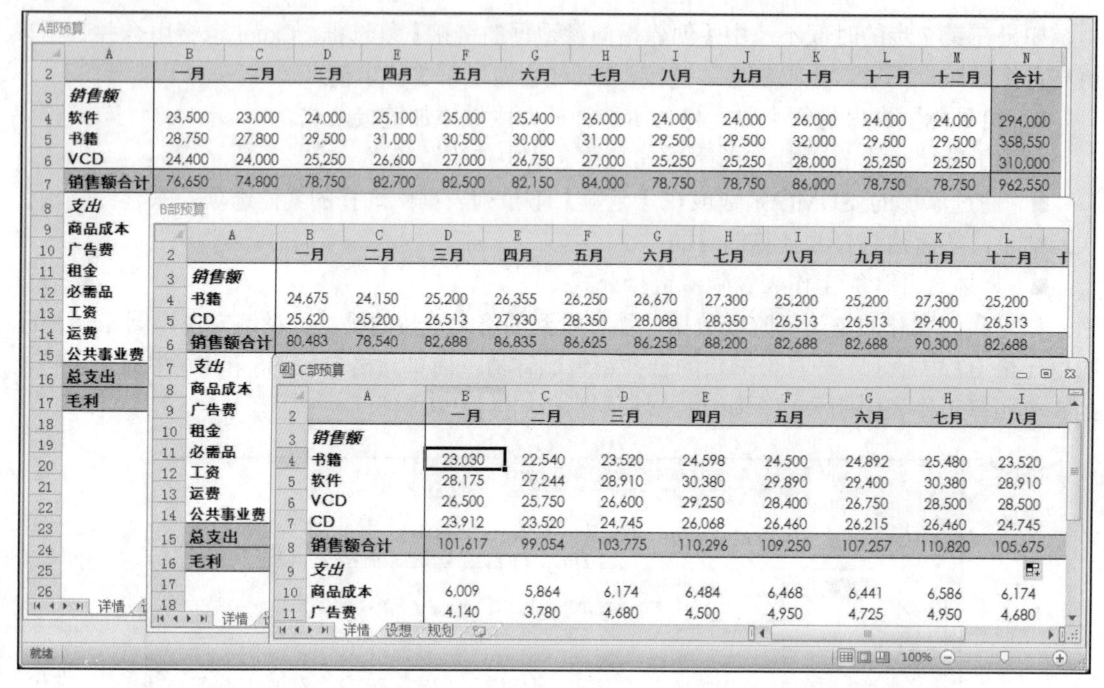

A部预算

	A	B	C	D	E	F	G	H	I	J	K	L	M	N
2		一月	二月	三月	四月	五月	六月	七月	八月	九月	十月	十一月	十二月	合计
3	销售额													
4	软件	23,500	23,000	24,000	25,100	25,000	25,400	26,000	24,000	24,000	26,000	24,000	24,000	294,000
5	书籍	28,750	27,800	29,500	31,000	30,500	30,000	31,000	29,500	29,500	32,000	29,500	29,500	358,550
6	VCD	24,400	24,000	25,250	26,600	27,000	26,750	27,000	25,250	25,250	28,000	25,250	25,250	310,000
7	销售额合计	76,650	74,800	78,750	82,700	82,500	82,150	84,000	78,750	78,750	86,000	78,750	78,750	962,550
8	支出													
9	商品成本													
10	广告费													
11	租金													
12	必需品													
13	工资													
14	运费													
15	公共事业费													
16	总支出													
17	毛利													

B部预算

	A	B	C	D	E	F	G	H	I	J	K	L
2		一月	二月	三月	四月	五月	六月	七月	八月	九月	十月	十一月
3	销售额											
4	书籍	24,675	24,150	25,200	26,355	26,250	26,670	27,300	25,200	25,200	27,300	25,200
5	CD	25,620	25,200	26,513	27,930	28,350	28,088	28,350	26,513	26,513	29,400	26,513
6	销售额合计	80,483	78,540	82,688	86,835	86,625	86,258	88,200	82,688	82,688	90,300	82,688
7	支出											
8	商品成本											
9	广告费											
10	租金											
11	必需品											
12	工资											
13	运费											
14	公共事业费											
15	总支出											
16	毛利											

C部预算

	A	B	C	D	E	F	G	H	I
2		一月	二月	三月	四月	五月	六月	七月	八月
3	销售额								
4	书籍	23,030	22,540	23,520	24,598	24,500	24,892	25,480	23,520
5	软件	28,175	27,244	28,910	30,380	29,890	29,400	30,380	28,910
6	VCD	26,500	25,750	26,600	29,250	28,400	26,750	28,500	28,500
7	CD	23,912	23,520	24,745	26,068	26,460	26,215	26,460	24,745
8	销售额合计	101,617	99,054	103,775	110,296	109,250	107,257	110,820	105,675
9	支出								
10	商品成本	6,009	5,864	6,174	6,484	6,468	6,441	6,586	6,174
11	广告费	4,140	3,780	4,680	4,500	4,950	4,725	4,950	4,680

图 4.12　每个部门销售的产品不同，所以我们需要按分类进行合并计算

1. 创建或选择一个新的合并计算工作表，然后在目标区域处选择左上角单元格。这时候不需要输入标签，因为 Excel 会自动生成。不过如果想以某种特定顺序看到标签，也可以自己手动输入。

小贴士：如果手动输入的话，要保证所输入的标签和源工作表处的标签的拼写完全一致。

2. 选择【数据】⇨【合并计算】选项，打开【合并计算】对话框。
3. 在【函数】下拉列表框中，选择在合并计算中需要用到的选项。
4. 在【引用位置】文本框中输入源区域的引用位置。此时，要确保将数据所在区域的每一行、每一列的标签都包括在内。
5. 单击【添加】按钮，将区域添加到【所有引用位置】列表框中。
6. 重复第 4、5 步，直到添加了所有的源区域。
7. 如果想让合并数据在源数据变动的时候也能跟着改变，则同时选中【创建指向源数据的链接】复选框。
8. 如果想让 Excel 使用第一行标签，那么选中【首行】复选框；如果想使用最左列的标签，则选中【最左列】复选框。
9. 单击【确定】按钮。此时 Excel 按行或列的标签收集合并了数据，并将其添加到了目标区域，如图 4.13 所示。

合并计算

	A	B	C	D	E	F	G	H	I	J
1			一月	二月	三月	四月	五月	六月	七月	八月
2	销售额									
3		A部预算	23,500	23,000	24,000	25,100	25,000	25,400	26,000	24,000
4		C部预算	28,175	27,244	28,910	30,380	29,890	29,400	30,380	28,910
5	软件		51,675	50,244	52,910	55,480	54,890	54,800	56,380	52,910
6		A部预算	28,750	27,800	29,500	31,000	30,500	30,000	31,000	29,500
7		B部预算	24,675	24,150	25,200	26,355	26,250	26,670	27,300	25,200
8		C部预算	23,030	22,540	23,520	24,598	24,500	24,892	25,480	23,520
9	书籍		76,455	74,490	78,220	81,953	81,250	81,562	83,780	78,220
12	VCD		50,900	49,750	51,850	55,850	55,400	53,500	55,500	53,750
15	CD		49,532	48,720	51,258	53,998	54,810	54,303	54,810	51,258
18	销售额合计		157,133	153,340	161,438	169,535	169,125	168,408	172,200	161,438
19										
20										

按位置进行合并计算　按分类进行合并计算　Sheet3

就绪　100%

图 4.13　按分类将销售额进行合并计算

4.6　在单元格中应用数据有效性规则

在工作表术语中，“无用输入”意味着在单元格的公式内输入了不正确或无效的数据。对于那些初级错误，如拼写错误或数字移位等，除了劝告使用你的工作表的人细心点外，大概也没什么更多的事可做，不过幸运的是，我们在避免输入错误方面还是可以多做一些事的。我们这里讨论的“无效”主要是指以下两种类型。

- 错误的数据类型。如在需要输入数字的地方输入了文本。
- 超出许可范围的数据。如在需要输入数字 1 到 100 的地方输入了 200。

对于确定的范围，我们可以通过添加注释来避免此类错误，可以告诉人们在特定的单元格内所允许输入的数据。不过，这样的话也必须允许其他人在注释栏中阅读或操作。

另一种解决方法是使用自定义数字格式来格式化单元格，设定当输入错误的数据时会有错误提示。这样做是比较有用的，但也只是对于某些输入错误起作用。

其实最好的解决方法是使用 Excel 的数据有效性功能。我们可以创建一个规则，明确规定什么类型的数据可以输入、哪些区域可以填写；还可以设置一个弹出窗口，当错误的单元格被选中或无效的数据被输入时，此窗口会弹出提示；此外，还可以设置“圈释”无效数据，在包含有效性规则的列表中输入数据时这样是很方便的。具体方法是选择【数据】⇨【数据有效性】⇨【圈释无效数据】选项。

设置数据有效性规则的步骤如下。

1．选好所要应用规则的单元格或区域。

2．选择【数据】⇨【数据有效性】选项，此时弹出【数据有效性】对话框。

3．在【设置】选项卡下，使用【允许】下拉列表框来设置有效性的类型。

■【任何值】：区域中所有数据皆有效。换句话说，选择此类型，之前所设定的所有规则都将被移除。如果要移除一个已存在的规则，而又如第 7 步所示那样设置了一个弹出窗口，记得同时要清除那些输入信息。

■【整数】：仅整数有效。使用【数据】下拉列表框来选择一个操作，如介于、等于、小于等，然后输入特定的条件。例如，如果选择了【介于】选项，那么就必须输入【最小值】和【最大值】，如图 4.14 所示。

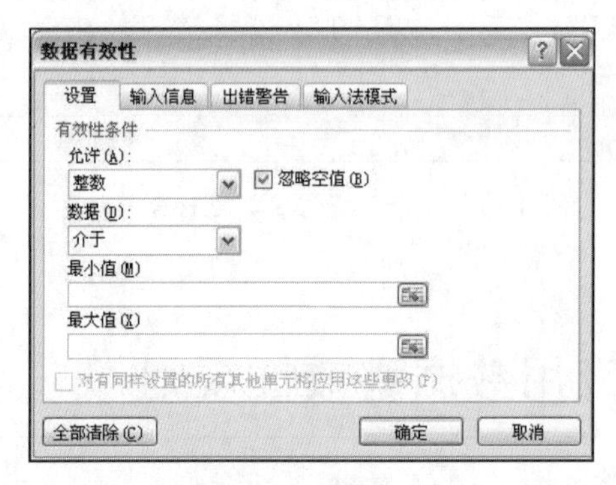

图 4.14 使用【数据有效性】对话框为单元格或区域设置数据有效性规则

■【小数】：小数与整数有效。使用【数据】下拉列表框来选择操作，然后输入特定的数字条件。

■【序列】：仅序列有效。使用【来源】文本框来指定相同工作表中的区域或任意工作表中的区域名称，只要这些工作表中包含所允许的序列。同样地，还可以在【来源】文本框中直接输入所允许的数列，用逗号隔开。如果想从下拉列表中选择数列，记得将【提供下拉箭头】复选框选中。

■【日期】：仅日期有效。此时如果输入的数据包含时间，那么将会是无效的。使用【数据】下拉列表框来选择操作，然后输入指定的日期条件，如【开始日期】和【结束日期】。

■【时间】：仅时间有效。如果此时输入的数据包含日期，即为无效数据。在【数据】下拉列表框中选择操作，然后输入指定的时间条件，如【开始时间】和【结束时间】。

■【文本长度】：仅指定长度的字母数字字符串有效。使用【数据】下拉列表框来选择操作，然后输入指定的长度条件，如【最小值】与【最大值】。

■【自定义】：使用此选项来输入指定有效条件的公式。可以直接在【公式】文本框中输入公式，记得公式前要加等号；也可以引用包含公式的单元格。例如，想要给单元格 A2 定一个规则，以确保它和 A1 的数据不一样，可以输入公式“=A2<>A1”。

4. 如果想要允许在选好的单元格或其他作为有效性设置的一部分的单元格内输入空值的话，可以选中【忽略空值】复选框。如果不选中此复选框，Excel 会将空白输入看作 0，并据此来应用有效性规则。

5. 如果区域中已有有效性规则，并且已应用于其他单元格，可以选中【对有同样设置的所有其他单元格应用这些更改】复选框，以便将新的规则也应用于那些单元格。

6. 单击【输入信息】选项卡。

7. 如果在选择规定单元格或规定区域内的单元格时想让弹出窗口出现，选中【选定单元格时显示输入信息】复选框。使用【标题】和【输入信息】文本框来设置所显示的信息。例如，可以利用信息来传递所允许数据的类型和区域情况。

8. 单击【出错警告】选项卡。

9. 如果想在输入无效数据时有对话框弹出，选中【输入无效数据时显示出错警告】复选框。在【样式】下拉列表框中，选择需要的错误样式，如停止、警告或信息。使用【标题】和【错误信息】文本框来设置所显示的信息。

警告：只有“停止”样式可以在任何情况下避免忽略错误及输入无效数据。

10. 单击【确定】按钮，完成数据有效性规则的设置。

4.7　在工作表中使用对话框控件

在之前的章节中，我们曾看到在有效性类型中使用列表，让我们能够有一个单元格内的下拉列表来选择允许的数据等。这是一个很好的数据输入尝试，因为它减小了所允许输入的数据的不确定性。

Excel 最巧妙的功能之一就是可以让我们从中举一反三，我们不仅可以设置列表，还可以在工作表中直接设置别的对话框控件，如数值调节钮、复选框等。我们可以利用这些设置，将数据与单元格链接起来，创建出非常好用的输入方法。

4.7.1　显示开发工具标签

使用对话框控件前，先要显示功能区的开发工具标签，步骤如下。

1. 右击功能区的任意一个地方，然后选择【自定义功能区】选项，此时【Excel 选项】对话框的【自定义功能区】选项出现。

2. 在【自定义功能区】列表中，选中【开发工具】复选框。

3．单击【确定】按钮。

4.7.2 使用表单控件

选择【开发工具】⇨【插入】选项，然后在【表单控件】中选择需要的工具，即可添加对话框控件，如图 4.15 所示。要注意的是，在工作表中只有一些控件可用，我们将在后续内容中讨论到。

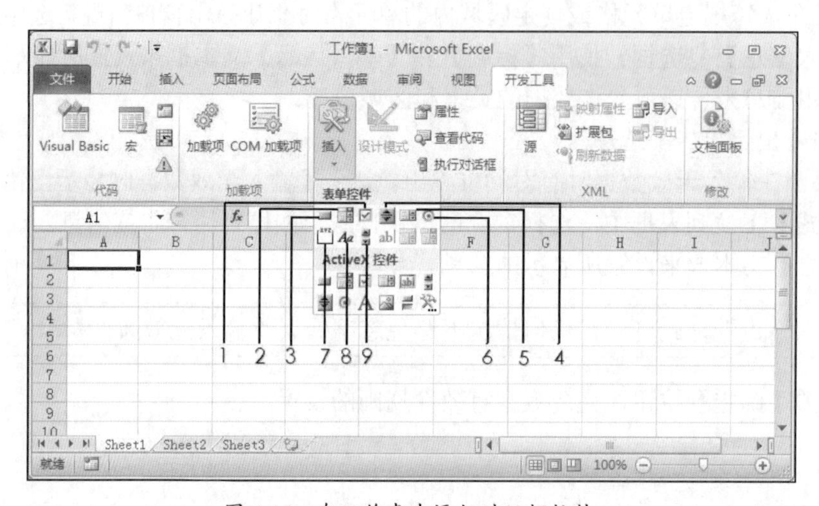

图 4.15 在工作表中添加对话框控件

注意：一般的按钮都可以加在工作表中，不过需为其指定一个 VBA 宏。想学习怎样创建宏，可以阅读比尔·耶伦先生所写的《Excel 经典教程——VBA 与宏》。

4.7.3 给工作表添加控件

我们可以像添加图形对象那样来添加控件，基本步骤如下。

1．选择【开发工具】⇨【插入】选项，然后在【表单控件】中选择需要创建的控件，此时鼠标指针变为十字形状。

2．将鼠标指针移到工作表中准备放置控件的位置。

3．单击并拖曳鼠标来创建控件。

Excel 为创建的分组框、复选框或选项按钮等指定了默认的标题。想要编辑标题的话，有以下两种方法。

- 右击控件，并选择【编辑文字】选项。
- 按住【Ctrl】键并单击控件，然后在控件内部单击并编辑。

编辑完成后，单击控件外部即可。

4.7.4　链接控件与单元格数值

想要使用对话框控件来输入数据，需要把每个控件和工作表的单元格关联起来，步骤如下。

1．选中准备使用的控件。同样地，在单击控件前记得按住【Ctrl】键不放。

2．右击控件，然后选择【设置控件格式】选项，或按【Ctrl】+【1】组合键，打开【设置控件格式】对话框。

3．单击【控制】选项卡，并在【单元格链接】文本框中引用单元格。可以输入单元格坐标，也可以在工作表中直接选择单元格。

4．单击【确定】按钮返回到工作表中。

小贴士：另一个链接控件与单元格的方法是选好控件，然后在公式栏中输入公式："=单元格"。这里的"单元格"是指要用到的引用单元格。例如，想要链接控件与单元格 A1，输入公式"=A1"即可。

注意：使用选项按钮时，只需为同组中的一个按钮链接一个单元格，Excel 会自动将其他的单元格引用添加到链接中来。

4.7.5　了解工作表控件

想要最有效地使用工作表控件，我们需要知道每个控件的特殊性及如何使用各个控件来输入数据。在接下来的内容中，我们会学习关于每个控件的详情。

分组框

分组框本身并不能做什么，只是用来建立两个或多个选项按钮的分组，然后可以选择分组中的一个选项。想要使用分组框，按照以下步骤操作即可。

1．选择【开发工具】⇨【插入】选项，在【表单控件】中选择【分组框】。

2．在工作表中单击并拖曳鼠标指针，建立分组框。

3．选择【开发工具】⇨【插入】选项，在【表单控件】中选择【选项按钮】。

4．在分组框内单击并拖曳，创建选项按钮。

5．如果有需要的话，重复第 3、4 步，创建足够多的选项按钮。

记住，要先创建分组框，然后再在其中创建选项按钮，这很重要。

注意：如果在分组外有一个选项按钮，还可以把它移入分组框内。但是如果分组框外有好几个选项按钮，就不行了。想要把外面的那一个按钮放到框内，按住【Ctrl】键，然后单击选项按钮并选中，放开【Ctrl】键，单击并拖曳按钮的边缘，在分组框内松开鼠标左键即可。

选项按钮

选项按钮一般是两个或两个以上同组出现的，不过一次只能选择一个。正如我们在之前的章节中看到的，选项按钮是以串联的形式在分组框中出现的，一个分组框内的选项按钮一次只能选择一个。

注意：实际上所有不在分组框内的选项按钮都会被当作一个分组，换句话来说，在 Excel 中可以选择未分组选项，不过一次也只能选择一个。这就意味着，在工作表中使用选项按钮时，分组框并非一定需要，大部分人使用分组框是为了更直观地看到选项之间的联系。

默认情况下，Excel 中的选项按钮均处于未被选中的状态。因此，在选择选项按钮前就应该指定好要选择哪个选项，步骤如下。

1．按住【Ctrl】键并单击想要显示的选项按钮。

2．右击此控件，并在列表中选择【设置控件格式】选项，或按【Ctrl】+【1】组合键，调出【设置控件格式】对话框。

3．在【控制】选项卡中，选择【已选择】选项。

4．单击【确定】按钮。

在工作表中，选择特定的选项按钮会改变所链接单元格内存储的数据。存储的数据取决于选项按钮，第一个加入分组框的按钮会对应数据 1，第二个对应数据 2，以此类推。这样做的好处是让我们可以将文本选项变为数字选项。举例来说，工作表中有 3 个运费选项按钮，即平邮、航空邮件和快递，如图 4.16 所示。被选择的选项数据存储在链接单元格内，也就是 E4 中。那么，如果航空邮件被选中，那么数据 2 就会被存储在 E4 中。具体来说，工作表会使用这个数据来查找相对应的运费并自动在发票中调整。

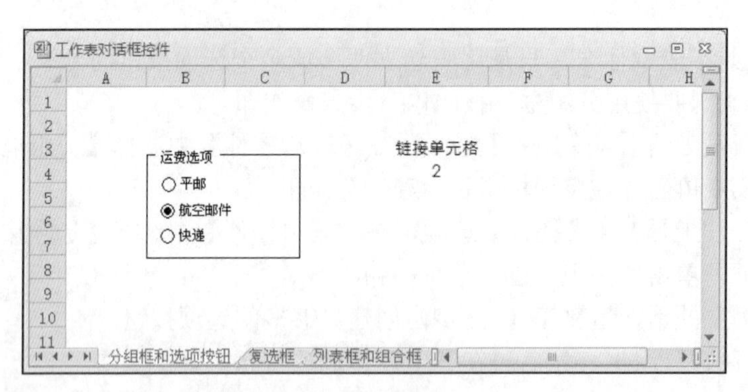

图 4.16　对选项按钮来说，链接单元格内所存储的数据取决于每个按钮添加到分组框中的顺序

复选框

复选框中包含选项，让我们可以选中或取消选中。和选项按钮一样，复选框开始是以未被选中的状态出现的。如果想让某个复选框以被选中状态启动，可以在【设置控件格式】对

话框中的【控制】选项卡下选择【已选择】选项，方法请参考之前的内容。

在工作表中，被选中的复选框链接的单元格内存储的数据为“TRUE”，而未被选中的数据则为“FALSE”，如图 4.17 所示。这样可以让我们的公式更具有逻辑性。我们可以据此来检查某【复选框】是否被选中，然后来调整公式。图 4.17 所示为一些例子。

■ 使用期末付款：此处的【复选框】用来决定每月的还款时间，查看每月偿还贷款的时间是在每月期末（TRUE）还是期初（FALSE）。

■ 包括每月额外本金偿还：此处的【复选框】用来判定如果一个模型建立了贷款分期偿还计划公式，那么每月是否要额外偿还本金。

→学习如何使用 IF( )函数，请看“8.1.1　使用 IF( )函数”。

→学习如何建立贷款分期偿还模型，请看“18.2　计算贷款偿还”。

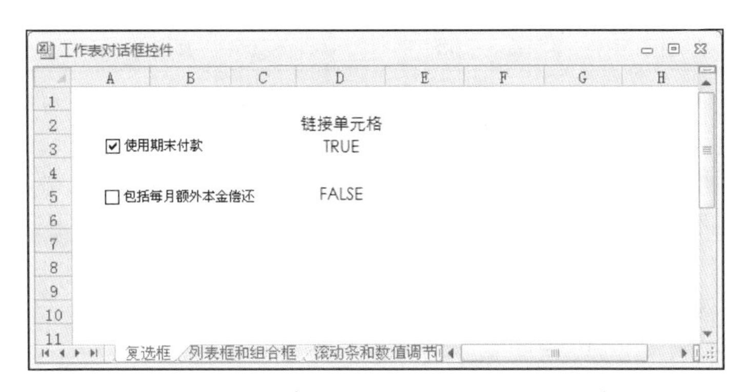

图 4.17　当复选框被选中时，它所链接的单元格会显示为“TRUE”，而未被选中则显示为“FALSE”

列表框和组合框

我们使用列表框来创建一个列表，可以从中选择一个项目。此列表中的项目是由指定的工作表区域数据来决定的，显示在链接单元格中的数据就是选中的项目。组合框和列表框差不多，不过，组合框一次只会显示一个项目，除非将它的列表展开。

列表框和组合框与其他控件不同，因为需要指定一片区域——一片包含要显示的项目的区域。具体步骤如下。

1. 在区域中输入列表项目。这些项目必须在单一的行或列中列举出。
2. 在工作表中加入列表控件并选中它。
3. 右击此控件，然后选择【设置控件格式】选项，或按【Ctrl】+【1】组合键，调出【设置控件格式】对话框。
4. 在【控制】选项卡内，使用【数据源区域】文本框来引用项目所在区域。可以输入坐标，也可以直接在工作表中选择。
5. 单击【确定】按钮，返回工作表中。

图 4.18 所示为包含列表框和组合框的工作表。

图 4.18　对列表框和组合框来说，链接单元格内的数据显示为所选择的列表项目的顺序数值

以上两个控件所使用的区域都是 A3 到 A10。要注意的是，链接单元格显示的是所选择项目的顺序数值，而不是项目本身。想要查看所选项目本身，可以通过以下语法使用 INDEX( )函数：

```
INDEX(list_range, list_selection)
list_range              列表框或下拉列表所使用的区域
list_selection          在列表中所选择项目的顺序数值
```

举例来说，想要查找图 4.18 中组合框内目前所选择的项目，可以使用单元格 E12 中所示的公式：

```
=INDEX(A3:A10,E10)
```

→学习更多关于 INDEX( )函数的知识，请看“第 9 章　使用查找函数”。

滚动条和数值调节钮

滚动条类似于 Windows 的滚动条，我们可以用它来从区域的数据中选择一个数字。单击箭头或者拖曳滚动块都可以改变控件中的数值，而且此数值会显示在链接单元格内。注意，水平或垂直滚动条均可被创建。

在滚动条的【设置控件格式】对话框中，【控制】选项卡中包含以下几个选项。

- 当前值：滚动条控件最初的数值。
- 最小值：当滚动块在水平滚动条的最左端或垂直滚动条的最上端时，滚动条所显示的数值。
- 最大值：当滚动块在水平滚动条的最右端或垂直滚动条的最下端时，滚动条所显示的数值。
- 步长：单击滚动箭头时，滚动条改变的数量。
- 页步长：单击滚动块和滚动箭头之间时，滚动条改变的数量。

数值调节钮和滚动条差不多，我们可以用它来在最大值和最小值之间选择一个数值。除了无法设置【页步长】之外，数值调节钮的其他选项和滚动条完全一样。

图 4.19 所示为滚动条和数值调节钮的例子。注意滚动条上面的最大值和最小值是手动加上去的，这其实是个好主意，因为它能给使用者一个数字限制。

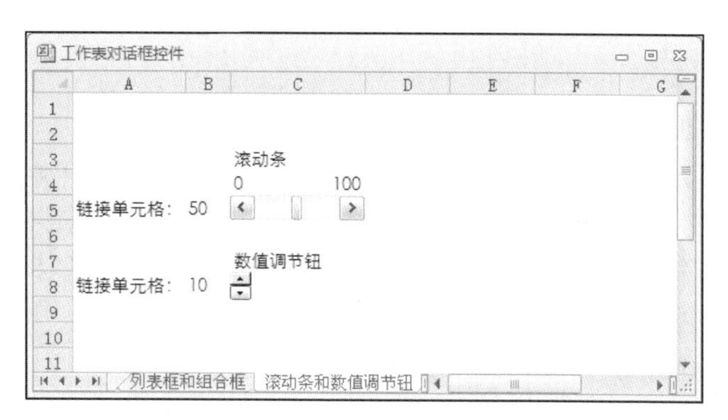

图 4.19　对滚动条和数值调节钮来说，链接单元格内显示的数值是当前的数据

第 5 章　解决公式中的问题

尽管我们尽了最大努力，可公式中大大小小、奇奇怪怪的错误却仍然不断出现。那些错误可能是数学上的，如 0 作为了除数，也可能是出现了 Excel 不能识别的公式。如果是后者的话，输入公式的时候错误就会被揪出来。举例来说，如果输入的是不对称的括号，Excel 不会接收此输入，还会弹出一个错误提示信息。其他的错误就比较难发现了，例如，看起来公式是在运作中的，即它得出了一个结果，但实际上这个结果是不正确的，因为数据本身就是无效的，或者公式所引用的单元格或区域根本就是错误的。

不管是什么类型的错误或者是由什么导致的错误，都必须被解决，因为我们自己或公司里的人都可能会需要使用我们的模型。不要以为自己的电子表格不会有错误，夏威夷大学的一项研究表明：50%的电子表格都包含会导致“重大失误”的错误。模型越复杂，犯错误的概率就越大。毕马威会计师事务所多年来的研究显示：计算税率的电子表格，90%都有错误，这是一个惊人的数字。

好消息是解决公式中的问题不再是一个苦差事。有了很多小诀窍和 Excel 中出众的解决问题工具，找到并修复模型中的弊端不再艰难。本章我们会学到需要的所有知识。

小贴士：如果输入了错误的公式，Excel 将不会允许我们进行别的任何操作，除非我们改正或取消操作，而这则意味着公式的丢失。如果公式很复杂，可能不能一下子看出问题所在，如果不想整个工作白费，可以在公式前面加一个英文状态的撇号（’），将公式变为文本格式，这样找问题的时候可以同时保存公式。

5.1　了解 Excel 中的错误值

当我们输入或编辑公式时，显示的结果可能会是一个错误值。Excel 中有 7 种错误值：#DIV/0!、#N/A、#NAME？、#NULL!、#NUM!、#REF!，以及#VALUE!。接下来的几小节会介绍这些错误值的详情，以及解决的建议。

5.1.1　#DIV/0!

#DIV/0!的出现基本都是因为数学上的错误，如除数是 0 等，通常是因为引用了空白单元

格或包含 0 值的单元格。检查一下引用单元格是否直接或间接地引用了错误的值，以找出可能的错误点。如果在某些公式中输入了无效的参数，也可能会显示#DIV/0!。例如函数“MOD( )”，如果其第二个参数为 0，那么也会显示#DIV/0!。

工作表中需要输入数据的单元格如果是空白的，Excel 会将其看作 0 值，这样会造成一些麻烦。如果公式需要除以一个暂时空白的单元格，结果会显示#DIV/0!，这有时候会让我们很困惑。其实这个问题不难解决，我们可以让 Excel 在除数是 0 的时候，不显示计算结果。这用 IF( )函数就可以办到，我们将在“第 8 章　使用逻辑函数和信息函数”中学到。举例来说，假设以下函数使用已命名单元格来计算收益：

```
=毛利/销售额
```

为避免当销售额是 0 而导致#DIV/0!出现，我们可以将公式修改如下：

```
=IF(销售额=0,"",毛利/销售额)
```

这样如果销售额为 0，则单元格会显示为空值，否则将显示计算结果。

5.1.2　#N/A

#N/A 是“不存在”的缩写，意味着公式不能得出一个合理的结论，通常在使用了无效的参数或在函数中删除掉了需要的参数时出现。举例来说，在 HLOOKUP( )和“VLOOKUP( )”函数中，如果查找的数据比所规定的区域内的第一个数据小的话，#N/A 就会出现。

要解决这个错误，首先检查一下公式中需要输入数据的单元格，看看是哪个单元格显示了此错误，因为一般#N/A 都发生在需要输入数据的单元格内。找到错误根源以后，再检查一下公式的运算符，找出无效的输入数据，特别是函数中的每个参数，以保证没有漏掉需要的参数。

注意：有时候当一个需要的数据还没有的时候，我们会故意在工作表中留下#N/A 错误，如我们在等待从各分部传来的预算数字，如年预算、月预算数字时。这时候可以在单元格内输入 NA( )函数，然后等合适的数据传来再用其“改正”此错误。

5.1.3　#NAME?

#NAME? 错误一般出现在 Excel 不能识别公式中使用的名称或公式中的文本被 Excel 认为是未定义的名称时。这就意味着#NAME? 这个错误会经常跳出来，例如发生以下情况时。

- 区域名称拼写错误。
- 使用的区域名称还未命名。
- 函数名称拼写错误。
- 使用的函数来自未安装的加载项。

- 使用的数据串没有用括号括起来。
- 引用区域时不小心忘记了冒号。
- 输入了另外一个工作表上的区域引用位置，但是忘记用单引号引起来。

小贴士： 输入函数名称或定义名称时，建议都使用小写字母。如果 Excel 能识别出这些名称，它会自动将函数名称转换为大写，而定义的名称就按定义的格式显示。如果转换没有发生，那么说明要么名称拼写错误，要么名称还没有被定义，要么就是使用的函数插件还没有加载。我们还可以使用以下方法来安全地输入函数和名称：选择【公式】⇨【插入函数】选项（或按【Shift】+【F3】组合键）；选择【公式】⇨【最近使用的函数】选项；选择【公式】⇨【最近使用的函数】⇨【插入函数】选项（或按快捷键【F3】）。

大部分的错误都是语法上的，所以要改正它们必须好好检查公式、区域名称或函数名称的拼写，以及插入丢失的括号或冒号等。同时，记得将要使用的区域都进行命名，并且加载需要的函数。

案例分析：如何在删除区域名称时避免#NAME？错误

假设我们在使用了一个区域名称后又把它删除了，则 Excel 会显示#NAME？错误。如果 Excel 将区域名称转换成了相对应的引用单元格，就像 Lotus 1-2-3 那样，也不错。不过 Excel 中有一个看起来不太方便，但其实很好用的方法，那就是将错误显示出来，让我们可以看到不小心删掉的区域名称，还可以通过 Excel 在公式中留下的名称来恢复原来的区域名称。

注意： 再次定义原名称的时候忘记更改相对应的区域坐标会是一件很麻烦的事情，所以在每个工作表中粘贴一份区域名称和坐标引用相对应的列表是个不错的主意。

→更多关于粘贴区域名称的信息，请看“2.2.4　在工作表中粘贴区域名称列表”。

如果不想恢复原来的区域名称，也可以让 Excel 将删掉的名称转换成单元格引用，步骤如下。

1. 选择【文件】⇨【选项】选项，打开【Excel 选项】对话框。
2. 选择【高级】选项。
3. 在【Lotus 兼容性设置】选项组中，在列表中找到需要的工作表。
4. 选中【转换 Lotus 1-2-3 公式】复选框。
5. 单击【确定】按钮。

这样设置后，当 Excel 遇到上述情况时，会和 Lotus 1-2-3 使用相同的方法。更特别的是，在公式中使用已删除的区域名称时，此名称会自动转换为相对应的区域引用。此外，还有额外的好处：如果我们在公式中输入了区域引用，那么只要这个区域有名称，此引用就会转换成区域名称；如果我们命名了一个区域，Excel 会将所有引用此区域的地方都转换成引用新名称，这样就不会出现我们在第 2 章中见到的区域名称引用的问题了。

警告：只有在选中了【转换 Lotus 1-2-3 公式】复选框之后，输入公式时才会有上述的应用。

5.1.4　#NULL!

#NULL!错误只会在特殊情况下出现：当我们进行交集操作，但所操作的两个区域没有交集时。举例来说，区域 A1 到 B2 和 C3 到 D4 之间没有交集，所以如果我们输入以下公式，就会出现#NULL!错误：

```
=SUM(A1:B2 C3: D4)
```

此时应检查一下区域坐标，看是否引用正确。另外，还可以检查一下是否其中的一个区域移动过了，导致公式中没有了交集。

5.1.5　#NUM!

#NUM!错误通常都意味着公式中的数字有问题，一般是在数学和三角函数中输入了不存在的参数所致。例如，在 SQRT( )或 LOG( )函数中输入了负数作为参数。此时应该检查公式中的输入单元格，尤其是在数学函数中作为参数的单元格，应确保其中的数据是正确的。

进行迭代计算或函数中使用迭代计算时，如果 Excel 不能得出一个结果，那么#NUM!错误也会出现。这个时候此错误无法解决，我们只能调整迭代参数。

5.1.6　#REF!

#REF!错误的出现通常表示公式中包含了无效的引用单元格，大部分是由以下几种情况造成的。

- 删除了公式中所引用的单元格。此时需要将此单元格恢复，或调整公式引用。
- 将某单元格剪切并粘贴到了公式需要引用的单元格处。此时需要做的就是撤销剪切，然后将此单元格粘贴到别的地方。

小贴士：需要注意的是，只将单元格复制并粘贴到公式引用的单元格处是可以的。

- 公式引用了不存在的单元格地址，如 B0。这种情况发生在剪切或复制了一个使用了相对引用的公式，而此公式被粘贴在无效单元格地址的时候。举例来说，假设某公式引用了单元格 B1，如果我们剪切或复制了包含此公式的单元格并将其粘贴到了上面一行，那么对 B1 的引用会变成 B0，这显然是无效的。

5.1.7 #VALUE!

当#VALUE!错误出现的时候，说明在函数中使用了不合适的参数，大部分情况都是由输入错误造成的。举例来说，需要输入数值的时候输入了数据串，或需要引用单个单元格或数据的时候引用了区域。如果使用的数据过大或过小，超出了 Excel 能处理的范围，也会出现#VALUE!错误。以上的情况出现时，都需要我们好好检查函数，找出并改正那些不合适的参数。

小贴士： Excel 能处理的数据是从−1E−307 到 1E+307。

5.2 解决公式中的其他问题

并非所有 Excel 中的错误都会有以上 7 种显示，也可能会出现一个警告对话框。举例来说，当我们输入的函数缺少必需的参数时，警告对话框就会出现。如果没有这个警告，说不定我们不会意识到公式出现了问题。在接下来的几个小节中，我们会看到一些比较常见的公式错误。

5.2.1 括号的缺失或不匹配

如果我们在输入公式时漏掉了括号，或者把括号放在了错误的地方，在确认公式的时候就会看到 Excel 显示警告对话框，如图 5.1 所示。此时如果 Excel 提出的更正建议正是我们想要的，单击【是】按钮，Excel 会自动输入正确的公式；如果建议的公式不正确，单击【否】按钮，然后手动输入公式。

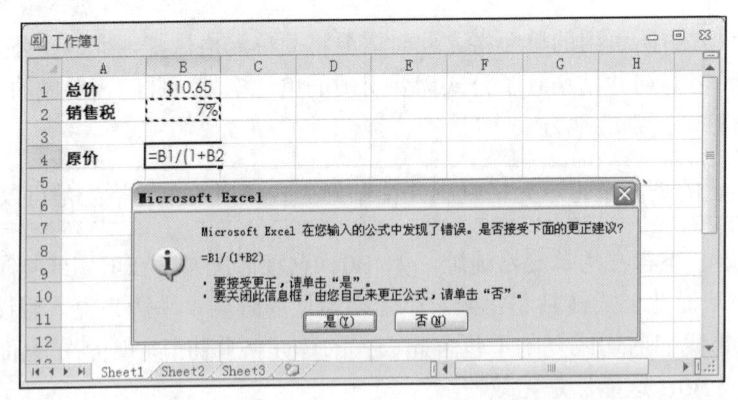

图 5.1　如果括号缺失，Excel 会给出一个更正建议，并显示对话框来让我们决定是否接受此更正

警告： 选择不相邻区域时，记得在选中第一个单元格或区域后一直按着【Ctrl】键；否则 Excel 会将当前选中的单元格或区域当作不相邻区域中的一部分，这样的话在将选中的区域作为函数的参数时，会造成循环引用。

警告： Excel 对括号缺失的更正建议并不都是正确的。它一般会建议在公式的最后加上括号，但这通常都不是我们想要的。所以，在接受更正建议之前，一定要好好检查一下。

为避免括号的缺失或不匹配的情况发生，在我们编辑公式的时候，Excel 会给出以下两个提示。

■ 第一个提示出现在我们输入右括号时。Excel 会高亮显示此右括号及其对应的左括号，如果我们认为输入的是最后一个右括号，但是 Excel 没有将最左边的括号高亮显示，这说明括号是不匹配的。

■ 第二个提示出现在我们使用左右方向箭头来操作公式时。当箭头越过一个括号时，Excel 会高亮显示它对应的括号，并将此对括号用相同的颜色显示。

5.2.2 错误的公式结果

即使 Excel 最后并未显示任何错误警告，也不能说明结果就一定是正确的。如果公式的结果是错误的，那么这里有一些小窍门可以帮助我们来理解并改正错误。

■ 计算复杂的公式时，一次计算一部分。在公式栏中，选中要计算的式子，然后按【F9】键，此时 Excel 会将此式子转换为它的值。完成的时候记得按【Esc】键退出，以避免公式以这个值作为最后结果。

■ 求出公式的值。这个方法让我们可以一步步算出一个复杂公式的值。

→学习如何进行公式求值，请看“5.5.6　公式求值”。

■ 分解长或复杂的公式。最复杂的解决公式问题的方法之一就是在长公式中理清思路。从上一个小窍门中我们知道了如何计算公式中某部分的值，不过，最好的方法还是让公式尽可能短，然后在各个部分都运转正常以后，再将其合并成一个高效的长公式。

■ 重新计算所有的公式。某公式之所以发生错误，可能是因为它所引用的其他公式发生了错误，需要重新计算，常见于当一个或多个公式使用自定义 VBA 函数时。此时按【Ctrl】+【Alt】+【F9】组合键可重新计算工作表中的所有公式。

■ 注意运算符的优先级。在“第 3 章　建立基本公式”中，我们曾经说过，Excel 的运算符优先级是指某些特定运算符会优先于其他运算符计算，这样可能会导致计算错误。要控制运算符的顺序，使用括号即可。

■ 小心那些所谓的空白单元格。某些单元格可能看起来是空白的，但实际上却包含数据甚至公式。例如，如果我们使用空格键来“清除”某单元格，此单元格会被 Excel 视作非空白单元格。同样地，某些公式会显示空串而不是数据。例如我们之前讲过的为避免#DIV/0!错误的出现使用 IF()函数时，就有可能出现看起来空白的非空白单元格。

■ 注意那些看不到的数据。在很大的模型中，可能公式会用到一些看不到的数据，例如那些屏幕外的或其他工作表上的数据。Excel 的“监视窗口”可以帮助我们留意当前的一个或多个单元格。

→更多关于监视窗口的信息，请看“5.5.6　公式求值”小节中的监视单元格数据。

5.2.3 解决循环引用

循环引用出现在一个公式引用其自身单元格时，通常以以下两种方式出现。

■ 直接：某公式明显引用了其自身的单元格。举例来说，如果单元格 A1 中输入了以下公式，就会造成循环引用：

```
=A1+A2
```

■ 间接：某公式引用了一个单元格或函数，而此单元格或函数包含了公式本身的单元格。例如，假设单元格 A1 包含以下公式：

```
=A5*10
```

而单元格 A5 引用了 A1，那么在下例中就会出现循环引用：

```
=SUM(A1: D1)
```

当 Excel 发现循环引用的时候，会显示图 5.2 所示的对话框。

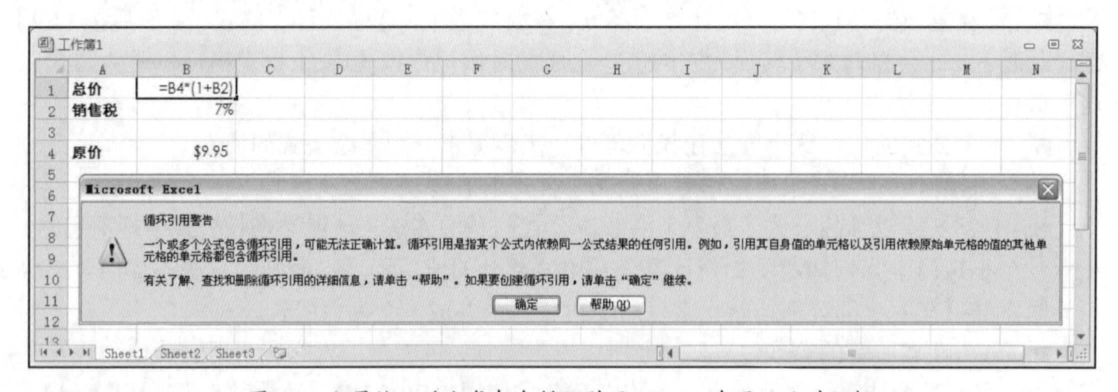

图 5.2　如果输入的公式包含循环引用，Excel 会显示此对话框

如果单击【确定】按钮，Excel 会用追踪箭头将循环引用的单元格连接起来。了解了哪些单元格牵涉到了循环引用，可以通过改正它们来解决问题。

注意：在“5.5　审核工作表”中，我们会学到关于追踪的详情。

5.3　使用 IFERROR( )函数来解决公式中的问题

在之前的内容中我们曾经看到过使用 IF( )函数来检验公式的除数是否是 0，以避免#DIV/0!错误的出现。如果我们能提前知道会犯什么错误的话，这是一个不错的方法。可是大部分时候，我们不能预知错误的本质。举例来说，一个很常见的公式“=毛利/销售额”，如果“销售额”是 0 的话，可能会出现#DIV/0!错误；如果“毛利”或者“销售额”这两个名称不存在的话，可能会出现#NAME？错误；而如果以上两个名称被删除的话，还可能会出现#REF!错误。

如果想从容地处理好所有的问题，最好是假设所有的错误都会出现。幸运的是，这并不意味着我们要用 IF( )函数建立一个复杂的深度测试并嵌套进每一个地方来检查是否有#DIV/0!或#N/A 这样的错误，而只需一个简单的测试即可。

在 Excel 的旧版本中，我们需要用到 ISERROR(*value*)函数，其中的 *value* 是一个表达式：如果 *value* 造成了错误，那么 ISERROR( )函数会返回 True；如果没有错误，则返回 False。我们可以将这个函数和 IF( )函数结合起来使用，按照如下语法：

```
=IF(ISERROR(expression), ErrorResult, expression)
```

如果 *expression* 发生了错误，此公式会返回 *ErrorResult*，如空串或错误信息等；否则，公式会返回 *expression*。下面以“毛利/销售额”为例：

```
=IF (ISERROR(毛利/销售额), "", 毛利/销售额)
```

使用这两个函数的问题在于，需要输入表达式两次：一次是在 ISERROR( )函数中，另一次是作为 IF( )函数的 False 结果时。这不仅花费了我们的输入时间，还让公式变得更难处理，因为如果我们修改了表达式，则需要修改两次。

现在，Excel 提供了更简便的方法来处理问题：那就是使用 IFERROR( )函数。它实际上就是将 IF( )函数和 ISERROR( )函数结合成了一个函数：

```
IFERROR(value, value_if_error)
value                 可能会出现错误的表达式
value_if_error        如果 value 发生了错误，则显示此错误
```

如果 *value* 没有错误，那么 Excel 会返回 *value*；否则会返回 *value_if_error*，一般来说会是空串或者错误信息。例如：

```
=IFERROR((毛利/销售额), " ")
```

这样比使用 IF( )函数和 ISERROR( )函数方便多了，更短小、更易读，并且更容易去处理，因为我们只需要使用表达式一次。

5.4　使用公式错误检查功能

如果你使用过微软的 Word，那一定对词或句子下面的绿色波浪线很熟悉了，那是语法检

查功能对错误的标注。语法检查功能以一系列语法和句法为准则，在我们输入的时候，它会在后台不断地检查并监督。如果输入的语句违反了语法检查功能的某项规则，绿色波浪线就会出现，以此提醒我们有错误出现了。

Excel 也有同样的功能：公式错误检查功能。和语法检查功能一样，公式错误检查功能根据一定的规则，在后台不断地检查我们所输入的公式的正确性。如果它检测到了错误，会在公式所在单元格左上角显示一个“错误指示器”——一个绿色的小三角，如图 5.3 所示。

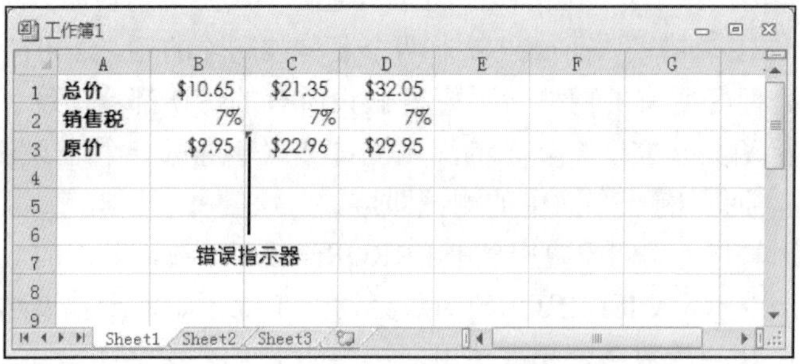

	A	B	C	D	E	F	G
1	**总价**	$10.65	$21.35	$32.05			
2	**销售税**	7%	7%	7%			
3	**原价**	$9.95	$22.96	$29.95			

错误指示器

图 5.3　如果 Excel 的公式错误检查功能检测到了问题，会在公式所在单元格左上角显示一个绿色小三角

如果我们选中了出错的单元格，它旁边会出现一个小标签，当我们将鼠标指针放到小标签上时，会出现一个错误描述，如图 5.4 所示。这个小标签的下拉列表里有以下几个可选操作。

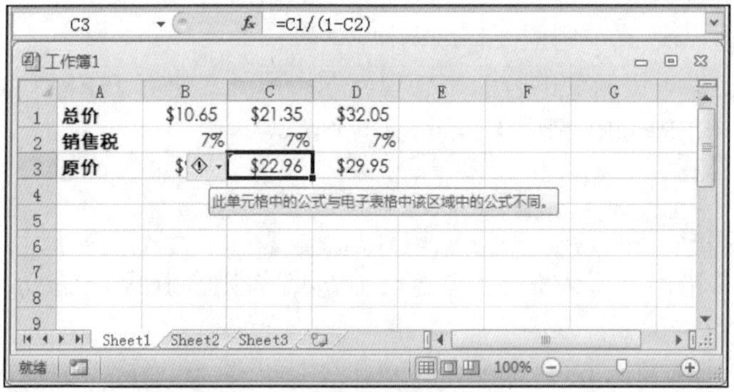

C3　=C1/(1-C2)

	A	B	C	D	E	F	G
1	**总价**	$10.65	$21.35	$32.05			
2	**销售税**	7%	7%	7%			
3	**原价**	$	$22.96	$29.95			

此单元格中的公式与电子表格中该区域中的公式不同。

图 5.4　选中了包含错误的单元格，然后将鼠标指针放到小标签上时，会看到关于此错误的描述

■　校正动作：Excel 会根据实际情况来决定是解决问题还是改正错误。此选项取决于错误的类型，例如，在图 5.4 中，Excel 的错误报告指出单元格 C3 中的公式和别的不同，我们注意到了在公式栏中，括号内的公式应该是 1+C2，而不是 1−C2。在这种情况下，小标签内校正错误的选项是【从左侧复制公式】。如果 Excel 不能给出修改建议，那么此选项会是【显示计算步骤】。

■　关于此错误的帮助：选择此选项，“Excel 帮助”系统会给出关于这个错误的帮助信息。

■　忽略错误：错误被忽略，Excel 就按照所输入的公式来计算。

■　在编辑栏中编辑：选择此选项的话，公式会以“编辑”的方式在公式栏中显示，我们可以通过编辑公式来解决问题。

■　错误检查选项：选择此选项的话会看到【Excel 选项】对话框中的【错误检查】选项出现，我们将在后文讨论。

设置错误检查选项

和 Word 的语法检查功能一样，Excel 的公式错误检查功能也有很多选项，用来设置错误的检查规则、相关处理等。我们可以用以下两种方法看到这些选项。

■　选择【文件】⇨【选项】选项，打开【Excel 选项】对话框，然后选择【公式】选项。

■　在小标签的下拉列表中选择【错误检查选项】，参看上节相关段落。

以上两种方法都可以看到【错误检查】和【错误检查规则】选项组，如图 5.5 所示。

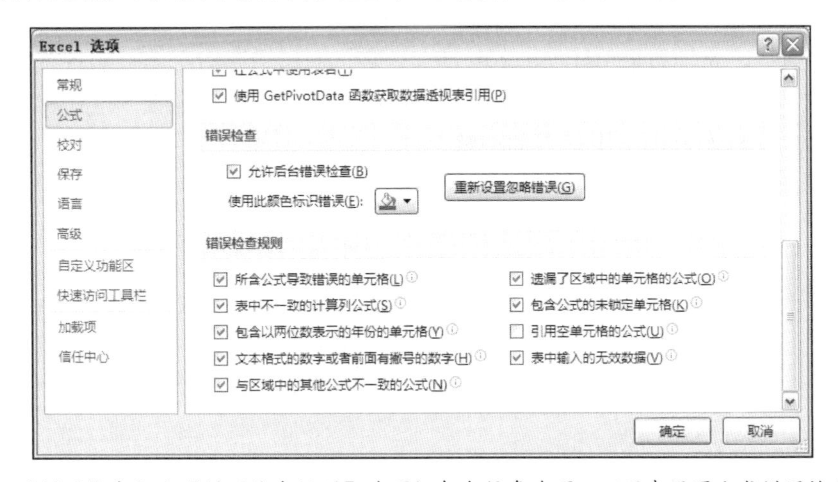

图 5.5　【错误检查】和【错误检查规则】选项组包含很多选项，可用来设置公式错误检查功能

以下是相关选项概要。

■　允许后台错误检查：此选项用来设置是否允许公式错误检查功能在后台工作。即使关闭了后台检查，也可以在任何时候开启，选择【公式】⇨【错误检查】选项设置即可。

■　使用此颜色标识错误：使用调色板来设置错误指示颜色。

■　重新设置忽略错误：如果曾经设置忽略了一个或多个错误，可以单击此按钮来设置错误重新显示。

■　所含公式导致错误的单元格：如果选中了此复选框，那么公式错误检查功能会在公式生成错误值，如#DIV/0!、#NAME？等时显示错误指示器并启用错误更正功能。

■ 表中不一致的计算列公式：此复选框被选中时，Excel 会检查工作表中计算列公式，并在某单元格包含与其他单元格不一致的公式时显示错误指示器并更正错误。此时小标签内含有【恢复列公式计算】选项，让我们可以修正此公式，让其与列中其他公式保持一致。

■ 包含以两位数表示的年份的单元格：此复选框被选中后，当公式中包含以两位数表示年份的文本日期时，错误指示器会出现。因为两位数可能会在日期表示上造成歧义，如 00，可能表示 1900 年，也可能表示 2000 年。所以，此时小标签会提供两个选项供选择：【转换××为 19××】或【转换××为 20××】。这样可以让我们将两位数表示的年份变为 4 位数表示的年份。

■ 文本格式的数字或者前面有撇号的数字：如果此复选框被选中，当单元格包含文本格式的数字或前面有撇号的数字时，错误指示器会出现。这种情况下，小标签内会出现【转换为数字】选项，以便让我们将文本格式转换为数字格式。

■ 与区域中的其他公式不一致的公式：此复选框被选中后，有与周围的公式结构不同的公式时，错误指示器会出现。这时，小标签内会包含类似【从左侧复制公式】这样的选项来让范围内的公式保持一致。

■ 遗漏了区域中的单元格的公式：选中此复选框后，与公式所引用区域相邻的单元格如果未被选中，则错误指示器会出现。例如，在公式“=AVERAGE(C4:C21)”中，区域 C4 到 C21 包含数字数据，此时如果单元格 C3 也包含数字，那么错误指示器会出现，提醒我们是否在公式中遗忘了 C3。图 5.6 所示即为此例。在这种情况下，小标签的下拉列表中会包含【更新公式以包括单元格】选项，用来自动调整公式。

C23 =AVERAGE(C4:C21)

销售人员业绩

	A	B	C	D	E	F
2		销售员	2009年销售业绩	2010年销售业绩		
3		南希·弗利哈弗	$996,336	$960,492		
4		安德鲁·切尼奇	$606,731	$577,983		
5		简·科塔斯	$622,781	$967,580		
6		玛利亚·斯基恩科	$765,327	$771,399		
7		史蒂文·索普	$863,589	$827,213		
8		麦克·内鹏	$795,518	$669,394		
9		罗伯特·杰尔	$722,740	$626,945		
10		劳拉·吉萨尼	$992,059	$574,472		
11		安·赫朗·拉森	$659,380	$827,932		
12		基拉·哈珀	$509,623	$569,609		
13		大卫·弗利	$987,777	$558,601		
14		保罗·维亚基斯	$685,091	$692,182		
15		安德里亚·埃斯特	$540,484	$693,762		
16		查尔斯·格兰尼克	$650,733	$823,034		
17		凯伦·阿里斯顿	$509,863	$511,569		
18		凯伦·哈蒙德	$503,699	$975,455		
19		文思·杜宾	$630,263	$599,514		
20		保罗·理查德森	$779,722	$596,353		
21		格列格·奥多诺	$592,802	$652,171		
22		合计	$13,414,518	$13,475,660		
23		平均值	$689,899			

此单元格中的公式引用了有相邻附加数字的范围。

图 5.6 错误指示器显示所遗漏的单元格是与所引用区域相邻的。在这种情况下，单元格 C23 中的公式应该同时引用遗漏的单元格 C3

■　包含公式的未锁定单元格：如果此复选框被选中，那么当公式所在单元格未锁定时，错误指示器会出现。这实际上不像是一个错误，而更像是个警告，因为即使我们锁定了工作表，别的人也有可能修改这个公式。这种情况下，小标签里会有【锁定单元格】选项，这样可以保证我们锁定工作表后，别的人不能再修改此公式。

■　引用空单元格的公式：此复选框被选中后，如果所引用的公式中包含空单元格，错误指示器会出现。在这种情况下，小标签里会有【追踪空单元格】选项，让我们可以找到空的单元格，这时可以在此单元格内输入数据，或者修改公式，不再引用此单元格。

■　表中输入的无效数据：当此复选框被选中时，如果单元格违反了表格的数据有效性规则，那么错误指示器会出现。这种情况会出现在设置的数据有效性规则仅为“警告”或“信息”状态下时，因为此时我们仍然可以输入无效的数据。此时，错误指示器会指出包含无效数据的单元格，而小标签中会出现【显示类型信息】选项，显示出单元格数据所违反的数据有效性规则。

5.5　审核工作表

如我们之前看到的，很多公式错误都是因为引用了其他包含错误的或不合适的数据的公式，所以解决问题的第一步应该是找到导致错误的单元格或单元格组。如果公式所引用的仅仅是单独的单元格，那很简单，但是随着引用数量的增加，解决问题也会越来越难。

注意：另一个复杂的情况是区域名称的使用，因为每个名称所引用的区域并不明显。

想要找出造成公式错误的罪魁祸首，我们可以使用 Excel 的审核功能。该功能可以让公式中的错误根源原形毕露。

5.5.1　理解审核

Excel 中的公式审核功能通过创建追踪箭头来逐一指出包含在公式内的单元格。我们可以使用追踪箭头来找出以下 3 种单元格。

■　引用单元格：这些单元格在公式中直接或间接地被引用。举例来说，假设单元格 B4 内包含公式“=B2”，那么 B2 就是 B4 的直接引用单元格。现在假设 B2 中包含公式“=A2/2”，那么 A2 就是 B2 的直接引用单元格，同时也是 B4 的间接引用单元格。

■　从属单元格：公式在其他单元格中直接或间接引用的单元格。在上例中，单元格 B2 就是 A2 的直接从属单元格，而 B4 则为 A2 的间接从属单元格。

■　错误：单元格内包含错误，同时被直接或间接地引用于公式中，还导致那些公式出现了相同的错误。

图 5.7 所示为包含以上 3 种追踪箭头的例子的工作表。

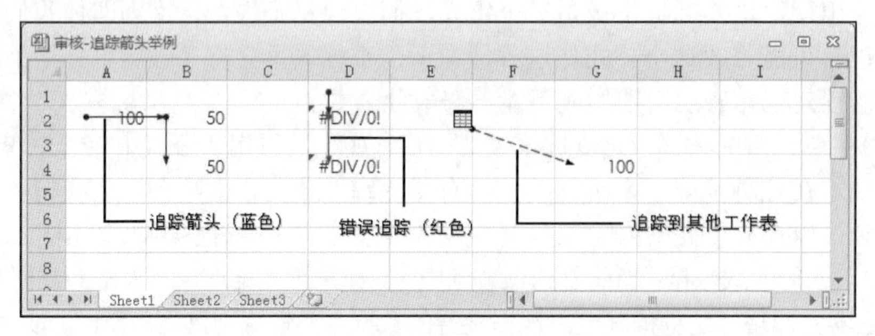

图 5.7　3 种追踪箭头的例子

■　单元格 B4 包含公式“=B2”，B2 内的公式是“=A2/2”。图中蓝色的箭头指出了单元格 B4 的引用单元格，包括直接的和间接的。

■　单元格 D4 包含公式“=D2”，D2 中的公式是“=D1/0”。后者导致了#DIV/0!错误的出现，因此，同样的错误出现在了 D4 中。图中红色的箭头指出了错误的根源所在。

■　单元格 G4 包含公式“=Sheet2!A1”，Excel 以虚线箭头和工作表图标来显示在别的工作表上的引用单元格或从属单元格。

5.5.2　追踪引用单元格

想要追踪引用单元格，可以按照如下步骤。

1．选好单元格，此单元格内是包含想要追踪的引用单元格的公式。

2．选择【公式】⇨【追踪引用单元格】选项。Excel 会在每个直接引用单元格间加上一个追踪箭头。

3．重复第 2 步，以追踪更多级别的引用单元格。

小贴士：如果关闭了单元格内编辑，还可以通过双击单元格来追踪引用单元格。选择【文件】⇨【选项】选项，打开【Excel 选项】对话框，然后选择【高级】选项，取消选中【允许直接在单元格内编辑】复选框。之后再双击单元格，Excel 会选择公式的引用单元格。

5.5.3　追踪从属单元格

追踪从属单元格的步骤如下。

1．选择好包含想要追踪的从属单元格的公式所在的单元格。

2．选择【公式】⇨【追踪从属单元格】选项。Excel 会在直接从属单元格之间加上追踪箭头。

3．重复第 2 步，以追踪更多级别的从属单元格。

5.5.4　追踪错误

追踪单元格错误只需以下两步。

1．选好包含错误的想要追踪的单元格。

2．选择【公式】⇨【错误检查】⇨【追踪错误】选项。Excel 会在发生错误的每个单元格之间加上追踪箭头。

5.5.5　移去追踪箭头

有以下 3 个方法可帮我们移去追踪箭头。

■　移去所有追踪箭头：选择【公式】⇨【移去箭头】选项。

■　一次移去一个级别的引用单元格箭头：选择【公式】选项，在【移去箭头】下拉列表中选择【移去引用单元格追踪箭头】选项。

■　一次移去一个级别的从属单元格箭头：选择【公式】选项，在【移去箭头】下拉列表中选择【移去从属单元格追踪箭头】选项。

5.5.6　公式求值

之前我们学过通过公式求值来解决某些公式中的问题，只要选好想要求值的部分，然后按【F9】键即可。这样是很好，不过如果面对的是一个长而复杂的公式，可能就比较乏味了，而且还得冒很大的风险。因为如果不小心将公式的一部分计算确认了，说不定工作就全白费了。

那么比较好的解决方法就是利用 Excel 的【公式求值】功能。它和之前的按【F9】键方法差不多，但是更简单、更准确，步骤如下。

1．选择好想要求值的公式所在的单元格。

2．选择【公式】⇨【公式求值】选项，此时会弹出【公式求值】对话框。

3．公式中正在求值的表达式用下划线强调，显示在【求值】文本框中。求值的每一步，我们都可以单击以下几个按钮中的一个或多个。

■　求值：单击此按钮来显示带下划线的表达式的值。

■　步入：单击此按钮来显示带下划线的表达式的第一个从属单元格。如果这个从属单元格也有从属单元格，继续单击此按钮来查看，如图 5.8 所示。

■　步出：单击此按钮来隐藏从属单元格并计算引用单元格。

4．重复第 3 步，直到完成求值。

5．单击【关闭】按钮。

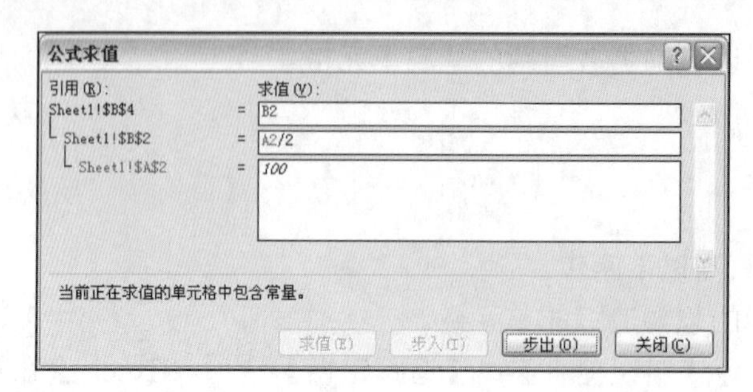

图 5.8 使用【公式求值】对话框，可以“步入”公式，看到从属单元格

监视单元格数据

在图 5.7 所示的追踪引用单元格示例中，单元格 G4 的公式引用了别的工作表内的单元格，并以单元格图标的形式来显示。换句话说，我们不能同时看到公式单元格和引用单元格。这种情况也会发生在引用单元格在别的工作簿上，或就在相同的工作表内但是由于模型太大而看不到的时候。

这也是一个问题，因为确定一个看不到的引用单元格的内容或数据不是什么容易的事。当我们想要解决问题时，可能需要追踪一个不知道在哪个角落的看不见的数据，而且只有这一个单元格看不到就很麻烦了，那要是有很多个呢？要是这很多个数据都在不同的工作表或工作簿中分散着呢？

这样的麻烦在工作表中并不少见，不过毫无疑问，它在一个完美的解决方案面前会败下阵来：监视窗口。这个窗口可以让我们监视开启的任意工作簿中的任意一个工作表内的任意一个单元格，步骤如下。

1．激活包含想要监视的单元格所在的工作簿。

2．选择【公式】⇨【监视窗口】选项，此时【监视窗口】对话框弹出。

3．单击【添加监视】按钮。此时显示【添加监视点】对话框。

4．选择想要监视的单元格，或输入引用公式，如“=A1”。注意，我们也可以选择一片区域，添加多重单元格在【监视窗口】中。

5．单击【添加】按钮。Excel 将单元格添加到了【监视窗口】对话框中，如图 5.9 所示。

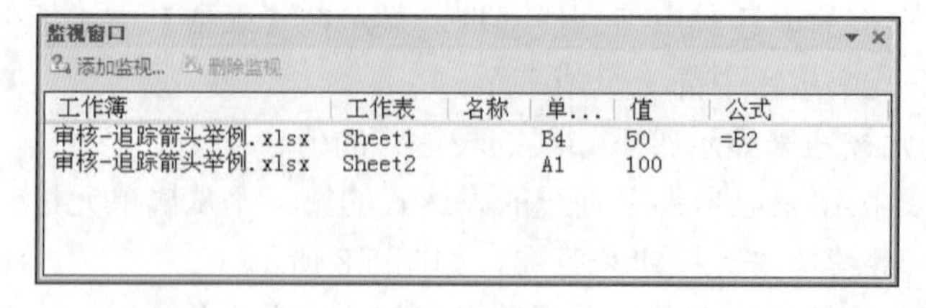

图 5.9 使用【监视窗口】对话框来监视在别的工作表或工作簿中看不到的单元格内的数据或公式

第6章 理解函数

到现在，我们已经学会了创建公式，学会了从使用普通的加减法到使用复杂的迭代方法，学会了解决各种报错所对应的“疑难杂症”。集合了 Excel 的运算符和基本操作数，如数字和字符串等的公式是基本的骨架。

不过，仅有“骨架”是不够的，想要得到外面的“肌肉”，我们还需要将公式扩展到函数。使用大量的函数是让我们的工作变得更简便的必要条件。Excel 中有很多种函数，包括以下类型。

- 文本函数。
- 逻辑函数。
- 信息函数。
- 查找与引用函数。
- 日期和时间函数。
- 数学和三角函数。
- 统计函数。
- 财务函数。
- 数据库和表函数。

本章会简要介绍 Excel 内置的函数。我们能学到什么是函数，能用函数来做什么，以及怎样使用函数。在接下来的几章中，我们将会学到以上所提到的部分函数的使用。

6.1 关于 Excel 的函数

函数其实就是 Excel 预先设定的公式。通过以下 3 种方式，它们可以帮助我们从之前接触过的基本的算术和文本公式中解脱出来。

- 函数将普通却很累赘的公式变得简单易用。举例来说，假设我们想将一行内的数字相加，从 A1 到 A100，我们没时间、也没耐心把这 100 个数字都输入单元格里（也就是使用公式“=A1+A2+…+A100”），幸好还有函数可选择，我们使用函数“SUM(A1:A100)”很方便就解决问题了。

■ 函数可以让我们将复杂的算术表达式放到工作表中，而那些复杂的东西原本是很难或根本就无法用简单的数学运算符来完成的。举例来说，计算给定本金、利率、期限等几个要素的抵押还款金额，再怎么看也是件复杂的事情，但是如果我们使用 PMT( )函数，则只要输入几个参数就行了。

■ 函数可以让我们将数据应用得更广泛。举例来说，使用 INFO( )函数，我们能知道现在系统中还有多少内存，现在使用的是什么操作系统，版本号是多少，以及更多信息。同样地，IF( )函数让我们可以检测到单元格的内容并据此来采取行动。例如，我们可以检查一下某单元格内是否包含特殊数据或错误等。

正如以上所看到的，函数是我们建立工作表的强有力的帮手。只要运用恰当，几乎所有的模型都可以创建。

6.2 函数的构成

每个函数都有相同的构成部分：

```
函数（参数 1，参数 2，…）
```

“函数”部分是指函数的名称，一般以大写字母表示，如 SUM 或 PMT 等。不过我们输入的时候不需要大写，因为不管输入的是大写还是小写，Excel 都会将其自动转换为大写。实际上，以小写字母形式输入函数更好，因为如果 Excel 没有将其转换为大写，那么说明它没有识别出这个名称，也就意味着我们的拼写有错误。

括号中用逗号分隔开的项目叫作“参数”，是函数中输入的数据，用来完成计算。关于参数，函数中会有以下两种情况出现。

■ 没有参数：有些函数中不需要参数。例如，函数“NOW( )”会返回当前日期和时间，不需要任何参数。

■ 一个或多个参数：大部分函数能容纳一个参数，有些甚至可容纳 9 个或 10 个参数。这些参数有两种类型：必需的和可选的。必需的参数在使用函数时是一定需要的，否则就会出现错误；而可选的参数只在需要的时候使用。

让我们来看一个例子，FV( )是用来计算定期投资的函数，它有 3 个必需参数和两个可选参数：

```
FV(rate, nper, pmt [, pv] [, type])
```

rate：投资期限内的固定利率。

nper：投资期限内的存款数。

pmt：每个阶段的存款总数。

pv：投资的现值。默认现值为 0。

type：存款何时到期。例如，我们可以用 0 作为开始日期，1 作为结束日期，即默认的时间。

这个叫作函数语法。在此处及本书的其余部分，有以下 3 个惯例。

- 斜体字表示占位符。也就是说，使用函数时，我们会用实际的数据来代替占位符。
- 用方括号括起来的参数是可选参数。
- 其余的参数都是必需参数。

警告：在有可选参数的函数中使用逗号时一定要注意。一般来说，如果我们删除一个可选参数，同时也会删除它前面的逗号。举例来说，如果删除了函数 FV( )里的参数 *type*，我们会按如下格式来使用函数：

```
FV(rate, nper, pmt, pv)
```

但是，如果我们删除的是参数 *pv*，那么一定要保留所有的逗号，以防止数据与相对应的参数之间含糊不清：

```
FV(rate, nper, pmt, , type)
```

每一个参数的占位符都会被合适的数据代替。举例来说，在函数 FV( )中，我们会用一个 0 与 1 之间的小数来代替 *rate*，用一个整数来代替 *nper*，用一个金额来代替 *pmt*。参数可以是以下任意一种形式：

- 文字字母数据；
- 词语；
- 单元格或区域引用；
- 区域名称；
- 数组；
- 另一个函数的结果。

函数通过处理输入的数据来得到结果。举例来说，函数 FV( )最后会得到投资期末的总值。图 6.1 所示即为一个使用 FV( )函数进行将来值计算的简单例子。

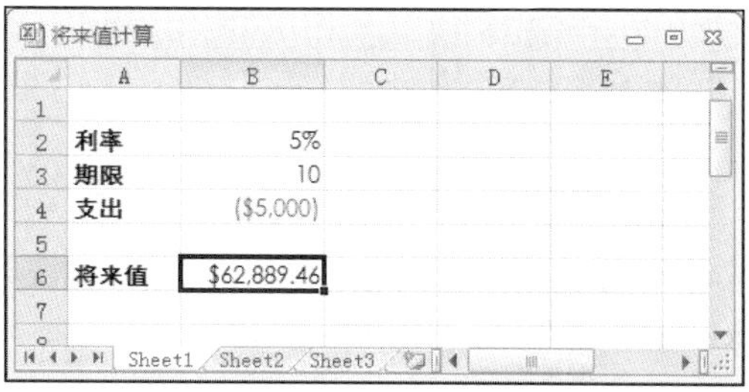

将来值计算

	A	B	C	D	E
1					
2	利率	5%			
3	期限	10			
4	支出	($5,000)			
5					
6	将来值	$62,889.46			
7					

Sheet1　Sheet2　Sheet3

图 6.1　函数 FV( )使用了单元格 B2、B3 和 B4 中的数据来计算一项投资的将来值

注意：也许你会想，为什么单元格 B4 中的“支出”是负数？因为 Excel 总是将需要支出的金额当作负数。

6.3 在公式中输入函数

我们通常会使用函数作为单元格公式的一部分，所以，使用函数的时候要在前面加上等号。不管是用函数本身还是将其作为公式的一部分，都有一些规则需要遵守，如下所示。

■ 输入函数的时候大小写均可，Excel 通常会将其转换为大写。

■ 记得要将函数的参数括在括号中。

■ 要将多重参数用逗号分开。可以在每个逗号后面加一个空格，使函数更易读，Excel 会忽略这个多出来的空格。

■ 可以将一个函数作为另一个函数的参数，这叫作“嵌套函数”。举例来说，函数“AVERAGE(SUM(A1:A10), SUM(B1:B15))”分别合计了两列数字的总和，然后得到平均数。

在第 1 章中，我们曾经学到过 Excel 的一个功能，叫作“自动填充”，即在单元格输入字母时会有一个名称列表出现。这个功能在函数中也有。当我们在 Excel 中输入函数时，也会有一个函数名称列表出现，同时还会显示当前选中的函数的描述，如图 6.2 所示。选中所需要的函数，然后按【Tab】键来将其应用到公式中。

→关于区域名称自动填充的详情，请看“2.2.2　使用自动填充”。

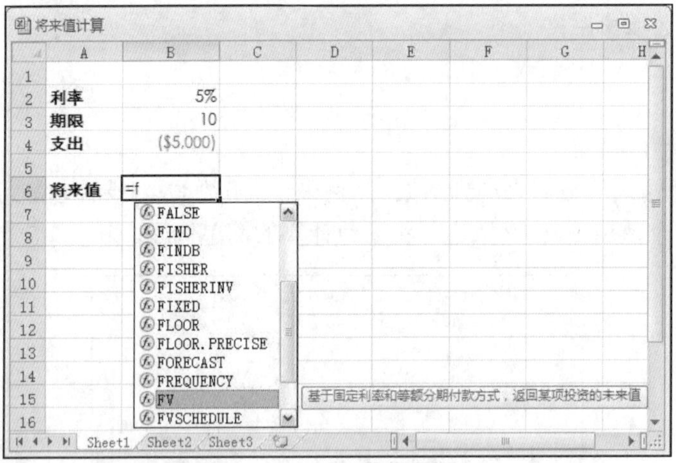

图 6.2　在 Excel 中输入名称时，根据所输入的字母，会有函数名称列表出现

当我们从自动填充列表中选好函数，或在函数后面输入左括号时，还会显示函数语法，其中当前参数会加粗显示。在图 6.3 所示的例子中，参数“*nper*”就是加粗显示的，所以此时输入的不论是数值、单元格引用还是别的什么，都将是此参数。当我们输入逗号的时候，Excel 会将下一个参数加粗显示。

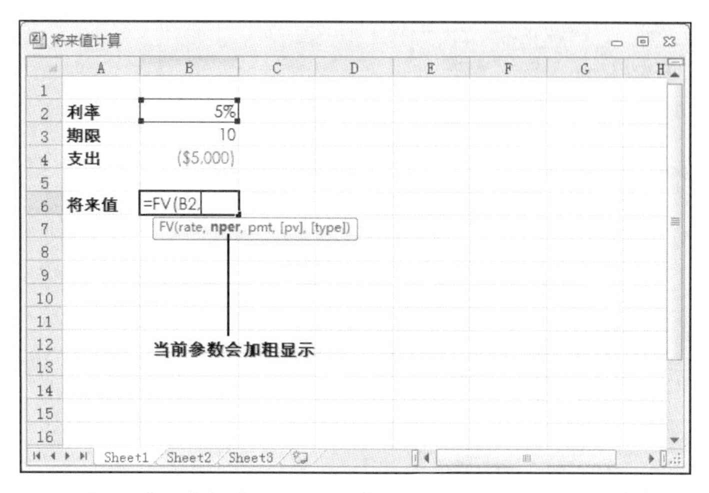

图 6.3　输入函数名称和左括号后，Excel 会显示函数语法，并将当前参数加粗显示

6.4　使用函数插入功能

我们通常都是手动输入函数的，不过在以下情况中，用 Excel 输入函数也是个不错的主意。

- 不确定使用哪个函数时。
- 使用函数前想看一下函数的语法时。
- 在特定类别中对比相似的函数，以便可以选到一个最适合的函数时。
- 想要查看不同的参数在函数中不同的效果时。

对于以上情况，Excel 提供了两个工具："插入函数"和"函数向导"。

我们可以使用"插入函数"来从对话框中选择需要的函数，步骤如下。

1. 选择好想要输入函数的单元格。
2. 输入公式，直到需要插入函数时。
3. 接下来有以下两种选择。

■　如果需要的函数是最近使用过的，那么它会出现在【名称框】的最近使用函数列表中，打开【名称框】下拉列表，选择需要的函数即可，如图 6.4 所示。此时可跳至第 6 步。

■　如果想选择任意函数，可以选择【公式】⇨【插入函数】选项，或单击公式栏内的【插入函数】按钮，或按【Shift】+【F3】组合键。使用以上方法时，会出现【插入函数】对话框，如图 6.4 所示。

4.（可选）在【或选择类别】下拉列表框中，单击所需要的函数类型。如果不确定需要哪种，选择【全部】选项。

5. 在【选择函数】下拉列表中，选择所需要的函数，单击【确定】按钮。

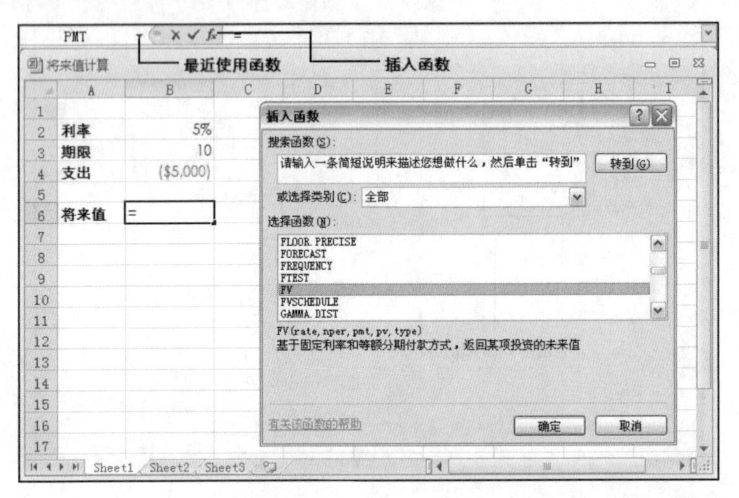

图 6.4　选择【公式】⇨【插入函数】选项，或单击公式栏内的【插入函数】按钮，会看到【插入函数】对话框

注意：在【选择函数】下拉列表中选择函数时，可以输入所需要函数的首字母来将鼠标指针移动到以此首字母开头的函数处。

6．此时【函数参数】对话框弹出。

小贴士：想要直接看到【函数参数】对话框，可以在单元格内输入函数名称，然后单击【插入函数】按钮或者按【Ctrl】+【A】组合键；也可以输入等号（=），然后在【名称框】处选择最近使用过的函数。如果想跳过【函数参数】对话框，可以在单元格内输入函数名称，然后按【Ctrl】+【Shift】+【A】组合键。

7．在合适的文本框中输入所需要的必需或可选参数，可以是值、词语或单元格引用。当我们使用【函数参数】对话框时，有以下几点需要注意，如图 6.5 所示。

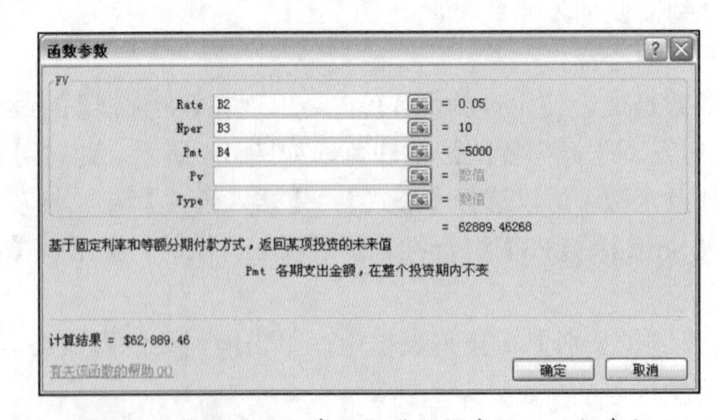

图 6.5　使用【函数参数】对话框来输入函数参数

- 当光标在某个参数的输入文本框时，对话框中间会显示此参数的描述。
- 每添加一个参数，Excel 都会在右边显示当前参数值。
- 当所有的必需参数都添加完成后，Excel 会显示整个函数的当前值。

8．完成后，单击【确定】按钮。Excel 会将函数及其参数粘贴到单元格内。

6.5　加载分析工具库

Excel 的分析工具库是一个强大的统计工具。它其中的某些功能具有高级统计技巧，也许只有有限的一些用户会将其记在心中。但是，它的大部分工具却是通用的应用程序，是非常有用的。本书的后面章节会介绍到这些工具。

在 Excel 的旧版本中，很多函数也包括在分析工具库中，而在 Excel 2007 和 2010 版本中，所有的函数都已经移到了 Excel 的函数程式库中，我们可以直接使用。不过，想要使用分析工具库，我们需要加载一些工具，以下即为加载步骤。

1．选择【文件】⇨【选项】选项，打开【Excel 选项】对话框。

2．选择【加载项】选项。

3．在下面的【管理】下拉列表框中，选择【Excel 加载项】并单击【转到】按钮。此时【加载宏】对话框弹出。

4．选中【分析工具库】复选框，如图 6.6 所示。

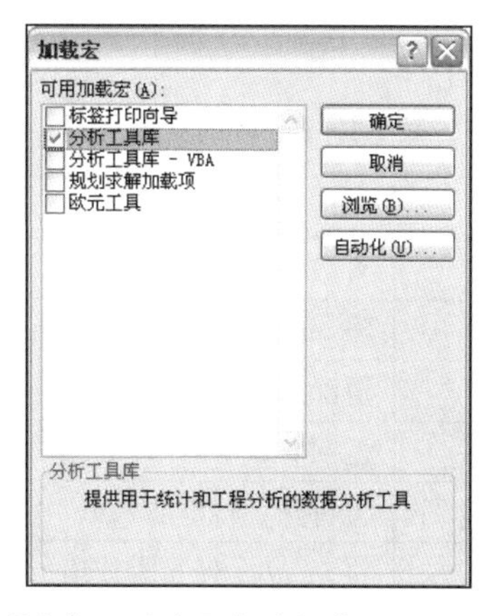

图 6.6　选中【分析工具库】复选框来将工具加载到 Excel 中

5．单击【确定】按钮。

6．如果 Excel 提示说当前未安装【分析工具库】，则单击【是】按钮来安装。

第 7 章　使用文本函数

在 Excel 中，“文本”是文字数字式字符的集合。它不能是数字值、日期或时间值，也不能是公式，但可以是单词、名称或标签等。不过要记住的是，数字值以撇号（'）开头或单元格格式为“文本”时，也属于文本。文本值也可以叫作字符串，本章中两种名称会交替使用。

在“第 3 章　建立基本公式”中，我们曾经学到过建立文本公式，不过只学到了用串联运算符（&）来将两个或更多的字符串联成一个大的字符串。

实际上，通过给予我们多种方法来操纵字符串，Excel 的文本函数让我们处理公式的水平能更进一步。通过那些函数，我们能做很多事情：将数字转换为字符；将小写字母转换为大写字母，反之亦然；比较两个字符串；等等。

7.1　Excel 的文本函数

表 7.1 总结了 Excel 的文本函数。本章余下的部分将为我们提供大部分会用到的函数的详情以及例子。

表 7.1　Excel 的文本函数

函数	说明
BAHTTEXT(*number*)	将数字转换为 baht 文本
CHAR(*number*)	将 *number* 转换为符合 ANSI 的代码
CLEAN(*text*)	清除 *text* 中所有的非输出字符
CODE(*text*)	返回 *text* 中的第一个字符的 ANSI 代码
CONCATENATE(*text1*[,*text2*], …)	将特殊字符串放入单一字符中
DOLLAR(*number* [，*decimals*])	将 *number* 转换为使用货币符号的字符串
EXACT(*text1*，*text2*)	比较两个字符串，看其是否完全一致
FIND(*find, within*[,*start*)	返回在 *within* 文本中找到的 *find* 文本的字符位置。FIND( )函数区分大小写
FIXED(*number*[,*decimals*][,*no_commas*])	将 *number* 转换为使用数字格式的文本串

续表

函数	说明
LEFT(*text* [,*number*])	返回 *text* 最左边的 *number*
LEN(*text*)	返回 *text* 长度
LOWER(*text*)	将 *text* 转换为小写
MID(*text*，*start*，*number*)	从 *text* 的 *start* 处返回 *number*
PROPER(*text*)	将 *text* 转换为适当的大小写（每个词的首字母大写）
REPLACE(*old*，*start*，*chars*，*new*)	用 *new* 字符串代替 *old*
REPT(*text*，*number*)	将 *text* 重复 *number* 次
RIGHT(*text*[,*number*])	返回 *text* 最右边的 *number*
SEARCH(*find, within*[, *start_num*])	返回在 *within* 文本中找到的 *find* 文本的字符位置。SEARCH( ) 函数不区分大小写
SUBSTITUTE(*text*，*old*，*new*[,*num*])	在 *text* 中将 *old* 字符串用 *new* 代替 *num* 次
T(*value*)	将 *value* 转换为文本
TEXT(*value*，*format*)	格式化 *value*，并将其转换为文本
TRIM(*text*)	将 *text* 中多余的空间删除
UPPER(*text*）	将 *text* 转换为大写
VALUE(*text*)	将 *text* 转换为数字

7.2　使用字符和代码

每一个可显示在屏幕上的字符都有其基本数字代码。例如，大写字母 A 的代码是 65，&的代码是 38。这些应用的代码不仅是键盘上直观的文字数字式字符，也是在输入合适的代码后能够显示的字符。这些字符的集合叫作 ANSI 字符集，而每个字符所对应的数字叫作 ANSI 代码。

举例来说，ANSI 代码中版权（©）的字符为 169，想要显示此字符，按【Alt】+【0169】组合键即可（必须使用键盘上的数字小键盘）。

ANSI 代码从 1 到 255，其中前 31 个代码为非输出代码。

注意：输入数字时，要在比 127 大的数字前加 0。

7.2.1　CHAR( )函数

我们可以使用 CHAR( )函数并通过 ANSI 代码来表示字符：

```
CHAR(number)
```

其中 *number* 指 ANSI 代码，必须是 1 到 255 之间的数字。

举例来说，下面的公式显示的是百分比符号，其 ANSI 代码为 37：

```
=CHAR(37)
```

生成 ANSI 字符集

图 7.1 所示为包含所有 ANSI 字符集的工作表，不包括开始的 31 个非输出代码。同时要注意的是，第 32 个代码显示的是空格。在所有情况下，字符都是通过应用函数 CHAR( )在单元格内显示的。

注意： ANSI 字符在实际显示时是根据单元格内的字体来显示的。图 7.1 中显示的是普通文本字体时的字符，例如 Arial。如果你改变了字体，如改成了 Symbol 或宋体等，字符集的实际显示也会相应地改变。

L14 =CHAR(K14)

文本函数

	A	B	C	D	E	F	G	H	I	J	K	L	M	N	O	P	Q	R
1	代码	CHAR()	代码	CHAR()	代码	CHAR()	代码	CHAR()	代码	CHAR()	代码	CHAR()	代码	CHAR()	代码	CHAR()	代码	CHAR()
2	32		57	9	82	R	107	k	132		157		182		207		232	
3	33	!	58	:	83	S	108	l	133		158		183		208		233	
4	34	"	59	;	84	T	109	m	134		159		184		209		234	
5	35	#	60	<	85	U	110	n	135		160		185		210		235	
6	36	$	61	=	86	V	111	o	136		161		186		211		236	
7	37	%	62	>	87	W	112	p	137		162		187		212		237	
8	38	&	63	?	88	X	113	q	138		163		188		213		238	
9	39	'	64	@	89	Y	114	r	139		164		189		214		239	
10	40	(	65	A	90	Z	115	s	140		165		190		215		240	
11	41	)	66	B	91	[	116	t	141		166		191		216		241	
12	42	*	67	C	92	\	117	u	142		167		192		217		242	
13	43	+	68	D	93	]	118	v	143		168		193		218		243	
14	44	,	69	E	94	^	119	w	144		169		194		219		244	
15	45	-	70	F	95	_	120	x	145		170		195		220		245	
16	46	.	71	G	96	`	121	y	146		171		196		221		246	
17	47	/	72	H	97	a	122	z	147		172		197		222		247	
18	48	0	73	I	98	b	123	{	148		173		198		223		248	
19	49	1	74	J	99	c	124	|	149		174		199		224		249	
20	50	2	75	K	100	d	125	}	150		175		200		225		250	
21	51	3	76	L	101	e	126	~	151		176		201		226		251	
22	52	4	77	M	102	f	127		152		177		202		227		252	
23	53	5	78	N	103	g	128	▯	153		178		203		228		253	
24	54	6	79	O	104	h	129		154		179		204		229		254	
25	55	7	80	P	105	i	130		155		180		205		230		255	ÿ
26	56	8	81	Q	106	j	131		156		181		206		231			

ANSI字符集 / ANSI字符集（自动） / 字母系列 / TRIM() / CLEAN() / REPT()

就绪 100%

图 7.1 使用 CHAR( )函数来显示 ANSI 字符集的每个输出字符

生成图 7.1 所示的字符集时，我们可以输入 ANSI 字符并在每列首格使用 CHAR( )函数，然后为本列余下的单元格都添加上此函数。一个较为简单的方法是使用 ROW( )函数，利用 ROW( )函数可以返回当前单元格所在行行数，假设我们从第 2 行开始，可以使用以下公式来生成 ANSI 字符：

```
=CHAR(ROW() + 30)
```

图 7.2 所示即为以上例子的结果，其中 B 列使用的就是以上公式。

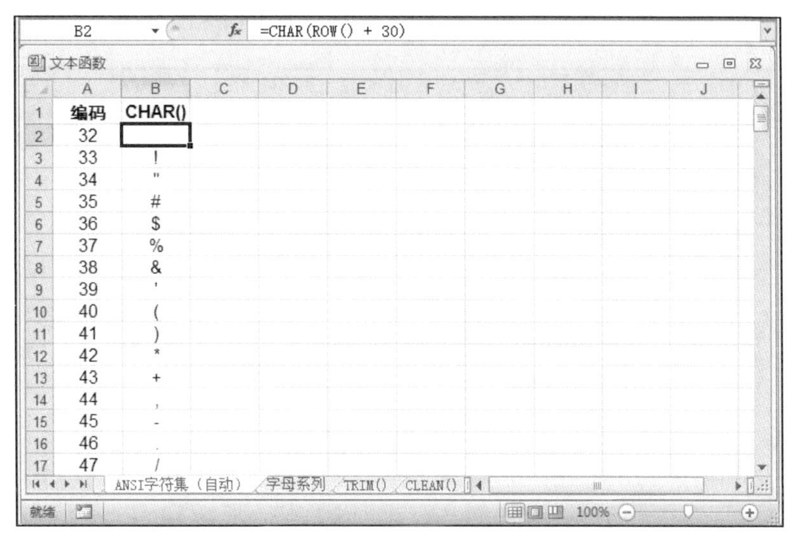

图 7.2　使用“=CHAR(ROW() + 30)”来自动生成 ANSI 字符集

生成一系列字母

Excel 的“填充柄”或【开始】⇨【填充】⇨【系列】选项在生成数字或日期时是非常好用的，但是当我们需要一系列字母，如 a、b、c 等时，这两个方法就不可用了。不过，我们可以在任意数组公式中使用 CHAR( )函数来生成一系列字母。

假设我们需要的字符是 a 到 z，其对应的 ANSI 代码为 97 到 122，以及 A 到 Z，相当于代码 65 到 90。想要生成这些字母，可以按照以下步骤来做。

1．选好想要使用字母的区域。

2．按【F2】键来激活单元格内编辑模式。

3．输入以下公式：

```
=CHAR(97+ROW(range)-ROW(first_cell))
```

在这个公式中，*range* 指在第 1 步中选定的区域，*first_cell* 指 *range* 中所引用的第一个单元格。例如，假设选中的区域为 B10 到 B20，我们会输入如下公式：

```
=CHAR(97+ROW(B10:B20)-ROW(B10))
```

注意：以上例子假设我们为字母系列选择的是一列。如果选择的是一行，那么将函数 ROW( ) 改成 COLUMN( )即可。

4．按【Ctrl】+【Shift】+【Enter】组合键，将公式作为数组输入。

因为我们输入的是数组公式，所以“ROW(*range*)-ROW(*first_cell*)”会生成一系列数字，如 0、1、2 等，代表区域内从第一个单元格开始每个单元格的偏移量。这些偏移量会一直与 97 相加，生成小写字母相对应的 ANSI 代码，然后输出小写字母，如图 7.3 所示。如果想要大写字母，就用 65 代替 97，详见图 7.3 所示的第 12 行中的字母。

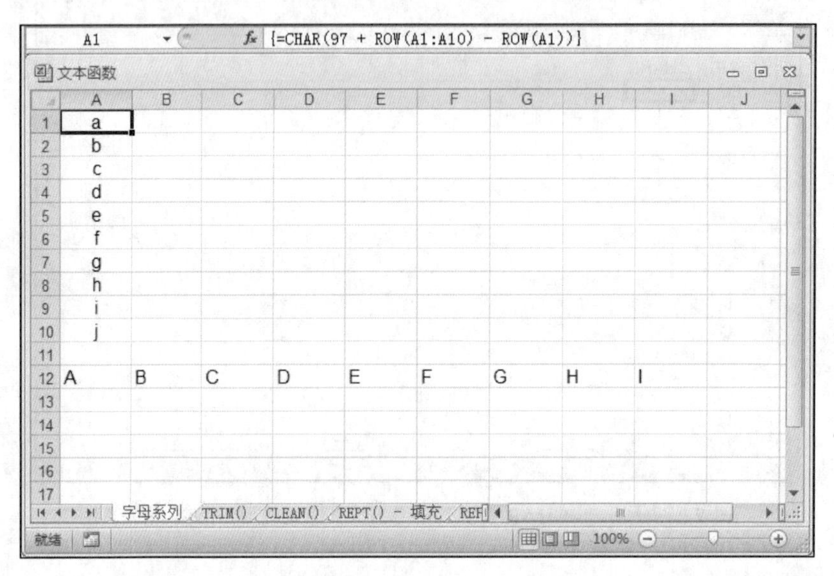

图 7.3　在数组公式中混合使用 CHAR( )函数和 ROW( )函数，生成字母系列

7.2.2　CODE( )函数

CODE( )函数和 CHAR( )函数正好相反。也就是说，给出一个文本字符，我们可以使用 CODE( )函数来返回其 ANSI 代码：

```
CODE(text)
```

text：字符或文本串。注意，如果输入的是多重字符，CODE( )会返回字符串中与第一个字符相对应的 ANSI 代码。

举例来说，以下两个公式都会返回代码 83：

```
=CODE("S')
=CODE("Spacely Sprockets")
```

生成从任意字母开始的字母系列

前面我们学到了如何在数组公式中使用 CHAR( )函数和 ROW( )函数组合来生成由字母 a 或 A 开始的一系列字母。如果想从不同的字母开始该怎么办呢？可以通过改变 CHAR( )函数中的首字母代码来实现。在之前的例子中，我们使用代码 97 从字母 a 开始，也可以用 98 从 b 开始，或用 99 从 c 开始，以此类推。

此外，除了用 ANSI 代码来查找需要的字符，我们还可以用 CODE( )函数来做同样的事：

```
=CHAR(CODE("letter")+ROW(range)-ROW(first_cell))
```

可以将想要作为系列开始的字母来代替 *letter*。举例来说，下面的公式就是以字母 N 作为开始的系列字母：

```
=CHAR(CODE("N")+ROW(A1:A13)-ROW(A1))
```

7.3　转换文本

Excel 最擅长的就是处理数字，它看起来在处理字符串上不那么在行，尤其是在工作表中显示字符串时。举例来说，将一个数字值连接到字符串时，即使源单元格应用了数字格式，结果也会显示没有对应格式的数字。同样地，从数据库或文本文件中输入字符串时也会有大小写错误或无格式的问题出现。不过，在接下来的几小节中，我们会看到 Excel 提供的很多函数，这些函数可以让我们将字符串转换为更合适的文本格式，或在文本和数字值之间来回转换。

7.3.1　LOWER( )函数

LOWER( )函数可以将指定的字符串转换为全小写字母：

```
LOWER(text)
```

text：指想要转换为小写的字符串。

举例来说，下面的公式会将单元格 B10 中的文本转换为小写字母：

```
= LOWER(B10)
```

LOWER( )函数通常在转换输入的数据时使用，特别是转换从大型机输入的数据时，因为大型机中的字符通常都为大写。

7.3.2　UPPER( )函数

UPPER( )会将指定的字符串全转换为大写字母：

```
UPPER(text)
```

text：指想要转换为大写的字符串。

举例来说，以下公式会将单元格 A5 和 B5 中的文本转换为大写字母，同时用一个空格来连接它们：

```
= UPPER(A5) &" "& UPPER(B5)
```

7.3.3 PROPER( )函数

PROPER( )会将指定的字符串转换为适当的大小写，即每个单词的首字母大写，而其余字母小写：

```
PROPER(text)
```

text：指想要转换为适当大小写的字符串。

举例来说，下面的公式是作为数组输入的，其中 A1 到 A10 内的文本会被转换成适当的大小写：

```
=PROPER(A1:A10)
```

7.4 格式化文本

在第 3 章中，我们学到通过使用 Excel 内置的或我们自定义的数字格式来运用诸如逗号、小数位数及货币符号等工具，从而改善公式的结果，这些方法对于单元格内的结果是很好，但是如果我们想把这样的结果合并到字符串内该怎么办呢？例如，有这样一个公式：

```
="2011 年本季度总支出是"& F11
```

不管我们如何格式化单元格 F11 内的结果，字符串中的数值都会按照 Excel 的常规格式显示。例如，假设单元格 F11 内的数值为¥74,400，那么之前的公式会显示为这样的值：

2011 年本季度总支出是¥74,400

我们需要的是将字符串内的数字格式化的方法。那么接下来的 3 个小节中，我们将会看到这些方法，即 Excel 中的 3 个函数。

7.4.1 DOLLAR( )函数

DOLLAR( )函数可以将字符串内的数字值转换为货币格式：

```
DOLLAR(number[, decimals])
```

number：想要转换的数字。

decimals：所显示的小数点后面的位数，默认为 2。

在前面的例子中，在单元格 F11 中应用 DOLLAR( )函数就可以解决问题了：

```
="2011 年本季度总支出是"& DOLLAR(F11, 0)
```

在这样的情况下，小数点后面是没有位数的。图 7.4 所示即为单元格 B16 中公式结果的格式。注意源单元格是 B15。

B16　=″2010年本季度总支出费用为″ & DOLLAR(F13,0)

支出费用

	A	B	C	D	E	F
1	第一季度费用预算计算					
2						
3		增长	1.03			
4						
5		费用支出	一月	二月	三月	合计
6		广告	$4,600	$4,200	$5,200	$14,000
7		租金	$2,100	$2,100	$2,100	$6,300
8		必需品	$1,300	$1,200	$1,400	$3,900
9		工资	$16,000	$16,000	$16,500	$48,500
10		公用事业费	$500	$600	$600	$1,700
11		2010总支出	$24,500	$24,100	$25,800	$74,400
12						
13		2011预算	$25,235	$24,823	$26,574	$76,632
14						
15		2010年本季度总支出费用为74400				
16		2010年本季度总支出费用为$76,632				
17						

第一季度预算　第二季度预算　第三季度预算

就绪　100%

图 7.4　使用 DOLLAR( )函数将数字以货币格式的字符串形式显示

7.4.2　FIXED( )函数

对于其他类型的数字，我们如果想要控制小数的位数以及决定是否插入逗号来作为千分位分隔符，使用 FIXED( )函数即可：

```
FIXED(number [, decimals ] [, no_commas])
```

number：指字符串内想要转换的数字。

decimals：指需要显示的小数位数，默认为 2。

no_commas：决定是否要在字符串中插入逗号的逻辑值。使用 TRUE 来禁止使用逗号；默认值为 FALSE，即插入逗号。

举例来说，以下公式使用 SUM( )函数来计算一片区域的总数，并使用 FIXED( )函数来规定字符串显示为有逗号但无小数：

```
="总考勤："& FIXED( SUM( A1:A8), 0, FALSE) & "人数."
```

7.4.3　TEXT( )函数

DOLLAR( )和 FIXED( )函数在特定的情况下很有用，不过，如果我们想全面掌控字符串的格式，或在字符串内加入日期和时间，强大的 TEXT( )函数就是很好的选择了：

```
TEXT(number, format)
```

number：想要转换的数字、日期或时间。

format：想要应用在 *number* 上的格式，包括数字、日期及时间格式等。

TEXT( )函数的功能主要体现在参数格式上，也就是我们指定的让数字显示的自定义格式。创建自定义的数字、日期、时间格式的方法，我们在第 3 章中曾经学到过。

举例来说，以下公式使用了 AVERAGE( )函数来计算区域 A1 到 A31 的平均数，同时使用 TEXT( )函数自定义结果格式为“#, ##0.00° F”：

```
="平均温度是"& TEXT( AVERAGE( A1:A31), "#,##0.00°F")
```

7.4.4 显示工作簿最近更新

很多人喜欢给工作簿加注释，让 Excel 处于手动计算模式，然后在单元格中输入 NOW( )函数来查看当前日期和时间。如果没有保存或者重新计算，NOW( )函数是不会自动更新的，所以通过这种方法我们能随时掌握工作表更新的时间。

除了单独使用 NOW( )函数，还有一种更好的方法，即在其前面使用注释性字符串，类似“本工作簿最新更新：”这样的。用以下的公式就可以实现：

```
="本工作簿最新更新："& NOW( )
```

不幸的是，我们看到的会是类似这样的文本：

```
本工作簿最新更新：40202.51001
```

“40202.51001”这个数字是使用 Excel 内部表示法表示的日期和时间，小数点左边是日期，右边是时间。想要看到合适的日期和时间，使用 TEXT( )函数就可以了。举例来说，想将 NOW( )函数的结果格式化为 MM/DD/YY HH:MM，使用以下公式即可：

```
="本工作簿最新更新："& TEXT( NOW( ), "mm/dd/yy hh:mm")
```

本章接下来的内容会将我们带入 Excel 文本操纵的核心部分。下面学到的函数都非常有用，并且将两个或多个函数合并成一个函数后，我们会看到让人惊讶的功能十分强大的 Excel 的文本操纵力量。

7.5 从字符串中删掉不需要的字符

从数据库或文本文件中载入的字符一般都是打包好的，其中总有一些是我们不需要的，它们可能是嵌在字符串、换行符、回车符或其他非输出字符中的多余的空格。想要解决这个问题，可以用 Excel 提供的两个函数：TRIM( )和 CLEAN( )。

7.5.1 TRIM( )函数

使用 TRIM( )函数可以删除字符串中多余的空格：

```
TRIM(text)
```

text：想要删除多余空格的文本串。

在这里，“多余的”表示文本串前后的所有空格，以及文本串内两个或以上的连续空格。在后面一种情况下，TRIM( )函数会保留一个空格，而将其他空格都删除掉。

图 7.5 所示中，单元格 A2 到 A7 中的每个字符串都在名称前、后或中间有多余的空格，而在 C 列 TRIM( )函数使用了。为了显示的作用使用了 TRIM( )函数，我们可以同时在 B 列和 D 列使用 LEN( )函数。LEN( )函数会返回指定字符串的长度，使用的是以下语法：

```
LEN(text)
```

text：指想要知道长度的字符串。

C2　=TRIM(A2)

	A	B	C	D
1	源字符串	长度	修改后的字符串	长度
2	Maria Anders	16	Maria Anders	12
3	Ana Trujillo	17	Ana Trujillo	12
4	Antonio Moreno	23	Antonio Moreno	14
5	Thomas Hardy	17	Thomas Hardy	12
6	Angus Glen Dunlop	26	Angus Glen Dunl	17
7	Christina Berglund	22	Christina Berglur	18

图 7.5　使用 TRIM( )函数来删除字符串中多余的空格

7.5.2　CLEAN( )函数

使用 CLEAN( )函数可以从字符串中删除非输出字符：

```
CLEAN(文本)
```

文本：想要删除的非输出字符所在的字符串。

非输出字符的代码是从 1 到 31 号。CLEAN( )函数所删除的一般是多线数据中的换行符（ANSI 10）和回车符（ANSI 13），如图 7.6 所示。

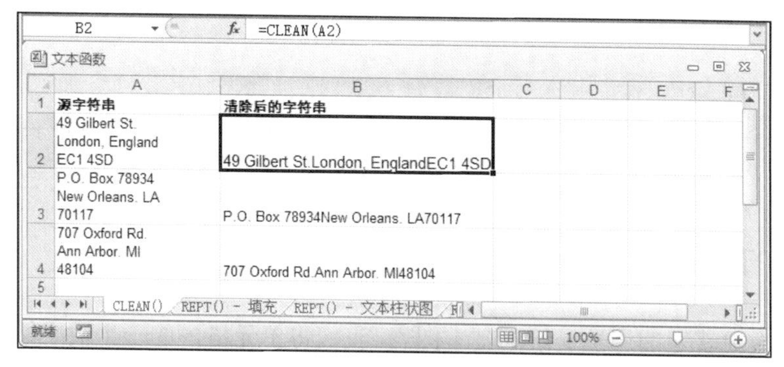

图 7.6　使用 CLEAN( )函数删掉字符串中换行符这类的非输出字符

7.5.3 REPT( )函数：重复输入字符

REPT( )函数会将字符串重复输入指定次数：

```
REPT(text, number)
```

text：想要重复输入的字符或字符串。

number：*text* 重复输入的次数。

7.5.4 REPT( )函数：填充单元格

REPT( )函数有时候会用来填充单元格，它使用字符填充单元格。举例来说，我们可以使用它在单元格内加一个点，例如下面这个公式就是在字符后面加点：

```
="广告" & REPT(".", 20 - LEN("广告"))
```

在这个公式中，我们写了字符串“广告”，然后使用了 REPT( )函数来根据后面的表达式“20 - LEN("广告")”重复输入“.”。这个表达式保证了在单元格内总共会有 20 个字符，因为“广告”只占了两个字符，所以表达式的结果为 18，也就意味着在“广告”后面会有 18 个“.”。如果我们使用别的字符串，如“广告 Advertising”，有 13 个字符，那么单元格内填充的点就会是 7 个“.”了。图 7.7 所示即为加点之后的效果。

小贴士：在单元格内填充时，最好是使用 monotype 字体，例如 Courier New 等，因为这样可以保证每个字符都是一样宽的，如此一来所有单元格内的结果都会是一致的了。

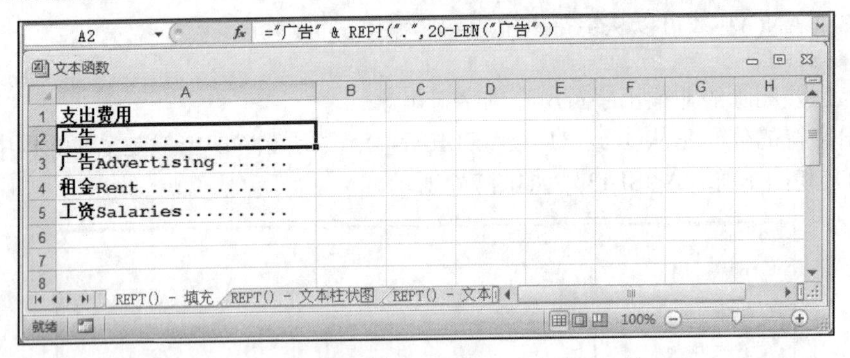

图 7.7 使用 REPT( )函数，用随后的点来填充单元格

7.5.5 REPT( )函数：绘制文本图表

REPT( )函数更普遍的用法是绘制文本图表。我们将单元格内的一个数字结果作为 REPT( )函数的参数，然后结果将会用重复输入的字符表示。

一个简单的例子就是基本的柱状图，它可以显示在某段区间内样本的频率。例如图 7.8 所示的文本柱状图中，A 列列举的是区间，B 列列举的则是频率，REPT( )函数根据每组区间的频率在 C 列绘制了图表，方法是运用以下函数来重复输入垂直线（|）:=REPT("|", B4)

C4　=REPT("|", B4)

文本函数

	A	B	C
2			
3	女	调查对象	柱状图
4	18-34	75	||||||||||
5	35-49	83	||||||||||
6	50-64	79	||||||||||
7	65+	55	|||||||
8	男		
9	18-34	70	|||||||||
10	35-49	73	|||||||||
11	50-64	82	||||||||||
12	65+	60	||||||||

REPT() - 文本柱状图　REPT() - 文本条形图　句首字母

图 7.8　使用 REPT( )函数创建一个文本柱状图

我们可以用一个小技巧将柱状图变为文本条形图，如图 7.9 所示。这个小技巧就是将图表所在单元格格式化为 webdings 字体，在这种字体下，字母 g 会呈现为块字符，重复输入此字符则会产生实心条形图。

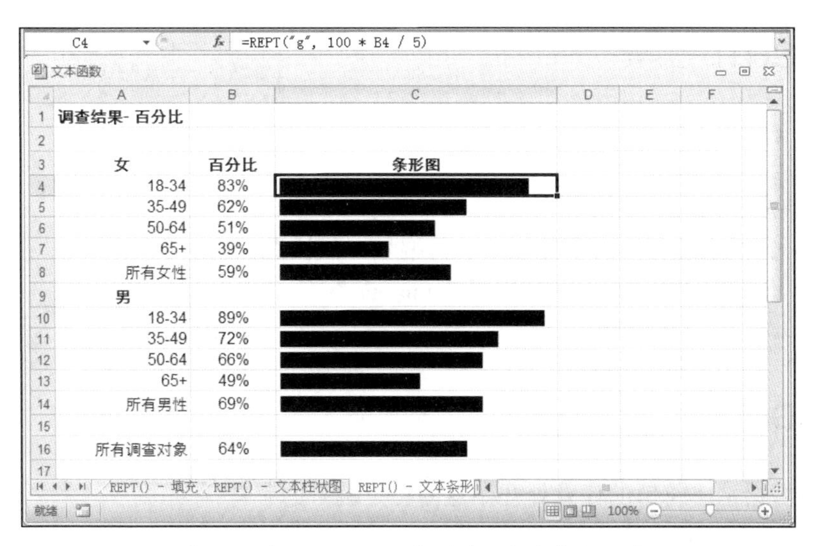

C4　=REPT("g", 100 * B4 / 5)

文本函数

	A	B	C
1	调查结果- 百分比		
2			
3	女	百分比	条形图
4	18-34	83%	
5	35-49	62%	
6	50-64	51%	
7	65+	39%	
8	所有女性	59%	
9	男		
10	18-34	89%	
11	35-49	72%	
12	50-64	66%	
13	65+	49%	
14	所有男性	69%	
15			
16	所有调查对象	64%	

REPT() - 填充　REPT() - 文本柱状图　REPT() - 文本条形

图 7.9　使用 REPT( )函数创建一个文本条形图

小贴士： 想获得重复值，可以将 B 列中的数字乘以 100 以得到整数。想要条形图相对较短，将结果除以 5 即可。

7.6 提取子串

我们使用的字符串通常会包含小的字符串，叫作“子串”。举例来说，在一列姓名中，我们可能只需要“姓”，以便将数据分类。同样地，有时候我们可能会需要从公司名称中提取头几个字母，将其放入公司账号中。

Excel 提供了 3 种提取子串的方法，我们将在接下来的 3 小节中学习。

7.6.1 LEFT( )函数

LEFT( )函数会从字符串的左边开始返回指定编号的字符：

```
LEFT(text [, num_chars])
```

text：想要从中提取子串的字符串。

num_chars：从左边开始想要提取的子串的编号，默认为 1。

举例来说，下面的公式会返回子串“Karen”：

```
=LEFT("Karen Elizabeth Hammond", 5)
```

7.6.2 RIGHT( )函数

RIGHT( )函数会从字符串的右边开始返回指定编号的字符：

```
RIGHT(text [,num_chars])
```

text：想要从中提取子串的字符串。

num_chars：从右边开始想要提取的字符编号，默认为 1。

举例来说，下面的公式会返回子串“Hammond”：

```
=RIGHT("Karen Elizabeth Hammond", 7)
```

7.6.3 MID( )函数

MID( )函数会从字符串的任意处开始返回指定编号的字符：

```
MID(text, start_num, num_chars)
```

text：想要从中提取子串的字符串。

start_num：想要开始提取子串的位置编号。

num_chars：想要提取的字符编号。

举例来说，下面的公式会返回子串“Elizabeth”：

```
=MID("Karen Elizabeth Hammond", 7, 9)
```

7.6.4　将文本更改为句首字母大写

Word 的更改大小写命令中有一个【句首字母大写】选项，可以把字符串更改为句首字母大写，其余小写的形式。换句话来说，【句首字母大写】选项就是让字母像在平常的英文句子中那样显示大小写。Excel 中有 LOWER( )函数、UPPER( )函数以及 PROPER( )函数，但是没有一个像【句首字母大写】选项那样直接。不过，我们可以用 LOWER( )和 UPPER( )函数联合 LEFT( )和 RIGHT( )函数来创建一个公式，实现这个功能。

假设字符串在单元格 A1 中，那么先提取最左边的字母，然后将其更改为大写：

```
UPPER(LEFT(A1))
```

然后，提取第一个字母右边的所有字母并转换为小写：

```
LOWER(RIGHT(A1, LEN(A1) - 1))
```

最后，将以上两个表达式合并为一个公式：

```
=UPPER(LEFT(A1)) & LOWER(RIGHT(A1, LEN(A1) - 1))
```

图 7.10 所示即为运用了此公式的工作表。

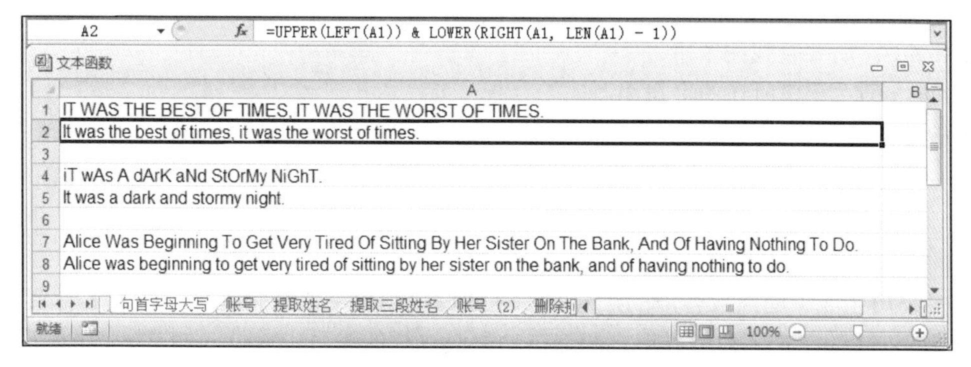

图 7.10　用 LOWER( )和 UPPER( )函数联合 LEFT( )和 RIGHT( )函数创建一个公式，可以将文本更改为句首字母大写

7.6.5　日期转换公式

如果你从主机、服务器或者网上载入数据，例如股市报价等，最后总会发现那些日期格式是 Excel 不能处理的。最常见的例子就是类似 YYYYMMDD 这样的格式，如

20070823。

要想将这些日期数据转换为 Excel 可用数据，我们可以使用 LEFT( )、MID( )和 RIGHT( )函数。如果在单元格 A1 中有不能识别的日期，那么我们可以用 LEFT(A1, 4)来提取年份、MID(A1, 5, 2)来提取月份、RIGHT(A1, 2)来提取日期。将这 3 个函数放到公式 DATE( )中，就可以将这些日期数据转换为 Excel 能识别的日期了：

```
=DATE(LEFT(A1, 4), MID(A1, 5, 2), RIGHT(A1, 2))
```

7.7 查找子串

使用 Excel 的文本函数可以在给定的文本中查找子串。举例来说，字符串中包含某人的英文名和姓，我们可以找到名和姓之间空格所在的位置，然后根据此位置来提取名或姓。

7.7.1 FIND( )函数和 SEARCH( )函数

FIND( )函数和 SEARCH( )可以用来查找子串：

```
FIND(find_text,within_text [,start_num])
SEARCH(find_text,within_text [,start_num])
```

find_text：所要查找的子串。

within_text：子串所在的字符串。

start_num：想要开始查找子串的字符位置，默认为 1。

7.7.2 案例分析：生成账号 1

很多公司生成供应商或客户的账号时，是通过使用数字值来合并部分账户名称实现的，而实际上 Excel 的文本函数可以很方便地自动生成这样的账号。

假设名称在单元格 A2 中，先提取公司名称的前 3 个字母，并将其转换成大写，这样容易查找：

```
UPPER(LEFT(A2, 3))
```

然后，根据行来提取生成账号的数字部分：ROW(A2)。此时最好让所有的账号长度都保持统一，可以使用 TEXT( )函数，用 0 填充行：

```
TEXT(ROW(A2), "0000")
```

图 7.11 所示即为一些例子。以下是完整的公式：

```
=UPPER(LEFT(A2, 3)) & TEXT(ROW(A2), "0000")
```

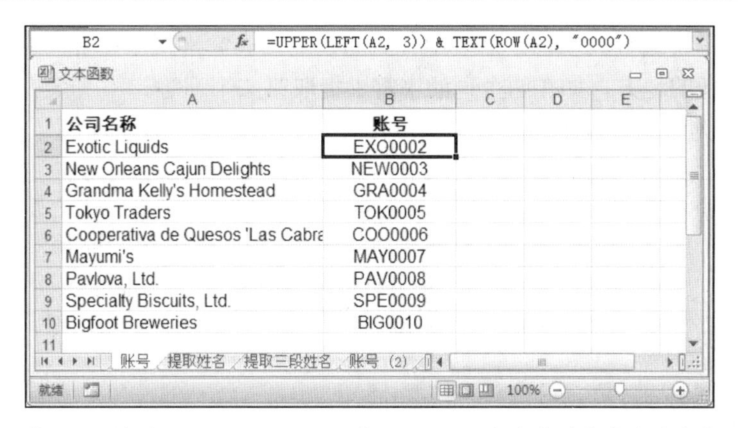

图 7.11 使用 UPPER( )、LEFT( )和 TEXT( )函数来自动生成公司账号

使用以上函数时，要记住以下几点。

- 使用 FIND()函数时，函数会从 *start_num* 所在位置返回 *within_text* 中的 *find_text* 处。
- 使用 SEARCH( )函数查找子串时不区分大小写。例如，SEARCH("e", "Expenses")会返回 1。
- 使用 FIND( )函数查找子串时区分大小写。例如，FIND("e","Expenses"）会返回 4。
- 如果 *find_text* 不在 *within_text* 中，会提示#VALUE!错误。
- 在 SEARCH( )函数的参数 *find_text* 中，使用问号（？）可以匹配任意单个字符。
- 在 SEARCH( )函数的参数 *find_text* 中，使用星号（*）可以匹配多个字符。
- 想要在 SEARCH( )函数中加入字符？或*，在其前面加一个波浪符（～）即可。

7.7.3 提取名或姓

如果有一份包含名或姓的区域，那么从中提取姓名是非常方便的。举例来说，也许我们会想将名和姓分开存储，以便之后能方便地将其输入数据库表格中。或者，我们想按别的格式，如“名 姓”或“姓 名”这样的格式来存储姓名。

解决方法就是使用 FIND( )函数来找到名和姓之间的空格，然后用 LEFT( )函数或者 RIGHT( )函数提取名或姓。

假设全名在单元格 A2 中，可以使用以下公式来提取名：

```
=LEFT(A2, FIND(" ", A2) - 1)
```

注意在公式中是如何将“1”从“FIND(" ", A2)”的结果中减去的，这样能避免将空格包含在所提取的子串中。这个公式在很多别的情况下也可以使用，如需要从多字字符中提取头两个字时。

如果想要提取姓，可以建立一个相似的公式，使用 RIGHT( )函数：

```
=RIGHT(A2, LEN(A2) - FIND(" ", A2))
```

为了提取到正确编号的字母，需要用公式的长度减去空格所在位置的编号。这个公式也可以用在很多其他的地方，如在两个词的字符中提取第二个词等。

图 7.12 所示为使用了以上两个公式的工作表。

D2 =RIGHT(A2, LEN(A2) - FIND(" ", A2)) & ", " & LEFT(A2, FIND(" ", A2) - 1)

文本函数

	A	B	C	D
1	全名	名	姓	姓，名
2	Charlotte Cooper	Charlotte	Cooper	Cooper, Charlotte
3	Shelley Burke	Shelley	Burke	Burke, Shelley
4	Regina Murphy	Regina	Murphy	Murphy, Regina
5	Yoshi Nagase	Yoshi	Nagase	Nagase, Yoshi
6	Mayumi Ohno	Mayumi	Ohno	Ohno, Mayumi
7	Ian Devling	Ian	Devling	Devling, Ian
8	Peter Wilson	Peter	Wilson	Wilson, Peter
9	Lars Peterson	Lars	Peterson	Peterson, Lars
10	Carlos Diaz	Carlos	Diaz	Diaz, Carlos
11	Petra Winkler	Petra	Winkler	Winkler, Petra
12	Martin Bein	Martin	Bein	Bein, Martin
13	Sven Petersen	Sven	Petersen	Petersen, Sven

提取姓名 / 提取三段姓名 / 账号 (2) / 删除换行符

图 7.12　使用 LEFT( )和 FIND( )函数来提取名，使用 RIGHT( )和 FIND( )函数来提取姓。

警告：在只包含单一词的字符串中，以上公式会导致错误。如果想避免此类事情的发生，可以同时使用 IFERROR( )函数：

```
=IFERROR(LEFT(A2, FIND(" ", A2) - 1), A2)
```

如果单元格内包含空格，所有的公式都会正常运转；但是如果单元格内没有空格，在使用了 IFERROR( )函数后，会返回单元格文本 A2。需要注意的是，IFERROR( )只在 Excel 2007 及之后的版本中存在。

7.7.4　提取名、姓及中间名缩写

如果所使用的全名中包含中间名缩写，那么在提取名的时候不会有什么问题，方法和之前提到的一样。但是，如果要提取姓，那就要调整一下公式了。调整的方法有很多种，我们接下来将要学到的是使用 FIND( )和 SEARCH( )函数的小窍门。具体来说，如果想要查找第二个子串，那么可以通过第一个子串中某字符的位置来实现。请看例子：Karen E. Hammond。

假设此字符串在单元格 A2 中，那么公式“=FIND(" ", A2)”会返回 6，也就是第一个空格所在的位置。如果想要查找第二个空格的位置，除了设置 FIND( )函数的参数 *start_num* 为 7 或更大的数字外，我们更多的是使用将第一个空格的位置加 1 的方法：

```
=FIND(" ", A2, FIND(" ", A2) + 1)
```

同时还可以将此结果和 RIGHT( )函数一起使用，来提取姓：

```
=RIGHT(A2, LEN(A2)-FIND(" ", A2, FIND(" ", A2)+1))
```

如果想提取中间名缩写，可以通过查找点（.）并使用 MID( )函数提取点之前的字母来实现：

```
=MID(A2, FIND(" ", A2)-1, 1)
```

图 7.13 所示即为使用以上技巧的例子。

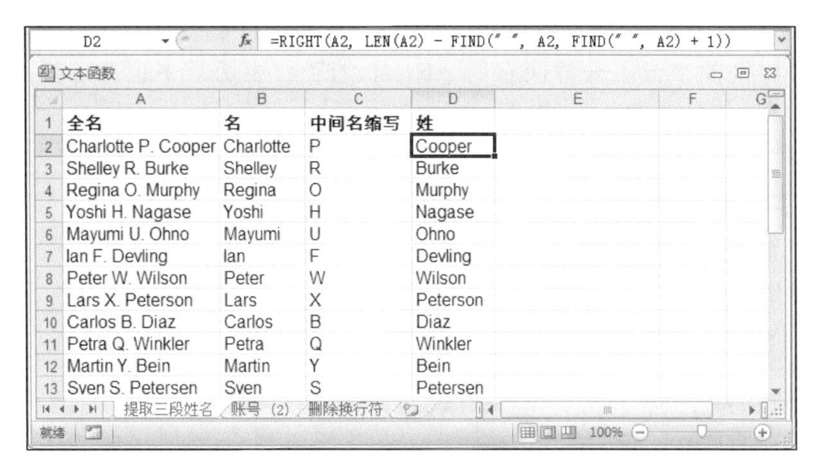

D2　=RIGHT(A2, LEN(A2) - FIND(" ", A2, FIND(" ", A2) + 1))

	A	B	C	D
1	全名	名	中间名缩写	姓
2	Charlotte P. Cooper	Charlotte	P	Cooper
3	Shelley R. Burke	Shelley	R	Burke
4	Regina O. Murphy	Regina	O	Murphy
5	Yoshi H. Nagase	Yoshi	H	Nagase
6	Mayumi U. Ohno	Mayumi	U	Ohno
7	Ian F. Devling	Ian	F	Devling
8	Peter W. Wilson	Peter	W	Wilson
9	Lars X. Peterson	Lars	X	Peterson
10	Carlos B. Diaz	Carlos	B	Diaz
11	Petra Q. Winkler	Petra	Q	Winkler
12	Martin Y. Bein	Martin	Y	Bein
13	Sven S. Petersen	Sven	S	Petersen

图 7.13　在第一个子串后面使用 FIND( )函数来查找第二个子串

7.7.5　确定列标签字母

Excel 的 COLUMN( )函数会返回指定单元格的列数，例如，在 A 列的某单元格，COLUMN( )会返回 1。正如我们在之前的“生成一系列字母”中学到的，这样是很方便的。不过有时候，我们会更想知道某列的具体标签字母。

这是一个比较麻烦的问题，因为列标签会从 A 到 Z，然后从 AA 到 AZ，等等。举例来说，Excel 的 CELL( )函数在绝对格式下，如$A$2 或$AB$10 时可以返回指定单元格的位置，而如果想得到列标签字母，则需要提取两个美元符号之间的子串。很明显每次提取都要从第二个字符的位置开始，所以我们可以使用以下的公式：

```
=MID(CELL("Address", A2), 2, num_chars)
```

→关于 CELL( )函数，请看“8.3.1　CELL( )函数”

num_chars 可以是 1、2 或 3，取决于列。不过要注意的是，第二个美元符号的编号可以是 3、4 或 5，也取决于列。而第一个子串的编号总是比第二个要少两个，那么下面的表达式就可以求出字符编号的值：

```
FIND("$", CELL("address", A2), 3)-2
```

完整的公式如下：

```
=MID(CELL("Address",A2), 2, FIND("$", CELL("Address", A2), 3)-2)
```

如果想得到的是当前单元格所在的列标签，公式会稍短：

```
=MID(CELL("Address"), 2, FIND("$", CELL("Address"),3)-2)
```

7.8 用一个子串来代替另一个

在 Office 程序以及大部分的 Windows 程序中，都有一个【替换】命令，让我们可以查找到某些文本并用别的字符串来替换它们。Excel 的工作表函数中也有这样的功能，通过 REPLACE( )和 SUBSTITUTE( )函数即可实现。

7.8.1 REPLACE( )函数

REPLACE( )函数的语法如下：

```
REPLACE(old_text, start_num, num_chars, new_text)
```

old_text：包含想要替换的子串的源字符串。

start_num：想要开始替换的字符所在位置编号。

num_chars：所替换字符的编号。

new_text：作为替换文本的子串。

比较棘手的地方是 *start_num* 和 *num_chars* 两个参数的确定。我们怎么才能知道从哪里开始以及有多少子串需要替换呢？不过如果我们知道将要被替换的源字符串以及作为替换文本的子串，这些就都不难了。举例来说，有如下一个字符串：

Expense budget for 2010 (2010 年预算费用)

如果想用 2011 来替换 2010，同时假设此字符串在单元格 A1 中，那么可以用以下的公式来完成：

```
=REPLACE(A1, 20, 4, "2010")
```

不过，手动计算 *start_num* 和 *num_chars* 都是让人很痛苦的事情，而且一般情况下，我们是不知道这些数据的，因此，我们需要计算以下参数。

- 定义 *start_num* 值，使用 FIND( )或 SEARCH( )函数来定位想要替换的子串。
- 定义 *num_chars* 值，使用 LEN( )函数来得到作为替换文本的子串的长度。

假设源字符串在单元格 A1 中，而作为替换文本的子串在 A2 中，那么改进的公式如下：

```
=REPLACE(A1, FIND("2010", A1), LEN("2010"), A2)
```

7.8.2 SUBSTITUTE( )函数

额外的步骤使得使用 REPLACE( )函数比较麻烦，所以大部分人会使用更直接的 SUBSTITUTE( )函数：

```
SUBSTITUTE(text, old_text, new_text [, instance_num])
```

text：包含将要被替换的子串的源字符串

old_text：被替换的子串

new_text：作为替换文本的子串

instance_num：字符串中作为替代文本的子串的编号。默认为所有的实例。

在之前的例子中，使用以下这个更简单的公式可以办到同样的事情：

```
=SUBSTITUTE(A1, "2010", "2011")
```

7.8.3 从字符串中删除字符

在之前的内容中我们学到过 CLEAN( )函数，它可以将非输出字符从字符串中删除；以及 TRIM( )函数，它可以删除字符串中多余的空格。我们现在需要的是一个可以将所有特定字符从字符串中删除的方法，例如，想从字符串中删除所有的空格，或者从名字中删除撇号。

这里有一个通用的公式可以做到：

```
=SUBSTITUTE(text, character, "")
```

在这个公式中，用源字符串来替换 *text*，用想要删除的字符替换 *character*。举例来说，以下的公式将会删除单元格 A1 中的字符串内的所有空格：

```
=SUBSTITUTE(A1, " ", "")
```

注意：SUBSTITUTE( )函数还有个让人惊讶的用处，那就是计算一个字符在字符串中出现的次数。如果我们从字符串中删除了某个指定字符，那么源字符串和结果字符串在长度上的差值就与此字符在源字符串中出现的次数是一样的。举例来说，字符串 expenses 由 8 个字符组成，如果我们删除了其中所有的 e，那么结果字符串会变成 xpnss，有 5 个字符。两者的差值为 3，也就是 e 在源字符串中出现的次数为 3。

想要计算差值，使用 LEN( )函数即可。下面是计算单元格 A1 内的字符串中 e 出现的次数的公式：

```
=LEN(A1)-LEN(SUBSTITUTE(A1, "e", ""))
```

7.8.4 从字符串中删除两个不同的字符

想要从一个字符串中删除两个不同的字符，使用 SUBSTITUTE( )嵌套 SUBSTITUTE( )就可以。举例来说，在下面的表达式中，使用了 SUBSTITUTE( )函数从字符串中删除点：

```
SUBSTITUTE(A1, ".", "")
```

因为以上的表达式会返回一个字符串，所以我们可以用它来作为另一个 SUBSTITUTE( )函数的参数。下面的公式同时删除了单元格 A1 内的字符串中的点和空格：

```
= SUBSTITUTE(SUBSTITUTE(A1, ".", ""), " ", "")
```

7.8.5 案例分析：生成账号 2

之前我们学过在账户名称中直接生成账号的方法，不过那个方法只有在名字的前 3 位是字母时才可用，如果前 3 位中包含别的字符，我们必须把这些字符删除才可以生成账号。举例来说，账户名字是 J. D. BigBelly，那么在生成账号前，需要把点和空格都去掉。方法我们之前也学过，在生成账号的公式中加入表达式即可。具体来说，就是用 LEFT( )函数来代替单元格地址，并嵌套 SUBSTITUTE( )函数，如图 7.14 所示。注意，对于前 3 位字符是字母的账户，此公式仍然适用。

B2 =UPPER(LEFT(SUBSTITUTE(SUBSTITUTE(A2, ".", ""), " ", ""), 3)) & TEXT(ROW(A2), "0000")

	A	B
1	公司名称	账号
2	J. D. BigBelly	JDB0002
3	PB Knäckebröd AB	PBK0003
4	A. Axelrod & Associates	AAX0004
5	Bigfoot Breweries	BIG0005

图 7.14 工作表中的公式嵌套 SUBSTITUTE( )函数，在生成账号之前删除账户中的点和空格

7.8.6 删除换行符

我们曾在本章的前面部分学到过如何利用 CLEAN( )函数来删除非输出字符，在所举的例子中，CLEAN( )函数可以从多行单元格输入中删除换行符。但是，你大概也发现了一个小问题：在某一行的最后和下一行的开始之间没有空格，参见图 7.6。

如果你担心的只是换行符，那么可以使用 SUBSTITUTE( )函数来代替 CLEAN( )函数：

```
=SUBSTITUTE(A2, CHAR(10), " ")
```

这个公式用空格替换了换行符——在 ANSI 编码中的编号为 10，得到了合适的字符串，如图 7.15 所示。

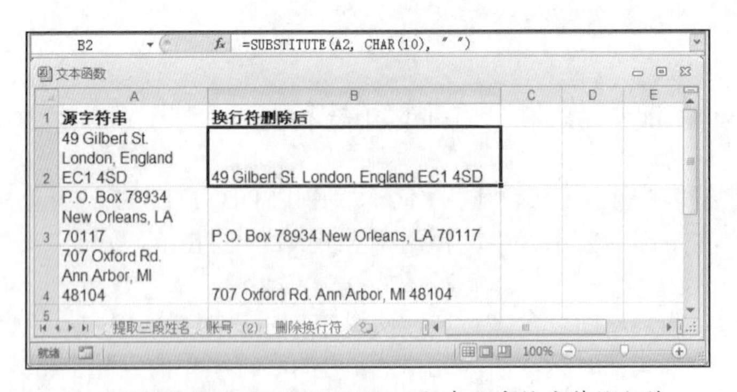

B2 =SUBSTITUTE(A2, CHAR(10), " ")

	A	B
1	源字符串	换行符删除后
2	49 Gilbert St. London, England EC1 4SD	49 Gilbert St. London, England EC1 4SD
3	P.O. Box 78934 New Orleans, LA 70117	P.O. Box 78934 New Orleans, LA 70117
4	707 Oxford Rd. Ann Arbor, MI 48104	707 Oxford Rd. Ann Arbor, MI 48104

图 7.15 使用 SUBSTITUTE( )函数来用空格代替换行符

第 8 章　使用逻辑函数和信息函数

在“第 6 章　理解函数”中，我们学到过 Excel 函数的一个很方便的功能：可以将不能用标准运算符和操作数完成的操作用函数来完成。

当我们了解到那些函数可以给工作表模型增加两个非常棒的商业分析基础——智能和知识的时候，以上功能就很容易实现，只要使用 Excel 的逻辑函数和信息函数就可以，即本章我们将要学到的内容。

8.1　在逻辑函数中添加智能

在计算机的世界里，我们很容易就可以将某事物定义为“智能”——只要它能在自己的环境里执行某项任务，并根据任务的结果完成操作。但实际上，计算机是一只“二进制兽”，“根据任务的结果完成操作”意味着它只能完成事情的一半。同时，即使只有范围这么有限的选择，我们还是会迷惑，到底工作表能有多智能？其实，我们的公式确实可以测试单元格和区域内的值，然后根据测试返回结果。

这些都可以用 Excel 的逻辑函数完成，它们就是被设计用来创建决策公式的。举例来说，我们可以用逻辑函数来测试单元格的内容是数字还是标签，或者测试公式的结果是否有错误。表 8.1 总结了 Excel 的逻辑函数。

表 8.1　Excel 的逻辑函数

函数	描述
AND(*logical1*[,*logical 2*], …)	如果所有参数都正确，则返回 TRUE
FALSE( )	返回 FALSE
IF(*logical_test*,*value_if_true*[,*value_if_false*])	执行某项逻辑测试并根据结果返回数值
IFERROR(*value, value_if_error*)	如果数值是错误的，则返回 *value_if_error*
NOT(*logical*)	反转参数的逻辑值
OR(*logical 1*[,*logical 2*], …	任意参数正确，则返回 TRUE
TRUE( )	返回 TRUE

→关于 IF( )函数，请看“5.3　使用 IFERROR( )函数来解决公式中的问题”。

8.1.1　使用 IF( )函数

如果有人告诉你，成为一个 Excel 公式高手必经的康庄大道就是掌握 IF( )函数，那绝不是在夸张。如果你能娴熟使用这个公式，一个到处是技能和便利性的公式新世界就会向你打开。是的，IF( )函数就是这么厉害。

为了更好地掌握 Excel 的这个重要功能，这章会用很长篇幅来介绍 IF( )函数，我们会看到大量 IF( )函数在实际运用中的例子。

IF( )函数最基本的应用

让我们从 IF( )函数最基本的应用开始：

```
IF(logical_test, value_if_true)
```

logical_test：逻辑表达式。此表达式会返回 TRUE 或 FALSE，或等同于它们的数字值，即 0 代表 FALSE，其他任意数字代表 TRUE。

value_if_true：如果逻辑值是 TRUE，则返回此值。

举例来说，有这样一个公式：

```
=IF(A1>=1000, "好大! ")
```

逻辑表达式 A1>=1000 即为一个测试。我们把这个公式放到单元格 B1 中，如果此表达式的结果是正确的，也就是说，如果单元格 A1 中的数值是大于或等于 1000 的，那么函数会返回字符串“好大！”，这将是我们在单元格 B1 中看到的数据。如果 A1 中的数值小于 1000，那么我们会在单元格 B1 中看到“FALSE”。

IF( )函数的另一个基本的用法是标记达到某种指定条件的数据。例如，假设有一个记录了产品销售额提高或降低的长名单，我们想标记销售额降低的产品。最基本的公式如下：

```
=IF(cell < 0, flag)
```

在这里，*cell* 指准备测试的单元格，*flag* 指的是准备用来指出负值的某个文本。举例如下：

```
=IF(B2 < 0, "<<<<<")
```

这个公式更高端些的版本可以让标记随着负值的大小而改变。在这种情况下，负数越大，小于号就越多。我们曾经在“第 7 章　使用文本函数”中学到过这个函数——REPT( )函数。

→关于 REPT( )函数的详细情况，请看“7.5.3　REPT( )函数：重复输入字符”。

```
REPT("<", B2 * -100)
```

这个表达式将百分比乘以−100，并用结果作为小于号重复的次数。修改过的 IF( )公式如下：

```
=IF(B2 < 0, REPT("<", B2 * -100))
```

图 8.1 所示即为此公式的实际应用。

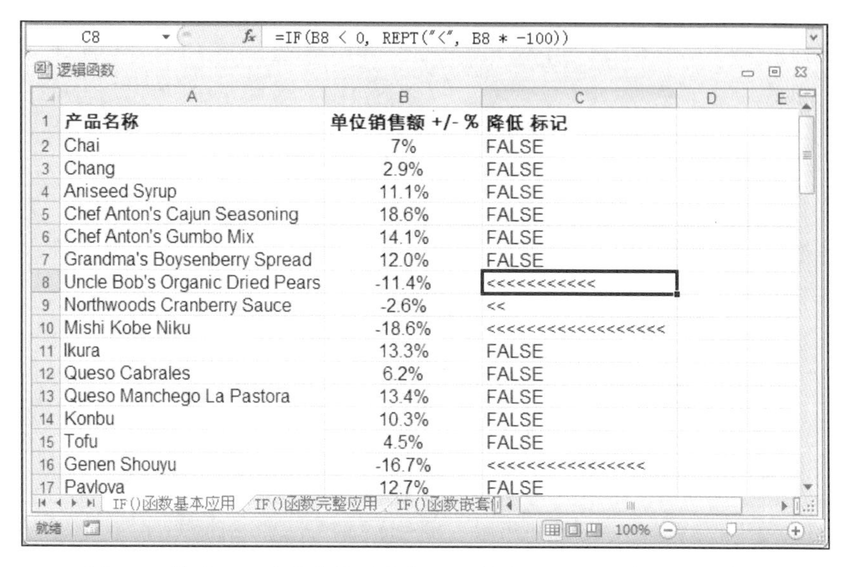

C8　=IF(B8 < 0, REPT("<", B8 * -100))

逻辑函数

	A	B	C
1	产品名称	单位销售额 +/- %	降低 标记
2	Chai	7%	FALSE
3	Chang	2.9%	FALSE
4	Aniseed Syrup	11.1%	FALSE
5	Chef Anton's Cajun Seasoning	18.6%	FALSE
6	Chef Anton's Gumbo Mix	14.1%	FALSE
7	Grandma's Boysenberry Spread	12.0%	FALSE
8	Uncle Bob's Organic Dried Pears	-11.4%	<<<<<<<<<<<
9	Northwoods Cranberry Sauce	-2.6%	<<
10	Mishi Kobe Niku	-18.6%	<<<<<<<<<<<<<<<<<<
11	Ikura	13.3%	FALSE
12	Queso Cabrales	6.2%	FALSE
13	Queso Manchego La Pastora	13.4%	FALSE
14	Konbu	10.3%	FALSE
15	Tofu	4.5%	FALSE
16	Genen Shouyu	-16.7%	<<<<<<<<<<<<<<<<
17	Pavlova	12.7%	FALSE

IF()函数基本应用　IF()函数完整应用　IF()函数嵌套

图 8.1　使用 IF( )函数来检测负值，然后用 REPT( )函数标记这些值

解决 FALSE 问题

正如我们在图 8.1 中看到的，如果 IF( )的计算结果为 FALSE，那么函数会返回 FALSE。这样也不错，但如果公式返回的是空串（“”），那工作表看起来会更整洁，对我们也更有帮助。

想做到这一点，需要使用完整的 IF( )函数：

```
IF(logical_test, value_if_true, value_if_false)
```

logical_test：逻辑表达式。

value_if_true：如果 *logical_test* 结果为 TRUE，则返回此值。

value_if_false：如果 *logical_test* 结果为 FALSE，则返回此值。

举例来说，有这样一个公式：

```
=IF(A1 >= 1000, "好大! ", "不大! ")
```

如果单元格 A1 中包含的数据小于 1000，则公式会返回字符串“不大!”。

在上一个关于标记负值的例子中，当单元格内是非负值数据时可以使用下面修改过的公式来返回无值：

```
=IF( B2 < 0, REPT("<", B2 * -100), "")
```

这样工作表就变得整洁多了，如图 8.2 所示。

避免除数为零

在“第 5 章　解决公式中的问题”中，我们看到如果公式想要用某数除以零，会显示#DIV/0!错误。为了避免这个错误，我们可以使用 IF( )函数来测试一下，以保证在做除法前除数不是零。

→关于#DIV/0!错误的信息，请看“5.1.1　#DIV/0!”。

C2 =IF(B2 < 0, REPT("<", B2 * -100), "")

逻辑函数

	A	B	C	D	E
1	产品名称	单位销售额 +/- %	降低 标记		
2	Chai	7%			
3	Chang	2.9%			
4	Aniseed Syrup	11.1%			
5	Chef Anton's Cajun Seasoning	18.6%			
6	Chef Anton's Gumbo Mix	14.1%			
7	Grandma's Boysenberry Spread	12.0%			
8	Uncle Bob's Organic Dried Pears	-11.4%	<<<<<<<<<<<		
9	Northwoods Cranberry Sauce	-2.6%	<<		
10	Mishi Kobe Niku	-18.6%	<<<<<<<<<<<<<<<<<<		
11	Ikura	13.3%			
12	Queso Cabrales	6.2%			
13	Queso Manchego La Pastora	13.4%			
14	Konbu	10.3%			
15	Tofu	4.5%			
16	Genen Shouyu	-16.7%	<<<<<<<<<<<<<<<<		
17	Pavlova	12.7%			

IF()函数完整应用 / IF()函数嵌套使用 / AND()函数

就绪 100%

图 8.2 工作表中使用了完整的 IF()函数，如果单元格内包含非负值，则返回空串

举例来说，计算毛利的基本公式为（销售额-支出）/销售额。为了保证销售额不为零，使用如下公式即可（在这里我们假设各对应单元格已被命名为销售额和支出）：

```
=IF(销售额 <>0, (销售额-支出)/销售额, "销售额是零! ")
```

如果表达式“销售额 <>0”的结果为 TRUE，就意味着销售额不为零，则毛利计算可以进行下去；反之，如果“销售额 <>0”的结果是 FALSE，那么会出现“销售额是零!”的字样。

8.1.2 完成复合逻辑测试

在单元格内进行逻辑测试的功能是一个强有力的武器，我们可以在每天的工作中感受到这一点，并找到基本 IF( )函数的无穷无尽的用法。但问题是，每一天世界都会给我们一些更复杂的，仅凭基本 IF( )函数的逻辑表达式不能解决的难题，通常情况是我们需要测试两个或更多的条件才能做决定。

在这种情况下，Excel 提供了很多技巧来完成两个或以上的逻辑测试：嵌套使用 IF( )函数、AND( )函数，以及 OR( )函数。接下来的内容中我们将会学到这些技巧。

嵌套使用 IF( )函数

当我们建立 IF( )函数的模型，计算参数 *value_if_true* 或 *value_if_false* 的时候，经常会在前进的道路上遇到“第二个”选择。举例来说，假设公式根据单元格 A1 内的数据输出了一个描述信息：

```
=IF(A1 >= 1000, "大！", "不大")
```

当数据大于 1000，例如 10000 时，如果我们想让公式返回别的字符串，该怎么办呢？换句话来说，如果条件 A1>=1000 结果为 TRUE，我们还想进行另一个测试来查看一下是否 A1>=10000。这时候我们可以将第二个 IF( )函数嵌套在第一个 IF( )函数中，成为第一个 IF( )函数的 *value_if_true* 参数：

```
=IF(A1 >=1000, IF(A1 >=10000, "真的好大！", "大！"), "不大")
```

如果 A1>=1000 返回 TRUE，那么公式会计算嵌套的 IF( )函数，此时 A1>=10000 是 TRUE 的话会显示“真的好大！”，是 FALSE 的话会显示“大！”；而如果 A1>1000=返回 FALSE 的话，则公式结果为“不大”。

此外，IF( )函数还可以当作 *value_if_false* 参数。例如，当单元格内的数据小于 100 时，我们想让公式返回“小”，那么使用以下公式即可：

```
=IF(A1>=1000, "大！", IF(A1<100, "小", "不大"))
```

计算分级奖金

当我们需要计算分级付款或支出的时候（即如果某值为甲，需要一个结果；值为乙，需要另一个结果；值为丙的时候，需要第三个结果），IF( )函数就派上大用场了。

举例来说，我们需要计算某销售团体的分级奖金，具体要求如下。

- 如果销售员没有完成销售目标，无奖金。
- 如果销售员超出销售目标 10%以内，奖励$1,000。
- 如果销售员超出销售目标等于或大于 10%，奖励$10,000。

假设单元格 D2 中包含每个销售员实际的销售比例是低于还是高于销售目标的值，根据上面的规则，可以得到以下公式：

```
=IF(D2<0, "", IF(D2<0.1, 1000, 10000))
```

图 8.3 所示为使用嵌套 IF()函数计算分级奖金的结果。

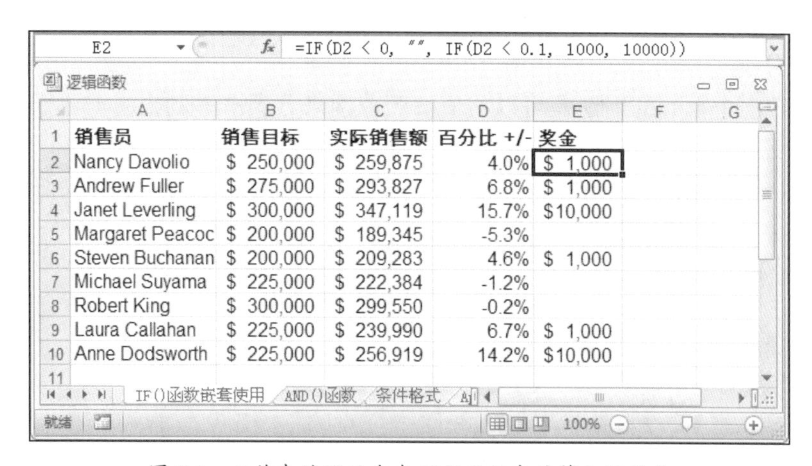

E2 =IF(D2 < 0, "", IF(D2 < 0.1, 1000, 10000))

逻辑函数

	A	B	C	D	E
1	销售员	销售目标	实际销售额	百分比 +/-	奖金
2	Nancy Davolio	$ 250,000	$ 259,875	4.0%	$ 1,000
3	Andrew Fuller	$ 275,000	$ 293,827	6.8%	$ 1,000
4	Janet Leverling	$ 300,000	$ 347,119	15.7%	$10,000
5	Margaret Peacoc	$ 200,000	$ 189,345	-5.3%	
6	Steven Buchanan	$ 200,000	$ 209,283	4.6%	$ 1,000
7	Michael Suyama	$ 225,000	$ 222,384	-1.2%	
8	Robert King	$ 300,000	$ 299,550	-0.2%	
9	Laura Callahan	$ 225,000	$ 239,990	6.7%	$ 1,000
10	Anne Dodsworth	$ 225,000	$ 256,919	14.2%	$10,000

IF()函数嵌套使用　AND()函数　条件格式

就绪　100%

图 8.3　工作表使用了嵌套 IF( )函数来计算分级奖金

8.1.3 AND( )函数

我们经常会碰到当且仅当某条件达到的时候才执行动作的情况。举例来说，规定当且仅当销售员的销售金额和单位销售额同时超过目标时，才会发奖金，不管是其中哪一项没达到，还是两项都没达到，都不会有奖金。在布尔逻辑中，这个就叫作“AND 条件”，因为如果想得到正确的结果，两个表达式必须同时满足。

在 Excel 中，AND 条件可以用相对应的逻辑函数 AND( )来处理：

```
AND(logical1 [,logical 2, …])
```

logical 1：需要测试的第一个逻辑条件。

logical 2, …：需要测试的其他逻辑条件。需要多少条件，都可以在这里输入。

AND( )函数是以下列方式运算的。

- 如果所有参数都返回 TRUE 或任意非零数字，AND( )函数返回 TRUE。
- 如果一个或多个参数返回 FALSE 或 0，则 AND( )函数返回 FALSE。

在使用任意逻辑函数的时候都可以同时使用 AND( )函数，不过，它主要被应用在 IF( )函数里作为逻辑条件。换句话来说，如果 AND( )函数中的所有逻辑条件都为 TRUE，则 IF( )函数会返回 *value_if_true*；而如果 AND( )函数中的一个或多个逻辑条件为 FALSE，那么 IF( )函数会返回 *value_if_false*。

举例来说，假设销售员只有销售金额和单位销售额同时超过目标时才会有奖金，实际金额和预计金额的差值在单元格 B2 中，实际的单位销售额和预计的单位销售额差值在单元格 C2 中，这时我们可以用下面的公式来决定是否要付给销售员奖金：

```
=IF(AND(B2>0, C2>0), "1000", "无奖金")
```

如果 B2 和 C2 中的值同时大于 0，公式会返回 1000；否则，公式会返回“无奖金”。

将值进行分类

AND( )函数一个很好的用法是可以将值按照范围来分类。举例来说，我们手中有一份调查结果或信息反馈，想要按照年龄段来分类：18～34 岁，35～49 岁，50～64 岁，以及 65 岁以上。假设每位受访者的年龄在单元格 B9 中，那么下面的 AND( )函数可以作为 18～34 岁分类的逻辑测试：

```
AND(B9>=18, B9<=34)
```

如果结果在 C9 中，那么以下的公式会显示受访者是否在 18～34 岁这个年龄组中：

```
=IF(AND(B9>=18, B9<=34), C9, "")
```

图 8.4 中就尝试了一些数据。以下是别的年龄组分类的公式：

```
35～49 岁：=IF(AND(B9>=35, B9<=49), C9, "")
50～64 岁：=IF(AND(B9>=50, B9<=64), C9, "")
65 岁以上：=IF (B9>=65, C9, "")
```

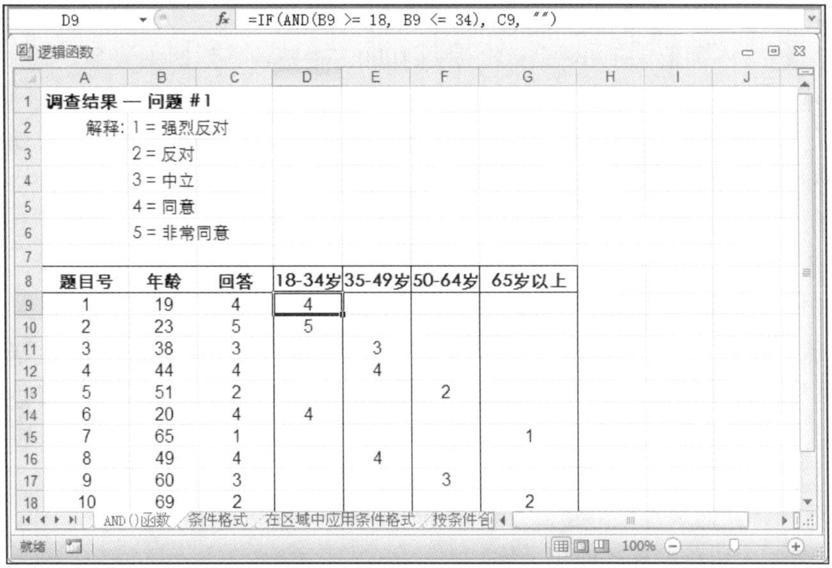

D9　=IF(AND(B9 >= 18, B9 <= 34), C9, "")

逻辑函数

	A	B	C	D	E	F	G
1	调查结果 — 问题 #1						
2	解释:	1 = 强烈反对					
3		2 = 反对					
4		3 = 中立					
5		4 = 同意					
6		5 = 非常同意					
7							
8	题目号	年龄	回答	18-34岁	35-49岁	50-64岁	65岁以上
9	1	19	4	4			
10	2	23	5	5			
11	3	38	3		3		
12	4	44	4		4		
13	5	51	2			2	
14	6	20	4	4			
15	7	65	1				1
16	8	49	4		4		
17	9	60	3			3	
18	10	69	2				2

AND()函数　条件格式　在区域中应用条件格式　按条件创

就绪　100%

图 8.4　将 AND( )函数作为 IF( )函数的逻辑条件，把调查结果按照年龄来分组

8.1.4　OR( )函数

和“AND 条件”类似，有时候我们需要在甲或乙成立时执行动作。举例来说，当一个销售员的销售金额或单位销售额其中之一超过目标时，就会发奖金。在布尔逻辑中，这个叫作“OR 条件”。

在 Excel 中用 OR( )函数来处理 OR 条件，公式如下：

```
OR(logical1, [,logical 2, …])
```

logical 1：需要测试的第一个逻辑条件。

logical 2, …：需要测试的其他逻辑条件。需要多少条件，都可以在这里输入。

OR( )函数是以下列方式运算的。

- 如果某一个或多个参数返回 TRUE 或任意非零数字，则 OR( )函数返回 TRUE。
- 如果所有的参数都返回 FALSE 或 0，则 OR( )函数返回 FALSE。

和 AND( )函数一样，我们可以在逻辑式的任意地方使用 OR( )函数，不过大部分还是和 IF( )函数一起使用。这就意味着，如果 OR( )函数中的一个或多个逻辑条件为 TRUE，那么 IF( )函数会返回 *value_if_true*；如果 OR( )函数中所有的逻辑条件都为 FALSE，则 IF( )函数会返回 *value_if_false*。

举例来说，只有销售员的销售金额或单位销售额其中之一，或全部都超过目标时才会有奖金，假设实际金额和预计金额的差值在单元格 B2 中，实际的单位销售额与预计的单位销售额的差值在单元格 C2 中，这时我们可以用下面的公式来决定是否要付给销售员奖金：

```
=IF(OR(B2>0, C2>0), "1000", "无奖金")
```

如果 B2 或 C2 中的值大于 0，公式会返回 1000；否则，将返回无奖金。

在公式中应用条件格式

在“第 1 章　将区域使用到极致”中，我们学到过 Excel 2010 的条件格式功能。通过这些功能，我们可以让单元格高亮显示、创建项目选取规则，并使用 3 三种新的格式化工具：数据条、色阶和图标集。

→关于条件格式的详细情况，请看“1.8　在区域中应用条件格式”。

Excel 2010 还提供了另一种格式化的方式，让这个功能变得更加强大：根据公式规则来应用条件格式。具体来说，就是建立逻辑函数作为条件格式规则，如果此公式返回 TRUE，Excel 会将此格式应用到单元格内；如果公式返回 FALSE，那么 Excel 就不会应用此格式。大多数情况下，我们会使用 IF( )函数，通常混合使用别的逻辑函数，如 AND( )函数和 OR( )函数。

在举例前，让我们来看一下建立有公式基础的条件格式的步骤。

1．选择想要应用条件格式的单元格。

2．选择【开始】⇨【条件格式】⇨【新建规则】选项。此时弹出【新建格式规则】对话框。

3．选择【使用公式确定要设置格式的单元格】选项。

4．在【为符合此公式的值设置格式】文本框内，输入逻辑公式。

5．单击【格式】按钮，打开【设置单元格格式】对话框。

6．使用【数字】【字体】【边框】【填充】标签来指定格式，然后单击【确定】按钮。

7．单击【确定】按钮。

举例来说，假设我们手中有一份表格，想要某特定列中最大或最小的项目高亮显示。这可以通过分别创建项目选取规则来实现，不过使用逻辑函数会更简单、更灵活。

设置逻辑函数的规则比较复杂，但如果我们知道了其中的诀窍，那它将会是很强大的工具。首先，用 MAX( )函数来定义一列中最大的值，例如，假设这一列为 D2:D10，那么下面的函数会返回最大值：

```
MAX($D$2:$D$10)
```

不过，条件格式公式只有在返回 TURE 或 FALSE 的时候才会工作，所以我们需要创建一个比较公式：

```
=MAX($D$2:$D$10)=$D2
```

这里有两点需要注意。一是要把区域和区域内的第一个值相比较。二是单元格地址要用混合引用格式$D2，这样在修改行数的时候 Excel 会锁定 D 列。

接着，我们用 MIN( )函数来定义最小值，建立一个类似的比较公式：

```
=MIN($D$2:$D$10)=$D2
```

最后，我们如果想要测试一下 D 列中的单元格内，哪个数据是最大或最小的，可以使用 OR( )函数混合以上两个表达式：

```
=OR(MAX($D$2:$D$10)=$D2, MIN($D$2:$D$10)=$D2)
```

图 8.5 所示即为使用了以上公式格式化后，所得出的销售员分红结果的工作表。它显示了在 D 列中，哪位销售员的实际销售情况和预定目标有最大和最小的差别。

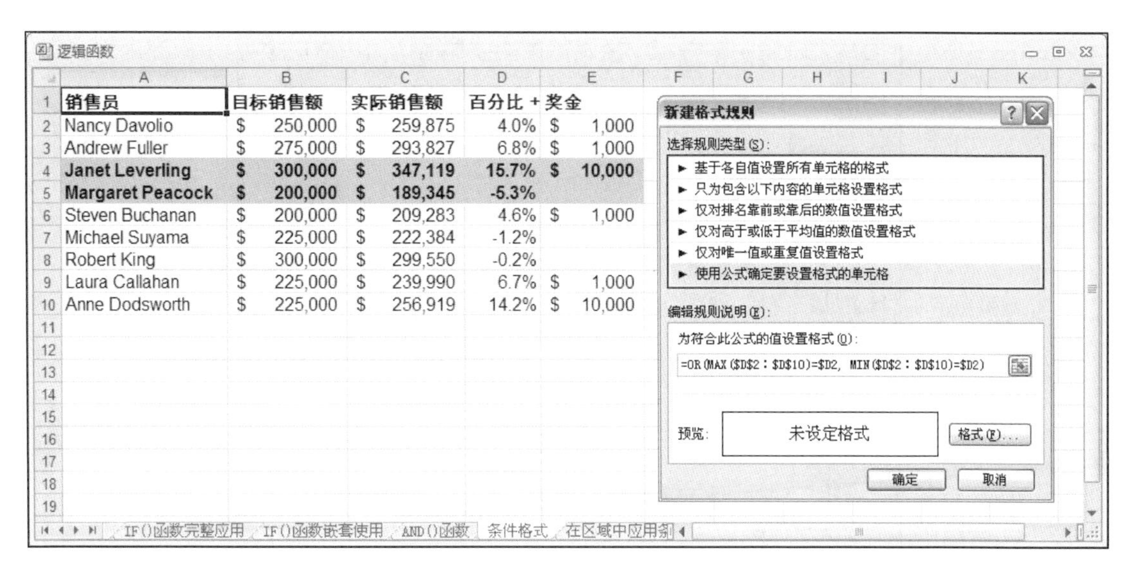

	A	B	C	D	E
1	销售员	目标销售额	实际销售额	百分比＋	奖金
2	Nancy Davolio	$ 250,000	$ 259,875	4.0%	$ 1,000
3	Andrew Fuller	$ 275,000	$ 293,827	6.8%	$ 1,000
4	Janet Leverling	$ 300,000	$ 347,119	15.7%	$ 10,000
5	Margaret Peacock	$ 200,000	$ 189,345	-5.3%	
6	Steven Buchanan	$ 200,000	$ 209,283	4.6%	$ 1,000
7	Michael Suyama	$ 225,000	$ 222,384	-1.2%	
8	Robert King	$ 300,000	$ 299,550	-0.2%	
9	Laura Callahan	$ 225,000	$ 239,990	6.7%	$ 1,000
10	Anne Dodsworth	$ 225,000	$ 256,919	14.2%	$ 10,000

图 8.5　使用逻辑函数来格式化销售员数据区域

8.1.5　将逻辑函数与数组混合使用

当我们把在“第 4 章　创建高级公式”中学到的数组函数和 IF( )函数结合使用时，我们能完成一些非常复杂的操作。使用数组时，我们可以在区域中使用 IF( )函数，或仅合并计算那些符合 IF( )函数条件的单元格。

→复习数组公式请看“4.1　使用数组”。

在区域中应用条件格式

使用 AND( )函数作为 IF( )函数的逻辑条件，在只有三四个表达式的时候是比较方便的，但要是有更多的表达式，要把它们一一输入也是很麻烦的事。如果需要在大量不同的单元格内使用同样的逻辑测试，更好的方法是在区域内使用 AND( )函数，同时将公式作为数组输入。

举例来说，在区域 B3 到 B7 内的单元格中，我们只想合并计算那些大于 0 的数据，需要用到的数组公式如下：

```
{=IF(AND(B3:B7 > 0), SUM(B3:B7), "")}
```

注意：回想一下第 4 章，在输入数组公式的时候不需要输入大括号{和}，只需在公式输入完成后按【Ctrl】+【Shift】+【Enter】组合键即可。

这在工作表的数据还不完整，而且在数据完整前不需要总数的时候是很有用的。例如，单元格 B8 中的数组公式和之前的是一样的，而 B16 中的公式会返回无，因为单元格 B14 是空白的，如图 8.6 所示。

B16 {=IF(AND(B11:B15 > 0), SUM(B11:B15), "")}

逻辑函数

	A	B
1		
2	2009年支出费用	
3	广告	$4,600
4	租金	$2,100
5	必需品	$1,300
6	工资	$16,000
7	公用事业费	$500
8	合计	$24,500
9		
10	2010年支出费用	
11	广告	$4,600
12	租金	$2,100
13	必需品	$1,300
14	工资	
15	公用事业费	$500
16	合计	
17		

在区域中应用条件格式 / 按条件合并计算

图 8.6　在单元格 B8 和 B16 的数组公式中使用了 IF( )、AND( )以及 SUM( )函数来进行合并计算，仅当所有的单元格都不为 0 时才会有结果

只在符合条件的单元格内执行

从之前的章节中，我们知道了使用数组公式在只有区域内的单元格符合某项特定条件时才会执行操作的方法。还有一个相关联的方法，让我们可以只在区域中符合条件的单元格内执行操作。

举例来说，我们可能只想合并计算那些正数，这样的话，需要把 SUM( )函数移到 IF( )函数之外。例如，以下的数组函数计算的仅是区域 B3 到 B7 之内包含的正数：

```
{=SUM(IF(B3:B7>0, B3:B7, 0))}
```

IF( )函数根据条件（如果是正数则按照其值计算，否则为 0）来返回数组值，而 SUM( )函数则将那些返回的值相加。

举例来说，假设我们手中有一份单子，其中列举了很多年的到期投资，如果这时候有一个表格，能把这些年份都列举出来并告诉我们每年到期的投资总数，那就太好了。图 8.7 所示的工作表就做了这样的事。

投资到期日在 B 列中，到期值在 C 列中，到期年份在 E 列中。例如，计算 2009 年到期总值，我们使用以下数组公式：

```
{=SUM(IF(YEAR($B$3:$B$18) = E3, $C$3:$C$18, 0))}
```

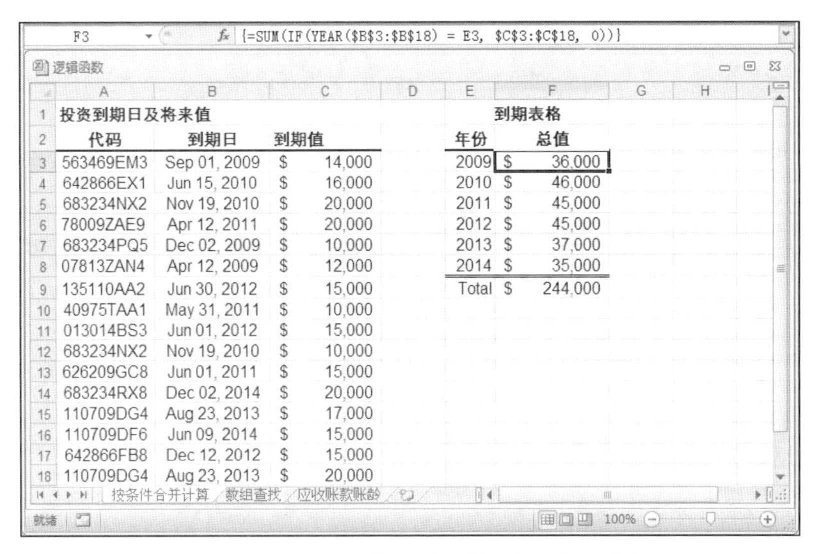
F3　{=SUM(IF(YEAR($B$3:$B$18) = E3, $C$3:$C$18, 0))}

逻辑函数

	A	B	C	D	E	F
1	投资到期日及将来值				到期表格	
2	代码	到期日	到期值		年份	总值
3	563469EM3	Sep 01, 2009	$ 14,000		2009	$ 36,000
4	642866EX1	Jun 15, 2010	$ 16,000		2010	$ 46,000
5	683234NX2	Nov 19, 2010	$ 20,000		2011	$ 45,000
6	78009ZAE9	Apr 12, 2011	$ 20,000		2012	$ 45,000
7	683234PQ5	Dec 02, 2009	$ 10,000		2013	$ 37,000
8	07813ZAN4	Apr 12, 2009	$ 12,000		2014	$ 35,000
9	135110AA2	Jun 30, 2012	$ 15,000		Total	$ 244,000
10	40975TAA1	May 31, 2011	$ 10,000			
11	013014BS3	Jun 01, 2012	$ 15,000			
12	683234NX2	Nov 19, 2010	$ 10,000			
13	626209GC8	Jun 01, 2011	$ 15,000			
14	683234RX8	Dec 02, 2014	$ 20,000			
15	110709DG4	Aug 23, 2013	$ 17,000			
16	110709DF6	Jun 09, 2014	$ 15,000			
17	642866FB8	Dec 12, 2012	$ 15,000			
18	110709DG4	Aug 23, 2013	$ 20,000			

按条件合并计算 / 数组查找 / 应收账款账龄

图 8.7　使用数组公式来合并计算投资的每年到期值

IF( )函数将单元格 E3 中的值（2009 年的到期值）与区域 B3 到 B18 中的到期日相比较，对于值那些相等的单元格，IF( )函数返回 C 列中相对应的数据；否则，返回 0。然后 SUM( )函数把返回的值相加。

注意：在图 8.7 中，我们使用了绝对引用，这样公式可以向下填充到其他年份。

判定某值是否出现在列表中

很多时候我们需要在工作表中查找某值。例如，我们手头有一份客户折扣单，其中折扣率由客户的采购量来决定，对于每一位客户，都有根据其总采购量而制定的合适的折扣率。同样地，老师可能会需要根据换算表，将一份原始测试分数转换为字母分数。（在“第 9 章　使用查找函数”中，我们将会学到更多更复杂的查找数据的工具。）

数组公式联合逻辑函数同样可以提供查找数据的一些方法。举例来说，如果我们想查找某特定的值是否存在于某数组中，可以在一个单元格内将以下公式作为数组输入：

```
{=OR(value = range)}
```

其中，*value* 指的是想要查找的数据，*range* 指的是所查找的单元格区域。例如，图 8.8 所示为客户的逾期账款列表，我们在单元格 B1 中输入客户的账号，单元格 B2 会显示此账号是否在列表中。

单元格 B2 中的数组公式：

```
{=OR(B1 = B6:B29)}
```

用数组公式查看区域 B6 到 B29 中所有的值，判定是否有数据和单元格 B1 中的数据相等。如果有，OR( )函数返回 TURE，说明所查找的值在列表中。

B2 {=OR(B1 = B6:B29)}

逻辑函数

	A	B	C	D	E	F	G
1	账号:	09-2111					
2	在名单中?	TRUE	第一次出现的行数:	14			
3	出现几次?	2	最后一次出现的行数:	22			
4							
5	账户名称	账号	发票号	发票金额	到期日	付款日期	逾期天数
6	Emily's Sports Palace	08-2255	117316	$ 1,584.20	26-Apr-10		55
7	Refco Office Solutions	14-5741	117317	$ 303.65	27-Apr-10		54
8	Brimson Furniture	10-0009	117321	$ 2,144.55	3-May-10		48
9	Katy's Paper Products	12-1212	117322	$ 234.69	4-May-10		47
10	Door Stoppers Ltd.	01-0045	117324	$ 101.01	10-May-10		41
11	Voyatzis Designs	14-1882	117325	$ 1,985.25	10-May-10		41
12	Brimson Furniture	10-0009	117327	$ 1,847.25	16-May-10		35
13	Door Stoppers Ltd.	01-0045	117328	$ 58.50	17-May-10		34
14	O'Donoghue Inc.	09-2111	117329	$ 1,234.56	18-May-10		33
15	Refco Office Solutions	14-5741	117330	$ 456.78	18-May-10		33
16	Renaud & Son	07-0025	117331	$ 565.77	23-May-10		30
17	Simpson's Ltd.	16-6658	117332	$ 898.54	22-May-10		31

按条件合并计算 数组查找 应收账款账龄

就绪 100%

图 8.8 在数组公式中使用 OR( )函数来判定某值是否出现在列表中

小贴士：类似地，如果想要某账号不在列表中时返回 TRUE，可以使用如下数组公式：

```
{=AND(B1 <> B6:B29)}
```

用此公式检查区域 B6 到 B29 中，是否有数据和单元格 B1 中的数据相等。如果比较结果为 TRUE，那么 AND( )函数返回 TRUE，说明列表中没有和 B1 相等的值。

区域内出现的次数计数

现在我们知道了如何判定某值是否出现在列表中，但如果我们想知道这个值在列表中出现了几次该怎么办？下面的公式就可以告诉我们答案：

```
{=SUM(IF(value = range, 1, 0))}
```

同样地，*value* 指的是想要查找的值，*range* 指的是查找的区域。在这个数组公式中，IF( )函数会将 *value* 与 *range* 中所有的单元格做比较，相配的返回 1，不相配的返回 0。然后 SUM( )函数将所有返回的数据相加，最终结果就是 *value* 出现的次数。以下即为之前逾期账款列表计数的公式：

```
=SUM(IF(B1 = B6:B29, 1, 0))
```

图 8.9 显示了此公式在单元格 B3 中的使用。

注意：通用公式{=SUM(IF(*condition*, 1, 0))}在需要计算出现次数的情况下都可以使用，只要 *condition* 参数返回 TRUE 即可。参数 *condition* 一般是一个逻辑函数，将一个单独的数据和区域中的每个数据相比较。但实际上，只要两个区域的形状相同，那么它们之间也是可以进行比较的。也就是说，要比较的两个区域要有相同数量的行和列。

举例来说，我们想比较一下名为区域 1 和区域 2 的两片区域中是否有数据不同，就可以使用下面的数组公式：

```
{=SUM(IF(区域 1 <> 区域 2, 1, 0))}
```

这个公式将区域 1 中的第一个单元格和区域 2 中的第一个单元格做比较，区域 1 中的第二个单元格和区域 2 中的第二个单元格做比较，以此类推。每次如果数据不相配，则返回 1，相配的话就返回 0。最后计算出的数据就是两个区域中数据不同的单元格总数。

B3 {=SUM(IF(B1 = B6:B29, 1, 0))}

逻辑函数

	A	B	C	D	E	F	G
1	账号:	09-2111					
2	在名单中?	TRUE	第一次出现的行数:	14			
3	出现几次?	2	最后一次出现的行数:	22			
4							
5	账户名称	账号	发票号	发票金额	到期日	付款日期	逾期天数
6	Emily's Sports Palace	08-2255	117316	$ 1,584.20	26-Apr-10		55
7	Refco Office Solutions	14-5741	117317	$ 303.65	27-Apr-10		54
8	Brimson Furniture	10-0009	117321	$ 2,144.55	3-May-10		48
9	Katy's Paper Products	12-1212	117322	$ 234.69	4-May-10		47
10	Door Stoppers Ltd.	01-0045	117324	$ 101.01	10-May-10		41
11	Voyatzis Designs	14-1882	117325	$ 1,985.25	10-May-10		41
12	Brimson Furniture	10-0009	117327	$ 1,847.25	16-May-10		35
13	Door Stoppers Ltd.	01-0045	117328	$ 58.50	17-May-10		34
14	O'Donoghue Inc.	09-2111	117329	$ 1,234.56	18-May-10		33
15	Refco Office Solutions	14-5741	117330	$ 456.78	18-May-10		33
16	Renaud & Son	07-0025	117331	$ 565.77	23-May-10		30
17	Simpson's Ltd.	16-6658	117332	$ 898.54	22-May-10		31

按条件合并计算 数组查找 应收账款账龄

就绪 100%

图 8.9 在数组公式中使用 SUM( )和 IF( )函数，计算列表中某数据出现的次数

确定某值在列表中出现的位置

如果我们不仅想知道某值是否在列表中出现，还想知道它在哪里出现，该怎么办呢？此时可以使用 IF( )函数来返回行数：

```
IF(value =range, ROW(range), "")
```

当 *value* 等于 *range* 中任意单元格内的值时，IF( )函数使用 ROW( )函数来返回行数；否则，返回空字符串。

想要得到行数，还可以使用 MIN( )或 MAX( )函数。这个小窍门是这样的，因为这两个函数都会将空值忽略掉，所以在数组中应用这两个函数会从之前的 IF( )表达式中得到如下相配结果。

- 想得到该值第一次出现的位置，在数组公式中使用 MIN( )函数：

```
{=MIN(IF(value= range, ROW(range), ""))}
```

- 想得到该值最后一次出现的位置，在数组公式中使用 MAX( )函数：

```
{=MAX(IF(value = range, ROW(range), ""))}
```

以下是我们用来在逾期账款列表中查找第一次和最后一次出现某数据的位置的公式：

```
=MIN(IF(B1 = B6:29, ROW(B6:B29), ""))
=MAX(IF(B1 = B6:29, ROW(B6:B29), ""))
```

图 8.10 所示即为结果：第一次出现的行数为 D2，最后一次出现的行数为 D3。

D2 fx {=MIN(IF(B1 = B6:B29, ROW(B6:B29), ""))}

逻辑函数

	A	B	C	D	E	F	G
1	账号:	09-2111					
2	在名单中?	TRUE	第一次出现的行数:	14			
3	出现几次?	2	最后一次出现的行数:	22			
4							
5	账户名称	账号	发票号	发票金额	到期日	付款日期	逾期天数
6	Emily's Sports Palace	08-2255	117316	$ 1,584.20	26-Apr-10		55
7	Refco Office Solutions	14-5741	117317	$ 303.65	27-Apr-10		54
8	Brimson Furniture	10-0009	117321	$ 2,144.55	3-May-10		48
9	Katy's Paper Products	12-1212	117322	$ 234.69	4-May-10		47
10	Door Stoppers Ltd.	01-0045	117324	$ 101.01	10-May-10		41
11	Voyatzis Designs	14-1882	117325	$ 1,985.25	10-May-10		41
12	Brimson Furniture	10-0009	117327	$ 1,847.25	16-May-10		35
13	Door Stoppers Ltd.	01-0045	117328	$ 58.50	17-May-10		34
14	O'Donoghue Inc.	09-2111	117329	$ 1,234.56	18-May-10		33
15	Refco Office Solutions	14-5741	117330	$ 456.78	18-May-10		33
16	Renaud & Son	07-0025	117331	$ 565.77	23-May-10		30
17	Simpson's Ltd.	16-6658	117332	$ 898.54	22-May-10		31

按条件合并计算 数组查找 应收账款账龄

就绪 100%

图 8.10 在数组公式中使用 MIN( )、MAX( )和 IF( )函数，返回数据列表中第一次出现某数据的行数（单元格 D2）和最后一次出现某数据的行数（单元格 D3）

小贴士：想在列表中确定包含第一次或最后一次出现某数据的单元格地址也是可以的。使用 ADDRESS( )函数，会返回绝对地址，给出行数或列数：

```
{=ADDRESS(MIN(IF(BI = B6:B29, ROW(B6:B29, "")), COLUMN(B6:B29))}
{=ADDRESS(MAX(IF(BI = B6:B29, ROW(B6:B29, "")), COLUMN(B6:B29))}
```

8.2 案例分析：建立应收账款账龄表

如果想使用 Excel 来存储应收账款数据，那么最好建立一个账龄表，它可以用来查看逾期发票、计算逾期天数，并将逾期发票按天数分组，如 1 到 30 天、31 到 60 天等。

图 8.11 所示是一个应收账款数据库的简单应用程序。对于每一份发票，D 列中的到期日是由 C 列中的发票日期加 30 天得到的；E 列中的数据是由单元格 B1 中的当前日期减去 D 列

的到期日得到的，计算的是每份发票逾期的天数。

D11　=C11+30

逻辑函数

	A	B	C	D	E	F	G	H	I	J	K
1	日期:	2010年6月21日									
2							逾期（按天数）:				
3	账号	发票号	发票日期	到期日	逾期	到期金额	1-30	31-60	61-90	91-120	超过 120
4	07-0001	1000	2010-4-21	2010年5月21日,星期五	31	$ 2,433.25		$ 2,433.25			
5	07-0001	1025	2010-5-10	2010年6月9日,星期三	12	$ 2,151.20	$ 2,151.20				
6	07-0001	1031	2010-5-17	2010年6月16日,星期三	5	$ 1,758.54	$ 1,758.54				
7	07-0002	1006	2010-3-3	2010年4月2日,星期五	80	$ 898.47			$ 898.47		
8	07-0002	1035	2010-5-17	2010年6月16日,星期三	5	$ 1,021.02	$ 1,021.02				
9	07-0004	1002	2010-4-21	2010年5月21日,星期五	31	$ 3,558.94		$ 3,558.94			
10	07-0005	1008	2010-2-22	2010年3月24日,星期三	89	$ 1,177.53			$1,177.53		
11	07-0005	1018	2010-5-7	2010年6月6日,星期日	15	$ 1,568.31	$ 1,568.31				
12	08-0001	1039	2010-1-19	2010年2月18日,星期四	123	$ 2,958.73					$ 2,958.73
13	08-0001	1001	2010-4-21	2010年5月21日,星期五	31	$ 3,659.85		$ 3,659.85			
14	08-0001	1024	2010-5-10	2010年6月9日,星期三	12	$ 565.00	$ 565.00				

按条件合并计算　数组查找　应收账款账龄

图 8.11　基本的应收账款数据库

8.2.1　计算更精确的到期日

你可能也发现图 8.11 中关于到期日的问题了：单元格 D11 中的日期是星期日。这是由于到期日是由发票日期加 30 天计算得来的，要想避免周末为到期日，需要先测试一下发票日期加 30 后是否会在星期六或星期日。这时候 WEEKDAY( )函数会很有帮助，因为它会在日期是星期六的时候返回 7，星期日的时候返回 1。

测试是否是星期六，用如下公式：

```
=IF(WEEKDAY(C4+30)=7, C4+32, C4+30)
```

上述公式研究单元格 C4 的情况。如果 WEEKDAY(C4+30)返回 7，那么到期日将会是星期六，也就是说应该用 C4 加 32 天，让到期日移到下周一。否则的话，就像平常一样加 30 天。

测试是否是星期日也是同样的道理，公式如下：

```
=IF(WEEKDAY(C4+30)=1, C4+31, C4+30)
```

不过现在的问题是，我们如何将两个测试放到同一个公式中。想做到这一点，用一个 IF( )函数嵌套另一个就可以了：

```
=IF(WEEKDAY(C4+30)=7, C4+32, IF(WEEKDAY(C4+30)=1, C4+31, C4+30))
```

第一个 IF( )函数用来测试到期日是否在星期六。如果是，就将 C4 加 32 天；如果不是，就进行下一个 IF( )函数测试，即测试到期日是否是星期日。图 8.12 显示的就是经过修改的账龄表，这时单元格 D11 中的到期日就不是星期日了。

→如果仅根据工作日来计算到期日，也就说周末和假日都不包含在内，那么用 WORKDAY( )函数可以解决此类计算问题。

D11 =IF(WEEKDAY(C11+30)=1,C11+31,IF(WEEKDAY(C11+30)=7,C11+32,C11+30))

逻辑函数

日期:	2010年6月21日									
						逾期（按天数）:				
账号	发票号	发票日期	到期日	逾期	到期金额	1-30	31-60	61-90	91-120	超过 120
07-0001	1000	2010-4-21	2010年5月21日,星期五	31	$ 2,433.25		$ 2,433.25			
07-0001	1025	2010-5-10	2010年6月9日,星期三	12	$ 2,151.20	$ 2,151.20				
07-0001	1031	2010-5-17	2010年6月16日,星期三	5	$ 1,758.54	$ 1,758.54				
07-0002	1006	2010-3-3	2010年4月2日,星期五	80	$ 898.47			$ 898.47		
07-0002	1035	2010-5-17	2010年6月16日,星期三	5	$ 1,021.02	$ 1,021.02				
07-0004	1002	2010-4-21	2010年5月21日,星期五	31	$ 3,558.94		$ 3,558.94			
07-0005	1008	2010-2-22	2010年3月24日,星期三	89	$ 1,177.53			$1,177.53		
07-0005	1018	2010-5-7	2010年6月7日,星期一	14	$ 1,568.31	$ 1,568.31				
08-0001	1039	2010-1-19	2010年2月18日,星期四	123	$ 2,958.73					$ 2,958.73
08-0001	1001	2010-4-21	2010年5月21日,星期五	31	$ 3,659.85		$ 3,659.85			
08-0001	1024	2010-5-10	2010年6月9日,星期三	12	$ 565.00	$ 565.00				

按条件合并计算 数组查找 应收账款账龄

图 8.12　用 IF()和 WEEKDAY()函数来确保到期日不会是周末

8.2.2 将逾期发票按时间分类

有时候为了计算资金流动数，我们需要将发票总额与逾期天数关联起来。最理想的情况就是有一个表格，将逾期 1 到 30 天的、31 到 60 天的，以及更多分类的发票总额都列举出来。图 8.13 显示了应收账户按时间分类的一种方法，我们将其用阴影来区分，以便于阅读。

H9 =IF(AND(E9 >= 31,E9 <= 60), F9, "")

逻辑函数

日期:	2010年6月21日									
						逾期（按天数）:				
账号	发票号	发票日期	到期日	逾期	到期金额	1-30	31-60	61-90	91-120	超过 120
07-0001	1000	2010-4-21	2010年5月21日,星期五	31	$ 2,433.25		$ 2,433.25			
07-0001	1025	2010-5-10	2010年6月9日,星期三	12	$ 2,151.20	$ 2,151.20				
07-0001	1031	2010-5-17	2010年6月16日,星期三	5	$ 1,758.54	$ 1,758.54				
07-0002	1006	2010-3-3	2010年4月2日,星期五	80	$ 898.47			$ 898.47		
07-0002	1035	2010-5-17	2010年6月16日,星期三	5	$ 1,021.02	$ 1,021.02				
07-0004	1002	2010-4-21	2010年5月21日,星期五	31	$ 3,558.94		$ 3,558.94			
07-0005	1008	2010-2-22	2010年3月24日,星期三	89	$ 1,177.53			$1,177.53		
07-0005	1018	2010-5-7	2010年6月7日,星期一	14	$ 1,568.31	$ 1,568.31				
08-0001	1039	2010-1-19	2010年2月18日,星期四	123	$ 2,958.73					$ 2,958.73
08-0001	1001	2010-4-21	2010年5月21日,星期五	31	$ 3,659.85		$ 3,659.85			
08-0001	1024	2010-5-10	2010年6月9日,星期三	12	$ 565.00	$ 565.00				

按条件合并计算 数组查找 应收账款账龄

图 8.13　使用 IF()和 AND()函数将逾期发票按照时间分类

→关于如何设置表格自动阴影区分，请看“11.4　MOD()函数”。

按时间分类的工作表用单元格 B1 中的日期减去到期日，得到逾期天数。如果仅根据工作日来计算到期日，即周末和假日都不包含在内，更好的选择是使用分析工具库中的

NETWORKDAYS( )函数。

→更多分析工具库的详情，请看“10.2.3　计算两个日期之间的天数”。

G 列（(1 到 30 天）中显示的逾期的发票总额是根据以下公式来计算的，此公式为单元格 G4 的：

```
=IF(E4<=30, F4, "")
```

如果发票逾期天数（单元格 E4）少于或等于 30 天，那么到期金额会显示在单元格 G4 中，否则会显示空白。

H 列（31 到 60 天）的公式会复杂一些，我们需要测试过期天数是否大于或等于 31 天，同时小于等于 60 天。想完成这个目标，需要加入 AND( )函数：

```
=IF(AND(E4>=31, E4<=60), F4, "")
```

AND( )函数测试了两个逻辑表达式：E4>=31 和 E4<=60。如果两个条件同时满足，那么 AND( )函数返回 TRUE，然后 IF( )函数显示发票金额；如果其中一个不满足，或两个都不满足，AND( )函数会返回 FALSE，然后 IF( )函数显示空白。类似的公式也应用在 I 列（61 到 90 天）和 J 列（91 到 120 天）中。K 列（超过 120 天）查找的是比 120 大的逾期天数。

8.3　通过信息函数来找到数据

Excel 的信息函数会返回涉及单元格、工作表以及公式结果的数据。表 8.2 列举了所有的信息函数。

表 8.2　Excel 的信息函数

函数	描述
CELL(*info_type*[,*reference*])	返回单元格属性信息，包括格式、内容和位置
ERROR.TYPE(*error_val*)	返回与错误类型相对应的数字
INFO(*type_text*)	返回操作系统和环境的信息
ISBLANK(*value*)	如果 *value* 为空白，则返回 TRUE
ISERR(*value*)	如果 *value* 为除#N/A 外的任意错误，则返回 TRUE
ISERROR(*value*)	如果 *value* 为错误，则返回 TRUE
ISEVEN(*number*)	如果 *number* 是偶数，则返回 TRUE
ISLOGICAL(*value*)	如果 *value* 为逻辑值，则返回 TRUE
ISNA(*value*)	如果 *value* 为错误#N/A，则返回 TRUE
ISNONTEXT(*value*)	如果 *value* 不是文本，则返回 TRUE
ISNUMBER(*value*)	如果 *value* 是数字，则返回 TRUE

续表

函数	描述
ISODD(*number*)	如果 *number* 为奇数，则返回 TRUE
ISREF(*value*)	如果 *value* 为引用，则返回 TRUE
ISTEXT(*value*)	如果 *value* 为文本，则返回 TRUE
N(*value*)	返回 *value* 并转换为数字（如果 *value* 为日期则返回编号，*value* 为 TRUE 则返回 1，*value* 为任意非数字则返回 0。注意，N( )函数仅存在于其他电子表格的兼容性中，Excel 中很少使用）
NA( )	返回错误值#N/A
TYPE(*value*)	返回表明 *value* 的数据类型的数字：数字为 1，文本为 2，逻辑值为 4，公式为 8，错误为 16，任意数组为 64

接下来的内容将讲解以上函数的详细信息。

8.3.1 CELL( )函数

CELL( )函数是最有用的信息函数之一，它的工作就是返回特定单元格的信息：

```
CELL(info_type, [reference])
```

info_type：所需要的指定类型的信息类型字符串。

reference：想要使用的单元格，默认为包含 CELL( )函数的单元格。如果 *reference* 是区域，那么 CELL( )函数适用于此区域左上角的单元格。

表 8.3 列举了一些 *info_type* 参数的可能性。

表 8.3　CELL( )函数的 *info_type* 参数

<table>
<tr><th>Info_type</th><th colspan="2">CELL( )函数返回值</th></tr>
<tr><td>address</td><td colspan="2">文本形式的 reference 的绝对地址</td></tr>
<tr><td>col</td><td colspan="2">reference 的列数</td></tr>
<tr><td>color</td><td colspan="2">如果 reference 有用颜色显示负数的自定义格式，则返回 1，否则返回 0</td></tr>
<tr><td>contents</td><td colspan="2">reference 的内容</td></tr>
<tr><td>filename</td><td colspan="2">包含 reference 文件名及全路径的文本。如果包含 reference 的工作簿第一次未保存，则返回空串（" "）</td></tr>
<tr><td rowspan="4">format</td><td colspan="2">应用在 reference 上的与 Excel 内置数字格式相符合的字符串。以下是可能出现的返回值</td></tr>
<tr><td>内置格式</td><td>CELL( )函数返回值</td></tr>
<tr><td>General（常规）</td><td>G</td></tr>
<tr><td>0</td><td>F0</td></tr>
</table>

续表

Info_type	CELL( )函数返回值	
format	#,##0	,0
	0.00	F2
	#,##0.00	,2
	$#,##0_);($#,##0)	C0
	$#,##0_);([Red]($#,##0)	C0-
	$#,##0.00_);($#,##0.00)	C2
	0.00_);[Red]($#,##0.00)	C2-
	0%	P0
	0.00%	P2
	0.00E+00	S2
	# ?/? 或 ??/??	G
	d-mm-yy 或 dd-mmm-yy	D1
	d-mmm 或 dd-mmm	D2
	mmm-yy	D3
	m/d/yy 或 m/d/yy h:mm 或 mm/dd/yy	D4
	mm/dd	D5
	h:mm:ss AM/PM	D6
	h:mm AM/PM	D7
	h:mm:ss	D8
	h:mm	D9
parentheses	如果 *reference* 有自定义的 *cell* 格式，即在正数或所有的数据中使用了括号，则返回 1，否则返回 0	
prefix	*reference* 所使用的代表了文本对齐方式的字符，有以下几种可能的返回值	
	对齐方式	**CELL( )函数返回值**
	Left（左）	'
	Center（中）	^
	Right（右）	"
	Fill（填充）	\
protect	如果 *reference* 未被锁定，则返回 0，否则返回 1	
row	*reference* 的行数	
type	*reference* 中数据类型的显示字母。以下为可能的返回值：	

续表

Info_type	CELL( )函数返回值	
type	数据类型	CELL( )函数返回值
	Text（文本）	l
	Blank（空白）	b
	All others（其他所有的）	v
width	*reference* 的列宽，其会四舍五入到最近的整数。一个单位的宽度相当于一个字符默认字体尺寸的宽度	

图 8.14 显示了 CELL( )函数的一些例子。

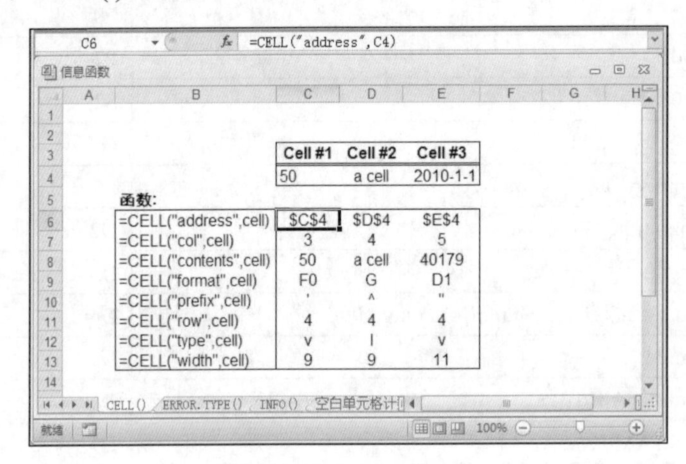

图 8.14　CELL( )函数示例

8.3.2　ERROR.TYPE( )函数

ERROR.TYPE( )函数返回指定错误值相对应的值，公式如下：

```
ERROR.TYPE(error_val)
```

error_val：包含想要检查是否有错误值的单元格引用。以下是一些可能返回的值：

error_val 值	ERROR.TYPE()返回值
#NULL!	1
#DIV/0!	2
#VALUE!	3
#REF!	4
#NAME?	5
#NUM!	6

续表

error_val 值	ERROR.TYPE()返回值
#N/A	7
#GETTING_DATA	8
其他所有	#N/A

我们主要使用 ERROR.TYPE( )函数来避免错误，并让其以一种更有用或更友好的方式进行提示。通过使用 IF( )函数来查看 ERROR.TYPE( )函数是否返回小于或等于 8 的值，如果答案为“是”，那么说明有疑问的单元格中确实有错误值，因为 ERROR.TYPE( )函数返回值的范围是从 1 到 7 的。我们还可以将返回值放到 CHOOSE( )函数中来查看错误提示。

→关于 CHOOSE( )函数的详情，请看“9.2　CHOOSE( )函数”。

下面的公式计算的就是之前说到的情况：

```
=IF(ERROR.TYPE(D8) <= 8,
⇒ "***ERROR IN " & CELL("address", D8) & ": " &
⇒ CHOOSE(ERROR.TYPE(D8), "区域无交集",
⇒ "被除数为 0",
⇒ "错误的函数参数类型",
⇒ "无效的单元格引用",
⇒ "无法辨识的区域或函数名称",
⇒ "公式数字错误",
⇒ "不相称的函数参数",
⇒ "等待数据查询", ))
```

注意：公式是分行显示的，这样不同的部分显示在不同的行列里，我们能更清楚地知道公式的走向。

图 8.15 所示即为以上公式。

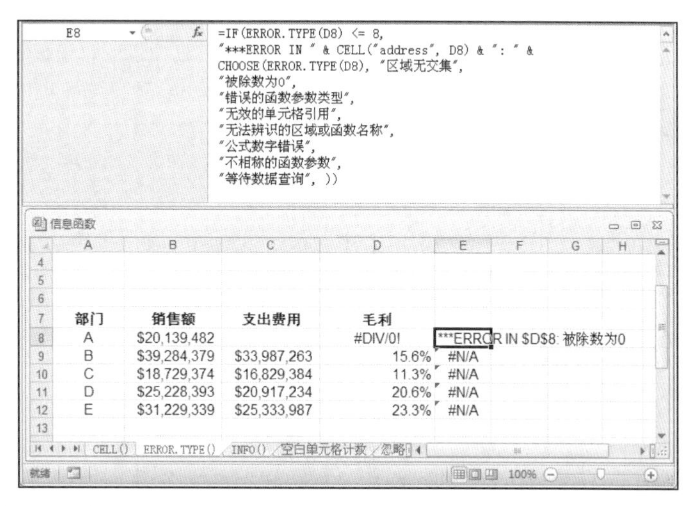

图 8.15　使用了 IF( )和 ERROR.TYPE( )函数的公式会返回描述性的提示

注意：没有错误的时候，公式中会显示#N/A，这是 ERROR.TYPE( )函数在无错误时的返回值。

8.3.3 INFO( )函数

INFO( )函数很少被用到，不过当我们想知道当前操作系统的时候，它就很有用了：

INFO(*type_text*)

type_text：指定信息类型的字符串。

表 8.4 INFO( )函数的 *type_text* 参数的可能值。

表 8.4 列举了 *type_text* 参数的可能值。

type_text	INFO( )函数返回值
directory	当前文件夹的完整路径名称。即下次【打开】或【另存为】对话框出现时所显示的文件夹名称
numfile	所有打开的工作簿中工作表的数量
origin	当前工作表中可见的左上角单元格地址。例如在图 8.16 中，单元格 A3 即为可见的左上角单元格。函数结果是以$A:开始的绝对地址，旨在与 Lotus 1-2-3 3.x 版兼容
osversion	包含当前操作系统版本的字符串
recalc	包含当前重新计算模式的字符串：自动或手动
release	包含当前 Microsoft Excel 版本的字符串
system	包含显示当前操作环境代码的字符串：Windows 操作系统下显示为 pcdos，macOS 下则显示为 mac

图 8.16 所示即为 INFO( )函数。

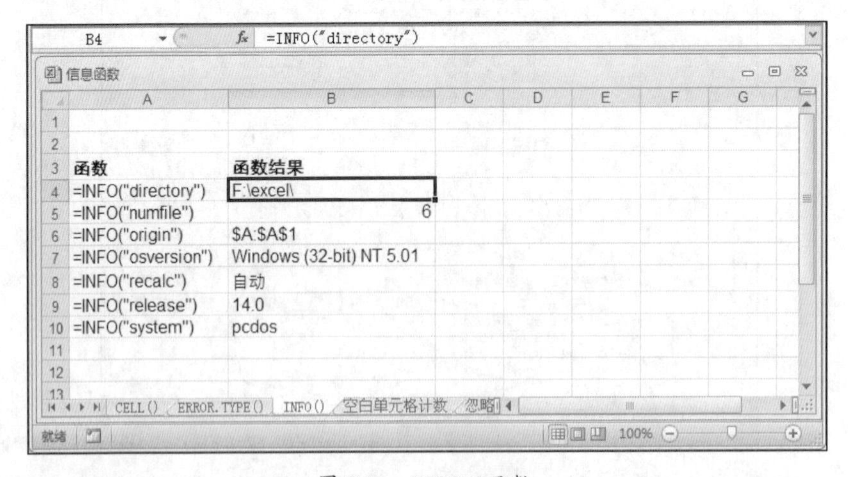

图 8.16 INFO( )函数

8.3.4 IS 函数

Excel 中所谓的 IS 函数就是布尔函数，根据函数所计算的参数来返回 TRUE 或 FALSE：

```
ISBLANK(value)
ISERR(value)
ISERROR(value)
ISEVEN(number)
ISLOGICAL(value)
ISNA(value)
ISNONTEXT(value)
ISNUMBER(value)
ISODD(number)
ISREF(value)
ISTEXT(value)
```

value：单元格引用、函数返回值或公式结果。

number：数字值。

以上这些函数的运算都很直观，所以我们与其把时间浪费在将它们都演示一遍上，不如学习下面的一些有趣且有用的技巧，它们都是这些函数在实际中的应用。

区域中空白单元格计数

在我们整理的工作表中，数据一般都是从很多地方搜集来的。不幸的是，这通常意味着数据得到的时间不统一，而且经常是不完整的。如果面对的是一个数据庞大的表格，我们肯定希望可以对其有一个清晰的认识。

这时就是 ISBLANK( )函数隆重登场的时候了。我们可以将它放入数组函数中，用以前学过的方法来给区域中的空白单元格计数：

```
{=SUM(IF(ISBLANK(range), 1, 0))}
```

IF( )函数在 *range* 中查找空白单元格，每碰到一个就返回 1，否则返回 0。SUM( )函数将结果相加，得出空白单元格的总数。图 8.17 显示的就是在单元格 G1 中使用上述公式的例子。

在区域内查找非数字值

同样地，当我们在工作表中进行数学计算操作时，若需要检查一下是否有单元格包含非数字值，可以在数组公式中使用 ISNUMBER( )函数，结果为 TRUE 时返回 0，结果为 FALSE 时返回 1。公式如下：

```
{=SUM(IF(ISNUMBER(range), 0, 1))}
```

区域中错误数量计数

若最后的计算结果不仅能表明区域中包含错误，而且能表明有多少个这样的错误，那就太好了。这可以用 ISERROR( )函数和数组公式来完成：

```
{=SUM(IF(ISERROR(range), 1, 0))}
```

G1 {=SUM(IF(ISBLANK(G3:G79), 1, 0))}

信息函数

	A	B	C	D	E	F	G
1						“库存数量”缺失值	10
2	产品编号	产品名称	供应商	种类	数量/单位	单价	库存数量
3	1	Chai	Exotic Liquids	Beverages	10 boxes x 20 bag	$18.00	39
4	2	Chang	Exotic Liquids	Beverages	24 - 12 oz bottles	$19.00	17
5	3	Aniseed Syrup	Exotic Liquids	Condiments	12 - 550 ml bottles	$10.00	13
6	4	Chef Anton's Cajun Season	New Orleans Cajun Delights	Condiments	48 - 6 oz jars	$22.00	
7	5	Chef Anton's Gumbo Mix	New Orleans Cajun Delights	Condiments	36 boxes	$21.35	
8	6	Grandma's Boysenberry Sp	Grandma Kelly's Homestead	Condiments	12 - 8 oz jars	$25.00	120
9	7	Uncle Bob's Organic Dried	Grandma Kelly's Homestead	Produce	12 - 1 lb pkgs.	$30.00	15
10	8	Northwoods Cranberry Sau	Grandma Kelly's Homestead	Condiments	12 - 12 oz jars	$40.00	6
11	9	Mishi Kobe Niku	Tokyo Traders	Meat/Poultry	18 - 500 g pkgs.	$97.00	29
12	10	Ikura	Tokyo Traders	Seafood	12 - 200 ml jars	$31.00	31
13	11	Queso Cabrales	Cooperativa de Quesos 'Las	Dairy Products	1 kg pkg.	$21.00	22
14	12	Queso Manchego La Pastoı	Cooperativa de Quesos 'Las	Dairy Products	10 - 500 g pkgs.	$38.00	
15	13	Konbu	Mayumi's	Seafood	2 kg box	$6.00	24
16	14	Tofu	Mayumi's	Produce	40 - 100 g pkgs.	$23.25	35
17	15	Genen Shouyu	Mayumi's	Condiments	24 - 250 ml bottles	$15.50	
18	16	Pavlova	Pavlova, Ltd.	Confections	32 - 500 g boxes	$17.45	29
19	17	Alice Mutton	Pavlova, Ltd.	Meat/Poultry	20 - 1 kg tins	$39.00	0
20	18	Carnarvon Tigers	Pavlova, Ltd.	Seafood	16 kg pkg.	$62.50	42

CELL() ERROR.TYPE() INFO() 空白单元格计数 忽略错误

就绪 100%

图 8.17　如单元格 G1 中所示，将 ISBLANK( )函数放到数组中，可以给区域内空白单元格计数

忽略区域中的错误

有时候，我们需要使用包含错误值的区域。举例来说，手头上有一份各分部的毛利表，但有一个或多个单元格显示#DIV/0!错误，因为有的数据还处于缺失状态。我们可以等到所有的数据都到位时再计算，不过大多数时候我们需要先得出一个初步的计算结果，例如，想先得出已有数据的平均值等。

想要做到这一点，我们需要绕过那些错误值，于是我们再次用到了 ISERROR( )函数和数组公式。例如，下面的通用公式就是忽略了区域中的错误值来计算平均值的：

```
{=AVERAGE(IF(ISERROR(range), "", range))}
```

图 8.18 提供了以上公式的例子。

D13 {=AVERAGE(IF(ISERROR(D3:D12), "", D3:D12))}

信息函数

	A	B	C	D
1				
2	部门	销售额	支出费用	毛利
3	A	$20,139,482		#DIV/0!
4	B	$39,284,379	$33,987,263	15.6%
5	C	$18,729,374	$16,829,384	11.3%
6	D	$25,228,393	$20,917,234	20.6%
7	E	$31,229,339	$25,333,987	23.3%
8	F	$27,392,837		#DIV/0!
9	G	$33,987,228	$27,829,384	22.1%
10	H	$30,828,374	$25,398,883	21.4%
11	I	$19,029,384		#DIV/0!
12	J	$22,009,876	$19,023,098	15.7%
13			AVERAGE	18.6%
14				

INFO() 空白单元格计数 忽略错误

就绪 100%

图 8.18　如单元格 D13 所示，使用 ISERROR( )函数和数组公式，可以忽略区域中的错误而进行计算

第 9 章　使用查找函数

在词典中确定一个词的意思一般分为两步：先查找到词本身，然后阅读其定义。在百科全书中查找也一样：先看概念，再读文章。

这种通过查找来检索到相关信息的方法也是电子表格操作的核心。举例来说，在“第 4 章　创建高级公式”中，我们在工作表中添加选项按钮和列表框，遗憾的是，这些控件只会返回所选择项目的编号。要想找到那些项目的实际值，我们需要使用那些返回的编号。

→想要回顾在工作表中添加选项按钮和列表框，请看“4.7.5　了解工作表控件”。

在很多工作表公式中，一个参数值总是取决于另一个，如下所示。

- 在计算发票金额的公式中，客户的折扣率取决于他所订购的商品数量。
- 在计算逾期账款利率的公式中，利率百分比一般取决于每个发票逾期的天数。
- 在计算员工奖金占工资百分比的公式中，百分比取决于此员工超出预计的数字。

解决以上问题的方法就是查找到合适的数据。本章将会介绍许多可以让我们在工作表模型中轻松进行查找操作的函数。表 9.1 中列举了 Excel 的查找函数。

表 9.1　Excel 的查找函数

函数	描述
CHOOSE(*num,value1*[,*value2*,…])	使用 *num* 来选择参数列表中的值，参数列表指 *value1*、*value2* 等。
GETPIVOTDATA(*data,table,field1,item1*,…)	从 PivotTable（请看“第 14 章　使用数据透视表分析数据”）中提取数据
HLOOKUP(*value,table,row*[,*range*])	在 *table*（表格）中查找 *value*（数据），并返回指定 *row*（行）
INDEX(*ref,row*[,*col*][,*area*])	查找 *ref*（引用）并返回 *row*（行）或 *col*（列）交集处的单元格数据
LOOKUP(*lookup_value,array*)	在区域或数字中查找值（此函数已被 HLLOKUP( )和 VLOOKUP( )函数代替）
MATCH(*value,range*[,*match_type*])	在 *range*（区域）中查找 *value*（值）。如果找到了，则返回 *range* 中与 *value* 相关的位置
RTD(*progID,server,topic*1[,*topic2*,…])	在自动化服务器上查找实时数据（本书未涉及）
VLOOKUP(*value,table,col*[*range*])	在 *table*（表格）中查找 *value*（值）并返回指定 *col*（列）的值

9.1 了解查找表

表格，这里我们更习惯于叫它查找表，是 Excel 中使用查找函数的关键所在。最简单的查找表结构一般包含两列或两行。

■ 查找列：该列包含要查找的值。例如，如果创建一个字典查找表，此列将会包含要查找的词。

■ 数据列：该列包含与每个所查找数据相关联的值。在前面所举的字典例子中，该列包含词的定义。

在大部分查找操作中，当我们提供一个数据的时候，函数会将此数据放到指定的查找列中，然后在数据列中检索相关值。

在本章中我们会看到，查找表是多种多样的，它可能是以下几种中的一种。

■ 单一的列或行。在这种情况下，查找操作实际上是在查找该列中的第 *n* 个值。

■ 包含多重数据列的区域。例如，在字典例子中，我们可能会有第二行来显示每个词的词性是名词还是动词；说不定还有第三行，用来显示读音。在这种情况下，查找操作必须指定哪些行是包含所需值的。

■ 数组。此时，查找表不在工作表中，而存在于文本数组或返回数组的函数中。查找操作在数组中找到特定值并返回数据所在位置。

9.2 CHOOSE( )函数

最常见的查找函数就是 CHOOSE( )函数了，我们可以用它来从列表中选择值。具体来说，给定一个整数 *n*，CHOOSE( )函数会返回列表的第 *n* 项。下面是其语法：

```
CHOOSE(num, value1[, value2, …])
```

num：指定返回列表中的哪个值。如果 *num* 是 1，返回 *value1*；*num* 是 2，返回 *value2*；以此类推。*num* 必须是整数，或返回整数的公式或函数，且在 1 到 254 之间。

***value1*, *value2*, …**：供 CHOOSE( )函数选择的最多包含 254 个返回值的列表。它们可以是数字、字符串、引用、名称、公式或函数。

举例来说，假设有这样一个公式：

```
=CHOOSE(2, "平邮", "航空邮件", "快递")
```

参数 *num* 为 2，所以 CHOOSE( )函数返回列表的第二个值，即“航空邮件”。

注意： 如果引用的是区域，那么 CHOOSE( )函数会返回整个区域。例如以下公式：

```
CHOOSE(1, A1:D1, A2:D2, A3:D3)
```

函数会返回区域 A1:D1。这样可以让我们对区域进行条件操作，而此条件即为 CHOOSE( )函数使用的查找值。例如，下面的公式返回区域 A1:D1 的合计：

```
=SUM(CHOOSE(1, A1:D1, A2:D2, A3:D3))
```

9.2.1 定义一周中某天的名称

在“第 10 章　使用日期和时间函数”中我们将会学到，Excel 的 WEEKDAY( )函数会返回一周中与某天相对应的日期序列号，如星期日对应 1、星期一对应 2 等。

→关于 WEEKDAY( )函数，请看“10.2.2　返回日期的组成部分”。

如果我们想知道确切的日子，而不是相对应的序列号，该怎么办呢？要是仅仅想知道日期，那么可以将单元格格式化为 dddd。如果需要将日期作为公式中的字符串，那么需要将 WEEKDAY( )函数的结果转换为合适的字符串。幸好，有 CHOOSE( )函数让这一过程变得很简单。举例来说，假设单元格 B5 中包含日期，我们可以使用以下公式来将日期转换为合适的字符串：

```
=CHOOSE(WEEKDAY(B5), "日","一","二","三","四","五","六")
```

注意： 上面的公式使用了缩写来节省空间，不过，你可以使用任意日期格式来满足自己的需要。

小贴士： 还有一个类似的公式可以返回月份名称，在 MONTH( )函数中给定整数月份即可：

```
=CHOOSE(MONTH(日期), "一月", "二月", "三月", "四月", "五月", "六月", "七月", "八月", "九月", "十月", "十一月", "十二月")
```

9.2.2 定义财务年度月份

很多公司的财务年度和日历年度是不一致的。举例来说，财务年度可能是从四月一号到下一年三月三十一号。在这种情况下，月份 1 是四月、2 是五月，以此类推。有了日历年度，确定财务年度是很方便的。

想要确定财务年度，首先要考虑下面的表格，把四月一日作为开始的财务年度和日历年度比较一下。

月份	日历月份	财务月份
一月	1	10
二月	2	11
三月	3	12

续表

月份	日历月份	财务月份
四月	4	1
五月	5	2
六月	6	3
七月	7	4
八月	8	5
九月	9	6
十月	10	7
十一月	11	8
十二月	12	9

我们需要将日历月份作为查找值，而将财务月份作为数据值。结果如下：

```
=CHOOSE(日历月份，10,11,12,1,2,3,4,5,6,7,8,9)
```

图 9.1 中举了一个例子。

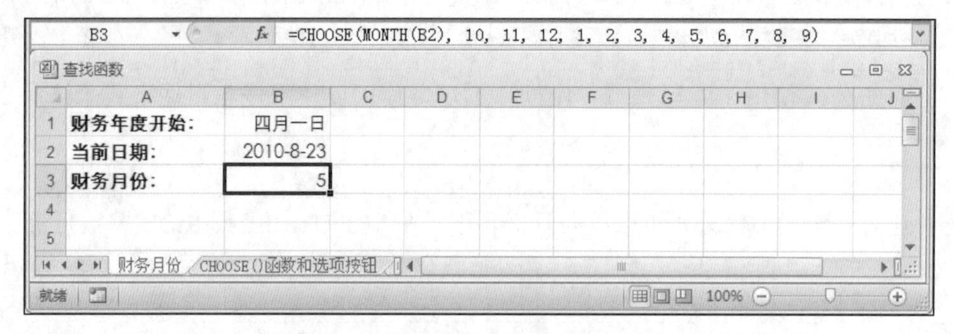

图 9.1　此工作表在给定了财务年度开始（B1）和当前日期（B2）后，使用了 CHOOSE( )函数来确定财务月份（B3）

9.2.3　核算加权问卷

CHOOSE( )函数的另一个常见用法是核算加权问卷。举例来说，假设我们手上有一份已完成的调查，调查对象被要求在 1 至 5 之间选择一个数字。某些问题和答案比其他的更重要，所以每一个问题都需要被分配不同的加权值。想要使用这些数据的话，怎么分配加权值呢？最简便的方法就是为每一个问题设立一个 CHOOSE( )函数。例如，在问题 1 中，1 到 5 这 5 个答案所占加权值分别是 1.5、2.3、1.0、1.8 和 0.5，那么可以使用下面的公式：

```
=CHOOSE(答案 1, 1.5, 2.3, 1.0, 1.8, 0.5)
```

在这个公式中，假设问题 1 的答案在名为“答案 1”的单元格内。

9.2.4　合并 CHOOSE( )函数和工作表选项按钮

在数据不多且有由公式或函数生成的从 1 开始的整数序列的情况下，CHOOSE( )函数是一个理想的查找工具。一个很好的例子就是我们在本章开始的时候提到的工作表选项按钮的使用，成组的选项按钮会返回相链接单元格的整数值：如果第一个选项按钮被选择，则返回 1；第二个被选择就返回 2；以此类推。据此，我们可以使用链接单元格内的值作为 CHOOSE( )函数中的查找值。图 9.2 显示的就是这样的工作表。

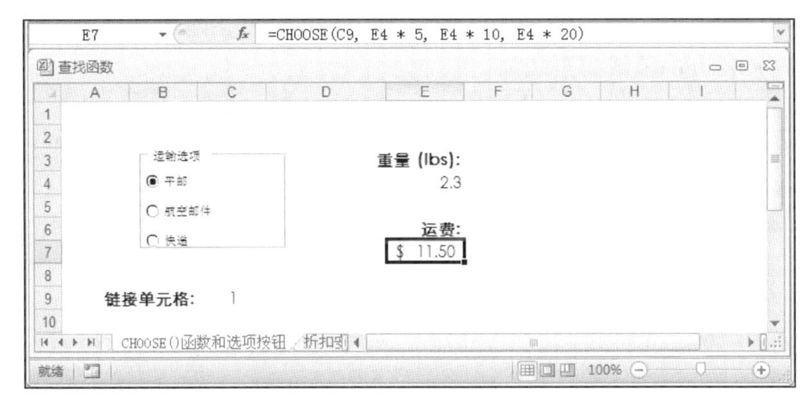

图 9.2　此工作表使用 CHOOSE( )函数，根据“运输选项”组内的被选择选项，计算出运费

“运输选项”组内有 3 个可供选择的按钮：平邮、航空邮件和快递。当前选择选项的编号显示在链接单元格 C9 中；重量显示在单元格 E4 中，单位为磅。根据链接单元格和重量，单元格 E7 选择了一个公式，用常量乘以重量，最后使用 CHOOSE( )函数计算出了运费：

```
=CHOOSE(C9, E4*5, E4*10, E4*20)
```

9.2.5　在表格中查找值

正如我们所看到的，CHOOSE( )函数是一个方便又实用的工具，而且如果我们建立了很多工作表模型的话，它也是一个经常会用到的工具。不过，CHOOSE( )函数也有它自己的缺点，如下所示。

- 查找值必须是正整数。
- 最多只能处理 254 个数据值。
- 每个函数只能处理一套数据值。

于是我们希望 Excel 能有更灵活的查找功能，能查找更多种类的值，如负数、实数或字符串等。我们还希望 Excel 能调整多重数据集，让每个数据集都能包含任意数量的值。事实上，Excel 有两个函数可以满足我们的要求：VLOOKUP( )函数和 HLOOKUP( )函数。

注意： 要记住数据集的值的数量是由工作表本身的固有尺寸决定的。

9.3 VLOOKUP( )函数

VLOOKUP( )函数通过搜索表格第一列的数据来查找指定值。（VLOOKUP 中的 V 代表 vertical——垂直的。）接着它会搜索我们指定的相关的列，然后返回找到的任意值。

以下是 VLOOKUP( )函数的语法：

```
VLOOKUP(lookup_value, table_array, col_index_num[, range_lookup])
```

lookup_value：指在 *table_array* 的第一列中想要查找的值。可以是数字、字符串或引用。

table_array：查找的表格。使用区域引用或名称均可。

col_index_num：如果 VLOOKUP( )函数找到了相匹配的值，那么 *col_index_num* 就是指表中的列数，它包含我们想要的返回数据。如果是第一列（即查找列）就返回 1，如果是第二列就返回 2，以此类推。

range_lookup：这是一个布尔值，它决定了 Excel 如何在第一列中查找 *lookup_value*。

- TRUE——VLOOKUP( )函数会查找第一个精确匹配 *lookup_value* 的值。如果没有精确匹配的，那么函数会查找最接近 *lookup_value* 的最大的值。TRUE 为默认值。
- FALSE——VLOOKUP( )函数仅会查找第一个精确匹配 *lookup_value* 的值。

当我们使用 VLOOKUP( )函数的时候要记住以下几点。

- 如果 *range_lookup* 为 TRUE 或被省略，那么在第一列中的值必须以升序排列。
- 如果表格第一列是文本，那么可以使用标准通配符作为 *lookup_value* 参数。使用“？”来代替单独字符，使用“*”来代替多字符。
- 如果 *lookup_value* 小于查找列所有的值，VLOOKUP( )函数会返回#N/A 错误。
- 如果 VLOOKUP( )函数在查找列没有找到匹配项，会返回#N/A 错误。
- 如果 *col_index_num* 小于 1，VLOOKUP( )函数会返回#VALUE!错误；如果 *col_index_num* 大于 *table_array* 的列数，VLOOKUP( )函数返回#REF!错误。

9.4 HLOOKUP( )函数

HLOOKUP( )函数和 VLOOKUP( )函数类似，只不过查找的是表格的第一行。（HLOOKUP( )函数中的 H 代表 horizontal——水平的。）如果查找成功，那么函数会继续向下查找所指定的行数，并返回找到的值。HLOOKUP( )函数语法如下：

HLOOKUP(*lookup_value, table_array, row_index_num*[, *range_lookup*])

lookup_value：指在 *table_array* 的第一行中想要查找的值。可以是数字、字符串或引用。

table_array：查找的表格。使用区域引用或名称均可。

row_index_num：如果 HLOOKUP( )函数找到了相匹配的值，那么 *row_index_num* 就是指表中的行数，它包含我们想要的返回数据。如果是第一行（即查找行）就返回 1，如果是第二行就返回 2，以此类推。

range_lookup：这是一个布尔值，它决定了 Excel 如何在第一行中查找 *lookup_value*。

- TRUE——HLOOKUP( )函数会查找第一个精确匹配 *lookup_value* 的值。如果没有精确匹配的，那么函数会查找最接近 *lookup_value* 的最大的值。TRUE 为默认值。
- FALSE——HLOOKUP( )函数仅会查找第一个精确匹配 *lookup_value* 的值。

9.5 使用区域查找返回客户折扣率

VLOOKUP( )和 HLOOKUP( )函数最常见的用途就是查找区域内的匹配值。本节和下一节将会通过一些例子来展示这些区域查找技巧。

在企业对企业（Business-to-Business，B2B）的交易中，项目的成本通常会被计算在零售价格里。举例来说，出版商以建议零售价 50%的价格把书卖给书店，那么销售方在标价的基础上给购买方让利的部分就叫作折扣，通常情况下，折扣取决于单位订货量。例如，订购 1 到 3 项会有 20%的折扣，订购 4 到 24 项折扣会达到 40%，以此类推。

图 9.3 所示的工作表使用了 VLOOKUP( )函数，根据每位客户的单位订货量来决定折扣。

D4 =VLOOKUP(A4, $H$5:$I$11, 2)

单位订货量	分册	标价	折扣	净价	合计
20	D-178	$17.95	40%	$10.77	$215.40
10	B-047	$6.95	40%	$4.17	$41.70
1000	C-098	$2.95	50%	$1.48	$1,475.00
50	B-111	$19.95	44%	$11.17	$558.60
2	D-017	$27.95	20%	$22.36	$44.72
25	D-178	$17.95	42%	$10.41	$260.28
100	A-182	$9.95	46%	$5.37	$537.30
250	B-047	$6.95	48%	$3.61	$903.50

折扣安排	
单位	折扣
0	20%
4	40%
24	42%
49	44%
99	46%
249	48%
499	50%

图 9.3 使用 VLOOKUP( )函数在折扣安排中查找客户折扣

例如，单元格 D4 使用了以下公式：

```
=VLOOKUP(A4, $H$5:$I$11,2)
```

range_lookup 参数被省略了，也就意味着 VLOOKUP( )函数会查找等于或小于查找值的最大的值。此时，查找值在单元格 A4 中，A4 中包含单位订货量数目，也就是 20，区域 $H$5:$I$11 是折扣安排表。VLOOKUP( )函数在第一列（H5:H11）中查找等于 20 或比 20 小的最大的值，找到的第一个单元格是 H6，因为 H7 中的值（24）大于 20。因此，VLOOKUP( )函数移到第二行，因为我们指定了 *col_num* 参数为 2，也就是 I6 处，然后提取 I6 处的数据，即 40%。

小贴士： 之前提到过，如果在查找区域内没有匹配项，那么 VLOOKUP( )和 HLOOKUP( )函数都会返回#N/A 错误。如果想看到更友好、更有用的提示，可以使用 IFERROR( )函数来测试查找是否失败，公式如下：

```
=IFERROR((查找表达式), "查找值未找到")
```

其中，“查找表达式”指 VLOOKUP( )或 HLOOKUP( )函数，“查找值”是和这两个函数中的 *lookup_value* 参数一样的值。如果 IFERROR( )函数检测到了错误，公式会返回“查找值未找到”；否则，公式会照常进行查找。

9.6 使用区域查找返回税率

在计算收入时，我们经常需要根据收入的多少来确定税率，例如，年收入超过$33,950 而又小于或等于$82,250 的税率为 25%。图 9.4 所示的工作表使用了 VLOOKUP( )函数根据指定的收入返回税率。

查找区域为 C9：F14，查找值在单元格 B16 中，即包含年收入的单元格。VLOOKUP( )函数在 C 列中查找等于或小于 B16（也就是$50,000）的最大值，此时，相匹配的值为单元格 C11 中的$33,950，VLOOKUP( )函数接着查看第 4 列（也就是 F 列），得到税率，即 25%。

小贴士： 有时候我们需要在模型中进行多重查找，例如，多个税率表中记载了不同的纳税人，例如单身的和已婚的等。假设这些表格都有相同的结构，那么我们可以使用 IF( )函数来先选择可用于查找公式的表格，如下面的通用公式：

```
=VLOOKUP(lookup_value, IF(condition, table1, table2), col_index_num)
```

如果 *condition* 为 TRUE，则 IF( )函数返回 *table1*，VLOOKUP()函数将其作为查找表格；反之，则查找 *table2*。

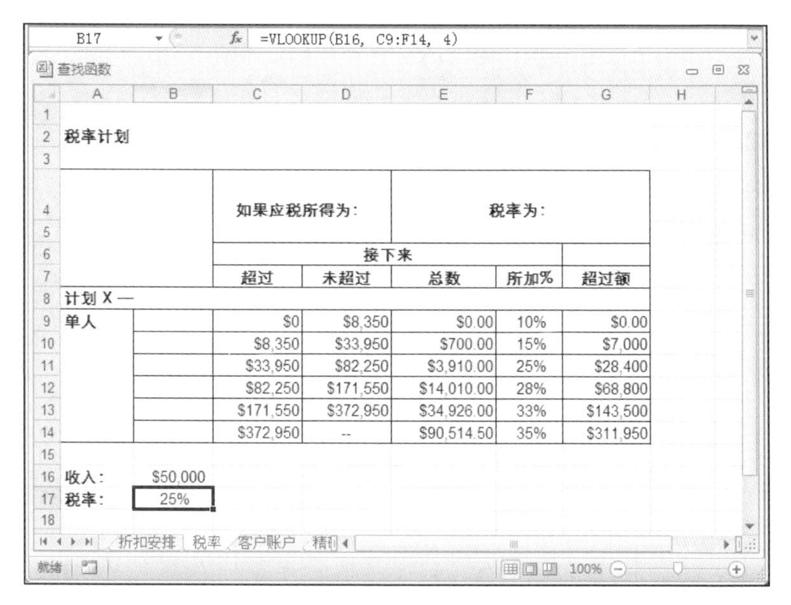

	如果应税所得为:		税率为:		
	接下来				
	超过	未超过	总数	所加%	超过额
计划 X —					
单人	$0	$8,350	$0.00	10%	$0.00
	$8,350	$33,950	$700.00	15%	$7,000
	$33,950	$82,250	$3,910.00	25%	$28,400
	$82,250	$171,550	$14,010.00	28%	$68,800
	$171,550	$372,950	$34,926.00	33%	$143,500
	$372,950	--	$90,514.50	35%	$311,950

图 9.4　使用 VLOOKUP( )函数来查找税率

9.7　查找精确匹配

在很多情况下，区域查找并不能完全满足我们的要求，尤其是所查找的表格中包含很多独立而又分散的数据时。举例来说，当我们需要查找客户账号、分册编号或雇员 ID 时，需要找到的结果与查找值是精确匹配的值。这时候，可以使用包含 *range_lookup* 参数（当其返回 FALSE 时）的 VLOOKUP( )和 HLOOKUP( )函数来进行精确匹配查找。接下来的几个小节我们将会了解到这个技巧。

9.7.1　查找客户账号

包含客户账号和名称的表格是进行精确匹配查找的好例子。我们使用 VLOOKUP( )或 HLOOKUP( )函数来精确查找指定的账号，然后返回相对应的账户名称。图 9.5 所示即为一个简单数据输入的例子，当我们在单元格 B2 中输入账号后，函数自动添加了账户名称。

单元格 B4 中的公式：

```
=VLOOKUP( B2, D3:E15, 2, FALSE)
```

函数在 D 列中查找单元格 B2 的值，此时因为 *range_lookup* 参数返回了 FALSE，所以 VLOOKUP( )函数开始查找精确匹配项，找到了的话就会返回 E 列的文本。

图 9.5　使用 VLOOKUP( )函数的精确匹配功能，通过输入账号来查找账户名称

9.7.2　精确匹配查找和单元格内组合框的结合使用

在第 4 章中，我们曾经学到过根据数据有效性来设置单元格内组合框的方法，从列表中选择的数据就是存储在单元格内的数据。这个功能如果结合精确匹配查找，也就是把当前列表所选择的值作为查找值，将会变得更加强大。

→想要回顾如何根据数据有效性规则来建立单元格内组合框，请看“4.6　在单元格中应用数据有效性规则”。

图 9.6 所示为例子，单元格 C9 包含的组合框中使用了第一行（C1:N1）的数据，C10 中的公式用 HLOOKUP( )函数与 C9 中的当前所选择的值建立了精确匹配：

```
=HLOOKUP(C9, C1:N7, 7, FALSE)
```

C10　=HLOOKUP(C9, C1:N7, 7, FALSE)

	B	C	D	E	F	G	H	I	J	K	L	M	N
1	费用支出	一月	二月	三月	四月	五月	六月	七月	八月	九月	十月	十一月	十二月
2	广告	$4,600	$4,200	$5,200	$4,600	$4,200	$5,200	$4,600	$4,200	$5,200	$4,600	$4,200	$5,200
3	租金	$2,100	$2,100	$2,100	$2,100	$2,100	$2,100	$2,100	$2,100	$2,100	$2,100	$2,100	$2,100
4	必需品	$1,300	$1,200	$1,400	$1,300	$1,200	$1,400	$1,300	$1,200	$1,400	$1,300	$1,200	$1,400
5	工资	$16,000	$16,000	$16,500	$16,000	$16,000	$16,500	$16,000	$16,000	$16,500	$16,000	$16,000	$16,500
6	公用事业费	$500	$600	$600	$500	$600	$600	$500	$600	$600	$500	$600	$600
7	合计	$24,500	$24,100	$25,800	$24,500	$24,100	$25,800	$24,500	$24,100	$25,800	$24,500	$24,100	$25,800
8													
9	月份	五月											
10	合计	$24,100											

精确匹配和单元格内下拉列表　MATCH() & INI　就绪　100%

图 9.6　单元格 C10 中的 HLOOKUP( )函数根据 C9 中的单元格内组合框在第一行建立了精确匹配查找

9.8　高级查找操作

在行或列中查找某值并返回偏移值，这样基本的查找程序已经能满足我们大部分的需求了。不过，有时候某些操作需要更高端的方式，在接下来的小节中，我们将会学到更多高级查找方式，大部分使用的是两个查找函数：MATCH( )函数和 INDEX( )函数。

9.8.1　MATCH( )和 INDEX( )函数

MATCH( )函数在行或列中查找数据，如果找到了匹配项，就会返回行或列的相对位置，语法如下：

```
MATCH(lookup_value, lookup_array[, match_type])
```

lookup_value：想要查找的值。可以是数字、字符串、引用或逻辑值。

lookup_array：想要进行查找的行或列。

match_type：规定了 Excel 如何在 *lookup_array* 中匹配 *lookup_value* 和所输入的值，有以下 3 个选择。

- 0：查找精确匹配 *lookup_value* 的第一个值。此时 *lookup_array* 可以是任意顺序。
- 1：查找等于或小于 *lookup_value* 的最大值，此为默认值。此时 *lookup_array* 必须以升序排列。
- -1：查找等于或大于 *lookup_value* 的最小值。此时 *lookup_array* 必须以降序排列。

小贴士： 在 *match_type* 为 0 且 *lookup_value* 为文本的情况下，可以在 *lookup_value* 中使用通配符。用问号（? ）代替单字符，用星号（*）代替多字符。

一般来说，我们不会单独使用 MATCH( )函数，而会与 INDEX( )函数结合使用。INDEX( )函数会返回引用区域内行和列交集处的单元格，语法如下：

INDEX(*reference, row_num*[, *column_num*][, *area_num*])

reference：一个或多个单元格区域的引用。

row_num：*reference* 中要返回的值的行数。如果 *reference* 只有一行，那么 *row_num* 可以省略。

column_num：*reference* 中要返回的值的列数。如果 *reference* 只有一列，那么 *column_num* 可以省略。

area_num：如果在 *reference* 中输入了多于一个的区域，则 *area_num* 是指要用到的那个区域。输入的第一个区域为 1，为默认值，第二个为 2，以此类推。

操作方法就是用 MATCH( )函数根据表格的布局找到 *row_num* 和 *column_num*，然后使用

INDEX( )函数来返回需要的值。

为了尝试使用一下这两个函数，让我们先复制之前根据客户账号查找账户名称的表格，请看图 9.7 所示的结果。

图 9.7　使用 INDEX( )和 MATCH( )函数根据输入的账号查找账户名称

具体来说，请注意单元格 B4 中的新公式：

```
=INDEX(D3:E15, MATCH(B2, D3:D15, 0), 2)
```

MATCH( )函数在区域 D3:D15 中查找单元格 B2 中的值，MATCH( )函数返回的值接着就成了 INDEX( )函数中的 *row_num* 参数。这个值在上例中为 1，所以上述公式变为：

```
=INDEX(D3:E15, 1, 2)
```

然后返回区域 D3:E15 中第一行和第二列的交集。

9.8.2　使用列表框查找值

当我们在工作表中使用列表框或组合框时，链接单元格显示的是所选择项目的编号，而不是项目本身。图 9.8 所示的工作表包含列表框和组合框，这两个控件的区域都是 A3 到 A10，注意链接单元格 E3 和 E10 显示的是所选择项目的编号，而不是其本身。

想要得到所选项目本身，可以使用 INDEX( )函数通过以下修改过的语法实现：

```
=INDEX(list_range, llist_selection)
```

list_range：列表框或组合框使用的区域。

list_selection：列表中所选择项目的编号。

例如，想要找到图 9.8 所示的所选项目本身，可以使用以下公式：

```
=INDEX(A3:A10, E3)
```

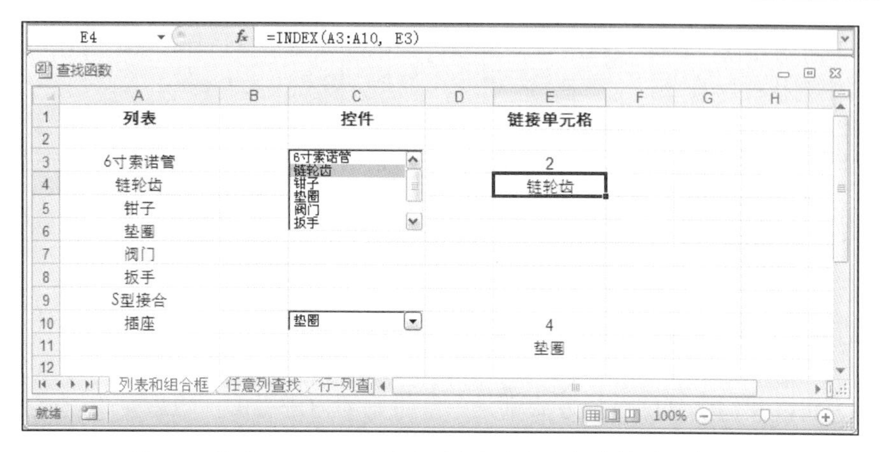

图 9.8 使用 INDEX( )函数从列表框和组合框中得到所选项目

9.8.3 使用任意列作为查找列

VLOOKUP( )函数有个主要的缺点，就是必须使用表格最左边的列作为查找列。HLOOKUP( )函数也有同样的问题，即必须使用最上面的行作为查找行。如果我们没有忘记据此来设置表格，那不会有问题，但有时候这却是个大问题，尤其当表格是从别人那里获得时。

幸好，我们可以结合使用 MATCH( )和 INDEX( )函数来将任意列作为查找列。举例来说，图 9.9 所示的是一个零件库表格。

B2 =INDEX(C6:C13, MATCH(B1, H6:H13, 0))

编号	D-178
数量	57

零件库

部门	零件	数量	成本	总成本	零售	毛利	编号
4	钳子	57	$ 10.47	$ 596.79	$ 17.95	71.4%	D-178
3	垫圈	856	$ 0.12	$ 102.72	$ 0.25	108.3%	A-201
3	链轮齿	357	$ 1.57	$ 560.49	$ 2.95	87.9%	C-098
2	6寸索诺管	86	$ 15.24	$ 1,310.64	$ 19.95	30.9%	B-111
4	扳手	75	$ 18.69	$ 1,401.75	$ 27.95	49.5%	D-017
3	插座	298	$ 3.11	$ 926.78	$ 5.95	91.3%	C-321
1	S型接合	155	$ 6.85	$ 1,061.75	$ 9.95	45.3%	A-182
2	阀门	482	$ 4.01	$ 1,932.82	$ 6.95	73.3%	B-047

任意列查找 行-列查找 双列查找

图 9.9 在以上查找表中，查找值在 H 列，而想要查找的值在 C 列

H 列列举了每个零件的编号，是我们想要用来作为查找列的列，而我们所需要的数据在

C 列中。为了完成查找，首先要找到零件编号，也就是单元格 B1 中的值，可以用 MATCH( )函数在 H 列中查找：

```
MATCH(B1, H6:H13, 0)
```

此时我们知道数据在哪一行，就可以把这个结果放到 INDEX( )函数中，然后只在包含所需数据的那一列，也就是 C 列中查找：

```
=INDEX(C6:C13, MATCH(B1, H6:H13, 0))
```

9.8.4 创建行-列查找

到目前为止，我们学到的查找方式都是在一维空间内进行的，也就是说，仅在一行或一列中查找。但是，在某些情况下，我们也需要进行二维查找，即在一行查找一个值，并在一列中查找另一个值，然后返回这两个数据的交集。通常这个被叫作“行-列查找”。

我们可以通过使用两个 MATCH( )函数来完成：一个用来计算 INDEX( )函数的 *row_num* 参数，另一个用来计算 INDEX( )函数的 *column_num* 参数，如图 9.10 所示。

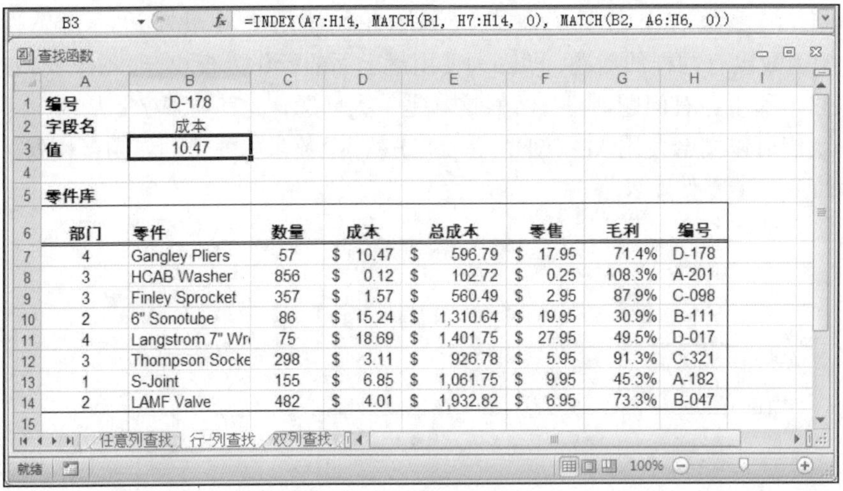

B3 =INDEX(A7:H14, MATCH(B1, H7:H14, 0), MATCH(B2, A6:H6, 0))

查找函数

	A	B	C	D	E	F	G	H
1	编号	D-178						
2	字段名	成本						
3	值	10.47						
4								
5	零件库							
6	部门	零件	数量	成本	总成本	零售	毛利	编号
7	4	Gangley Pliers	57	$ 10.47	$ 596.79	$ 17.95	71.4%	D-178
8	3	HCAB Washer	856	$ 0.12	$ 102.72	$ 0.25	108.3%	A-201
9	3	Finley Sprocket	357	$ 1.57	$ 560.49	$ 2.95	87.9%	C-098
10	2	6" Sonotube	86	$ 15.24	$ 1,310.64	$ 19.95	30.9%	B-111
11	4	Langstrom 7" Wr	75	$ 18.69	$ 1,401.75	$ 27.95	49.5%	D-017
12	3	Thompson Socke	298	$ 3.11	$ 926.78	$ 5.95	91.3%	C-321
13	1	S-Joint	155	$ 6.85	$ 1,061.75	$ 9.95	45.3%	A-182
14	2	LAMF Valve	482	$ 4.01	$ 1,932.82	$ 6.95	73.3%	B-047
15								

任意列查找 / 行-列查找 / 双列查找

图 9.10 执行二维行-列查找，使用 MATCH( )和 INDEX( )函数计算行和列的值

这里的方法就是同时使用 H 列的零件编号和第 6 行的字段名，返回零件库中指定的值。

零件编号在单元格 B1 中，想要得到相对应的行数是很容易的事，用我们之前学过的方法即可：

```
MATCH(B1, H7:H14, 0)
```

字段名在单元格 B2 中，然后用 MATCH( )函数得到其对应的列数：

```
MATCH(B2, A6:H6, 0)
```

以上两个表达式提供了 INDEX( )函数的 *row_num* 和 *column_num* 参数，返回值显示在单元格 B3 中：

```
=INDEX(A7:H14, MATCH(B1, H7:H14, 0), MATCH(B2, A6:H6, 0))
```

9.8.5　创建多列查找

很多时候仅在一列里查找数据是不够的。举例来说，在员工名单中，如果员工的名和姓在不同列的话，我们需要同时查找两列。解决这个问题的方法之一是把所有需要查找的字段连接成一个项目，不过，也有更好的方法让我们不用那么麻烦地连接字段。

方法就是在 MATCH( )函数中执行连接，公式如下：

```
MATCH(value1 & value2, array1 & array2, match_type)
```

在这里，*value1* 和 *value2* 指的是想要使用的值，*array1* 和 *array2* 指的是查找列。接下来我们可以把这些结果放到数组公式中，使用 INDEX( )函数来得到需要的数据：

```
{=INDEX(reference,MATCH(value1&value2,array1&array2, match_type))}
```

举例来说，图 9.11 所示为一个员工数据库，名、姓、职务等项目都在分开的列中显示。

B3　{=INDEX(C6:C14, MATCH(B1 & B2, A6:A14 & B6:B14, 0))}

	A	B	C	D	E	F
1	名	Nancy				
2	姓	Davolio				
3	职务	Account Manager				
4						
5	名	姓	职务	敬称	出生日期	雇用日期
6	Nancy	Davolio	Account Manager	Ms.	1948年12月8日	1992年5月1日
7	Andrew	Fuller	Vice President, Sales	Dr.	1952年2月19日	1992年8月14日
8	Janet	Leverling	Account Manager	Ms.	1963年8月30日	1992年4月1日
9	Margaret	Peacock	Account Manager	Mrs.	1937年9月19日	1993年5月3日
10	Steven	Buchanan	Sales Manager	Mr.	1955年3月4日	1993年10月17日
11	Michael	Suyama	Account Manager	Mr.	1963年7月2日	1993年10月17日
12	Robert	King	Account Manager	Mr.	1960年5月29日	1994年1月2日
13	Laura	Callahan	Inside Sales Coordinator	Ms.	1958年1月9日	1994年3月5日
14	Anne	Dodsworth	Account Manager	Ms.	1966年1月27日	1994年11月15日
15						
16						

图 9.11　根据两列或更多列的值，使用 MATCH( )函数找到所需要的行

查找值在单元格 B1（名）和 B2（姓）中，查找列是 A6:A14（名字段）和 B6:B14（姓字段），使用 MATCH( )函数来查找多列：

```
MATCH(B1 & B2, A6:A14 & B6:B14, 0)
```

我们需要得到员工的职务信息，所以使用 INDEX( )函数在 C6:C14（职务字段）中查找。下面是在单元格 B3 中使用的数组公式：

```
{=INDEX(C6:C14, MATCH(B1 & B2, A6:A14 & B6:B14, 0))}
```

第 10 章　使用日期和时间函数

日期和时间函数让我们可以把日期和时间转换为数字序列号并运用这些序列号执行操作。这在很多方面都很有用，如应收账款账龄表、工程计划表、时间管理应用表等。本章将会介绍 Excel 的日期和时间函数，并通过很多实例来将其一一展示。

10.1　Excel 是如何处理日期和时间的

Excel 使用序列号来显示指定的日期和时间。例如日期序列号，Excel 以 1899 年 12 月 31 日为起始点，其后的日期接着往下数，即 1900 年 1 月 1 日序列号为 1，1 月 2 日序列号为 2，以此类推。表 10.1 显示了一些日期序列号例子。

表 10.1　日期序列号例子

序列号	日期
366	1900 年 12 月 31 日
16229	1944 年 6 月 6 日
40543	2010 年 12 月 31 日

对于时间序列号，Excel 把一天 24 个小时用 0 到 1 之间的小数来表示。起始点，也就是午夜，序列号为 0；中午，也就是一天的一半，序列号为 0.5。表 10.2 列举了一些时间序列号例子。

表 10.2　时间序列号例子

序列号	时间
0.25	6:00:00 AM（上午）
0.375	9:00:00 AM（上午）
0.70833	5:00:00 PM（下午）
.99999	11:59:59 PM（下午）

两组序列号可以结合使用，例如，40543.5 代表 2010 年 12 月 31 日中午。

以这样的方式来使用序列号的好处就是涉及日期和时间的计算会变得非常简单。日期或时间本来就是数字，所以可以对日期或时间进行数学上任意数字的操作。在我们跟踪运输日期、监控应收账款或应付账款，以及计算发票折扣日期时，这样的方式就十分有用了。

10.1.1　输入日期和时间

尽管序列号使得计算机操作日期和时间变得非常简单，但对人类来说，序列号却不是最容易理解的格式。举例来说，数字 25404.95555 本身看起来毫无意义，但它所代表的日期（美国东部夏令时间 1969 年 7 月 20 日下午 10:56）却是阿波罗 11 号登月的时刻。幸好，Excel 考虑到了这一点，所以不必为格式而烦恼，我们可以按照表 10.3 所列的任意格式来输入日期或时间。

表 10.3　Excel 日期和时间格式

格式	举例
m/d/yyyy	8/23/2020
d-mmm-yy yyyy 年 m 月 d 日	23-Aug-20 2020 年 8 月 10 日
d-mmm m 月 d 日	23-Aug（Excel 会假设为当前年份） 8 月 23 日（Excel 会假设为当前年份）
mmm-yy	Aug-10（Excel 会假设为当月的第一天）
h:mm:ss AM/PM	10:35:10 PM
h:mm AM/PM	10:35 PM
h:mm:ss	22:35:10
h:mm	22:35
m/d/y h:mm	8/23/20 22:35

小贴士：还有很多快捷键让我们可以快速输入日期和时间。要想在单元格内输入当前日期，按【Ctrl】+【;】（分号）组合键；想要输入当前时间，按【Ctrl】+【:】（冒号）组合键。

表 10.3 中所列均为 Excel 内置格式，不过那些都不是一成不变的。只要遵循以下规则，我们可以自由地组合调配那些格式。

- 可以使用斜杠（/）或连字符（-）来作为日期分隔符。使用冒号（:）来作为时间分隔符。
- 可以结合使用任意日期和时间格式，只要用空格分隔开即可。
- 日期和时间的输入，大小写均可。Excel 会自动调整大小写到标准格式。
- 要想使用 12 小时制，要同时输入 am（或 a 或上午）或 pm（或 p 或下午）。如果不使用这些，Excel 会使用 24 小时制。

→想要复习格式化日期和时间的内容，请看“3.9　格式化数字、日期和时间”。

10.1.2　Excel 和两位数的年份

在 Excel 中以两位数输入年份，如 2020 年输入为 20、1999 年输入为 99 等，会造成很多麻烦，因为在 Excel 中，00 到 29 被解释为 2000 年到 2029 年，而 30 到 99 却被解释为 1930 年到 1999 年。

这样就产生了两个问题。一是如果在 Excel 95 或更早的版本中输入了两位数的年份，将会造成大混乱。二是当你想输入 8/23/30 作为 2030 年 8 月 23 日使用时，却发现 Excel 会将其解释为 1930 年 8 月 23 日。

最早的解决以上两个问题的方法是输入 4 位数的年份来避免混乱。或者，我们也可以通过改变 Windows 操作系统的相关设置来解决第二个问题。以下是在 Windows 7 中的设置步骤，在其他 Windows 操作系统版本中也可以用类似的操作。

1．选择【开始】⇨【控制面板】选项，选择【时钟、语言和区域】选项。

2．单击【更改日期、时间或数字格式】链接，打开【区域和语言】对话框。

3．在【格式】标签中，单击【其他设置】按钮，此时弹出【自定义格式】对话框。

4．选择【日期】选项卡。

5．在【当键入的年份是两位数字时，将其显示为在这些年之间：】处调整最小年份设定，使其被解释为符合 21 世纪的数字。例如，如果我们不会用到 1960 年之前的年份，可以设定年份到 2059 年，也就意味着 Excel 会将两位数年份解释为 1960 年到 2059 年之间，如图 10.1 所示。

6．单击【确定】按钮，返回【区域和语言】对话框。

7．单击【确定】按钮让设置生效。

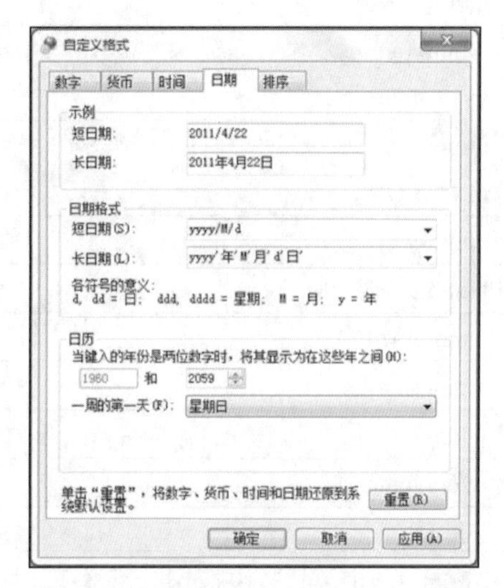

图 10.1　使用【日期】选项卡来调整 Windows 操作系统，这同时也调整了 Excel 中关于两位数年份的规定

10.2　使用 Excel 的日期函数

Excel 的日期函数会使用或返回日期序列号。所有的日期相关函数都列在了表 10.4 中，

对于 *serial_number* 参数，可以使用任意有效的 Excel 日期。

表 10.4　Excel 的日期函数

函数	描述
DATE(*year, month, day*)	返回日期序列号。其中 *year* 是从 1900 到 2078 的一个数字，*month* 是月的数字，*day* 是日的数字
DATEDIF(*start_date,end_date*[*,unit*])	根据指定的 *unit* 返回 *start_date* 和 *end_date* 之间的差别
DATEVALUE(*date_text*)	将日期从文本转换为序列号
DAY(*serial_number*)	根据所给的 *serial_number*，从日期中提取日部分
DAYS360(*start_date,end_date*[*,method*])	以一年 360 天为依据，返回 *start_date* 和 *end_date* 之间的天数
EDATE(*start_date, months*)	返回 *start_date* 之前或之后指定 *months* 的日期的序列号
EOMONTH(*start_date, months*)	返回 *start_date* 之前或之后指定 *months* 数量的月份的最后一天的序列号
MONTH(*serial_number*)	根据 *serial_number*，从日期中提取月部分（一月=1）
NETWORKDAYS(*start_date, end_date*[*, holidays*])	返回 *start_date* 和 *end_date* 之间的工作日数。不包括周末和指定的 *holidays* 日期
TODAY( )	返回当前日期的序列号
WEEKDAY(*serial_number*)	将序列号转换为星期（星期日=1）
WEEKNUM(*serial_number*[*, return_type*])	返回一个数字，这个数字指出了 *serial_number* 所在星期是在一年的第几周
WORKDAY(*start_date, days*[*,holidays*])	返回某日的序列号，这一日是 *start_date* 之后第 *days* 个工作日。周末和 *holidays* 不包括在内
YEAR(*serial_number*)	根据 *serial_number*，提取出日期中的年部分
YEARFRAC(*start_date, end_date, basis*)	将 *start_date* 和 *end_date* 之间的天数转换为以年为单位的小数

10.2.1　返回一个完整的日期

如果我们需要一个日期作为表达式的操作数或函数的参数，那么只要心中有数，就可以手动输入。不过在大多数情况下，我们需要的是更灵活的方式，例如输入当前日期或建立一个由日、月、年组成的日期。为此，Excel 提供了 3 个函数：TODAY( )、DATE( )以及 DATEVALUE( )。我们将在接下来的内容中讨论到。

TODAY( )函数：返回当前日期

当我们需要在公式、函数或表达式中使用当前日期时，使用不需要参数的 TODAY( )函数即可：

```
TODAY( )
```

这个函数会返回当前日期的序列号，以午夜为假定时间。例如，假设今天是 2010 年 12 月 31 日，那么 TODAY( )函数会返回以下序列号：

```
40543.0
```

注意：TODAY( )函数是一个动态函数，并不总是返回相同的值。编辑公式、输入另一个公式、重新计算工作表或重新打开工作簿时，TODAY( )函数都会将序列号更新为当前系统日期的序列号。

DATE( )函数：返回任意日期

日期由 3 个部分组成：年、月、日。工作表中经常会生成一个或多个各种各样的日期，所以我们需要一种方法来找到合适的日期，于是 DATE( )函数就应运而生了：

```
DATE(year, month, day)
```

year：日期中的年部分（1900 到 9999 之间的数字）。

month：日期中的月部分。

day：日期中的日部分。

警告：Excel 的日期不一致问题也会影响到 DATE( )函数。当你输入了两位数的年份，甚至 3 位数的年份时，问题就会发生，Excel 会将输入的日期加上 1900，例如，如果在 *year* 参数处输入 10，会显示为 1910 而不是 2010。想要避免这个问题，记得在输入 DATE( )函数的 *year* 参数时使用 4 位数的年份。

举例来说，以下的表达式会返回 2010 年的圣诞：

```
DATE(2010,12,25)
```

此外，DATE( )函数也会自动调整错误的月份和日期，例如，下面的表达式会返回 2011 年的 1 月 1 日：

```
DATE(2010,12,32)
```

在这里，DATE( )函数会将多出来的一天加到日期中以返回下一天，例如有 31 天的 12 月。同样地，下面的表达式会返回 2011 年 1 月 25 日：

```
DATE(2010,13,25)
```

DATEVALUE( )函数：将字符串转换为日期

如果手中的日期是以字符串形式显示的，那么我们可以使用 DATEVALUE( )函数来将其转换为日期序列号：

```
DATEVALUE(date_text)
```

date_text：包含日期的字符串。

举例来说，以下表达式会返回“2010 年 8 月 23 日”的序列号：

```
DATEVALUE("8月23日,2010")
```

→想复习关于如何将非标准日期字符串转换为日期，请看“7.6.5　日期转换公式”。

10.2.2　返回日期的组成部分

在给定的日期中，日期的 3 个组成部分（年、月、日）也可以分别被提取出来。乍一听这好像不是那么有趣，但实际上很多非常有用的技巧是需要使用这些组成部分的。日期的各组成部分用 YEAR( )、MONTH( )和 DAY( )函数来提取。

YEAR( )函数

YEAR( )函数会返回指定日期的年部分相对应的 4 位数字：

```
YEAR(serial_number)
```

serial_number：想要使用的日期（或显示日期的字符串）。

举例来说，假设今天是 2010 年 8 月 23 日，那么下面的表达式会返回 2010：

```
YEAR(TODAY())
```

MONTH( )函数

MONTH( )函数会返回指定日期的月部分相对应的数字，从 1 到 12：

```
MONTH(serial_number)
```

serial_number：想要使用的日期（或显示日期的字符串）。

举例来说，下面的表达式会返回 8：

```
MONTH("8 月 23 日,2010")
```

DAY( )函数

DAY( )函数会返回指定日期的日部分相对应的数字，数字由 1 到 31：

```
DAY(serial_number)
```

serial_number：想要使用的日期（或显示日期的字符串）。

举例来说，下面的表达式会返回 23：

```
DAY("8/23/2010")
```

WEEKDAY( )函数

WEEKDAY( )函数会返回指定日期所对应的星期的数字：

```
WEEKDAY(serial_number[, return_type])
```

serial_number：想要使用的日期（或显示日期的字符串）。

return_type：是一个整数，决定了 WEEKDAY( )函数所返回的值是如何与星期相符合的，它有以下 3 种选择。

- 1：返回值为 1（星期日）到 7（星期六）。此为默认值。
- 2：返回值为 1（星期一）到 7（星期天）。
- 3：返回值为 0（星期一）到 6（星期天）。

举例来说，下面的表达式会返回 5，因为 2010 年 8 月 23 日为星期四：

```
WEEKDAY("8/23/2010")
```

→想要回顾一下如何使用 CHOOSE( )函数将 WEEKDAY( )函数的结果返回为星期名称，请看“9.2.1　定义一周中某天的名称”。

WEEKNUM( )函数

WEEKNUM( )函数返回一个数字，这个数字显示了指定日期所在的星期是在一年的第几周：

```
WEEKNUM(serial_number[, return_type])
```

serial_number：想要使用的日期（或显示日期的字符串）。

return_type：一个整数，决定了 WEEKNUM( )函数是如何解释一周的开始的，它有以下两种选择。

- 1：一周开始于星期天。此为默认值
- 2：一周开始于星期一。

举例来说，下面的表达式会返回 34，因为 2010 年 8 月 23 日处于 2010 年的第 34 周：

```
WEEKNUM("8 月 23 日，2010")
```

从当前返回某年、某月或某日

我们之前提到过，DATE( )函数会自动调整错误的月和日。它最普遍的用法就是返回一个日期，这个日期是从今天或任意日期开始的某年、某月或某日。

举例来说，当我们想知道明年 7 月 4 日是星期几的时候，可以用下面的公式来得到结果：

```
=WEEKDAY(DATE(YEAR(TODAY()))+1, 7, 4)
```

另一个例子就是，如果我们想得到从现在开始 6 个月以后的某个日期，可以使用以下的表达式：

```
DATE(YEAR(TODAY()), MONTH(TODAY())+6, DAY(TODAY()))
```

利用这个技巧，我们可以计算出从现在或任意日期开始的 *x* 天后的日期，只需要在 DATE( )函数的日部分加上 *x* 即可。例如，下面的表达式计算出了从现在开始 30 天后的日期：

```
DATE(YEAR(TODAY()), MONTH(TODAY()), DAY(TODAY()+30))
```

不过，有时候这个方法会有点小题大做，因为在 Excel 中，日期的加减都是以天数为单位的，也就是说，如果我们只是给一个日期加或减一个数字，Excel 会将这个日期加上或减去那个数字的天数。例如，想要返回从现在开始的 30 天后的日期，使用下面的表达式就可以了：

```
TODAY( )+30
```

另一种工作日的计算方法：WORKDAY( )函数

在一个日期上进行天数的加减操作很简单，不过这个基本操作会包含所有的日子：工作日、周末以及节假日。有时候，我们需要忽略周末和节假日，只返回指定天数的工作日日期。

此时可以使用 WORKDAY( )函数来完成，它将返回从某起始日期开始后指定工作日的日期：

```
WORKDAY(start_date, days[, holidays])
```

start_date：起始日期（或是显示日期的字符串）。

days：*start_date* 之前或之后的工作日天数。正数用来返回之后的日期，负数用来返回之前的日期。非整数的小数部分会被省略。

holidays：计算中将排除在外的日期列表。可以是日期区域或数组常量，即一系列的日期序列号或日期字符串，由逗号分隔，用大括号（{ }）括起来。

举例来说，下面的表达式会返回从今天开始的 30 个工作日之后的日期：

```
WORKDAY(TODAY(), 30)
```

下面的表达式会返回 2010 年 12 月 1 日后 30 个工作日的日期，且不包括 2010 年 12 月 25 日和 2011 年 1 月 1 日：

```
=WORKDAY("12/1/2010", 30, {"12/25/2010", "1/1/2011"})
```

我们也可以计算一年中出现的所有节假日，并把它们放在一个区域中，作为 WORKDAY( ) 函数的 *holidays* 参数。详细情况将在本小节的“计算节假日”中讨论。

加 *x* 个月：问题出现

你大概也发现了，简单地给指定日期的月部分加 *x* 个月，并不总是会返回想要的结果。这是因为每个月的天数不同，所以，如果给一个在月底或接近月底的日期的月部分加上一个数字，得到的月份包含的天数可能会和当前月份不同，那么 Excel 会对日部分进行相应的调整。

举例来说，假设单元格 A1 中包含日期 1/31/2011，那么考虑使用如下公式：

```
=DATE(YEAR(A1), MONTH((A1)+3, DAY(A1))
```

我们想让这个公式返回 4 月的最后一天。可是，加了 3 个月以后，公式返回了错误的日期 4/31/2011（而实际上 4 月只有 30 天），于是 Excel 自动调整到了 5/1/2011。

想要避免这个问题，可以使用接下来的两个函数：EDATE( )和 EOMONTH( )。

EDATE( )函数

EDATE( )函数返回起始日期之前或之后的指定月数的日期：

```
EDATE(start_date, months)
```

start_date：起始日期（或是显示日期的字符串）。

months：*start_date* 之前或之后的月数。正数用来返回之后的日期，负数用来返回之前的日期。非整数的小数部分会被省略。

EDATE( )函数的优点在于，当使用的日期是月底或接近月底时，它会进行一种更智能的计算：如果返回日期的日部分是不存在的，如 4 月 31 日，那么 EDATE( )函数会返回此月的最后一天，即 4 月 30 日。

EDATE( )函数在计算债券付息日的时候非常有用。根据债券到期日，首先按照以下公式计算债券的首付款，我们假设债券是今年发行的，到期日所在单元格的名称为“到期日”：

```
=DATE(YEAR(TODAY()), MONTH(到期日), DAY(到期日))
```

如果结果显示在单元格 A1 中的话，下面的公式将返回下一个付息日的日期：

```
=EDATE(A1, 6)
```

EOMONTH( )函数

EOMONTH( )函数会返回起始日期之前或之后的指定月数的最后一天：

```
EOMONTH(start_date, months)
```

start_date：起始日期或显示日期的字符串。

months：*start_date* 之前或之后的月数。正数用来返回之后的日期，负数用来返回之前的日期。非整数的小数部分会被省略。

举例来说，下面的公式会返回从今天开始 3 个月后的那个月的最后一天：

```
=EOMONTH(TODAY(), 3)
```

返回任意月份的最后一天

EOMONTH( )函数可以返回现在或将来某些月份的最后一天。但如果我们手头上有一个日期，想知道该日期所在月份的最后一天是哪天该怎么办呢？

我们可以使用另一个小窍门，结合 DATE( )函数自动调整错误日期的能力来计算。现在我们需要一个返回指定月份最后一天的公式，但是又不能在 DATE( )函数中直接指定 day 参数，因为各月的天数会是 28、29、30 或 31 天。于是，我们利用了一个窍门，因为任意一个月的最后一天都是下一个月第一天之前的一天，而 1 之前的数字是 0，所以我们可以把 0 作为 DATE( )函数的 *day* 参数：

```
=DATE(YEAR(我的日期 ), MONTH(我的日期)+1, 0)
```

在这个例子中，“*我的日期*”指的是想要使用的日期。

根据出生日期确定生日

如果知道某人的出生日期，那么确定他的生日将会非常简单：月份和日保持不变，然后用当前年份取代出生年份，使用以下公式即可完成：

```
=DATE(YEAR(NOW()), MONTH(出生日期 ), DAY(出生日期 ))
```

这个公式假设某人的出生日期所在单元格名称为“出生日期”。YEAR(NOW())部分提取了当前年份，MONTH(*出生日期*)和 DAY(*出生日期*)分别提取了出生日期的月份和日。将以上部分放到 DATE( )函数中，就可以计算出生日了。

返回一个月中第 *n* 个星期几的日期

找出某天在指定月份是第几个星期几是一个很常见的任务。举例来说，我们计划每个月的第一个星期一召开预算会议，或准备在 6 月的第三个星期天组织一次公司野餐。这些毫无疑问都是很烦琐的计算，但 Excel 的日期函数却足以解决这些麻烦。

和很多复杂的公式一样，从确定的信息开始是最好不过的了。此时，我们能确定的信息是每个月第一个星期几的日期，例如，美国劳动节总是在 9 月的第一个星期一，同时还知道想要查找的日期在此日期之后，因此，让我们从 9 月 1 日和以下公式开始：

```
=DATE(year, month, 1) + days
```

在这里，*year* 指所需日期所在的年份，*month* 指要使用的月份，*day* 指需要计算的值。

为了简化问题，我们假设所要查找的日期是某月的第一个星期几，如美国劳动节，即 9 月的第一个星期一。

使用“第一个星期几”作为起始点，我们先要询问一下，看要查找的“星期几”是否是小于第一个星期几的。记住，“小于”的意思是 WEEKDAY( )函数中星期几的值在数字上是小于第一个星期几的值的。在美国劳动节例子中，2010 年 9 月 1 日是星期三（WEEKDAY( )函数结果为 4），也就是大于星期一（WEEKDAY( )函数结果为 2）的，这个比较的结果决定了想要得到查找日期时，需要在第一个星期几上加的天数。

- 如果需要使用的星期几小于第一个星期几，那么要查找的日期就由第一个星期几加下面表达式的结果组成：

```
7-WEEKDAY(DATE(year, month, 1))+weekday
```

在这里，*weekday* 指的是 WEEKDAY( )函数中使用的星期几的值，美国劳动节例子中的表达式如下：

```
7-WEEKDAY(DATE92010, 9, 1))+2
```

■ 如果需要使用的星期几大于或等于第一个星期几，那么要查找的日期就由第一个星期几加下面的表达式结果组成：

```
weekday-WEEKDAY(DATE(year, month, 1))
```

同样地，*weekday* 指的是 WEEKDAY( )函数中使用的星期几的值，那么美国劳动节例子中的表达式如下：

```
2-WEEKDAY(DATE(2010, 9, 1))
```

以上条件可以用 IF( )函数来处理。请看下面根据 *year* 和 *month* 计算第一个 *weekday* 的通用公式：

```
=DATE(year, month, 1) +
IF(weekday < WEEKDAY(DATE(year, month, 1)),
7-WEEKDAY(DATE(year, month, 1))+weekday,
weekday-WEEKDAY(DATE(year, month, 1)))
```

计算 2010 年美国劳动节日期的公式如下：

```
=DATE(2010, 9, 1) +
IF(2 < WEEKDAY(DATE(2010, 9, 1)),
7-WEEKDAY(DATE(2010, 9, 1))+2,
2- WEEKDAY(DATE(2010, 9, 1)))
```

归纳出公式后，计算第 *n* 个星期几的日期就很简单了。举例来说，第二个星期几在第一个星期几一周后，第三个在第一个两周后，以此类推。下面是通用表达式，其中 *n* 是一个整数，代表第 *n* 个星期几：

```
(n - 1) * 7
```

那么根据 *year* 和 *month* 计算第 *n* 个星期几的最终公式如下：

```
=DATE(year, month, 1) +
IF(weekday < WEEKDAY(DATE(year, month, 1)),
7-WEEKDAY(DATE(year, month, 1))+weekday,
weekday-WEEKDAY(DATE(year, month, 1))) +
(n - 1) * 7
```

举例来说，下面的公式计算了 2011 年 6 月第三个星期日（WEEKDAY( )函数结果为 1）的日期：

```
=DATE(2011, 6, 1) +
IF(1 < WEEKDAY(DATE(2011, 6, 1)),
7-WEEKDAY(DATE(2011, 6, 1))+1,
1-WEEKDAY(DATE(2011, 6, 1))) +
(3 - 1) * 7
```

图 10.2 所示即为计算第 *n* 个星期几的工作表。

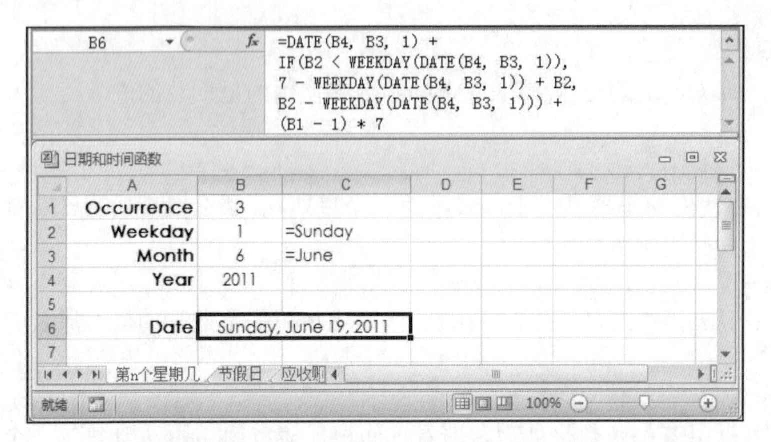

图 10.2　根据 *year* 和 *month* 计算出了第 *n* 个星期几的日期

单元格输入信息如下。

- B1：第 *n* 个。
- B2：星期几。C2 中的公式显示了输入的星期几的名称。
- B3：几月。C3 中的公式显示了输入的月份的名称。
- B4：年份。

日期的计算结果显示在单元格 B6 中，公式如下：

```
=DATE(B4, B3, 1) +
IF(B2 < WEEKDAY(DATE(B4, B3, 1)),
7 - WEEKDAY(DATE(B4, B3, 1)) + B2,
B2 - WEEKDAY(DATE(B4, B3, 1))) +
(B1 - 1) * 7
```

计算节假日

根据之前学到的公式，计算浮动节假日就变得非常容易了。

> **注意**：浮动节假日是相对于固定日期的节假日（如圣诞节）而言的，指那些每月出现在第 *n* 个星期几的节假日。

以下是美国的一些法定浮动节假日。

- 马丁·路德·金纪念日：一月的第三个星期一。
- 劳动节：九月的第一个星期一。
- 哥伦布发现美洲纪念日：十月的第二个星期一。
- 感恩节：十一月的第四个星期四。

加拿大的一些浮动节假日如下。

- 劳动节：九月的第一个星期一。

■ 感恩节：十月的第二个星期一。

图 10.3 所示的工作表显示了计算出的 2010 年节假日期。

```
F4    =DATE($B$1,D4,1)+IF(C4<WEEKDAY(DATE($B$1,D4,1)),7-WEEKDAY(DATE($B$1,D4,1)
)+C4,C4-WEEKDAY(DATE($B$1,D4,1)))+(B4-1)*7
```

	A	B	C	D	E	F
1	年：	2010				
2	节假日（美国）	出现星期/日	星期	月	事件描述	日期
3	新年	1		1	January 1	2010年1月1日
4	马丁·路德金·金纪念日	3	2	1	3rd Monday in January	2010年1月18日
5	劳动节	1	2	9	1st Monday in September	2010年9月6日
6	哥伦布发现美洲纪念日	2	2	10	2nd Monday in October	2010年10月11日
7	感恩节	4	5	11	4th Thursday in November	2010年11月25日
8	圣诞节	25		12	December 25	2010年12月25日
9						
10	节假日（加拿大）	出现星期/日	星期	月	事件描述	日期
11	新年	1		1	January 1	2010年1月1日
12	劳动节	1	2	9	1st Monday in September	2010年9月6日
13	感恩节	2	2	10	2nd Monday in October	2010年10月11日
14	圣诞节	25		12	December 25	2010年12月25日
15						
16						

图 10.3　此工作表中计算出了指定年份的一些节假日

A 列中为节假日名称，B 列显示的是一个月的第 *n* 个星期或固定的日期，C 列为星期，D 列是月份。

E 列中大部分的值都是计算出来的。举例来说，对于浮动节假日，很多 CHOOSE( )函数被用来进行节假日的时间描述，如下面的马丁·路德·金纪念日：

```
=B4 & CHOOSE(B4, "st", "nd", "rd", "th", "th") & " " & CHOOSE(C4, "Sunday", "Monday", "Tuesday",
"Wednesday", "Thursday", "Friday", "Saturday") & " in " &  CHOOSE(D4, "January", "February", "March",
"April", "May", "June", "July", "August", "September", "October", "November", "December")
```

最后，F 列里的函数根据单元格 B1 中输入的年份计算出了每个节假日的日期。

计算儒略日

Excel 中内置的函数可以将指定日期转换为星期几（WEEKDAY( )函数），返回指定日期属于第几周（WEEKNUM( )函数），但是却没有函数可以用来计算指定日期的儒略日——指定日期所在年份的日期数字编号。举例来说，1 月 1 日的儒略日为 1，1 月 2 日为 2，2 月 1 日为 32 等。

如果需要使用儒略日，可以使用下面的公式：

```
=我的日期 - DATE(YEAR(我的日期) - 1, 12, 31)
```

这个公式假设需要使用的日期所在单元格名称为“我的日期”。表达式 DATE(YEAR(*我的日期*) – 1, 12, 31)返回上一年度 12 月 31 日的序列号，从我的日期中减去这个序列号就能得到儒略日编号了。

10.2.3 计算两个日期之间的天数差

在前面的内容中，我们学到了 Excel 的从一个日期中提取另一个日期的方法，举例如下：

```
=date1-date2
```

在这里，*date1* 和 *date2* 都必须是实际的日期值，不能是字符串。当我们建立了这样的一个公式后，Excel 会返回这两个日期之间的天数的值，如果 *date1* 大于 *date2*，则返回正数；如果 *date1* 小于 *date2*，则返回负数。计算两个日期之间的日期差在很多商业场景中很有用处，如应收账款账龄表、利息计算、福利支付等。

注意：如果在一个单元格内输入日期差公式，Excel 会自动将此单元格格式化为日期格式。举例来说，假如两个日期之间相差 30 天，那么我们会看到结果为 1/30/1900。如果结果是负数，那么我们会看到用#号填充的单元格。要想看到正确的结果，需要将单元格格式化为常规格式或其他数字格式。

除了基本的日期差公式，我们还可以使用之前学到的日期函数来执行日期差计算。同时，Excel 中还有大量的函数，让我们可以在判断两个日期之间的日期差时执行更复杂的操作。接下来将会讲到很多这样的日期差公式和函数。

计算年龄（1）

如果在单元格“出生日期”中输入了某人的出生日期，那么想要计算此人年龄的话，可以考虑使用下面的公式（记得把输入的日期用引号引起来）：

```
=YEAR(TODAY())-YEAR(出生日期)
```

但这个公式仅在此人今年的生日已经过去的情况下才会有效，否则的话公式所计算出的年龄会比实际年龄大一岁。

要解决这个问题，我们首先需要考虑此人的生日是否已经过去，下面的逻辑表达式就可以办到这一点：

```
=DATE(YEAR(NOW()), MONTH(出生日期), DAY(出生日期))>TODAY()
```

这个表达式计算了此人今年的生日是否大于今天的日期。如果是的话，表达式返回 TRUE，相当于 1，表示生日还未过；如果不是，返回 FALSE，也就是 0，表示生日已经过去。换句话来说，我们可以通过从源公式中减去逻辑表达式结果来得到此人的真实年龄：

```
=YEAR(NOW())-YEAR(出生日期)-(DATE(YEAR(NOW()), MONTH(出生日期),DAY(出生日期))>NOW())
```

⇒还可以使用本章前面讲到过的“根据出生日期确定生日”内容中的公式来确定某人今年的生日。

DATEDIF( )函数

在 Excel 中，计算日期差最简便的方法大概就是使用 DATEDIF( )函数了，它会根据指定单位返回两个指定日期之间的差：

```
DATEDIF(start_date, end_date[, unit])
```

start_date：起始日期。

end_date：结束日期。

unit：日期单位。

unit	返回值
y	*start_date* 和 *end_date* 之间的年数
m	*start_date* 和 *end_date* 之间的月数
d	*start_date* 和 *end_date* 之间的日数
md	*start_date* 和 *end_date* 之间日部分的差别，年和月不包含在此计算中
ym	*start_date* 和 *end_date* 之间月部分的差别，年和日不包含在此计算中
yd	*start_date* 和 *end_date* 之间的日数，年部分不包含在此计算中

举例来说，下面的公式计算的就是现在的日期和圣诞节之间相差的天数：

```
=DATEDIF(TODAY(),DATE(YEAR(TODAY()),12,25),"d")
```

我们还可以使用 DATEDIF( )函数来计算儒略日，请参看本章的“计算儒略日”内容。假设需要使用的日期在单元格“我的日期”中，下面的公式就使用了 DATEDIF( )函数来计算儒略日：

```
=DATEDIF(DATE(YEAR(我的日期)-1, 12, 31), 我的日期, "d")
```

计算年龄（2）

DATEDIF( )函数可以大大地简化计算年龄（请参看本章的“计算年龄”内容）的公式。如果某人的出生日期在单元格“出生日期”中，那么使用下面的函数就可以计算出他现在的年龄：

```
=DATEDIF(出生日期, TODAY(), "y")
```

NETWORKDAYS( )函数：计算两个日期之间的工作日天数

计算两个日期之间的天数时，Excel 通常会将周末和节假日都包括进来，但在处理业务状况时，我们通常需要知道两个日期之间的工作日天数。举例来说，计算发票逾期天数时，最好把周末和节假日排除在外。

这种情况用 NETWORKDAYS( )函数来解决再容易不过了，它将会返回两个日期之间的工作日天数：

```
NETWORKDAYS(start_date, end_date[, holidays])
```

start_date：起始日期，或显示日期的字符串。

end_date：结束日期，或显示日期的字符串。

holidays：排除在计算外的日期列表。可以是日期区域或数组常量，即日期序列号或日期串，用逗号隔开，用大括号括起来。

举例来说，下面的表达式返回 2010 年 12 月 1 日和 2011 年 1 月 10 日之间的工作日天数，其中不包括 2010 年 12 月 25 日和 2011 年 1 月 1 日：

```
=NETWORKDAYS("12/1/2010", "1/10/2011", {"12/25/2010", "1/1/2011"})
```

图 10.4 显示的是应收账户工作表的更新情况，使用了 NETWORKDAYS( )函数来计算发

票逾期的工作日天数。

E4 =NETWORKDAYS(D4,$B$1)

日期和时间函数

日期: 2010年4月15日

	A	B	C	D	E	F	G	H	I	J	K
2							逾期（天数）:				
3	账号	发票号	发票日期	到期日	逾期	逾期总额	1-30	31-60	61-90	91-120	超过120
4	07-0001	1000	2010-1-11	2010-2-10,星期三	47	$2,433.25		$2,433.25			
5	07-0001	1025	2010-1-29	2010-3-1,星期一	34	$2,151.20		$2,151.20			
6	07-0001	1031	2010-2-5	2010-3-8,星期一	29	$1,758.54	$1,758.54				
7	07-0002	1006	2009-11-23	2009-12-23,星期三	82	$898.47			$898.47		
8	07-0002	1035	2010-2-5	2010-3-8,星期一	29	$1,021.02	$1,021.02				
9	07-0004	1002	2010-1-11	2010-2-10,星期三	47	$3,558.94		$3,558.94			
10	07-0005	1008	2009-11-13	2009-12-14,星期一	89	$1,177.53			$1,177.53		
11	07-0005	1018	2010-1-28	2010-3-1,星期一	34	$1,568.31		$1,568.31			
12	08-0001	1039	2009-10-12	2009-11-11,星期三	112	$2,958.73				$2,958.73	
13	08-0001	1001	2010-1-11	2010-2-10,星期三	47	$3,659.85		$3,659.85			
14	08-0001	1024	2010-1-29	2010-3-1,星期一	34	$565.00		$565.00			

应收账款账龄表 / 员工考勤表 / 员工考勤表(2)

就绪 100%

图 10.4　使用了 NETWORKDAYS( )函数来计算发票逾期的工作日天数

DAYS360( )函数：以一年 360 天为基础计算日期差

很多会计系统是以 360 天为一年运作的，即把一年分成相等的 12 份，也就是 30 天为一个月。在这种系统中，使用标准的日期加减法不能准确找出两个日期之间的天数，不过，Excel 中的 DAYS360( )函数让这件事情变得很简单，它会以一年 360 天为基础返回起始日期和结束日期之间的天数：

```
DAYS360(start_date, end_date[, method])
```

start_date：起始日期，或显示日期的字符串。

end_date：结束日期，或显示日期的字符串。

method：确定 DAYS360( )函数如何执行计算操作的逻辑数。

■ FALSE：如果 *start_date* 是某月的第 31 日，则变为该月的第 30 日。如果 *end_date* 是某月的第 31 日，而 *start_date* 是任意月 30 日之前的一天，*end_date* 变为下月的第 1 日。这是北美方法，也是默认方法。

■ TRUE：任意 *start_date* 或 *end_date* 值落在某月的第 31 日时，都将变成同月的第 30 日。这是欧洲方法。

举例来说，下面的表达式会返回 1：

```
DAYS360("3/30/2011", "4/1/2011")
```

YEARFRAC( )函数：返回两个日期之间相差的天数占全年的比例

在商业工作表模型中，我们经常需要知道两个日期之间相差的天数占全年的比例。举例来说，如果一个员工将在 3 个月后离职，那么可能需要付给他全年收益的 1/4。如果公司使用的是 360 天为一年的会计系统，这个计算将会比较复杂。不过，YEARFRAC( )函数可以帮助我们，这个函数会将起始日期和结束日期之间的天数转换为以年为单位的小数：

```
YEARFRAC(start_date, end_date[, basis])
```

start_date：起始日期，或显示日期的字符串。

end_date：结束日期，或显示日期的字符串。

basis：确定 YEARFRAC( )函数如何执行计算操作的整数，它有以下 5 种选择。

- 0：使用 360 天为一年，并将其分成 12 个 30 天为一月的系统。这是北美方法，也是默认方法。
- 1：使用每年的实际天数，以及每月的实际天数的系统。
- 2：使用 360 天为一年，以及每月的实际天数的系统。
- 3：使用 365 天为一年，以及每月的实际天数的系统。
- 4：任意 *start_date* 或 *end_date* 值落在某月的第 31 日，则变为该月的第 30 日。这是欧洲方法。

举例来说，下面的表达式会返回 0.25：

```
YEARFRAC("3/15/2011", "6/15/2011")
```

10.3　使用 Excel 的时间函数

在 Excel 中使用时间值和使用日期值没什么太大的区别。不过，也有一些不同的地方，我们会在本节中谈到。在 Excel 中大部分使用的是时间函数，它会处理或返回时间序列号。Excel 中有关时间的函数都列在表 10.5 中。

小贴士： 可以使用任意有效的 Excel 时间作为函数的 *serial_number* 参数。

表 10.5　Excel 的时间函数

函数	描述
HOUR(*serial_number*)	根据 *serial_number*，从时间中提取小时部分
MINUTE(*serial_number*)	根据 *serial_number*，从时间中提取分钟部分
NOW( )	返回当前日期和时间的序列号
SECOND(*serial_number*)	根据 *serial_number*，从时间中提取秒钟部分
TIME(*hour, minute, second*)	返回时间的序列号，其中 *hour* 是从 0 到 23 的数字，*minute* 和 *second* 是从 0 到 59 的数字
TIMEVALUE(*time_text*)	将时间从文本转换为序列号

10.3.1 返回一个时间

如果需要在表达式或函数中使用一个时间值，可以自己手动输入，也可以利用 Excel 提供的 3 种灵活多变的函数：NOW( )、TIME( )以及 TIMEVALUE( )函数。我们将在接下来的内容中学到。

NOW( )函数：返回当前时间

当我们需要在公式、函数或者表达式中使用当前时间时，使用 NOW( )函数即可，不需要任何参数：

```
NOW( )
```

此函数会以当前日期为假定日期，返回当前时间的序列号。举例来说，如果现在是 2010 年 12 月 31 日的中午，那么 NOW( )函数会返回以下序列号：

```
40543.5
```

如果只需要序列号中的时间部分，从 NOW( )中减去 TODAY( )函数即可：

```
NOW( )-TODAY( )
```

和 TODAY( )函数一样，NOW( )函数也是一个动态函数，它不会一直保持为刚输入时的值，也就是输入函数时的时间。这就意味着，每次我们编辑公式、输入另一个公式、重新计算工作表或重新打开工作簿时，NOW( )函数都会更新至当前系统时间。

TIME( )函数：返回任意时间

时间包含 3 个部分：小时、分钟和秒钟。经常会有这样的情况发生：工作表中生成了一个或多个时间，而我们需要使用某种方式来从中找到合适的时间。此时，可以使用 Excel 的 TIME( )函数：

```
TIME(hour, minute, second)
```

hour：时间的小时部分，是从 0 到 23 的数字。

minute：时间的分钟部分，是从 0 到 59 的数字。

second：时间的秒钟部分，是从 0 到 59 的数字。

举例来说，下面的表达式会返回下午 2:45:30 的序列号：

```
TIME(14, 45, 30)
```

和 DATE( )函数一样，TIME( )函数会自动调整错误的小时、分钟和秒钟值。例如，下面的表达式会返回下午 15:00:30 的序列号：

```
TIME(14, 60, 30)
```

在这里，TIME( )函数会提取出多余的分钟值并在小时值上面加 1。

TIMEVALUE( )函数：将字符串转换为时间

如果手中的时间值是文本格式的，可以使用 TIMEVALUE( )函数来将其转换为时间序列号：

```
TIMEVALUE(time_text)
```

time_text：包含时间的字符串。

举例来说，以下表达式会返回字符串“2:45:00 PM”的序列号：

```
TIMEVALUE("2:45:00 PM")
```

10.3.2　返回部分时间

时间的 3 个部分（小时、分钟、秒钟）也可以从给定的时间中分别被提取出来，使用 HOUR( )、MINUTE( )和 SECOND( )函数即可。

HOUR( )函数

HOUR( )函数返回指定时间的小时部分所对应的序列号，为从 0 到 23 的数字：

```
HOUR(serial_number)
```

serial_number：想要使用的时间，或表示时间的字符串。

例如，下面的表达式会返回 12：

```
HOUR(0.5)
```

MINUTE( )函数

MINUTE( )函数返回指定时间的分钟部分对应的序列号，为从 0 到 59 的数字：

```
MINUTE(serial_number)
```

serial_number：想要使用的时间，或表示时间的字符串。

例如，如果现在的时间是下午 3:15，那么下面的表达式会返回 15：

```
HOUR(NOW())
```

SECOND( )函数

SECOND( )函数会返回指定时间中秒钟部分对应的序列号，为从 0 到 59 的数字：

```
SECOND((serial_number)
```

serial_number：想要使用的时间，或表示时间的字符串。

例如，下面的表达式会返回 30：

```
SECOND("2:45:30 PM")
```

从当前返回某时、某分或某秒

之前提到过，TIME( )函数会自动调整错误的小时、分钟或秒钟值，我们可以通过在 TIME( )函数的参数中应用公式来实现这个功能。最常见的用法就是从当前（或任意时间）返回某时、某分或某秒。

举例来说，下面的表达式会返回从现在开始 12 小时后的时间：

```
TIME(HOUR(NOW())+12, MINUTE(NOW()), SECOND(NOW()))
```

和 DATE( )函数不一样的是，TIME( )函数不允许我们在指定的时间上加上一小时、一分钟或一秒钟。例如下面的表达式：

```
NOW( )+1
```

这个表达式会在当前日期和时间上加上一天。

如果想在时间上加上一小时、一分钟或一秒钟，需要把所加的时间以分数方式表示。例如，一天有 24 个小时，那么 1 小时就表示为 1/24。同样地，1 小时有 60 分钟，1 分钟就表示为 1/24/60。最后，1 分钟有 60 秒钟，于是 1 秒钟就表示为 1/24/60/60。表 10.6 列举了如何使用表达式来加上 *n* 小时、*n* 分钟或 *n* 秒钟。

表 10.6　加 *n* 小时、*n* 分钟或 *n* 秒钟

操作	表达式	举例	所举例子表达式
加 *n* 小时	*n**(1/24)	加 6 小时	NOW( )+6*(1/24)
加 *n* 分钟	*n**(1/24/60)	加 15 分钟	NOW( )+15*(1/24/60)
加 *n* 秒钟	*n**(1/24/60/60)	加 30 秒钟	NOW( )+30*(1/24/60/60)

时间值求和

当我们在 Excel 中使用时间值的时候，应该知道对于“将时间相加”，有以下两个不同的解释。

- 增加时间值以得到将来的时间。在之前我们学过，给时间值加上小时、分钟、秒钟来返回将来时间的值。例如，假设现在的时间是晚上 11:00（23:00），那么加 2 小时以后会返回凌晨 1:00。
- 把时间值加起来以得到总时间值。在这种解释中，时间值相加得到小时、分钟和秒钟的总值。当我们想知道员工一周工作了多少小时或需要收取客户多少小时的费用时，这种解释就非常有用了。例如，假设现在的时间总值为 23 个小时，那么加 2 小时后总值为 25 小时。

问题是 Excel 时间相加的默认解释是得到将来的时间，也就是说，如果单元格 A1 中包含 23:00，A2 中包含 2:00，那么下面的公式会返回 1:00:00 AM：

```
=A1+A2
```

其实内部存储的是时间值 25:00:00，但是 Excel 会自动显示“正确的”时间，于是我们看到的就是 1:00:00 AM 了。如果想让 Excel 显示 25:00:00，在单元格内使用以下自定义格式即可：

```
[h]:mm:ss
```

10.3.3　计算两个时间之间的时间差

在 Excel 中，时间序列号被看作小数，也就是 0 到 1 之间的数字，用来表示一天的某个部分。既然它们是数字，那么当然可以用一个减去另一个来得到两者之间的时间差：

```
EndTime - StartTime
```

这个表达式很好，只要 *EndTime* 比 *StartTime* 大即可。

注意：我们在这里有意地使用 *EndTime* 和 *StartTime* 这两个名称，是为了提醒读者记住：总是要用后一个时间减去前一个时间。

但问题又出现了，如果 *EndTime* 是在过了午夜后的第二天，那么它将会比 *StartTime* 小，这样以上表达式就不成立了。举例来说，假设一个人从 11:00 p.m.工作到了 7:00 a.m.，那么表达式 7:00 AM – 11:00 PM 将会得到一个非法的负时间值，Excel 将会用一系列的#号来填充单元格。

在这种情况下，为了保证得到正确的正值，可以使用以下通用表达式：

```
IF(EndTime < StartTime, 1+EndTime-StartTime, EndTime-StartTime)
```

IF( )会首先检查 *EndTime* 是否小于 *StartTime*。如果是的话，会在 *EndTime-StartTime* 的值上加 1 以得到正确的结果，否则就直接返回 *EndTime-StartTime*。

10.4　案例分析：建立员工考勤表

在这次的案例分析中，我们将会充分利用新学到的时间函数，建立考勤表来追踪员工每周的工作时间，计算周末和节假日的加班时间，计算工作的总时间及周薪等。图 10.5 所示即为完整的考勤表。

H9　=IF(OR(WEEKDAY(A9) = 7, WEEKDAY(A9) = 1), F9, 0)

员工姓名：	Kyra Harper
正常工作时间：	40:00
时薪：	$10.50
加班费率：	1.5
节假日费率：	2

日期	工作开始时间	午餐开始时间	午餐结束时间	工作结束时间	工作总时间	非周末非节假日时间	加班时间	节假日时间
2010-9-6,星期一	9:00 AM	12:00 PM	1:00 PM	6:00 PM	8:00	0:00	0:00	8:00
2010-9-7,星期二	8:00 AM	12:30 PM	1:45 PM	6:00 PM	8:45	8:45	0:00	0:00
2010-9-8,星期三	11:00 PM	3:00 AM	4:00 AM	9:00 AM	9:00	9:00	0:00	0:00
2010-9-9,星期四	10:30 PM	2:00 AM	3:00 AM	5:00 PM	17:30	17:30	0:00	0:00
2010-9-10,星期五	7:00 PM	11:30 PM	12:30 AM	4:00 AM	8:00	8:00	0:00	0:00
2010-9-13,星期一	12:00 PM	3:00 PM	3:30 PM	6:00 PM	5:30	5:30	0:00	0:00
2010-9-14,星期二	12:00 PM			4:00 PM	4:00	4:00	0:00	0:00

每周时间合计	
总时间	60:45
每周正常工作时间	40:00
每周加班时间	12:45
每周节假日加班时间	8:00

周薪	
正常工作时间薪金	$ 420.00
加班费	$ 200.81
节假日加班费	$ 168.00
薪金合计	$ 788.81

图 10.5　此员工考勤表追踪了员工的日常工作时间，考虑了周末和节假日时间，然后计算了员工的总工作时间及薪金

10.4.1 输入考勤表数据

让我们从考勤表的顶端开始，所需数据如下。

■ 员工姓名：每个员工都需要有自己单独的表，所以在这里输入姓名。也可以添加别的数据，如入职时间等。

■ 正常工作时间：员工每周需要正常工作的小时数。使用 hh:mm 公式来输入数字。单元格 D3 中使用了[h]:mm 的自定义格式，以确保 Excel 会显示实际值。

■ 时薪：员工正常工作时间的每小时报酬。

■ 加班费率：员工加班报酬增长率。例如，如果加班报酬为正常报酬的 1.5 倍，则输入 1.5。

■ 节假日费率：员工节假日加班的报酬增长率。例如，如果节假日的加班报酬为正常报酬的 2 倍，则输入 2。

10.4.2 计算每日工作时间

图 10.6 显示了考勤表的一部分，记录的是员工每日的工作时间，需要输入的项目如下。

■ 日期：输入员工工作的日期。此处需要显示星期，以便于确定加班时间是否在周末。

■ 工作开始时间：输入员工的上班时间。

■ 午餐开始时间：输入员工停止工作开始午餐的时间。

■ 午餐结束时间：输入员工午餐后重新开始工作的时间。

■ 工作结束时间：输入员工的下班时间。

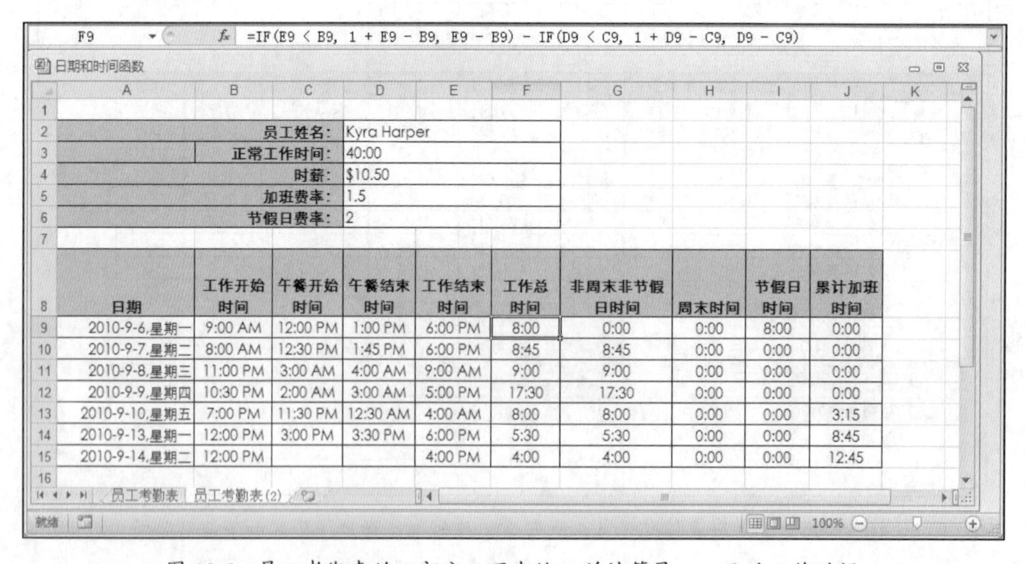

F9 =IF(E9 < B9, 1 + E9 - B9, E9 - B9) - IF(D9 < C9, 1 + D9 - C9, D9 - C9)

日期和时间函数

员工姓名：	Kyra Harper
正常工作时间：	40:00
时薪：	$10.50
加班费率：	1.5
节假日费率：	2

日期	工作开始时间	午餐开始时间	午餐结束时间	工作结束时间	工作总时间	非周末非节假日时间	周末时间	节假日时间	累计加班时间
2010-9-6,星期一	9:00 AM	12:00 PM	1:00 PM	6:00 PM	8:00	0:00	0:00	8:00	0:00
2010-9-7,星期二	8:00 AM	12:30 PM	1:45 PM	6:00 PM	8:45	8:45	0:00	0:00	0:00
2010-9-8,星期三	11:00 PM	3:00 AM	4:00 AM	9:00 AM	9:00	9:00	0:00	0:00	0:00
2010-9-9,星期四	10:30 PM	2:00 AM	3:00 AM	5:00 PM	17:30	17:30	0:00	0:00	0:00
2010-9-10,星期五	7:00 PM	11:30 PM	12:30 AM	4:00 AM	8:00	8:00	0:00	0:00	3:15
2010-9-13,星期一	12:00 PM	3:00 PM	3:30 PM	6:00 PM	5:30	5:30	0:00	0:00	8:45
2010-9-14,星期二	12:00 PM			4:00 PM	4:00	4:00	0:00	0:00	12:45

员工考勤表 员工考勤表(2)

图 10.6 员工考勤表的一部分，用来输入并计算员工一天的工作时间

首先计算的是 F 列的“工作总时间”，计算员工一天总的工作小时数。计算的第一部分是使用之前学过的时间差公式，算出 B 列“工作开始时间”和 E 列“工作结束时间”之间的时间差。第 9 行第一个单元格中的部分表达式如下：

```
IF(E9<B9, 1+E9-B9, E9-B9)
```

不过，我们还需要把员工午餐的时间减去，也就是 C 列“午餐开始时间”和 D 列“午餐结束时间”之间的时间差，第 9 行第一个单元格中的部分表达式如下：

```
IF(D9<C9, 1+D9-C9, D9-C9)
```

简要介绍一下 H 列的“周末时间”。这一列的基本思想是，如果员工在周末工作了，那么所有的工作时间都被记为加班时间。所以，需要用公式检查一下工作日期是否是星期六或星期日：

```
=IF(OR(WEEKDAY(A9)=7, WEEKDAY(A9)=1, F9, 0))
```

如果 OR( )函数返回 TRUE，说明是在周末，那么 F 列中 “工作总时间”的值会输入 H 列“周末时间”中，否则会返回 0。

下一步就是 I 列中“节假日时间”的计算了。在这里先要看一下日期是否是法定节假日，如果是，所有当天的工作时间都算是加班。此时就要用到我们之前的“节假日”工作表来查看一下日期是否在节假日区域内：

```
{=SUM(IF(A9=节假日!F4:F13, 1, 0))*F9}
```

这是一个数组公式，用来比较当前日期和节假日区域（节假日!F4:F13）内的值。如果有匹配值，那么 IF( )函数返回 1；否则，返回 0。这个结果会与“工作总时间”，也就是 F 列中的值相乘，所以，如果此日期为节假日，那么其小时数会被输入“节假日时间”中。

最后，“工作总时间”减去“周末时间”和“节假日时间”得到 G 列中的“非周末非节假日时间”：

```
=F9-H9-I9
```

10.4.3 计算每周工作时间

现在要计算的部分是“每周时间合计”（见图 10.5），也就是将员工一周以来各种工作时间相加得到的值。

“总时间”就是 F 列中“工作总时间”的值简单相加的结果：

```
=SUM(F9:F15)
```

为了得到“每周正常工作时间”的值，需要检查一下 G 列中“非周末非节假日时间”的时间总数是否超过了单元格 D3 中的“正常工作时间”：

```
=IF(SUM(G9:G15)>D3, D3, SUM(G9:G15))
```

如果结果返回 TRUE，单元格 D3 中的值被作为“正常工作时间”输入；否则，将输入 G9 到 G15 的合计值。

计算“每周加班时间”有两步，首先检查 G 列中的“非周末非节假日时间”的时间总数是否超过了单元格 D3 中的“正常工作时间”，如果是，加班时间的小时数就是两者之间的差，不是则返回 0：

```
IF(SUM(G9:G15)>D3, SUM(G9:G15)-D3, "0:00")
```

其次需要加上 H 列中的“加班时间”：

```
=IF(SUM(G9:G15)>D3, SUM(G9:G15)-D3, "0:00")+SUM(H9:H15)
```

I 列中的“节假日时间”值合计为“每周节假日加班时间”：

```
=SUM(I9:I15)
```

10.4.4 计算周薪

考勤表的最后一部分是“周薪”的计算。计算“正常工作时间薪金”“加班费”“节假日加班费”的方式如下：

```
正常工作时间薪金=每周正常工作时间*时薪*24
加班费=每周加班时间*时薪*加班费率*24
节假日加班费=每周节假日加班时间*时薪*节假日费率*24
```

记住要将各数据乘以 24，以便将时间值转换为数字。最后，将所有值相加得到“薪金合计”。

第 11 章　使用数学函数

只要想到程序中那一长串的数学相关函数，就能知道 Excel 的数学功能有多么强大。运用函数可以进行很多基础的数学操作，如计算绝对值、最大最小公分母、平方根，以及求和等。很多高端的操作也可以进行，如矩阵相乘、多项式求和、求平方和等。这些数学函数并不一定都适用于商业环境，但其中很大一部分是适用的。例如，四舍五入和随机数生成等，都在商业环境中应用广泛。

表 11.1 列举了 Excel 所有的数学函数，不过并不是都会在本章讲到，我们学习的主要是那些在商业环境中用处较大的函数。（Excel 中也有很多统计函数，将在“第 12 章　使用统计函数”中讲到。）

本书不会讲到三角函数，不过我们依然在表 11.2 中列出了它们。使用三角函数时，要记住以下几点。

■　在每个函数语法中，*number* 都是用弧度表示的角度。

■　如果角度是用度来表示的，可以乘以 PI( )/180 来将其转换为弧度。或者使用 RADIANS(*angle*)函数，也可以将 *angle* 从度转换为弧度。

■　三角函数会返回弧度值。如果需要转换为度，将值乘以 180/PI( )即可。或者，用 DEGREES(*angle*)函数，也可以把 *angle* 从弧度转换为度。

表 11.1　Excel 所有的数学函数

函数	描述
ABS(*number*)	返回 *number* 的绝对值
CEILING(*number, significance*)	四舍五入 *number* 到最接近的整数
COMBIN(*number, number_chosen*)	返回在 *number* 个样本中取 *number_chosen* 个样本可能的组合数目
EVEN(*number*)	四舍五入 *number* 到最近的偶数整数
EXP(*number*)	返回常数 e 的 *number* 次幂
FACT(*number*)	返回 *number* 的阶乘
FLOOR(*number, significance*)	向下舍入为最接近的指定基数的倍数
GCD(*number1*[, *number2*, …])	返回指定数字的最大公约数
INT(*number*)	向下舍入到最近的整数

续表

函数	描述
LCM(*number1*[, *number2*, …])	返回指定数字的最小公倍数
LN(*number*)	返回 *number* 的自然对数
LOG(*number*[, *base*])	返回指定 *base* 中 *number* 的对数
LOG10(*number*)	返回 *number* 的十进制对数
MDETERM(*array*)	返回 *array* 矩阵的行列式值，其中行与列数量必须相等
MINVERSE(*array*)	返回存储在数组中的 *array* 的逆矩阵
MMULT(*array1, array2*)	返回 *array1* 和 *array2* 的矩阵积
MOD(*number, divisor*)	返回 *number* 除以 *divisor* 后的余数
MROUND(*number, multiple*)	四舍五入 *number* 到 *multiple* 的倍数
MULTIONMIAL(*number1*[,*number2*])	返回指定数字的多项式
ODD(*number*)	四舍五入 *number* 到最近的奇数整数
PI( )	返回 PI（π）值
POWER(*number, power*)	升幂 *number* 到指定的 *power*
PRODUCT(*number1*[, *number2*, …])	乘以指定的数字
QUOTIENT(*numerator, denominator*)	返回 *numerator*（分子）除以 *denominator*（分母）后所得的整数部分。即结果中的余数被省略了
RAND( )	返回 0 到 1 之间的随机数
RANDBETWEEN(*bottom, top*)	返回 *bottom* 到 *top* 之间的随机数
ROMAN(*number*[, *form*])	将阿拉伯数字 *number* 转换为相应的罗马数字（以文本形式）
ROUND(*number, num_digits*)	四舍五入 *number* 到指定的数字位数
ROUNDDOWN(*number, num_digits*)	将 *number* 向下舍入至靠近 0
ROUNDUP(*number, num_digits*)	将 *number* 向上舍入至远离 0
SERIESSUM(*x, n, m, coefficients*)	返回幂级数总和
SIGN(*number*)	返回 *number* 的符号（1=正数，0=零，-1=负数）
SQRT(*number*)	返回 *number* 的正平方根
SQRTPI(*number*)	返回表达式 *number* * PI 的结果的正平方根
SUBTOTAL(*function_number,ref1*[,*ref2*, …])	返回列表小计
SUM(*number1*[, *number2*, …])	将参数相加
SUMIF(*range, criteria*[, *sum_range*])	仅将符合 *criteria*（条件）的 *range* 内的单元格相加
SUMPRODUCT(*array1, array2*[*array3*, …])	将指定数组内的相应元素相乘，然后合计最终乘积
SUMSQ(*number1*[, *number2*, …])	返回参数平方的总和

续表

函数	描述
SUMX2MY2(*array_x, array_y*)	求指定数组内元素的平方值，然后合计相应平方间的差值
SUMX2PY2(*array_x, array_y*)	求指定数组内元素的平方值，然后合计相应平方值
SUMXMY2(*array_x, array_y*)	求指定数组内相应元素间的差值的平方值，然后合计平方值
TRUNC(*number*,[*num_digits*])	截断 *number* 为整数

表 11.2　Excel 的三角函数

函数	描述
ACOS(*number*)	返回表示 *number*（必须在−1 到 1 之间）的反余弦的弧度值，在 0 到 PI 间
ACOSH(*number*)	返回表示 *number*（必须大于等于 1）的反双曲余弦的弧度值
ASIN(*number*)	返回表示 *number*（必须在−1 到 1 之间）的反正弦的弧度值，在−PI/2 到 PI/2 之间
ASINH(*number*)	返回表示 *number* 的反双曲正弦的弧度值
ATAN(*number*)	返回表示 *number* 的反正切的弧度值，在−PI/2 到 PI/2 之间
ATAN2(*x_num, y_num*)	返回表示给定坐标 *x_num* 和 *y_num* 的反正切弧度值，在−PI 到 PI 之间（但不包括）
ATANH(*number*)	返回表示 *number*（必须在−1 到 1 之间）的反双曲正切的弧度值
COS(*number*)	返回表示 *number* 的余弦的弧度值
COSH(*number*)	返回表示 *number* 的双曲余弦的弧度值
DEGREES(*angel*)	将 *angle* 从弧度转换为度
RADIANS(*angle*)	将 *angle* 从度转换为弧度
SIN(*number*)	返回表示 *number* 的正弦的弧度值
SINH(*number*)	返回表示 *number* 的双曲正弦的弧度值
TAN(*number*)	返回表示 *number* 的正切的弧度值
TANH(*number*)	返回表示 *number* 的双曲正切的弧度值

11.1　了解 Excel 的四舍五入函数

Excel 的四舍五入函数在很多情况下很有用，例如设置价格点、调整计费时间到最近的 15 分钟、保证所处理的单个数字是整数——如盘点库存时等。

问题是 Excel 有很多四舍五入函数，很难知道在什么情况下该用哪个函数。所以在本节中，我们会学到 Excel 的 10 个四舍五入函数的详情，以及它们之间的不同：ROUND( )、MROUND( )、ROUNDDOWN( )、ROUNDUP( )、CEILING( )、FLOOR( )、EVEN( )、ODD( )、INT( )和 TRUNC( )函数。

11.1.1 ROUND( )函数

四舍五入函数中使用最多的就是 ROUND( )函数了：

ROUND(*number*, *num_digits*)

number：想要四舍五入的数字。

num_digits：是一个整数，用来指定 *number* 四舍五入的位数。详情如下。

num_digits	详情
>0	四舍五入 *number* 到 *num_digits* 的小数位
0	四舍五入 *number* 到最近的整数
<0	四舍五入 *number* 到 *num_digits* 的小数点左边

表 11.3 显示的即为 *num_digits* 参数在 ROUND( )函数中的作用。其中，*number* 为 1234.5678。

表 11.3 *num_digits* 参数在 ROUND( )函数中的作用

num_digits	ROUND(1234.5678, *num_digits*)的结果
3	1234.568
2	1234.57
1	1234.6
0	1235
-1	1230
-2	1200
-3	1000

11.1.2 MROUND( )函数

MROUND( )函数可将数字四舍五入到指定数字的倍数：

```
MROUND(number, multiple)
```

number：想要四舍五入的数字。

multiple：想要 *number* 四舍五入到该数的倍数。

表 11.4 展示了 MROUND( )函数的一些例子。

表 11.4　MROUND( )函数例子

number	*multiple*	MROUND( )函数结果
5	2	6
11	5	10
13	5	15
5	5	5
7.31	0.5	7.5
-11	-5	-10
-11	5	#NUM!

11.1.3　ROUNDDOWN( )和 ROUNDUP( )函数

ROUNDDOWN( )和 ROUNDUP( )函数与 ROUND( )函数很相似，只是它们只四舍五入到单一的方向：ROUNDDOWN( )函数四舍五入数字到靠近 0，而 ROUNDUP( )函数四舍五入数字到远离 0。以下是这两个函数的语法：

ROUNDDOWN(*number, num_digits*)

ROUNDUP(*number, num_digits*)

number：想要四舍五入的数字。

num_digits：是一个整数，用来指定 *number* 四舍五入的位数。详情如下：

num_digits	详情
>0	向上或向下舍入 *number* 到 *num_digits* 的小数位
0	向上或向下舍入 *number* 到最近的整数
<0	向上或向下舍入 *number* 到 *num_digits* 的小数点左边

表 11.5 列举了 ROUNDDOWN( )和 ROUNDUP( )函数的一些例子。

表 11.5　ROUNDDOWN( )和 ROUNDUP( )函数例子

number	*num_digits*	ROUNDDOWN( )	ROUNDUP( )
1.1	0	1	2
1.678	2	1.67	1.68
1234	-2	1200	1300
-1.1	0	-1	-2
-1234	-2	-1200	-1300

11.1.4 CEILING( )和 FLOOR( )函数

CEILING( )和 FLOOR( )函数将 MROUND( )、ROUNDDOWN( )和 ROUNDUP( )函数的功能集于一身，语法如下：

```
CEILING(number, significance)
FLOOR(number, significance)
```

number：想要四舍五入的数字。

significance：想要 *number* 四舍五入到该数的倍数。

以上两个函数都是将 *number* 指定的值四舍五入到 *significance* 的倍数值，所不同的是执行四舍五入的方式，如下所示。

- CEILING( )函数四舍五入至远离 0。例如，CEILING(1.56, 0.1)返回 1.6，CEILING(-2.33, -0.5)返回-2.5。
- FLOOR( )函数四舍五入至靠近 0。例如，FLOOR(1.56, 0.1)返回 1.5，FLOOR(-2.33, -0.5)返回-2.0。

警告：在 CEILING( )和 FLOOR( )函数中，两个参数的符号必须相同，否则会返回#NUM!错误。同时，如果在 FLOOR( )函数中输入 0 作为第二个参数，将会返回#DIV/0!错误。

确定日期所处的财务季度

使用预算相关或其他财务工作表时，我们经常需要知道某特定日期是在哪个财务季度。例如，一个预算增长公式需要根据财务季度来选择增长率。

此时可以结合使用 CEILING( )函数和 DATEDIF( )函数（请看“第 10 章 使用日期和时间函数”）来计算给定日期的财务季度：

```
=CEILING((DATEDIF(财年开始, 我的日期, "m")+1)/3, 1)
```

→DATEDIF( )函数的详情，请看“10.2.3 计算两个日期之间的天数”中的“DATEDIF( )函数”。

在这里，“*财年开始*”是指财务年度开始的日期，“*我的日期*”指想要使用的日期。公式用 DATEDIF( )函数和参数“m”来返回两个日期之间的月份数目，先加 1（为避免得到 0 季度），然后除以 3。最后应用 CEILING( )函数来得出“*我的日期*”所在季度。

计算复活节日期

如果你在美国生活或工作，那么你很少会为了商业目的而计算复活节在哪天，因为没有法定节假日是和它相关联的。但是，如果耶稣受难日或复活节是你所在地方（分别如加拿大或英国），或是你所负责的区域的法定节假日的话，那么计算特定年份的复活节日期就是很有必要的了。

但是，计算复活节日期并没有一个直接的方法。官方的说法是复活节在春分后第一个教会月圆后的第一个星期日，数学家们为此进行了几个世纪的探索，想要找出一个计算它的公式。尽管某些人成功了（最显著的如著名数学家卡尔•弗里德里克•高斯），但算法实在是过于复杂了。

这里有一个相对简单的工作表公式，可以使用 FLOOR( )函数计算出从 1900 年到 2078 年间的复活节日期，其中日期系统需要使用 mm/dd/yyyy 的格式：

```
=FLOOR("5/"& DAY(MINUTE(B1/38)/2+56)& "/"& B1, 7)-34+1
```

在这个公式中，假设当前年份在单元格 B1 中。

如果日期系统使用的格式是 dd/mm/yyyy，那么要使用以下公式：

```
=FLOOR(DAY(MINUTE(B1/38)/2+56)&"/5/"& B1, 7)-34
```

11.1.5　EVEN( )和 ODD( )函数

EVEN( )和 ODD( )函数四舍五入一个数字参数：

```
EVEN(number)
ODD(number)
```

number：想要四舍五入的数字。

这两个函数都四舍五入指定的 *number* 远离 0：

- EVEN( )函数四舍五入数字到下一个偶数。例如，EVEN(14.2)返回 16，EVEN(-23)返回-24。
- ODD( )函数四舍五入数字到下一个奇数。例如，ODD(58.1)返回 59，ODD(-6)返回-7。

11.1.6　INT( )和 TRUNC( )函数

INT( )和 TRUNC( )函数相类似的用法是都可以将值转换为其整数部分：

```
INT(number)
TRUNC(number, [num_digits])
```

number：想要四舍五入的 *number*。

num_digits：是一个整数，用来指定 *number* 四舍五入的位数。详情如下：

num_digits	详情
>0	舍去除 *num_digits* 之外的所有小数位
0	舍去所有小数位（默认）
<0	转换小数点左边 *num_digits* 个数字为 0

举例来说，INT(6.75)返回 6，TRUNC(3.6)返回 3。不过，要记住的是以上函数有以下两

个主要的区别。

■ 对于负数值，INT( )函数会返回远离 0 的下一个数字。例如，INT(-3.42)返回-4。如果只是想去掉小数部分，应该使用 TRUNC( )函数。

■ 可以使用 TRUNC( )函数的第二个参数，即 *num_digits* 来指定想要留住的小数位数。例如，TRUNC(123.456, 2)返回 123.45，TRUNC(123.456, -2)返回 100。

11.1.7 使用四舍五入来避免误差

我们大部分人都习惯于以十进制处理数字，但是计算机本身都是使用更简单的二进制系统的。所以当我们在单元格或公式中输入一个值时，Excel 会先将其转换为与十进制对应的二进制值，然后进行计算，最后再把二进制结果转换回十进制格式。

这个过程对整数来说没问题，因为每个十进制整数值都有对应的二进制值。但是对非整数值来说，因为并非每个值都有完全对应的二进制值，所以 Excel 只能取其近似值，而这些近似值可能会导致公式错误。举例来说，假设我们在工作表单元格内输入了如下公式：

```
=0.01=(2.02-2.01)
```

这个公式将值 0.01 和表达式 2.02-2.01 进行了比较。它们当然应该是相等的，但是当我们输入公式后，会发现 Excel 返回了 FALSE。这是怎么回事？

原来问题出在这里：计算机将表达式 2.02-2.01 转换为二进制计算，然后转换回十进制时，Excel 出现了误差。为了更清楚地讲明这个问题，我们可以试着在单元格内输入公式=2.02-2.01，并设置格式为显示 16 个小数位。此时，我们看到了令人惊讶的结果：

```
0.0100000000000002
```

第 16 位的 2 就是计算出现误差的问题所在。想要修正这个错误，可以使用 TRUNC( )函数（或者也可以使用 ROUND( )函数，这取决于不同的情况）来去掉小数点右边的多余位数。例如，下面的公式就会返回 TRUE：

```
=0.01=TRUNC(2.02-2.01, 2)
```

11.1.8 设置价格点

工作表的常见用法之一就是定价，即根据产品的成本和利润来使用公式制定价格。如果是零售商品，可能会想让小数部分（也就是角分部分）是.95、.99 或其他的标准值。此时，可以使用 INT( )函数来进行“四舍五入”。

举例来说，最简单的情况就是四舍五入小数部分到.95，那么下面的公式就可以办到：

```
=INT(原料价格)+0.95
```

假设*原料价格*是根据成本和利润计算出的结果，接着公式在整数部分加上了 0.95。此外，如果*原料价格*的小数部分比.95 大，公式也会向下舍入到.95。

另外一种情况是，当小数部分小于或等于 0.5 的时候向上舍入到.50，而大于 0.5 的时候向上舍入到.95。以下的公式处理的就是这种情况：

```
=VALUE(INT(原料价格) & IF(原料价格-INT(原料价格)<=0.5, ".50", ".95"))
```

同样地，整数部分来自*原料价格*。然后 IF( )函数会查看小数部分是否小于或等于 0.5，如果是，返回字符串.50；否则，返回.95。此结果与整数部分结合，然后 VALUE( )函数确保返回一个数字值。

11.2　案例分析：四舍五入计费时间

MROUND( )函数的一个理想用法是四舍五入计费时间到分钟的多少倍。例如，四舍五入计费时间到最近的 15 分钟。我们可以使用以下公式实现：

```
MROUND(计费时间, 0:15)
```

在这里，*计费时间*指想要四舍五入的时间值。举例来说，下面的表达式返回时间值 2:15：

```
MROUND(2:10, 0:15)
```

但使用 MROUND( )函数来四舍五入计费时间有个很大的缺陷：很多人都喜欢四舍五入计费时间到最近的 15 分钟（或别的什么时间），如果 MROUND( )函数的 *num_digits* 参数的分钟部分小于 *multiple* 参数的一半，MROUND( )函数会向下舍入到最近的倍数。

想要解决这个问题，可以使用 CEILING( )函数，因为它总是四舍五入到远离 0。四舍五入到下一个 15 分钟的通用表达式如下：

```
CEILING(计费时间, 0:15)
```

*计费时间*是想要四舍五入的时间值。例如，下面的表达式会返回时间值 2:15：

```
CEILING(2:05, 0:15)
```

11.3　数值求和

不管是对于区域内的单元格、函数结果、常数值还是表达式结果，数值求和大概都是电子表格最常用的操作。我们可以使用加号（+）来将值相加，不过更方便的方法是使用 SUM( )函数来进行数值求和，在接下来的内容中将会介绍。

SUM( )函数

SUM( )函数的语法如下：

```
SUM(number1[, number2, …])
```

number1, number2, …：想要求和的数值。

在 Excel 2007 及之后的版本中，SUM( )函数中可以输入 255 个参数。例如，下面的公式会返回 3 个分开的区域之和：

```
=SUM(A2:A13, C2:C13, E2:E13)
```

注意：使用 Excel 2017 之前的版本，最多能输入 30 个参数。

计算累积总数

工作表中经常需要计算累积总数。例如，大部分的预算工作表会显示一个财务年度的销售额和费用支出总数。同样地，贷款分期偿还也需要计算贷款周期内的累积利率和本金偿还。

计算以上累积总数很简单。例如，F 列追踪的是贷款利率累积，单元格 F7 中包含以下 SUM( )公式，如图 11.1 所示。

```
=SUM($D$7:D7)
```

F7 =SUM($D$7:D7)

数学函数

	A	B	C	D	E	F	G
1	常量:						
2	利率	6%					
3	期限	4					
4	合计	$10,000					
5							
6	周期	月份	支付	利率	本金	利率合计	% 本金支付
7	1	Jun-10	$234.85	$50.00	$184.85	$50.00	1.85%
8	2	Jul-10	$234.85	$49.08	$185.77	$99.08	3.71%
9	3	Aug-10	$234.85	$48.15	$186.70	$147.22	5.57%
10	4	Sep-10	$234.85	$47.21	$187.64	$194.44	7.45%
11	5	Oct-10	$234.85	$46.28	$188.58	$240.71	9.34%
12	6	Nov-10	$234.85	$45.33	$189.52	$286.04	11.23%
13	7	Dec-10	$234.85	$44.38	$190.47	$330.43	13.14%
14	8	Jan-11	$234.85	$43.43	$191.42	$373.86	15.05%
15	9	Feb-11	$234.85	$42.48	$192.37	$416.34	16.97%

分期偿还 / 登记 / RAND() / 随机排序

就绪 计算 100%

图 11.1 F SUM( )函数计算了贷款的累积利率

这个公式只是合计了单元格 D7 内的值，但是，如果我们用此公式向下填充了区域 F7:F54，那么 SUM( )函数左边的部分（$D$7）会保持不变，而右边的相关部分（D7）会随公式所在的单元格改变。例如，单元格 F10 相关公式如下：

```
=SUM($D$7:D10)
```

如果你想知道 G 列到目前为止已经还清的合计本金百分比，那么可以在单元格 G7 中使用以下公式：

```
=SUM($E$7:E7) / $B$4 *
```

“SUM($E$7:E7)”部分计算了已付本金累积额，然后除以总本金（位于单元格 B4）即可得到百分比。

在区域中仅合计正数或负数

如果区域内的数字有正有负，但我们只想要正数求和或只想要负数求和，该怎么办呢？一种方法是在 SUM( )函数中输入各个单独的单元格，不过更简便的方法就是利用数组。

区域内负数求和，可以使用以下数组公式：

```
{=SUM((区域<0)*区域)}
```

在这里，*区域*是指引用区域或区域名称。对于区域内小于 0 的值，*区域*<0 会返回 TRUE，相当于 1；否则会返回 FALSE，即相当于 0。因此，只有负数会被包含在此 SUM( )函数中。

同样地，我们可以使用以下公式在区域内进行正数求和：

```
{=SUM((区域>0)*区域)}
```

→若想学习更多使用 SUMIF( )函数来进行更复杂情况下的合计方法，请看“13.6.2　不需要条件区域的表函数”中的“使用 SUMIF( )函数”。

11.4　MOD( )函数

MOD( )函数计算的是余数，即某数除以某数后剩余的结果。下面就是这个非常有用的函数的语法：

```
MOD(number, divisor)
```

number：被除数。

divisor：除数，即被 *number* 除以的数字。

举例来说，MOD(24,10)等于 4（即 24/10=2……4，余数为 4）。

MOD( )函数对于顺序值和循环值都适用。举例来说，一周对应的天数（由 WEEKDAY( )函数得出）是从 1（星期日）到 7（星期六），然后重新开始循环（即下一个星期日又从 1 开始）。所以，下面的公式总是会返回对应一周天数的整数：

```
=MOD(number, 7)+1
```

如果 *number* 是任意整数，那么 MOD( )函数会返回 0 到 6 的整数值，加 1 以后得到 1 到 7 的值。

我们还可以创建相似的公式，如月份（1 到 12）、秒或分（0 到 59）、财务季度（1 到 4）等。

更好的计算时间差的公式

在“第 10 章　使用日期和时间函数”中，我们曾经学过，如果前一个时间在午夜之前、后一个时间在午夜之后的话，计算时间差是一件很麻烦的事情。下面是当时我们解决这个问题时所用的表达式：

```
IF(EndTime < StartTime, 1+EndTime-StartTime, EndTime-StartTime)
```

→关于时间差公式的详情，请看“10.3.3　计算两个时间之间的时间差”。

但是，时间值是一个顺序循环值，因为它们是从 0 到 1 然后到午夜又从 0 重新开始的数字，所以，我们可以使用 MOD( )函数来简化计算时间差的公式：

```
=MOD(EndTime - StartTime, 1)
```

这个公式适用于任意 *EndTime* 和 *StartTime*，只要 *EndTime* 是晚于 *StartTime* 的。

隔 *n* 行求和

根据工作表的结构，我们经常会需要每隔 *n* 行求和，其中 *n* 是一个整数。例如，可能我们需要隔 5 行或 10 行的单元格来进行抽样检测。

这些可以通过在 ROW( )函数中应用 MOD( )函数来完成，如下面数组公式所示：

```
{=SUM(IF(MOD(ROW(区域), n)=1, 区域, 0))}
```

MOD(ROW(区域), *n*)对区域内的所有第 *n* 行的值会返回 1，然后这些值会被记入合计中；否则，就将 0 记入合计中。具体来说，上面的公式会合计区域内第 1 行的值，然后是第 *n*+1 行的值，以此类推。如果想要合计区域内第 2 行、第 *n*+2 行等的值，那么将 MOD( )函数中的结果与 2 比较即可：

```
{=SUM(IF(MOD(ROW(区域), n)=2, 区域, 0))}
```

特例 1：仅合计奇数行。

如果只想合计工作表中的奇数行，可以使用以下公式：

```
{=SUM(IF(MOD(ROW(区域), 2)=1, 区域, 0))}
```

特例 2：仅合计偶数行。

仅合计偶数行的时候，需要合计那些 MOD(ROW(区域), 2)返回 0 的单元格：

```
{=SUM(IF(MOD(ROW(区域), 2)=0, 区域, 0))}
```

确定闰年

当我们需要确定某一年是否是闰年的时候，MOD( )函数就可以帮上忙了。除了某些特例之外，闰年都是可以被 4 整除的，所以，当下面的公式返回 0 的时候，这一年一般都是闰年：

```
=MOD(年, 4)
```

注意：此公式适用于 1901 年到 2099 年，能够满足大部分人的需求。但是它不适用于 1900 年和 2100 年，因为即使它们能被 4 除尽但也不是闰年。

*年*是一个 4 位数的年份数字。基本规则是这样的，闰年是可以被 4 整除但不能被 100 整除的年份，或者是可以被 400 整除的年份。1900 和 2100 可以被 100 而不是 400 整除，所以

它们不是闰年，而 2000 就是闰年了。如果想把以上的所有规则都考虑进去，那么可以使用下面的公式：

```
=(MOD(年, 4)=0) - (MOD(年, 100)=0) + (MOD(年, 400)=0)
```

公式的 3 个部分将 MOD( )函数与 0 进行比较，看它们是返回 0 还是 1。公式的结果为 0 表示为闰年，而别的年份为非 0 的数字。

设置阴影区分

阴影区分是指将行交替用浅色和深色的颜色区分开来的一种格式，如使用白色和浅灰色等。这种阴影区分方法常见于支票簿登记和分类账中，但实际上它在任何以行显示数据的工作表中都适用，因为可以很方便地区分每一行。图 11.2 展示了一个例子。

数学函数

	A	B	C	D	E	F	G	H	I
1	Re	Date	Chk	Payee/Description	Category	Debit	Credit	✓	Balance
2	1	2010-4-1		Starting Balance			5,000.00	✓	5,000.00
3	2	2010-4-3		Withdrawal	Auto - Fuel	-20.00			4,980.00
4	3	2010-4-10		Al's Auto Repair	Auto - Repair	-1,245.00			3,735.00
5	4	2010-4-13			Salary		1,834.69		5,569.69
6									
7									
8									
9									
10									

分期偿还　登记　RAND()　随机排序

图 11.2　在支票簿登记工作表中使用阴影区分

但是，阴影区分并不容易手动完成，情况如下。

- 要是需要格式化的区域很大，阴影区分要花很长时间。
- 如果插入或删除了一行，还得重新应用格式。

为了避免以上这些令人头疼的问题，我们可以用一个小窍门，那就是结合 Excel 的条件格式使用 MOD( )函数，步骤如下。

1. 选好想要应用阴影区分的区域。
2. 选择【开始】⇨【条件格式】⇨【新建规则】选项，打开【新建格式规则】对话框。
3. 选择【使用公式确定要设置格式的单元格】选项。
4. 在文本框中输入以下公式：

```
=MOD(ROW( ), 2)
```

5. 单击【格式】按钮，此时弹出【设置单元格格式】对话框。
6. 在【填充】选项卡中，选择需要设置为阴影的颜色，然后单击【确定】按钮返回【新建格式规则】对话框，如图 11.3 所示。
7. 单击【确定】按钮。

公式=MOD(ROW( ), 2)对于奇数行会返回 1，偶数行则返回 0。因为 1 就相当于 TRUE，所以 Excel 会将条件格式应用在每个奇数行上，而偶数行不变。

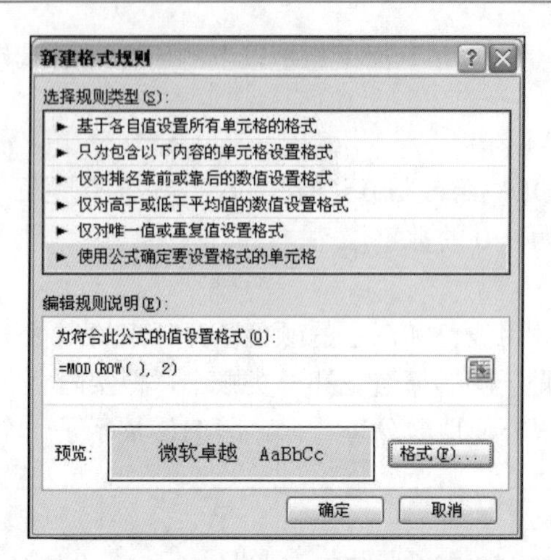

图 11.3 使用 MOD( )函数设置工作表隔行应用阴影区分（1、3、5 等行）

小贴士：如果想在列中应用阴影区分，使用以下公式即可：

```
=MOD(COL( ), 2)
```

如果想让偶数行有阴影而奇数行空白，可以使用如下公式：

```
=MOD(ROW( )+1, 2)
```

11.5 生成随机数

想使用工作表建立一个模拟模型的话，需要使用一些逼真的数据来进行测试。我们可以自己编一些数字，不过不知不觉中可能会有所歪曲。而更好的方法就是使用 RAND( )和 RANDBETWEEN( )函数来随机生成数字。

→Excel 的分析工具库也有能生成随机数的工具，更多关于分析工具库的详情，请看“12.7.4 使用随机数发生器”。

11.5.1 RAND( )函数

RAND( )函数返回大于或等于 0 但小于 1 的随机数，通常不需要参数。例如，用它来生成时间值再好不过了。不过，我们经常用它在表达式中生成两个值之间的随机数。

最简单的例子，如果想要生成大于或等于 0 但小于 n 的随机数字，可以使用以下表达式：

```
RAND( ) * n
```

例如，下面的公式会生成 0 到 30 之间的随机数：

```
=RAND( ) * 30
```

更复杂一些的情况是，我们需要的随机数是大于或等于某些数字 *m* 而小于某些数字 *n* 的，表达式如下：

```
RAND( ) * (n - m) + m
```

例如，以下公式生成的随机数是大于或等于 100 而小于 200 的：

```
=RAND( ) * (200 - 100) + 100
```

警告：RAND( )是不稳定函数，也就是说，每次重新计算、打开工作表或编辑工作表中的任意单元格时，其数据都会发生改变。想要单元格内的随机数保持不变，输入公式后按【F9】键来求值并返回随机数，然后按【Enter】键让随机数以数值文字的形式显示在单元格内即可。

生成 *n* 位数的随机数

生成指定位数的随机数经常是很有用的。例如，我们可能需要生成随机的 6 位数来登记新客户，或随机的 8 位数来命名临时文件。

完成以上工作从我们之前学到的公式开始就可以，同时要使用 INT( )函数来保证结果是整数：

```
=INT(RAND( ) * (n - m) + m)
```

不过这次，我们需要设置 n 等于 10^n、m 等于 10^{n-1}：

```
=INT(RAND( ) * (10^n - 10^(n-1)) + 10^(n-1)
```

举例来说，如果需要的是 8 位数的随机数，公式会变成下面这样：

```
=INT(RAND( ) * (100000000 - 10000000) + 10000000
```

这样会生成大于或等于 10,000,000 但小于 99,999,999 的随机数。

生成随机字母

RAND( )函数通常用来生成随机数，但其实它在生成文本值方面一样好用。例如，我们需要生成字母表中的随机字母，字母有 26 个，所以开始的时候要先用一个表达式来保证生成的是 1 到 26 之间的整数：

```
INT(RAND( ) * 26 +1)
```

如果需要的是随机大写字母（A 到 Z），那么要注意，这些字母的字符编码是从 ANSI65 到 ANSI90，所以在公式中要加上 64，然后将结果插入 CHAR( )函数中：

```
=CHAR(INT(RAND( ) * (26) + 1) +64)
```

如果需要的是随机小写字母（a 到 z），那么字符编号是从 ANSI97 到 ANSI122，所以在公式中要加 96，然后插入 CHAR( )函数中：

```
=CHAR(INT(RAND( ) * (26) + 1) +96)
```

将数据随机排序

有时候我们可能需要将一份工作表中的数据随机排序，例如，想在某子数据中执行某项操作，那么最好先进行随机排序，以避免数据固有的排列顺序导致数值偏差。

按照以下步骤来完成数据的随机排序。

1．假设数据是分行排列的，在表格的最左边或最右边选择好一列，要确保所选择的区域与数据所在行的数量相同。

2．输入=RAND( )，然后按【Ctrl】+【Enter】组合键将这个公式添加到所有选择好的单元格内。

3．选择【公式】⇨【计算选项】⇨【手动】选项。

4．选择包含数据以及 RAND( )值所在列的区域。

5．选择【数据】⇨【排序】选项，打开【排序】对话框。

6．在【主要关键字】下拉列表框中，选择包含 RAND( )值的列。

7．单击【确定】按钮。

以上过程中，Excel 会按照随机值来将选择的区域排序，从而达到随机排序的目的，如图 11.4 所示。

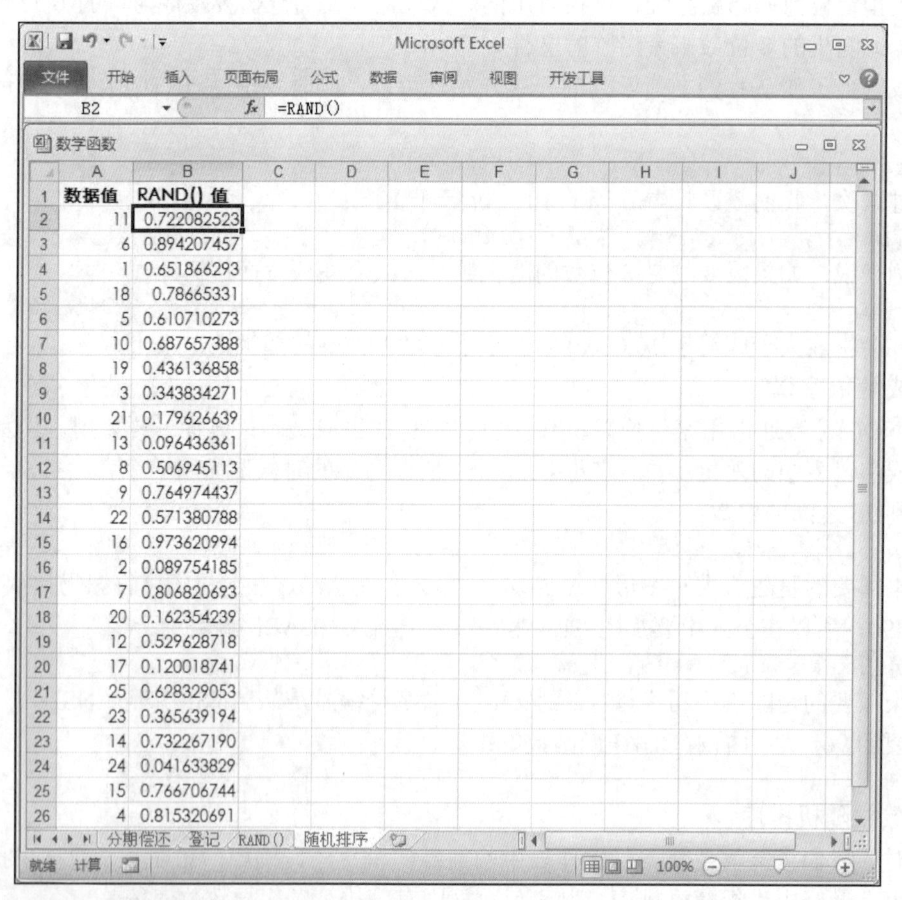

图 11.4　想要进行数据随机排列，可以添加“=RAND( )”公式，则 Excel 会按照随机值来将整个区域排序

11.5.2　RANDBETWEEN( )函数

Excel 同时还提供了 RANDBETWEEN( )函数，它可以简化随机数的生成。使用 RANDBETWEEN( )函数指定上、下界，然后返回它们之间的随机数：

```
RANDBETWEEN(bottom, top)
```

bottom：最小的随机整数。（也就是说，Excel 生成的随机数会大于或等于 *bottom*。）

top：最大的随机整数。（也就是说，Excel 生成的随机数会小于或等于 *top*。）

举例来说，下面的公式会返回 0 到 59 之间的随机数：

```
=RANDBETWEEN(0, 59)
```

第 12 章　使用统计函数

Excel 的统计函数可以计算所有标准统计量数，如平均值、最大值、最小值以及标准差等。对于大部分的统计函数，提供一份列表值（可以是整个“母体”，也可以是母体的“样本”）即可。使用统计函数时，可以输入单独的值或单元格，也可以指定区域。Excel 中有大量的统计函数，其中有些在商业中很少用到。表 12.1 中列举了一些在商业中会用到的统计函数。

表 12.1　一些在商业中使用的统计函数

函数	描述
AVERAGE(number1[,number2, …])	返回平均数
AVERAGEIF(range[, criteria])	返回区域中满足条件的单元格的平均数
AVERAGEIFS(range[, criteria1, …])	返回区域中满足复合条件的单元格的平均数
CORREL(array1, array2)	返回相关系数
COUNT(value1[, value2, …])	计算参数列表中的数字
COUNTA(value1[, value2, …])	计算参数列表中的值
COVARIANCE.P(array1, array2)	返回总体协方差,也就是每对数据点的偏差乘积的平均数
COVARIANCE.S(array1, array2)	返回抽样协方差
COVAR(array1, array2)	协方差计算的旧版本。如果需要在 Excel 2007 或之前的版本中保持兼容性，可以使用这个函数
FORECAST(x,known_y's,known_x's)	基于数组 known_y's 和 known_x's 的线性回归返回 x 的预测值
FREQUENCY(data_array,bins_array)	返回频数分布
FTEST(array1, array2)	返回 F-检验的结果。两套方差的单尾概率不会有显著的不同
GROWTH(known_y's[, known_x's, new_x's, const])	返回沿指数趋势的值
INTERCEPT(known_y's, known_x's)	返回由 known_y's 和 known_x's 生成的线性回归趋势线的 y 截面
KURT(number1[, number2, …])	返回频数分布的峰度
LARGE(array, k)	返回 array 中的第 k 大值
LINEST(known_y's[, known_x's, const, stats])	使用最小二乘法来计算符合 known_y's 和 known_x's 的直线回归
LOGEST(known_y's[, known_x's, const, stats])	使用最小二乘法来计算符合 known_y's 和 known_x's 的指数回归

续表

函数	描述
MAX(number1[, number2, …])	返回最大值
MEDIAN(number1[, number2, …])	返回中间值
MIN(number1[, number2, …])	返回最小值
MODE.MULT(number1[, number2, …])	返回一组数组或者区域中出现频率最高的数值的垂直数组
MODE.SNGL(number1[, number2, …])	返回出现频率最高的值
MODE(number1[, number2, …])	计算众数的之前版本。如果需要在 Excel 2007 或之前的版本中保持兼容性，可以使用这个函数
PERCENTILE.EXC(array, k)	返回数组中第 k 个百分位值，其中 k 是 0 到 1 之间的数字（不包括 0 和 1）
PERCENTILE.INC(array, k)	返回数组中第 k 个百分位值，其中 k 是 0 到 1 之间的数字（包括 0 和 1）
PERCENTILE(array, k)	计算百分位的之前版本。如果需要在 Excel 2007 或之前的版本中保持兼容性，可以使用这个函数
RANK.AVG(number, ref[, order])	返回数字在列表中的排位，或排位的平均值（如果多个值有相同的排位的话）
RANK.EQ(number, ref[, order])	返回数字在列表中的排位，或第一位（如果多个值有相同的排位的话）
RANK(number, ref[, order])	排列计算的之前版本。如果需要在 Excel 2007 或之前的版本中保持兼容性，可以使用这个函数
RSQ(known_y's, known_x's)	返回表明 known_y's 中有多少方差是由 known_x's 决定的确定系数
SKEW(number1[, number2, …])	返回频数分布的偏斜度
SLOPE(known_y's, known_x's)	返回由 known_y's 和 known_x's 生成的线性回归趋势斜率
SMALL(array, k)	返回 array 中的第 k 小值
STDEV.P(number1[, number2, …])	返回基于整个母体的标准差
STDEV.S(number1[, number2, …])	返回基于样本的标准差
STDEV(number1[, number2, …])	计算标准差的之前版本。如果需要在 Excel 2007 或之前的版本中保持兼容性，可以使用这个函数
TREND(known_y's[, known_x's, new_x's, const])	返回沿线性趋势的值
TTEST(array1, array2, tails, type)	返回与学生 t-检验相关的概率
VAR.P(number1[, number2, …])	返回基于整个母体的方差
VAR.S(number1[, number2, …])	返回基于样本的方差
VAR(number1[, number2, …])	计算方差的之前版本。如果需要在 Excel 2007 或之前的版本中保持兼容性，可以使用这个函数
ZTEST(array, x[, sigma])	返回已知方差双样本 z-检验的 P 值

12.1 了解描述统计学

本书的目的之一就是让我们学会使用公式和函数，将一堆杂乱的数字或值变为结果和总结，从而得到有用的信息。Excel 的统计函数在提取有用数据方面就很有用，虽然某些函数看起来会比较奇怪或难懂，但它们值得你付出一点耐心和努力，这样才能打开数据的新世界。

统计学的分支——“描述统计学”有时候也被称为摘要统计学。顾名思义，描述统计学被用来描述数据集的各个方面，更好地全面展示数字背后的现象。在 Excel 的统计指令系统中，16 个量组成了描述统计程序：求和、计数、均值、中位数、众数、最大值、最小值、全距、第 k 大值、第 k 小值、标准差、方差、平均值标准误差、置信系数、峰度，以及偏斜度。

在本章中，我们将会学习如何使用这些统计工具（不包括之前学过的求和）。图 12.1 所示为产品缺陷数据库。

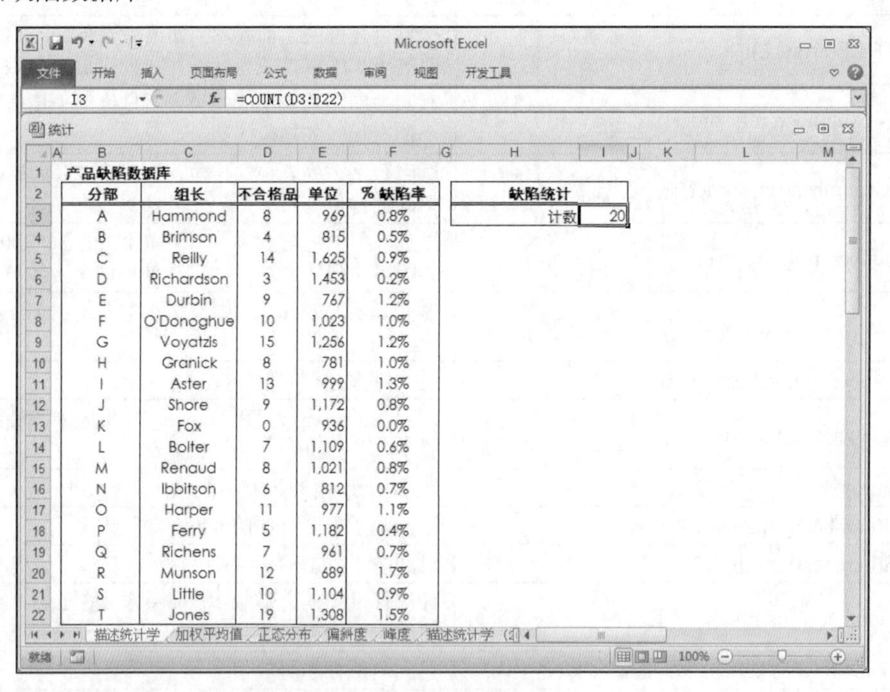

分部	组长	不合格品	单位	% 缺陷率
A	Hammond	8	969	0.8%
B	Brimson	4	815	0.5%
C	Reilly	14	1,625	0.9%
D	Richardson	3	1,453	0.2%
E	Durbin	9	767	1.2%
F	O'Donoghue	10	1,023	1.0%
G	Voyatzis	15	1,256	1.2%
H	Granick	8	781	1.0%
I	Aster	13	999	1.3%
J	Shore	9	1,172	0.8%
K	Fox	0	936	0.0%
L	Bolter	7	1,109	0.6%
M	Renaud	8	1,021	0.8%
N	Ibbitson	6	812	0.7%
O	Harper	11	977	1.1%
P	Ferry	5	1,182	0.4%
Q	Richens	7	961	0.7%
R	Munson	12	689	1.7%
S	Little	10	1,104	0.9%
T	Jones	19	1,308	1.5%

图 12.1 产品缺陷数据库

12.2 使用 COUNT( )函数计数

最简单的描述统计就是合计数字值了，由 COUNT( )函数来完成：

```
COUNT(value1[, value2, …])
```

value1，*value2,* …：想要进行计数的一个或多个区域、数组、函数结果、表达式或文字值。

COUNT( )函数仅能合计参数列表中出现的数字值，文本值、日期、逻辑值和错误会被忽略。在图 12.1 所示的工作表中，以下公式用来给数据库中的缺陷值计数：

```
=COUNT(D3:D22)
```

小贴士：想要快速计数，可以选择好区域，或者如果使用的是表格中的数据，则选择好表格中的一列，Excel 会在状态栏中显示【计数】。如果想知道选中区域中有多少数值，右击状态栏，然后选择【数值计数】选项即可。

12.3　计算平均值

统计学中最基本的大概就是平均值了。但是，我们经常需要问自己的是，哪种平均值是我们需要的？平均数有 3 种：算术平均值、中位数和众数。接下来的几小节中，我们将会学到工作表中计算这 3 种平均值的函数。

12.3.1　AVERAGE( )函数

“均值”就是指“平均值”，因为平均值其实就是一套数字集合的算术平均值。在 Excel 中，使用 AVERAGE( )函数来计算均值：

```
AVERAGE(number1[, number2, …])
```

number1，*number2,* …：想要计算均值的区域、数组或值列表。

举例来说，想要计算产品缺陷数据库中不合格品数据的均值，可以使用以下公式：

```
=AVERAGE(D3:D22)
```

小贴士：如果只是需要看一眼均值，选中区域后，Excel 会在状态栏中显示【平均值】。

警告：AVERAGE( )函数（以及后面会讲到的 MEDIAN( )和 MODE( )函数）会忽略文本和逻辑值以及空白单元格，但包含 0 值的单元格不会被忽略。

12.3.2　MEDIAN( )函数

“中位数”是指数据集内的数字按顺序排列后，位于中间的值。换句话来说，50%的值在其之前，另外 50%的值在其之后。在有一个或两个极值的数据集内求平均值时中位数是非常有用的，因为它不会受到极值的影响。

我们使用 MEDIAN( )函数来计算中位数：

```
MEDIAN(number1[, number2, …])
```

number1，number2, …：想要计算中位数的区域、数组或值列表。

举例来说，想要计算产品缺陷数据库中不合格品数据的中位数，使用以下公式：

```
=MEDIAN(D3:D22)
```

12.3.3 MODE( )函数

“众数”是指数据集内出现次数最多的值。在我们处理那些既不能相加（计算均值时需要）也不能排序（计算中位数时需要）的数据时，众数就非常有用了。举例来说，制作一张调查表，里面有关于调查对象最喜欢的颜色的问题。这时均值和中位数都不能计算出这类型问题的结果，但是众数可以告诉我们哪种颜色是被选择最多的。

可以使用以下函数来计算众数：

```
MODE.MULT(number1[, number2, …])
MODE.SNGL(number1[, number2, …])
MODE(number1[, number2, …])
```

number1，number2, …：想要计算众数的区域、数组或值列表。

MODE.SNGL( )函数返回列表中最常见的值，所以它将是我们在 Excel 中使用最多的函数。如果列表中包含复合常见值，可以使用 MODE.MULT( )函数来返回数组。如果需要在 Excel 2010 之前的版本中保持兼容性，使用 MODE( )函数。

举例来说，要计算产品缺陷数据库中不合格品数据的众数，使用以下公式即可：

```
=MODE.SNGL(D3:D22)
```

12.3.4 计算加权平均值

在一些数据集中，可能某一个数据比另一个更重要，例如，假设你的公司有很多分部，其中最大的分部每年的销售额是$1 亿，而最小的分部仅为$100 万。如果要计算各分部的平均利润率，那么将每一个分部平等对待显然是没有意义的，因为最大的分部比最小的分部大了两个数量级。所以在计算平均利润率的时候，应该把每个部门的大小也考虑在内。

以上考虑可以通过计算“加权平均值”来完成。这是一种算术平均值，即在计算的时候根据每个值在数据集内的重要性进行加权。以下为计算加权平均值的步骤。

1．每个值都乘以其加权值。

2．求出第 1 步中所有值的和。

3．求出加权值和。

4．用第 2 步的和除以第 3 步的和。

让我们把这些步骤具体应用到产品缺陷数据库例子中。假设想知道的是产品的平均缺陷率，也就是 F 列的值，简单地在区域 F3:F22 中应用 AVERAGE( )函数会得到不够精确的答案，因为各分部的产品数量不尽相同（最大值为 C 部的 1625，而最小值为 R 部的 689）。为了得到更精确的结果，我们应该给不同的分部进行加权，也就是说，在计算缺陷产品率的时候需要计算加权平均值。

在这种情况下，加权是各分部的单位生产量，所以加权平均值计算步骤如下。

1．用缺陷率乘以产品单位。（部分读者会发现这里只给出了缺陷数，为了解释得更明白，现在我们先忽略这个问题。）

2．合计步骤 1 的结果。

3．产品单位求和。

4．用第 2 步的值除以第 3 步的值。

可以将以上所有的步骤合并到以下数组公式中，如图 12.2 所示：

```
{=SUM(F3:F22 * E3:E22) / SUM(E3:E22)}
```

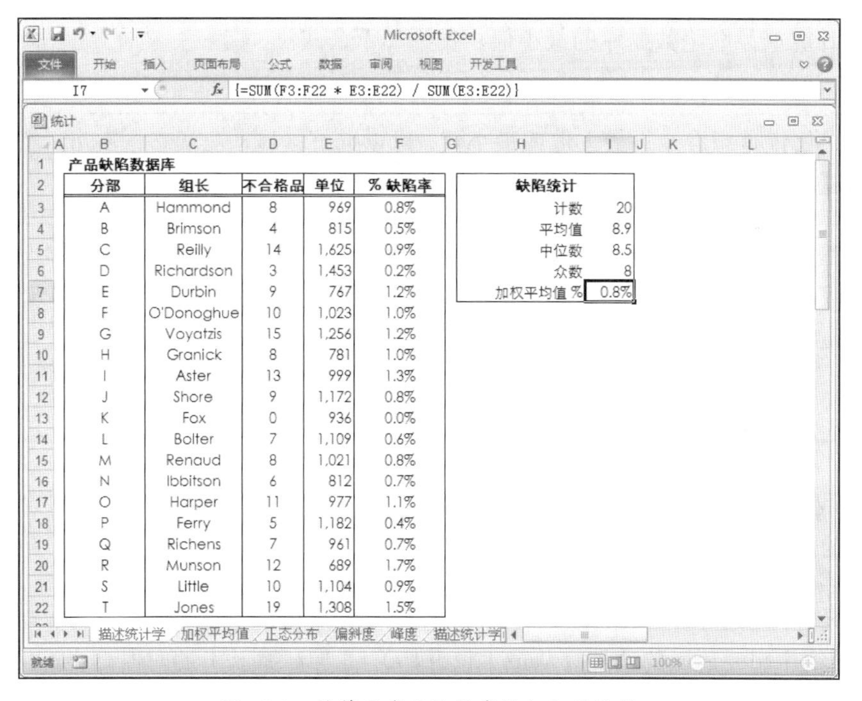

产品缺陷数据库

分部	组长	不合格品	单位	% 缺陷率
A	Hammond	8	969	0.8%
B	Brimson	4	815	0.5%
C	Reilly	14	1,625	0.9%
D	Richardson	3	1,453	0.2%
E	Durbin	9	767	1.2%
F	O'Donoghue	10	1,023	1.0%
G	Voyatzis	15	1,256	1.2%
H	Granick	8	781	1.0%
I	Aster	13	999	1.3%
J	Shore	9	1,172	0.8%
K	Fox	0	936	0.0%
L	Bolter	7	1,109	0.6%
M	Renaud	8	1,021	0.8%
N	Ibbitson	6	812	0.7%
O	Harper	11	977	1.1%
P	Ferry	5	1,182	0.4%
Q	Richens	7	961	0.7%
R	Munson	12	689	1.7%
S	Little	10	1,104	0.9%
T	Jones	19	1,308	1.5%

缺陷统计	
计数	20
平均值	8.9
中位数	8.5
众数	8
加权平均值 %	0.8%

图 12.2　计算了产品缺陷率的加权平均值

12.4　计算极值

平均值函数的结果告诉了我们关于数据“中间”的事情，有时候我们也需要知道一些关于数据“两边”的事情。例如，最大或最小的值各是哪个？在接下来的小节中，我们将会学到关于返回母体或样本的极值的工作表函数。

12.4.1 MAX( )和 MIN( )函数

想知道数据集中最大的值，可以使用 MAX( )函数：

```
MAX(number1[, number2, …])
```

number1，*number2*, …：想要计算最大值的区域、数组或值列表。

例如，计算产品缺陷数据库的最大值，使用如下公式：

```
=MAX(D3: D22)
```

计算数据集内的最小值，使用 MIN( )函数：

```
MIN(number1[, number2, …])
```

number1，*number2*, …：想要计算最小值的区域、数组或值列表。

例如，计算产品缺陷数据库的最小值，使用如下公式：

```
=MIN(D3: D22)
```

小贴士：如果仅仅是想看一下最大值或最小值，可以选好区域，在状态栏右击，然后选择【最大值】或【最小值】选项即可。

注意：如果想要确定最大值或最小值的区域或数组中包含文本值或逻辑值，要使用 MAXA( )和 MINA( )函数来代替 MAX( )和 MIN( )函数。这两个函数会忽略文本值并将逻辑值视为 1（TRUE）或 0（FALSE）。

12.4.2 LARGE( )和 SMALL( )函数

有时候我们不仅需要知道最大值，也需要知道第 *k* 大值，其中 *k* 是一个整数。此时可以使用 Excel 的 LARGE( )函数：

```
LARGE(array, k)
```

array：包含值的区域、数组或列表。

k：在数组中想要返回的位置（从最大值开始）。（当 *k* 等于 1 的时候，会返回和 MAX( )相同的值。）

例如，下面的公式会返回 15，即产品缺陷数据库中不合格品的第 2 大值：

```
=LARGE(D3:D22, 2)
```

同样地，如果不仅想知道最小值，还想知道第 *k*（*k* 为一个整数）小值时，可以使用 SMALL( )函数：

```
SMALL(array, k)
```

array：包含值的区域、数组或列表。

k：在数组中想要返回的位置（从最小值开始）。（当 *k* 等于 1 的时候，会返回和 MIN( ) 相同的值。）

例如，以下公式会返回 4，即产品缺陷数据库中不合格品的第 3 小值，如图 12.3 所示：

```
=SMALL(D3:D22, 3)
```

产品缺陷数据库

分部	组长	不合格品	单位	% 缺陷率
A	Hammond	8	969	0.8%
B	Brimson	4	815	0.5%
C	Reilly	14	1,625	0.9%
D	Richardson	3	1,453	0.2%
E	Durbin	9	767	1.2%
F	O'Donoghue	10	1,023	1.0%
G	Voyatzis	15	1,256	1.2%
H	Granick	8	781	1.0%
I	Aster	13	999	1.3%
J	Shore	9	1,172	0.8%
K	Fox	0	936	0.0%
L	Bolter	7	1,109	0.6%
M	Renaud	8	1,021	0.8%
N	Ibbitson	6	812	0.7%
O	Harper	11	977	1.1%
P	Ferry	5	1,182	0.4%
Q	Richens	7	961	0.7%
R	Munson	12	689	1.7%
S	Little	10	1,104	0.9%
T	Jones	19	1,308	1.5%

缺陷统计	
计数	20
平均值	8.9
中位数	8.5
众数	8
加权平均值 %	0.8%
最大值	19
最小值	0
第2个最大值	15
第3个最小值	4

图 12.3　使用 MAX( )、MIN( )、LARGE( )和 SMALL( )函数

12.4.3　对排在前 *k* 位的值执行计算

有时候我们会需要合计排在数据库前 3 位的值，或计算排在前 10 位的值的平均值，这时候可以结合使用 LARGE( )函数和适当的算术函数，如数组公式中的 SUM( )函数等。通用公式如下：

```
{=FUNCTION(LARGE(range, {1, 2, 3, …k}))}
```

在这个公式中，FUNCTION( )是指算数函数，*range* 是包含数据的数组或区域，*k* 是需要使用的值的数量。也就是说，LARGE( )函数将 *range* 中排在前 *k* 位的值应用到 FUNCTION( ) 函数中。

举例来说，假设我们想找出产品缺陷数据库中排在前 5 位的值的均值，使用以下数组公式即可：

```
{=AVERAGE(LARGE(D3:D22, {1, 2, 3, 4, 5}))}
```

12.4.4 对排在后 *k* 位的值执行计算

你大概也发现了，对排在后 *k* 位的值执行计算的步骤也是相同的。唯一不同的就是用 SMALL( )函数来代替 LARGE( )函数：

```
{=FUNCTION(SMALL(range, {1, 2, 3, …k}))}
```

举例来说，下面的数组公式合计了产品缺陷数据库中最小的 3 个缺陷值：

```
{=SUM(SMALL(D3:D22, {1, 2, 3}))}
```

12.5 计算差异

描述统计量数，如均值、中位数和众数等，都属于统计学中的反映趋势集中度的值，有时也被称为“位置度量指标”。这些数字给了我们一个直观的印象，告诉我们数据集内典型的数据是怎样构成的。

以上这些与所谓的“差异量数”，有时候也被称为“离散量数”，形成鲜明对比，这些多样化的设计就是为了告诉我们数据集内的数据是如何区分开的。如果一个数据集内的数据都是相同的，那也就没有什么可变性了；反之，如果数据集内的数据截然不同，那么可变性就很强了。而这里的“截然不同”就是本章中统计技巧可以帮到我们的地方。

12.5.1 计算全距

最简单的差异量数就是“全距”了，有时候也被称为“极差”，它是根据数据集内最大值和最小值的差别来定义的。Excel 中并没有直接计算全距的函数，我们首先需要使用 MAX( )和 MIN( )函数得到两个极值，然后用最大值减去最小值来得到全距。

举例来说，下面的公式可以用来计算产品缺陷数据库的全距：

```
=MAX(D3:D22)-MIN(D3:D22)
```

一般来讲，全距仅在样本较小的时候比较有用。样本越大，最大值与最小值就越极端，那么全距的偏斜度就越明显。

12.5.2 计算方差

计算数据集内的变量的时候，一个最简单的方法就是计算某值偏离平均数有多远，然后将这些离差相加并除以样本中值的数目来得到“平均差异”。不过问题是，根据算术平均数的定义，离差有正有负，相加的时候结果会为 0。为了解决这个问题，我们应该将离差的“绝对值”相加然后除以样本数，这在统计学中被称为“平均离差”。

但是问题依然存在，因为某些高级技术上的特点，数学家们对于需要绝对值的方程式有些恐惧。为了解决这个问题，他们会使用平均数中每个离差的平方来得到总是正数的结果，然后合计这些平方值并除以值的数目，最终得到的结果被称为“方差”。方差也是常见的差异量数，不过要解释它却不是那么容易的事情，因为方差的单位不是样本单位，而是样本的平方。“缺陷率平方”是什么意思？这其实对我们来说不是很重要，因为在下一小节中我们就能看到，方差主要是用来得到标准差的。

注意：这里关于方差的解释是简化过的。如果想知道更多关于方差的信息，可以查阅中级统计书籍。

不管怎么说，方差都是描述统计学的标准部分，这就是我们在本书里看到它的原因。Excel 使用 VAR.P( )、VAR.S( )以及 VAR( )函数来计算方差：

```
VAR.P(number1[, number2, …])
VAR.S(number1[, number2, …])
VAR(number1[, number2, …])
```

number1，*number2,* …：想要计算方差的区域、数组或值列表。

数据集是整个母体的时候使用 VAR.P( )函数，如产品缺陷数据库的例子；如果是整个母体的一部分样本，则使用 VAR.S( )函数；想在 Excel 2010 之前的版本中保持兼容性，使用 VAR( )函数（一般会假设数据是总体的样本）。

举例来说，想要计算缺陷数据集的方差，使用以下公式：

```
=VAR.P(D3:D22)
```

注意：如果需要计算方差的区域或数组中包含文本值或逻辑值，要使用 VARPA( )或 VARA( )函数。这些函数会忽略掉文本值并将逻辑值看作 1（TRUE）或 0（FALSE）。

12.5.3　计算标准差

正如我们在上一小节看到的，在现实世界中，方差只是一个中间步骤，被用来计算差异量数中最重要的量数——“标准差”。这个量数会告诉我们数据集内的值是如何随平均值（指算术平均值）而变化的，在下一节中我们学到频数分布后这个概念就会理解了。现在，只要知道低标准差表示数据值在平均数周围聚集，而高标准差表示数据值在平均数周围扩散就足够了。

“标准差”是指方差的平方根。这就意味着所得结果和使用数据的单位是一致的，举例来说，不合格品的方差的单位是没什么意义的“缺陷率平方”，而标准差的单位则是“缺陷率”。

我们可以通过开 VAR( )函数结果的平方来得到标准差，不过 Excel 提供了更直接的路径：

```
STDEV.P(number1[, number2, …])
STDEV.S(number1[, number2, …])
STDEV(number1[, number2, …])
```

***number1*，*number2*, …**：想要计算标准差的区域、数组或值列表。

数据集是整个母体的时候使用 STDEV.P( )函数，如产品缺陷数据库的例子；如果是整个母体的一部分样本，则使用 STDEV.S( )函数；想在 Excel 2010 之前的版本中保持兼容性，使用 STDEV ( )函数（一般会假设数据是整个母体的样本）。

例如，想要计算缺陷数据库的标准差，使用以下公式即可，如图 12.4 所示：

```
=STDEV.P(D3:D22)
```

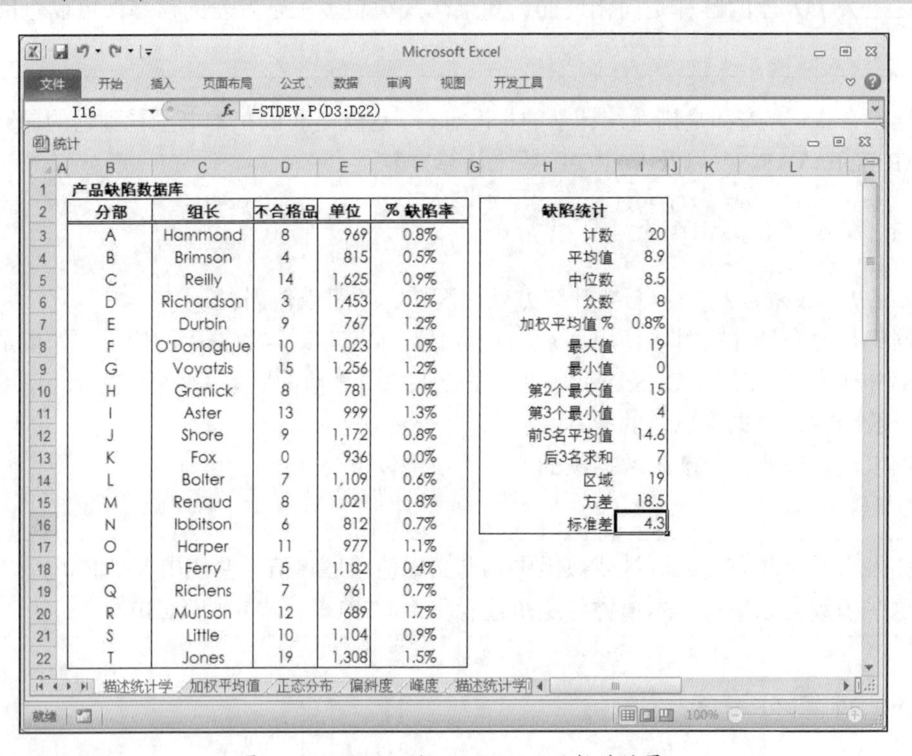

产品缺陷数据库

分部	组长	不合格品	单位	% 缺陷率
A	Hammond	8	969	0.8%
B	Brimson	4	815	0.5%
C	Reilly	14	1,625	0.9%
D	Richardson	3	1,453	0.2%
E	Durbin	9	767	1.2%
F	O'Donoghue	10	1,023	1.0%
G	Voyatzis	15	1,256	1.2%
H	Granick	8	781	1.0%
I	Aster	13	999	1.3%
J	Shore	9	1,172	0.8%
K	Fox	0	936	0.0%
L	Bolter	7	1,109	0.6%
M	Renaud	8	1,021	0.8%
N	Ibbitson	6	812	0.7%
O	Harper	11	977	1.1%
P	Ferry	5	1,182	0.4%
Q	Richens	7	961	0.7%
R	Munson	12	689	1.7%
S	Little	10	1,104	0.9%
T	Jones	19	1,308	1.5%

缺陷统计	
计数	20
平均值	8.9
中位数	8.5
众数	8
加权平均值 %	0.8%
最大值	19
最小值	0
第2个最大值	15
第3个最小值	4
前5名平均值	14.6
后3名求和	7
区域	19
方差	18.5
标准差	4.3

图 12.4　VARP( )和 STDEVP( )函数的结果

12.6　使用频数分布

频数分布是一个数据表格，它将数据值集合到“区间”（值的区域）中，并显示每个区间内有多少值。例如，以下是不合格品数量可能的频数分布：

区间	计数
0～3	2
4～7	5
8～11	8
12～15	4
16+	1

每个区间的大小就被称为“区间间隔”。那么需要使用多少区间呢？答案取决于数据的多少。例如，如果想要计算学生分数的频数分布，大概需要设置 6 个区间：0～49、50～59、60～69、70～79、80～89 以及 90+。要计算民意测验结果，根据年龄分成 4 个区间就可以了：18～34、35～49、50～64 及 65+。

如果数据没有明显的区间间隔，可以使用如下规则：如果数据集内有 *n* 个值，将 *n* 放到连续的 2 的幂中，然后取较大的指数来作为区间数。

举例来说，假设 *n* 是 100，那么区间数应该为 7，因为 100 是在 2^6（64）到 2^7（128）之间。而在产品缺陷数据库中，*n* 为 20，所以区间数应该是 5，因为 20 在 2^4（16）和 2^5（32）之间。

小贴士： 有一个公式可以用来计算区间数的规格：

```
=CEILING(LOG(COUNT(input_range), 2), 1)
```

12.6.1　FREQUENCY( )函数

Excel 提供了 FREQUENCY( )函数来帮助我们建立频数分布：

```
FREQUENCY(data_array, bins_array)
```

data_array：数据值区域或数组。

bins_array：每个区间上界组成的区域或数组。

关于这个函数，我们需要知道以下这些事情。

■ 对于 *bins_array* 参数，只能包含每个区间的上限值，如果最后一个区间是开放性的（如 16+），则不能将其输入 *bins_array* 中。例如，在之前我们举的缺陷产品频数分布例子中，*bins_array* 是“{3, 7, 11, 15}”。

警告： 要确保所输入的区间值是以升序排序的。

■ FREQUENCY( )函数所返回的数组中元素的数目（即在每个区间之间的值的数目）比 *bins_array* 的元素数目多一个。例如，如果 *bins_array* 包含 4 个元素，那么 FREQUENCY( )函数会返回 5 个元素（多出来的那个元素就是在开放性区间中的数字）。

■ 因为 FREQUENCY( )函数会返回数组，所以我们需要将其输入为一个数组公式。首先选中想要显示函数结果的区域，记得这个区域要比 *bins_array* 区域大一个单元格；然后输入公式，并按【Ctrl】+【Shift】+【Enter】组合键。

图 12.5 显示了添加频数分布后的产品缺陷数据库。*bins_array* 在区域 K4:K7，FREQUENCY( )函数结果显示在区域 L5:L8 中，其中输入的数组公式如下：

```
{=FREQUENCY(D3:D22, K4:K7)}
```

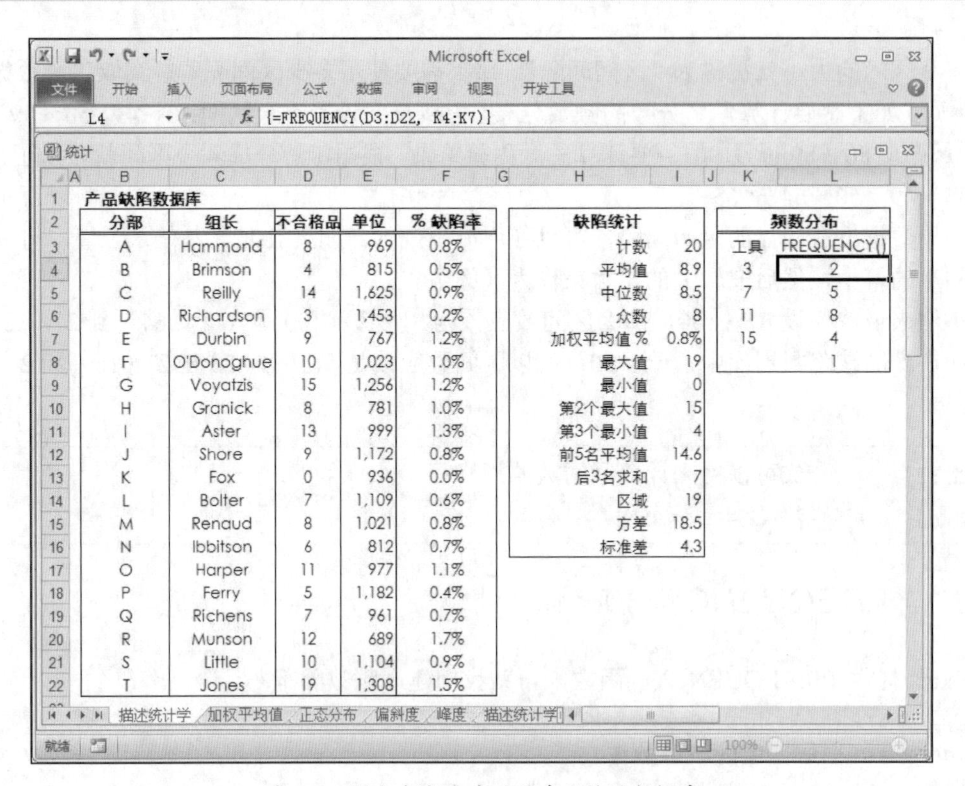

产品缺陷数据库

分部	组长	不合格品	单位	% 缺陷率
A	Hammond	8	969	0.8%
B	Brimson	4	815	0.5%
C	Reilly	14	1,625	0.9%
D	Richardson	3	1,453	0.2%
E	Durbin	9	767	1.2%
F	O'Donoghue	10	1,023	1.0%
G	Voyatzis	15	1,256	1.2%
H	Granick	8	781	1.0%
I	Aster	13	999	1.3%
J	Shore	9	1,172	0.8%
K	Fox	0	936	0.0%
L	Bolter	7	1,109	0.6%
M	Renaud	8	1,021	0.8%
N	Ibbitson	6	812	0.7%
O	Harper	11	977	1.1%
P	Ferry	5	1,182	0.4%
Q	Richens	7	961	0.7%
R	Munson	12	689	1.7%
S	Little	10	1,104	0.9%
T	Jones	19	1,308	1.5%

缺陷统计	
计数	20
平均值	8.9
中位数	8.5
众数	8
加权平均值 %	0.8%
最大值	19
最小值	0
第2个最大值	15
第3个最小值	4
前5名平均值	14.6
后3名求和	7
区域	19
方差	18.5
标准差	4.3

频数分布	
工具	FREQUENCY()
3	2
7	5
11	8
15	4
	1

图 12.5 添加频数分布后的产品缺陷数据库

12.6.2 了解正态分布和 NORMDIST( )函数

学习接下来的几个小节前，需要知道一些统计世界里著名的知识，那就是“正态分布”，它有时也会被称为“正态频率曲线”。它所涉及的数据会对称地堆集在中央均值周围，其中高频值靠近均值，然后左右两边同时依次递减。

图 12.6 展示的就是典型的正态分布。实际上，这个例子叫作“标准正态分布”，也就是定义为均值是 0 且标准差是 1 的正态分布，由于独特的像钟一样的形状，它也经常被称为“钟形曲线”。

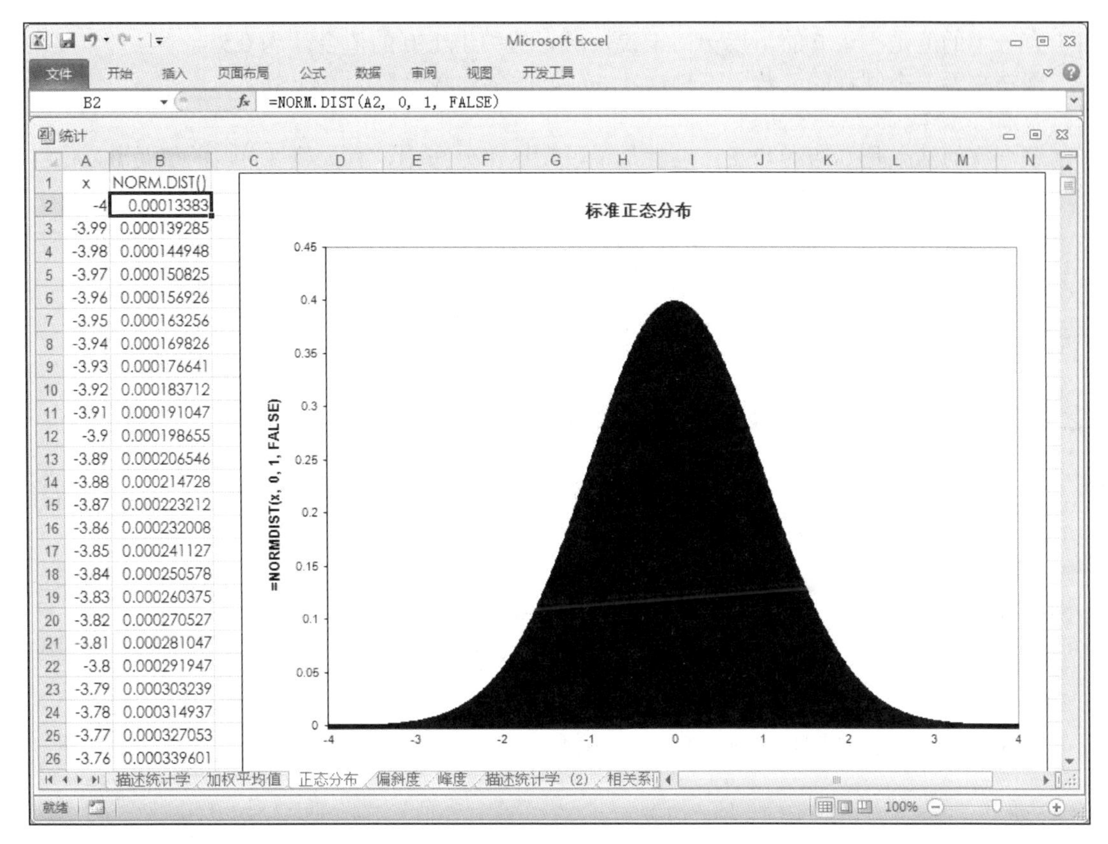

图 12.6　由 NORM.DIST( )函数生成的标准正态分布（均值为 0 而标准差为 1）

想要生成正态分布，我们需要 Excel 中的 NORM.DIST( )函数，它会返回指定值在母体中的概率：

```
NORM.DIST(x, mean, standard_dev, cumulative)
NORMDIST(x, mean, standard_dev, cumulative)
```

x：想要使用的值。

mean：算术平均值分布。

standard_dev：标准差分布。

cumulative：决定函数结果如何计算的逻辑值。如果 *cumulative* 为 TRUE，函数返回等于或小于 *x* 的累积概率；如果 *cumulative* 为 FALSE，则返回与 *x* 相关的概率。

在 Excel 2010 中使用 NORM.DIST( )函数，如果需要在之前版本中保持兼容性，则使用 NORMDIST( )函数。

举例来说，下面的例子计算的是 0 值的标准正态分布（即均值为 0 而标准差为 1）：

```
=NORM.DIST(0, 0, 1, TRUE)
```

其中 *cumulative* 参数如果设置为 TRUE，那么公式会返回 0.5，因为直观来看，在这个分布中有一半的值是小于 0 的。换句话来说，所有值中小于 0 的值合计为 0.5。

现在来看一个同样的函数，不过这次 *cumulative* 参数设置为 FALSE：

```
=NORM.DIST(0, 0, 1, FALSE)
```

这一次的结果是 0.39894228。也就是说，在这个分布中，有大概 3.99%的值是 0。

按照我们的理解，正态分布的关键点就在于，它和标准差有着直接的联系：

- 所有值中大约有 68%的值都在均值的一个标准差内（即比均值大一个或小一个标准差）。
- 所有值中大约有 95%的值都在均值的两个标准差内。
- 所有值中大约有 99.7%的值都在均值的三个标准差内。

12.6.3 曲线形状 1：SKEW( )函数

如何得知频数分布是否为一个正态分布或与之类似呢？也就是说，这个频数曲线是否能映射出正态分布的钟形曲线呢？

一个方法是看值是否聚集在均值周围。对正态分布来说，值会对称地群集在均值附近；而频数分布也可能会按以下其中一种方式非对称排列。

- 逆向偏斜：值会在均值之上隆起，然后在均值之下迅速以尾状下滑。
- 正向偏斜：值会在均值之下隆起，然后在均值之上迅速以尾状下滑。

图 12.7 所示即为逆向偏斜和正向偏斜的例子。

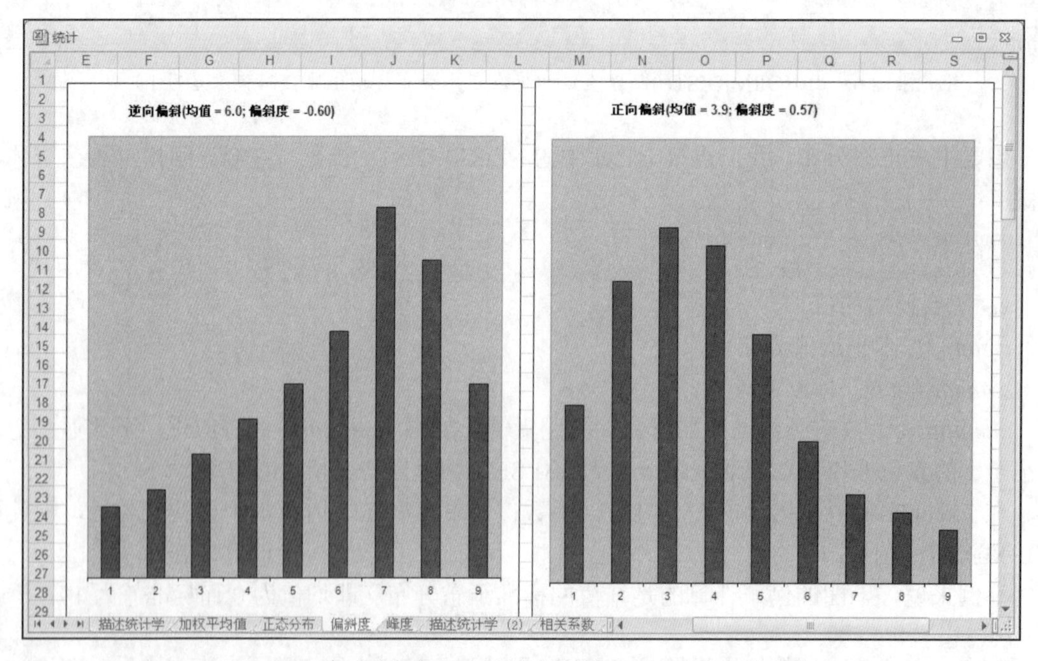

图 12.7 左边的频数分布为逆向偏斜，右边的为正向偏斜

在 Excel 中，使用 SKEW( )函数来计算数据集的偏斜度：

```
SKEW(number1[, number2, …])
```

number1，*number2*, …：想要计算偏斜度的区域、数组或值列表。

例如，下面的公式会返回缺陷产品的偏斜度：

```
=SKEW(D3:D22)
```

SKEW( )函数的结果越接近 0，那么频数分布就越对称，也就越接近正态分布。

12.6.4　曲线形状 2：KURT( )函数

另一个找出频数分布与正态分布有多接近的方式是考虑曲线的平坦度，如下所示。

- 平坦：值都均衡地分布在所有的或大部分的区间内。
- 高峰：值都群集在一个狭窄的区域内。

统计学家称频数曲线的平坦度为“峰度”。平坦的曲线为逆向峰度，而高峰的曲线则为正向峰度。值离 0 越远，频数分布就越和正态分布不同。图 12.8 所示即为逆向峰度和正向峰度的例子。

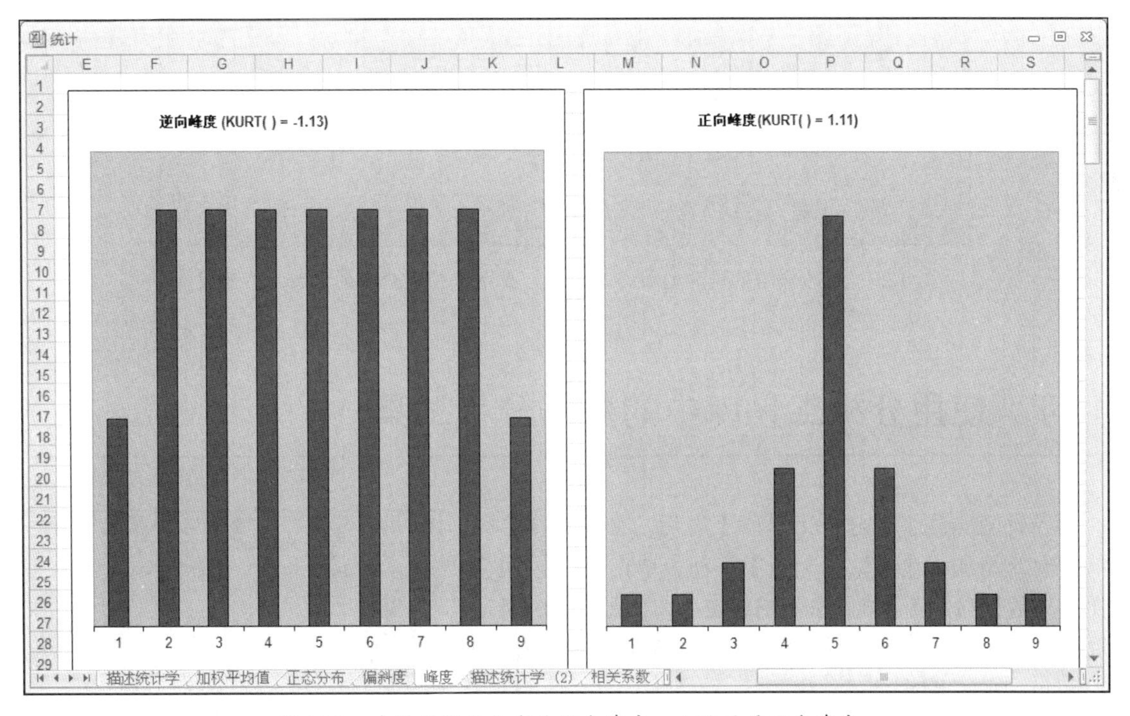

图 12.8　*左边的频数分布为逆向峰度，右边的是正向峰度*

在 Excel 中，使用 KURT( )函数来计算数据集的峰度：

```
KURT(number1[, number2, …])
```

number1，*number2*, …：想要计算峰度的区域、数组或值列表。

例如，如下公式会返回不合格品的峰度：

```
=KURT(D3:D22)
```

图 12.9 所示为产品缺陷数据库的最终工作表，包括了偏斜度和峰度。

Microsoft Excel

I18　=KURT(D3:D22)

产品缺陷数据库

分部	组长	不合格品	单位	% 缺陷率
A	Hammond	8	969	0.8%
B	Brimson	4	815	0.5%
C	Reilly	14	1,625	0.9%
D	Richardson	3	1,453	0.2%
E	Durbin	9	767	1.2%
F	O'Donoghue	10	1,023	1.0%
G	Voyatzis	15	1,256	1.2%
H	Granick	8	781	1.0%
I	Aster	13	999	1.3%
J	Shore	9	1,172	0.8%
K	Fox	0	936	0.0%
L	Bolter	7	1,109	0.6%
M	Renaud	8	1,021	0.8%
N	Ibbitson	6	812	0.7%
O	Harper	11	977	1.1%
P	Ferry	5	1,182	0.4%
Q	Richens	7	961	0.7%
R	Munson	12	689	1.7%
S	Little	10	1,104	0.9%
T	Jones	19	1,308	1.5%

缺陷统计	
计数	20
平均值	8.9
中位数	8.5
众数	8
加权平均值 %	0.8%
最大值	19
最小值	0
第2个最大值	15
第3个最小值	4
前5名平均值	14.6
后3名求和	7
区域	19
方差	18.5
标准差	4.3
偏斜度	0.25
峰度	0.51

频数分布	
工具	FREQUENCY()
3	2
7	5
11	8
15	4
	1

描述统计学　加权平均值　正态分布　偏斜度　峰度　描述统计学

图 12.9　产品缺陷数据库的最终工作表，显示了频数分布的偏斜度和峰度

12.7　使用分析工具库中的数据分析工具

当我们加载了【分析工具库】之后，在【数据】菜单中会新添加一个【数据分析】按钮，单击这个按钮会弹出【数据分析】对话框，如图 12.10 所示。这个对话框内包含 19 个新的统计工具，可以处理从方差分析到 z-检验的所有事情。

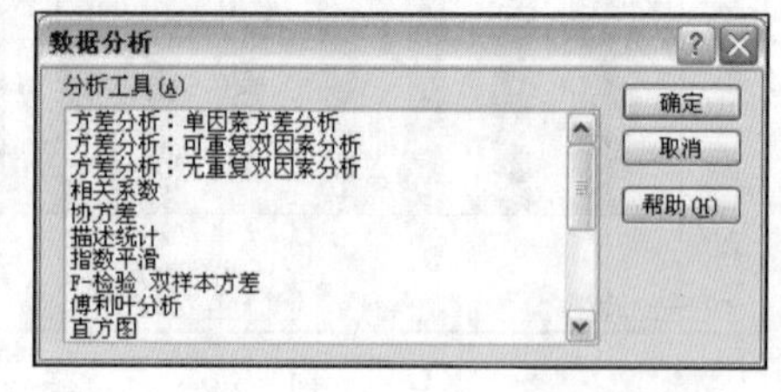

图 12.10　【数据分析】对话框内包含 19 个强有力的数据分析工具

→学习如何激活【分析工具库】插件，请看“6.5　加载分析工具库”。

■　方差分析：单因素方差分析——简单的方差分析，即“单因素”方差分析。此分析会检验“多个样本的均值是相等的”这个假设。

■ 方差分析：可重复双因素分析——单因素方差分析的扩展，每组数据中包含的样本不止一个。

■ 方差分析：无重复双因素分析——双因素方差分析，但每组数据中只包含一个样本。

■ 相关系数——返回相关系数，即表示两个数据集之间关系的量数。也可以通过如下工作表函数获得：

```
CORREL(array1, array2)
```

array1：表示第一个数据集的引用、区域名称或数组。

array2：表示第二个数据集的引用、区域名称或数组。

■ 协方差——返回每对数据点偏差乘积的平均值。协方差是表示两个数据集之间关系的量数，可以通过以下工作表函数获得：

```
COVARIANCE.P(array1, array2)
COVARIANCE.S(array1, array2)
COVAR (array1, array2)
```

array1：表示第一个数据集的引用、区域名称或数组。

array2：表示第二个数据集的引用、区域名称或数组。

■ 描述统计——生成一个显示各类统计（如数据集的均值、众数及标准差等）的报告。

■ 指数平滑——基于前期预测值导出相应的新预测值，并修正前期预测值的误差。

■ F-检验 双样本方差——执行双样本检验来比较两个样本的方差。此函数会在两个样本的方差没有明显差异时会返回一个单尾概率。在工作表中使用以下函数获得：

```
F.TEST(array1, array2)
FTEST(array1, array2)
```

array1：表示第一个数据集的引用、区域名称或数组。

array2：表示第二个数据集的引用、区域名称或数组。

■ 傅立叶分析——执行快速傅立叶变换。傅立叶分析用来解决线性系统问题或分析周期性数据。

■ 直方图——计算数据区域或数据区间集的单个和累积频数。本章之前提到过的FREQUENCY( )函数就是直方图工具的简化版本。

■ 移动平均——基于特定的过去某时段的数据序列平均值，来平滑处理数据序列。

■ 随机数发生器——用独立随机数来填充区域。

■ 排位与百分比排位——创建一个包含数据集内各个值的顺序排位和百分比排位的表格，在工作表中使用以下函数获得：

```
RANK.AVG(number, ref, [order])
RANK.EQ(number, ref, [order])
RANK(number, ref, [order])
```

number：需要排位的数字。

ref：引用、区域名称或数组，与 *number* 需要在其中排位的数据集相对应。

order：指定 *number* 如何在数据集中排位的整数。如果 *order* 为 0（默认），Excel 会将数

据集以降序排列；如果 *order* 是任意非 0 数字，Excel 会将数据集以升序排列。

小贴士：记住 *ref* 必须包含 *number*。

```
PERCENTILE.EXC(array, k)
PERCENTILE.INC(array, k)
PERCENTILE(array, k)
```

array：数据集内值的引用、区域名称或数组。

k：百分比，以 0 到 1 之间的小数来表示。

■ 回归——使用最小二乘法直线拟合来执行线性回归分析。

■ 抽样——通过把输入区域看作母体来进行抽样分析。

■ t-检验：平均值的成对二样本分析——执行成对二样本学生 t-检验，来确定一个样本的均值是否明确。在工作表中使用以下函数获得（设置 *type* 等于 1）：

```
T.TEST(array1, array2, tails, type)
TTEST(array1, array2, tails, type)
```

array1：表示第一个数据集的引用、区域名称或数组。

array2：表示第二个数据集的引用、区域名称或数组。

tails：指示分布曲线的位数。

type：想要使用的 t-检验的类型，1=成对，2=二样本等方差（等方差），3=二样本异方差（异方差）。

■ t-检验：双样本等方差假设——假设每个数据集的方差是相等的，执行成对双样本学生 t-检验。也可以使用 TTEST( )函数并将 *type* 参数设置为 2。

■ t-检验：双样本异方差假设——假设每个数据集的方差是不等的，执行成对双样本学生 t-检验。也可以使用 TTEST( )函数并将 *type* 参数设置为 3。

■ z-检验：双样本平均差检验——执行已知方差均值成对双样本 z-检验，在工作表中使用以下函数获得：

```
Z.TEST(array, x, [sigma])
ZTEST(array, x, [sigma])
```

array：用来检验 *x* 的引用、区域名称或数组。

x：想要检验的值。

sigma：母体（已知）的标准差。如果省略掉这个参数，则使用样本标准差。

接下来的几个小节中，我们会更深入地学习其中的 5 个工具：描述统计、相关系数、直方图、随机数发生器，以及排位与百分比排位。

12.7.1 使用描述统计工具

在本章前面的内容中，我们看到 Excel 中有很多不同的函数，它们用来计算母体或样本的均值、最大值、最小值和标准差等，如果想要获得所有的这些基本分析统计值，一一输入函数可是一件让人头疼的事。所以，我们可以选择使用分析工具库中的描述统计工具，这个工具会自动计算 16 个最常用的统计函数，并将它们放到一个表格内。请按照以下步骤进行。

注意：要记得描述统计工具只能输出数字，而不能输出公式，因此，如果数据改变了，需要重复以下步骤来重新运行工具。

1．选择包含想要分析的数据的区域，如果有行标题或列标题的话要一同选中。

2．选择【数据】⇨【数据分析】选项，打开【数据分析】对话框。

3．选择【描述统计】选项并单击【确定】按钮，Excel 会显示【描述统计】对话框，如图 12.11 所示。

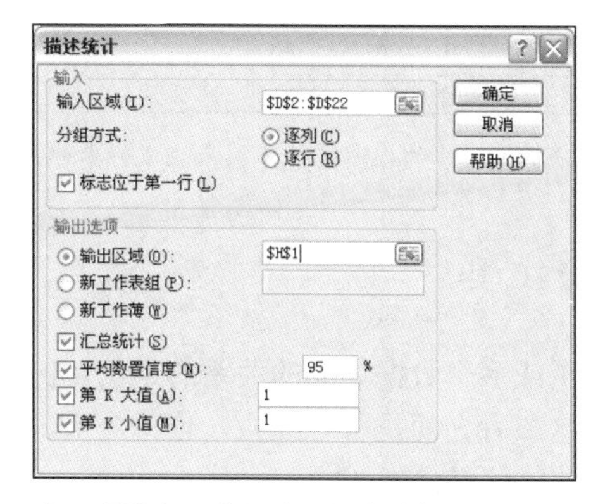

图 12.11　使用【描述统计】对话框来选择需要用作分析的选项

4．在【输出选项】选项组中选择输出的位置。对于包含在输出区域内的每个数据集，Excel 都会建立一个宽两列、高 18 行的表格。

5．选择需要包含在输出选项内的统计项目。

■　汇总统计——选中此复选框后，输出的统计项目有均值、中位数、众数和标准差。

■　平均数置信度——如果数据集是很大的母体中的一个样本，且想要 Excel 计算母体均值的置信度间隔的话，选中此复选框即可。置信度是 95%意味着母体均值中有 95%是在置信间隔内的。例如，如果样本均值为 10 且 Excel 计算出置信间隔为 1.5，那么我们可以肯定 95%的母体均值会在 8.5 到 12.5 之间。

■　第 k 大值——选中此复选框可以在输出中添加一行指定样本中的第 k 大值。k 的默认值为 1，也就是最大的值。不过想要看到任何数字都可以在后面的文本框中输入。

■　第 k 小值——选中此复选框可以输出样本的第 k 小值。同样地，如果想让 k 是除 1 以外的任何数字，在文本框内输入数字即可。

6．单击【确定】按钮。Excel 进行多种统计计算并显示输出表格，如图 12.12 所示。

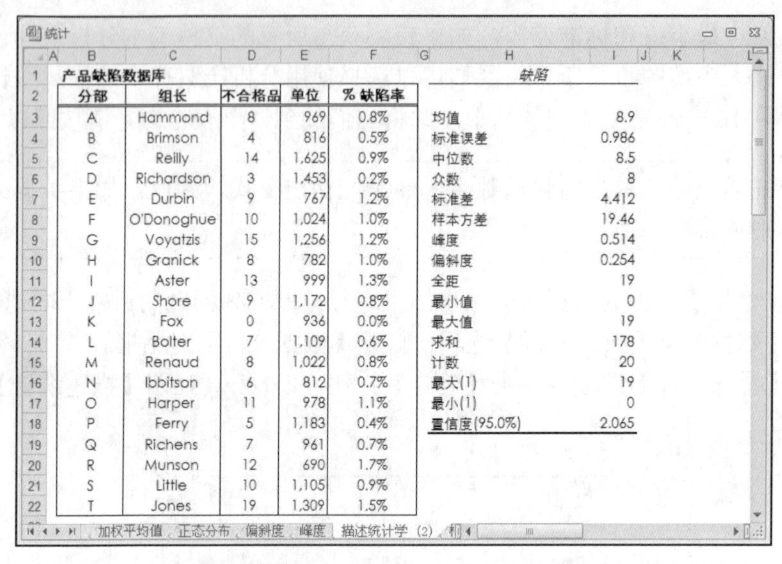
产品缺陷数据库

分部	组长	不合格品	单位	% 缺陷率
A	Hammond	8	969	0.8%
B	Brimson	4	816	0.5%
C	Reilly	14	1,625	0.9%
D	Richardson	3	1,453	0.2%
E	Durbin	9	767	1.2%
F	O'Donoghue	10	1,024	1.0%
G	Voyatzis	15	1,256	1.2%
H	Granick	8	782	1.0%
I	Aster	13	999	1.3%
J	Shore	9	1,172	0.8%
K	Fox	0	936	0.0%
L	Bolter	7	1,109	0.6%
M	Renaud	8	1,022	0.8%
N	Ibbitson	6	812	0.7%
O	Harper	11	978	1.1%
P	Ferry	5	1,183	0.4%
Q	Richens	7	961	0.7%
R	Munson	12	690	1.7%
S	Little	10	1,105	0.9%
T	Jones	19	1,309	1.5%

缺陷	
均值	8.9
标准误差	0.986
中位数	8.5
众数	8
标准差	4.412
样本方差	19.46
峰度	0.514
偏斜度	0.254
全距	19
最小值	0
最大值	19
求和	178
计数	20
最大(1)	19
最小(1)	0
置信度(95.0%)	2.065

图 12.12 使用分析工具库的描述统计工具来生成样本的最常用统计量数

12.7.2 使用相关系数工具

“相关系数”是表示两个或多个数据集间的关系的量数。例如，如果每月都有广告支出和销售收入，我们会想知道这二者之间是否有关系，也就是说，我们想知道是否高广告支出能换回高销售收入。相关系数的解释见表 12.2。

表 12.2 相关系数的解释

相关系数	解释
1	两个数据集完全正相关。例如，广告支出增长 10%会使销售收入增长 10%
0 到 1	两个数据集呈正相关。也就是说，广告支出的增长会带来销售收入的增长，数字越大，数据间的相关性越高
0	数据间没有相关性
0 到−1	两个数据集呈负相关，也就是说，广告支出的增长会导致销售收入降低。数字越小，数据间的负相关性越高
−1	两个数据集完全负相关。例如，广告支出增长 10%会导致销售收入降低 10%（假设是一个新的广告部门）

计算数据集之间的相关系数，可以按照以下步骤进行。

1. 选择【数据】⇨【数据分析】选项，打开【数据分析】对话框。
2. 选择【相关系数】选项，然后单击【确定】按钮，打开【相关系数】对话框，如

图 12.13 所示。

3．使用【输入区域】文本框来选择需要进行分析的区域，要包含行或列标题。

4．如果区域中有标志，那么要选中【标志位于第一行】复选框。如果数据是以行来分组的，这个复选框会变为【标志位于第一列】。

5．Excel 会在表格中显示相关系数，所以要在【输出区域】文本框中输入所引用表格的左上角引用。如果需要比较的是两个数据集，那么输出区域应该是 3 列宽、3 行高的区域。也可以从不同的工作表或工作簿中选择。

图 12.13　【相关系数】对话框

6．单击【确定】按钮。Excel 会计算相关系数并显示在表格中。

图 12.14 显示的工作表将广告支出和销售收入进行了相关系数分析。为了解释得更明白，我们在表格中也添加了一行“中国茶”的随机数标签。相关系数表格列举了很多相关系数，在当前情况下，广告支出和销售收入之间的最高相关系数（0.74）表示这两个因素是非常紧密地呈正向相关的。正如我们所预料的，广告支出、销售收入和随机数之间几乎没有什么联系。

广告支出和销售收入之间的相关系数

		广告支出	销售收入	中国茶
财务年度 2008	1季度	512,450	8,123,965	125,781
	2季度	447,840	7,750,500	499,772
	3季度	500,125	7,860,405	735,374
	4季度	515,600	8,005,800	620,991
财务年度 2009	1季度	482,754	8,136,444	894,312
	2季度	485,750	7,950,426	101,451
	3季度	460,890	7,875,500	225,891
	4季度	490,400	7,952,600	823,969
财务年度 2010	1季度	510,230	8,100,145	869,564
	2季度	515,471	8,034,125	495,102
	3季度	525,850	8,350,450	119,939
	4季度	520,365	8,100,520	875,057

	广告支出	销售收入	中国茶
广告支出	1.00		
销售收入	0.74	1.00	
中国茶	0.07	-0.09	1.00

图 12.14　广告支出、销售收入和随机数之间的联系

注意：相关系数表格右下角的数据 1.00 表明所有数据集都会是自己最完美的相关系数。

如果不想用【数据分析】对话框来计算相关系数，可以使用 CORREL(*array1, array2*)函数，此函数返回由 *array1* 和 *array2* 指定的区域内数据的相关系数。（可以使用引用、区域名称、数字或任意数组来作为函数参数。）

12.7.3 使用直方图工具

分析工具库内的直方图工具用来计算数据在区域内的频数分布，它还可以计算数据的累积频数，并生成一个条形图来显示分布。

在使用直方图工具前，我们需要确定哪个组别，也就是常说的哪个“区间”是用来输出数据的。这些区间是指数字区域，直方图工具会通过计算每个区间有多少观察对象来得到结果。我们输入表示区域的数字来定义区间，其中每个数字都会定义区间的范围。

举例来说，图 12.15 显示的工作表中有两个区域，一个是学生分数表，另一个是区间区域。对于区间区域内的每个数字，直方图都会计算每个观测对象是否大于或等于区间内的值，同时小于（但不等于）下一个高区间值。因此，图 12.15 中的 6 个区间值对应以下区域：

0 <= 分数 < 50

50 <= 分数 < 60

60 <= 分数 < 70

70 <= 分数 < 80

80 <= 分数 < 90

90 <= 分数 < 100

	A	B	C	D	E
1		学生分数			
2		学生 ID	分数		区间
3		64947	82		50
4		69630	66		60
5		18324	52		70
6		89826	94		80
7		63600	40		90
8		25089	62		100
9		89923	88		
10		13000	75		
11		16895	67		
12		24918	62		
13		45107	71		
14		64090	53		
15		94395	74		
16		58749	65		
17		26916	66		
18		59033	67		
19		15450	68		
20		56415	69		
21		88069	69		
22		75784	68		

图 12.15 使用直方图工具

警告： 要确保所输入的区间值是以升序排列的。

按照以下步骤来使用直方图工具。

1．选择【数据】⇨【数据分析】选项，打开【数据分析】对话框。

2．选择【直方图】选项，然后单击【确定】按钮，此时 Excel 会显示【直方图】对话框。图 12.16 所示为已设置好的对话框。

3．在【输入区域】和【接收区域】文本框中分别输入数据和区间值的区域。

4．在【输出选项】选项组内选择一个输出地址。输出地址要比区间区域多一行，宽为 6 列，列数取决于所选择的选项。

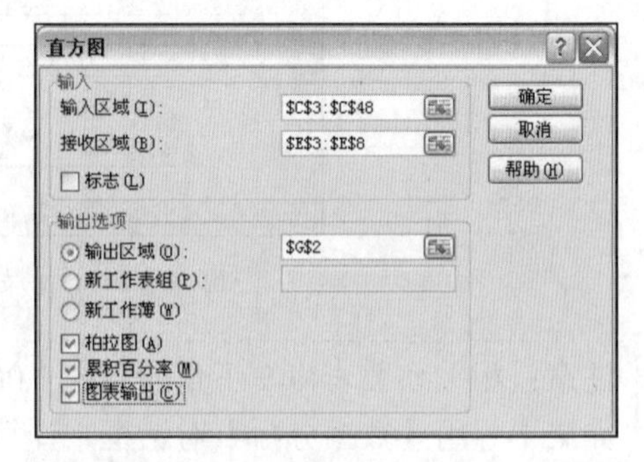

图 12.16 使用【直方图】对话框来选择需要在分析中使用的选项

5．选择需要在频数分布中使用的选项。

■【柏拉图】——如果选中了这个复选框，Excel 会显示第二个输出区域，其中区间会以频数降序排列。这被称为“柏拉图分布”。

■【累积百分率】——如果选中了这个复选框，Excel 会在输出区域添加新的一行来追踪每个区间的累积百分率。

■【图表输出】——如果选中了这个复选框，Excel 会自动为频数分布生成一个图表。

6．单击【确定】按钮。Excel 会显示直方图数据，如图 12.17 所示。

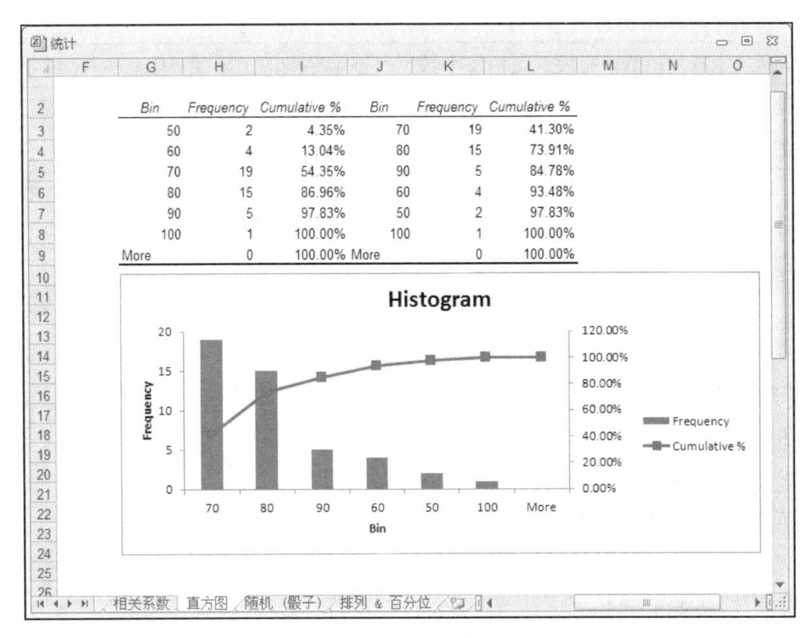

Bin	Frequency	Cumulative %	Bin	Frequency	Cumulative %
50	2	4.35%	70	19	41.30%
60	4	13.04%	80	15	73.91%
70	19	54.35%	90	5	84.78%
80	15	86.96%	60	4	93.48%
90	5	97.83%	50	2	97.83%
100	1	100.00%	100	1	100.00%
More	0	100.00%	More	0	100.00%

图 12.17　直方图数据

12.7.4　使用随机数发生器工具

与 RANK( )函数只能生成 0 到 1 之间的随机数不同，分析工具库中的随机数发生器工具可以根据要求生成任意区域的数字和分布，表 12.3 总结了 7 种分布类型。

表 12.3　随机数发生器工具中的分布类型

分布	描述
均匀	在提供的区域中生成等概率数字。如果区域为 0 到 1 的话，会生成与 RANK( )函数一样的分布
正态	根据所输入的平均值和标准差生成钟形（正态）分布的数字。这在生成考试成绩或身高这样的样本时非常有用

续表

分布	描述
伯努利	根据单次测验的成功概率生成只有 0 或 1 的随机数。最常见的伯努利分布的例子就是硬币投掷，两面出现的概率各为 50%，在这种情况下，我们需要标记正面或反面分别为 1 或 0
二项式	根据多次测验的成功概率生成随机数。例如，我们可以使用这个类型来处理直接邮寄广告反馈，其中成功概率可以是反馈率的平均数或投射反应率，测验次数是此次活动中的邮寄数量
泊松	根据某一时间段所发生的特定数量事件的概率生成随机数。此分布由一个值——“λ”来决定，显示在指定时间范围内所发生事件数量的平均数
模式	根据模式生成随机数，而模式是由每个数字或整个序列的上限或下限、步长值和重复率来决定的
离散	根据序列值及其概率（概率总和为 1）生成随机数。可以使用此分布来模拟掷骰子，骰子上面的数字从 1 到 6，每个数字出现的概率都是 1/6。这个概念我们将在接下来的例子中看到

根据以下完整步骤就可以使用随机数发生器工具了。

注意：如果要使用【离散】分布，记得在开始使用随机数发生器工具之前确保输入了合适的值和概率。

1. 选择【数据】⇨【数据分析】选项，打开【数据分析】对话框。

2.选择【随机数发生器】选项，然后单击【确定】按钮。此时出现【随机数发生器】对话框，如图 12.18 所示。

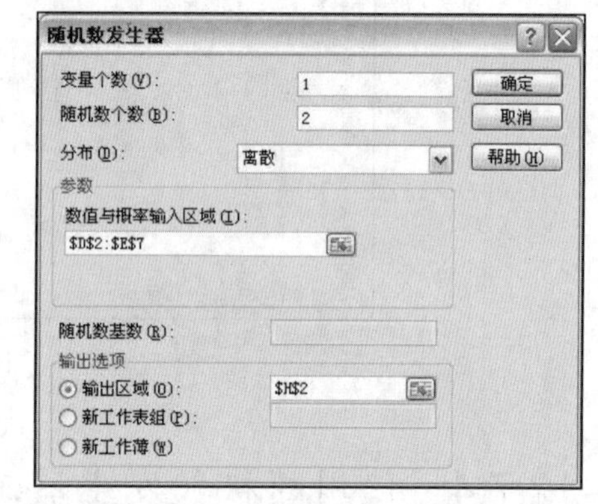

图 12.18　使用【随机数发生器】对话框来设置随机数选项

3. 如果需要生成多个随机数集，在【变量个数】文本框中输入需要的随机数集（或变量）的个数，Excel 会在分开的列中生成每个随机数集。如果此文本框为空白，Excel 会使用【输出区域】文本框内的数字。

4. 在【随机数个数】文本框中输入需要的随机数个数，Excel 会将每个数字分别显示在不同的行内。如果此文本框为空白，Excel 会使用【输出区域】文本框内的数字。

5. 在【分布】下拉列表框中选择需要的分布类型。

6. 在【参数】选项组内，输入所选择分布的参数。

注意：在第 6 步中所看到的选项取决于所选择分布的类型。

7.【随机数基数】是 Excel 用来生成随机数的值。如果此文本框为空白，Excel 每次会生成不同的数据。如果输入一个值（必须是在 1 到 32767 之间的整数），下次还可以再次使用这个值来生成相同的随机数字。

8．使用【输出选项】选项组中的选项来选择一个输出的位置。

9．单击【确定】按钮。Excel 会计算出随机数并显示在工作表中。

图 12.19 所示的工作表就以模仿掷骰子为例。“概率”框内显示了数值（从 1 到 6）及其概率（每个=1/6），【离散】分布被用来生成单元格 H2 和 H3 中的数字，【数值与概率输入区域】参数的区域为$D$2：$E$7。图 12.20 展示的是计算骰子#1 的公式，骰子#2 的公式与之相仿，区别是用$H$3 代替了$H$2。

小贴士：图 12.19 中制作骰子的字体为 24 号的 Windings 字体。

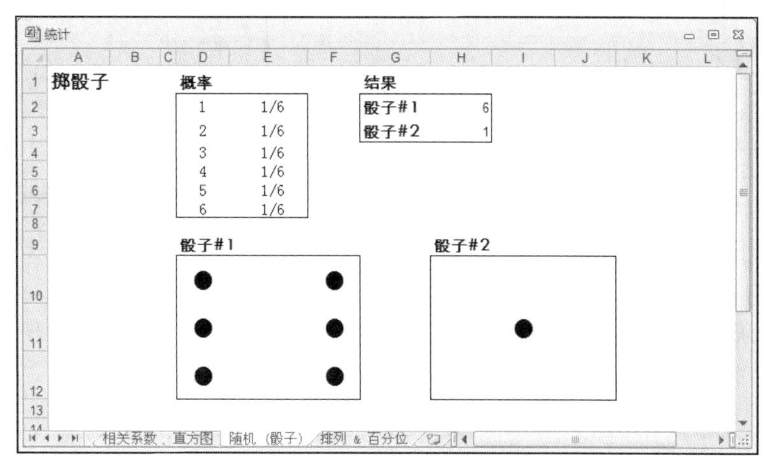

图 12.19　工作表模拟掷一对骰子

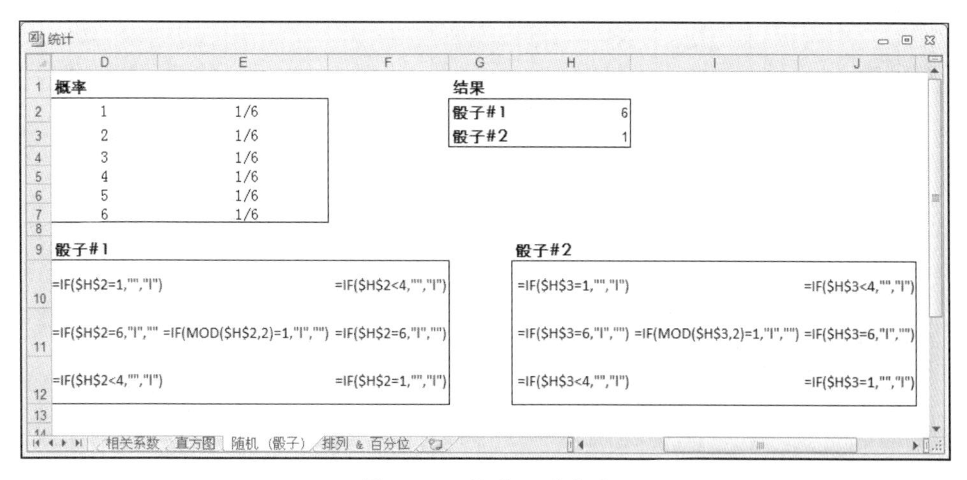

图 12.20　骰子#1 的公式

12.7.5 使用排位与百分比排位工具

如果需要给数据排位，可以使用分析工具库内的排位与百分比排位工具。这个工具不仅能将数据由小到大排列，还能计算出百分比排位，即每个项目在样本中的百分率是和指定值在同一水平还是低于指定值。通过以下的步骤可以使用排位与百分比排位工具。

1. 选择【数据】⇨【数据分析】选项，打开【数据分析】对话框。

2. 选择【排位与百分比排位】选项，然后单击【确定】按钮。此时 Excel 会显示【排位与百分比排位】对话框，如图 12.21 所示。

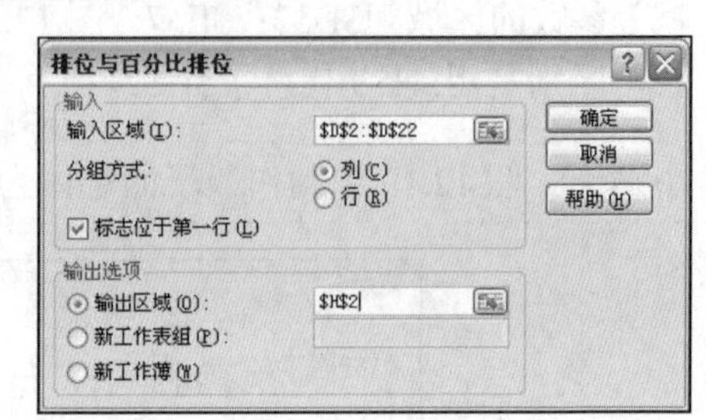

图 12.21 使用【排位与百分比排位】对话框来选择想要用来分析的选项

3. 在【输入区域】文本框中输入想要进行排位的数据的引用。

4. 选择合适的【分组方式】(【列】或【行】)。

5. 如果选择中包含行或列标志，则选中【标志位于第一行】复选框。如果数据是按行排列的，此复选框会变为【标志位于第一列】。

6. 在【输出选项】选项组中设置输出区域。Excel 会为每个样本留出一个宽为 4 列、高与样本中数据的行数一样的表格。

7. 单击【确定】按钮。Excel 计算并将结果展示在表格中，如图 12.22 所示。

产品缺陷数据库

分部	组长	不合格品	单位	% 缺陷率	点	不合格品	排位	百分率
A	Hammond	8	969	0.8%	20	19	1	100.00%
B	Brimson	4	816	0.5%	7	15	2	94.70%
C	Reilly	14	1,625	0.9%	3	14	3	89.40%
D	Richardson	3	1,453	0.2%	9	13	4	84.20%
E	Durbin	9	767	1.2%	18	12	5	78.90%
F	O'Donoghue	10	1,024	1.0%	15	11	6	73.60%
G	Voyatzis	15	1,256	1.2%	6	10	7	63.10%
H	Granick	8	782	1.0%	19	10	7	63.10%
I	Aster	13	999	1.3%	5	9	9	52.60%
J	Shore	9	1,172	0.8%	10	9	9	52.60%
K	Fox	0	936	0.0%	1	8	11	36.80%
L	Bolter	7	1,109	0.6%	8	8	11	36.80%
M	Renaud	8	1,022	0.8%	13	8	11	36.80%
N	Ibbitson	6	812	0.7%	12	7	14	26.30%
O	Harper	11	978	1.1%	17	7	14	26.30%
P	Ferry	5	1,183	0.4%	14	6	16	21.00%
Q	Richens	7	961	0.7%	16	5	17	15.70%
R	Munson	12	690	1.7%	2	4	18	10.50%
S	Little	10	1,105	0.9%	4	3	19	5.20%
T	Jones	19	1,309	1.5%	11	0	20	0.00%

图 12.22 【排位与百分比排位】的样本输出

注意：可以使用 RANK.AVG(*number, ref*, [*order*])和 RANK.EQ(*number, ref*, [*order*])函数来计算区域 *ref* 中 *number* 的排位。如果 *order* 是 0 或被省略，Excel 会将 *ref* 看作是按照降序排列的，并据此来给 *number* 排位；如果 *order* 是任意非 0 的值，Excel 会将 *ref* 看作是按照升序排列的，然后据此来给 *number* 排位。

对于百分比排位，可以使用 PERCENTRANK.EXC(*range, x, significance*)或 PERCENTRANK.INC (*range, x, significance*)函数来计算。其中 *range* 是数据的区域或数组，*x* 是想要知道百分比排位的值，*significance* 是指返回的百分率中的有效位数（默认为 3）。

第 13 章　使用表分析数据

Excel 的特长就是处理电子数据表，这是毋庸置疑的，但是它的行-列布局也让它成为平面数据库处理能手。在 Excel 中，“表”就是相关信息的收集整理，信息以一定的组织结构排列，这样我们就可以很容易地从中查找或提取数据了。

具体来说，表就是工作表区域，它具有以下功能。

- 域：信息的单一类型，如名称、地址、电话号码等。在 Excel 中，每列为一个域。
- 域值：域中的单一项目。在 Excel 表中，域值一般是单独的单元格。
- 域名：分配给每个域（工作表的列）的唯一名称。这些名称一般在表的第一行。
- 记录：相关域值的集合。在 Excel 表中，每一行就是一个记录。
- 表区域：工作表的表区域包含所有的记录、域及域名。

举例来说，假设我们想创建一个“应收账款数据”表，一般来说应该包含的信息有账户名、账号、发票号、发票额、到期日、付款日，以及逾期天数等。图 13.1 展示了这些信息是如何在 Excel 区域中应用的。

G4　=IF(AND(ISBLANK(F4), CurrentDate - E4 > 0), CurrentDate - E4, "")

	A	B	C	D	E	F	G
1	当前日期	2010-2-20					
2							
3	账户名	账号	发票号	发票额	到期日	付款日	逾期天数
4	Brimson Furniture	10-0009	117321	$ 2,144.55	2010-1-19		32
5	Brimson Furniture	10-0009	117327	$ 1,847.25	2010-2-1		19
6	Brimson Furniture	10-0009	117339	$ 1,234.69	2010-2-19	2010-2-17	
7	Brimson Furniture	10-0009	117344	$ 875.50	2010-3-5	2010-2-28	
8	Brimson Furniture	10-0009	117353	$ 898.54	2010-3-20	2010-3-15	
9	Chimera Illusions	02-0200	117318	$ 3,005.14	2010-1-14	2010-1-19	
10	Chimera Illusions	02-0200	117334	$ 303.65	2010-2-12	2010-2-16	
11	Chimera Illusions	02-0200	117345	$ 588.88	2010-3-6	2010-3-6	
12	Chimera Illusions	02-0200	117350	$ 456.21	2010-3-15	2010-3-11	
13	Door Stoppers Ltd.	01-0045	117319	$ 78.85	2010-1-16	2010-1-16	
14	Door Stoppers Ltd.	01-0045	117324	$ 101.01	2010-1-26		25
15	Door Stoppers Ltd.	01-0045	117328	$ 58.50	2010-2-2		18
16	Door Stoppers Ltd.	01-0045	117333	$ 1,685.74	2010-2-11	2010-2-9	
17	Emily's Sports Palace	08-2255	117316	$ 1,584.20	2010-1-12		39
18	Emily's Sports Palace	08-2255	117337	$ 4,347.21	2010-2-18	2010-2-17	
19	Emily's Sports Palace	08-2255	117349	$ 1,689.50	2010-3-14		
20	Katy's Paper Products	12-1212	117322	$ 234.69	2010-1-20		31
21	Katy's Paper Products	12-1212	117340	$ 1,157.58	2010-2-21		

图 13.1　Excel 工作表中的应收账款数据

制作 Excel 表并不需要多么详尽的计划，不过为了得到很好的成果还是应该遵循以下指导方针。

■ 总是使用第一行作为列标签。

■ 域名必须是唯一的，而且格式必须是文本或文本公式。如果想要使用数字作为域名，需要将它们格式化为文本。

■ 一些 Excel 的命令会自动确定表格的大小和形状。为了避免混淆，最好一张工作表中只使用一个表。如果需要使用相关联的多重表，可以将它们分别放到同一个工作簿中的不同工作表内。

■ 如果在工作表内有未列出的数据，那么最好在数据和表之间至少留出一行或一列的空格，这样能帮助 Excel 自动确定表。

■ Excel 中的命令可以让我们过滤表中的数据，只显示那些达到某种条件的记录。这个命令通过隐藏数据行来实现，所以，如果在同一个工作表中有需要使用的未列出数据，记得不要把这些数据放到表的最左边或最右边。

本章后面的“筛选表格数据”中会讲到更多关于表数据过滤的信息。

13.1 将区域转换为表

Excel 中有很多命令可以让我们的工作更有效率。为了更好地利用这些命令，我们需要将数据从平常的区域状态转换为表，步骤如下。

1. 单击想要转换为表的区域内的任意单元格。

2. 现在我们有以下两个选择。

■ 创建默认格式的表，选择【插入】⇨【表格】选项（或按【Ctrl】+【T】组合键）。

■ 创建指定格式的表，选择【开始】⇨【套用表格格式】选项，然后在显示的表格样式中选择一个。

3. Excel 会显示【创建表】对话框。此时【表数据的来源】文本框中会显示正确的区域坐标；如果没有显示，输入坐标或直接在工作表中选择好区域即可。

4. 如果区域首行有列标题（应该有），要确保【表包含标题】复选框被选中。

5. 单击【确定】按钮。

当我们将区域转换为表的时候，Excel 会对区域做以下 3 项改变，如图 13.2 所示。

■ 格式化表的单元格。

■ 给每个域标题添加下拉箭头。

■ 在菜单栏位置，每次选择表内单元格的时候会有一个新的【表格工具】-【设计】菜单出现。

G4 =IF(AND(ISBLANK(F4), CurrentDate - E4 > 0), CurrentDate - E4, "")

当前日期 2010-2-20

账户名	账号	发票号	发票额	到期日	付款日	逾期天数
Brimson Furniture	10-0009	117321	$ 2,144.55	2010-1-19		32
Brimson Furniture	10-0009	117327	$ 1,847.25	2010-2-1		19
Brimson Furniture	10-0009	117339	$ 1,234.69	2010-2-19	2010-2-17	
Brimson Furniture	10-0009	117344	$ 875.50	2010-3-5	2010-2-28	
Brimson Furniture	10-0009	117353	$ 898.54	2010-3-20	2010-3-15	
Chimera Illusions	02-0200	117318	$ 3,005.14	2010-1-14	2010-1-19	
Chimera Illusions	02-0200	117334	$ 303.65	2010-2-12	2010-2-16	
Chimera Illusions	02-0200	117345	$ 588.88	2010-3-6	2010-3-6	
Chimera Illusions	02-0200	117350	$ 456.21	2010-3-15	2010-3-11	
Door Stoppers Ltd.	01-0045	117319	$ 78.85	2010-1-16	2010-1-16	
Door Stoppers Ltd.	01-0045	117324	$ 101.01	2010-1-26		25
Door Stoppers Ltd.	01-0045	117328	$ 58.50	2010-2-2		18
Door Stoppers Ltd.	01-0045	117333	$ 1,685.74	2010-2-11	2010-2-9	
Emily's Sports Palace	08-2255	117316	$ 1,584.20	2010-1-12		39
Emily's Sports Palace	08-2255	117337	$ 4,347.21	2010-2-18	2010-2-17	
Emily's Sports Palace	08-2255	117349	$ 1,689.50	2010-3-14		
Katy's Paper Products	12-1212	117322	$ 234.69	2010-1-20		31
Katy's Paper Products	12-1212	117340	$ 1,157.58	2010-2-21		

图 13.2 应收账款数据转换成了表格

如果需要将表转换回区域，选择表内任意一个单元格，然后选择【设计】⇨【转换为区域】选项即可。

13.2 表的基本操作

把区域转换为表之后，我们就可以开始使用那些数据了。现在先了解一些基本的表格操作。

■ 选择记录：将鼠标指针移到想要选择的行的最左边一列的边缘处，当鼠标指针变为右箭头的时候单击。也可以选择记录内的任意单元格，然后按【Shift】+【空格】组合键。

■ 选择域：将鼠标指针移动到列标题的上边缘，当鼠标指针变为下箭头的时候，单击即可选择域内的数据，再单击一次会将域标题添加到选择中。也可以选择域内的任意一个单元格，然后按【Ctrl】+【空格】组合键来选择域内的数据，再次按【Ctrl】+【空格】组合键即可将域标题添加到选择中。

■ 选择整个表：将鼠标指针移到表的左上角处，当鼠标指针变为朝向右下的箭头时单击。也可以通过选择任意单元格并按【Ctrl】+【A】组合键来选择整个表。

■ 在表的底部添加新的记录：在表下方的一行中选择任意单元格，输入想要添加的数据，然后按【Enter】键，Excel 的自动扩展功能会将新的这一行添加到表中。也可以通过选择表的最后一行的最后一个单元格并按【Tab】键来完成添加操作。

注意：在 Excel 的之前版本中，我们通过数据记录单来使用表（列表）记录，那是一个可以添加、编辑、删除并很快查找表记录的对话框。【记录单】命令虽然不在 Excel 的菜单栏界面上，但如果想用的话，可以将它放到“快速访问工具栏”上。打开【自定义快速访问工具栏】下拉列表并选择【其他命令】选项，在【从下列位置选择命令】下拉列表框中选择【所有命令】选项，选择【记录单】选项，然后单击【添加】按钮和【确定】按钮即可。

■ 在表的任意位置添加新记录：在想要添加新记录的地方的下面一行单击任意单元格，然后选择【开始】⇨【插入】⇨【在上方插入表格行】选项，Excel 会在所选择单元格的上面插入空白行。

■ 在表的右边添加新域：在表最右边一列选择任意单元格，输入想要添加的数据，然后按【Enter】键，Excel 的自动扩展功能会将新域添加到表中。

■ 在表的任意位置添加新域：在想要添加新域的地方的右边一列中单击任意单元格，然后选择【开始】⇨【插入】⇨【在左侧插入表格列】选项，Excel 会在所选择单元格的左边插入空白域。

■ 删除记录：选择想要删除的记录中的任意单元格，然后选择【开始】⇨【删除】⇨【删除工作表行】选项。

■ 删除域：选择想要删除的域中的任意单元格，然后选择【开始】⇨【删除】⇨【删除工作表列】选项。

■ 显示表合计：如果想要查看一个或多个域的汇总，可以在表内单击任意一处，然后在【设计】菜单中将【汇总行】复选框选中。Excel 会在表的底部添加一行“汇总”，其中的每个单元格都有一个下拉列表，从中我们可以选择需要使用的函数，如求和、平均值、计数、最大值、最小值等。

■ 格式化表格：Excel 中有很多内置的表格样式，只需单击几次即可应用。单击表内任意一处，选择【设计】菜单，然后在【表格样式】选项组中选择一个格式即可。也可以通过选中【表格样式选项】中的复选框来固定一些表格选项，如【镶边行】【镶边列】等。

■ 调整表格大小：也就是调整表格右下角位置，如下所示。

- 向下移动添加记录。
- 向右移动添加域。
- 向上移动删除记录，不过数据保持不变。
- 向左移动删除域，同样地，数据保持不变。

小贴士：最简单的调整表格大小的方法就是单击并拖曳表格右下角的调整柄。或者，也可以单击表内任意一处，然后选择【设计】⇨【调整表格大小】选项。

■ 重命名表格：在本章的后面内容中，我们会看到在 Excel 中可以直接引用表格内的元素（请看“13.5 在公式中引用表”）。大部分的引用都会包含表格名称，所以我们需要给表格起一个有意义且唯一的名称。如果想重命名表格，单击表内任意一处并选择【设计】菜单，在【属性】选项组中的【表名称】文本框内编辑表格名称即可。

13.3 给表格内数据排序

表格的优点之一就是可以让我们重新排列记录顺序，让它们按照字母或数字顺序排列，这样我们就可以很清楚地按照各种顺序来查看数据了，如客户名称、账号、产品名，或任何其他顺序等。我们还可以对表格进行复合排序，例如按照州名来给客户排序，然后在州名内再按照名称排序。

想在单独的域内快速排序，有以下两个可供选择的开始方法。

■ 单击域内任意一处，然后选择【数据】菜单。

■ 单击域内的下拉列表箭头。

执行升序排列，单击【从 A 到 Z】即可。也可以选择【从最小数字到最大数字】排列数字，或【从最后日期到最新日期】排列日期。执行降序排列，单击【从 Z 到 A】即可，或【从最大数字到最小数字】和【从最新日期到最后日期】来排列数字和日期。

Excel 是根据数据来排序的，以下信息是 Excel 用来执行升序排列的顺序。

优先顺序类型	**顺序**
数字	最大的负数到最大的正数
文本	空格 ! " # $ % & '( ) * + , - . / 0 到 9 的数字（格式为文本时）: ; < = > ? @ A 到 Z（Excel 会忽略大小写）[\ ] ^ _ '{,} ～
逻辑	FALSE 在 TRUE 之前
错误	所有的错误都相等
空白	总是排在最后（无论是升序还是降序）

13.3.1 执行更复杂的排序

在多重域内执行更复杂的排序，可按照如下步骤操作。

1. 选择表格内任意单元格。
2. 选择【数据】⇨【排序】选项，Excel 会显示【排序】对话框，如图 13.3 所示。
3. 使用【主要关键字】下拉列表框来选择需要进行排列的区域。
4. 在【次序】下拉列表框中选择是按照升序还是降序来排列。

图 13.3　利用【排序】对话框来给一个或多个域排序

5.（可选）如果需要排列的数据在不止一个域内，单击【添加条件】按钮，在【次要关键字】下拉列表框中选择域，然后选择需要的次序。重复此步骤直到所有需要的域都被选中。

注意： 在 Excel 之前的版本中，最多只能指定 3 个关键字。从 Excel 2007 开始，可以指定 64 个排序关键字。

6.（可选）单击【选项】按钮，指定以下一个或多个选项。

警告： 当排序表格内包含公式的时候一定要注意，如果公式的相对引用单元格是位于记录以外的，那么新的排列顺序可能会改变引用并产生错误结果。所以如果表格内的公式必须引用外部单元格的话，请保证使用的是绝对引用地址。

■　区分大小写：选中此复选框，Excel 在排序的时候会区分大写字母和小写字母。例如，在升序排列中，小写字母排在大写字母之前。

■　方向：Excel 通常会使用【按列排序】选项来排列行，如果想给列排序，选择【按行排序】选项。

7. 单击【确定】按钮，Excel 完成对区域的排序。

13.3.2　按照自然顺序给表格排序

表格内的数据如果是按照输入顺序排列的话，通常是很方便的，这叫作数据的“自然顺序”。一般来讲，在排序以后马上单击“快速访问工具栏”内的【撤销】按钮就可以恢复表格内数据的自然顺序了。

不过问题是，在很多次的排序操作后，就不可能用这个方法来恢复自然顺序。解决的办法是重新建立一个域，例如创建一个叫“记录”的域，在其中可以分配连续的数字作为输入数据，输入的第一个数据为 1，第二个为 2，以此类推。要将表格内数据恢复到自然顺序，在

“记录”域内排序即可。

警告：“记录”域只有当我们在表格内新输入数据或表格内数据已排序且不能改变之时才会生效。因此，在准备表格时，如果需要的话，最好每次都包含一个“记录”域。

按照以下步骤在表格内添加新域。

1．在想要插入新域的右边域内单击任意单元格。

2．选择【开始】⇨【插入】⇨【在左侧插入表格列】选项，Excel 会插入一列。

3．将列标题改为想要使用的名称。

图 13.4 所示即为添加了“记录”域并插入顺序数字的“应收账款数据”表。

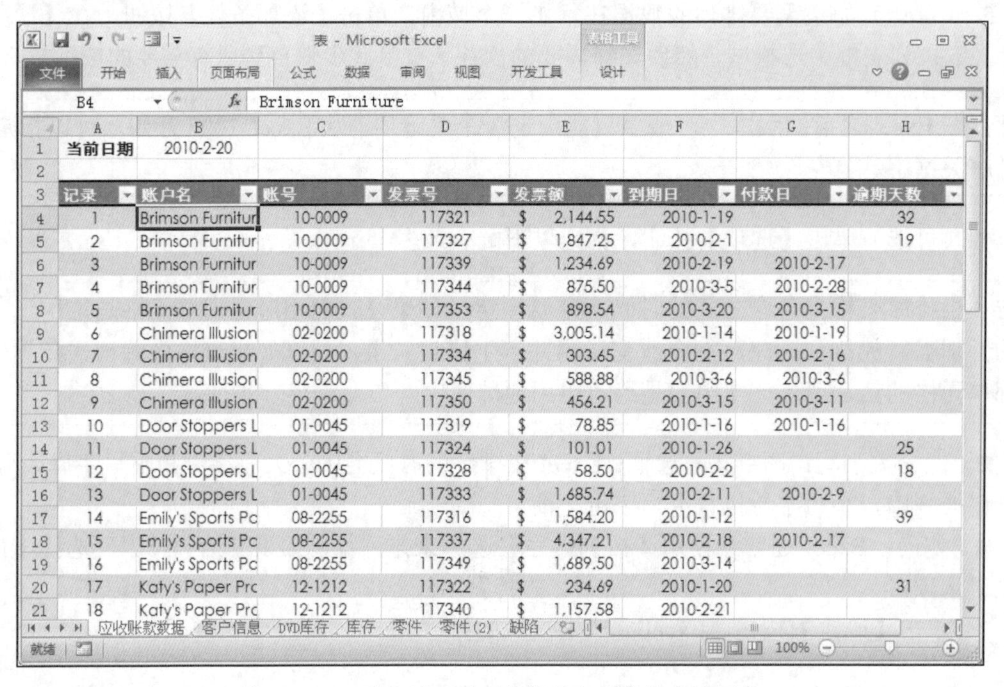

当前日期	2010-2-20						
记录	账户名	账号	发票号	发票额	到期日	付款日	逾期天数
1	Brimson Furnitur	10-0009	117321	$ 2,144.55	2010-1-19		32
2	Brimson Furnitur	10-0009	117327	$ 1,847.25	2010-2-1		19
3	Brimson Furnitur	10-0009	117339	$ 1,234.69	2010-2-19	2010-2-17	
4	Brimson Furnitur	10-0009	117344	$ 875.50	2010-3-5	2010-2-28	
5	Brimson Furnitur	10-0009	117353	$ 898.54	2010-3-20	2010-3-15	
6	Chimera Illusion	02-0200	117318	$ 3,005.14	2010-1-14	2010-1-19	
7	Chimera Illusion	02-0200	117334	$ 303.65	2010-2-12	2010-2-16	
8	Chimera Illusion	02-0200	117345	$ 588.88	2010-3-6	2010-3-6	
9	Chimera Illusion	02-0200	117350	$ 456.21	2010-3-15	2010-3-11	
10	Door Stoppers L	01-0045	117319	$ 78.85	2010-1-16	2010-1-16	
11	Door Stoppers L	01-0045	117324	$ 101.01	2010-1-26		25
12	Door Stoppers L	01-0045	117328	$ 58.50	2010-2-2		18
13	Door Stoppers L	01-0045	117333	$ 1,685.74	2010-2-11	2010-2-9	
14	Emily's Sports Pc	08-2255	117316	$ 1,584.20	2010-1-12		39
15	Emily's Sports Pc	08-2255	117337	$ 4,347.21	2010-2-18	2010-2-17	
16	Emily's Sports Pc	08-2255	117349	$ 1,689.50	2010-3-14		
17	Katy's Paper Prc	12-1212	117322	$ 234.69	2010-1-20		31
18	Katy's Paper Prc	12-1212	117340	$ 1,157.58	2010-2-21		

图 13.4 “记录”域追踪了数据添加到表格中的顺序

注意：如果不确定表格中有多少记录，且表格也没有按照自然顺序排列，我们一般不知道要用多少记录数字。为了避免在整个“记录”域内猜或者查找这个数字，我们可以使用 MAX( ) 函数来自动生成记录的数字。单击公式栏并输入以下公式，但记住不要按【Enter】键：

```
=MAX(Column : Column)
```

将 *Column* 用包含记录数字的列标题字母来代替，如在图 13.4 中使用 MAX(A:A)。此时选中此公式并按【F9】键，Excel 所显示的公式结果就是需要使用的最大记录数字，那么下一个记录数字就需要使用比计算结果大的数字了。

13.3.3　给域内的一部分排序

Excel 通常是按照整个域内每个单元格的内容来排序的，这个方法在大部分情况下很好用。不过有时候，我们只需要给域内的某部分排序，举例来说，表格中有一个名为“联系人姓名”的域，包含联系人的名和姓，给这个域排序的话会按照每个人的名来，但这并不是我们所想要的。如果想按照姓来排序，需要将姓从域内提取出来放到新创建的一列里，然后在这新的一列里排序。

Excel 的文本函数使得从单元格内提取子串变得很容易。在上面的情况中，假设在“联系人姓名”域内的每个单元格中都包含名，接着是一个空格，然后是姓，我们要做的就是提取空格后的子串，也就是“姓”这部分。下面的公式就可以用来完成这项工作（假设姓名在单元格 D4 中）：

```
=RIGHT(D4, LEN(D4)-FIND(" ", D4))
```

→关于此公式工作原理的解释，请看“7.7.3　提取名或姓”。

图 13.5 显示的即为此公式的应用。D 列中包含姓名，而 A 列中的公式就是用来提取姓的，然后我们就可以按照姓来给 A 列排序了。

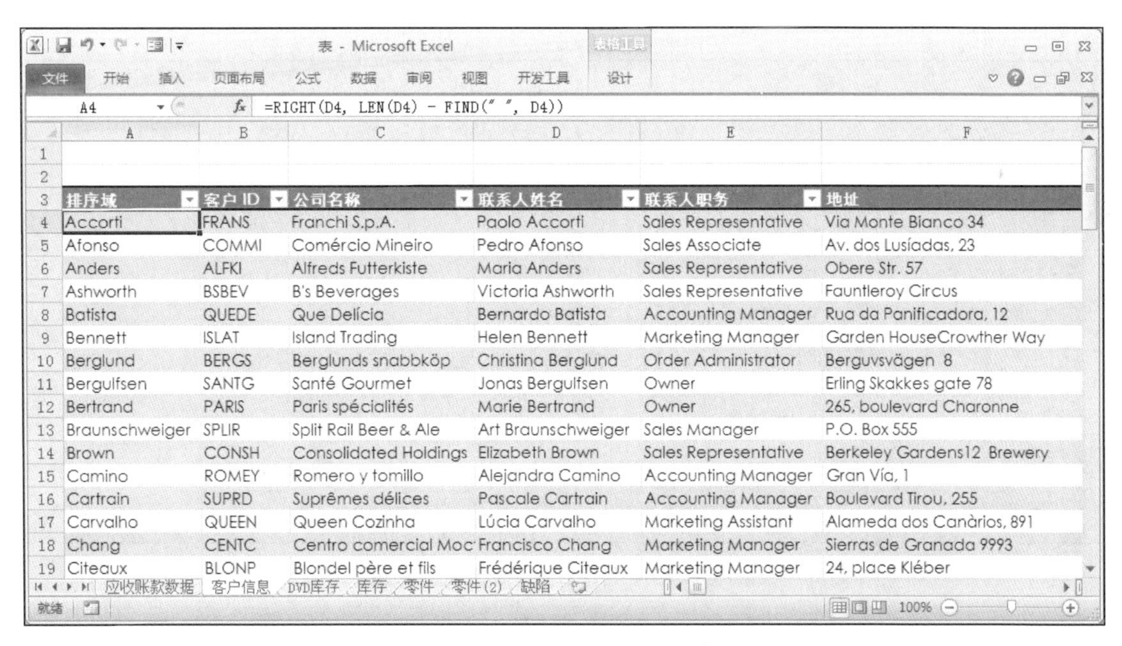

排序域	客户 ID	公司名称	联系人姓名	联系人职务	地址
Accorti	FRANS	Franchi S.p.A.	Paolo Accorti	Sales Representative	Via Monte Bianco 34
Afonso	COMMI	Comércio Mineiro	Pedro Afonso	Sales Associate	Av. dos Lusíadas, 23
Anders	ALFKI	Alfreds Futterkiste	Maria Anders	Sales Representative	Obere Str. 57
Ashworth	BSBEV	B's Beverages	Victoria Ashworth	Sales Representative	Fauntleroy Circus
Batista	QUEDE	Que Delícia	Bernardo Batista	Accounting Manager	Rua da Panificadora, 12
Bennett	ISLAT	Island Trading	Helen Bennett	Marketing Manager	Garden HouseCrowther Way
Berglund	BERGS	Berglunds snabbköp	Christina Berglund	Order Administrator	Berguvsvägen 8
Bergulfsen	SANTG	Santé Gourmet	Jonas Bergulfsen	Owner	Erling Skakkes gate 78
Bertrand	PARIS	Paris spécialités	Marie Bertrand	Owner	265, boulevard Charonne
Braunschweiger	SPLIR	Split Rail Beer & Ale	Art Braunschweiger	Sales Manager	P.O. Box 555
Brown	CONSH	Consolidated Holdings	Elizabeth Brown	Sales Representative	Berkeley Gardens12 Brewery
Camino	ROMEY	Romero y tomillo	Alejandra Camino	Accounting Manager	Gran Vía, 1
Cartrain	SUPRD	Suprêmes délices	Pascale Cartrain	Accounting Manager	Boulevard Tirou, 255
Carvalho	QUEEN	Queen Cozinha	Lúcia Carvalho	Marketing Assistant	Alameda dos Canàrios, 891
Chang	CENTC	Centro comercial Moc	Francisco Chang	Marketing Manager	Sierras de Granada 9993
Citeaux	BLONP	Blondel père et fils	Frédérique Citeaux	Marketing Manager	24, place Kléber

图 13.5　给域内的一部分排序

小贴士： 如果不想让多出来的排序域出现在表格内，例如图 13.5 中的 A 列，可以将其隐藏起来。选中域内任意一个单元格，然后选择【格式】⇨【隐藏和取消隐藏】⇨【隐藏列】选项。幸运的是，当我们需要排序的时候不必将隐藏取消，因为在 Excel 的【主要关键字】下拉列表框内是会显示隐藏的列的。

13.3.4　排序时忽略冠词

如果域内数据包含冠词（A、An 和 The），排序时将会造成麻烦。为了解决这一问题，我们可以借助之前学到的技术，也就是将数据前面的冠词移除后放到一个新的域内，然后排序。按照之前的方法，我们会提取第一个空格之后的部分，但要注意不能用同样的公式，因为并不是每一个数据都有冠词，需要首先检测一下数据是否有冠词，用 OR( )函数即可：

```
OR(LEFT(A2, 2) ="A", LEFT(A2, 3) ="An", LEFT(A2, 4) ="The")
```

假设需检测的文本在单元格 A2 中，如果最左边的两个字符是 A，或 3 个字符是 An，或 4 个字符是 The，那么函数会返回 TRUE，也就是说，这些是需要处理的有冠词的数据。

接下来我们需要将 OR( )函数放到一个 IF( )函数中。如果 OR( )函数返回 TRUE，那么此命令会提取第一个空格后面的部分，否则，就返回整个数据。图 13.6 显示的就是以下公式的应用：

```
=IF(OR(LEFT(A2, 2) ="A", LEFT(A2, 3) ="An", LEFT(A2, 4) ="The"), RIGHT(A2, LEN(A2) - FIND("",
A2, 1)), A2)
```

F2　=IF(OR(LEFT(A2,2) = "A ", LEFT(A2,3) = "An ", LEFT(A2,4) = "The "), RIGHT(A2, LEN(A2) - FIND(" ", A2, 1)), A2)

	片名	年份	导演	库存	排序域2
2	Alien	1979	Ridley Scott	3	Alien
3	An Angel from Texas	1940	Ray Enright	1	Angel from Texas
4	Big	1988	Penny Marshall	5	Big
5	The Big Sleep	1946	Howard Hawks	2	Big Sleep
6	Blade Runner	1982	Ridley Scott	4	Blade Runner
7	A Christmas Carol	1951	Brian Hurst	0	Christmas Carol
8	Christmas In July	1940	Preston Sturges	1	Christmas In July
9	A Clockwork Orange	1971	Stanley Kubrick	3	Clockwork Orange
10	Die Hard	1991	John McTiernan	6	Die Hard
11	Old Ironsides	1926	James Cruze	1	Old Ironsides
12	An Old Spanish Custom	1936	Adrian Brunel	1	Old Spanish Custom
13	A Perfect World	1993	Clint Eastwood	3	Perfect World
14	Perfectly Normal	1990	Yves Simoneau	2	Perfectly Normal
15	The Shining	1980	Stanley Kubrick	5	Shining
16	The Terminator	1984	James Cameron	7	Terminator

图 13.6　移除冠词后排序的公式的应用

13.4　筛选表格数据

大的表格中有一个大问题，就是很难找到或提取到自己需要的数据。虽然排序有一定的帮助，但最后要面对的还是整个表格，而我们现在所需要的，是能找到并只显示所需要的数据的方法，那就是“筛选”。Excel 提供了很多用来筛选数据的功能。

13.4.1　利用【筛选】功能来筛选数据

Excel 的【筛选】功能让筛选数据变得和从下拉列表中选择选项一样简单。实际上，这正是我们要实现的操作。当我们将区域转换为表格时，Excel 会自动打开筛选功能，这就是我们会看到每列的列标签上有一个下拉箭头的原因。可以通过选择【数据】⇨【筛选】选项来打开或关闭筛选功能，单击每列的箭头可以只看此列的全部数据。图 13.7 所示即为“应收账款数据”表内“账户名”下拉列表框中的数据。

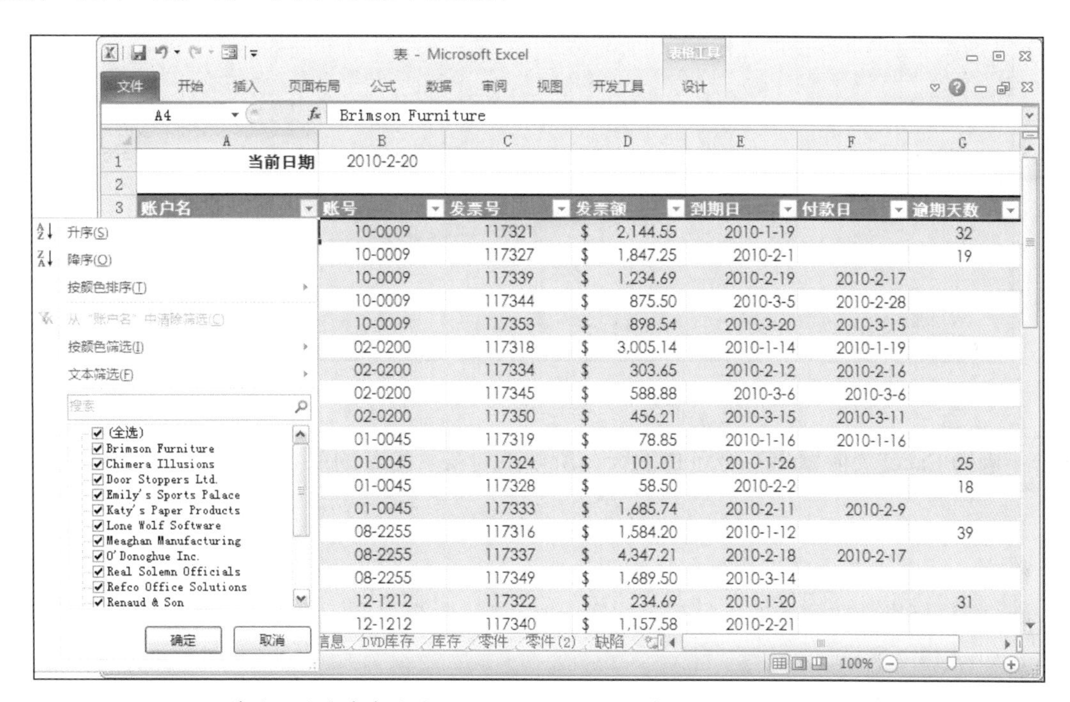

图 13.7　筛选功能会在每个域的标签处添加下拉列表，可以仅显示此列中的数据

> **小贴士：** 在 Excel 的之前版本中，筛选功能叫作自动筛选。

我们可以使用筛选列表中的以下两个基本功能。

■　取消选中某项目前的复选框，将该项目在表格中隐藏。

■　取消选中【全选】复选框，即取消选中了所有复选框，然后选择所需要的项目以使其显示在表格中。

举例来说，图 13.8 所示为筛选后的结果，我们取消选中【全选】复选框，然后只选择了“Brimson Furniture”和“Katy’s Paper Products”，其他记录都被隐藏起来了，需要的时候可以随时恢复。要继续筛选的话，可以在其他列内选择项目，例如，在“到期日”内选择一个月份来查看仅那个月将要到期的发票。

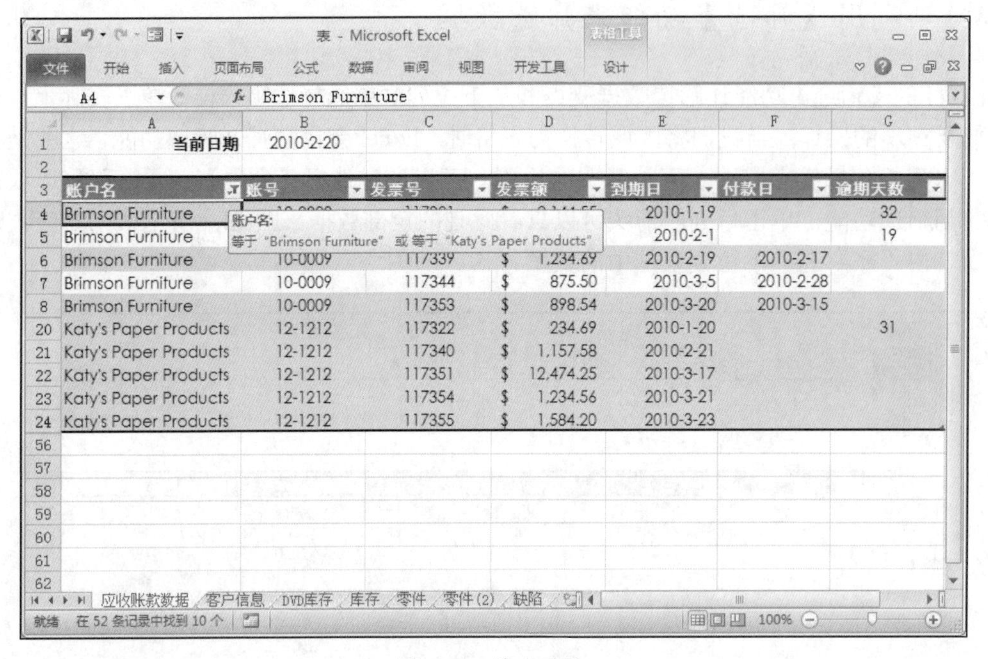

图 13.8 筛选结果

警告：因为 Excel 会隐藏不符合条件的行，所以不要在表的左侧或右侧输入重要的数据。

筛选数据的时候有以下 3 点需要注意。

■ Excel 会在筛选数据列的下拉列表按钮上添加一个漏斗来作为提醒。

■ 把鼠标指针放到筛选下拉列表按钮上时，Excel 会显示一个提示框来说明当前的筛选条件，如图 13.7 所示。

■ Excel 会在状态栏中显示筛选的记录数目，如图 13.8 所示。

快速筛选

筛选下拉列表中的项目叫作“筛选条件”。除了可以选择指定条件的项目，如账户名等，Excel 还提供了“快速筛选”，让我们可以进行特定条件的筛选。快速筛选的项目取决于域内数据的类型，只要打开筛选下拉列表就可以使用了。

■ 文本筛选：使用文本域的时候会出现此选项。所显示的列表中包含以下选项：等于、不等于、开头是、结尾是、包含、不包含。

■ 数字筛选：使用数字域的时候会出现此选项。所显示的列表中包含以下选项：等于、不等于、大于、大于或等于、小于、小于或等于、介于、10 个最大的值、高于平均值、低于平均值。

■ 日期筛选：使用日期域的时候会出现此选项。所显示的列表中包含以下选项：等于、之前、之后、介于、明天、本周、上月、下季度、去年等。图 13.9 所示即为【日期筛选】选项。

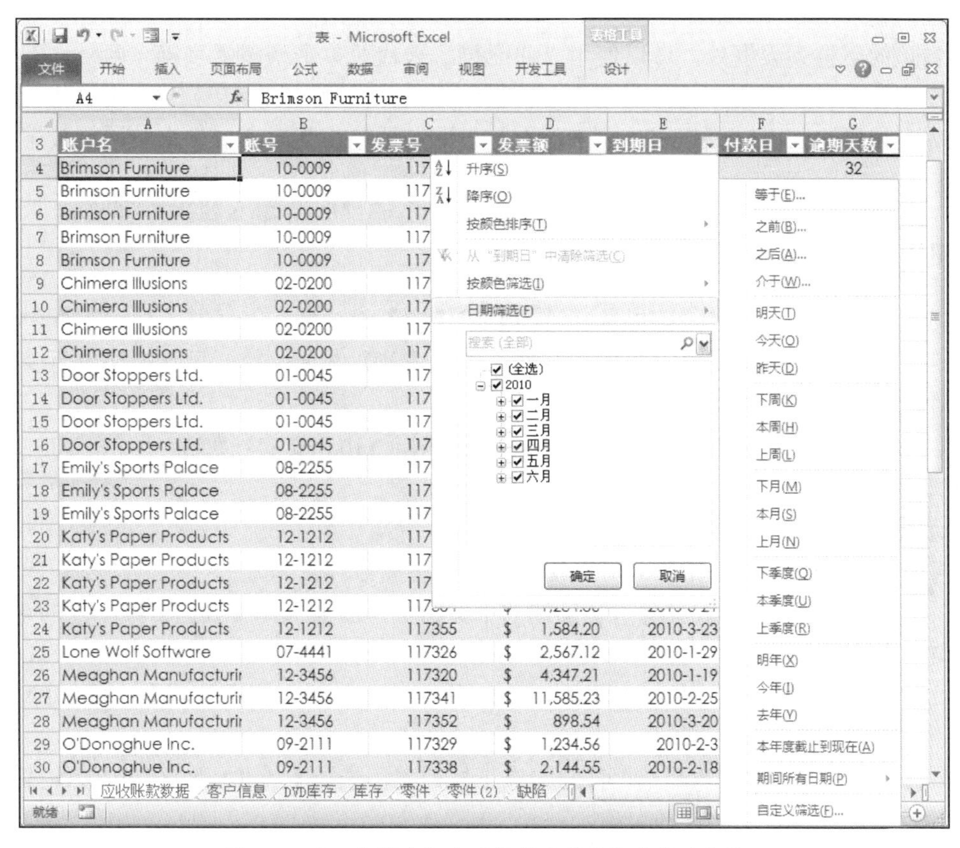

图 13.9 【日期筛选】选项提供了很多快速筛选条件

无论选择的是哪种快速筛选，Excel 都会显示【自定义自动筛选方式】对话框，如图 13.10 所示。或者，也可以选择每个快速筛选列表最下方的【自定义筛选】选项。

自定义自动筛选方式
显示行：
发票额
小于 1000
与(A) 或(O)
大于或等于 10000
可用 ? 代表单个字符
用 * 代表任意多个字符
确定 取消

图 13.10 使用【自定义自动筛选方式】对话框来设定快速筛选条件或输入自定义条件

利用对话框上面的两个下拉列表框来设置条件的第一部分。左边的列表包含 Excel 的比较运算操作，如等于、大于等，右边的组合框可以用来从域内选择数据或输入指定的唯一值。例如，如果我们想显示总额小于$1,000 的发票额，在左边列表内选择“小于”，然后在右边下拉列表框内输入 1000 即可。

在右边的下拉列表框处，可以使用“通配符”来代替单个或多个字符。问号（？）用来代替单个字符，例如输入“sm?th”，Excel 会找到 Smith 和 Smyth。星号（*）用来代替一组字符，例如，如果输入“*carolina”，则 Excel 会查找到所有以“carolina”来结尾的数据。

小贴士：如果想将通配符也作为条件的一部分，在字符前面输入波浪符即可。如想查找“OVERDUE？”，输入“OVERDUE～？”即可。

想要设置复合筛选条件，可以选择【与】或【或】选项并在下面的下拉列表框中选择或输入条件。想要所显示的记录满足所有条件，选择【与】选项；想要显示的记录至少满足两项条件中的一项，选择【或】选项。

举例来说，如果想显示金额小于$1,000 或大于等于$10,000 的发票额，设置图 13.10 所示的内容即可。

显示筛选记录

如果想查看之前的筛选记录，可以使用以下任意技巧。

■ 想要显示整个表格并移除进行筛选的下拉箭头，取消选择【数据】菜单内的【筛选】选项即可。

■ 想要显示整个表格但不移除进行筛选的下拉箭头，选择【数据】⇨【清除】选项即可。

■ 想要移除单一域内的筛选，打开筛选下拉列表，选择【从“×××”中清除筛选】选项，其中“×××”是指此域的名称。

13.4.2 使用复杂条件筛选表格

筛选功能能满足我们大部分的筛选需求，不过对于特别繁重的工作，它就无能为力了。举例来说，在以下条件时，筛选功能无法处理“应收账款数据”表。

■ 发票金额大于$100、小于$1,000 或大于$10,000 时。

■ 账号由 01、05 或 12 开头时。

■ 逾期天数比单元格 J11 中的数据大时。

要想满足这些更复杂的要求，我们需要使用复杂条件来进行筛选。

设置一个条件区域

使用复杂条件前，我们需要设置一个“条件区域”。条件区域的某些或所有的域名都会显示在顶行，并且在其下面有至少一行的空白，我们在那行空白处输入条件，Excel 会在表格中查找符合条件的记录。这样的设置和筛选相比，有以下两个好处。

- 通过在单一域内使用多重行或多重列，想要多少复杂条件都可以创建。
- 因为是在单元格内输入条件，所以可以通过公式来创建复杂条件。

条件区域可以位于工作表表格以外的任意位置，不过常见的位置是在表格区域的上面两行。例如在图 13.11 中，“应收账款数据”表上的条件区域为 A2 到 G3。正如我们所看到的，条件显示在域名下面的单元格内，在此时的情况下，Excel 会查找 Brimson Furniture 项下所有发票额大于等于$1,000 且在逾期天数域内的值大于 0 的发票。

	A	B	C	D	E	F	G
1	当前日期	2010-2-20					
2	账户名	账号	发票号	发票额	到期日	付款日	逾期天数
3	Brimson Furniture			>=1000			>0
4							
5	账户名	账号	发票号	发票额	到期日	付款日	逾期天数
6	Brimson Furniture	10-0009	117321	$ 2,144.55	2010-1-19		32
7	Brimson Furniture	10-0009	117327	$ 1,847.25	2010-2-1		19
8	Brimson Furniture	10-0009	117339	$ 1,234.69	2010-2-19	2010-2-17	
9	Brimson Furniture	10-0009	117344	$ 875.50	2010-3-5	2010-2-28	
10	Brimson Furniture	10-0009	117353	$ 898.54	2010-3-20	2010-3-15	
11	Chimera Illusions	02-0200	117318	$ 3,005.14	2010-1-14	2010-1-19	
12	Chimera Illusions	02-0200	117334	$ 303.65	2010-2-12	2010-2-16	
13	Chimera Illusions	02-0200	117345	$ 588.88	2010-3-6	2010-3-6	
14	Chimera Illusions	02-0200	117350	$ 456.21	2010-3-15	2010-3-11	
15	Door Stoppers Ltd.	01-0045	117319	$ 78.85	2010-1-16	2010-1-16	
16	Door Stoppers Ltd.	01-0045	117324	$ 101.01	2010-1-26		25
17	Door Stoppers Ltd.	01-0045	117328	$ 58.50	2010-2-2		18
18	Door Stoppers Ltd.	01-0045	117333	$ 1,685.74	2010-2-11	2010-2-9	
19	Emily's Sports Palace	08-2255	117316	$ 1,584.20	2010-1-12		39
20	Emily's Sports Palace	08-2255	117337	$ 4,347.21	2010-2-18	2010-2-17	

图 13.11　设置单独的条件区域来输入复杂条件

根据条件区域筛选表格

设置好条件区域后，就可以开始进行筛选了。以下是基本步骤。

1. 复制需要用作条件的表格域名，然后粘贴到条件区域的首行。如果不同的域要设置不同的条件，记得要把所有的域名都复制到条件区域首行。

小贴士：把域名复制到条件区域的唯一麻烦是，如果修改了域名，那么需要修改两个地方：表格内和条件区域处。因此除了直接复制域名，我们还可以将条件区域内的域名设置为动态域名，也就是使用公式将条件域名设置为等于相关联的表格域名，例如，在图 13.11 中，我们可以在单元格 B2 内输入= “B5”。

2．在条件区域每个域名的下面输入条件。

3．选择表格内任意单元格，然后选择【数据】⇨【高级】选项，此时出现【高级筛选】对话框，如图 13.12 所示。

4．如果之前选择了表格内的单元格，那么【列表区域】文本框内应该包含表格区域。如果没有，那么需要利用此文本框来选择包含域名的表格。

5．在【条件区域】文本框处，选择包含复制的域名的条件区域。

6．想避免筛选时遇到重复的记录，选中【选择不重复的记录】复选框。

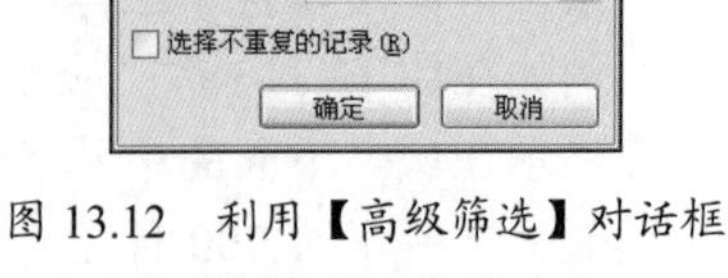

图 13.12　利用【高级筛选】对话框来选择表格和条件区域

7．单击【确定】按钮。Excel 筛选出了表格中达到条件的记录，如图 13.13 所示。

	A	B	C	D	E	F	G
1	当前日期	2010-2-20					
2	账户名	账号	发票号	发票额	到期日	付款日	逾期天数
3	Brimson Furniture			>=1000			>0
4							
5	账户名	账号	发票号	发票额	到期日	付款日	逾期天数
6	Brimson Furniture	10-0009	117321	$ 2,144.55	2010-1-19		32
7	Brimson Furniture	10-0009	117327	$ 1,847.25	2010-2-1		19
58							
59							
60							

图 13.13　在“应收账款数据”表中，使用了条件区域内指定的复杂条件来筛选数据

输入复合条件

想要在条件区域内输入复合条件，可以按照如下方法操作。

- 找到符合所有条件的记录，然后在单一的行内输入条件。
- 找到符合一项或多项条件的记录，然后分别在不同的行里输入条件。

查找符合所有条件的记录就相当于在【自定义自动筛选方式】对话框内选择【与】选项。例如在图 13.11 所示的条件举例中，所有符合账户名为 Brimson Furniture“与”发票额大于等于 $1,000 且逾期天数内的数字是正数的数据。如果想缩小显示记录，可以输入所需要的多个条件。

小贴士：可以在复合条件内多次使用同一个域名。想做到这一点，在条件区域内多次使用合适的域，同时在每个标签下输入条件就可以了。

查找至少符合一项条件的记录相当于在【自定义自动筛选方式】对话框内选择【或】选

项。在这种情况下，需要分别在不同的行内输入每个条件。例如，想要查找金额大于等于 \$10,000 或逾期 30 天的所有发票，则需要在不同的行内分别输入条件，如图 13.14 所示。

	A	B	C	D	E	F	G
1	当前日期	2010-2-20					
2	账户名	账号	发票号	发票额	到期日	付款日	逾期天数
3				>=10000			
4							>30
5							
6	账户名	账号	发票号	发票额	到期日	付款日	逾期天数
7	Brimson Furniture	10-0009	117321	\$ 2,144.55	2010-1-19		32
20	Emily's Sports Palace	08-2255	117316	\$ 1,584.20	2010-1-12		39
23	Katy's Paper Products	12-1212	117322	\$ 234.69	2010-1-20		31
25	Katy's Paper Products	12-1212	117351	\$ 12,474.25	2010-3-17		
30	Meaghan Manufacturi	12-3456	117341	\$ 11,585.23	2010-2-25		
36	Refco Office Solutions	14-5741	117317	\$ 303.65	2010-1-13		38
59							

图 13.14　想要查找符合一项或多项条件的记录，需要在不同的行内分别输入条件

警告：在条件区域内不要有空白行，因为在查找数据时空白行会导致 Excel 关闭。

13.4.3　输入估算条件

条件区域内的域并不仅仅局限于表格内的域。我们也可以创建“估算条件”，通过估算来查找记录。估算可以引用一个或多个表格域，还可以引用表格外的单元格，但是必须返回 TRUE 或 FALSE，Excel 会选择那些返回 TRUE 的记录。

想要使用估算条件，需在条件区域中添加一列并在此新域中输入公式。记得要确保给新域所起的名称和表格内的任意域都是不同的，在公式中引用表格单元格时，使用表格的第一行。举例来说，在“应收账款数据”表中，想要选择所有符合“付款日和到期日相同”的记录，输入以下公式即可：

```
=F6=E6
```

注意：要注意公式中的相对引用地址。如果想要引用表格以外的单元格，最好使用绝对引用地址。

小贴士：可以使用 Excel 的 AND()、OR()和 NOT()函数来创建复合估算条件。例如，想要选择所有符合“逾期天数小于 90 且大于 31”条件的数据，输入以下公式即可：

```
=AND(G6<90, G6>31)
```

图 13.15 显示的是比较复杂的例子。该例子选择的是在到期日之后付款的发票，新的条件（被命名为“延迟付款人”的条件）中包含如下公式：

```
=IF(ISBLANK(G6), FALSE(), F6>E6)
```

A3 =IF(ISBLANK(G6), FALSE(), F6>E6)

	A	B	C	D	E	F	G
1	当前日期	2010-2-20					
2	延迟付款人						
3	FALSE						
4							
5	账户名	账号	发票号	发票额	到期日	付款日	逾期天数
11	Chimera Illusions	02-0200	117318	$ 3,005.14	2010-1-14	2010-1-19	
12	Chimera Illusions	02-0200	117334	$ 303.65	2010-2-12	2010-2-16	
34	Real Solemn Officials	14-1882	117342	$ 2,567.12	2010-2-28	2010-3-15	
38	Refco Office Solutions	14-5741	117361	$ 854.50	2010-4-21	2010-5-6	
39	Refco Office Solutions	14-5741	117363	$ 3,210.98	2010-5-5	2010-5-20	
45	Reston Solicitor Offices	07-4441	117357	$ 2,144.55	2010-3-30	2010-4-14	
46	Rooter Office Solvents	07-4441	117336	$ 78.85	2010-2-15	2010-3-2	
47	Rooter Office Solvents	16-9734	117348	$ 157.25	2010-3-13	2010-3-28	
48	Rooter Office Solvents	16-9734	117348	$ 157.25	2010-3-13	2010-3-28	
58							

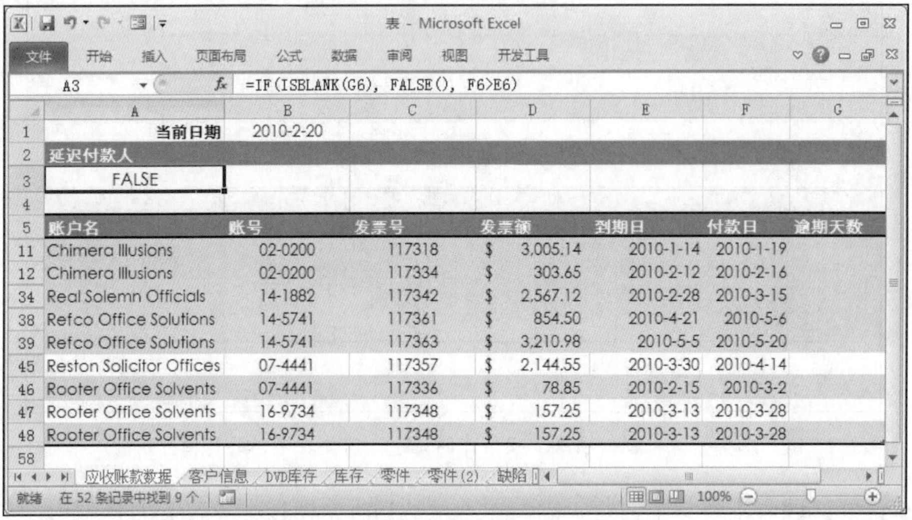

图 13.15 使用单独的条件区域列创建估算条件

如果 F 列中的付款日是空白的，说明发票还未被付清，公式会返回 FALSE；否则，逻辑表达式 F6>E6 就是成立的。如果 F 列中的付款日大于 E 列中的到期日，表达式会返回 TRUE，然后 Excel 会选择符合的记录。在图 13.15 中，单元格 A2 中的延迟付款人条件处显示 FALSE 是因为公式计算出表格内的第一行结果为 FALSE。

13.4.4 复制筛选数据到不同的区域

如果想单独使用筛选数据，可以复制或提取这些数据到新的位置，按照以下步骤即可。

1. 设置想要筛选的条件。
2. 如果只是想从表格中复制特定的列，那么将适当的域名复制到新的区域中即可。
3. 选择【数据】⇨【高级】选项，此时弹出【高级筛选】对话框。
4. 选择【将筛选结果复制到其他位置】选项。
5. 如果需要的话，输入列表区域和条件区域。
6. 根据以下方法使用【复制到】文本框来输入或选择复制位置。注意每次选择的包含表格的单元格或区域都必须是同一个工作表内的。

- 如果要复制整个筛选表格，则输入单一的单元格。
- 如果只复制指定数量的行，则输入包含所需行数的区域。如果数据数量多于区域，则

Excel 会询问是否想要粘贴余下的数据。

■ 如果仅复制特定列，那么选择第 2 步中复制的列标签即可。

警告：如果选择了单一的单元格来粘贴整个筛选表格，要确保粘贴过来的表格不会覆盖任何数据，否则 Excel 会直接覆盖并且不会发出警告。

7. 单击【确定】按钮，Excel 根据条件筛选表格并将选好的记录复制在指定的位置。

图 13.16 所示即为“应收账款数据”表筛选后的结果，以分开的视窗显示了所有的 3 个区域。

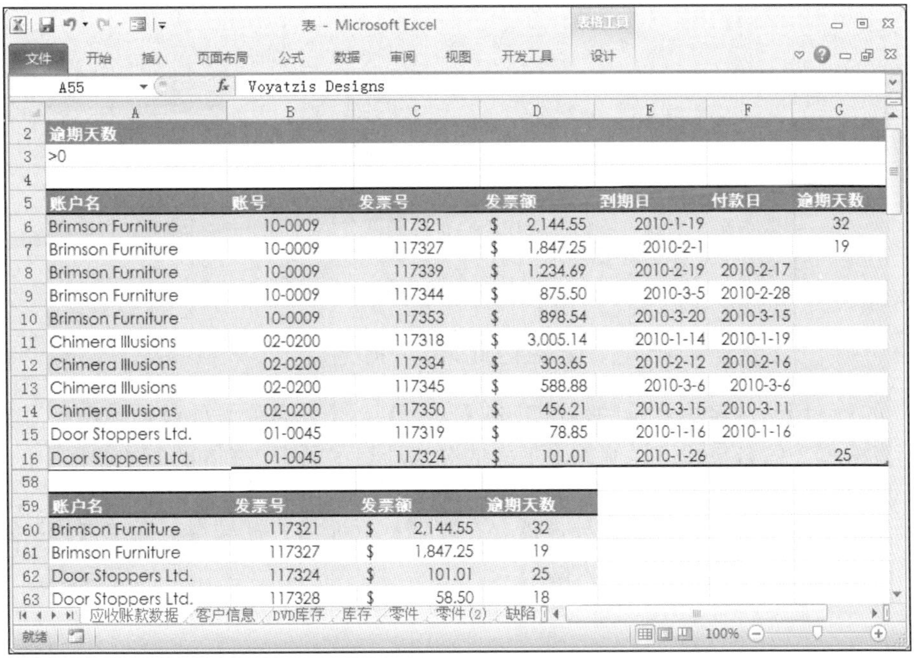

表 - Microsoft Excel

A55　Voyatzis Designs

	A	B	C	D	E	F	G
2	逾期天数						
3	>0						
4							
5	账户名	账号	发票号	发票额	到期日	付款日	逾期天数
6	Brimson Furniture	10-0009	117321	$ 2,144.55	2010-1-19		32
7	Brimson Furniture	10-0009	117327	$ 1,847.25	2010-2-1		19
8	Brimson Furniture	10-0009	117339	$ 1,234.69	2010-2-19	2010-2-17	
9	Brimson Furniture	10-0009	117344	$ 875.50	2010-3-5	2010-2-28	
10	Brimson Furniture	10-0009	117353	$ 898.54	2010-3-20	2010-3-15	
11	Chimera Illusions	02-0200	117318	$ 3,005.14	2010-1-14	2010-1-19	
12	Chimera Illusions	02-0200	117334	$ 303.65	2010-2-12	2010-2-16	
13	Chimera Illusions	02-0200	117345	$ 588.88	2010-3-6	2010-3-6	
14	Chimera Illusions	02-0200	117350	$ 456.21	2010-3-15	2010-3-11	
15	Door Stoppers Ltd.	01-0045	117319	$ 78.85	2010-1-16	2010-1-16	
16	Door Stoppers Ltd.	01-0045	117324	$ 101.01	2010-1-26		25
58							

	账户名	发票号	发票额	逾期天数
59	账户名	发票号	发票额	逾期天数
60	Brimson Furniture	117321	$ 2,144.55	32
61	Brimson Furniture	117327	$ 1,847.25	19
62	Door Stoppers Ltd.	117324	$ 101.01	25
63	Door Stoppers Ltd.	117328	$ 58.50	18

图 13.16　此次的筛选操作选择了那些逾期天数大于 0 的记录，并将结果复制在表格下面的区域内

13.5　在公式中引用表

在 Excel 的之前版本中，如果想在公式中引用部分表格，我们通常会引用一个指向某部分的单元格或区域，而这个部分是在准备用于计算的表格内的。这样当然是可行的，但它会有和在普通表格公式中引用单元格和区域一样的问题：这些引用经常会导致公式难以阅读和理解。在普通表格公式中的问题可以通过用已定义的名称代替单元格和区域来解决，但是在

表格中，Excel 没有提供定义名称的简单方法。

从 Excel 2007 开始，情况就改变了，因为 Excel 现在提供了表格的“结构引用”。也就是说，Excel 给大量的表元素提供了定义名称集（Microsoft 称其为“说明符”）。这些表元素包括数据、标题以及整个表格等，同时，Excel 还提供了表格域名的自动创建功能。现在我们可以在公式中使用这些名称来让计算变得易读易用了。

13.5.1 使用表说明符

让我们先来看看 Excel 提供给表格的预定义说明符。表 13.1 列举了我们可能会用到的一些名称。

表 13.1 Excel 的预定义表说明符

说明符	引用
#全部	整个表，包括列标题和汇总行
#数据	表数据，也就是除列标题和汇总行外的部分
#标题	表的列标题
#汇总	表的汇总行
@	公式显示的那行。在 Excel 2007 中是“#此行”

大部分的引用是从名称开始的，可以在【设计】⇨【表名称】处设置。在最简单的情况下，使用表格本身的名字即可。例如，下面的公式计算了名为“Table1”的表格中的数字值：

```
=COUNT(Table1)
```

如果想要引用表格中特定的部分，需要在表名称后面用方括号将其括起来。例如，以下公式计算了名为“销售额”的表格内的最大值：

```
=MAX(销售额[#数据])
```

注意：也可以通过以下语法来引用别的工作簿上的表：

```
'工作簿'!表
```

在这里，用工作簿的文件名来代替*工作簿*，用表名称来代替*表*。

注意：如果使用的是表本身的名称，那么和使用说明符#数据是一样的。举例来说，以下两个公式会得到同样的结果：

```
=MAX(销售额[#数据])
=MAX(销售额)
```

Excel 也会根据列标题生成列说明符。每个列说明符引用的都是列中的数据，所以不会将列标题或整个列都包括进去。举例来说，假设有一份名为“库存”的表，我们想要计算“在库数量”域内值的总和，那么下面的公式可以办到：

```
=SUM(库存[在库数量])
```

如果想引用表格域内单一的值，需要指定所使用的行，通用语法如下：

```
表[[行]，[域]]
```

这里的表用表名称来代替，行用行说明符来代替，域用域说明符来代替。对于行说明符，我们只有两个选择：当前行或汇总行。当前行是指公式所在行，在 Excel 2010 中我们使用新的说明符@来指定当前行；而在 Excel 2007 中，它是由#指定的。不过，在这种情况下，我们需要在@后面加上用方括号括起来的域名，如：

```
@[标准成本]
```

举例来说，在“库存”表的“标准成本”域内，下面的公式将当前行内的“标准成本”乘以 1.25：

```
=库存[@[标准成本]]*1.25
```

注意：如果你的公式需要引用当前行或汇总行以外的单元格，需要使用常规单元格引用，如 A3、D6 这样的。

引用汇总行里的单元格时，使用#汇总说明符，举例如下：

```
=库存[[#汇总]，[在库数量]]-库存[[#汇总]，[保留数量]]
```

最后，我们还可以使用结构表引用来指定区域。和常规的单元格引用一样，我们需要在两个说明符之间插入一个冒号。举例来说，下面的引用包含了“库存”表中所有“在库数量”和“保留数量”域内的数据单元格：

```
库存[[保留数量]:[在库数量]]
```

13.5.2 输入表公式

当我们使用结构引用创建公式时，Excel 会提供很多的工具，让这个过程变得简单而又不易出错。首先要注意的是，表名称其实也是 Excel 公式自动填充功能的一部分，也就是说，当我们输入表名称的前几个字母后，会在自动填充列表内看到公式的名称，然后就可以选择名称并按【Tab】键来编辑公式了。接下来当我们输入一个开放式的方括号（[）时，Excel 会显示所有已存在的表说明符，如图 13.17 所示。选好说明符，然后按【Tab】键来将其添加到公式中。每输入一次开放式方括号，Excel 都会显示此说明符列表。

在 Excel 中有一个很有用的功能，就是支持自动创建计算列。让我们来看看这个功能是怎样工作的：图 13.18 显示的是在表单元格内已经输入完整但还未完成的公式，当我们按【Enter】键时，Excel 会自动将表内这一单元格下面的行都用同样的公式填充，如图 13.19 所示。Excel 还会显示一个自动更正选项小标签，如果需要的话可以撤销计算。

注意：在图 13.19 中，Excel 移除了多余的表名称来简化公式。

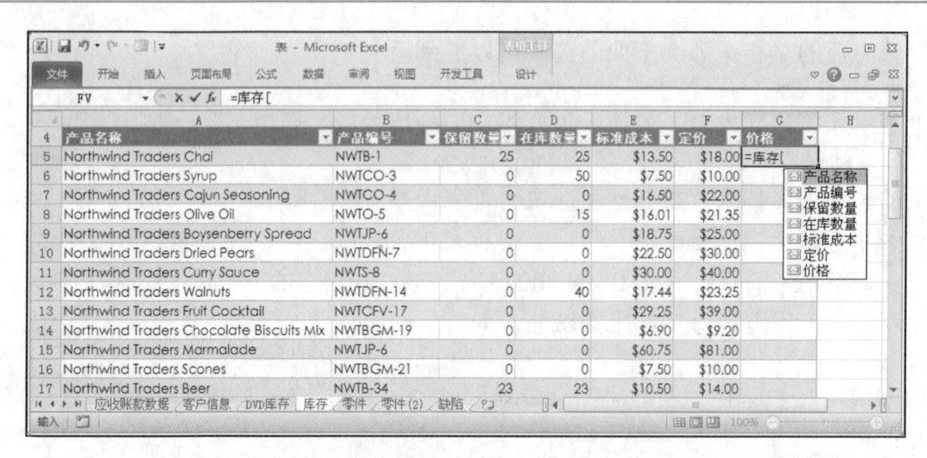

	产品名称	产品编号	保留数量	在库数量	标准成本	定价	价格
5	Northwind Traders Chai	NWTB-1	25	25	$13.50	$18.00	=库存[
6	Northwind Traders Syrup	NWTCO-3	0	50	$7.50	$10.00	
7	Northwind Traders Cajun Seasoning	NWTCO-4	0	0	$16.50	$22.00	
8	Northwind Traders Olive Oil	NWTO-5	0	15	$16.01	$21.35	
9	Northwind Traders Boysenberry Spread	NWTJP-6	0	0	$18.75	$25.00	
10	Northwind Traders Dried Pears	NWTDFN-7	0	0	$22.50	$30.00	
11	Northwind Traders Curry Sauce	NWTS-8	0	0	$30.00	$40.00	
12	Northwind Traders Walnuts	NWTDFN-14	0	40	$17.44	$23.25	
13	Northwind Traders Fruit Cocktail	NWTCFV-17	0	0	$29.25	$39.00	
14	Northwind Traders Chocolate Biscuits Mix	NWTBGM-19	0	0	$6.90	$9.20	
15	Northwind Traders Marmalade	NWTJP-6	0	0	$60.75	$81.00	
16	Northwind Traders Scones	NWTBGM-21	0	0	$7.50	$10.00	
17	Northwind Traders Beer	NWTB-34	23	23	$10.50	$14.00	

图 13.17　输入表名称以及开放式方括号（[），Excel 会显示表说明符列表

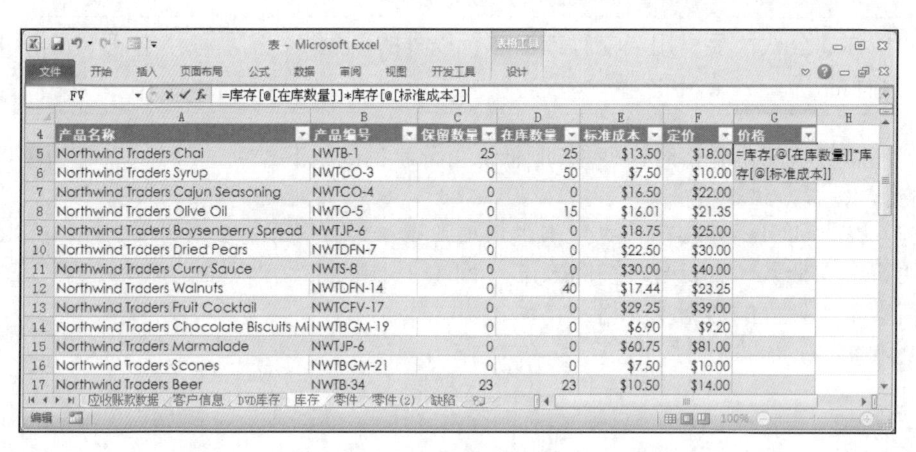

	产品名称	产品编号	保留数量	在库数量	标准成本	定价	价格
5	Northwind Traders Chai	NWTB-1	25	25	$13.50	$18.00	=库存[@[在库数量]]*库存[@[标准成本]]
6	Northwind Traders Syrup	NWTCO-3	0	50	$7.50	$10.00	
7	Northwind Traders Cajun Seasoning	NWTCO-4	0	0	$16.50	$22.00	
8	Northwind Traders Olive Oil	NWTO-5	0	15	$16.01	$21.35	
9	Northwind Traders Boysenberry Spread	NWTJP-6	0	0	$18.75	$25.00	
10	Northwind Traders Dried Pears	NWTDFN-7	0	0	$22.50	$30.00	
11	Northwind Traders Curry Sauce	NWTS-8	0	0	$30.00	$40.00	
12	Northwind Traders Walnuts	NWTDFN-14	0	40	$17.44	$23.25	
13	Northwind Traders Fruit Cocktail	NWTCFV-17	0	0	$29.25	$39.00	
14	Northwind Traders Chocolate Biscuits Mi	NWTBGM-19	0	0	$6.90	$9.20	
15	Northwind Traders Marmalade	NWTJP-6	0	0	$60.75	$81.00	
16	Northwind Traders Scones	NWTBGM-21	0	0	$7.50	$10.00	
17	Northwind Traders Beer	NWTB-34	23	23	$10.50	$14.00	

图 13.18　新的等待确认的表公式

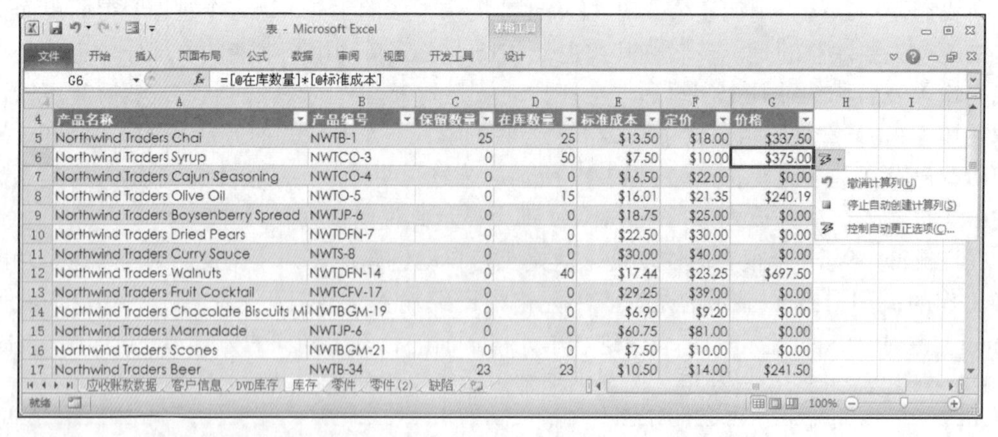

	产品名称	产品编号	保留数量	在库数量	标准成本	定价	价格
5	Northwind Traders Chai	NWTB-1	25	25	$13.50	$18.00	$337.50
6	Northwind Traders Syrup	NWTCO-3	0	50	$7.50	$10.00	$375.00
7	Northwind Traders Cajun Seasoning	NWTCO-4	0	0	$16.50	$22.00	$0.00
8	Northwind Traders Olive Oil	NWTO-5	0	15	$16.01	$21.35	$240.19
9	Northwind Traders Boysenberry Spread	NWTJP-6	0	0	$18.75	$25.00	$0.00
10	Northwind Traders Dried Pears	NWTDFN-7	0	0	$22.50	$30.00	$0.00
11	Northwind Traders Curry Sauce	NWTS-8	0	0	$30.00	$40.00	$0.00
12	Northwind Traders Walnuts	NWTDFN-14	0	40	$17.44	$23.25	$697.50
13	Northwind Traders Fruit Cocktail	NWTCFV-17	0	0	$29.25	$39.00	$0.00
14	Northwind Traders Chocolate Biscuits Mi	NWTBGM-19	0	0	$6.90	$9.20	$0.00
15	Northwind Traders Marmalade	NWTJP-6	0	0	$60.75	$81.00	$0.00
16	Northwind Traders Scones	NWTBGM-21	0	0	$7.50	$10.00	$0.00
17	Northwind Traders Beer	NWTB-34	23	23	$10.50	$14.00	$241.50

图 13.19　确认一个新的表公式后，Excel 会自动将表内这一单元格下面的行都用此公式填充

13.6　Excel 的表函数

想要表分析水平更上一层楼，我们可以使用 Excel 的“表函数”，它有以下优点。

- 可以在工作表的任意单元格输入。
- 可以指定区域执行函数操作。
- 允许输入条件或引用条件区域，并对表的一部分执行计算。

13.6.1　关于表函数

让我们通过一个例子来说明表函数。例如，如果我们想合计表内数据，输入函数 SUM(*区域*)，然后 Excel 会计算出结果。但是如果我们仅仅想合计表内的一部分域，就需要指定单元格来作为函数参数了。对于包含大量数据的表，这个操作实在很难完成。

解决办法就是使用 DSUM( )函数，也就是对应 SUM( )的表函数。DSUM( )函数有 3 个参数：表区域、域名和条件区域。它会查找表内的指定域并只合计那些符合条件区域内的条件的记录。

表函数有两种类型：不需要条件区域和需要条件区域的表函数。这两种类型我们都将在下面的内容中学到。

13.6.2　不需要条件区域的表函数

Excel 提供了 3 种表函数，让我们可以指定条件作为参数而不是区域：COUNTIF( )、SUMIF( )和 AVERAGEIF( )函数。

使用 COUNTIF( )函数

COUNTIF( )计算了区域内符合单一条件的单元格的数量：

```
COUNTIF(range, criteria)
```

range：用来检测是否符合条件的单元格区域。

criteria：条件，以文本形式输入，用来决定对哪些单元格计数。Excel 会将条件应用于 *range* 内。

举例来说，在图 13.20 中，COUNTIF( )函数计算了无库存产品的总数，也就是“在库数量”域内值为 0 的产品总数。

使用 SUMIF( )函数

SUMIF( )函数和 COUNTIF( )函数类似，不过它只对满足条件的区域求和：

```
SUMIF(range, criteria[, sum_range])
```

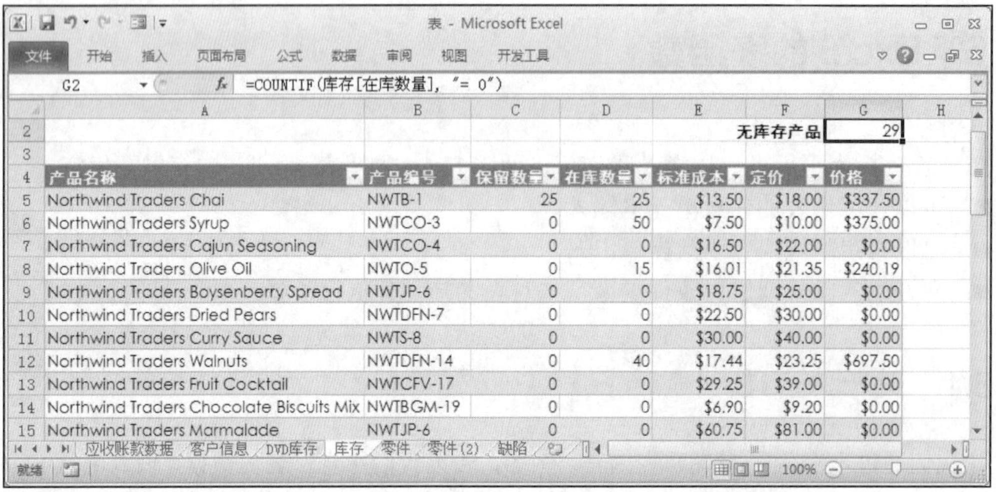

表 - Microsoft Excel
文件 开始 插入 页面布局 公式 数据 审阅 视图 开发工具
G2
=COUNTIF(库存[在库数量], "= 0")
无库存产品 29
产品名称 产品编号 保留数量 在库数量 标准成本 定价 价格
Northwind Traders Chai NWTB-1 25 25 $13.50 $18.00 $337.50
Northwind Traders Syrup NWTCO-3 0 50 $7.50 $10.00 $375.00
Northwind Traders Cajun Seasoning NWTCO-4 0 0 $16.50 $22.00 $0.00
Northwind Traders Olive Oil NWTO-5 0 15 $16.01 $21.35 $240.19
Northwind Traders Boysenberry Spread NWTJP-6 0 0 $18.75 $25.00 $0.00
Northwind Traders Dried Pears NWTDFN-7 0 0 $22.50 $30.00 $0.00
Northwind Traders Curry Sauce NWTS-8 0 0 $30.00 $40.00 $0.00
Northwind Traders Walnuts NWTDFN-14 0 40 $17.44 $23.25 $697.50
Northwind Traders Fruit Cocktail NWTCFV-17 0 0 $29.25 $39.00 $0.00
Northwind Traders Chocolate Biscuits Mix NWTBGM-19 0 0 $6.90 $9.20 $0.00
Northwind Traders Marmalade NWTJP-6 0 0 $60.75 $81.00 $0.00
应收账款数据 客户信息 DVD库存 库存 零件 零件(2) 缺陷
就绪 100%

图 13.20 使用 COUNTIF( )函数来计算满足某项条件的单元格数量

range：用来检测是否符合条件的单元格区域。

criteria：条件，以文本形式输入，用来决定对哪些单元格求和。Excel 会将条件应用于 *range* 内。

sum_range：需要求和的值所在的区域。Excel 只对 *sum_range* 内且 *range* 中符合相关条件的单元格求和。如果省略 *sum_range*，那么 Excel 会将 *range* 作为求和区域。

图 13.21 所示为“零件”表。单元格 F16 中的 SUMIF( )函数求出了“部门”域内值等于 3 的零件的“总成本”之和。

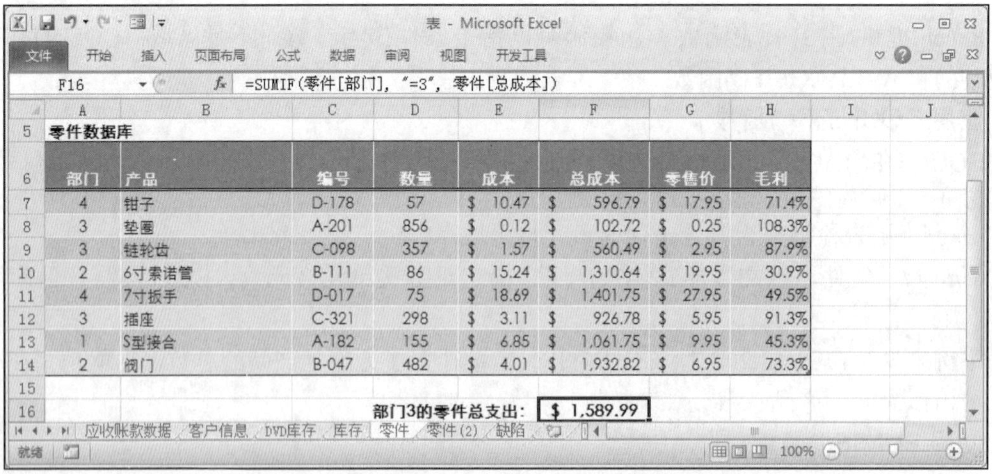

表 - Microsoft Excel
文件 开始 插入 页面布局 公式 数据 审阅 视图 开发工具
F16
=SUMIF(零件[部门], "=3", 零件[总成本])
零件数据库
部门 产品 编号 数量 成本 总成本 零售价 毛利
4 钳子 D-178 57 $ 10.47 $ 596.79 $ 17.95 71.4%
3 垫圈 A-201 856 $ 0.12 $ 102.72 $ 0.25 108.3%
3 链轮齿 C-098 357 $ 1.57 $ 560.49 $ 2.95 87.9%
2 6寸索诺管 B-111 86 $ 15.24 $ 1,310.64 $ 19.95 30.9%
4 7寸扳手 D-017 75 $ 18.69 $ 1,401.75 $ 27.95 49.5%
3 插座 C-321 298 $ 3.11 $ 926.78 $ 5.95 91.3%
1 S型接合 A-182 155 $ 6.85 $ 1,061.75 $ 9.95 45.3%
2 阀门 B-047 482 $ 4.01 $ 1,932.82 $ 6.95 73.3%
部门3的零件总支出: $ 1,589.99
应收账款数据 客户信息 DVD库存 库存 零件 零件(2) 缺陷
就绪 100%

图 13.21 使用 SUMIF( )函数将符合条件的单元格求和

使用 AVERAGEIF( )函数

AVERAGEIF( )函数用来计算符合条件的单元格区域的平均值：

```
AVERAGEIF(range, criteria[, average_range])
```

range：用来检测是否符合条件的单元格区域。

criteria：条件，以文本形式输入，用来决定对哪些单元格求平均值。Excel 会将条件应用于 *range* 内。

average_range：需要求平均值的值所在的区域。Excel 只对 *average_range* 内且 *range* 中符合相关条件的单元格求平均值。如果省略 *average_range*，那么 Excel 会将 *range* 作为求平均值的区域。

例如，单元格 F17 中的 AVERAGEIF( )函数计算了“成本”域内值小于 10 的零件的平均“毛利”，如图 13.22 所示。

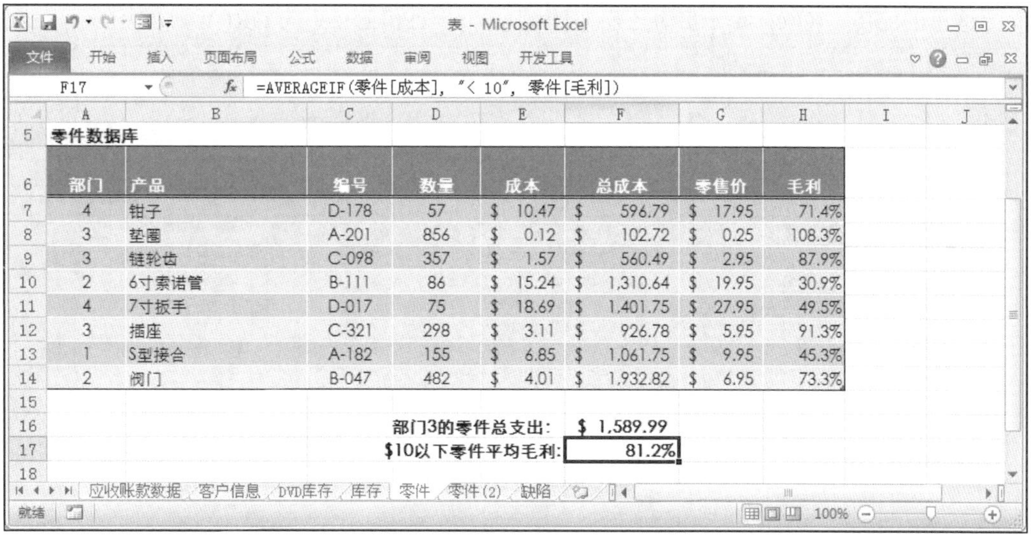

F17　=AVERAGEIF(零件[成本], "< 10", 零件[毛利])

零件数据库

部门	产品	编号	数量	成本	总成本	零售价	毛利
4	钳子	D-178	57	$ 10.47	$ 596.79	$ 17.95	71.4%
3	垫圈	A-201	856	$ 0.12	$ 102.72	$ 0.25	108.3%
3	链轮齿	C-098	357	$ 1.57	$ 560.49	$ 2.95	87.9%
2	6寸索诺管	B-111	86	$ 15.24	$ 1,310.64	$ 19.95	30.9%
4	7寸扳手	D-017	75	$ 18.69	$ 1,401.75	$ 27.95	49.5%
3	插座	C-321	298	$ 3.11	$ 926.78	$ 5.95	91.3%
1	S型接合	A-182	155	$ 6.85	$ 1,061.75	$ 9.95	45.3%
2	阀门	B-047	482	$ 4.01	$ 1,932.82	$ 6.95	73.3%

部门3的零件总支出：$ 1,589.99

$10以下零件平均毛利：81.2%

图 13.22　使用 AVERAGEIF( )函数来计算满足条件的单元格的平均值

13.6.3　接受多重条件的表函数

在 Excel 的之前版本中，如果想要合计满足两个或多个条件的值也是可行的，不过那样的话通常需要使用各种复杂公式。举例来说，我们可以在 SUM( )函数中嵌套使用多重 IF( )函数，将它们作为数组公式来使用。这样虽然可行，但实在太麻烦了。

从 Excel 2007 开始，这个麻烦就被解决了，我们可以用 3 个函数来指定多重条件：COUNTIFS( )、SUMIFS( )和 AVERAGEIFS( )函数。要注意的是这 3 个函数都不需要单独的条件区域。

使用 COUNTIFS( )函数

COUNTIFS( )函数计算了一个或多个区域中满足一个或多个条件的单元格的数量：

```
COUNTIFS(range1, criteria1[, range2, criteria2, …])
```

range1：第一个用来计数的单元格区域。

criteria1：第一个条件，以文本输入，用来决定对哪些单元格计数。Excel 会将条件应用到 *range1* 中。

range2：第二个用来计数的单元格区域。

criteria2：第二个条件，以文本输入，用来决定对哪些单元格计数。Excel 会将条件应用到 *range2* 中。

最多可以输入 127 对区域和条件。举例来说，图 13.23 显示的 COUNTIFS( )函数返回的是“国家”域内的值等于 USA、同时“地区”域内的值为 OR 的客户数量。

注意：这里的 OR 是 Oregon（俄勒冈州）的缩写，不要和 Excel 的 OR( )函数混淆。

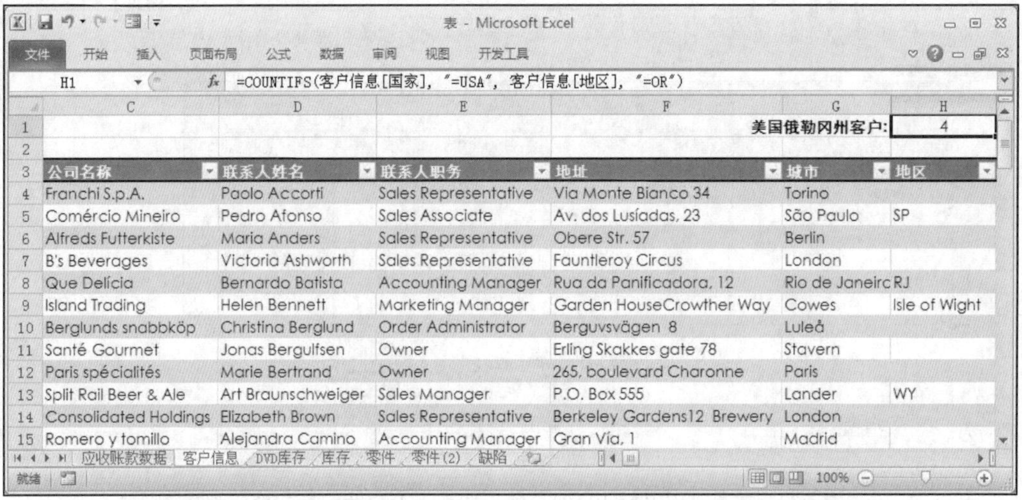

表 - Microsoft Excel

H1 =COUNTIFS(客户信息[国家], "=USA", 客户信息[地区], "=OR")

	C	D	E	F	G	H
1					美国俄勒冈州客户:	4
2						
3	公司名称	联系人姓名	联系人职务	地址	城市	地区
4	Franchi S.p.A.	Paolo Accorti	Sales Representative	Via Monte Bianco 34	Torino	
5	Comércio Mineiro	Pedro Afonso	Sales Associate	Av. dos Lusíadas, 23	São Paulo	SP
6	Alfreds Futterkiste	Maria Anders	Sales Representative	Obere Str. 57	Berlin	
7	B's Beverages	Victoria Ashworth	Sales Representative	Fauntleroy Circus	London	
8	Que Delícia	Bernardo Batista	Accounting Manager	Rua da Panificadora, 12	Rio de Janeirc	RJ
9	Island Trading	Helen Bennett	Marketing Manager	Garden HouseCrowther Way	Cowes	Isle of Wight
10	Berglunds snabbköp	Christina Berglund	Order Administrator	Berguvsvägen 8	Luleå	
11	Santé Gourmet	Jonas Bergulfsen	Owner	Erling Skakkes gate 78	Stavern	
12	Paris spécialités	Marie Bertrand	Owner	265, boulevard Charonne	Paris	
13	Split Rail Beer & Ale	Art Braunschweiger	Sales Manager	P.O. Box 555	Lander	WY
14	Consolidated Holdings	Elizabeth Brown	Sales Representative	Berkeley Gardens12 Brewery	London	
15	Romero y tomillo	Alejandra Camino	Accounting Manager	Gran Vía, 1	Madrid	

应收账款数据 客户信息 DVD库存 库存 零件 零件(2) 缺陷

图 13.23 使用 COUNTIFS( )函数计算满足一个或多个条件的单元格数量

使用 SUMIFS( )函数

SUMIFS( )函数计算满足一个或多个条件的一个或多个区域内的单元格的和：

```
SUMIFS(sum_range, range1, criteria1[, range2, criteria2, …])
```

sum_range：求和数据所在的区域。Excel 只会合计那些在 *sum_range* 中且符合条件的单元格。

range1：第一个用来求和的单元格区域。

criteria1：第一个条件，以文本输入，用来决定对哪些单元格求和。Excel 会将条件应用到 *range1* 中。

range2：第二个用来求和的单元格区域。

criteria2：第二个条件，以文本输入，用来决定对哪些单元格求和。Excel 会将条件应用到 *range2* 中。

最多可以输入 127 对区域和条件。在图 13.24 所示的“库存”表上，单元格 G1 中的 SUMIFS( ) 函数合计了“在库数量”域内满足“产品名称”域中包括“Soup”且“保留数量”域内值为 0 的产品。

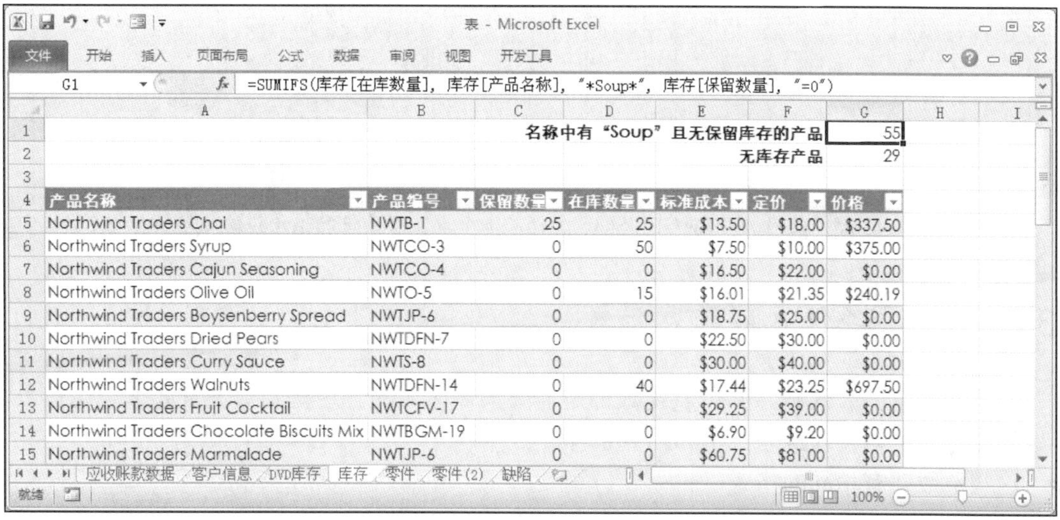

表 - Microsoft Excel

G1　=SUMIFS(库存[在库数量], 库存[产品名称], "*Soup*", 库存[保留数量], "=0")

	A	B	C	D	E	F	G
1					名称中有“Soup”且无保留库存的产品		55
2						无库存产品	29
3							
4	产品名称	产品编号	保留数量	在库数量	标准成本	定价	价格
5	Northwind Traders Chai	NWTB-1	25	25	$13.50	$18.00	$337.50
6	Northwind Traders Syrup	NWTCO-3	0	50	$7.50	$10.00	$375.00
7	Northwind Traders Cajun Seasoning	NWTCO-4	0	0	$16.50	$22.00	$0.00
8	Northwind Traders Olive Oil	NWTO-5	0	15	$16.01	$21.35	$240.19
9	Northwind Traders Boysenberry Spread	NWTJP-6	0	0	$18.75	$25.00	$0.00
10	Northwind Traders Dried Pears	NWTDFN-7	0	0	$22.50	$30.00	$0.00
11	Northwind Traders Curry Sauce	NWTS-8	0	0	$30.00	$40.00	$0.00
12	Northwind Traders Walnuts	NWTDFN-14	0	40	$17.44	$23.25	$697.50
13	Northwind Traders Fruit Cocktail	NWTCFV-17	0	0	$29.25	$39.00	$0.00
14	Northwind Traders Chocolate Biscuits Mix	NWTBGM-19	0	0	$6.90	$9.20	$0.00
15	Northwind Traders Marmalade	NWTJP-6	0	0	$60.75	$81.00	$0.00

应收账款数据　客户信息　DVD库存　库存　零件　零件(2)　缺陷

图 13.24　使用 SUMIFS( )函数计算满足一个或多个条件的单元格

使用 AVERAGEIFS( )函数

AVERAGEIFS( )函数计算满足一个或多个条件的一个或多个区域内的单元格的平均值：

```
AVERAGEIFS(average_range, range1, criteria1[, range2, criteria2, …])
```

average_range：求平均值数据所在的区域。Excel 只会计算那些在 *average_range* 中且符合条件的单元格的平均值。

range1：第一个用来求平均值的单元格区域。

criteria1：第一个条件，以文本输入，用来决定对哪些单元格求平均值。Excel 会将条件应用到 *range1* 中。

range2：第二个用来求平均值的单元格区域。

criteria2：第二个条件，以文本输入，用来决定对哪些单元格求平均值。Excel 会将条件应用到 *range2* 中。

最多可以输入 127 对区域和条件。在图 13.25 所示的“应收账款数据”表中，单元格 G2 中的 AVERAGEIFS( )函数计算了“逾期天数”域内值大于 0 且“发票额”域内值大于或等于 1000 的逾期天数平均值。

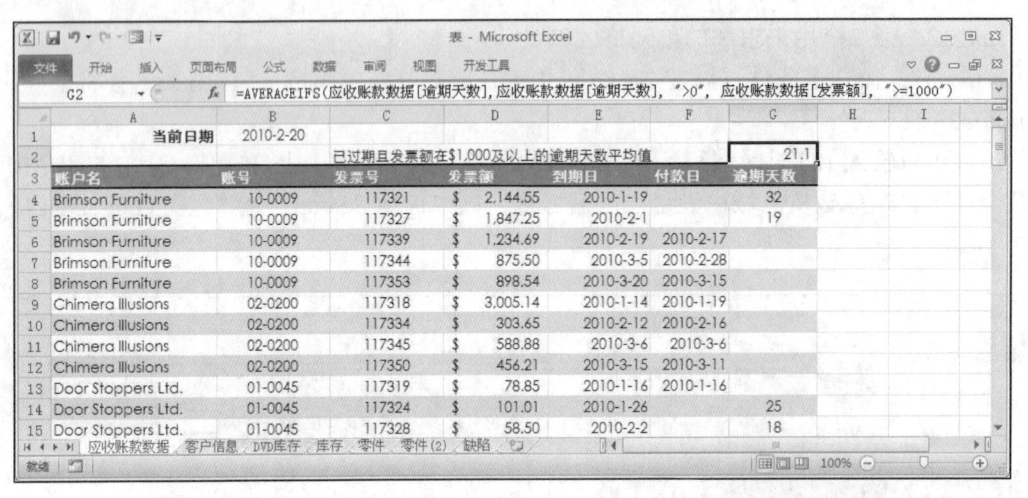

账户名	账号	发票号	发票额	到期日	付款日	逾期天数
Brimson Furniture	10-0009	117321	$ 2,144.55	2010-1-19		32
Brimson Furniture	10-0009	117327	$ 1,847.25	2010-2-1		19
Brimson Furniture	10-0009	117339	$ 1,234.69	2010-2-19	2010-2-17	
Brimson Furniture	10-0009	117344	$ 875.50	2010-3-5	2010-2-28	
Brimson Furniture	10-0009	117353	$ 898.54	2010-3-20	2010-3-15	
Chimera Illusions	02-0200	117318	$ 3,005.14	2010-1-14	2010-1-19	
Chimera Illusions	02-0200	117334	$ 303.65	2010-2-12	2010-2-16	
Chimera Illusions	02-0200	117345	$ 588.88	2010-3-6	2010-3-6	
Chimera Illusions	02-0200	117350	$ 456.21	2010-3-15	2010-3-11	
Door Stoppers Ltd.	01-0045	117319	$ 78.85	2010-1-16	2010-1-16	
Door Stoppers Ltd.	01-0045	117324	$ 101.01	2010-1-26		25
Door Stoppers Ltd.	01-0045	117328	$ 58.50	2010-2-2		18

图 13.25 使用 AVERAGEIFS( )计算满足一个或多个条件的单元格的平均值

13.6.4 需要条件区域的表函数

除了前面讲的表函数，其余表函数都是需要条件区域的。这些函数设置起来会比较长，但好处是我们可以输入混合条件和估算条件。

这些函数都有相同的格式：

```
Dfunction(database, field, criteria)
```

Dfunction：函数名称，如 DSUM、DAVERAGE 等。

database：构成所要使用表格的单元格区域。可以使用已定义的区域名称，也可以使用区域地址。

field：准备执行操作的域的名称。可以使用域名或域编号（最左边的域编号为 1，下一个为 2，以此类推）来作为参数。如果使用域名，要记得用引号引起来（如“总支出”）。

criteria：条件所在单元格区域。可以使用已定义的区域名称或区域地址。

小贴士：想要在表内的每一个记录上都执行操作，将 *criteria* 留空即可，这样 Excel 会选择表内的所有记录。

表 13.2 总结了这些表函数。

表 13.2 Excel 的表函数

函数	描述
DAVERAGE( )	返回指定域内匹配的记录的平均值
DCOUNT( )	返回匹配的记录的数目

续表

函数	描述
DCOUNTA( )	返回匹配的非空白记录的数目
DGET( )	返回列表或数据库的列中符合指定条件的值
DMAX( )	返回列表或数据库的列中符合指定条件的最大值
DMIN( )	返回列表或数据库的列中符合指定条件的最小值
DPRODUCT( )	返回列表或数据库的列中符合指定条件的值的乘积
DSTEDEV( )	如果匹配的记录是总体样本的话，则返回指定域值的估算标准差
DSTDEVP( )	如果匹配的记录是样本总数的话，则返回指定域值的标准差
DSUM( )	返回列表或数据库的列中符合指定条件的值的总和
DVAR( )	如果匹配的记录是总体样本的话，则返回指定域值的估算方差
DVARP( )	如果匹配的记录是样本总数的话，则返回指定域值的方差

→关于统计操作，如标准差和方差等，请看“第 12 章使用统计函数”。

输入表格函数的方法和输入其他任意 Excel 函数是一样的，先输入一个等号（=），然后输入函数，可以是函数本身，也可以结合其他运算操作来组成公式。下面让我们看一些有效的表格函数：

```
=DSUM(A6:H14, "总支出", A1:H3)
=DSUM(表, "总支出", Criteria)
=DSUM(应收账款数据, 3, Criteria)
=DSUM(1993_销售额, "销售额", A1:H13)
```

接下来的内容会给我们提供 DAVERAGE( )和 DGET( )函数的例子。

使用 DAVERAGE( )函数

DAVERAGE( )函数计算的是 *database*（数据库）记录中匹配 *criteria*（条件）的 *field*（域）的平均值。以“零件”数据库为例，假设我们想计算分配给部门 2 的所有零件的平均毛利，需要先在“部门”域处设置一个条件区域并输入 2，如图 13.26 所示。然后输入以下 DAVERAGE( )函数：

```
=DAVERAGE(零件[#全部], "毛利", A2:A3)
```

使用 DGET( )函数

DGET( )函数用来提取 *database*（数据库）记录内匹配 *criteria*（条件）的单一 *field*（域）值。如果没有匹配的记录，DGET( )函数会返回#VALUE!；如果有多于一个的记录，DGET( )函数会返回#NUM!。

DGET( )函数通常用来查询表格中具体的信息片段。举例来说，在“零件”表中，我们想知道“链轮齿”的成本，想要提取这个信息，首先要根据“产品”域设置一个条件区域并输入“链轮齿”，然后用以下公式来提取信息（在这里我们假设表名称和条件区域名称分别为“零件”和“条件”）：

```
=DGET(零件[#全部], "成本",条件)
```

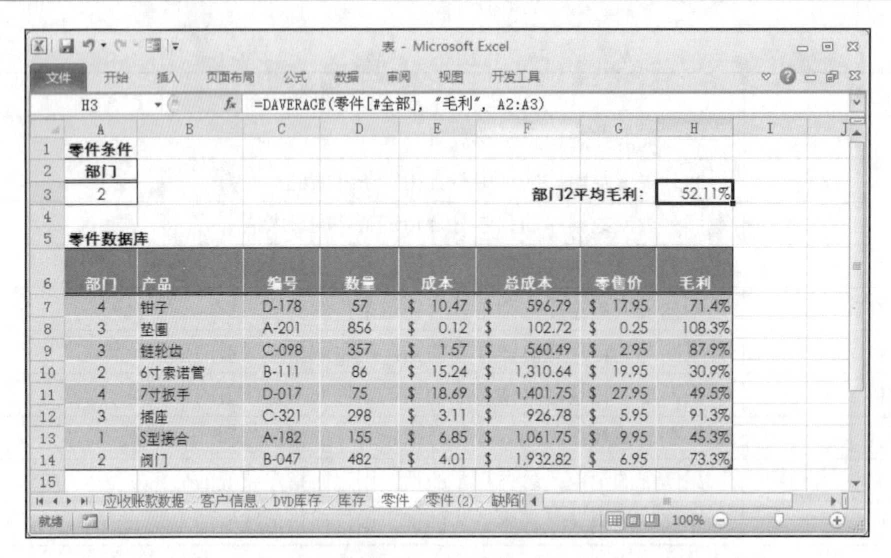

部门	产品	编号	数量	成本	总成本	零售价	毛利
4	钳子	D-178	57	$ 10.47	$ 596.79	$ 17.95	71.4%
3	垫圈	A-201	856	$ 0.12	$ 102.72	$ 0.25	108.3%
3	链轮齿	C-098	357	$ 1.57	$ 560.49	$ 2.95	87.9%
2	6寸索诺管	B-111	86	$ 15.24	$ 1,310.64	$ 19.95	30.9%
4	7寸扳手	D-017	75	$ 18.69	$ 1,401.75	$ 27.95	49.5%
3	插座	C-321	298	$ 3.11	$ 926.78	$ 5.95	91.3%
1	S型接合	A-182	155	$ 6.85	$ 1,061.75	$ 9.95	45.3%
2	阀门	B-047	482	$ 4.01	$ 1,932.82	$ 6.95	73.3%

图 13.26 使用 DAVERAGE( )函数计算匹配的记录内的域平均值

这个函数更有趣的应用是提取满足特定条件的零件名称。举例来说，如果我们想知道毛利最高的零件是哪个，可以根据以下两步来创建一个模型。

1. 设置条件来查找“毛利”域内的最高值。
2. 添加 DGET( )函数来提取匹配的记录内的产品。

图 13.27 显示了以上两步是如何完成的。在条件处，创建一个名为“利润最高产品”的新域，如图中文本框所示，这个域使用了如下计算条件：

```
=H7=MAX(零件2[毛利])
```

=DGET(零件2[#全部], "产品", A2:A3)

零件条件

利润最高产品

FALSE

=H7=MAX(零件2[毛利])

毛利最高零件: 垫圈

零件数据库

部门	产品	编号	数量	成本	总成本	零售价	毛利
4	钳子	D-178	57	$ 10.47	$ 596.79	$ 17.95	71.4%
3	垫圈	A-201	856	$ 0.12	$ 102.72	$ 0.25	108.3%
3	链轮齿	C-098	357	$ 1.57	$ 560.49	$ 2.95	87.9%
2	6寸索诺管	B-111	86	$ 15.24	$ 1,310.64	$ 19.95	30.9%
4	7寸扳手	D-017	75	$ 18.69	$ 1,401.75	$ 27.95	49.5%
3	插座	C-321	298	$ 3.11	$ 926.78	$ 5.95	91.3%
1	S型接合	A-182	155	$ 6.85	$ 1,061.75	$ 9.95	45.3%

图 13.27 DGET( )函数提取出了利润最高的零件

Excel 仅会匹配那些毛利最高的记录，然后单元格 H3 中的 DGET( )函数直接进行提取：

```
=DGET(零件 2[#全部], "产品", A2:A3)
```

此公式最后返回利润最高的产品。

13.6.5　案例分析：在“缺陷”数据库中应用统计表函数

很多表函数经常被用来分析统计母体。例如，图 13.28 所示的“缺陷”表监控了 12 个工作组的生产过程。在此例中，表（B3:D15）名称为“缺陷”，并且使用了两个条件区域——两个组的组长，Johnson（G3:G4 是条件 1）和 Perkins（H3:H4 是条件 2）。

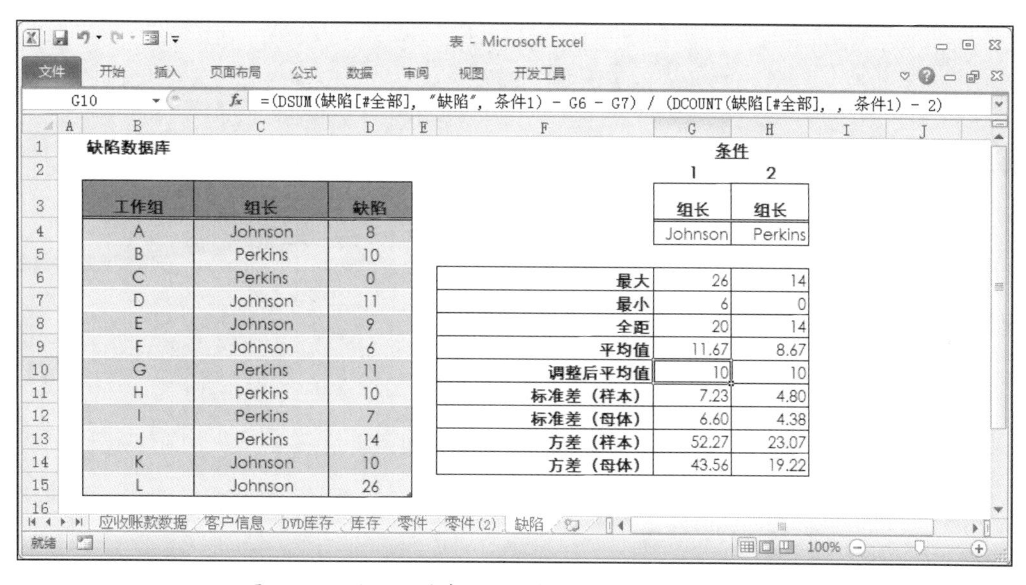

工作组	组长	缺陷
A	Johnson	8
B	Perkins	10
C	Perkins	0
D	Johnson	11
E	Johnson	9
F	Johnson	6
G	Perkins	11
H	Perkins	10
I	Perkins	7
J	Perkins	14
K	Johnson	10
L	Johnson	26

	1	2
	组长	组长
	Johnson	Perkins
最大	26	14
最小	6	0
全距	20	14
平均值	11.67	8.67
调整后平均值	10	10
标准差（样本）	7.23	4.80
标准差（母体）	6.60	4.38
方差（样本）	52.27	23.07
方差（母体）	43.56	19.22

图 13.28　使用统计表函数分析生产过程中的缺陷数据

此表中运用了多个函数进行计算。首先，使用 DMAX( )和 DMIN( )函数分别计算两个条件，然后用以下公式来计算全距（用来表示样本中最大值和最小值之间的差距的统计方法，是粗略的样本方差计算方法），此处以 Johnson 组为例：

```
=DMAX(缺陷[#全部],"缺陷",条件 1) - DMIN(缺陷[#全部],"缺陷",条件 1)
```

当然，除了直接使用 DMAX( )和 DMIN( )函数，也可以使用包含 DMAX( )和 DMIN( )函数结果的单元格。

下一步是使用 DAVERAGE( )函数找到每个组的产品缺陷数目的平均值。注意 Johnson 组的平均值（11.67）远远大于 Perkins 组（8.67），但是，Johnson 组的平均值如此大是因为其中有一个异常大的数（26），而 Perkins 组的平均值偏小是因为有一个格外小的数（0）。

考虑到上面的情况，我们使用 DSUM( )、DCOUNT( )函数和 DMAX( )、DMIN( )函数，

去掉每个样本中最大和最小值后计算平均值。去掉那些反常数字后，两个组长的平均值是相同的，如图 13.28 所示。

其余的计算使用了 DSTDEV( )、DSTDEVP( )、DVAR( )和 DVARP( )函数。

注意：如果在 DCOUNT( )函数中不包括参数“域”，那么函数会返回表内记录的总数，如图 13.28 中的单元格 G10 所示。

第 14 章　使用数据透视表分析数据

表格加上外部数据库能够存储大量的数据，如果没有一个合适的工具，分析这么多的数据简直就是个噩梦。于是为了帮助我们，Excel 提供了一个功能强大的数据分析工具，那就是“数据透视表”。我们可以使用数据透视表在一个简洁的表格格式下汇总数以百计的数据，然后还可以通过改变表的布局来以不同的方式查看不同的数据。在本章中，我们会看到数据透视表的介绍，以及将其应用到我们自己的数据上的多种方法。因为本书是一本介绍 Excel 的公式和函数的书，所以创建和自定义数据透视表的详细情况不会是我们学习的重点，本章会侧重介绍使用内置和自定义数据透视表进行计算。

14.1　什么是数据透视表

想要理解数据透视表，首先需要了解一下它在 Excel 的整个数据分析体系中的位置。数据分析根据其复杂性分为很多不同的级别，最简单的级别包括基本的信息查找和检索。举例来说，假设有一份公司销售人员及其销售地区的列表，我们可以通过查找某特定销售人员来找到其所负责地区的销售额。

下一个级别是更复杂的查找和检索系统，如“第 13 章　使用表分析数据”中使用到的条件和提取技术。我们可以通过求部分和及使用表函数来找到问题的答案，举例来说，假设每个销售人员的销售地区都是一个大的区域的一部分，而我们想知道的是整个东部的总销售额。此时可以根据地区来求和，也可以设置条件，找到所有匹配“东部”的范围，然后使用 DSUM( )函数来得出总和。想要获得更多特定信息，如东部的第二季度总销售额，添加更多的条件即可。

再下一级的数据分析适用于一个问题、多个变量的情况。举例来说，在前面的例子中，某公司有 4 个地区，我们现在想知道的是每个地区每季度分别的总销售额。一个解决方法是设置 4 个不同的条件并使用 4 个 DSUM( )函数，但是如果地区有 12 个或者 100 个，那该怎么办呢？最理想的办法是把所有的数据信息汇总到一个表内，然后一行显示每个地区，一列显示每个季度。而这就是数据透视表能做到的事情，在本章中我们就会看到，创建自己的数据透视表仅仅只需要点几下鼠标。

数据透视表是如何工作的

在最简单的情况下，数据透视表会将数据汇总到一个叫作“数据字段”的区域内，然后根据另一个字段对各数据进行分类。第二个字段对各数据进行的唯一值被称为行域，会成为行标题。举例来说，图 14.1 所示为“销售”表，使用数据透视表，我们可以汇总“销售额”字段（即数据字段）内的数字，然后将它们按照地区分类。图 14.2 所示为数据透视表的结果，注意 Excel 是如何运用“地区”字段内的 4 个唯一项（东部、西部、中西部和南部）作为行标题的。

	地区	季度	销售员	销售额
2	东部	1st	Steven Buchanan	$192,345
3	西部	1st	Michael Suyama	$210,880
4	东部	1st	Margaret Peacock	$185,223
5	南部	1st	Janet Leverling	$165,778
6	中西部	1st	Anne Dodsworth	$155,557
7	南部	1st	Nancy Davolio	$180,567
8	西部	1st	Laura Callahan	$200,767
9	中西部	1st	Andrew Fuller	$165,663
10	东部	2nd	Steven Buchanan	$173,493
11	西部	2nd	Michael Suyama	$200,203
12	东部	2nd	Margaret Peacock	$170,213
13	南部	2nd	Janet Leverling	$155,339
14	中西部	2nd	Anne Dodsworth	$148,990
15	南部	2nd	Nancy Davolio	$175,660

图 14.1 “销售”表

地区	求和项:销售额
东部	$1,463,655.00
南部	$1,409,544.00
西部	$1,477,884.00
中西部	$1,365,215.00
总计	$5,716,298.00

图 14.2 数据透视表显示按地区分类后的总销售额

还可以指定第三个区域来更进一步给数据分类，这个区域就叫作“列字段”，用来作为列标题。图 14.3 所示的数据透视表在“季度”字段内包含 4 个唯一项（1st、2nd、3rd 和 4th），用于创建列。

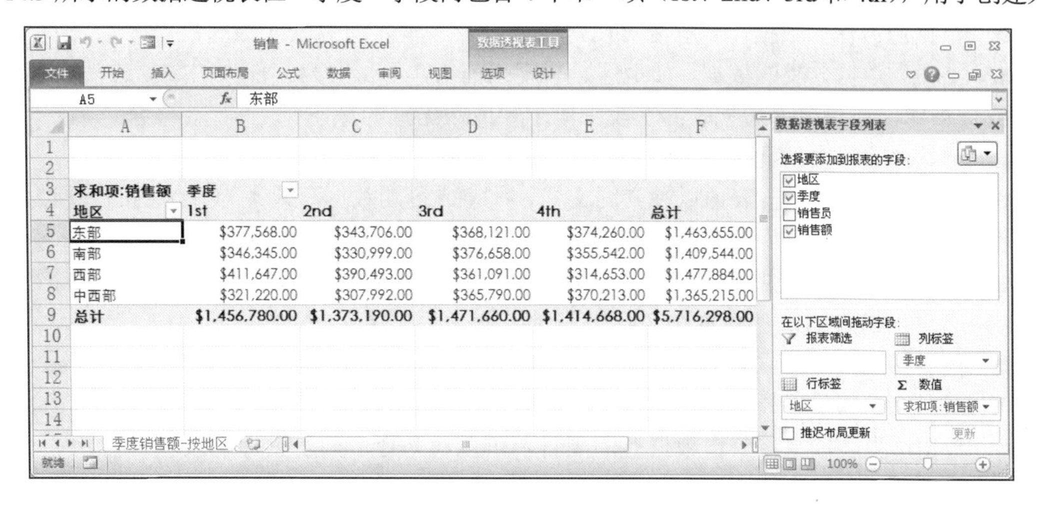

求和项:销售额	季度				
地区	1st	2nd	3rd	4th	总计
东部	$377,568.00	$343,706.00	$368,121.00	$374,260.00	$1,463,655.00
南部	$346,345.00	$330,999.00	$376,658.00	$355,542.00	$1,409,544.00
西部	$411,647.00	$390,493.00	$361,091.00	$314,653.00	$1,477,884.00
中西部	$321,220.00	$307,992.00	$365,790.00	$370,213.00	$1,365,215.00
总计	$1,456,780.00	$1,373,190.00	$1,471,660.00	$1,414,668.00	$5,716,298.00

图 14.3　数据透视表显示每季度各地区的销售额

关于数据透视表的最新消息是它的旋转功能。举例来说，如果想要以不同的方式查看数据，可以将列字段拖动到行字段处，结果表格以每个地区作为主分类，而季度成了子分类，如图 14.4 所示。

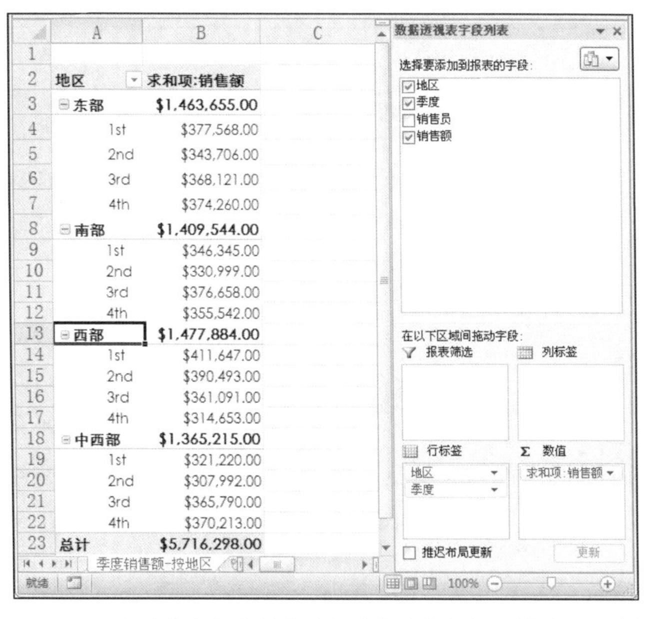

地区	求和项:销售额
东部	$1,463,655.00
1st	$377,568.00
2nd	$343,706.00
3rd	$368,121.00
4th	$374,260.00
南部	$1,409,544.00
1st	$346,345.00
2nd	$330,999.00
3rd	$376,658.00
4th	$355,542.00
西部	$1,477,884.00
1st	$411,647.00
2nd	$390,493.00
3rd	$361,091.00
4th	$314,653.00
中西部	$1,365,215.00
1st	$321,220.00
2nd	$307,992.00
3rd	$365,790.00
4th	$370,213.00
总计	$5,716,298.00

图 14.4　可以通过拖曳行字段或列字段来旋转数据，得到不同的视图

数据透视表项目

数据透视表有其自己的专用名词，下面是我们需要熟悉的一些术语。

■ 数据源：原始数据。数据源可以是区域、表、输入的数据或外部数据源。

■ 字段：数据分类的依据，如地区、季度或销售额等。因为大部分的数据透视表都是源于表或数据库，所以数据透视表的字段类似于表或数据库的域。

■ 标签：字段内的元素。

■ 行字段：数据透视表内以独立的文本、数字或日期数据有限集为行标签的字段。在之前的例子中，“地区”即为行字段。

■ 列字段：数据透视表内以独立的文本、数字或日期数据有限集为列标签的字段。在图 14.3 所示的数据透视表中，“季度”即为列字段。

■ 报表筛选：有独立的文本、数字或日期数据有限集的字段，用来筛选数据透视表。例如，可以使用“销售员”域作为报表筛选，选择不同的销售员，则表格中只显示这个人的数据。

■ 数据透视表项目：来自数据源的项目，可以作为行、列及页标题。

■ 数据字段：包含想要汇总的表数据的字段。

■ 数据区域：显示汇总数据的表的内部区域。

■ 布局：数据透视表中字段和项目的整体安排。

14.2 建立数据透视表

在 Excel 的之前版本中，需要通过数据透视表向导处理很多的对话框来建立数据透视表。很多人发现向导对话框很不方便，于是在第一或第二步之后就没有再往下进行了。从 Excel 2007 开始，这个情况就改变了，当我们使用本地表或区域作为数据源的时候，只要一个对话框就能解决问题了。此外，所有的选项和设置都显示在上方的功能区内，在数据透视表建立以后也可以随时选择使用。这样更简单，也更方便，这让更多的人都能享受到 Excel 2007 和 2010 的数据透视表带来的好处。

14.2.1 由表或区域建立数据透视表

数据透视表最常见的数据源就是 Excel 的表了，或者也可以使用设置成整齐区域的数据。任何表或区域都可以用来建立数据透视表，不过想得到最佳结果的话，以下两个主要特征必不可少。

■ 至少有一个字段包含成组的数据。也就是说，至少有一个字段内包含一定数量的独立的文本、数字或日期数据。在图 14.1 所示的“销售”表中，字段“地区”就完美符合这一要求，因为不管项目有多少，它的独立值就 4 个：东部、西部、中西部和南部。

■ 列表中的每个字段都必须有标题。

我们将以图 14.5 所示的表格为例，来学习如何建立数据透视表。这是一个为期 3 个月的促销活动反馈回来的订单情况，每个记录都包含以下几条信息。

■ 订货日期。

■ 订购产品（4 种：打印机支架、眩光过滤器、鼠标垫和稿图架）。

■ 数量。

■ 纯利润。

■ 客户选择的促销方式（买九赠一或额外折扣）。

■ 客户由何处看到的广告（直接邮寄、杂志或报纸）。

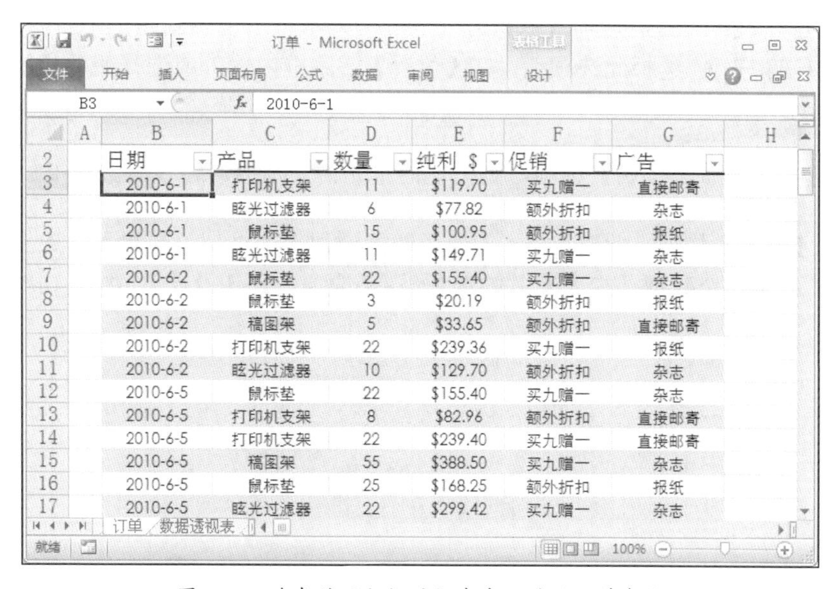

日期	产品	数量	纯利 $	促销	广告
2010-6-1	打印机支架	11	$119.70	买九赠一	直接邮寄
2010-6-1	眩光过滤器	6	$77.82	额外折扣	杂志
2010-6-1	鼠标垫	15	$100.95	额外折扣	报纸
2010-6-1	眩光过滤器	11	$149.71	买九赠一	杂志
2010-6-2	鼠标垫	22	$155.40	买九赠一	杂志
2010-6-2	鼠标垫	3	$20.19	额外折扣	报纸
2010-6-2	稿图架	5	$33.65	额外折扣	直接邮寄
2010-6-2	打印机支架	22	$239.36	买九赠一	报纸
2010-6-2	眩光过滤器	10	$129.70	额外折扣	杂志
2010-6-5	鼠标垫	22	$155.40	买九赠一	杂志
2010-6-5	打印机支架	8	$82.96	额外折扣	直接邮寄
2010-6-5	打印机支架	22	$239.40	买九赠一	直接邮寄
2010-6-5	稿图架	55	$388.50	买九赠一	杂志
2010-6-5	鼠标垫	25	$168.25	额外折扣	报纸
2010-6-5	眩光过滤器	22	$299.42	买九赠一	杂志

图 14.5　准备使用数据透视表来汇总的订单表格

接下来就是使用数据透视表汇总表或区域的步骤了。

1．在表或区域内单击。

2．这一步取决于汇总数据的类型：

■ 如果使用的是表，选择【设计】⇨【通过数据透视表汇总】选项。

■ 如果使用的是表或区域，选择【插入】菜单，然后单击【数据透视表】按钮的上半部分。

3．在弹出的【创建数据透视表】对话框中，我们应该会在【选择一个表或区域】选项下方的【表/区域】文本框内看到表名称或区域地址，如图 14.6 所示；如果没有，就手动输入。

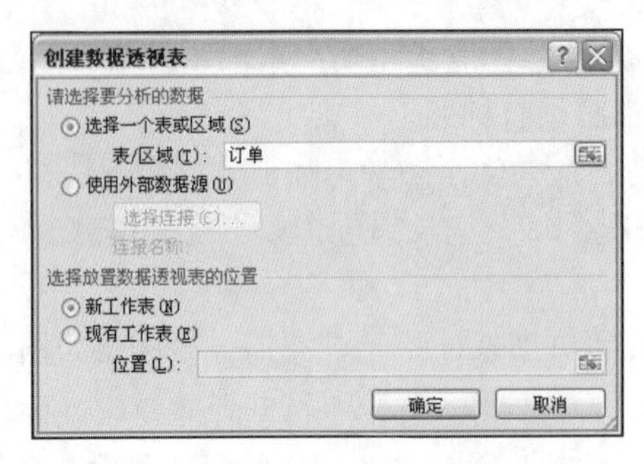

图 14.6 使用【创建数据透视表】对话框来指定表或区域为数据源，以及数据透视表的位置

4．选择显示数据透视表的位置。

■ 【新工作表】：选择此选项（默认），Excel 会为数据透视表创建一个新的工作表。

■ 【现有工作表】：选择此选项后，在【位置】文本框内输入或选择想要显示数据透视表的单元格。

注意： 如果选择【现有工作表】选项，则指定的单元格会是数据透视表的左上角单元格。

5．单击【确定】按钮。此时 Excel 创建了数据透视表的框架，显示了【数据透视表字段列表】窗格，以及两个数据透视表有关的选项组：【选项】和【设计】，如图 14.7 所示。

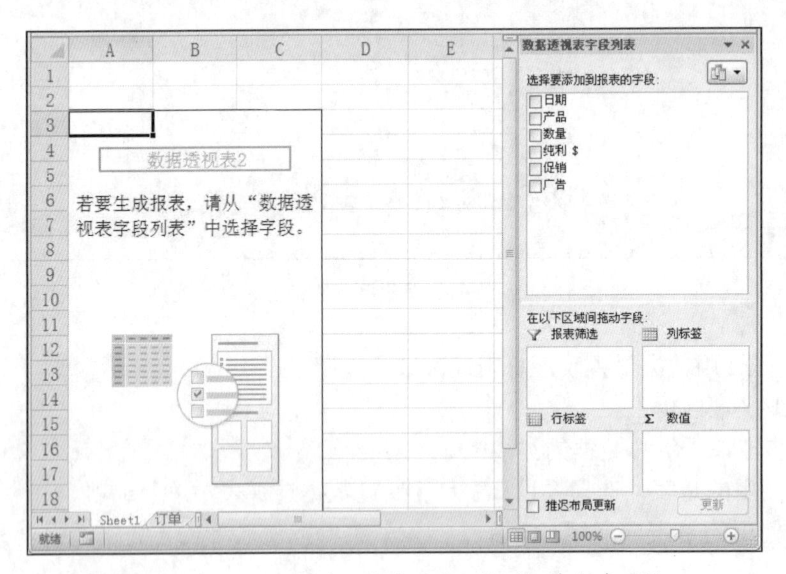

图 14.7 Excel 由创建一个基础的数据透视表报表开始

6．添加需要显示在报表中的字段。Excel 提供了以下两种方法。

■ 在【选择要添加到报表的字段】列表框中，选中需要添加的字段旁边的复选框。

注意：如果选择的是数字字段的复选框，Excel 会将其添加到【数值】区域；如果选中的是文本字段的复选框，Excel 会把它添加到【行标签】区域。

■　单击并拖动字段至想要其显示的区域，释放鼠标左键。

小贴士：如果想在数据透视表的列区域使用字段，选中此字段的复选框将其添加到【行标签】列表框内，然后单击并拖动它到【列标签】列表框处并释放鼠标左键。也可直接单击并拖动字段到【列标签】列表框处。

小贴士：如果我们使用的是超大的数据源，添加字段的时候可能会花费 Excel 很长的时间来更新数据透视表。在这种情况下，可以选中【推迟布局更新】复选框，让 Excel 不要在我们添加字段的时候更新数据透视表。到需要看到正确的布局的时候，单击【更新】按钮让 Excel 更新即可。

7. 重复步骤 6，直到将所有的字段都添加到报表中。在我们添加每个字段的时候，Excel 会同步更新数据透视表报表。举例来说，图 14.8 显示了报表中添加“数量”和“产品”字段时的情况。

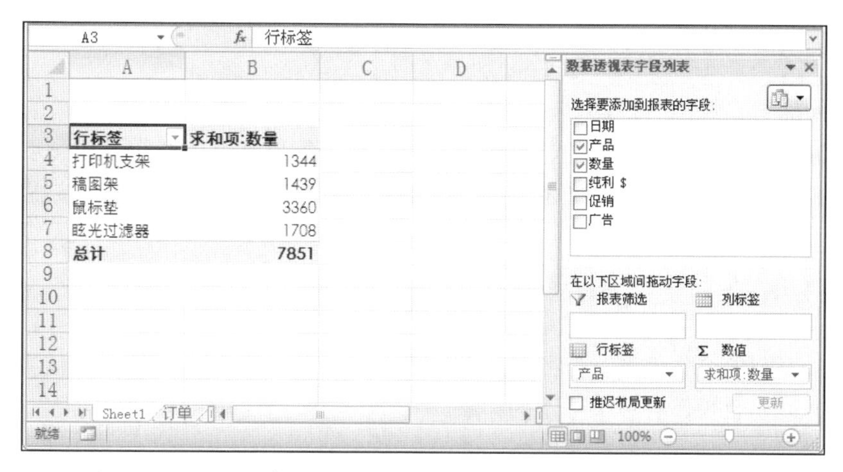

图 14.8　数据透视表中，“产品”被添加到了【行标签】列表框内，而“数量”被添加到了【数值】列表框内

14.2.2　从外部数据中建立数据透视表

即使我们的数据源是外部数据，如 Access 或结构化查询语言（Structured Query Language，

SQL）服务器数据库，Excel 也能将它们放到一个数据透视表中。如果在系统中已有数据连接，直接使用其中一个作为数据源即可；如果没有，那么需要建立连接，具体步骤如下。

1．选择【插入】菜单，然后单击【数据透视表】按钮的上半部分，Excel 弹出【创建数据透视表】对话框。

2．选择【使用外部数据源】选项。

3．单击【选择连接】按钮。Excel 显示【现有连接】对话框。

4．如果需要的连接已在列表中，选择它然后跳到第 10 步；否则的话，单击【浏览更多】按钮打开【选取数据源】对话框。

5．单击【新建源】按钮，打开【数据连接向导】对话框。

6．选择所需数据源的类型然后单击【下一步】按钮。

7．指定数据源。

注意：如何指定数据源取决于数据的类型。SQL 服务器类的数据，通过指定服务器名称并登录证书来指定；开放数据库连接（Open DataBase Connectivity，ODBC）类的数据源，如 Access 数据库，通过指定数据库文件来指定。

8．选择所需要的数据库和表，单击【下一步】按钮。

9．单击【完成】按钮，关闭【数据连接向导】对话框。

10．重复上一小节中的步骤 3～步骤 7 来完成数据透视表的创建。

注意：加载外部数据源的时候，也可以直接创建数据透视表。在【数据】菜单的【获取外部数据】选项组内，选择需要加载的数据源类型，然后根据屏幕上的介绍一步一步操作，看到【导入数据】对话框的时候，选择【数据透视表】选项，然后单击【确定】按钮即可。

14.2.3　使用并自定义数据透视表

正如之前提到的，本章我们会将重点放在数据透视表的公式和计算上。通过下面的介绍，我们会对数据透视表操作有一个基本的印象。

注意：在大部分情况下，需要在数据透视表内单击某处，以激活【选项】和【设计】菜单。

■　选择整个数据透视表：选择【选项】⇨【选择】⇨【整个数据透视表】选项。

■　选择数据透视表项目：选择整个数据透视表，然后选择【选项】⇨【选择】选项。在列表中，单击所需要的项目：【标签与值】、【值】或【标签】。

■　格式化数据透视表：选择【设计】菜单，然后在【数据透视表样式】选项组内选择需要的格式。

■ 更改数据透视表名称：选择【选项】⇨【数据透视表】选项，然后在【数据透视表名称】文本框内编辑名称。

■ 排列数据透视表：单击行字段或列字段内的任意标签，选择【选项】菜单，然后单击【升序】或【降序】按钮。

■ 刷新数据透视表数据：选择【选项】菜单，然后单击【刷新】按钮的上半部分。

■ 筛选数据透视表：单击并拖动一个字段到【报表筛选】列表框处，向下翻动报表来筛选列表，然后单击列表中的项目。

■ 根据日期或数字数据给数据透视表分组：单击字段，选择【选项】⇨【将字段分组】选项，打开【分组】对话框，然后选择需要的分组。以日期字段为例，可以按照月份、季度或年份分组。

■ 根据字段项目给数据透视表分组：选中字段内所有想要包含在组内的项目，然后选择【选项】⇨【将所选内容分组】选项。

■ 从数据透视表中移除字段：在【数据透视表字段列表】窗格内单击并拖动字段，在窗格外释放鼠标左键。

■ 清除数据透视表：选择【选项】⇨【清除】⇨【全部清除】选项。

14.3　使用数据透视表的分类汇总功能

我们之前看到过，Excel 会将数据透视表中行字段和列字段相加得到总计，其实，Excel 同样会在行或列区域以复合字段显示数据透视表外部字段的分类汇总。举例来说，在图 14.9 中，行区域内有两个字段："产品"（稿图架、眩光过滤器等）和"促销"（买九赠一和额外折扣）。"产品"属于外部字段，所以 Excel 显示了它的分类汇总。

下面的内容将会带领我们学习如何同时进行总计和分类汇总。

隐藏数据透视表总计

想要从数据透视表中移除总计，按照以下步骤操作即可。

1．选择数据透视表中的任意单元格。

2．选择【设计】菜单。

3．选择【总计】⇨【对行和列禁用】选项。Excel 会将总计从数据透视表中移除。

隐藏数据透视表分类汇总

在有复合行或列字段的数据透视表中，除了最里面的字段，也就是最靠近数据区域的字段外，别的字段都会显示为分类汇总。如果想移除那些分类汇总，可以按下面的步骤操作。

1．选中字段内的任意单元格。

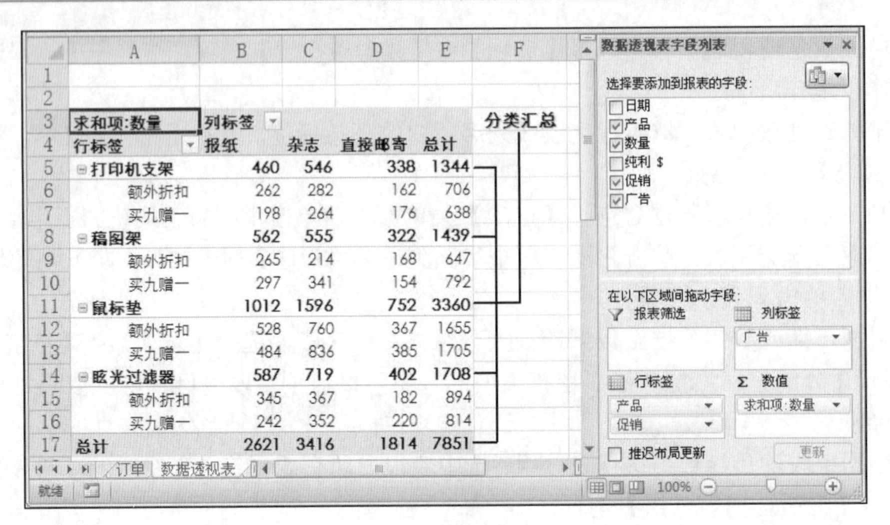

求和项:数量	列标签			
行标签	报纸	杂志	直接邮寄	总计
⊟打印机支架	460	546	338	1344
额外折扣	262	282	162	706
买九赠一	198	264	176	638
⊟稿图架	562	555	322	1439
额外折扣	265	214	168	647
买九赠一	297	341	154	792
⊟鼠标垫	1012	1596	752	3360
额外折扣	528	760	367	1655
买九赠一	484	836	385	1705
⊟眩光过滤器	587	719	402	1708
额外折扣	345	367	182	894
买九赠一	242	352	220	814
总计	2621	3416	1814	7851

图 14.9　在行或列区域添加了复合字段的时候，Excel 会显示外部字段的分类汇总

2．选择【设计】菜单。

3．选择【分类汇总】⇨【不显示分类汇总】选项。此时 Excel 会将分类汇总从数据透视表中移除。

自定义分类汇总计算

Excel 提供的字段分类汇总计算方法和数据区域使用的计算方法是一样的，不过我们可以改变这些计算并添加额外的计算，甚至为最里面的字段添加分类汇总。想要做到这些，单击准备使用的字段，选择【选项】⇨【活动字段】⇨【字段设置】选项，然后使用以下任意一种方法即可。

■　想要改变分类汇总计算，选择【分类汇总】选项组内的【自定义】选项，单击【选择一个或多个函数】列表框中任意一个计算函数，如求和、计数或平均值等，然后单击【确定】按钮。

■　想要添加分类汇总计算，单击【分类汇总】选项组内的【自定义】选项，在【选择一个或多个函数】列表框中选择想要添加的所有函数，单击【确定】即可。

接下来的内容会为我们提供改变数据字段计算的详细情况。

14.4　更改数据字段的汇总计算

Excel 默认的数据字段汇总计算为求和。尽管求和是数据透视表中最常见的汇总函数，但这并不意味着它是唯一的一个。事实上，Excel 提供了 11 个汇总函数，如表 14.1 所示。

表 14.1　Excel 的数据字段汇总函数

函数	描述
求和	将所有数据的值相加
计数	显示所有数据的数目
平均值	计算所有数据的平均值
最大值	返回所有数据中最大的值
最小值	返回所有数据中最小的值
乘积	计算所有数据的乘积
数值计数	显示所有数据中数字值的数目
标准偏差	计算所有数据的标准偏差（样本）
总体标准偏差	计算所有数据的标准偏差（母体）
方差	计算所有数据的方差（样本）
总体方差	计算所有数据的方差（母体）

按照下面的步骤可以更改数据字段的汇总计算函数。

1．选择数据字段内的一个单元格或标签。

2．选择【选项】⇨【计算】⇨【按值汇总】选项，Excel 会显示已有汇总计算函数列表。

3．如果在列表中有需要的计算选项，选择此选项，然后跳过剩下的步骤；否则，单击【其他选项】按钮，打开【值字段设置】对话框。

4．在【值字段汇总方式】列表框中，单击需要的计算类型。

5．单击【确定】按钮，Excel 即可完成对数据字段计算的更改。

14.4.1　使用差异汇总计算

当我们分析商业数据的时候，总是会把数据当作一个整体来汇总，如单位销售量合计、总订货量、平均利润等。例如，图 14.10 所示的数据透视表中汇总了两年期间的发票数据，每行所示的每个客户都按照日期分类，在这里也就是按照年份（2009 年和 2010 年）分类。

但是，我们有时候也会需要用一部分数据和另一部分进行比较。举例来说，在图 14.10 所示的数据透视表中，比较一下客户 2010 年和 2009 年的发票总额也是很有用的。

在 Excel 中，可以使用数据透视表的差异汇总计算功能来执行这类型的分析。

■　差异：此差异计算会比较两个数字项并计算它们之间的差异。

■　差异百分比：此差异计算会比较两个数字项并计算它们之间的差异百分比。

在这两种情况下，我们必须先指定“基本字段”（想要 Excel 执行差异计算的字段）和“基本项”（在基本字段内准备用作差异计算基础的项目）。例如，在图 14.10 所示的数据透视表中，“订购日期”是基本字段，“2009”是基本项。

差异计算步骤如下。

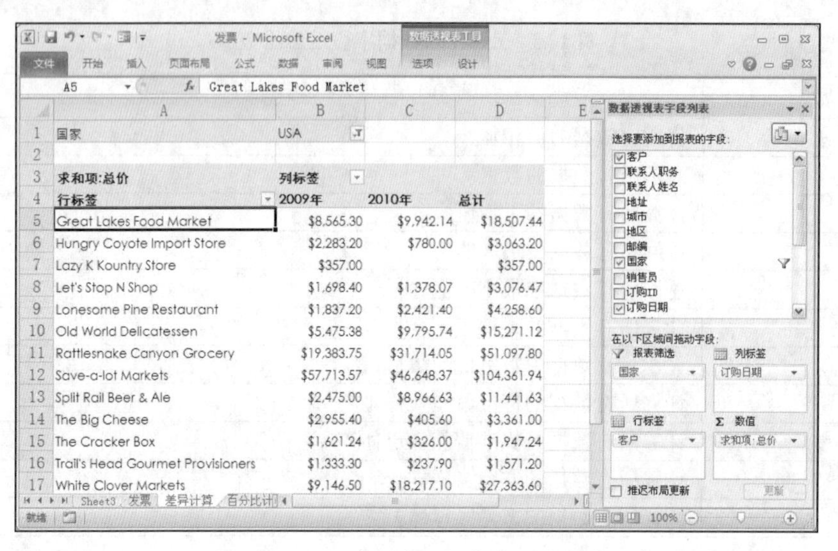

行标签	2009年	2010年	总计
Great Lakes Food Market	$8,565.30	$9,942.14	$18,507.44
Hungry Coyote Import Store	$2,283.20	$780.00	$3,063.20
Lazy K Kountry Store	$357.00		$357.00
Let's Stop N Shop	$1,698.40	$1,378.07	$3,076.47
Lonesome Pine Restaurant	$1,837.20	$2,421.40	$4,258.60
Old World Delicatessen	$5,475.38	$9,795.74	$15,271.12
Rattlesnake Canyon Grocery	$19,383.75	$31,714.05	$51,097.80
Save-a-lot Markets	$57,713.57	$46,648.37	$104,361.94
Split Rail Beer & Ale	$2,475.00	$8,966.63	$11,441.63
The Big Cheese	$2,955.40	$405.60	$3,361.00
The Cracker Box	$1,621.24	$326.00	$1,947.24
Trail's Head Gourmet Provisioners	$1,333.30	$237.90	$1,571.20
White Clover Markets	$9,146.50	$18,217.10	$27,363.60

图 14.10 数据透视表显示客户发票年总额

1．选择数据字段内的任意单元格。

2．选择【选项】⇨【计算】⇨【值显示方式】选择，然后选择【差异】或【差异百分比】选项。Excel 会显示【值显示方式（求和项：总价）】对话框。

3．在【基本字段】下拉列表框内，选择所需要的字段。

4．在【基本项】下拉列表框内，选择所需要的项目。

5．单击【确定】按钮，Excel 将数据透视表更新为差异计算。

图 14.11 显示了【值显示方式（求和项：总价）】对话框和执行完【差异】计算后已经更新完毕的图 14.10 所示的报表。

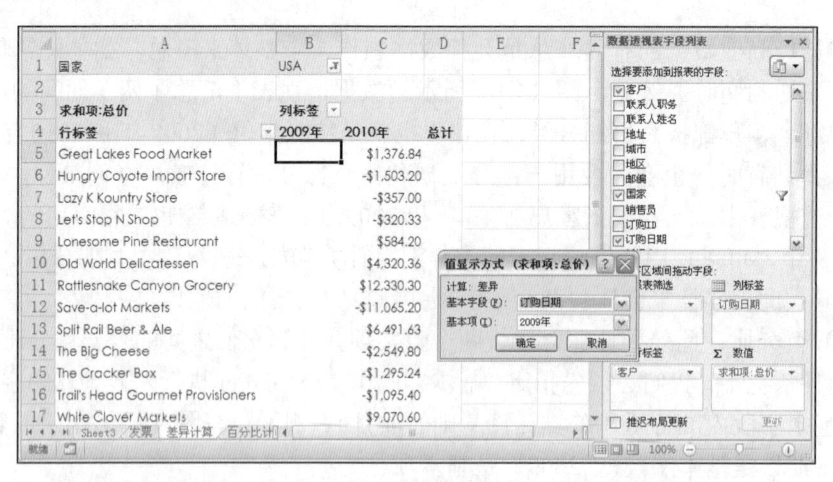

行标签	2009年	2010年	总计
Great Lakes Food Market		$1,376.84	
Hungry Coyote Import Store		-$1,503.20	
Lazy K Kountry Store		-$357.00	
Let's Stop N Shop		-$320.33	
Lonesome Pine Restaurant		$584.20	
Old World Delicatessen		$4,320.36	
Rattlesnake Canyon Grocery		$12,330.30	
Save-a-lot Markets		-$11,065.20	
Split Rail Beer & Ale		$6,491.63	
The Big Cheese		-$2,549.80	
The Cracker Box		-$1,295.24	
Trail's Head Gourmet Provisioners		-$1,095.40	
White Clover Markets		$9,070.60	

图 14.11 图 14.10 所示的报表完成差异计算后的数据透视表

14.4.2　切换：差异计算

以下是 VBA 宏在图 14.11 所示的数据透视表报表中进行的【差异】和【差异百分比】切换计算：

```
Sub ToggleDifferenceCalculations( )
'使用第一个数据字段
with Selection.PivotTable.DataFields(1)
    '现在的计算是差异计算么？
    If .Calculation = xlDifferenceFrom Then
      '如果是，更改为差异百分比计算
       .Calculation = xlPercentDifferenceFrom
       .BaseField = "订购日期"
       .BaseItem = "2009"
       .NumberFormat = "0.00%"
Else
      '如果不是，更改为差异计算
       .Calculation = xlPercentDifferenceFrom
       .BaseField = "订购日期"
       .BaseItem = "2009"
       .NumberFormat = "$#, ##0.00"
End If
    End With
End Sub
```

14.4.3　使用百分比汇总计算

当我们需要比较显示在数据透视表报表中的结果时，光有基本的汇总计算通常是不够的，举例来说，图 14.12 所示的数据透视表报表按照季度显示了销售员完成的发票金额。在第四季度中，Margaret Peacock 完成了$31,130，而 Laura Callahan 仅完成了$7,459，可我们不能说第一个销售员就绝对比第二个销售员好，因为每个销售员的销售范围或客户可能是完全不同的。

所以更好的分析方法是把第四季度的数据和一些基本数据，如第一季度的金额数据相比较，来得出结论。但是这种情况下数字都降低了，而且这样的原始差别并不能告诉我们很多信息，所以我们需要的是计算出差异百分比，并将它们和总计百分比差异进行比较。

同样地，知道指定季度内每个销售员的发票金额总数仅能给我们一个大概的印象，让我们了解这个销售员和别的销售员相比大概处在什么位置。如果真的想比较各销售员之间的业绩，则需要将这些总数转换为季度金额在总计里所占的百分比。

如果需要在数据分析中使用百分比，我们可以利用 Excel 的“百分比计算”来按照与别的项目或与总数（包括行、列以及整个数据透视表）计算百分比方式查看数据项目。Excel 提供了以下几种百分比计算方式。

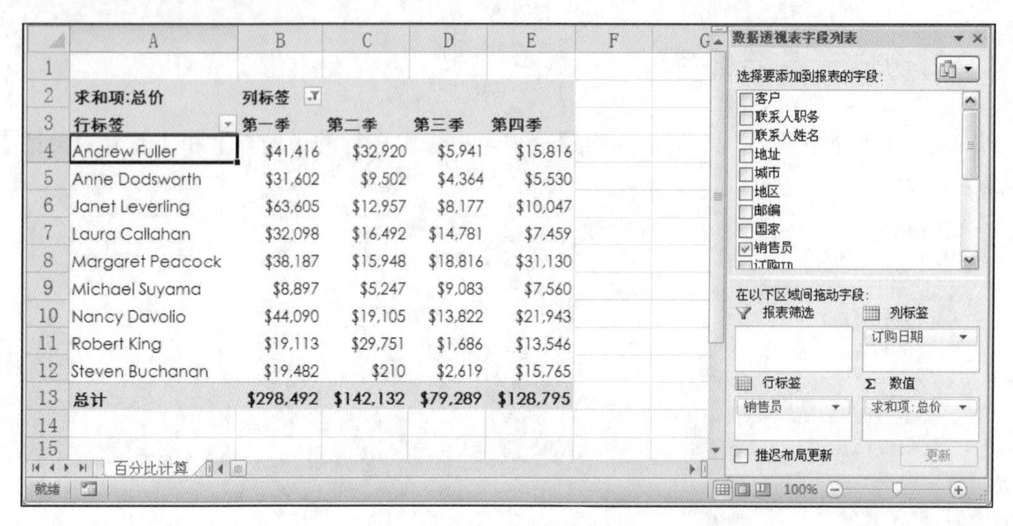

求和项:总价	列标签			
行标签	第一季	第二季	第三季	第四季
Andrew Fuller	$41,416	$32,920	$5,941	$15,816
Anne Dodsworth	$31,602	$9,502	$4,364	$5,530
Janet Leverling	$63,605	$12,957	$8,177	$10,047
Laura Callahan	$32,098	$16,492	$14,781	$7,459
Margaret Peacock	$38,187	$15,948	$18,816	$31,130
Michael Suyama	$8,897	$5,247	$9,083	$7,560
Nancy Davolio	$44,090	$19,105	$13,822	$21,943
Robert King	$19,113	$29,751	$1,686	$13,546
Steven Buchanan	$19,482	$210	$2,619	$15,765
总计	$298,492	$142,132	$79,289	$128,795

图 14.12 数据透视表以季度显示销售员的发票总数

■ 百分比：返回每个值相对于选中的基本项的百分比。如果使用这个计算，需要同时选择 Excel 用来计算百分比的基本字段和基本项。

■ 行汇总的百分比：返回每个值在本行中所占的总计的百分比。

■ 列汇总的百分比：返回每个值在本列中所占的总计的百分比。

■ 父行汇总的百分比：如果在行区域内有复合字段，那么此计算会返回内部行的每个值所占外部行的父项总数的百分比。此计算也会返回外部行的每个值所占总计的百分比。

■ 父列汇总的百分比：如果在列区域内有复合字段，那么此计算会返回内部列的每个值所占外部列的父项总数的百分比。此计算也会返回外部列的每个值所占总计的百分比。

■ 父级汇总的百分比：如果在行或列区域内有复合字段，那么此计算会返回每个值所占外部行或列的基本字段的百分比。使用此计算的话，必须同时选择 Excel 用来计算百分比的基本字段。

■ 总计的百分比：返回每个数据所占整个数据透视表总计的百分比。

以下是设置差异计算的步骤。

1．选中数据字段内的任意单元格。

2．选择【选项】⇨【计算】⇨【值显示方式】选项，然后选择需要的百分比计算。Excel 会显示【值显示方式（求和项：总价）】对话框。

3．如果选择【百分比】或【父级汇总的百分比】，则使用【基本字段】下拉列表框来选中准备作为基本字段的字段。

4．如果选择【百分比】，则使用【基本项】下拉列表框来选中准备用作基本项的项目。

5．单击【确定】按钮，Excel 会将数据透视表更新为百分比计算。

图 14.13 所示为已完成的【值显示方式（求和项：总价）】对话框和图 14.12 中已经更新

为【百分比】计算的数据透视表。

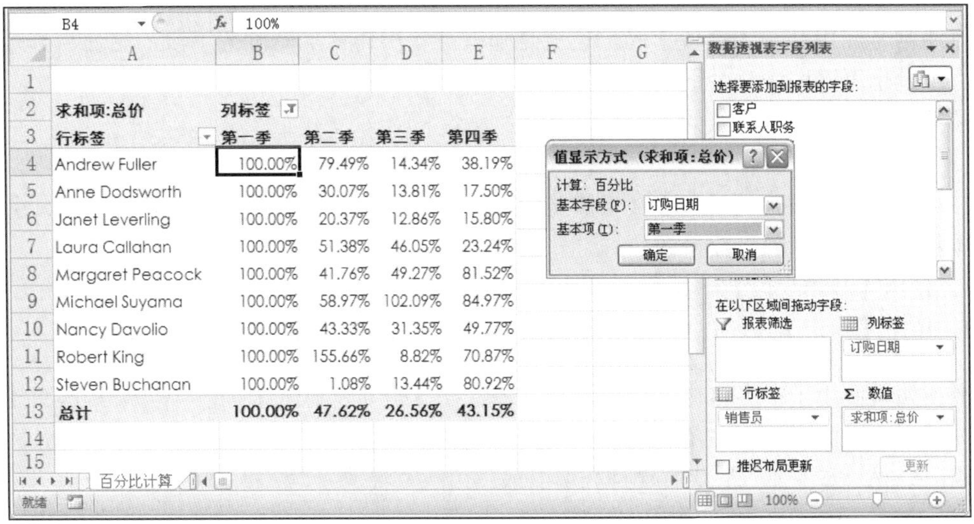

求和项:总价	列标签			
行标签	第一季	第二季	第三季	第四季
Andrew Fuller	100.00%	79.49%	14.34%	38.19%
Anne Dodsworth	100.00%	30.07%	13.81%	17.50%
Janet Leverling	100.00%	20.37%	12.86%	15.80%
Laura Callahan	100.00%	51.38%	46.05%	23.24%
Margaret Peacock	100.00%	41.76%	49.27%	81.52%
Michael Suyama	100.00%	58.97%	102.09%	84.97%
Nancy Davolio	100.00%	43.33%	31.35%	49.77%
Robert King	100.00%	155.66%	8.82%	70.87%
Steven Buchanan	100.00%	1.08%	13.44%	80.92%
总计	100.00%	47.62%	26.56%	43.15%

图 14.13　图 14.12 所示的数据透视表报表应用了【百分比】计算之后的效果

小贴士： 如果想使用 VBA 宏为数据字段设置百分比计算，可以将“PivotField”的“计算”设置为以下几个常量中的一个：xlPercentOf、xlPercentOfRow、xlPercentOfColumn 或 xlPercentOfTotal。

当我们打开【值显示方式】列表中时，Excel 会将数据字段格式化为常规，之前所有应用的数字格式都会丢失。如果想保存格式，可以在数据字段内单击，选择【选项】⇨【字段设置】选项，单击【数字格式】按钮，然后在【设置单元格格式】对话框内选择所需要的格式。或者，也可以使用宏来重新设置合适的 NumberFormat(数字格式)，例如：

```
Sub ReapplyCurrencyFormat( )
    With Selection.PivotTable.DataFields(1)
        .NumberFormat = "$#,##0.00"
    End With
End Sub
```

14.4.4　按某一字段汇总

当我们创建预算表的时候，通常不仅仅需要每个月的销售目标，还需要整个财务年度的累积目标。例如，我们设置了第一个月和第二个月的销售目标，同时还需要这两个月的总销售目标，以及之后的累积的 3 个月、4 个月等的销售目标。累积求和，也就是我们所知道的“按某一字段汇总”，是一个非常有用的分析工具。举例来说，如果我们发现 6 个月的累加值低于预算，那么就需要调整生产进程、市场计划以及客户奖励等。

Excel 的数据透视表中包含这样的累加值汇总计算工具，可以完成以上类型的分析。记住，累加值通常是应用在基本字段上的，也就是那些准备用作累加基础的字段，这通常都是日期字段，不过也可以用任意合适的其他类型字段。

按某一字段汇总的步骤如下。

1. 选中数据字段内的任意单元格。

2. 选择【选项】⇨【计算】⇨【值显示方式】⇨【按某一字段汇总】选项，Excel 会显示【值显示方式（求和项：数量）】对话框。

3. 使用【基本字段】下拉列表框来选择准备作为基本字段的字段。

4. 单击【确定】按钮，Excel 更新数据透视表为按某一字段汇总计算。

小贴士：如果使用了很多这样的外部汇总计算，在【值显示方式】列表中会经常返回【无计算】选项，这样的话需要多单击几次，这样的情况多次出现会比较麻烦。想要节省时间，可以使用 VBA 宏来重新设置数据透视表为正常状态，即将“Calculation”设置为“xlNoAdditionalCalculation”，举例如下：

```
Sub ResetCalculationToNormal( )
      With Selection.PivotTable.DataFields(1)
         .Calculation = xlNoAdditionalCalculation
      End With
   End Sub
```

图 14.14 显示了已完成的【值显示方式（求和项：数量）】对话框和在按照月份分类的“订购日期”处应用了按某一字段汇总的数据透视表。

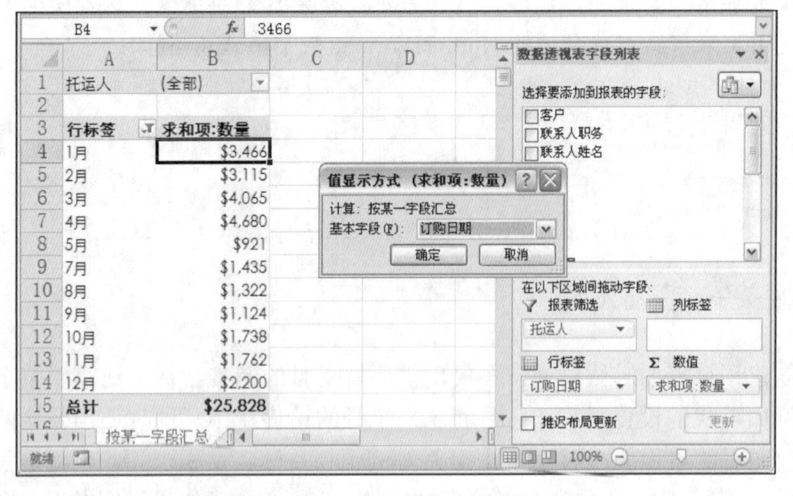

图 14.14　按某一字段汇总后的数据透视表

14.4.5　使用指数汇总计算

数据透视表在将大量的相关数据转换为更简洁、更容易理解的汇总报表方面有很大的作用。但是，正如我们在之前内容中看到的，标准的汇总计算并不总是能提供最好的分析。

另一个例子是当我们试图根据数据字段的结果来确定相关重要性时。举例来说，图 14.15 所示的数据透视表中显示了 4 种产品（稿图架、眩光过滤器、鼠标垫和打印机支架）的单位销售量，按照客户反馈的广告类型（直接邮寄、杂志和报纸）来分类。

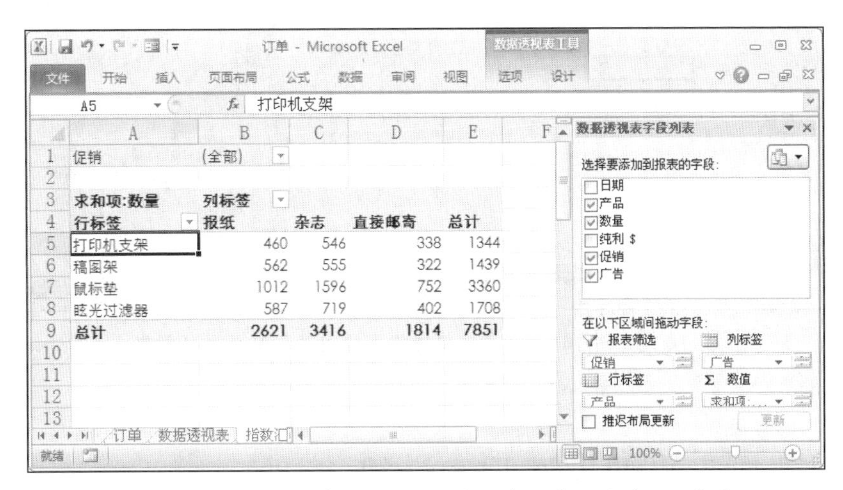

图 14.15　数据透视表显示按照广告分类的产品的单位销售量

我们看到，1012 个鼠标垫是经由报纸广告销售出去的，是整个报表中的第二大值。而对稿图架来说，只有 562 个是通过报纸广告销售出去的，是报表中较小的值。那么这是否意味着我们只需要通过报纸广告来销售鼠标垫呢？换句话来说，是否鼠标垫/报纸的组合比稿图架/报纸的组合更“重要”呢？

你大概会觉得这两个问题的答案都为是，但实际情况并非如此。要想得到正确的答案，需要考虑到鼠标垫的总销售量、稿图架的总销售量、通过报纸销售的产品的数量，以及所有的产品数量。毫无疑问，这是一个复杂的商业问题。

但是，每个数据透视表都有指数计算来解决以上这些问题，指数计算会返回数据透视表中数据字段的每个单元格的加权平均值，使用的是以下公式：

```
(单元格值) * (总计) / (行合计) * (列合计)
```

在指数计算结果中，值越大，那么其所在单元格在整个结果中就越重要。下面就是设置指数计算的步骤。

1. 单击数据字段内的任意单元格。
2. 选择【选项】⇨【计算】⇨【按值汇总】选项，然后选择想要使用的汇总计算。

3．选择【选项】⇨【值显示方式】⇨【指数】选项，Excel 会更新数据透视表为指数汇总计算。

图 14.16 显示的就是图 14.15 中的数据透视表更新应用了指数计算的效果。正如我们所看到的，鼠标垫/报纸组合仅得到了 0.90 的评分，是倒数第二低的值；而稿图架/报纸组合得到了 1.17 分，是最高的值。

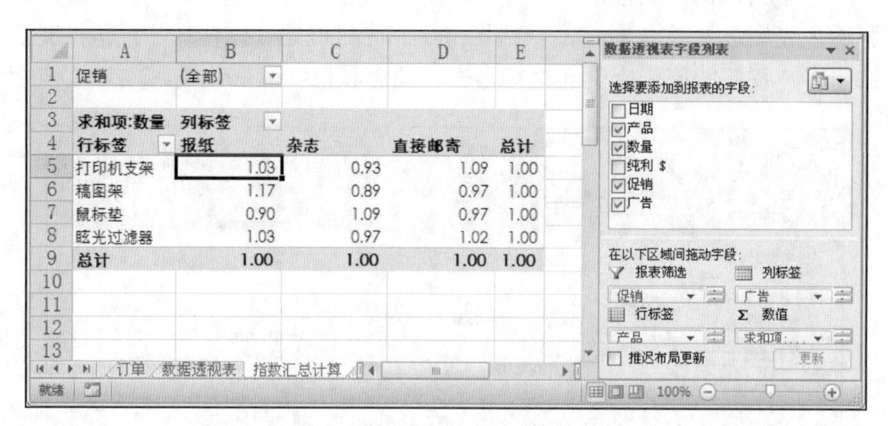

图 14.16　图 14.15 中的数据透视表应用了指数计算的效果

14.5　创建自定义数据透视表计算

Excel 的 11 个内置汇总函数能够让我们创建有力又有用的数据透视表报表，但它们不可能涵盖所有的数据分析。举例来说，假设我们的数据透视表使用求和函数汇总了销售员的发票总金额，尽管这很有用，但我们还想给那些销售额超过一定值的销售员发奖金，此时可以使用 GETPIVOTDATA( )函数来创建一个工作表公式，假设每份奖金是整体销售额的百分之多少，计算一下是否需要发奖金以及应该发多少。

→关于 GETPIVOTDATA( )函数的详情，请看“14.7　在工作表公式中使用数据透视表结果”。

可是，这样计算不是很方便。如果增加销售人员，那么就需要添加公式，而如果移除销售员，公式会生成错误。而且在这两种情况下，很重要的一点是我们生成数据透视表报表是为了执行更少的工作表计算，而不是更多。

以上问题的解决办法是利用 Excel 的计算字段功能。计算字段是根据自定义公式生成的新的数据字段，例如，发票数据透视表中有一个“总额”字段，我们想要奖励那些最少完成了$75,000 销售额的销售员 5%的奖金，可以根据以下公式创建一个计算字段：

```
=IF('总价'>= 75000, '总价'* 0.05, 0)
```

数据透视表中还有一个小问题，就是当我们使用的字段是行或列标题时，会不包括我们所需要的项目。举例来说，假设产品被分成了很多种类：Beverages（饮料）、Condiments（调料）、Confections（糖果）及 Dairy Products（乳制品）等。更进一步假设，这些种类又被按照地区分类：A 区的 Beverages 和 Condiments、B 区的 Confections 和 Dairy Products 等。如果源数据没有“地区”字段，我们如何才能看到数据透视表将结果应用到各地区呢？

注意：当我们在公式中引用字段时，Excel 会将此引用解释为字段值的总和。例如，在计算字段公式时引用了逻辑表达式“'总额'>= 75000”，那么 Excel 会将这个解释为“总额的总和>=75000”，也就是说，Excel 会先将总额字段的值相加，然后和 75000 进行比较。

一个解决办法是创建每个地区的分组。选中一个地区的产品分类，选择【选项】⇨【将所选内容分组】选项，其余地区重复。这样是可行的，不过 Excel 提供了第二个选择，那就是“计算项”。计算项是行或列中的新项目，该项目由自定义公式生成。举例来说，我们可以根据以下公式创建一个名为 A 区的项目：

```
= Beverages + Condiments
```

在学习创建计算字段和计算项之前，我们要知道，Excel 对它们有一些限制，如下所示。

- 不可以使用单元格引用、区域地址或区域名称作为自定义计算公式中的操作数。
- 不可以使用数据透视表的分类汇总、行合计、列合计或总计作为自定义计算公式中的操作数。
- 在计算字段中，Excel 默认所引用的自定义公式字段为求和计算。但是，这样有时候会产生问题，举例来说，假设发票表中有“单价”和“数量”两个字段，我们会认为创建一个计算字段并使用以下公式能得到发票总金额：

```
=单价 * 数量
```

但结果却并非如此，原因是 Excel 会将“单价”视为“单价的合计”，而这样将单价相加实际上是毫无意义的。

- 自定义公式不能引用除计算项所在字段以外的任何其他字段。
- 不能在有分组字段的数据透视表中创建计算项。在创建计算项之前，需要把数据透视表中的字段分组全部解除。
- 不能将计算项用作报表筛选。
- 在一个字段被使用了不止一次的数据透视表中，不能插入计算项。
- 在使用了平均值、标准偏差、总体标准偏差、方差和总体方差汇总计算的数据透视表中不能插入计算项。

14.5.1　创建计算字段

以下是在数据透视表的数据区域插入计算字段的步骤。

1. 在数据透视表的数据区域单击任意单元格。

2. 选择【选项】⇨【计算】⇨【域、项目和集】⇨【计算字段】选项，Excel 会显示【插入计算字段】对话框。

3. 在【名称】下拉列表框输入计算字段的名称。

4. 在【公式】文本框输入准备用于计算字段的公式。

> **注意：** 如果需要在公式中使用字段名称，将光标移到需要字段名称的位置，在【字段】列表框中单击字段名称，然后单击【插入字段】按钮。

5. 单击【添加】按钮。

6. 单击【确定】按钮。Excel 将计算字段插入了数据透视表中。

图 14.17 显示了已完成的【插入计算字段】对话框，以及数据透视表中计算出的“奖金”结果。【公式】文本框中完整的公式如下：

```
=IF('总价'>= 75000, '总价'* 0.05, 0)
```

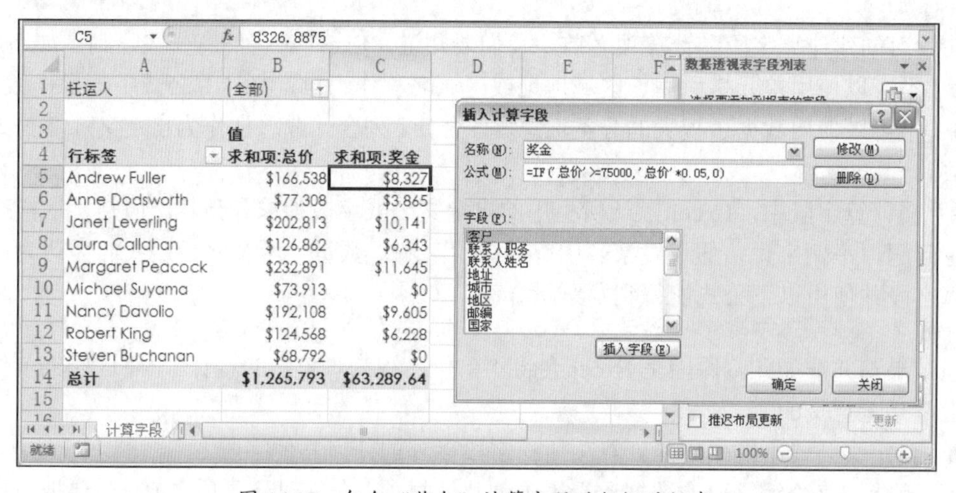

图 14.17　包含“奖金”计算字段的数据透视表

> **警告：** 在图 14.17 中，注意“总计”行同样也包括了“奖金”字段的合计，更要注意的是，显示的总计数字是不正确的。这是在计算字段时经常会发生的事，问题出在 Excel 不会在计算字段中用相加字段值来得到总计，而是会将所引用字段中的公式应用在总计中。举例来说，在逻辑表达式“'总价'>= 75000”中，Excel 使用了总额字段的总计，因为这个数字肯定是大于 75000 的，所以 Excel 计算了“奖金”的 5%，也就是出现在“奖金”字段总计处的值。

> **注意：** 如果需要更改计算字段，单击数据透视表数据区域的任意单元格，选择【选项】⇨【域、项目和集】⇨【计算字段】选项，然后在【名称】下拉列表框中选择所需要的计算字段。如果想让更改在公式中也起作用，单击【修改】按钮，然后单击【确定】按钮即可。

14.5.2　创建计算项

接下来是在数据透视表的行或列区域中插入计算项的步骤。

1．在需要添加项目的行或列区域中单击任意单元格。

2．选择【选项】⇨【计算】⇨【域、项目和集】⇨【计算项】选项，Excel 会显示【在“×××”中插入计算字段】，这里的“×××”是指我们使用的字段名称。

3．在【名称】下拉列表框中输入计算项的名称。

4．在【公式】文本框中输入准备用于计算项的公式。

注意：想要在公式中添加字段名称的话，将光标放到需要字段名称的位置，在【字段】列表中单击名称，然后单击【插入字段】按钮。在公式中添加字段项时，将光标移到相应的位置，在【字段】列表框中选择字段，【项】列表框中选择项目名称，然后单击【插入项】按钮。

5．单击【添加】按钮。

6．重复第 3～5 步，添加其他计算项。

7．单击【确定】按钮，Excel 在行或列字段中插入了计算项。

图 14.18 显示了已完成的【在“分类”中插入计算字段】对话框，以及已经在“分类”行字段插入的 3 组项目：

```
A 区: = Beverages + Condiments
B 区: = Confections +'Dairy Products'
C 区: ='Grains/Cereals'+'Meat/Poultry'+ Produce + Seafood
```

图 14.18　在“分类”行字段内添加了 3 个计算项的数据透视表

警告：当我们在字段中插入项目时，Excel 会记住这个项目，这个项目会成为数据源存储的一部分。如果我们此时根据同样的数据源在另一个数据透视表中插入了相同的字段，Excel 同样也会使新的数据透视表包含此计算项。如果不想让这个计算项出现在新的数据透视表报表中，向下拉字段菜单并取消选中每个计算项旁边的复选框即可。

注意：想要更改计算项的话，单击包含此项目的字段内任意单元格，选择【选项】⇨【域、项目和集】⇨【计算项】选项，然后在【名称】下拉列表框中选择所需要的计算项。想要更改应用在公式中的计算项，单击【修改】按钮，然后单击【确定】按钮即可。

14.6 案例分析：使用计算项制定预算

如果我们正在做一个来年的预算，可能会对明年的销售业绩增长有个设想，例如，整体增长 5%。一个比较复杂的方法是将销售员分类，然后每个类别使用一个不同的增长率，例如一类是相对较新的人员，那么我们会预测一个较高的增长率；而时间比较久的那一类，就会设置一个比较保守的增长率。

如果我们手头有一份当前年份销售额的数据透视表，而且这份表是以所需要的类别分类的，那么以上的预算预测在计算项的帮助下将会变得非常容易。对于每个分类，我们可以创建一个包含公式的计算项，然后由此分类乘以想要使用的任意增长率百分比。

让我们从图 14.19 所示的按类别分类好的数据透视表开始吧！

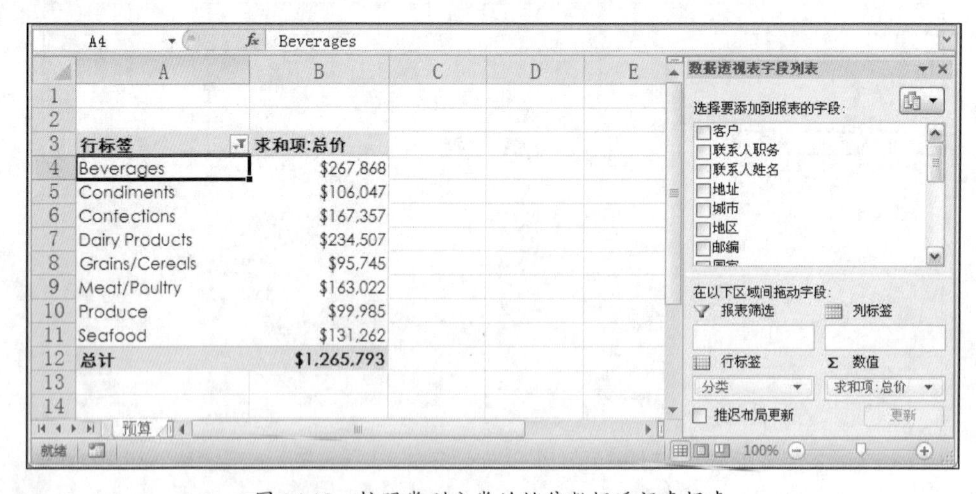

图 14.19　按照类别分类的销售数据透视表报表

接下来就是为每个分类字段创建计算项了，我们在之前的内容中已经学过。下面是所使用的公式：

```
Beverages Bugdet（饮料预算）: = Beverages * 1.06
Condiments Bugdet（调料预算）: = Condiments * 1.05
Confections Bugdet（糖果预算）: = Confections * 1.1
Dairy Products Bugdet（乳制品预算）: = 'Dairy Products'*1.04
Grains/Cereals Bugdet（谷物预算）: ='Grains/Cereals' * 1.07
Meat/Poultry Bugdet（肉类预算）: = 'Meat/Poultry' * 1.06
Produce Bugdet（农产品预算）: = Produce * 1.08
Seafood Bugdet（海鲜预算）: = Seafood * 1.09
```

图 14.20 所示即为添加计算项后的数据透视表。

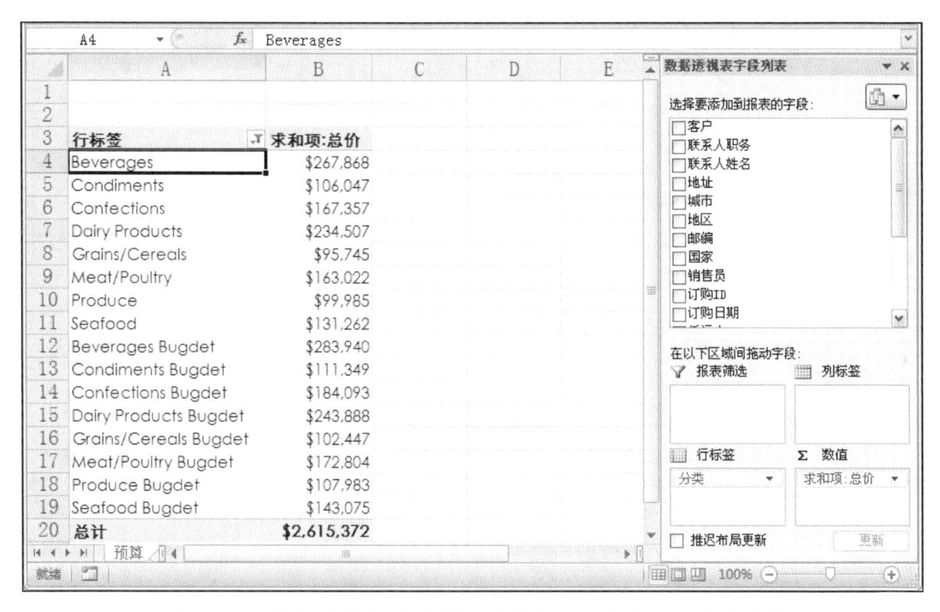

	A	B
3	行标签	求和项:总价
4	Beverages	$267,868
5	Condiments	$106,047
6	Confections	$167,357
7	Dairy Products	$234,507
8	Grains/Cereals	$95,745
9	Meat/Poultry	$163,022
10	Produce	$99,985
11	Seafood	$131,262
12	Beverages Bugdet	$283,940
13	Condiments Bugdet	$111,349
14	Confections Bugdet	$184,093
15	Dairy Products Bugdet	$243,888
16	Grains/Cereals Bugdet	$102,447
17	Meat/Poultry Bugdet	$172,804
18	Produce Bugdet	$107,983
19	Seafood Bugdet	$143,075
20	总计	$2,615,372

图 14.20　添加了计算项的数据透视表显示了每个分类的预算

为了让报表更易于阅读，我们应该将行字段分为两个组，一个是当前年份的分类项目，另一个是计算预算项，步骤如下。

1. 选中当前年份的分类项目。
2. 选择【选项】⇨【将所选内容分组】选项，Excel 添加了一个名为“数据组 1”的组。
3. 单击数据组 1 所在单元格，重命名为“当前年份”。
4. 选中预算项目，Excel 为每一个预算项目创建了组，选择各组和各项。
5. 选择【选项】⇨【将所选内容分组】选项，Excel 添加了一个名为“数据组 2”的组。
6. 单击数据组 2 所在单元格并重命名为“下一年份”。

最后，我们还需要显示新分组的分类汇总。单击行字段内的任意单元格，然后选择【选项】

➪【字段设置】选项，在【字段设置】对话框内，选择【自动】选项，然后单击【确定】按钮。

图 14.21 所示即为完成后的数据透视表报表。

图 14.21　数据透视表中，当前项目在一个组中，计算预算项在另一个组内

14.7　在工作表公式中使用数据透视表结果

当我们需要在平常的工作表中使用数据透视表时该怎么做呢？首先应该试试引用数据透视表数据区域中合适的单元格。不过，这样只有在这个数据透视表是静态的且从未更改的情况下才有用，大多数情况下这样的引用是无效的，因为报表中值的地址总是会因为移动、筛选、分组或刷新等而改变。

如果想在公式中使用数据透视表的结果，而且想要即使更改数据透视表，这个结果也会保持正确时，可以使用 Excel 的 GETPIVOTDATA( )函数。这个函数使用数据字段、数据透视表位置和一个或多个行或列字段/项目组合来指定我们想要使用的确切的值，语法如下：

```
GETPIVOTDATA(data_field, pivot_table[, field1, item1], …)
```

data_field：包含想要使用的数据的数据透视表数据字段的名称。

pivot_table：数据透视表内任意单元格或区域的地址，或数据透视表内已命名的区域。

field1：包含想要使用的数据的数据透视表的行或列字段。

item1：在 *field1* 中的指定所需数据的项目名称。

注意，*fieldn* 和 *itemn* 总是作为一对组合参数输入的，如果遗忘了任何一个，GETPIVOTDATA( )

函数都会返回数据透视表的总计。总共可以输入 126 对 *field/item* 组合，这样看起来好像 GETPIVOTDATA( )函数不如想象中那么实用，其好处是我们通常不用手动输入这个函数。在默认的情况下，Excel 被设置为自动生成 GETPIVOTDATA( )函数，也就是说，我们输入公式，等到需要使用数据透视表的值的时候，单击那个值即可，Excel 会按照返回所需要值的语法插入 GETPIVOTDATA( )函数。

举例来说，我们在单元格 F5 中输入了一个工作表公式，然后单击了数据透视表中的单元格 B5，Excel 接着生成了 GETPIVOTDATA( )函数，如图 14.22 所示。

FV　=GETPIVOTDATA("总价",$A$3,"城市","Aachen","托运人","Federal Shipping")

	A	B	C	D	E	F
2						
3	求和项:总价	列标签				
4	行标签	Federal Shipping	Speedy Express	United Package	总计	
5	Aachen	$2,226	$1,031	$507	$3,763	=GETPIVOTDATA("总价",$A$3,"城市","Aachen","托运人","Federal Shipping")
6	Albuquerque	$31,440	$7,743	$11,915	$51,098	
7	Anchorage	$7,417	$5,534	$2,321	$15,271	
8	Århus	$6,058	$5,169	$4,617	$15,844	
9	Barcelona	$225	$476	$136	$837	
10	Barquisimeto	$4,356	$4,094	$7,628	$16,077	
11	Bergamo	$3,702	$1,883	$1,591	$7,176	
12	Berlin	$1,660	$1,735	$878	$4,273	
13	Bern	$4,626	$4,276	$3,447	$12,349	
14	Boise	$29,037	$33,979	$41,347	$104,362	
15	Bräcke	$7,927	$12,276	$9,364	$29,568	
16	Brandenburg	$7,700	$3,908	$19,300	$30,908	
17	Bruxelles	$2,185	$3,212	$4,339	$9,736	

GETPIVOTDATA()

编辑

图 14.22　输入工作表公式时，单击数据透视表内的单元格，
Excel 会自动生成相关联的 GETPIVOTDATA( )函数

如果 Excel 没有自动生成 GETPIVOTDATA( )函数，那这个功能可能是被关闭了，接下来的几步可以将其再打开。

1. 选择【文件】⇨【选项】选项，打开【Excel 选项】对话框。
2. 选择【公式】选项。
3. 选中【使用 GetPivotData 函数获取数据透视表引用】复选框。
4. 单击【确定】按钮。

小贴士：也可以使用 VBA 程序来切换 GETPIVOTDATA( )函数的开或关状态，具体操作是按照以下宏设置 Application.GenerateGetPivotData 为 True 或 False：

```
Sub ToggleGenerateGetPivotData( )
        With Application
            .GenerateGetPivotData = Not .GenerateGetPivotData
        End With
      End Sub
```

第 15 章　使用 Excel 的商业模型工具

很多时候，仅仅简单地在工作表中输入数据、建立一些公式，或进行格式化而让某些数据变得可读是不够的。在商业世界中，我们经常被要求从工作簿中的一大堆数字和公式结果中找出内在的意义，也就是说，我们需要分析数据并从中发掘出所需要的信息。而在 Excel 中，分析商业数据意味着使用程序中的商业模型工具。

本章将会讲到一些商业工具以及一些非常有用的分析技巧。我们将会学到如何使用 Excel 中大量的方法来做模拟分析，如何使用 Excel 的单变量求解工具，以及如何建立方案管理器。

15.1　使用模拟分析

“模拟分析”大概是审查工作表数据最基本的方法了。使用模拟分析时，我们首先根据输入的变量 A、B 和 C 计算出一个公式 D，然后提出问题：假设更改变量 A、B 或 C 会怎样？结果会发生什么？

举例来说，图 15.1 所示的工作表计算的是一项投资的将来值，根据的是 5 个变量：利率、周期、年存款、初始存款和存款类型。单元格 C9 中显示的是函数 FV( )的结果。现在开始问问题。

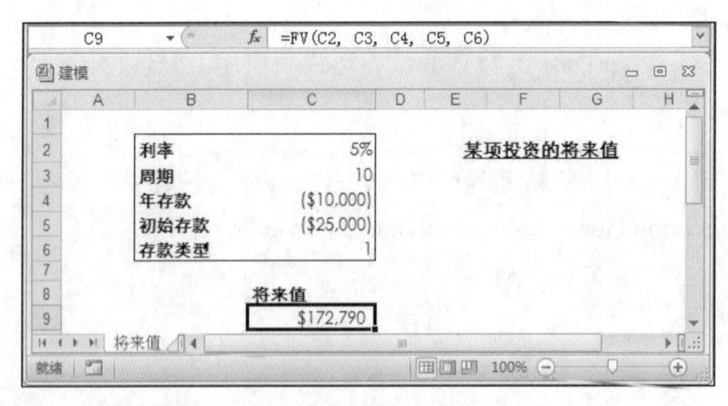

图 15.1　最简单的模拟分析就是改变工作表变量来查看结果

- 假设利率是 7%会怎样？
- 假设每年存款为$8,000 或$12,000 会怎样？
- 如果减少初始存款会如何？

回答这些问题的方法就是直接更改相对应的变量并查看结果。

15.1.1　设置单输入模拟运算表

更改公式变量的问题是，一次只能看到一个结果。如果对研究某个区域的值对于公式的作用感兴趣的话，我们需要设置一个“模拟运算表”。举例来说，在之前的投资分析工作表中，假设我们想看一下年存款在$7,000 到$13,000 之间时，将来值是多少，可以在行或列中输入这些值并创建合适的公式来完成。但其实，设置一个模拟运算表更简单，过程如下。

1．将准备输入公式的数据添加到工作表中。输入数据的位置有以下两个选择。

- 如果想在行内输入，起始单元格为公式所在单元格向上向右的单元格。
- 如果想在列内输入，起始单元格为公式所在单元格向下向左的单元格，如图 15.2 所示。

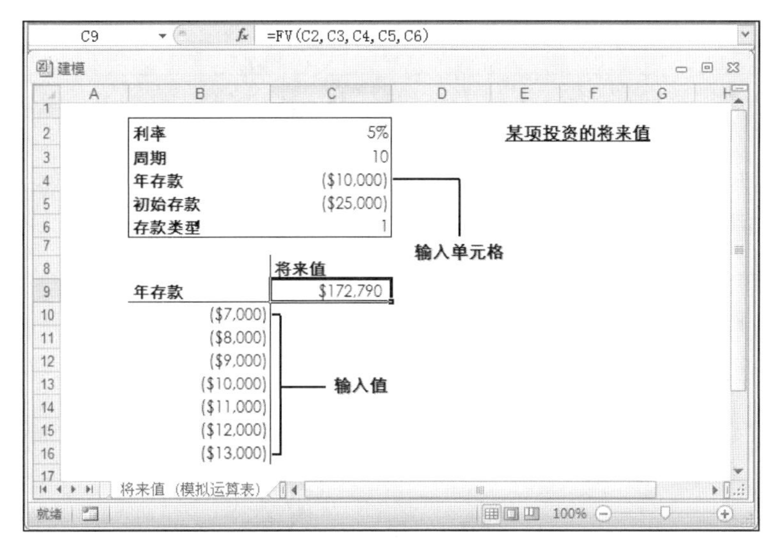

图 15.2　输入准备用在公式中的值

2．选中包含输入值和公式的区域，如图 15.2 所示的 B9 到 C16 的区域。

3．选择【数据】⇨【模拟分析】⇨【模拟运算表】选项，Excel 显示【模拟运算表】对话框。

4．此对话框的设置取决于模拟运算表是如何设置的。

- 如果是在行内输入的数据，则在【输入引用行的单元格】文本框内输入单元格地址。

■ 如果是在列内输入的数据，则在【输入引用列的单元格】文本框内输入单元格地址。在之前的投资分析工作表中，我们需要在【输入引用列的单元格】文本框内输入 C4，如图 15.3 所示。

图 15.3 在【模拟运算表】对话框中，输入准备用来代替输入值的单元格地址

5. 单击【确定】按钮。Excel 将每个输入值都放到了输入单元格内，然后显示了模拟运算表的结果，如图 15.4 所示。

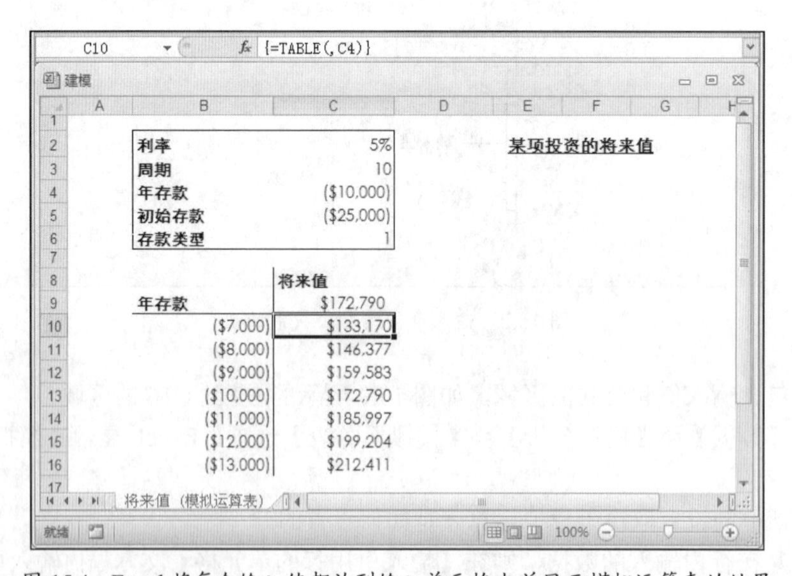

图 15.4 Excel 将每个输入值都放到输入单元格内并显示模拟运算表的结果

15.1.2　在模拟运算表中添加更多的公式

我们并没有被限定只能在模拟运算表中添加一个公式，如果想查看各输入值在不同的公式中所起的作用，可以很方便地把它们添加到模拟运算表中。举例来说，在将来值工作表中，如果把通货膨胀率也添加到计算中来查看这项投资在今天是什么价值，也是很有趣的。图 15.5 所示的就是经过修改的工作表，其中添加了新的变量“通货膨胀率”（单元格 C7 中），同时在单元格 D9 中一个公式将计算好的将来值转换成了今日值。

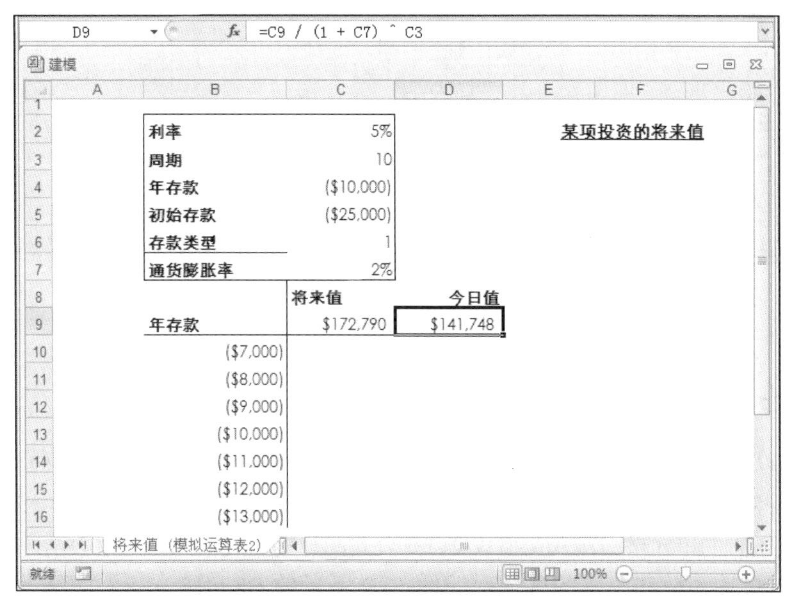

图 15.5　在模拟运算表中添加公式的话，在已有公式的旁边输入新公式即可

注意：以下是把将来值转换为今日值的公式：

```
将来值 / (1 + 通货膨胀率) ^ 周期
```

在这里，*周期*是指从现在开始将来值存在的年份数字。

想要创建新的模拟运算表的话，按照之前列出的步骤操作即可。不过，要记得在步骤 2 中选中的区域内一定要同时包含输入值和公式，如图 15.5 所示的区域 B9 到 D16。图 15.6 显示了结果。

注意：完成模拟运算表的设置后，可以通过调整另一个工作表的变量来完成常规模拟分析。每次更改数据时，Excel 都会重新计算表内的每个公式。

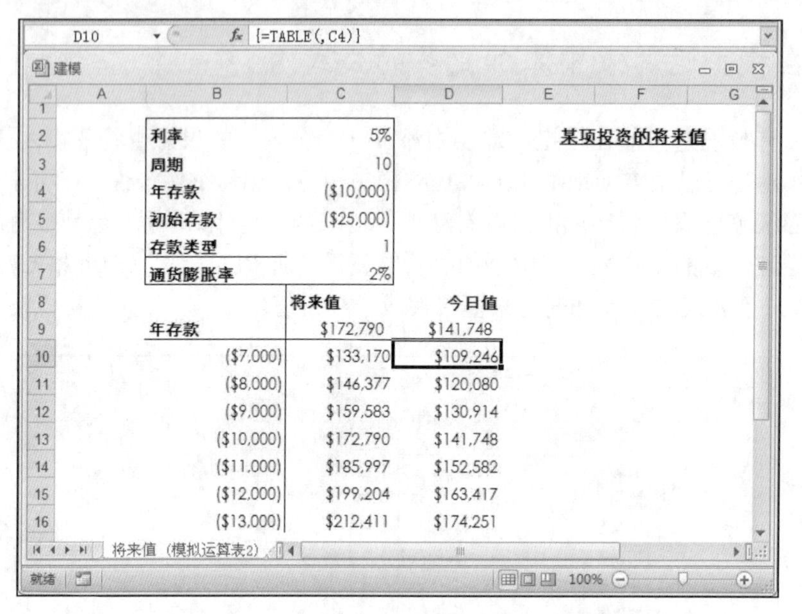

图 15.6 使用了多重公式的模拟运算表

15.1.3 设置双输入模拟运算表

我们也可以设置具有两个变量的双输入模拟运算表。这个操作可以让我们看到在输入不同的值时，对将来值有什么影响。接下来的步骤将会告诉我们如何设置双输入模拟运算表。

1．在公式下方的单元格中输入一组数据，在公式同行的右边输入另一组数据，如图 15.7 所示。

2．选择包含输入数和公式的区域，即图 15.7 所示的 B8:G15。

3．选择【数据】⇨【模拟分析】⇨【模拟运算表】选项，弹出【模拟运算表】对话框。

4．在【输入引用行的单元格】文本框内，输入之前输入的行内数据的地址，即图 15.7 所示的单元格 C2——变量“利率”。

5．在【输入引用列的单元格】文本框内，输入准备用作列数据的单元格地址，即图 15.7 所示的单元格 C4——“年存款”变量。

6．单击【确定】按钮。Excel 计算了各种输入的变量，然后在数据表中显示结果，如图 15.8 所示。

小贴士：之前我们提到过，如果更改了表函数中的任意变量，Excel 都会重新计算整个表。对于较小的表这没什么问题，但是重新计算大型表格的话可能会花费很长时间。如果想控制表格的重新计算，可以选择【公式】⇨【计算选项】⇨【除模拟运算表外，自动重算】选项，这样就是告诉 Excel 在重新计算工作表的时候不包含模拟运算表在内。想要重新计算模拟运算表，按【F9】键或【Shift】+【F9】组合键，即可仅重新计算当前工作表。

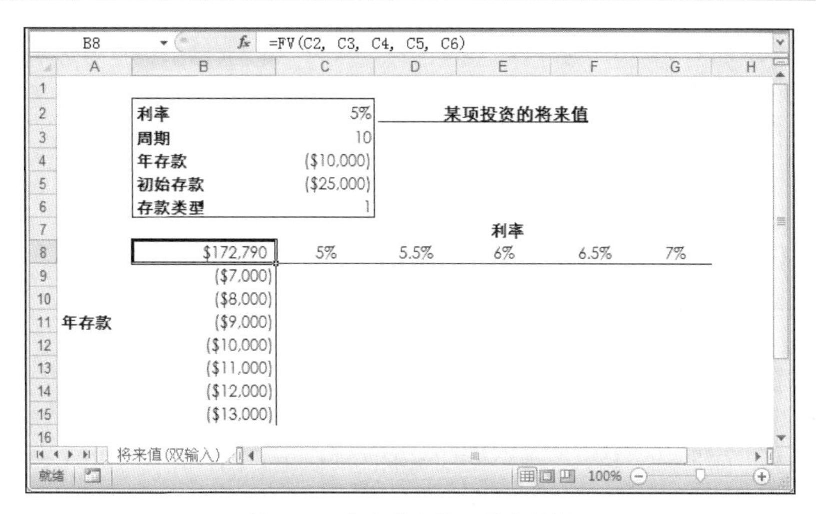

B8　=FV(C2, C3, C4, C5, C6)

	A	B	C	D	E	F	G
1							
2		利率	5%		某项投资的将来值		
3		周期	10				
4		年存款	($10,000)				
5		初始存款	($25,000)				
6		存款类型	1				
7					利率		
8		$172,790	5%	5.5%	6%	6.5%	7%
9		($7,000)					
10		($8,000)					
11	年存款	($9,000)					
12		($10,000)					
13		($11,000)					
14		($12,000)					
15		($13,000)					
16							

将来值(双输入)

图 15.7　在公式中输入两套数据

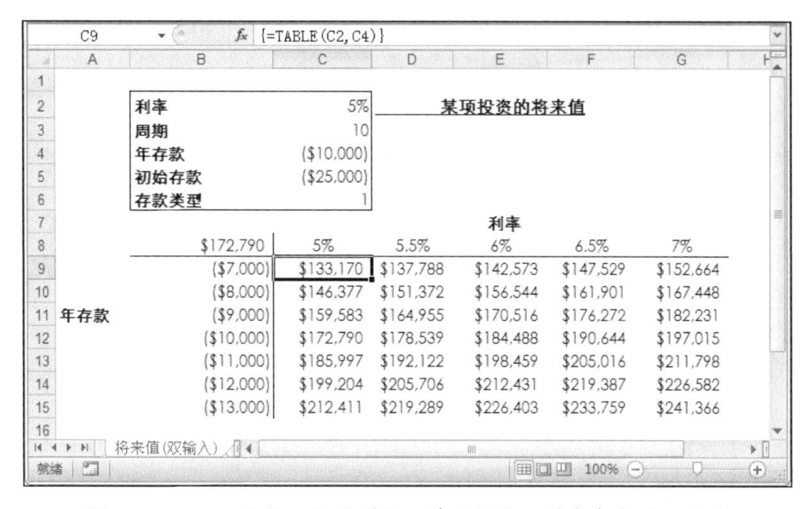

C9　{=TABLE(C2,C4)}

	A	B	C	D	E	F	G
1							
2		利率	5%		某项投资的将来值		
3		周期	10				
4		年存款	($10,000)				
5		初始存款	($25,000)				
6		存款类型	1				
7					利率		
8		$172,790	5%	5.5%	6%	6.5%	7%
9		($7,000)	$133,170	$137,788	$142,573	$147,529	$152,664
10		($8,000)	$146,377	$151,372	$156,544	$161,901	$167,448
11	年存款	($9,000)	$159,583	$164,955	$170,516	$176,272	$182,231
12		($10,000)	$172,790	$178,539	$184,488	$190,644	$197,015
13		($11,000)	$185,997	$192,122	$198,459	$205,016	$211,798
14		($12,000)	$199,204	$205,706	$212,431	$219,387	$226,582
15		($13,000)	$212,411	$219,289	$226,403	$233,759	$241,366
16							

将来值(双输入)

图 15.8　Excel 将输入值放到输入单元格内，并在表中显示结果

15.1.4　编辑模拟运算表

如果想对模拟运算表进行更改，可以编辑公式和输入的数据。但是，模拟运算表的结果不能更改。当我们运行【模拟运算表】命令时，Excel 会在表内部输入一个数组公式，即 TABLE( ) 函数，这个特殊的函数仅在使用【模拟运算表】命令时才存在，使用的是以下语法：

```
{=TABLE(row_input_ref, column_input_ref)}
```

其中，*row_input_ref* 和 *column_input_ref* 是我们在表对话框中输入的单元格引用。大括号（{ }）显示这是一个数组，也就意味着我们不能更改或删除此数组中的单独元素。如果想要改变结果，需要选择整个表，然后再次运行【模拟运算表】命令。如果想要删除结果，必须首先删除整个数组，然后再删除结果。

→更多关于数组的情况，请看“4.1　使用数组”。

15.2　使用单变量求解

现在问一个模拟问题：假设我们已经知道了想要的结果会如何？举例来说，我们知道自己准备从现在开始，到第 5 年的时候攒够$50,000 购置一个新的设备，或需要在来年的预算中达到 30%的毛利。如果只需要更改一个变量就能实现以上目的，可以使用 Excel 的“单变量求解”功能：告诉单变量求解我们所需要的最终值以及需要更改的变量，它会为我们找到一个解决方法（如果有解决方法的话）。

当我们设置工作表使用单变量求解时，通常公式会在一个单元格中，而公式的变量（显示为起始值）在另一个单元格中。公式可以有很多变量，但在单变量求解中一次只能修改一个变量。单变量求解通过使用一种“迭代方法”来找到解决方法，也就是说，单变量求解会先尝试变量的起始值，看其是否能达到想要的结果；如果不行，再尝试不同的值，直到找到解决方法。

15.2.1　运行单变量求解

运行单变量求解之前，我们需要按照一种特别的方法来设置工作表，也就是要做下面的 3 件事。

1．设置一个单元格为“可变单元格”，里面的值作为单变量求解进行迭代计算来找到目标的值。在此单元格内输入一个起始值，如 0。

2．为公式设置另一个输入值，并输入合适的起始值。

3．为单变量求解创建一个公式，以便找到最后的目标。

举例来说，假设你是一个小公司的老板，准备从现在开始花 5 年的时间有钱采购一件价值$50,000 的新设备。如果你的投资每年能赚 5%的利润，那么每年存入多少钱才能达到这个目标呢？图 15.9 所示的工作表就设置使用了单变量求解。

- 单元格 C6 是可变单元格，将每年的存款金额添加到这里，起始值为 0。
- 别的单元格，也就是 C4 和 C5，用作函数 FV( )的变量。
- 单元格 C8 包含函数 FV( )，用来计算此设备存款的将来值。当单变量求解完成的时候，这个单元格的值应该是$50,000。

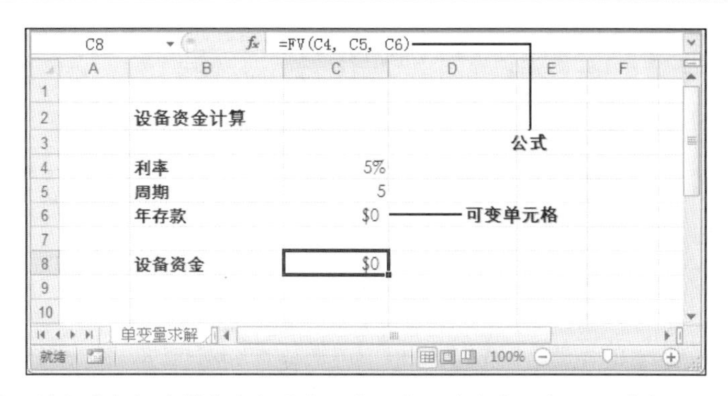

图 15.9　使用单变量求解计算出每年要存入多少金额才能在 5 年内买到价值$50,000 的设备

工作表准备好以后，按照以下步骤就可以使用单变量求解了。

1. 选择【数据】⇨【模拟分析】⇨【单变量求解】选项，此时弹出【单变量求解】对话框。

2. 在【目标单元格】文本框内输入引用单元格，其中包含使用单变量求解操作的公式，如图 15.9 所示的单元格 C8。

3. 在【目标值】文本框中输入最终想要达到的目标值，如 50000。

4. 在【可变单元格】文本框内输入可变单元格的引用地址，如图 15.9 所示的单元格 C6。图 15.10 显示了完整的【单变量求解】对话框。

图 15.10　已完成的【单变量求解】对话框

5. 单击【确定】按钮，Excel 开始迭代计算。完成以后，【单变量求解状态】对话框会显示是否找到了解决办法，如图 15.11 所示。

注意：大部分情况下，单变量求解会相对较快地找到解决方法，【单变量求解状态】对话框只需一两秒就会显示在屏幕上。对于长时间的操作，可以单击【单变量求解状态】对话框内的【暂停】按钮来停止单变量求解；如果想查看迭代计算的步骤，单击【单步执行】按钮；如果要重新开始【单变量求解】，单击【继续】按钮。

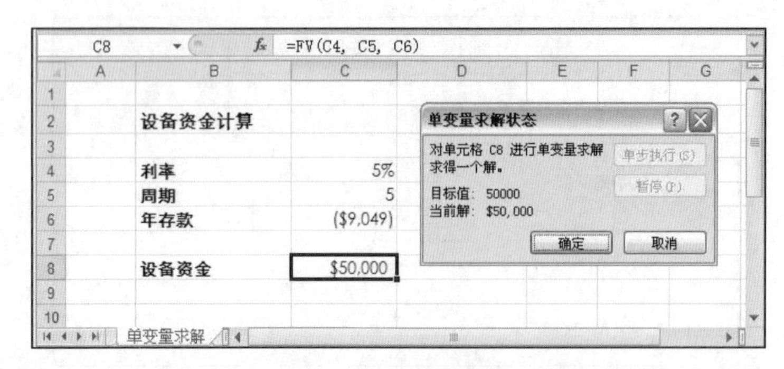

图 15.11 【单变量求解状态】对话框显示解决方法（如果找到了方法的话）

→也可以利用 Excel 的 PMT( )函数来计算所需要的年存款。关于这个话题，请看“19.3.3 计算所需的定期存款”。

6. 当【单变量求解】找到解决办法时，可以单击【确定】按钮来接受它，或者单击【取消】按钮将其忽略。

15.2.2 优化产品利润率

很多公司用产品利润来作为年度发展的评判标准。很高的利润通常意味着支出在控制之下，而且产品的价格定位是被市场接受的。当然，产品的利润是由很多因素决定的，但是我们可以使用单变量求解根据一个变量来找到最佳的利润方案。

举例来说，假设我们准备引进一套新的生产线，并且希望这个新产品在第一年能达到 30%的回报率，此外，我们还会根据以下这些假设来操作。

- 一年的销售量是 100,000 套。
- 客户的平均折扣率为 40%。
- 固定成本约为$750,000。
- 每套产品的成本为$12.63。

根据以上所有信息，我们想知道哪个价格点能达到 30%的利润。

图 15.12 所示的工作表就是用来处理以上情况的。在“单价”单元格（C4）内输入$1.00 的起始值，然后按照以下方式设置【单变量求解】对话框。

- 【目标单元格】引用为 C14，也就是“利润”计算。
- 在【目标值】文本框中输入 0.3，也就是 30%的目标利润。
- 在【可变单元格】文本框中输入“单价”单元格（C4）的引用。

Excel 开始单变量求解后，得到的解决方法是单价为$47.87，如图 15.13 所示。这个价格可以四舍五入到$47.95。

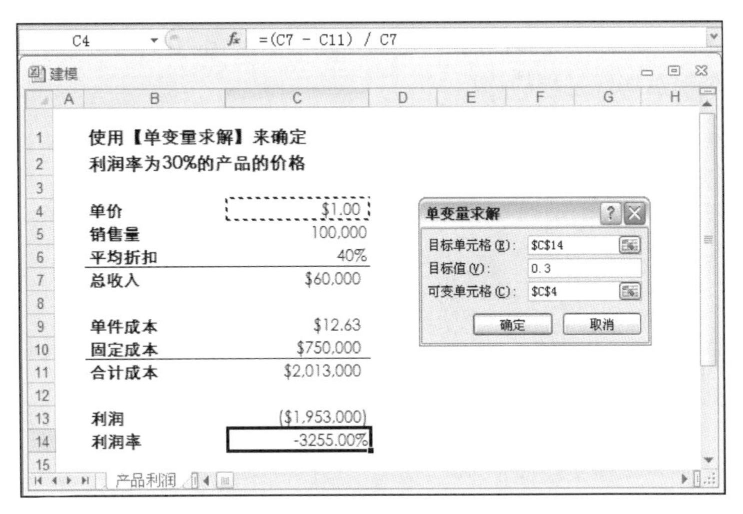

图 15.12　计算优化利润率的价格点

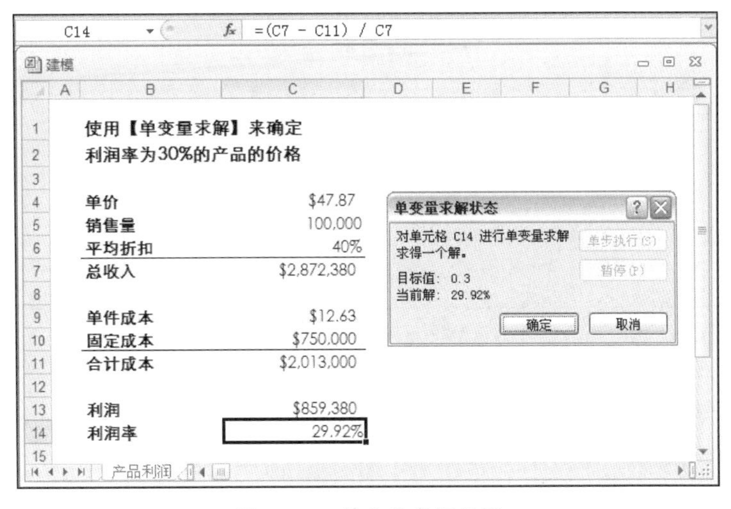

图 15.13　单变量求解结果

15.2.3　注意单变量求解的近似值

注意图 15.13 所示的解决方法是一个近似值，也就是说，利润率值是 29.92%，而不是我们规定的 30%。这仅有的 0.0008 的差距很小，但仍然不是那个确切的值。为什么【单变量求解】不找到那个确切值的解决方法呢？

原因是 Excel 用来控制迭代计算的一个选择权。有些迭代计算会花费非常多的时间来找到确切的解决方法，而 Excel 找到了限定迭代过程的折中方法。想要查看这些限定，选择【文件】➪【选项】选项，然后选择弹出的【Excel 选项】对话框中的【公式】选项，如图 15.14 所示。有以下两个控制迭代过程的选项。

图 15.14 用【最多迭代次数】和【最大误差】选项来约束迭代计算

■【最多迭代次数】：文本框中的值控制迭代的最多次数。在单变量求解中，这个值代表 Excel 插入可变单元格内的最大值。

■【最大误差】：文本框内的值是 Excel 用来决定是否要找到确切解决方法的临界值。如果当前解决方法和目标值之间的差距小于或等于这个值，Excel 会停止迭代计算。

【最多迭代次数】和【最大误差值】值会妨碍我们得到利润计算中的确切解决方法。在这次迭代计算中，单变量求解找到的解决方法是 0.2992，比我们要求的 0.3 少了 0.0008。但是 0.0008 小于最大误差文本框内的默认值 0.001，所以 Excel 停止了迭代计算。

想要得到确切的解决方法，需要将【最大误差】值调整为 0.0001。

15.2.4 执行收支平衡分析

在“收支平衡分析”中，需要制定一个产品销售数量，同时总利润为 0，也就是说，产品收益和支出是相等的。设置利润和目标均为 0，然后使用单变量求解计算销售量。

让我们用“优化产品利润率”小节中的例子来试验一下。此时，假设单价为$47.95，也就是在优化利润的时候四舍五入到了接近的 95 美分。图 15.15 所示的【单变量求解】对话框按照下面所列详情填写。

- 【目标单元格】引用 C13——利润计算。
- 在【目标值】文本框中，也就是利润目标中输入 0。
- 【可变单元格】文本框内引用销售量单元格（C5）。

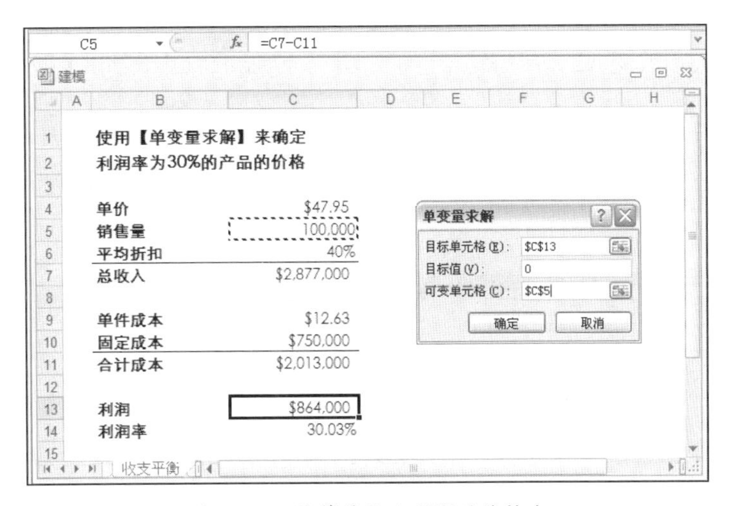

图 15.15　计算最优化利润的价格点

图 15.16 显示了解决方法：销售 46,468 件产品才能达到收支平衡。

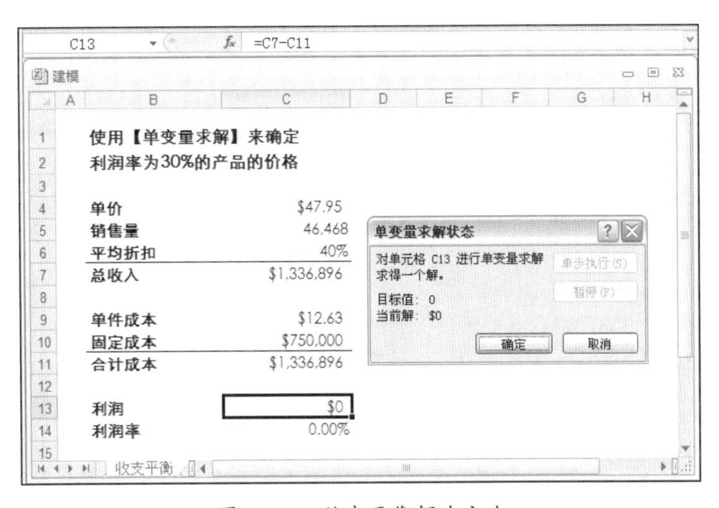

图 15.16　收支平衡解决方法

15.2.5 求解代数方程

代数方程问题在商业环境中并不总是会出现，但在复杂的模型中偶尔会出现。幸运的是，单变量求解对于求解一个变量的代数方程问题很有帮助。举例来说，假设我们需要找到一个值 x 来求解图 15.17 所示的那个很麻烦的方程式。尽管这是一个比较复杂的二次方程式公式，但是在 Excel 中，它可以被很容易地求解。左边的方程可以用以下公式代表：

```
= (((3 * A2 - 8) ^ 2) * (A2 - 1)) / (4 * A2 ^ 2 - 5)
```

单元格 A2 代表变量 x。我们可以通过设置【单变量求解】对话框中的【目标值】，也就是方程式的右边等于 1，然后改变 A2 来求解这个方程。图 15.17 显示了工作表和【单变量求解】对话框。

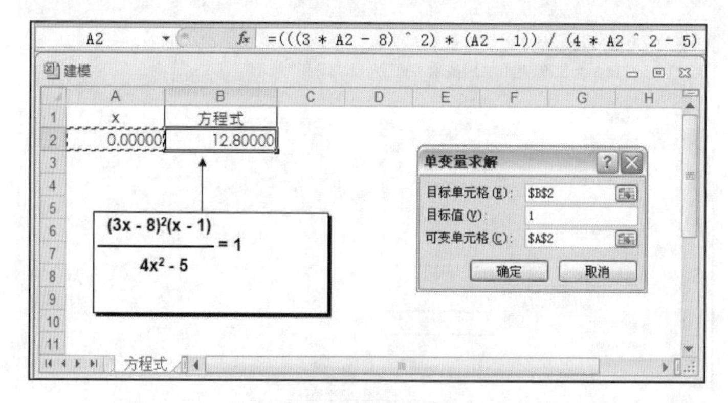

图 15.17 使用单变量求解计算代数方程式问题

图 15.18 所示为结果。单元格 A2 中的值就是满足方程式的 x 值。注意单元格 B2 中的方程式结果并不是精确的 1，我们之前已经提到过了，如果需要更高的精确度，必须更改 Excel 的临界值。在本例中，选择【文件】⇨【Excel 选项】⇨【公式】选项，然后在【最大误差】文本框中输入 0.000001。

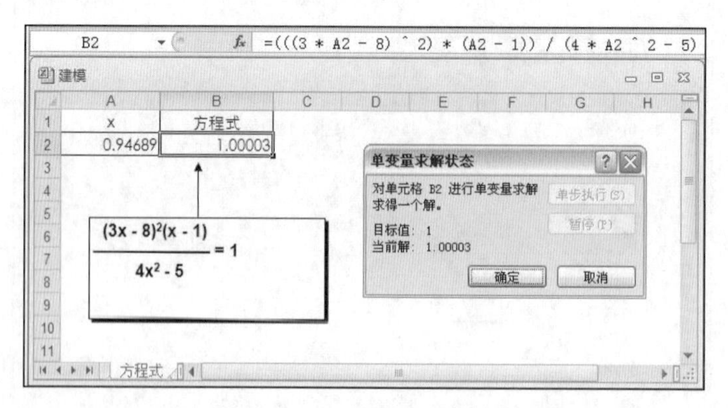

图 15.18 单元格 A2 中的值即为满足方程式的 x 值

15.3　使用方案

很显然，模拟分析并不算是真正的技巧。所有的假设模型都是根据历史、预期或任何脑海中的想法来进行猜想或假设的，而我们添加到一个模型中的猜想或假设就被称为“方案”。因为大部分的模拟工作表都可以容纳大范围的输入数据，所以我们通常需要用很多方案来测试。Excel 提供了“方案管理器功能”，用来让我们从处理那些冗长乏味的把值插入合适单元格的工作中解脱出来。本节将会告诉我们如何利用这个有用的工具。

15.3.1　理解方案

正如我们在本章中看到的，Excel 有很强大的功能，可以让我们建立复杂的模型来回答复杂的问题。但其实最麻烦的不是如何“回答”问题，而是如何“问”问题。举例来说，图 15.19 所示的是一个分析抵押的工作表模型，我们用这个模型来决定首付款是多少、期限是多长，以及是否每个月要进行额外的本金偿还。在“结果”部分，将定期抵押贷款的每月付款和总付款与包含本金偿还的抵押付款相比较。它同样也显示了如果每月都偿还本金的话会节省多少金额以及减短多少期限。（图 15.19 所示公式运用了 PMT( )函数，我们将在“18.2　计算贷款偿还”中学到。）

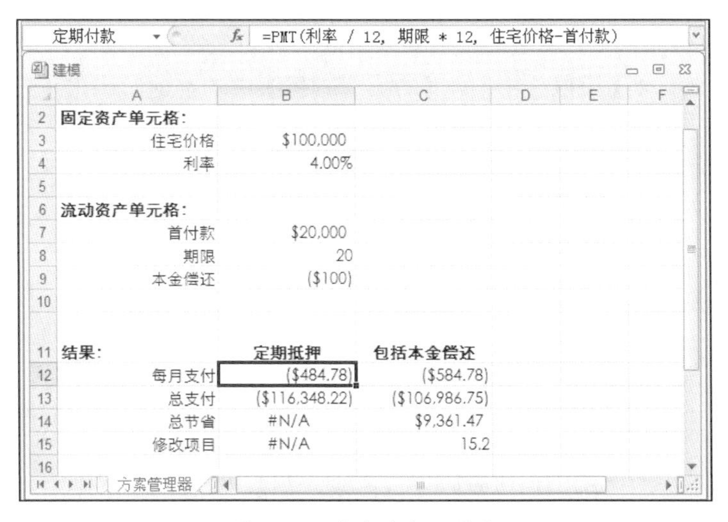

图 15.19　抵押分析工作表

这里有些建立模型时可能会被问到的问题。

- 如果使用更短的期限、更多的首付款并包含每月本金偿还，那么此次抵押能节省多少金额？
- 如果延长了期限、减少首付款并放弃本金偿还，那么为了完成还款需要多付款多少金额？

这些就是方案的例子了，我们可以把它们放到模型中合适的单元格内。Excel 的方案管理器能帮助我们在工作表之外定义一个方案，然后可以为模型内输入的任意或所有的单元格保存指定的值，给方案取名并在需要的时候使用此名称及它所包含的所有值。

15.3.2 设置工作表方案

在创建方案之前，我们需要确定把哪个单元格用作输入单元格。这些将会成为工作表的变量单元格，当我们更改它们的时候，模型结果也会随之改变。Excel 称这些单元格为可变单元格，最多可以有 32 个可变单元格。为了得到最好的结果，设置工作表中的方案时最好遵循以下方针。

■ 可变单元格内应该是常量，否则公式可能会受到其他单元格的影响。

■ 为了更好地设置方案管理器，同时让我们的工作表更容易被理解，最好将可变单元格分组并用标签显示。

■ 为了更加清楚明了，应给每个可变单元格指定一个名称。

15.3.3 添加方案

想要使用方案的话，我们需要 Excel 的方案管理器工具，这个工具可以帮助我们添加、编辑、显示、删除方案，以及创建方案汇总报表。

当工作表已经按照预想的方式设置好以后，我们就可以添加方案了，步骤如下。

1. 选择【数据】⇨【模拟分析】⇨【方案管理器】选项，此时弹出【方案管理器】对话框，如图 15.20 所示。

2. 单击【添加】按钮，会看到【添加方案】对话框。图 15.21 所示即为已完成设置的【添加方案】对话框。

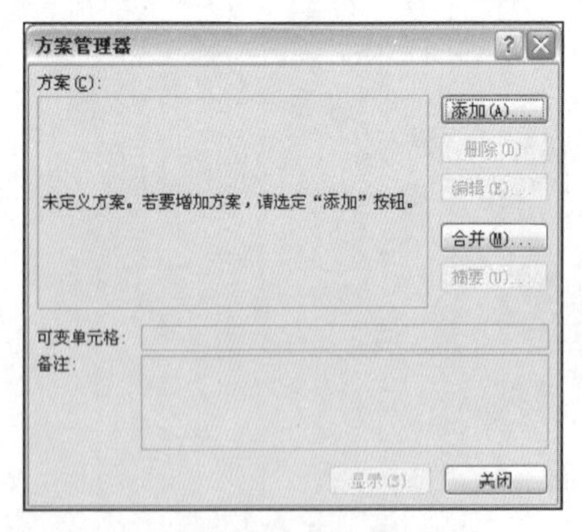

图 15.20 Excel 的【方案管理器】对话框可以让我们创建并使用工作表方案

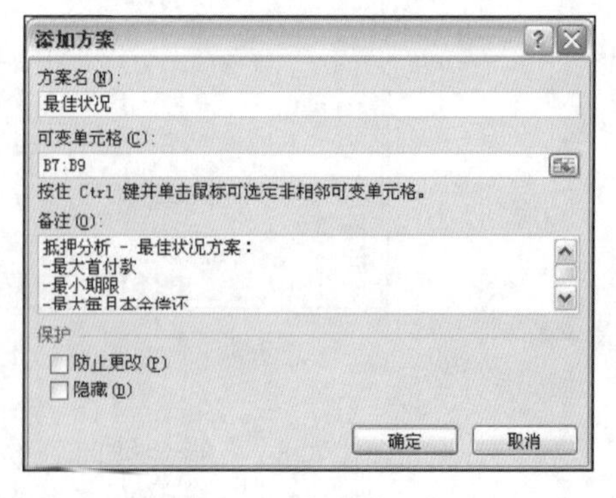

图 15.21 使用【添加方案】对话框定义一个方案

3．在【方案名】文本框中输入名称。

4．在【可变单元格】文本框内输入工作表中引用的可变单元格地址。可以手动输入，也可以直接在工作表中选择。

注意：在【可变单元格】文本框内，要将不相连的单元格用逗号分开。

5．在【备注】文本框内输入此方案的描述。

6．单击【确定】按钮。Excel 会显示【方案变量值】对话框，如图 15.22 所示。

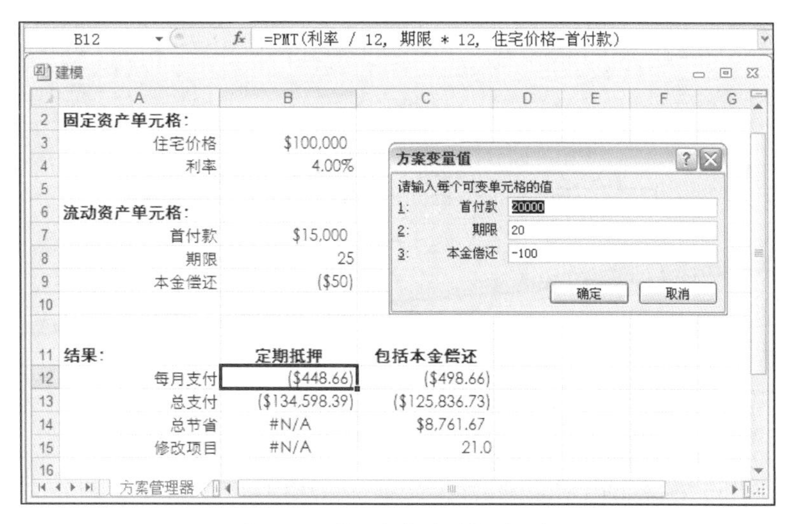

图 15.22 【方案变量值】对话框

7．在文本框中输入可变单元格的值。

注意：在图 15.22 中，Excel 显示的是每个可变单元格的名称，这样可以帮助我们输入正确的数字。如果可变单元格没有命名，那么 Excel 仅会显示单元格地址。

8．如果还需添加更多的方案，重复第 2～7 步。否则，单击【确定】按钮返回【方案管理器】对话框。

9．单击【关闭】按钮返回工作表。

15.3.4　显示方案

定义好方案管理器后，我们就可以通过所显示的【方案管理器】对话框在【可变单元格】文本框内输入值了，下面是详细的步骤。

1. 选择【数据】⇨【模拟分析】⇨【方案管理器】选项。
2. 在【方案】列表中，选择想要显示的方案管理器。
3. 单击【显示】按钮，Excel 将方案值显示到可变单元格内，如图 15.23 所示。

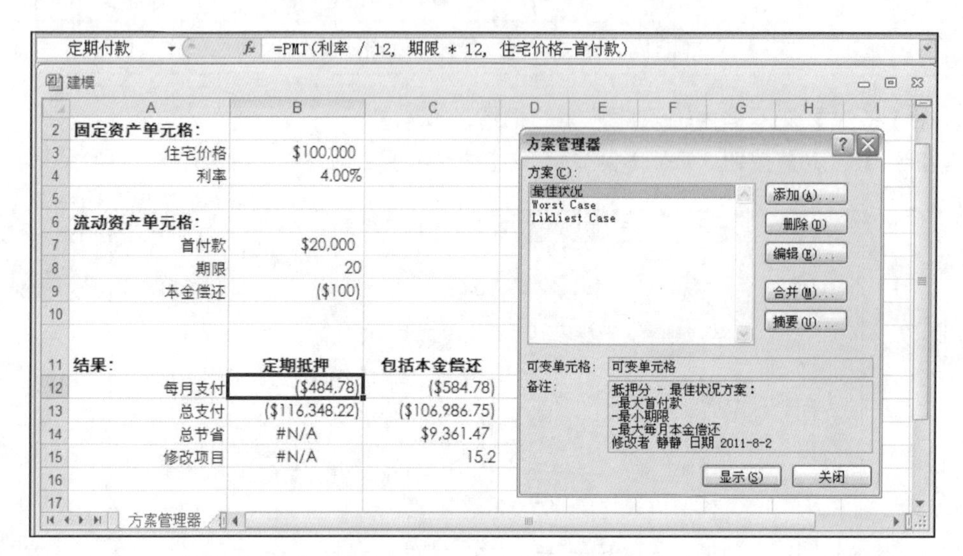

图 15.23 单击【显示】按钮后，Excel 在可变单元格内输入高亮显示的方案的值

4. 重复第 2 步和第 3 步以显示其他方案。
5. 单击【关闭】按钮返回工作表。

小贴士： 显示方案并不难，但是需要【方案管理器】对话框一直在屏幕上显示。我们可以添加【方案管理器】到“快速访问工具栏”，这样它就不会一直在屏幕上了。打开【自定义快速访问工具栏】下拉列表，选择【其他命令】选项，在【从下列位置选择命令】下拉列表框中，选择【所有命令】，在命令列表中，选择【方案】⇨【添加】⇨【确定】选项。警告：如果连续选择了同一个方案两次，Excel 会询问是否要重新定义方案管理器，记得确保单击【否】按钮以保证方案定义正确。

15.3.5 编辑方案

如果需要更改方案，例如更改名称、选择不同的可变单元格或输入新的数据，按照以下步骤操作即可。

1. 选择【数据】⇨【模拟分析】⇨【方案管理器】选项。
2. 在【方案】列表中，选择想要编辑的方案。
3. 单击【编辑】按钮，Excel 显示【编辑方案】对话框。此对话框和【添加方案】对话框类似。

4．如果有需要的话就更改数据，然后单击【确定】按钮，此时会出现【方案变量值】对话框。

5．如果有需要的话就输入新的数据，然后单击【确定】按钮返回【方案管理器】对话框。

6．重复第 2 步到第 5 步，编辑其他的方案。

7．单击【关闭】按钮返回工作表。

15.3.6　合并方案

我们创建的方案都会存储在工作簿的每一个工作表里。如果在不同的工作表里有相似的模型，例如不同分部的预算模型，可以先为每个表创建分开的方案，然后再将它们合并，下面是合并步骤。

1．激活一个工作表，用来存储合并方案。

2．选择【数据】⇨【模拟分析】⇨【方案管理器】选项。

3．单击【合并】按钮，Excel 显示了【合并方案】对话框，如图 15.24 所示。

4．在【工作簿】下拉列表框中选择包含方案的工作簿。

5．使用【工作表】列表来选择包含方案的工作表。

6．单击【确定】按钮返回【方案管理器】对话框。

7．单击【关闭】按钮返回工作表。

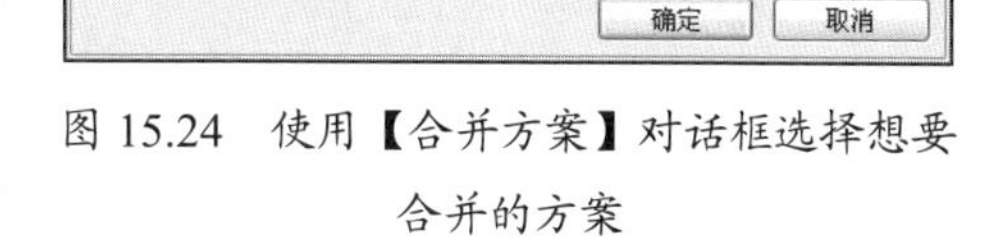

图 15.24　使用【合并方案】对话框选择想要合并的方案

15.3.7　生成摘要报表

我们可以创建一个摘要报表，连同所选择的结果单元格一起用来显示每个方案中的可变单元格。这是一个比较不同方案的简便方法，根据以下步骤即可完成。

注意：当 Excel 创建方案摘要时，会使用更改单元格、结果单元格以及整个更改单元格区域的单元格地址或已定义的区域名称，所以如果在生成摘要之前命名过了单元格，则报表会变得更加易读。

1．选择【数据】⇨【模拟分析】⇨【方案管理器】选项。

2．单击【摘要】按钮，此时弹出【方案摘要】对话框。

3．在【报表类型】选项组内，选择【方案摘要】或【方案数据透视表】选项。

4．在【结果单元格】文本框内，输入想要用来显示在报表内的结果单元格地址，如图 15.25 所示。可以在工作表内选择地址或直接输入引用。

注意：在【结果单元格】文本框内，记得用逗号分开不相邻的单元格。

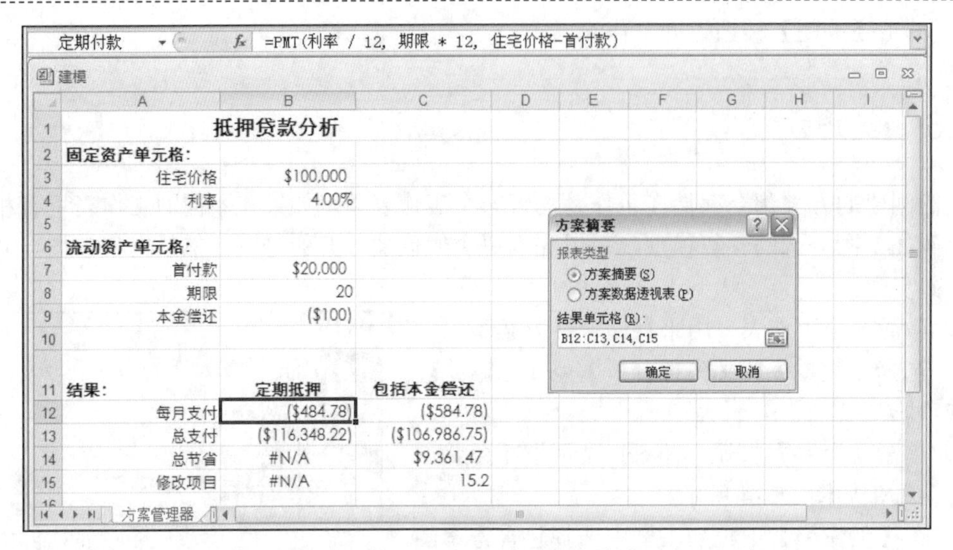

图 15.25　使用【方案摘要】对话框来选择报表类型和结果单元格

5．单击【确定】按钮，Excel 会显示报表。

图 15.26 所示即为抵押贷款分析工作表的方案摘要报表。

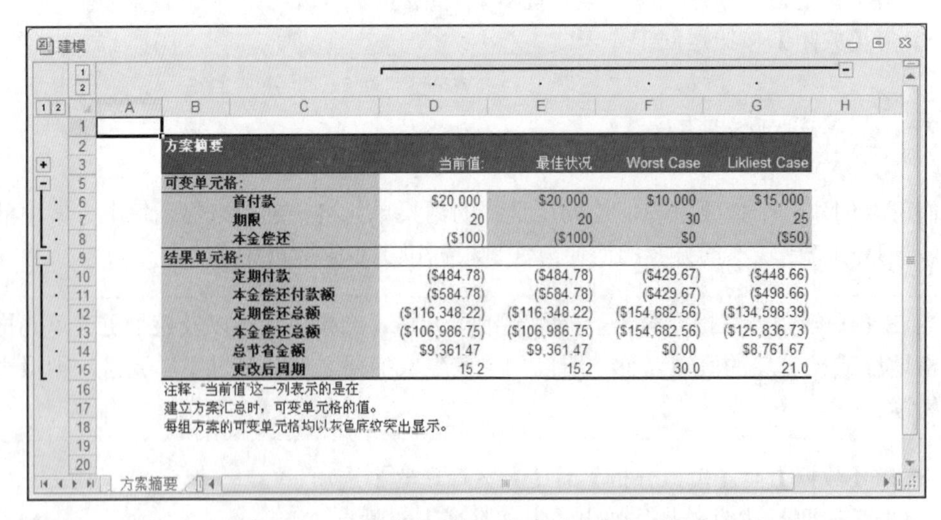

方案摘要	当前值:	最佳状况	Worst Case	Likliest Case
可变单元格:				
首付款	$20,000	$20,000	$10,000	$15,000
期限	20	20	30	25
本金偿还	($100)	($100)	$0	($50)
结果单元格:				
定期付款	($484.78)	($484.78)	($429.67)	($448.66)
本金偿还付款额	($584.78)	($584.78)	($429.67)	($498.66)
定期偿还总额	($116,348.22)	($116,348.22)	($154,682.56)	($134,598.39)
本金偿还总额	($106,986.75)	($106,986.75)	($154,682.56)	($125,836.73)
总节省金额	$9,361.47	$9,361.47	$0.00	$8,761.67
更改后周期	15.2	15.2	30.0	21.0

注释:"当前值"这一列表示的是在
建立方案汇总时，可变单元格的值。
每组方案的可变单元格均以灰色底纹突出显示。

图 15.26　抵押贷款分析工作表的方案摘要报表

图 15.27 显示的是抵押贷款工作表的方案数据透视表报表。

建模

可变单元格 由	(全部)					
行标签	定期付款	本金偿还付款额	定期偿还总额	本金偿还总额	总节省	修改后周期
Likliest Case	-448.6613143	-498.6613143	-134598.3943	-125836.7253	8761.668947	21.02909024
Worst Case	-429.6737659	-429.6737659	-154682.5557	-154682.5557	3.55067E-09	30
最佳状况	-484.7842634	-584.7842634	-116348.2232	-106986.753	9361.470274	15.24590059

方案数据透视表

图 15.27　抵押贷款工作表的方案数据透视表报表

注意：数据透视表的页数字段，也就是“可变单元格 由（全部）”处，可以让我们在不同用户创建的方案之间切换。如果没有其他用户使用过这个工作簿，那在字段列表处就仅会看到自己的名字。

15.3.8　删除方案

如果不再需要某些方案了，可以按照以下步骤将其删除。

1．选择【数据】⇨【模拟分析】⇨【方案管理器】选项。

2．在【方案】列表中选择准备删除的方案。

警告：Excel 不会再次向用户确认是否删除方案，而且不小心删除的方案也无法恢复，所以删除之前请确认所选择的方案确实是准备删除的。

3．单击【删除】按钮，Excel 将所选择的方案删除。

4．单击【关闭】按钮返回工作表。

第 16 章　使用回归分析追踪趋势并作出预测

在那些复杂而又充满不确定性的时候，预测商业绩效变得越来越重要。如今，预测显得比以往更加重要，所有级别的管理者都必须把对未来的销售及利润走向作出的精准预测作为他们整个商业决策的一部分。通过预测 6 个月、1 年甚至 3 年的销售额，管理者们可以提前考虑一些相关的需求，如员工雇用、仓库空间以及原材料需求等。同样地，通过利润预测，一个公司也可以很好地计划将来的扩张趋势。

商业预测已经进行了很多年，有很多方法被人们采用，其中一些比另一些要成功得多。最常见的方法是"跟着经验走"，也就是管理者（或管理组）根据过往的市场经验和知识来估计未来走向。但是，这种方法经常会被固有主观性以及短期效应所影响，因为很多管理组会根据近期经验进行推断而忽视长期发展。而另外的一些方法，例如根据过去的平均值等进行推断则会比较客观，但是通常只对预测最近几个月有用。

本章我们学到的是一种叫作"回归分析"的技巧。回归分析是一个功能强大的统计程序，同时也是一个很受欢迎的商业工具。在它的一般形式下，我们可以使用回归分析来确定一个现象与它所依靠的另一个现象之间的关系。举例来说，汽车销售可能是依赖于利率的，而单位销售量可能会取决于花费在广告上的总额。这种依赖现象被称为"因变量"或"*Y* 值"，而其所依赖的现象就被称为"自变量"或"*X* 值"。

注意：在图表或曲线图中，自变量绘制为水平的 *X* 轴，而因变量绘制为垂直的 *Y* 轴。

有了上面的这些变量，我们可以利用回归分析做以下两件事情。

- 确定已知 *X* 值和 *Y* 值之间的关系，并利用结果计算或设想数据的整体趋势。
- 利用已存在的趋势来预测新的 *Y* 值。

正如我们在本章中将会看到的，Excel 中存储了大量的工具，不论处理的是何种类型的数据，都可以让我们计算出正确的趋势并作出预测。

16.1　选择回归分析方法

商业分析中，有以下 3 种回归分析方法最常用。

1．简单回归：只有一个自变量时使用这种回归分析方法。举例来说，如果因变量是汽车销售，而自变量就可能是利率。我们还需要决定因变量与自变量的关系是线性的还是非线性的。

- 线性的是指，如果在图表上标绘数据，结果会形成一条类似于直线的线。
- 非线性的是指，如果在图表上标绘数据，结果会形成一条曲线。

2．多项式回归：自变量只有一个，但是数据波动的图案并不是类似一条直线或普通曲线的情况下，使用这种方法。

3．多重回归：自变量多于一个时使用这种方法。举例来说，因变量是汽车销售，而自变量是利率和可随意支配收入。

在本章中，这 3 种方法我们都会学到。

16.2　在线性数据中使用简单回归

在线性数据中，因变量通过一些常量因素和自变量相关联。举例来说，我们可能会发现当利率（自变量）降低一个百分点的时候汽车销售（因变量）增长了 100 万个单位。同样地，在广告（自变量）上每多投入$10,000 就会发现部门收益（因变量）增长了$100,000。

16.2.1　使用最佳拟合线分析趋势

我们通过测试因变量项下当前值的趋势来作出决定。在线性回归中，我们通过计算“最佳拟合线”（也称为“趋势线”）来分析当前趋势。趋势线是一条穿过数据点的线，线的上方和下方的点之间的差异相互抵消（大于或小于）。

绘制趋势线

最简单的查看趋势线的方法是使用图表。不过要注意的是，这个方法只有在数据是使用 *XY* 轴图表的时候才可行。举例来说，图 16.1 所示的工作表按照季度销售额绘制了 *XY* 轴图表，其中，季度销售额数据是因变量，而周期是自变量。（在本例中，自变量仅是时间，此处由财务季度代表。）接下来我们将会在各点之间添加一条趋势线。

接下来的步骤会告诉我们如何在图表中添加趋势线。

1．激活图表。如果绘制的数据系列不止一个，要选中所有需要的数据系列。

2．选择【布局】⇨【趋势线】⇨【其他趋势线选项】选项，此时 Excel 弹出【设置趋势线格式】对话框，如图 16.2 所示。

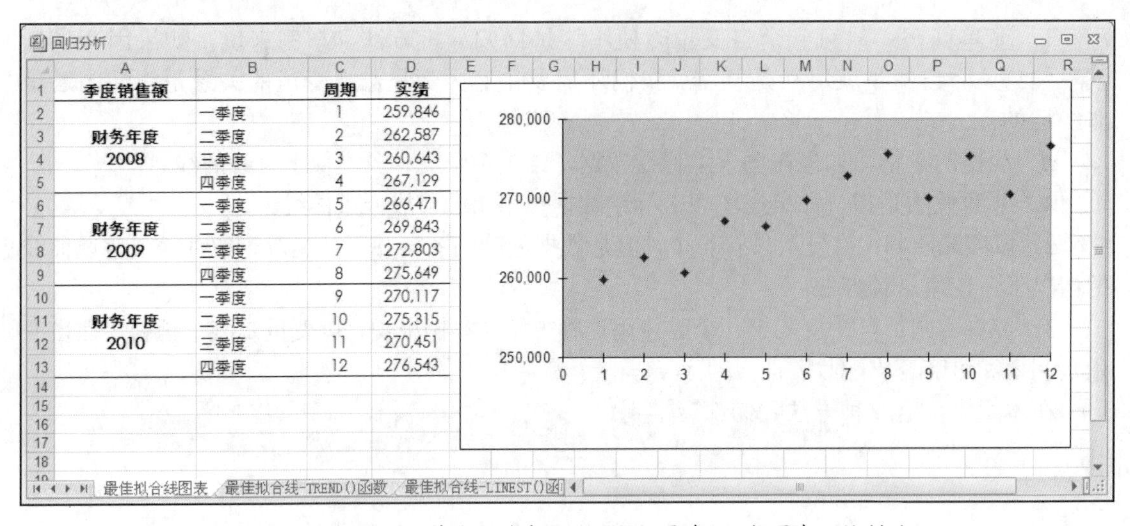

季度销售额		周期	实绩
财务年度 2008	一季度	1	259,846
	二季度	2	262,587
	三季度	3	260,643
	四季度	4	267,129
财务年度 2009	一季度	5	266,471
	二季度	6	269,843
	三季度	7	272,803
	四季度	8	275,649
财务年度 2010	一季度	9	270,117
	二季度	10	275,315
	三季度	11	270,451
	四季度	12	276,543

图 16.1　想要绘制趋势线，首先要确保数据是在 *XY* 轴图表上绘制的

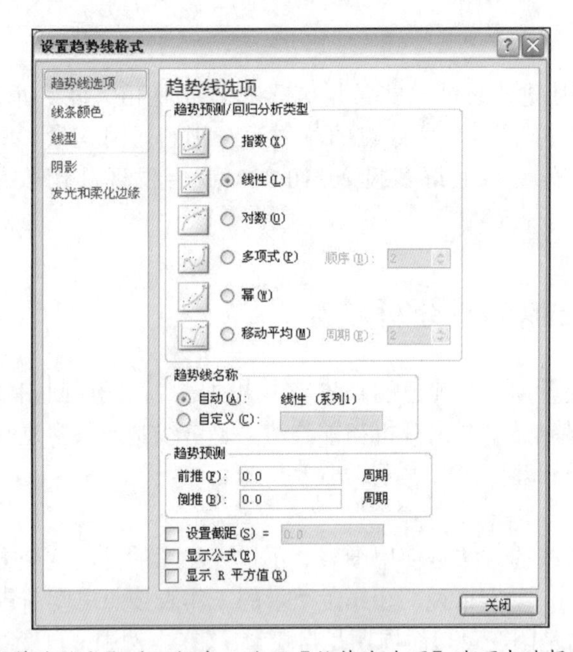

图 16.2　在【设置趋势线格式】对话框中，使用【趋势线选项】选项来选择想要看的趋势线类型

3．在【趋势预测/回归分析类型】选项组中，选择【线性】选项。

4．选中【显示公式】复选框。（详情请看本章后“了解回归公式”。）

5．选中【显示 R 平方值】复选框。（详情请看本章后续内容“了解 R 平方值”。）

6．单击【关闭】按钮，Excel 插入了趋势线。

图 16.3 显示了插入趋势线后的图表。

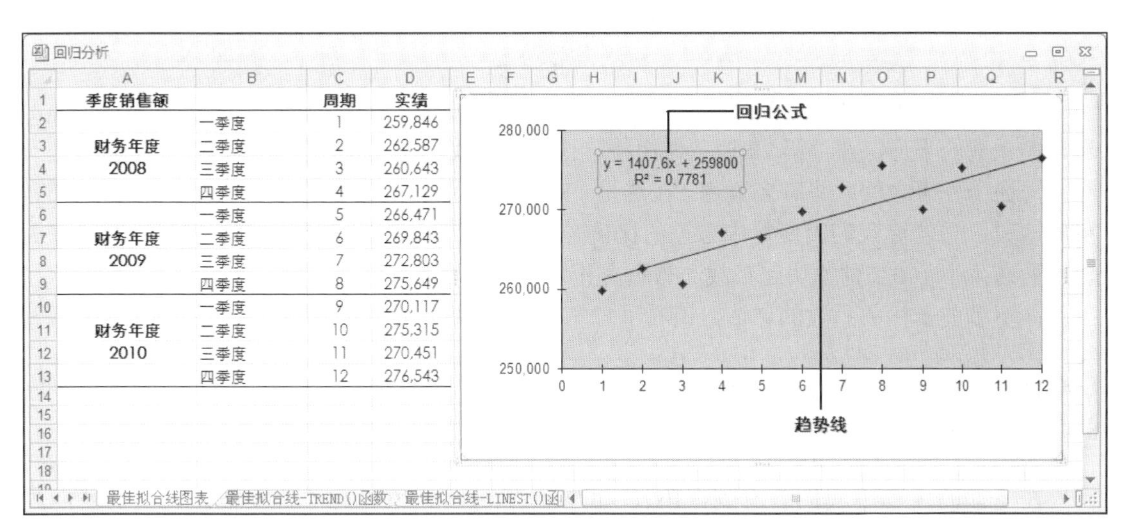

季度销售额		周期	实绩
财务年度 2008	一季度	1	259,846
	二季度	2	262,587
	三季度	3	260,643
	四季度	4	267,129
财务年度 2009	一季度	5	266,471
	二季度	6	269,843
	三季度	7	272,803
	四季度	8	275,649
财务年度 2010	一季度	9	270,117
	二季度	10	275,315
	三季度	11	270,451
	四季度	12	276,543

图 16.3　添加了趋势线后的季度销售图表

了解回归公式

在添加趋势线的步骤中，我们选中了【显示公式】复选框。这样做可以让“回归公式”显示在图表中，如图 16.3 所示。这个公式在回归分析中起到了决定性的作用，因为它给出了因变量和自变量之间的关系。

对于线性回归，趋势线是一条使用了以下格式的公式的直线：

$$y = mx + b$$

让我们用季度销售数据中的例子来解释一下以上公式。

y：因变量，它代表了一段特定时期的趋势线值（即季度销售额）。

x：自变量，在本例中是指我们使用的周期（也就是季度）。

m：趋势线的斜度。换句话来说，是指趋势线中每个周期销售额增长的总数。

b：指 y 截距，即趋势的起始值。

下面是之前例子的回归公式（参见图 16.3）：

$$y = 1407.6x + 259800$$

决定趋势线中的第一个点，用 1 来代替 x：

$$y = 1407.6 * 1 + 259800$$

结果是 261,207.6。

警告：很重要的一点是，不要试图根据趋势线值预测或估计真实的 y 值。趋势线仅仅是告诉我们一个 y 值会随 x 值变化的总体规律。

了解 R 平方值

当我们添加趋势线并选中【显示 R 平方值】复选框时，Excel 会在图表上插入如下公式：

$$R^2 = n$$

其中，n 被称为“确定系数”；统计学家们习惯使用 r^2，但是 Excel 用的是 R^2。n 实际上是相关系数的平方，在“第 12 章　使用统计函数”中我们学到过，相关系数告诉我们的是一件事与另一件事之间联系有多紧密。在这里，R^2 告诉我们的是趋势线是如何紧密适应数据的。粗略地说，它告诉我们因变量中方差的比例与自变量的关联。通常来说，结果越靠近 1，关联越紧密。小于 0.7 则说明趋势线与数据并不匹配。

→更多关于相关系数的详情，请看“12.7.2　确定数据间的相关系数”。

小贴士： 如果数据和线性趋势线不匹配的话，说明数据可能不是线性的，可以试着使用不同的趋势线类型来查看是否可以让 R^2 的值增长。

在下面的内容中我们会看到，Excel 可以计算趋势线值。有了这些数据，我们就能用 CORREL( )函数计算已知 *y* 值和生成的趋势值之间的相关系数了：

```
=CORREL(known_y's, trend_values)
```

在这里，*known_y's* 是因变量的区域引用，例如图 16.3 所示的区域 D2:D13，而 *trend_values* 是包含计算好的趋势点的区域或数组。注意，求 CORREL( )的平方值会得到 R^2 的值。

使用 TREND( )函数计算趋势值

用趋势线图表的问题是不能得到可以使用的确切的值，如果想得到工作表上的这些值，可以使用回归公式计算每个单独的趋势线值。但是，如果数据改变了该怎么办呢？例如，某些值本来是估计值，现在有了更准确的值就被替换掉了。在这种情况下，我们需要删除原有的趋势线，添加一条新的，并且根据新的公式来重新计算趋势线。

如果需要使用工作表趋势值，不必执行多次趋势分析，而只要使用 Excel 的 TREND( )函数就可以了：

```
TREND(known_y's [, known_x's] [, new_x's] [, const])
```

known_y's：准备用来计算趋势的区域引用或已知 *y* 值的数组，如水平值。

known_x's：与已知 *y* 值相关联的 *x* 值的区域引用或数组。如果省略此变量，*known_x's* 会被假定为数组{1, 2, 3, ⋯, *n*}，其中 *n* 是 *known_y's* 的数目。

new_x's：准备用来匹配 *y* 值的新 *x* 值的区域引用或数组。

const：确定 *y* 截距位置的逻辑值。如果使用 FALSE，*y* 截距的位置为 0；如果使用 TRUE（默认），Excel 会根据 *known_y's* 计算 *y* 截距。

为了生成趋势值，需要指定唯一的 *known_y's* 变量和可选的 *known_x's* 变量。在之前的季度销售例子中，已知 *y* 值是实际销售数量，在区域 D2:D13 中；而已知 *x* 值是区域 C2:C13 中的周期数。要计算趋势值，需要选择一片和已知值相同尺寸的区域，然后以数组形式输入如下公式：

```
{=TREND(D2:D13, C2:C13)}
```

图 16.4 中的 F 列显示了 TREND( )函数的结果。为了比较，工作表同样包含了图 16.3 中使用回归公式创建的趋势线图表中的趋势值。

回归分析

	A	B	C	D	E	F	G
1	季度销售额		周期	实绩	趋势（公式）	TREND( )函数	
2		一季度	1	259,846	261,208	261,208	
3	财务年度	二季度	2	262,587	262,615	262,615	
4	2008	三季度	3	260,643	264,023	264,023	
5		四季度	4	267,129	265,430	265,431	
6		一季度	5	266,471	266,838	266,838	
7	财务年度	二季度	6	269,843	268,246	268,246	
8	2009	三季度	7	272,803	269,653	269,654	
9		四季度	8	275,649	271,061	271,061	
10		一季度	9	270,117	272,468	272,469	
11	财务年度	二季度	10	275,315	273,876	273,876	
12	2010	三季度	11	270,451	275,284	275,284	
13		四季度	12	276,543	276,691	276,692	
14							

最佳拟合线图表　最佳拟合线-TREND()函数

图 16.4　由 TREND( )函数生成的趋势值（F2:F13）

注意：图 16.4 中的某些值稍微有些偏离，原因是回归公式中斜率和截距的值会被四舍五入。

小贴士：之前我们提到过，可以使用 CORREL( )函数计算已知因变量和所得趋势值之间的相关系数。下面的数组公式提供了返回相关系数的简略方法：

```
{=CORREL(known_y's, TREND(known_y's, known_x's)}
```

使用 LINEST( )函数计算趋势值

TREND( )函数是计算趋势值最直接的途径，不过 Excel 还提供了第二种方法用来计算趋势线的斜率和 y 截距，然后可以将它们分别添加到常规线性回归公式中：$y=mx+b$。我们通过 LINEST( )函数来计算斜率和 y 截距：

```
LINEST(known_y's [, known_x's] [, const] [, stats])
```

known_y's：准备用来计算趋势的已知 y 值的区域引用或数组。

known_x's：与已知 y 值相关联的 x 值的区域引用或数组。如果省略此变量，*known_x's* 会被假定为数组{1, 2, 3, …, n}，其中 n 是 *known_y's* 的数目。

const：确定 y 截距位置的逻辑值。如果使用 FALSE，y 截距的位置为 0；如果使用 TRUE（默认），Excel 会根据 *known_y's* 计算 y 截距。

stats：逻辑值，用来确定 LINEST( )函数是否要返回除斜率和截距以外的附加的回归统计，默认为 FALSE。

如果省略 *stats* 变量，LINEST( )函数会返回一个 1×2 数组，其中第一列的值是趋势线的斜率，第二列的值是截距。举例来说，下面的 1×2 数组公式会返回之前季度销售趋势线的斜率和截距：

```
{=LINEST(D2:D13, C2:C13)}
```

在图 16.5 中，返回的数组值显示在单元格 H2 和 I2 中。工作表还会使用这些值来计算趋势值，用$H$2 和$I$2 分别代替线性回归公式中的 *m* 和 *b*。例如，以下公式计算了周期 1 的趋势值：

```
=$H$2 *C2 + $I$2
```

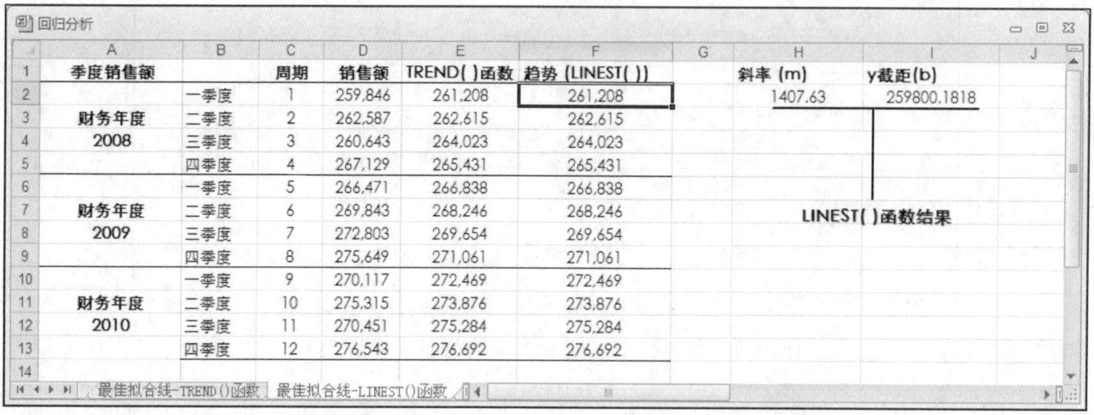

回归分析

	A	B	C	D	E	F	G	H	I
1	季度销售额		周期	销售额	TREND( )函数	趋势 (LINEST( ))		斜率 (m)	y截距(b)
2		一季度	1	259,846	261,208	261,208		1407.63	259800.1818
3	财务年度	二季度	2	262,587	262,615	262,615			
4	2008	三季度	3	260,643	264,023	264,023			
5		四季度	4	267,129	265,431	265,431			
6		一季度	5	266,471	266,838	266,838			
7	财务年度	二季度	6	269,843	268,246	268,246		LINEST( )函数结果	
8	2009	三季度	7	272,803	269,654	269,654			
9		四季度	8	275,649	271,061	271,061			
10		一季度	9	270,117	272,469	272,469			
11	财务年度	二季度	10	275,315	273,876	273,876			
12	2010	三季度	11	270,451	275,284	275,284			
13		四季度	12	276,543	276,692	276,692			
14									

最佳拟合线-TREND()函数 最佳拟合线-LINEST()函数

图 16.5 将 LINEST( )函数结果（H2:I2）添加到线性回归公式中，创建趋势值（F2:F13）

如果设置 *stats* 变量为 TRUE，LINEST( )函数会以 5×2 的数组形式返回 10 个回归统计值，如表 16.1 所列。图 16.6 显示了返回数组的例子。

表 16.1 当 *stats* 变量为 TRUE 时，LINEST( )函数返回的回归统计

数组位置	统计值	描述
行 1 列 1	m	趋势线的斜率
行 1 列 2	b	趋势线的 y 截距
行 2 列 2	se	*m* 的标准误差值
行 2 列 2	seb	*b* 的标准误差值
行 3 列 1	R^2	决定系数
行 3 列 2	sey	*y* 估计量的标准误差值
行 4 列 1	F	F 统计值
行 4 列 2	df	自由度
行 5 列 1	ssreg	回归平方和
行 5 列 2	ssresid	剩余平方和

注意：以上这些以及其他的回归统计值都存在于数据分析工具库中。分析工具库已经加载的情况下，选择【数据】⇨【数据分析】选项，单击【回归】按钮，然后单击【确定】按钮。使用【回归】对话框指定 *y* 值和 *x* 值的输入区域，然后选择想要显示的统计值。

→关于分析工具库的信息及添加方法，请看“6.5　加载分析工具库”。

回归分析

	A	B	C	D	E	F	G	H	I	J
1	季度销售额		周期	销售额	TREND( )函数	趋势 (LINEST( ))		斜率 (m)	y截距(b)	
2		一季度	1	259,846	261,208	261,208		1407.63	259800.1818	
3	财务年度	二季度	2	262,587	262,615	262,615				
4	2008	三季度	3	260,643	264,023	264,023		LINEST( ) Statistics		
5		四季度	4	267,129	265,431	265,431	m	1407.625874	259800.1818	b
6		一季度	5	266,471	266,838	266,838	se	237.7017321	1749.43738	seb
7	财务年度	二季度	6	269,843	268,246	268,246	R^2	0.778112593	2842.499292	sey
8	2009	三季度	7	272,803	269,654	269,654	F	35.06790243	10	df
9		四季度	8	275,649	271,061	271,061	ssreg	283341716	80798022.23	ssresid
10		一季度	9	270,117	272,469	272,469				
11	财务年度	二季度	10	275,315	273,876	273,876		R^2	0.778112593	
12	2010	三季度	11	270,451	275,284	275,284				
13		四季度	12	276,543	276,692	276,692				

最佳拟合线-TREND()函数　最佳拟合线-LINEST()函数

图 16.6　当 *stats* 变量为 TRUE 时，LINEST( )函数返回回归统计值数组，显示在区域 H5:I9 中

这些值大部分都超出了本书的范围，不过，注意其中有 R^2，它决定了系数，表示趋势线是如何匹配数据的。如果只想从 LINEST( )函数返回的数组中得到这个值，使用以下公式（如图 16.6 所示的单元格 I11）即可：

```
=INDEX(LINEST(known_y's, known_x's,  , TRUE), 3, 1)
```

注意：也可以使用以下公式直接计算斜率、截距和 R^2：

```
SLOPE(known_y's, known_x's)
INTERCEPT(known_y's, known_x's)
RSQ(known_y's, known_x's)
```

这些函数的前两个变量和 TREND( )函数中的前两个变量是一样的，不过 *known_x's* 是必需变量。举个例子：

```
=RSQ(D2:D133, C2:C13)
```

销售额分析与广告趋势

我们倾向于由时间组成的趋势分析，也就是说，当我们考虑某项趋势时，也通常会考虑某一个时间段。但实际上，回归分析的功能远不只这些。可以用它来比较任意两个事件，只要其中一个是以某种方式依赖于另一个的即可。

举例来说，分析在广告上花费了多少钱和销售收益之间的关系是很有必要的。在这种情况下，广告支出是自变量，而销售收益是因变量，我们可以使用回归分析来研究二者之间关

系的确切性质。

图 16.7 所示的图表就完成了这项工作。广告支出在区域 A2:A13 中，而同一时期（可以是月份、季度等，时间周期单位为任意值）的销售收益在 B2:B13 中。工作表的其他部分应用了之前学到的趋势分析技巧。

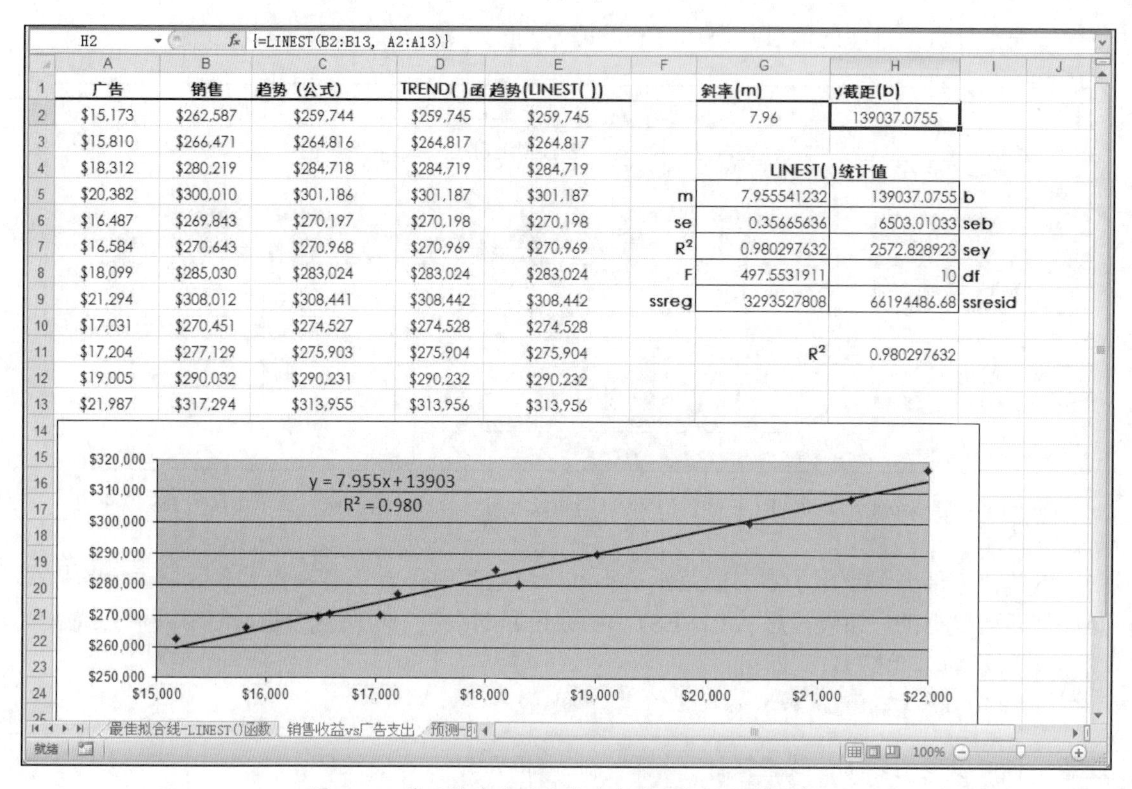
H2 {=LINEST(B2:B13, A2:A13)}

	A	B	C	D	E	F	G	H	I
1	广告	销售	趋势（公式）	TREND( )函	趋势(LINEST( ))		斜率(m)	y截距(b)	
2	$15,173	$262,587	$259,744	$259,745	$259,745		7.96	139037.0755	
3	$15,810	$266,471	$264,816	$264,817	$264,817				
4	$18,312	$280,219	$284,718	$284,719	$284,719		LINEST( )统计值		
5	$20,382	$300,010	$301,186	$301,187	$301,187	m	7.955541232	139037.0755	b
6	$16,487	$269,843	$270,197	$270,198	$270,198	se	0.35665636	6503.01033	seb
7	$16,584	$270,643	$270,968	$270,969	$270,969	R²	0.980297632	2572.828923	sey
8	$18,099	$285,030	$283,024	$283,024	$283,024	F	497.5531911	10	df
9	$21,294	$308,012	$308,441	$308,442	$308,442	ssreg	3293527808	66194486.68	ssresid
10	$17,031	$270,451	$274,527	$274,528	$274,528				
11	$17,204	$277,129	$275,903	$275,904	$275,904		R²	0.980297632	
12	$19,005	$290,032	$290,231	$290,232	$290,232				
13	$21,987	$317,294	$313,955	$313,956	$313,956				

图 16.7　关于销售收益和广告支出之间的趋势分析

16.2.2　作出预测

知道全局的趋势是很有帮助的，因为它能告诉我们销售、成本或雇用员工的大致方向，以及因变量是如何与自变量联系的。其实用趋势来作出预测也是非常有用的，例如当我们想将趋势线扩展到将来（下一年的第一个季度销售额会是多少？）或根据一些新的自变量计算趋势值（如果在广告上花费$25,000，那么相应的销售收益会是多少？）的时候。

这样的预测准确率会是多少呢？根据历史数据推测出的结论是建立在那段历史时期影响数据的因素保持不变的基础上的，如果这个假设成立，那么此推测就是成立的。当然了，扩展的时间越长，某些因素改变或新因素加进来的可能性就越大，最终的结果就是最佳拟合扩展只能应用在短期推测中。

绘制预测值

如果只是想看一下预测趋势，可以将之前创建的趋势线进行扩展。下面的步骤会告诉你如何在图表中添加预测趋势线。

1．激活图表。如果要绘制的数据系列不止一个，则选中所需的所有系列。

2．选择【布局】⇨【趋势线】⇨【其他趋势线选项】选项，打开【设置趋势线格式】对话框。

3．在【趋势预测/回归分析类型】选项组内，选择【线性】选项。

4．选中【显示公式】复选框。

5．选中【显示 R 平方值】复选框。

6．使用【前推】文本框来设置准备用来推测将来趋势线的数字。举例来说，扩展季度销售数字到下一年，就设置【前推】为 4，即扩展 4 个季度。

7．单击【关闭】按钮，Excel 插入了趋势线并扩展到了将来。

在图 16.8 所示的图表中，趋势线扩展了 4 个季度。

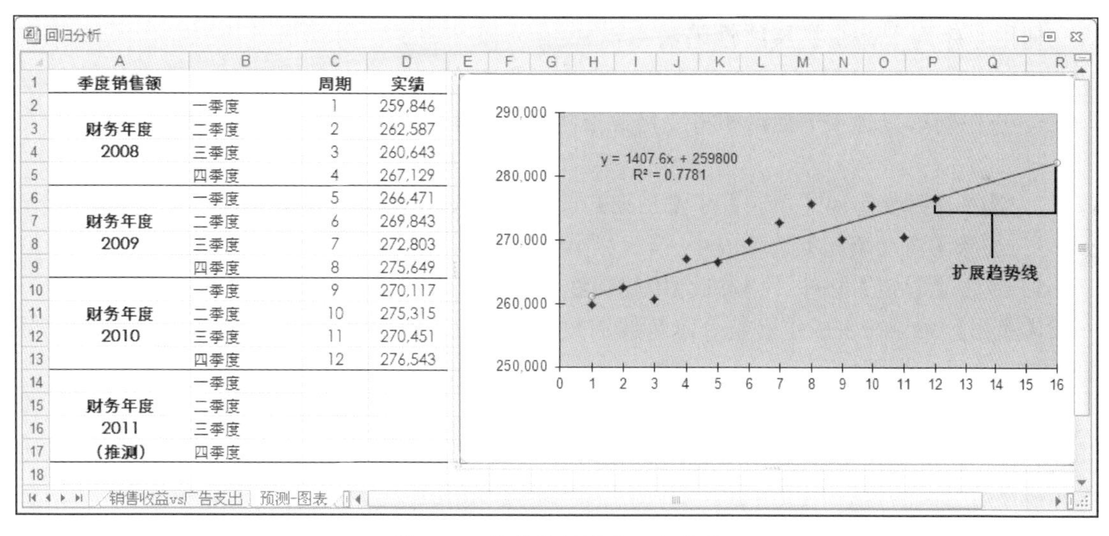

季度销售额		周期	实绩
财务年度 2008	一季度	1	259,846
	二季度	2	262,587
	三季度	3	260,643
	四季度	4	267,129
财务年度 2009	一季度	5	266,471
	二季度	6	269,843
	三季度	7	272,803
	四季度	8	275,649
财务年度 2010	一季度	9	270,117
	二季度	10	275,315
	三季度	11	270,451
	四季度	12	276,543
财务年度 2011（推测）	一季度		
	二季度		
	三季度		
	四季度		

图 16.8　趋势线扩展了 4 个季度

利用填充柄扩展线性趋势

如果想要在预测中看到确切的值，可以使用填充柄来推断未来的趋势线，步骤如下。

1．选中工作表的水平数据。

2．单击并拖曳填充柄来扩展选择。Excel 会由已存在的数据开始，计算趋势线，推测新数据线，并计算合适的值。

图 16.9 显示了一个例子。在这里，我们用填充柄推测出了下一个财务年度的周期数字和季度销售额，随后的图表清楚地显示了扩展的趋势线。

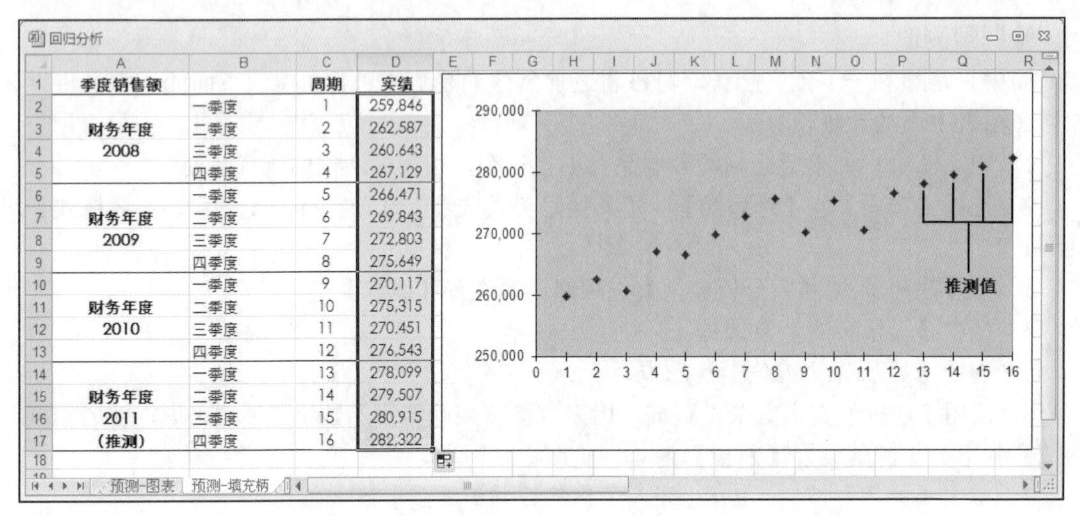

	A	B	C	D
1	季度销售额		周期	实绩
2	财务年度 2008	一季度	1	259,846
3		二季度	2	262,587
4		三季度	3	260,643
5		四季度	4	267,129
6	财务年度 2009	一季度	5	266,471
7		二季度	6	269,843
8		三季度	7	272,803
9		四季度	8	275,649
10	财务年度 2010	一季度	9	270,117
11		二季度	10	275,315
12		三季度	11	270,451
13		四季度	12	276,543
14	财务年度 2011 （推测）	一季度	13	278,099
15		二季度	14	279,507
16		三季度	15	280,915
17		四季度	16	282,322

图 16.9　当我们使用填充柄来扩展水平方向的数据时，Excel 用线性推测来计算新数据

利用【序列】命令扩展线性趋势

还可以利用【序列】命令来推测趋势线，步骤如下。

1．选中同时包含水平数据和将要包含推测数据的单元格（要确保这些推测单元格是空白的）。

2．选择【开始】⇨【填充】⇨【系列】选项，Excel 会弹出【序列】对话框。

3．选择【自动填充】选项。

4．单击【确定】按钮。Excel 会用趋势线推测填充那些空白单元格。

【序列】命令在生成定义整个趋势线的数据方面也很有帮助，这样我们就可以看到实际的趋势线值了。步骤如下。

1．将水平数据复制到相邻的行或列中。

2．选中同时包含复制的水平数据和将要包含推测数据的单元格（同样地，确保这些推测单元格都是空白的）。

3．选择【开始】⇨【填充】⇨【系列】选项，此时弹出【序列】对话框。

4．选中【预测趋势】复选框。

5．选择【等差序列】选项。

6．单击【确定】按钮。Excel 用最佳拟合数字代替了复制的水平数据，并在空白单元格内进行了推测。

在图 16.10 中，由【序列】命令创建的推测值在区域 E2:E13 中，绘制的趋势线在图表中位于上方。

使用回归公式预测

我们也可以在添加图表趋势线的时候，使用回归公式返回的值来预测单独的因变量值。

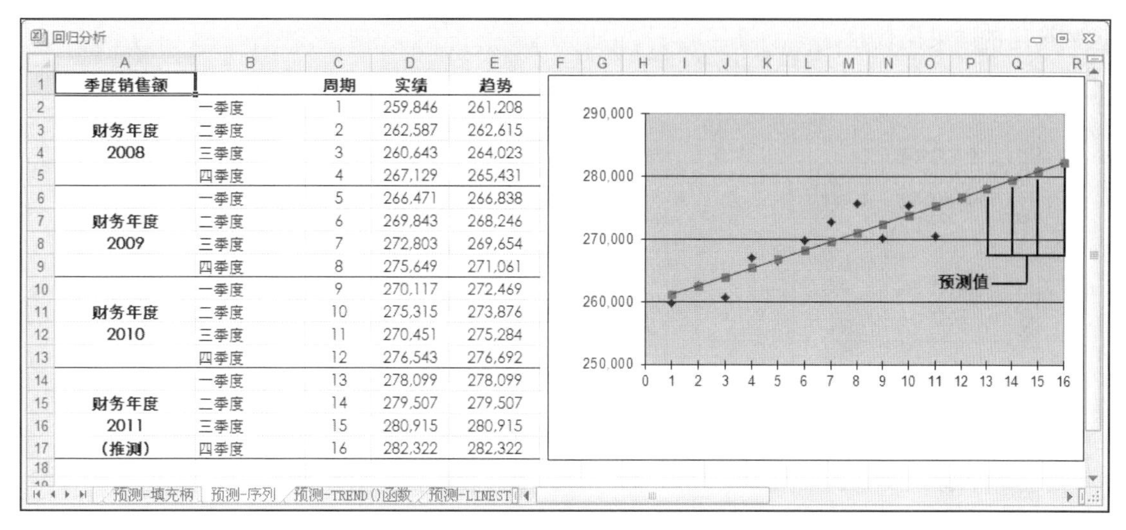

季度销售额		周期	实绩	趋势
财务年度 2008	一季度	1	259,846	261,208
	二季度	2	262,587	262,615
	三季度	3	260,643	264,023
	四季度	4	267,129	265,431
财务年度 2009	一季度	5	266,471	266,838
	二季度	6	269,843	268,246
	三季度	7	272,803	269,654
	四季度	8	275,649	271,061
财务年度 2010	一季度	9	270,117	272,469
	二季度	10	275,315	273,876
	三季度	11	270,451	275,284
	四季度	12	276,543	276,692
财务年度 2011 (推测)	一季度	13	278,099	278,099
	二季度	14	279,507	279,507
	三季度	15	280,915	280,915
	四季度	16	282,322	282,322

图 16.10　使用【序列】命令创建出的趋势线

小贴士： 在添加趋势线的时候一定要选中【显示公式】复选框。

回忆一下线性模型的通用回归公式：

$$y = mx + b$$

给定 m 值和 b 值并插入新的 x 值以确定 y 的值，最后回归公式通过趋势线显示。

举例来说，在之前的季度销售模型中，Excel 计算了下面的回归公式：

$$y = 1407.6x + 259800$$

为了找到第 13 个周期的趋势值，需要将 x 替换为 13：

$$y = 1407.6 * 13 + 259800$$

结果为 278,099，即第 13 个周期的推测销售额（即 2011 年的一季度）为 278099。

使用 TREND( )函数预测

TREND( )函数同样可以用来预测新值。想要扩展预测并生成新值的话，需要添加一个 *new_x's* 变量，下面就是设置的基本步骤。

1．在工作表中添加新的 x 值。例如，扩展季度销售趋势到下一个财务年度，需要在“周期”列内添加 13 到 16。

2．选择一个足够大的能容纳所有新值的区域。例如，添加了 4 个新值的话，需根据数据的结构选中 4 个单元格。

3．输入 TREND( )函数作为数组公式，指定新的 x 值区域为 *new_x's* 变量。季度销售例子中的公式如下：

```
{=TREND(D2:D13, C2:C13, C14:C17)}
```

图 16.11 所示即为区域 F14:F17 内的预测值。E 列的值是由回归公式得出的，可与 TREND( )

函数得出的结果比较。

季度销售额		周期	实绩	趋势（公式）	TREND( )函数
	一季度	1	259,846	261,208	261,208
财务年度	二季度	2	262,587	262,615	262,615
2008	三季度	3	260,643	264,023	264,023
	四季度	4	267,129	265,430	265,431
	一季度	5	266,471	266,838	266,838
财务年度	二季度	6	269,843	268,246	268,246
2009	三季度	7	272,803	269,653	269,654
	四季度	8	275,649	271,061	271,061
	一季度	9	270,117	272,468	272,469
财务年度	二季度	10	275,315	273,876	273,876
2010	三季度	11	270,451	275,284	275,284
	四季度	12	276,543	276,691	276,692
	一季度	13		278,099	278,099
财务年度	二季度	14		279,506	279,507
2011	三季度	15		280,914	280,915
（推测）	四季度	16		282,322	282,322

图 16.11　区域 F4:F17 包含 TREND( )函数计算的预测值

使用 LINEST( )函数预测

回忆一下 LINEST( )函数，它返回趋势线的斜率和 y 截距。如果这些数字是已知的，预测一个新值就是直接把它们和一个新的 x 值插入线性回归公式中。例如，如果斜率在单元格 H2 中，截距在 I2 中，新的 x 值在 C13 内，那么下面的公式将会返回预测值：

=H2 * C13 + I2

图 16.12 所示的工作表就使用了这种方法来预测 2011 财务年度的销售状况。

季度销售额		周期	销售额	TREND( )函数	趋势(LINEST( )函数)		斜率(m)	y截距(b)
	一季度	1	259,846	261,208	261,208		1407.63	259800.1818
财务年度	二季度	2	262,587	262,615	262,615			
2008	三季度	3	260,643	264,023	264,023			
	四季度	4	267,129	265,431	265,431			
	一季度	5	266,471	266,838	266,838			
财务年度	二季度	6	269,843	268,246	268,246			
2009	三季度	7	272,803	269,654	269,654			
	四季度	8	275,649	271,061	271,061			
	一季度	9	270,117	272,469	272,469			
财务年度	二季度	10	275,315	273,876	273,876			
2010	三季度	11	270,451	275,284	275,284			
	四季度	12	276,543	276,692	276,692			
	一季度	13		278,099	278,099			
财务年度	二季度	14		279,507	279,507			
2011	三季度	15		280,915	280,915			
（推测）	四季度	16		282,322	282,322			

图 16.12　区域 F4:F17 内包含的预测值由回归公式通过 LINEST( )函数使用斜率（H2）和截距（I2）得到

注意：也可以使用 FORECAST( )函数来计算预测值 *x*：

```
FORECAST(x, known_y's, known_x's)
```

其中，*x* 是想要使用的新 *x* 值，而 *known_y's* 与 *known_x's* 和 TREND( )函数中的变量是一样的（不过这里的 *known_x's* 变量是必需的），举例如下：

```
=FORECAST(13, D2:D13, C2:C13)
```

16.3　案例分析：季节性销售模型的趋势分析和预测

本次的案例分析将会应用之前学到的预测技巧创建一些更复杂的销售模型。我们将会探讨以下两种不同的情况。

■ 把销售额看作时间函数：本质上来讲，这种情况是由过去时间段的销售额来确定趋势并以直线形式推断将来的销售额的。

■ 把销售额看作季节性（指按商品的季节性划分）函数：很多商品是季节性的，也就是说，这些产品的销售额会在每财年的某个特定时期内按惯例呈或高或低的趋势。如果你的商品是季节性商品，则需要移除季节性偏差来计算真实的趋势。

16.3.1　关于预测工作簿

预测工作簿通常包含以下工作表。

■ 每月数据——使用此工作表输入 10 年内的每月历史数据。此工作表同样也会利用“每月季节性指数”工作表来计算 12 个月的浮动平均值。注意 C 列（具体指区域 C2:C121）的区域名称为“实绩”，如图 16.13 所示。

■ 每月季节性指数——为每月数据计算季节性调整要素（即季节性指数）。

■ 每月趋势——计算每月示例数据的趋势。常规趋势和季节性调整趋势都会计算。

■ 每月预测——根据常规趋势和季节性调整趋势得出 3 年的每月预测。

■ 季度数据——结合每月实绩和季度数据，计算 4 个季度的浮动平均值（使用“季度季节性指数”工作表）。

■ 季度季节性指数——计算季度数据的季节性指数。

■ 季度趋势——计算季度历史数据的趋势。常规趋势和季节性调整趋势都会计算。

■ 季度预测——根据常规趋势和季节性调整趋势得出 3 年的季度预测。

小贴士：预测工作簿中包含很多公式，使用的时候可以转换为手动计算模式。

整个销售预测工作簿由“每月数据”工作表中输入的历史数据组成，如图 16.13 所示。

预测

	A	B	C	D	E	F
1	每月销售额-数据		实绩	12个月浮动平均值		
2		1月,2001年	90.0	-		
3		2月,2001年	95.0	-		
4		3月,2001年	110.0	-		
5		4月,2001年	105.0	-		
6		5月,2001年	100.0	-		
7	2001	6月,2001年	100.0	-		
8		7月,2001年	105.0	-		
9		8月,2001年	105.0	-		
10		9月,2001年	110.0	-		
11		10月,2001年	120.0	-		
12		11月,2001年	130.0	-		
13		12月,2001年	140.0	109.2		
14		1月,2002年	90.0	109.2		
15		2月,2002年	95.0	109.2		
16		3月,2002年	115.0	109.6		
17		4月,2002年	110.0	110.0		
18		5月,2002年	105.0	110.4		
19	2002	6月,2002年	105.0	110.8		
20		7月,2002年	110.0	111.3		

每月数据 / 每月季节性指数 / 每月趋势 / 每月预测 / 销售部

图 16.13 “每月数据”工作表包含历史销售数据

16.3.2 计算常规趋势

之前提到过，我们可以计算常规趋势，即把所有的销售额看作普通时间函数；也可以看作季节性函数，也就是把季节性因素也考虑进去。本小节所讲的是常规趋势。

本工作簿中所有的趋势计算使用的都是 TREND( )函数的变量。回想一下 TREND( )函数的变量，*known_x's* 是可选的，如果省略，Excel 会使用数组{1, 2, 3, …,*n*}代替，其中 *n* 是 known_y's 变量的数目。当自变量是与时间相关的变量时，*known_x's* 可以被省略，因为那些值都是周期数字。

在本案例中，自变量是月份周期，所以不必管 *known_x's* 变量。*known_y's* 变量是实绩列中的数据，之前我们提到过，它被命名为“实绩”。因此，下面的数组公式生成了已有数据的趋势线值：

```
{=TREND(实绩)}
```

这个公式生成了“每月趋势”工作表中“常规趋势”列的值，如图 16.14 所示。

为了验证此趋势和我们的数据是否接近，单元格 F2 内计算了趋势和实际销售数据之间的相关系数：

```
{=CORREL(实绩, TREND(实绩))}
```

“每月趋势”工作表内 B 列的值是与“每月数据”表内“实绩”列的值相链接的，利用“每月数据”表内的值来计算趋势，从技术上来说，其实是不需要 B 列的数字的，我们将其包含在内，是为了更清楚地比较趋势和实绩。有“实绩”值也可以很方便地创建包含这些值的图表。

预测

	A	B	C	D	E	F
1	每月销售额-历史趋势			实际销售相关系数：		
2					标准趋势 --> 0.42	
3					再季节性趋势--> 0.96	
4		实绩	常规趋势	去季节性实绩	去季节性趋势	再季节性趋势
5	1月,2001年	90.0	108.3	108.7	111.4	92.2
6	2月,2001年	95.0	108.6	112.9	111.6	93.9
7	3月,2001年	110.0	108.8	118.0	111.8	104.2
8	4月,2001年	105.0	109.1	114.9	112.0	102.3
9	5月,2001年	100.0	109.3	110.9	112.2	101.2
10	6月,2001年	100.0	109.6	109.0	112.4	103.2
11	7月,2001年	105.0	109.8	108.9	112.6	108.6
12	8月,2001年	105.0	110.1	103.6	112.8	114.3
13	9月,2001年	110.0	110.3	105.9	113.0	117.4
14	10月,2001年	120.0	110.6	106.3	113.2	127.8
15	11月,2001年	130.0	110.8	107.9	113.4	136.7
16	12月,2001年	140.0	111.1	106.5	113.6	149.3
17	1月,2002年	90.0	111.3	108.7	113.8	94.2
18	2月,2002年	95.0	111.6	112.9	114.0	95.9
19	3月,2002年	115.0	111.8	123.4	114.2	106.4

每月数据　每月季节性指数　每月趋势　每月预测　销售额图表　销售额图表

图 16.14　在“常规趋势”列内使用 TREND( )函数返回“实绩”区域中的趋势值

相关系数值为 0.42、相对应的 R^2 值为 0.17，说明常规趋势与数据并不是很匹配，我们之后会将历史数据的季节性因素考虑进去。

16.3.3　计算预测趋势

如之前所见，想要得到销售额预测，需要将历史趋势线扩展到将来。这就是“每月预测”工作表的工作了，如图 16.15 所示。

计算预测趋势需要我们为 TREND( )函数指定 *new_x's* 变量，此时，*new_x's* 变量是预测区间的销售周期。举例来说，假设有一份 10 年的每月数据——从 2001 年 1 月到 2010 年 12 月。这份数据包含了 120 个周期的数据，因此，计算 2011 年 1 月（第 121 个周期）的趋势，使用以下公式即可：

```
=TREND(实绩, , 121)
```

用 122 作为 2011 年 2 月的 *new_x's* 变量，123 为 3 月的 *new_x's* 变量，以此类推。

“每月预测”工作表使用下面的公式计算 *new_x's* 值：

```
= ROWS(实绩) + ROW( ) - 1
```

ROWS(实绩)返回“每月数据”工作表的某实绩对应的销售周期数字，ROW( ) - 1 返回预测销售周期所需加的数字。例如，2011 年 1 月的预测在单元格 C2 中，所以 ROW( ) - 1 返回 1。

C2 =TREND(实绩, , ROWS(实绩) + ROW() - 1)

预测

每月销售额-预测		常规趋势	去季节性趋势	再季节性趋势
2011	1月,2011年	138.2	134.8	111.6
	2月,2011年	138.4	135.0	113.6
	3月,2011年	138.7	135.2	126.0
	4月,2011年	138.9	135.4	123.7
	5月,2011年	139.2	135.6	122.3
	6月,2011年	139.4	135.8	124.6
	7月,2011年	139.7	136.0	131.1
	8月,2011年	139.9	136.2	138.0
	9月,2011年	140.2	136.4	141.7
	10月,2011年	140.4	136.6	154.2
	11月,2011年	140.7	136.8	164.8
	12月,2011年	140.9	136.9	180.1
2012	1月,2012年	141.2	137.1	113.5
	2月,2012年	141.4	137.3	115.6
	3月,2012年	141.7	137.5	128.2
	4月,2012年	141.9	137.7	125.8
	5月,2012年	142.2	137.9	124.4
	6月,2012年	142.4	138.1	126.8

每月数据 / 每月季节性指数 / 每月趋势 / 每月预测 / 销售额

图 16.15　在“每月预测”工作表中通过扩展历史趋势数据计算出销售额预测

16.3.4　计算季节性趋势

很多商家在以往的财务年度中经历过可预见的销售波动：度假村经营者大部分的销售额集中在夏季；零售商期望着在圣诞季能赚一大笔，以帮助度过这一年剩下的时间。在图 16.16 所示的销售图表中，这个公司就经历了每个秋天销售额大增长的情况。

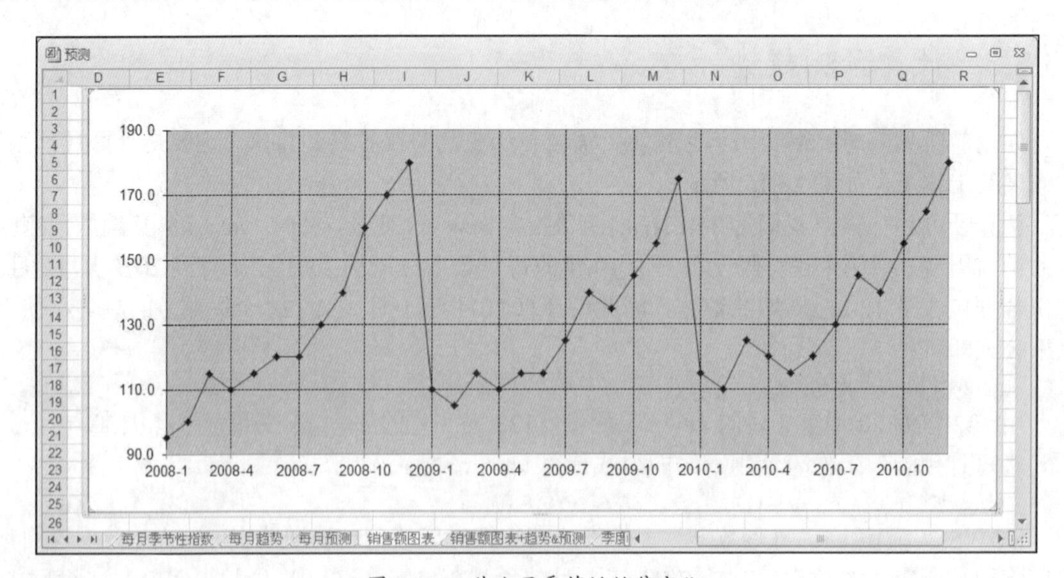

图 16.16　某公司季节性销售变化

因为公司销售的本质就在于季节性的波动，所以常规趋势计算并不能给出准确的预测，需要在分析中加入季节性变化，包括以下 4 步。

1．对于每个月（或每个季度），计算一个季节性指数来确定季节性的影响。

2．使用这些指数来计算每个月的季节性（或去季节性）调整值。

3．根据去季节性值来计算趋势。

4．添加季节性指数来计算（从第 3 步）真正的趋势。

接下来的内容会告诉我们预测工作表是如何执行每一步的。

计算每月季节性指数

季节性指数是用来比较指定月份的销售额平均值和“常规”值的测量标准。例如，如果 1 月份的指数是 90，那么 1 月的销售额（平均）就仅相当于常规月份的 90%。

因此，首先需要定义“常规”指标。因为我们处理的是每月的数据，所以将 12 个月的浮动平均值作为常规指标。（*n* 个月的浮动平均值是指过去的 *n* 个月的平均值。）“每月数据”表的“12 个月浮动平均值”列（即图 16.13 中的 D 列）中使用了一个名为“12 个月浮动平均值”的公式来处理这个计算，这是一个相对区域名称，所以会根据列内的每一个单元格变动。

举例来说，单元格 D13 中使用的公式如下：

```
=AVERAGE(C13:C2)
```

换句话来说，这个公式计算了区域 C2:C13 的平均值，也就是之前 12 个月的平均值。

这个浮动平均值定义的“常规”适用于任何指定月份。下一步就是用浮动平均值与每个月进行比较了，将每个月的销售数字除以其相关联的浮动平均值并乘以 100，就等于当月的销售比率。举例来说，2001 年 12 月的销售额（图 16.13 中的单元格 C13）是 140.0，而浮动平均值是 109.2（图 16.13 中的单元格 D13），用 C13 除以 D13 再乘以 100，得到的比率是 128，于是我们可以大约地知道 12 月份的销售额比常规月份的销售额高 28%。

要想得到 12 月（或其他任意月份）精确的季节性指数，必须计算历史数据中所有的 12 月的比率，然后算出所有比率的平均值以得出精确的季节性指数（还需要进行轻微的调整，我们会在后面看到）。

“每月季节性指数”工作表如图 16.17 所示，其目的是得出每个月的季节性指数。工作表内的表格根据历史数据范围计算了每个月的比率，然后“平均比率”列计算出比率的平均值。不过想得到最终的季节性指数值，还需要进行轻微的调整。这些指数的总计为 1,200（平均每个月 100）才是正确的百分比，但正如我们在单元格 B15 中看到的，指数的总计为 1,214.0，这就意味着需要将每一个平均值减少 1.0116（1214/1200）。“季节性指数”列做了这个工作，得出了每个月的正确的季节性指数。

计算去季节性调整值

当我们有了季节性指数后，需要“给它们一个公平的竞争环境”，大致上来说，需要用每个月的实际销售数字除以合适的每月指数（还要乘以 100，以保证单位相同）。这样做实际上是从数据中移除了季节性因素（这个过程就被称为“去季节性”或“季节性调整”数据）。

D14 =IF(每月数据!D13<>0,100*每月数据!C13/每月数据!D13,"")

预测

	A	B	C	D	E	F	G	H	I	J	K	L	M
1	每月季节性指数计算												
2		平均比率	季节性指数	2001 比率*	2002 比率	2003 比率	2004 比率	2005 比率	2006 比率	2007 比率	2008 比率	2009 比率	2010 比率
3	1月	83.7	82.8	-	82.4	83.2	84.8	85.1	88.3	78.4	78.1	84.1	89.0
4	2月	85.1	84.2	-	87.0	87.3	88.7	88.9	84.6	82.4	82.5	80.0	84.9
5	3月	94.3	93.2	-	104.9	104.3	93.6	92.6	88.9	86.3	94.5	87.6	95.8
6	4月	92.4	91.4	-	100.0	107.5	98.6	85.1	92.3	82.9	90.1	83.8	91.4
7	5月	91.2	90.2	-	95.1	94.3	94.3	85.4	95.4	87.4	93.9	87.6	87.6
8	6月	92.8	91.8	-	94.7	90.0	97.9	89.8	91.1	95.0	98.0	87.9	91.1
9	7月	97.6	96.4	-	98.9	94.3	97.5	97.6	98.7	99.0	98.3	95.2	98.4
10	8月	102.5	101.4	-	102.6	94.6	101.1	101.4	102.3	99.3	106.1	106.0	109.4
11	9月	105.1	103.9	-	102.2	98.9	108.3	105.4	105.9	103.7	113.5	102.5	105.3
12	10月	114.2	112.9	-	110.7	111.4	115.9	113.5	113.4	108.4	127.6	111.2	115.9
13	11月	121.9	120.5	-	119.1	119.6	123.3	125.3	121.2	113.5	132.9	120.0	122.6
14	12月	133.0	131.5	128.2	127.5	127.7	134.2	136.9	136.4	131.1	138.9	135.9	133.3
15	总计	1214.0	1200.0										
16	调整	1.0116		*比率= 每月实绩 ÷ 12 - 每月浮动平均值									
17													
18													

每月数据 / 每月季节性指数 / 每月趋势 / 每月预测 / 销售额图表 / 销售额图表

图 16.17 “每月季节性指数”工作表根据每月历史数据计算出了每个月的季节性指数

“每月趋势”工作表中的“去季节性实绩”列内就执行了这个计算，如图 16.18 所示。下面是代表公式（来自单元格 D5）：

```
=100 * B5 / INDEX(每月指数表, MONTH(A5),3)
```

B5 引用的是“实绩”列内的销售额数字，而每月指数表是“每月季节性指数”工作表内的区域 A3:C14，INDEX( )函数为每个月查找到合适的季节性指数（由 MONTH(A5)函数指定）。

D5 =100*B5/INDEX(每月指数表,MONTH(A5),3)

预测

	A	B	C	D	E	F
1				实际销售相关系数:		
2	每月销售额-历史趋势			标准趋势 --> 0.42		
3				再季节性趋势--> 0.96		
4		实绩	常规趋势	去季节性实绩	去季节性趋势	再季节性趋势
5	1月,2001年	90.0	108.3	108.7	111.4	92.2
6	2月,2001年	95.0	108.6	112.9	111.6	93.9
7	3月,2001年	110.0	108.8	118.0	111.8	104.2
8	4月,2001年	105.0	109.1	114.9	112.0	102.3
9	5月,2001年	100.0	109.3	110.9	112.2	101.2
10	6月,2001年	100.0	109.6	109.0	112.4	103.2
11	7月,2001年	105.0	109.8	108.9	112.6	108.6
12	8月,2001年	105.0	110.1	103.6	112.8	114.3
13	9月,2001年	110.0	110.3	105.9	113.0	117.4
14	10月,2001年	120.0	110.6	106.3	113.2	127.8
15	11月,2001年	130.0	110.8	107.9	113.4	136.7
16	12月,2001年	140.0	111.1	106.5	113.6	149.3
17	1月,2002年	90.0	111.3	108.7	113.8	94.2
18	2月,2002年	95.0	111.6	112.9	114.0	95.9
19	3月,2002年	115.0	111.8	123.4	114.2	106.4

每月数据 / 每月季节性指数 / 每月趋势 / 每月预测 / 销售额图表 / 销售额图表

图 16.18 “去季节性实绩”列内计算了实绩数据的季节性调整值

计算去季节性趋势

这一步是根据新的去季节性值来计算历史趋势。“去季节性趋势”列使用如下数组公式来完成此任务：

```
{=TREND(去季节性实绩)}
```

其中“去季节性实绩”引用的是“去季节性实绩”列（E5:E124）内的值。

计算再季节性趋势

实际上来说，去季节性趋势用得并不太多，为了得到真正的趋势，还需要将季节性引用添加到去季节性趋势中（这个过程被称为将数据“再季节性”）。“再季节性趋势”列使用与“去季节性实绩”列类似的公式完成这个工作：

```
=E5 * INDEX(每月指数表，MONTH(A5)，3) / 100
```

单元格 F3 中使用 CORREL( )函数确定“实绩”数据和“再季节性趋势”数据之间的相关系数：

```
=CORREL(实绩，再季节性趋势)
```

这里，“再季节性趋势”是“再季节性趋势”列（F5:F124）中数据的名称。正如我们看到的，相关系数 0.96 是非常高的，说明新的趋势线是与历史数据高度吻合的。

计算季节性预测

想要根据季节性因素进行预测，需要结合使用计算常规趋势预测和再季节性历史预测的方法。在“每月预测”工作表（如图 16.15）中，“去季节性趋势”列预测了去季节性趋势：

```
=TREND(去季节性趋势，，ROWS(去季节性趋势) + ROW() - 1)
```

而“再季节性趋势”列将季节性因素添加到了去季节性趋势预测中：

```
=D2 * INDEX(每月指数表,MONTH(B2),3) / 100
```

D2 是来自“去季节性趋势”列的值，而 B2 为预测月。

图 16.19 所示的图表比较了样本数据过去 3 年的实际销售额和再季节性趋势。此图表同样显示了两年的再季节性预测。

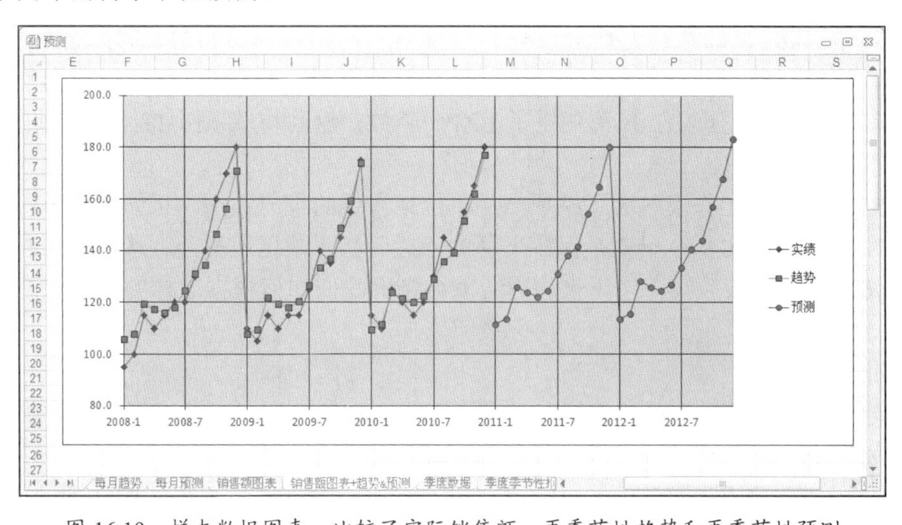

图 16.19　样本数据图表，比较了实际销售额、再季节性趋势和再季节性预测

使用季度数据

如果想使用季度数据，那么“季度数据”“季度季节性指数”“季度趋势”和“季度预测”工作表能执行和“每月数据”工作表相同的功能。我们也不需要重新输入数据，因为“季度数据”工作表按照季度和“每月数据”工作表相关联。

16.4 在非线性数据中使用简单回归

在之前的例子中我们也看到了，数据并不总是适合线性模式的，而如果数据有季节性变化，那么使用季节性调整数字可以计算趋势和预测值。但是，很多商业数据既不是线性的，也不是季节性的，数据可能看起来会像曲线，或是不受任何表面模式所影响。

这些非线性模式会更复杂。但是，Excel 提供了很多有用的工具，可以对这些类型的数据执行回归分析，我们将在接下来的小节中看到。

16.4.1 使用指数趋势

指数趋势是指按照一个持续增长的高利率上升或下降的趋势。某种产品可能某段时期销售量平稳而低调，但当谈起它的人多起来的时候（可能是因为在报纸或电视上提到了它），销量就开始上升了。如果购买了产品的新客户觉得产品不错，告诉了朋友，朋友也购买了产品，然后又告诉了他们的朋友，这时媒体注意到很多人都在谈论这个产品，于是真正的热潮就到来了。

这就叫作指数趋势，因为从图表上来看，它很像一个数字与不断增大的指数相乘（如 10^1、10^2、10^3 等）。创建这种趋势的模型时经常会使用常量 e（约 2.71828），也就是自然对数的底数。图 16.20 显示的工作表在 B 列使用了 EXP( )函数，返回与 A 列中持续幂相乘的 e。结果显示为标准的指数曲线。

图 16.21 所示的工作表包含了某项产品单位销售量的每周数据。正如我们所看到的，单位销售量在最初的 8 到 9 个星期是保持平稳的，然后就开始迅速攀升。从图解来看，这个销售曲线非常像指数增长曲线，接下来的内容就会告诉我们如何根据这样的模型追踪趋势并作出预测。

绘制指数趋势线

查看趋势和预测的最简单的方法就是在图表中添加趋势线，具体来说，是添加指数趋势线。步骤如下。

1. 激活图表。如果要绘制的数据系列不止一个，选中所有需要使用的系列。

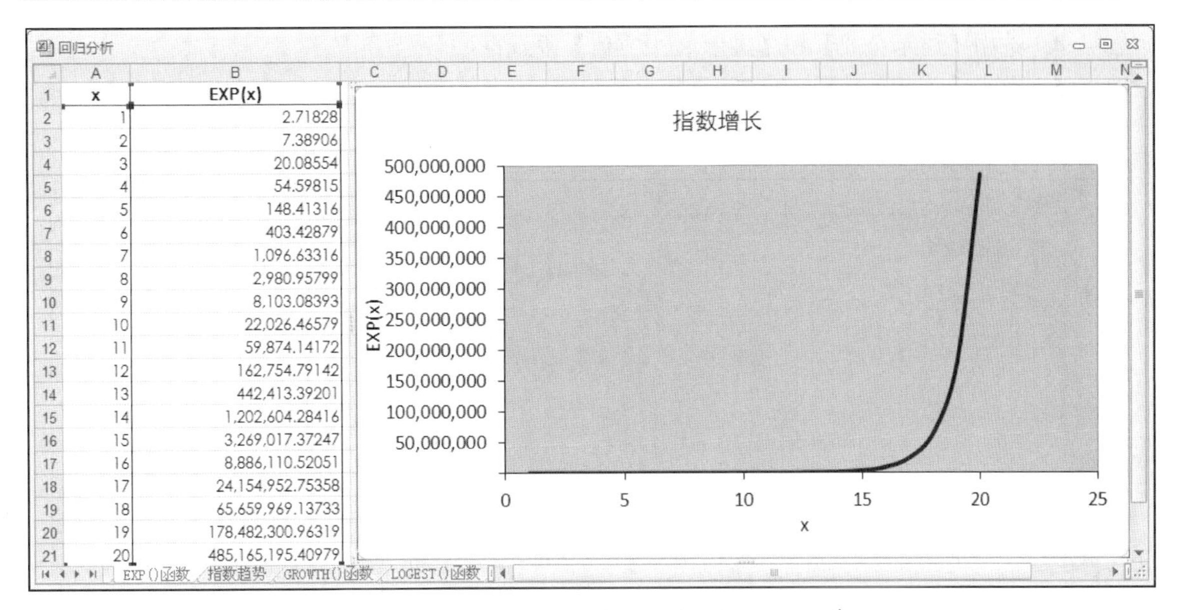

x	EXP(x)
1	2.71828
2	7.38906
3	20.08554
4	54.59815
5	148.41316
6	403.42879
7	1,096.63316
8	2,980.95799
9	8,103.08393
10	22,026.46579
11	59,874.14172
12	162,754.79142
13	442,413.39201
14	1,202,604.28416
15	3,269,017.37247
16	8,886,110.52051
17	24,154,952.75358
18	65,659,969.13733
19	178,482,300.96319
20	485,165,195.40979

图 16.20　将常量 e 与持续幂相乘，得到标准的指数趋势图

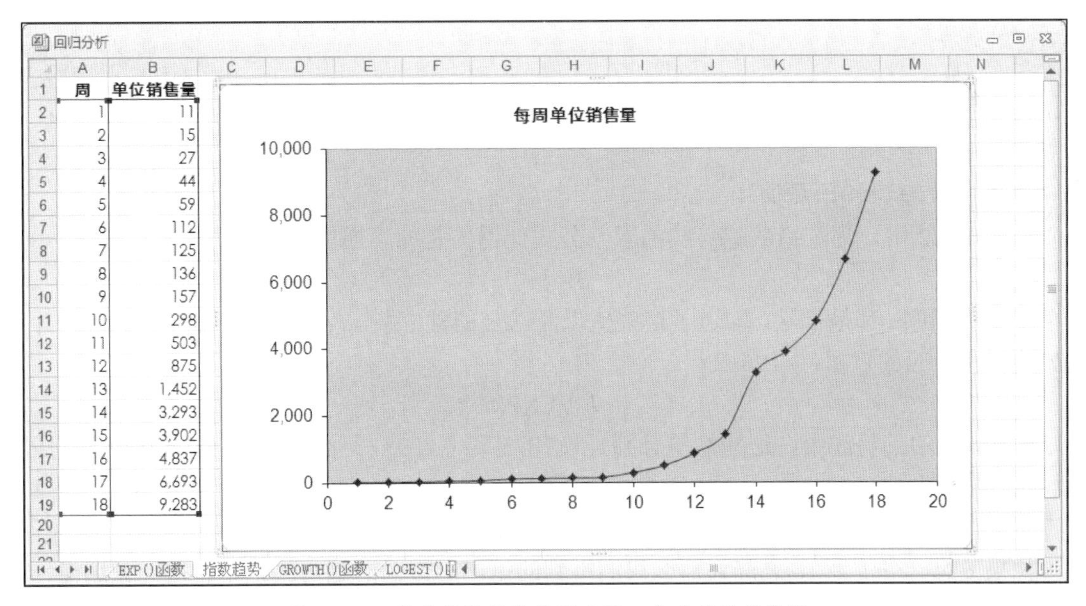

周	单位销售量
1	11
2	15
3	27
4	44
5	59
6	112
7	125
8	136
9	157
10	298
11	503
12	875
13	1,452
14	3,293
15	3,902
16	4,837
17	6,693
18	9,283

图 16.21　每周单位销售量显示了一个确定的指数图

2．选择【布局】⇨【趋势线】⇨【其他趋势线选项】选项，打开【设置趋势线格式】对话框。

3．选择【趋势线选项】选项，选择【指数】选项。

4．选中【显示公式】和【显示 R 平方值】复选框。

5．单击【关闭】按钮，Excel 添加了趋势线。

图 16.22 所示即为添加了指数趋势线的图表。

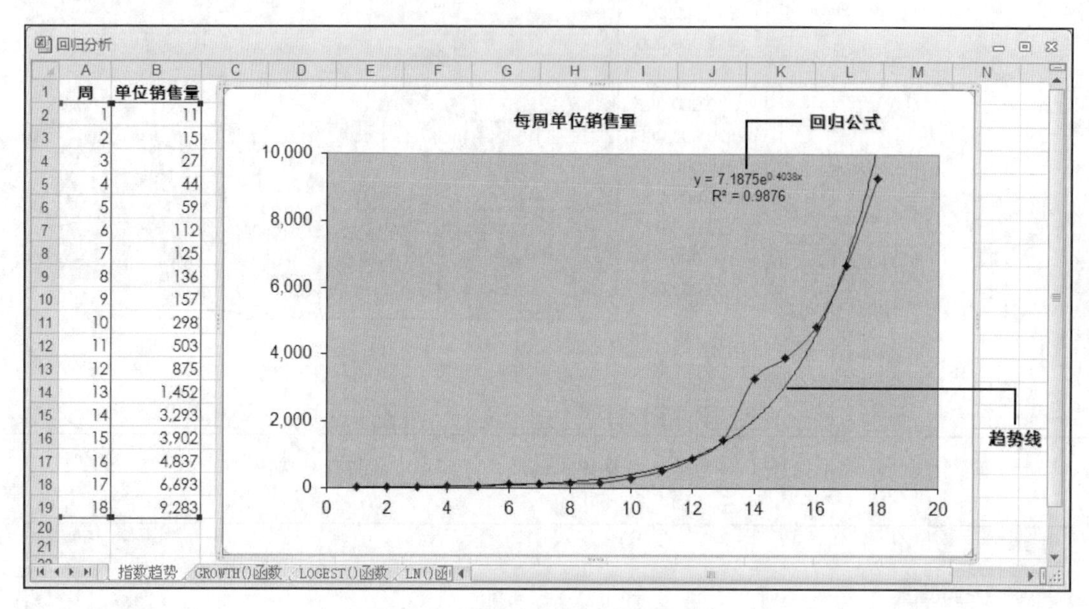

图 16.22　添加了指数趋势线的图表

计算指数趋势和预测值

在图 16.22 中，注意指数趋势线的回归公式使用的是如下通用格式：

$$y = be^{mx}$$

这里，b 和 m 都是常量，知道了这些值以及给定的独立值 x，就可以使用下面的公式计算趋势线中相对应的点了：

=*b* * EXP(*m* * *x*)

图 16.22 的趋势线中，这些常量分别是 7.1875 和 0.4038，所以，趋势值的公式就变成了下面这样：

=7.1875 * EXP(0.4038 * *x*)

如果 x 的值在 1 到 18 之间，那么我们得到的是已有数据的趋势线，要想得到预测值，需要使用大于 18 的值。例如，x 等于 19 的话会得到预测值 16,437：

=7.1875 * EXP(0.4038 * 19)

使用 GROWTH( )函数进行指数趋势和预测

我们之前学过线性回归，不过使用实际的趋势值而不仅仅是可见的趋势线其实更有用处。对于线性模型，使用 TREND( )函数来生成实际值，而对于指数，我们使用 GROWTH( )函数来生成实际值：

```
GROWTH(known_y's [, known_x's] [, new_x's] [, const])
```

known_y's：已知 *y* 值的区域引用或数组。

known_x's：与已知 *y* 值相关联的 *x* 值的区域引用或数组。如果省略此变量，*known_x's* 会被假定为数组{1, 2, 3, …, *n*}，其中 *n* 是 *known_y's* 的数目。

new_x's：用来关联 *y* 值的新 *x* 值的区域引用或数组。

const：确定常量 *b* 在指数回归公式中的值的逻辑值。如果使用 FALSE，*b* 为 1；如果使用 TRUE（默认），Excel 会根据 *known_y's* 计算 *b*。

除了在变量 *const* 上有点小差异外，GROWTH( )函数的语法和 TREND( )函数是一样的，用法也一样。举例来说，返回已知值的指数趋势值，需要指定必需变量 *known_y's* 和可选变量 *known_x's*。下面是每周单位销售量例子中的公式，作为数组输入：

```
{GROWTH(B2:B19, A2:A19)}
```

想要使用 GROWTH( )函数进行预测，加入 *known_x's* 变量即可。例如，预测第 19 周和第 20 周的每周单位销售量，假设 *x* 值在 A20:A21 中，使用如下数组公式即可：

```
{GROWTH(B2:B19, A2:A19, A20:A21)}
```

图 16.23 显示了使用 GROWTH( )函数的效果。C2:C19 内的数字是现有趋势值，而单元格 C20 和 C21 中的数字是预测值。

C20　{=GROWTH(B2:B19, A2:A19, A20:A21,TRUE)}

回归分析

	A	B	C
1	周	单位销售量	GROWTH( )函数
2	1	11	11
3	2	15	16
4	3	27	24
5	4	44	36
6	5	59	54
7	6	112	81
8	7	125	121
9	8	136	182
10	9	157	272
11	10	298	408
12	11	503	610
13	12	875	914
14	13	1,452	1,369
15	14	3,293	2,049
16	15	3,902	3,069
17	16	4,837	4,596
18	17	6,693	6,882
19	18	9,283	10,306
20	19		15,433
21	20		23,111

现有趋势值

预测值

GROWTH()函数　LOGEST()

图 16.23　使用 GROWTH( )函数计算出现有趋势值和预测值

如果想计算常量 *b* 和 *m* 该怎么做呢？可以使用和 LINEST( )函数相对应的指数函数，即 LOGEST( )函数：

```
LOGEST(known_y's [, known_x's] [, const] [, stats])
```

known_y's：准备用来计算趋势的已知 y 值的区域引用或数组。

known_x's：与已知 y 值相关联的 x 值的区域引用或数组。如果省略此变量，*known_x's* 会被假定为数组{1, 2, 3, …, n}，其中 n 是 *known_y's* 的数目。

const：确定指数回归公式中 b 常量的逻辑值。如果使用 FALSE，b 为 1；如果使用 TRUE（默认），Excel 会根据 *known_y's* 计算 b。

stats：逻辑值，用来确定 LOGEST( )函数是否要返回除 b 和 m 外的附加的回归统计，默认为 FALSE。如果使用 TRUE，LOGEST( )函数会返回另外的 *stats*，和 LINEST( )函数返回的一样（除 b 和 m 外）。

实际上，LOGEST( )函数不会直接返回 m 值，因为 LOGEST( )函数被设计为如下回归公式：

$$y = bm_1^x$$

但是，这和下面的公式是相等的：

$$y = EXP(LN(m_1) * x)$$

这和我们的指数回归公式是相等的，只是用 $LN(m_1)$代替了 m 而已。因此，要得到 m，需要使用 $LN(m_1)$ 得到 m_1 的自然对数值（由 LOGEST( )函数返回）。

和 LINEST( )函数一样，如果设置 *stats* 为 FALSE，LOGEST( )函数会返回 1×2 的数组，其中 m（指实际的 m_1 值）在第一个单元格内，而 b 在第二个单元格内。图 16.24 所示工作表使用了 LOGEST( )函数。

- b 值在单元格 H2 中，m_1 的值在 G2 内，而单元格 I2 使用 LN( )函数得到 m 的值。
- D 列中的值通过 b 和 m 的值使用指数回归公式得出。
- E 列中的值由 b 和 m_1 使用回归公式得出。

I2 =LN(G2)

回归分析

	A	B	C	D	E	F	G	H	I
1	周	单位销售量	GROWTH( )	y = b * EXP(m * x)	y = b * m1x		m1	b	m = LN(m1)
2	1	11	11	11	11		1.497483	7.187455976	0.403785747
3	2	15	16	16	16				
4	3	27	24	24	24		LOGEST( ) 统计		
5	4	44	36	36	36	m1	1.497483072	7.187455976	b
6	5	59	54	54	54	se	0.011325276	0.122588809	seb
7	6	112	81	81	81	R2	0.987569651	0.249284732	sey
8	7	125	121	121	121	F	1271.172211	16	df
9	8	136	182	182	182	ssreg	78.99429927	0.994286043	ssresid
10	9	157	272	272	272				
11	10	298	408	408	408				
12	11	503	610	610	610				
13	12	875	914	914	914				
14	13	1,452	1,369	1,369	1,369				
15	14	3,293	2,049	2,049	2,049				
16	15	3,902	3,069	3,069	3,069				
17	16	4,837	4,596	4,596	4,596				
18	17	6,693	6,882	6,882	6,882				
19	18	9,283	10,306	10,306	10,306				
20	19		15,433	15,433	15,433				
21	20		23,111	23,111	23,111				

LOGEST()函数　LN()函数　对数趋势

图 16.24　每周单位销售量中由 LOGEST( )函数生成的数据

16.4.2　使用对数趋势

对数趋势是与指数趋势相反的趋势，即值在开始时上升（或下降）非常迅速，然后趋于平稳。这也是商业情况中常见的现象。例如，某公司刚建立时需要雇用大量员工，然后随着时间的推移会慢慢招聘。某件新产品在刚上市时销量会迅速增加，然后慢慢趋于平稳。

这种现象被称为对数趋势，因为它具有自然对数造成的曲线形状的特征。图 16.25 所示的图表绘制了由 LN(*x*)函数生成的多个 *x* 值组成的曲线。

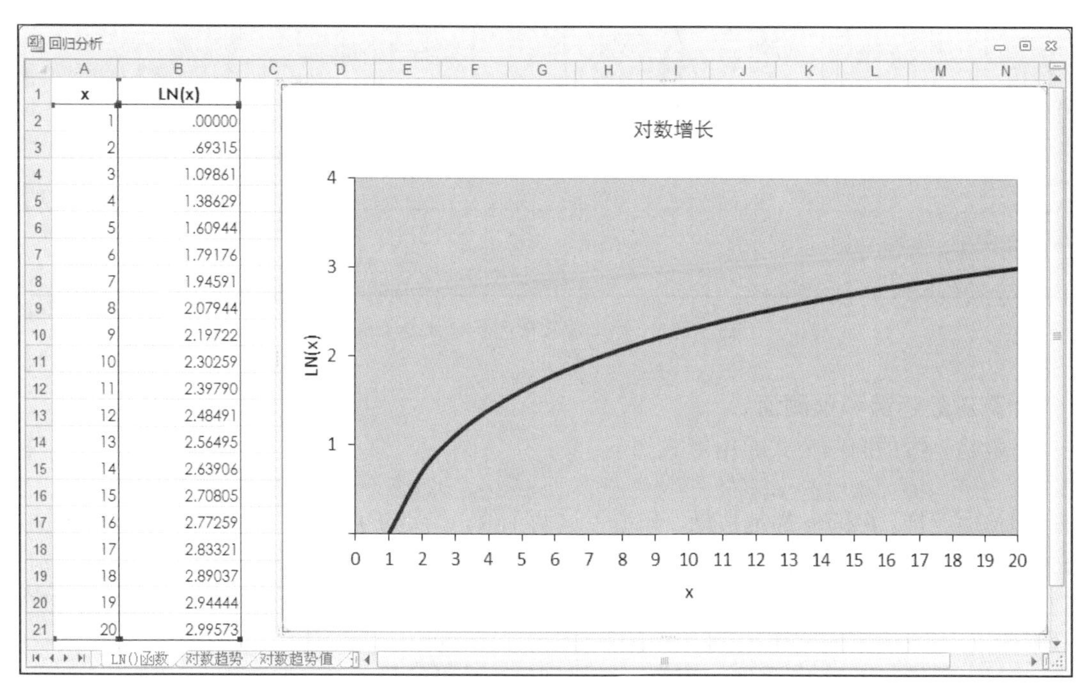

x	LN(x)
1	.00000
2	.69315
3	1.09861
4	1.38629
5	1.60944
6	1.79176
7	1.94591
8	2.07944
9	2.19722
10	2.30259
11	2.39790
12	2.48491
13	2.56495
14	2.63906
15	2.70805
16	2.77259
17	2.83321
18	2.89037
19	2.94444
20	2.99573

图 16.25　自然对数生成了标准对数趋势图

绘制对数趋势线

最简单的查看趋势和预测的方法就是在图表中添加趋势线，这里指对数趋势线，步骤如下。

1. 激活图表。如果有不止一个系列的数据要绘制，则选中所有准备使用的系列。
2. 选择【布局】⇨【趋势线】⇨【其他趋势线选项】，打开【设置趋势线格式】对话框。
3. 选择【趋势线选项】选项，选择【对数】选项。
4. 选中【显示公式】和【显示 R 平方值】复选框。
5. 单击【关闭】按钮，Excel 插入了趋势线。

图 16.26 所示的工作表追踪了一个新成立公司雇用员工的总数，其中的图表显示了员工增长情况以及和数据相匹配的对数趋势线。

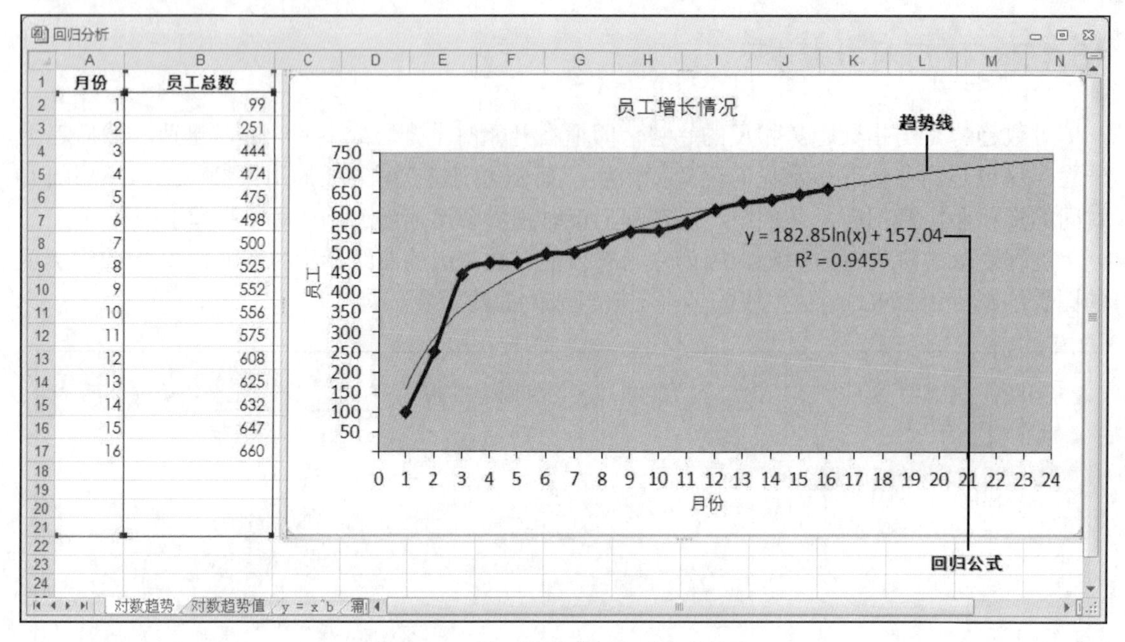

图 16.26　员工增长情况和对数趋势线

计算对数趋势和预测值

对数趋势线的回归公式通用形式如下：

```
y = m * LN(x) + b
```

和前面一样，b 和 m 都是常量。知道了这两个值，给定了自变量 x，我们就可以用上面的公式计算出趋势线中相对应的点了。在图 16.26 所示的趋势线中，这两个常量的值分别是 182.85 和 157.04，所以趋势值的公式就变成了下面这样：

```
=182.85 * LN(x) +157.04
```

如果 x 的值在 1 到 16 之间，我们可以得到现有数据的趋势点。要想得到预测值，使用大于 16 的值即可。例如，用 17 代替 x 会得到员工数量的预测值为 675：

```
=182.85 * LN(x) +157.04
```

Excel 中没有让我们计算 b 值和 m 值本身的公式，但是，如果将图表变成线性的，就可以使用 LINEST( )函数了。将我们手中的对数曲线，通过更改 *X* 轴的范围为对数范围，就可以理顺它们，然后，就可以在 *know_x's* 变量上应用 LN( )函数来将对数趋势线变为线性的了：

```
=LINEST(known_y's, LN(known_x's))
```

举例来说，下面的数组公式会返回员工总数数据中 m 和 b 的值：

```
{=LINEST(B2:B17, LN(A2:A17))}
```

图 16.27 所示的工作表计算了 m（单元格 E2）和 b（单元格 F2）的值，并用结果得出了现有趋势值和预测值（C 列）。

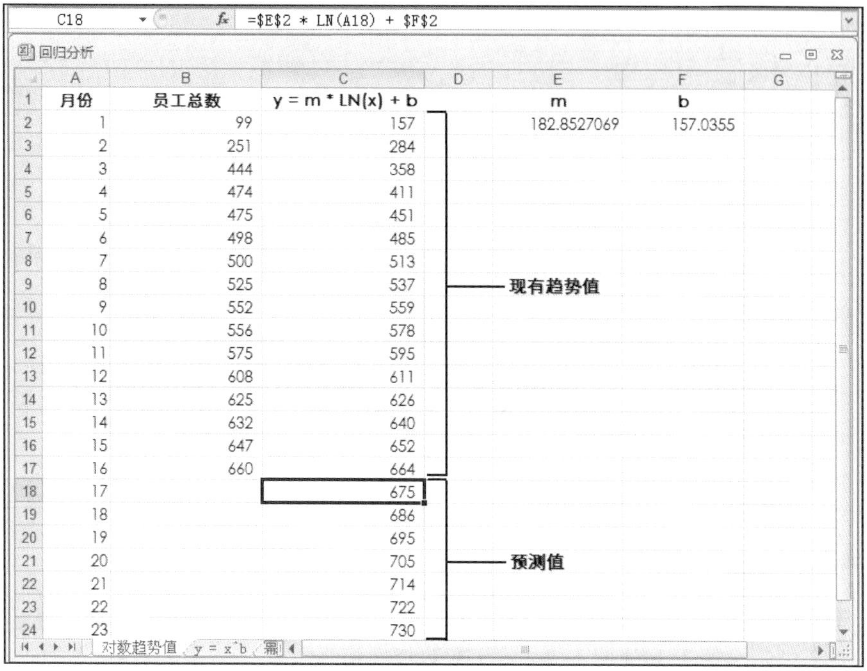

C18 =$E$2 * LN(A18) + $F$2

回归分析

	A	B	C	D	E	F	G
1	月份	员工总数	y = m * LN(x) + b		m	b	
2	1	99	157		182.8527069	157.0355	
3	2	251	284				
4	3	444	358				
5	4	474	411				
6	5	475	451				
7	6	498	485				
8	7	500	513				
9	8	525	537				
10	9	552	559				
11	10	556	578				
12	11	575	595				
13	12	608	611				
14	13	625	626				
15	14	632	640				
16	15	647	652				
17	16	660	664				
18	17		675				
19	18		686				
20	19		695				
21	20		705				
22	21		714				
23	22		722				
24	23		730				

现有趋势值

预测值

对数趋势值 y = x^b 幂

图 16.27 员工总数工作表中存在由对数回归公式计算的现有趋势值和预测值，以及 LINEST( )函数返回的值

16.4.3 使用幂趋势

指数和对数趋势线在某种意义上而言都是“极端”的，它们在曲线上的不同部位有着完全不同的速率。指数趋势线开始平缓，然后以一种不断增长的步伐前进；而对数趋势线先达到顶点，然后趋于平稳。

大部分的商业情况不会出现这样极端的现象，一般来说，收益、利润和员工数量等都是随时间而平稳增长的（指在成功的公司内）。如果我们分析一些根据自变量上升（或下降）的因变量，但是线性趋势线不能很好地匹配时，应该试一下幂趋势线。这是一种朝一个方向平稳前进的曲线。为了对幂趋势有一个直观的认识，让我们来看一下图 16.28 所示的两个方程式 $y=x^2$ 和 $y=x^{-0.25}$ 的图表。$y=x^2$ 曲线呈现平稳上升的趋势，而 $y=x^{-0.25}$ 的曲线则显示为平稳下降。

绘制幂趋势线

如果觉得数据适合幂模式，可以通过在图表里添加幂趋势线来快速检查一下，步骤如下。

1. 激活图表。如果绘制的数据系列不止一个，选中所有准备使用的系列。

2. 选择【布局】⇨【趋势线】⇨【其他趋势线选项】选项，打开【设置趋势线格式】对话框。

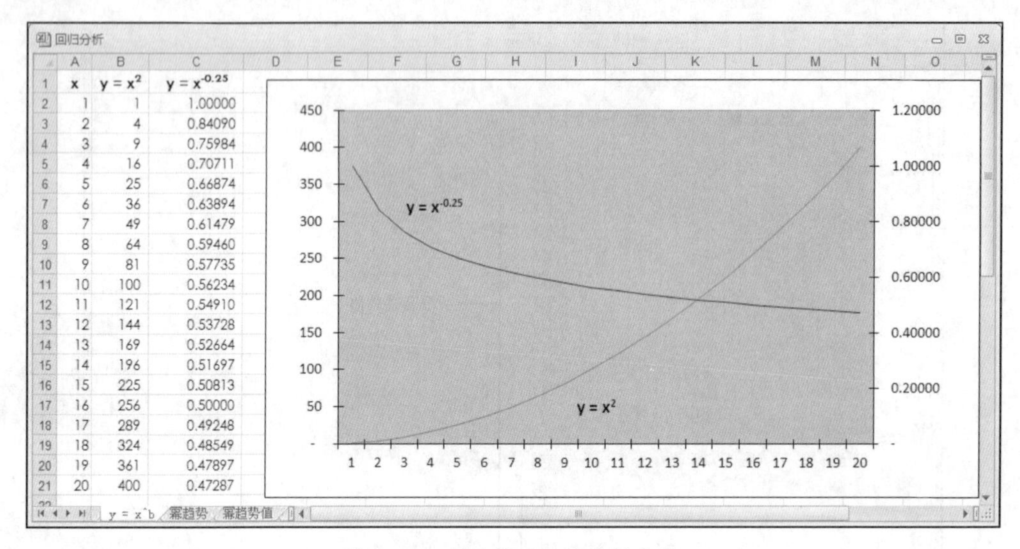

x	$y = x^2$	$y = x^{-0.25}$
1	1	1.00000
2	4	0.84090
3	9	0.75984
4	16	0.70711
5	25	0.66874
6	36	0.63894
7	49	0.61479
8	64	0.59460
9	81	0.57735
10	100	0.56234
11	121	0.54910
12	144	0.53728
13	169	0.52664
14	196	0.51697
15	225	0.50813
16	256	0.50000
17	289	0.49248
18	324	0.48549
19	361	0.47897
20	400	0.47287

图 16.28　幂曲线由 x 值升幂生成

3．选择【趋势线选项】选项，选择【幂】选项。

4．选中【显示公式】和【显示 R 平方值】复选框。

5．单击【关闭】按钮，Excel 插入了趋势线。

图 16.29 所示的工作表将某种产品的标价（自变量）和所售单位数量（因变量）进行了比较。如图表所示，二者的关系显示为一条平稳下降的曲线，和添加的幂趋势线相吻合。同样要注意的是，趋势线分别向下和向上扩展到了$5.99 和$15.99 的价格点。

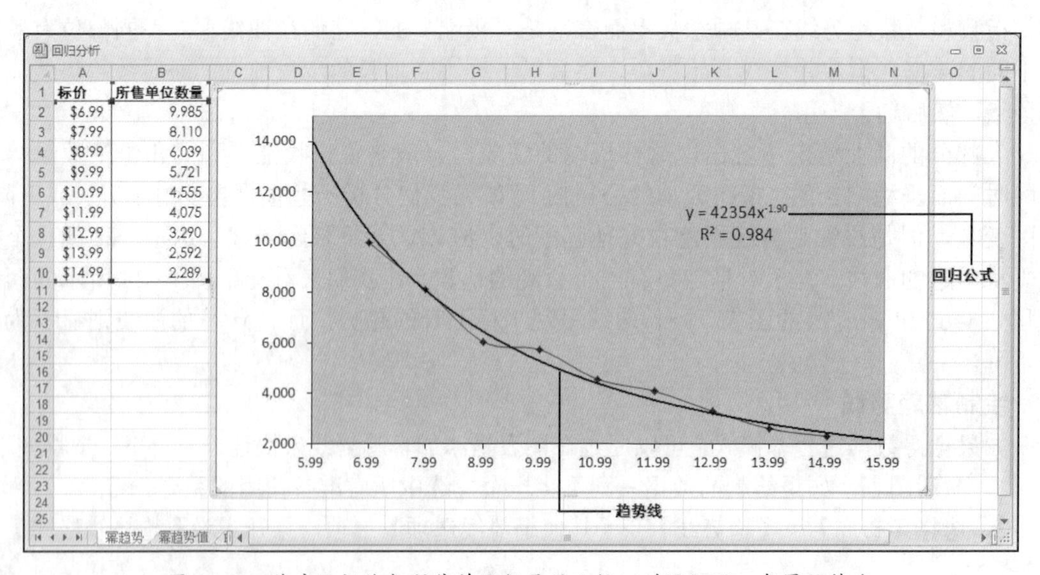

标价	所售单位数量
$6.99	9,985
$7.99	8,110
$8.99	6,039
$9.99	5,721
$10.99	4,555
$11.99	4,075
$12.99	3,290
$13.99	2,592
$14.99	2,289

图 16.29　某产品标价与所售单位数量的比较，并添加了一条幂趋势线

计算幂趋势和预测值

计算幂趋势线的回归公式使用如下通用格式：

$$y = mx^b$$

和前面一样，b 和 m 是常量。有了这两个值和自变量 x，就可以用公式计算出趋势线相对应的点了。在图 16.29 所示的趋势线中，两个常量的值分别为 423544 和-1.9055。将这两个值插入幂趋势线的通用公式中：

```
=423544 * x ^ -1.9055
```

如果 x 值在 6.99 和 14.99 之间，我们就能得到现有数据的趋势点。想要进行预测，使用小于 6.99 或大于 14.99 的值即可。例如，x 等于 16.99 得出预测值为 2,163：

```
=423544 * 16.99 ^ -1.9055
```

但当我们在 Excel 中使用此公式的时候，却发现结果不是 2163，同样还要检查一下 423544，因为它和图表里（42354）显示的数据不一样。关于幂趋势线，Excel 中没有直接计算 b 和 m 的函数，但是，我们可以通过同时将 Y 轴和 X 轴的范围更改到对数范围来“拉直”指数曲线，因此，可以通过在 *known_y's* 和 *known_x's* 变量上应用自然对数（即 LN( )函数）将幂回归转换为线性回归：

```
=LINEST(LN(known_y's), LN(known_x's))
```

标价和单位销售量数据例子中的数组公式如下：

```
{LINEST(LN(B2:B10, LN(A2:A10))}
```

数组的第一个单元格内是 b 值，因为它是作为回归公式中的一个说明，所以不需要撤销对数转换。但是，数组中的第二个单元格（我们称之为 m_1）里的数据是对数形式的 m 值，因此，需要通过对结果应用 EXP( )函数来撤销转换。

图 16.30 所示的工作表执行了以上操作。LINEST( )数组在 E2:F2 中，其中 E2 中存有 b 值（单元格 E2），为了得到 m，单元格 G2 中使用了公式=EXP(F2)。这个工作表使用以上结果得到了现有趋势值和预测值（C 列）。

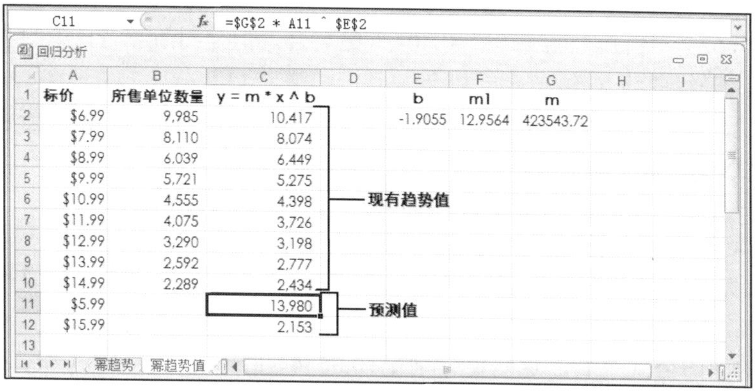

C11　　fx =$G$2 * A11 ^ $E$2

回归分析

	A	B	C	D	E	F	G
1	标价	所售单位数量	y = m * x ^ b		b	ml	m
2	$6.99	9,985	10,417		-1.9055	12.9564	423543.72
3	$7.99	8,110	8,074				
4	$8.99	6,039	6,449				
5	$9.99	5,721	5,275				
6	$10.99	4,555	4,398	现有趋势值			
7	$11.99	4,075	3,726				
8	$12.99	3,290	3,198				
9	$13.99	2,592	2,777				
10	$14.99	2,289	2,434				
11	$5.99		13,980	预测值			
12	$15.99		2,153				
13							

幂趋势　幂趋势值

图 16.30　标价和所售单位数量对比的工作表中存在由幂回归公式计算出的现有趋势值和预测值，以及 LINEST( )函数返回的值

16.4.4 使用多项式回归分析

到目前为止，我们所看到的趋势线都是单向性的，如果因变量同样是单向性的，那当然很好，但在商业环境中通常都不是这样的。销售额上下波动、利润上升或下降、成本时高时低，这些都是由某些因素，如通货膨胀、利率、货币兑换率以及商品价格决定的。对于这些更复杂的曲线，趋势线还不能进行很好的匹配或预测。

如果是上面这些情况，我们就需要使用多项式趋势线了，它是一种由多重 x 幂构造出的曲线方程。举例来说，二级多项式回归公式使用如下通用格式：

$$y = m_2x^2 + m_1x + b$$

m_2、m_1 和 b 都是常量。同样地，三级多项式回归公式的格式是：

$$y = m_2x^3 + m_2x^2 + m_1x + b$$

这些公式最高可以达到六级多项式。

绘制多项式趋势线

下面是在图表中添加多项式趋势线的步骤。

1．激活图表。如果绘制的数据系列不止一个，则选中所有准备使用的系列。

2．选择【布局】⇨【趋势线】⇨【其他趋势线选项】选项，打开【设置趋势线格式】对话框。

3．选择【趋势线选项】选项，选择【多项式】选项。

4．在【顺序】数字设定框内选择多项式公式的级别。

5．选中【显示公式】和【显示 R 平方值】复选框。

6．单击【关闭】按钮，Excel 插入了趋势线。

图 16.31 所示的工作表展示了 10 年的年利润，以及相对应的两条不同多项式趋势线。

一般来讲，使用的级别越高，曲线和现有数据的契合度就越紧密，但预测值也越不可预知。在图 16.31 中，上面的图表显示的是三级多项式趋势线，而下面的是五级多项式趋势线。五级曲线（R^2=0.623）比三级曲线（R^2=0.304）更契合，但是对于第 11 年的利润预测，三级曲线（约 17）比五级曲线（约 26）更契合。

换句话来说，我们需要尝试不同级别的多项式来得到更高的契合度和更现实的预测值。

计算多项式趋势和预测值

我们之前也看到了，n 级多项式曲线的回归公式的通用格式一般如下：

$$y = m_nx^n + \cdots + m_2x^2 + m_1x + b$$

所以，只要知道了常量的值以及任意自变量 x，就可以用这个公式计算趋势线上相对应的点了。举例来说，图 16.31 中上面的趋势线是三级多项式，所需要的值为 m_3、m_2、m_1 以及 b。从图表上显示的回归公式来看，这些值分别是−0.0634、1.1447、−5.4359 和 22.62，将它们插入三级多项式通用公式中得到如下结果：

```
=-0.0634 * x ^ 3 + 1.1447 * x ^ 2 + -5.4359 * x + 22.62
```

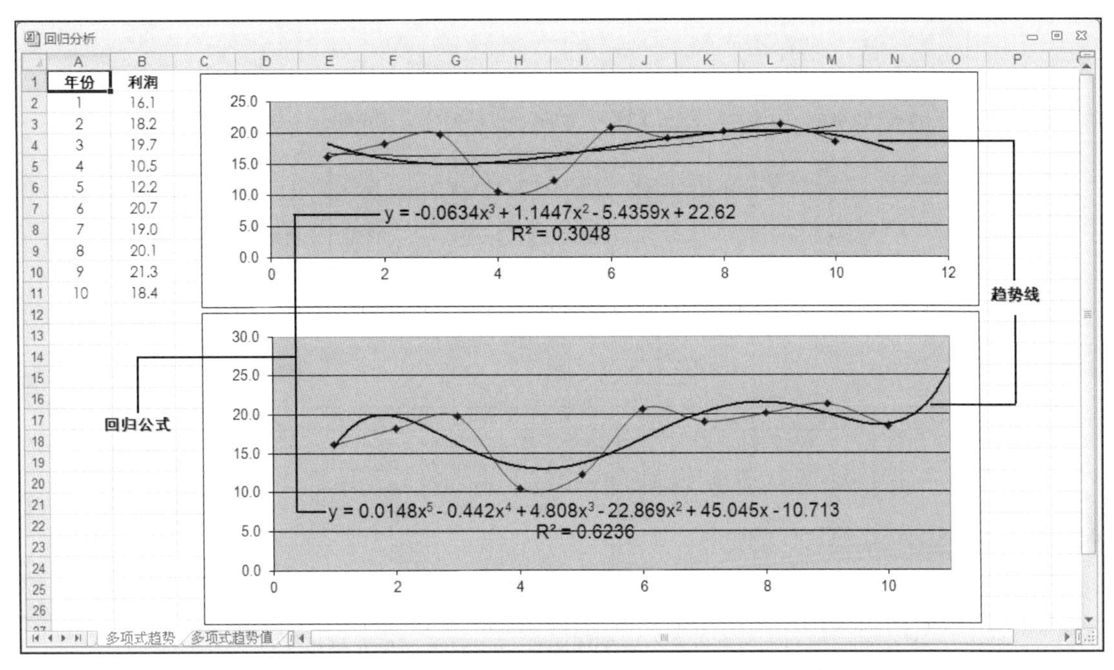

图 16.31　年利润的两个图表显示了不同的多项式趋势线

如果 x 的值是在 1 到 10 之间，我们就能够得到现有数据的趋势点，想要得到预测值的话，使用大于 10 的值即可。例如，x 等于 11 会得到预测利润值 17.0：

```
=-0.0634 * 11 ^ 3 + 1.1447 * 11 ^ 2 + -5.4359 * 11 + 22.62
```

不过，我们不需要进行那些频繁的计算工作，因为 TREND( )可以帮助我们。这里的窍门是将每个 *known_x's* 值由 1 开始升幂到 n 级多项式的 n：

```
{=TREND( known_y's , known_x's ^ {1,2,…, n })}
```

举例来说，下面的公式使用图 16.31 所示的工作表中的年份和利润来计算三级多项式的现有趋势值：

```
{=TREND(B2:B11, A2:A11 ^ {1,2,3})}
```

想得到预测值，将每一个 *new_x's* 值由 1 升幂到 n 级多项式的 n：

```
{=TREND( known_y's , known_x's ^ {1,2,…, n }, new_x's ^ {1,2,…, n })}
```

对于利润预测，如果 A12 中包含 11，那么下面的数组公式会返回预测值：

```
{=TREND(B2:B11, A2:A11 ^ {1,2,3}, A12 ^ {1,2,3})}
```

图 16.32 所示的工作表使用 TREND( )函数计算了从二级到六级多项式的第一年到第十年的趋势值以及第十一年的预测值。

同样要注意的是，图 16.32 还计算了每个级别多项式的 m_n 值和 b 值。这是由 LINEST( )函数完成的，还是将每个 *known_x's* 值从 1 升幂到 n 级多项式的 n：

```
{=LINEST( known_y's , known_x's ^ {1,2,…, n })}
```

D12 =TREND(B2:B11, A2:A11 ^ {1,2,3}, A12 ^ {1,2,3})

回归分析

	A	B	C	D	E	F	G	H
1	年份	利润	TREND( ) 订单2	TREND( ) 订单3	TREND( ) 订单4	TREND( ) 订单5	TREND( ) 订单6	
2	1	16.1	16.7	18.3	16.7	15.8	15.8	
3	2	18.2	16.4	15.8	17.7	19.8	20.1	
4	3	19.7	16.2	14.9	16.4	16.2	15.9	
5	4	10.5	16.3	15.1	14.9	13.3	13.1	
6	5	12.2	16.6	16.1	14.6	13.7	13.9	现有趋势值
7	6	20.7	17.1	17.5	16.0	16.9	17.1	
8	7	19.0	17.7	18.9	18.7	20.3	20.1	
9	8	20.1	18.6	19.9	21.4	21.5	21.2	
10	9	21.3	19.7	20.2	22.1	20.0	20.3	
11	10	18.4	20.9	19.3	17.8	18.7	18.6	
12	11		22.4	17.0	4.8	25.9	17.6	预测值
13								
14	订单	m6	m5	m4	m3	m2	m1	b
15	2					0.09886364	-0.61234848	17.18166667
16	3				-0.0633838	1.14469697	-5.43585859	22.62
17	4			-0.0355332	0.71834693	-4.5761509	10.1987568	10.425
18	5		0.01478205	-0.4420396	4.80804779	-22.868939	45.04497902	-10.71333333
19	6	-0.001333	0.05878205	-1.0062821	8.34804779	34.070636	61.46097902	-19.03333333
20								
21								

多项式趋势值

图 16.32　利润工作表中存在由 TREND( )函数计算的现有趋势值和预测值

公式返回一个$(n+1)\times 1$的数组，其中 n 代表包含从 m_1 到 mn 常量的单元格，“n+第 1 个单元格”包含 b。举例来说，下面的公式使用年份和利润作为三级多项式的常量，返回一个 3×1 的数组：

```
{=LINEST(B2:B11, A2:A11 ^ {1,2,3})}
```

16.4.5 使用多重回归分析

专注于单一的自变量是一个很有用的尝试，因为它能告诉我们大量的有关自变量和因变量之间的关系。但是在实际商业环境中，我们看到的大部分变量都是由多重因素决定的。汽车销售的波动并不仅仅是因为利率的变动，还因为一系列的内在因素，如价格、广告支出、授权、工人激励政策，以及很多外在因素，如消费者的可支配收入和就业率等。

好消息是我们在本章学到的线性回归分析技巧可以很轻松地解决这类多重自变量问题。

举一个简单的例子，假设在某销售模型中，单位销售量（因变量）是受两个自变量影响的：广告支出和标价。图 16.33 所示的工作表中列举的 10 项产品，每一项都列出了其广告支出（A 列）和标价（B 列），以及相对应的单位销售量（C 列）。上面的图表显示了单位销售量和标价之间的关系，而下面的图表则显示了单位销售量和广告支出之间的关系。正如我们看到的，单独的趋势线看起来没什么问题：标价上涨则单位销售量下降，广告支出上涨则单位销售量上涨。

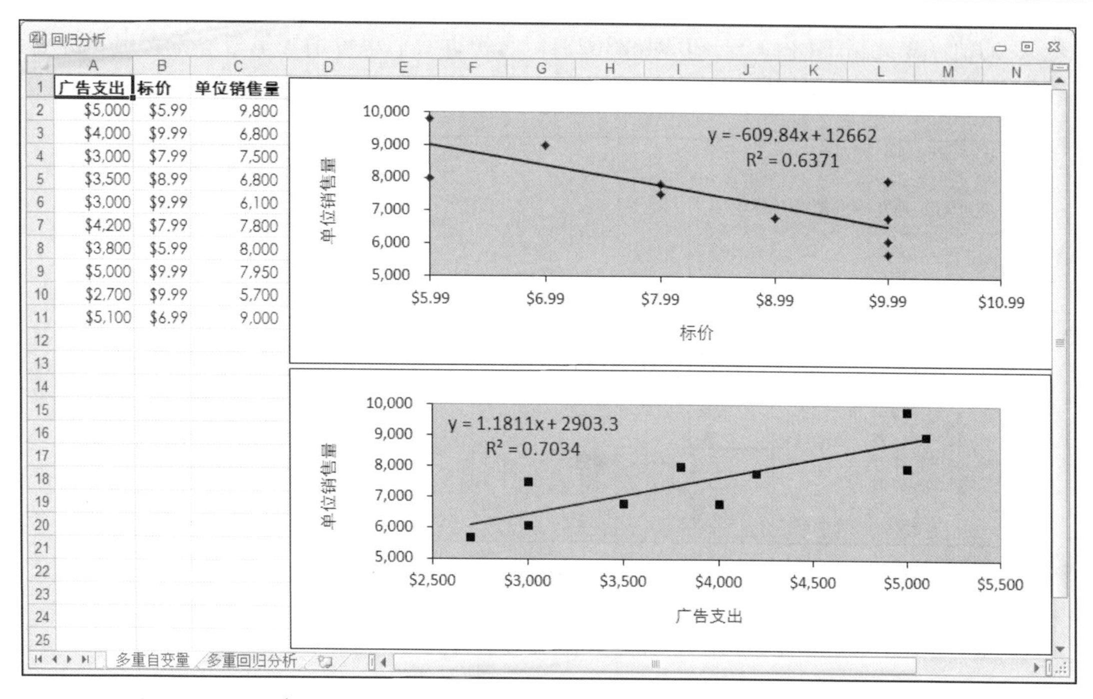

图 16.33　工作表显示了原始数据以及单位销售量与广告支出和标价相对应的趋势线

但是，单独的趋势线没办法告诉我们广告支出和价格是如何同时影响销售量的。很明显，低的广告支出加上高价格将会导致销售量降低；相反地，高的广告支出加上低价格会增加销售量。当然，我们真正想做的，是根据数字来验证那些根据经验得出的结论，而这些数字，可以用线性回归公式——TREND( )函数得到。

有多重自变量并使用 TREND( )函数时，需要加上 *known_x's* 变量，这样就能将整个自变量区域包含在内了。以图 16.33 为例，自变量数据在区域 A2:B11 中，我们需要把它插入 TREND( )函数中。下面是计算现有趋势值的数组公式：

```
{=TREND(C2:C11, A2:B11)}
```

在多重回归分析中，我们经常会对模拟分析感兴趣。如果在单价$5.99 的产品上花费$6,000 的广告费用会如何？或者在$9.99 的产品上花费$1,000 的广告费用呢？

想要回答这些问题，把值作为数组插入 *new_x's* 变量中即可。举例来说，如果在$5.99 的产品上花费$6,000 的广告费用，下面的公式会返回预计销售数量：

```
{=TREND(C2:C11, A2:B11, {6000, 5.99)}
```

图 16.34 所示的工作表运用 TREND( )函数进行了多重回归分析。D2:D11 中的值是现有趋势值，D12:D13 中的值则为预测值。

注意，图 16.34 所示的工作表中同样也包含由 LINEST( )函数生成的统计信息，这些返回的数组有 3 列宽，因为我们处理的是 3 个变量（两个自变量和一个因变量）。特别让人感兴趣

的是 R^2 的值（单元格 F4 内）——0.946836281，它告诉我们单位销售量与广告支出和价格之间的契合度非常高，表明预测值的有效性很高。

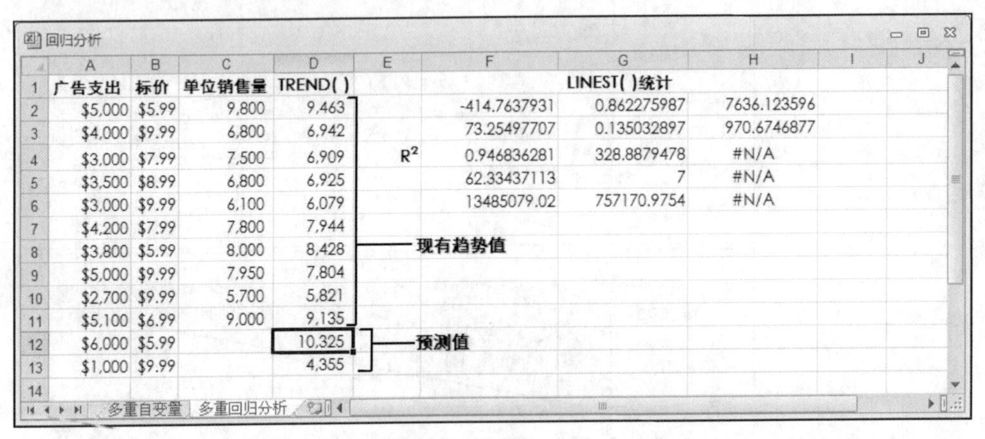

回归分析

	A	B	C	D	E	F	G	H	I	J
1	广告支出	标价	单位销售量	TREND( )			LINEST( )统计			
2	$5,000	$5.99	9,800	9,463		-414.7637931	0.862275987	7636.123596		
3	$4,000	$9.99	6,800	6,942		73.25497707	0.135032897	970.6746877		
4	$3,000	$7.99	7,500	6,909	R^2	0.946836281	328.8879478	#N/A		
5	$3,500	$8.99	6,800	6,925		62.33437113	7	#N/A		
6	$3,000	$9.99	6,100	6,079		13485079.02	757170.9754	#N/A		
7	$4,200	$7.99	7,800	7,944						
8	$3,800	$5.99	8,000	8,428						
9	$5,000	$9.99	7,950	7,804						
10	$2,700	$9.99	5,700	5,821						
11	$5,100	$6.99	9,000	9,135						
12	$6,000	$5.99		10,325						
13	$1,000	$9.99		4,355						
14										

图 16.34 由 TREND( )函数应用多重回归分析计算出的趋势值和预测值

第 17 章　使用规划求解解决复杂问题

在“第 15 章　使用 Excel 的商业模型工具”中，我们学过如何使用单变量求解工具来通过更改单一的变量找到公式的解决办法。但可惜的是，商业中的大部分问题都没有那么容易被解决，我们通常面对的是至少有两个甚至多个变量的公式。一般来讲，一个问题会有多个解，而我们所遇到的挑战是从中选出最优解，也就是说，要找到那个利润最大化、成本最小化或满足其他条件的解。为了面对这些大挑战，我们需要一个更强有力的工具，而 Excel 也给出了答案：规划求解。规划求解是一种在我们需要高级别的数学分析时，可以帮助我们找到复杂问题的解决方法的精密的最佳程序。鉴于对规划求解的完整讨论需要使用一整本书的篇幅，本章只会简单介绍一下规划求解并举一些实例。

17.1　关于规划求解的一些背景

类似“怎样的产品组合会达到利润最大化？”或“哪条运输路线会让运输成本达到最小化要求？”这样的问题，通常都是用数值计算方法，如“线性规划”或“非线性规划”来解决的。为了解决所有这样的问题，一个被称为“运筹学”的数学领域被开发了出来。不过线性或非线性规划的缺点是即使解决的是很简单的问题，但手动解决也是一个复杂、晦涩、费时间的事情。换句话来说，这是最好让计算机完成的工作。

这就是规划求解登场的时候了。规划求解中包含很多运筹学中的算法，并且它会自己在后台完成那些复杂的操作，我们要做的就是填一两个对话框，剩下的交给规划求解就可以了。

17.1.1　规划求解的优点

规划求解和单变量求解一样，使用迭代方法实现它的功能。也就是说，规划求解会尝试一个解，分析结果，然后再尝试另一个解，以此类推。但是，规划求解这样的循环迭代计算并不是简单的猜测，程序会查看每次迭代计算时结果是如何改变的，然后通过一些复杂的数学计算，告诉我们应该朝什么方向找到解决方案。

单变量求解和规划求解虽然都是运用迭代计算，但它们并不相同，事实上，规划求解会给表格带来很多好处，如下所示。

■ 规划求解可以让我们指定多重可变单元格，最多可以指定 200 个。

■ 规划求解可以让我们在可变单元格内设置条件或约束。举例来说，当我们使用规划求解寻找解时，不仅能设定找到利润最大化的条件，还可以让其满足一些特定条件，如毛利在 20%到 30%之间，或支出控制在$100,000 之下等。这些条件就叫作“约束”方案。

■ 规划求解不仅会找到所要求的解（即单变量求解中的“目标”），还会提供最优解，也就是我们可以找到可能的最大化或最小化方案。

■ 对于复杂的问题，规划求解可以生成多个解。这样我们可以在不同的条件下保留不同的方案，本章后面会讨论这个好处。

17.1.2 什么时候使用规划求解

规划求解是一个很强大的工具，但它经常会被大材小用，如使用确定的收益和支出计算纯利时。有很多问题只有规划求解能解决，这些问题覆盖了很多不同的领域和情况，但它们都有以下共同特征。

■ 都有单一的目标单元格，其中包含想要最大化、最小化或设置为别的指定值的公式。这个公式可以是计算公式，如运输总支出或纯利等。

■ 目标单元格内公式包含一个或多个可变单元格（也被称为未知单元格）引用，规划求解会调整这些单元格来查找目标单元格内公式的最优解。这些可变单元格内会包含一些项目，如单位销售量、运输成本、广告支出等。

■ 有一个或多个约束单元格可选，用来指定特殊条件。举例来说，可能会需要广告支出在总支出的 10%以下，或给客户的折扣率在 40%到 60%之间。

什么类型的问题会有以上特征呢？如下所列。

■ 运输问题——这个问题涉及最小化从多个工厂到多个仓库、同时还要满足需要的运输成本。

■ 分配问题——这个问题需要最小化员工成本，同时满足适当的员工需求。

■ 产品组合问题——这个问题需要让组合产品的利润最大化，同时满足客户的需求。当我们销售的产品是由不同的成本结构、利润率及需求曲线组成时，就需要解决这个问题。

■ 协调问题——这个问题包括将材料用在一个或多个产品上以达到成本最小化，同时满足客户需求，并保证产品质量水平等方面的要求。

■ 线性代数——这个问题包括解决一系列的线性代数问题。

17.2 加载规划求解

规划求解是 Excel 的加载项，所以需要在使用前加载，步骤如下。

1．选择【文件】⇨【选项】选项，打开【Excel 选项】对话框。

2．选择【加载项】选项。

3．在【管理】下拉列表框中选择【Excel 加载项】并单击【转到】按钮，打开【加载宏】对话框。

4．在【可用加载宏】列表中选中【规划求解加载项】复选框。

5．单击【确定】按钮。

6．如果规划求解没有被加载，Excel 会弹出对话框告知，单击【是】按钮，Excel 会下载此加载项并添加【规划求解】按钮到【数据】菜单的【分析】选项组中。

17.3　使用规划求解

为了得到规划求解的初步印象，让我们来看一个例子。在第 15 章中，我们使用单变量求解来计算某项新产品的收支平衡点，现在，我们要将分析扩展到计算两个产品的收支平衡点：链轮齿和扳手。目标是计算两种产品的单位销售量以使总利润为 0。

注意：回想一下，收支平衡点就是售出的产品所产生的利润为 0 时的产品数量。

最简便的方法就是使用单变量求解分别决定每个产品的收支平衡点，图 17.1 显示了结果。

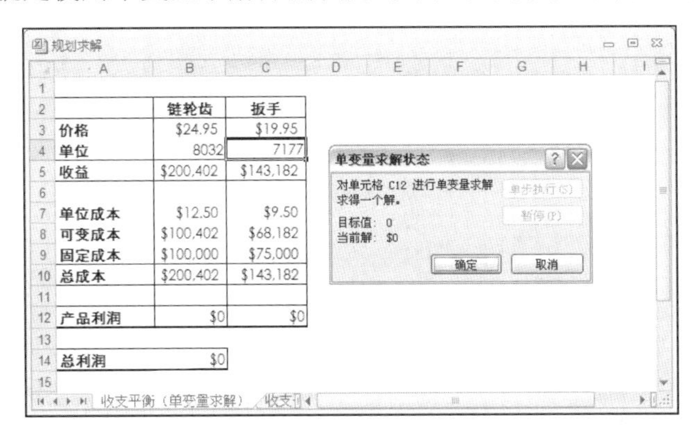

图 17.1　两种产品的收支平衡点（在产品利润单元格分别进行单变量求解计算）

这个方法是可行的，但问题在于这两种产品并不是存在于真空中的。举例来说，每项产品都可能通过联合广告、合并运输（大的运输量通常意味着低的运费费率）等方式节省成本，为了达到这个目的，需要根据和另一种产品单位销售量相关联的某个因素来计算每个产品的成本削减。实际上，这样做的难度无法估量，但为了让事情变简单一点，我们使用这样的假设：另一种产品每销售一个，产品的成本就下降$1。例如，扳手销售了 10,000 件，链轮齿的成本就下降了$10,000。我们把这个假设应用到可变成本公式中，举例来说，计算链轮齿（单元格 B8）可变成本的公式如下：

```
=B4 * B7 - C4
```

同样地，计算扳手（单元格 C8）可变成本的公式如下：

```
=C4 * C7 - B4
```

为了完成这项更改，我们已经离开了单变量求解的范围。可变成本公式现在有两个变量了：链轮齿和扳手的单位销售量。我们将从单变量求解能轻易（分别）处理的单变量公式转换到使用一个公式处理两个变量，这就是“规划求解”的领域。

规划求解是如何处理这样的问题的呢？按照如下步骤操作就知道了。

1．选择【数据】⇨【规划求解】选项，此时弹出【规划求解参数】对话框。

2．在【设置目标】文本框内，输入目标单元格（即包含公式的准备优化的单元格）的引用。在本例中，输入 B14。（注意规划求解会将相对引用转换为绝对引用。）

3．在【到】选项组，选择合适的选项：【最大值】会将目标单元格最大化，【最小值】会将其最小化，【目标值】会求出特定的值（在这种情况下，还需要在提供的文本框中输入值）。本例中，选择【目标值】选项并在文本框中输入 0。

4．在【通过更改可变单元格】文本框内输入想要规划求解在查找解时需要更改的单元格。在本例中，输入 B4、C4。图 17.2 所示即为本例完整的【规划求解参数】对话框设置。（注意规划求解将所有的单元格地址都更改为绝对引用格式。）

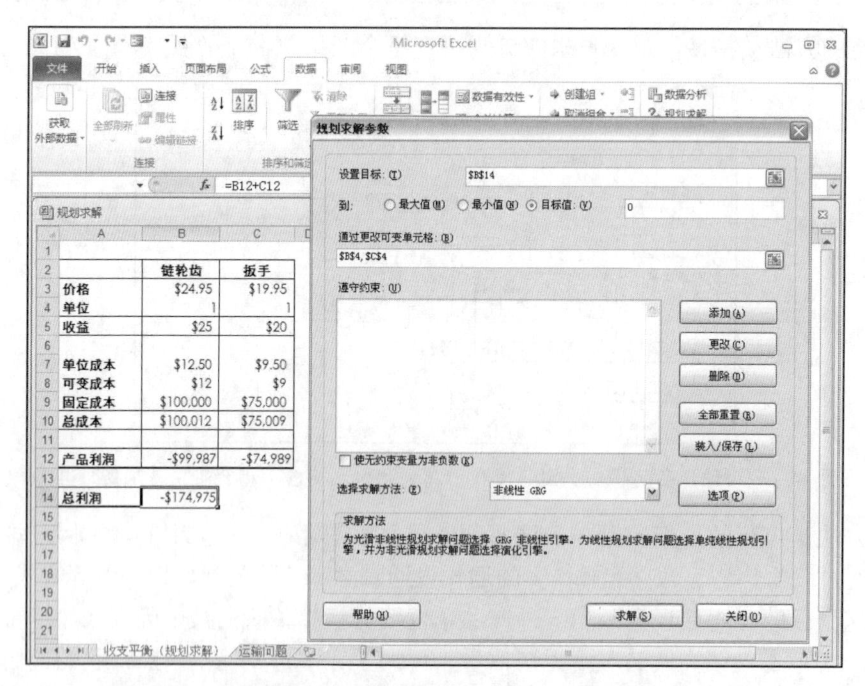

图 17.2　使用【规划求解参数】对话框处理【规划求解】问题

注意：在【通过更改可变单元格】文本框内最多可以输入 200 个单元格地址。

5. 单击【求解】按钮。（约束和其他规划求解选项将在后面的内容中讨论到。）规划求解工作的时候，我们可能会看到一个或多个【显示中间结果】对话框，单击每个对话框中的【继续】按钮。最后，显示【规划求解结果】对话框，告诉我们是否找到了一个解。（请看本章后面的“理解规划求解的信息”内容。）

6. 如果规划求解找到了我们所需要的解，选择【保留规划求解的解】选项，然后单击【确定】按钮。如果不想接受这个新的数字，选择【还原初值】选项并单击【确定】按钮，或直接单击【取消】按钮。（请看“17.5　将解保存为方案”，学习如何将解保存为方案。）

图 17.3 显示了本例的结果。我们看到，规划求解通过让一种产品（扳手）轻微亏损而另一种产品小额营利来使总利润为 0。

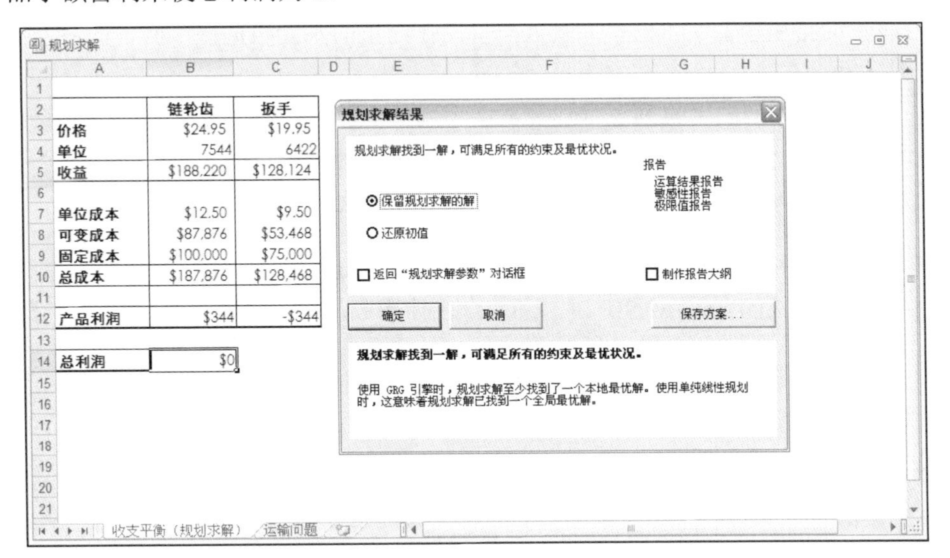

图 17.3　当规划求解结束计算时，会显示【规划求解结果】对话框并在工作表单元格内输入解（如果有的话）

尽管这确实是一个解，但却不是我们想要的。最理想的收支平衡分析应该是每种产品的利润都为 0。问题出在我们没有告诉规划求解我们想要以什么方式来处理问题，换句话来说，就是我们没有设置任何“约束”。

17.4　添加约束

现实世界对规则有很多的限制和条件。一个工厂可能最大日生产量是 10,000 个单位，一个公司的员工人数必须是大于等于 0 的数字，广告成本可能必须控制在总支出的 10%以下等。所有这些例子都被称为规划求解的“约束”，添加这些约束可以让规划求解在不违反这些条件的情况下找到解。

想要找到收支平衡分析的最优解，我们需要告诉规划求解将所有产品的利润优化为 0，接下来的步骤会告诉你怎么做。

注意：如果上一节中规划求解的完成信息还在屏幕上的话，单击【取消】按钮，不保存方案返回工作表。

1．选择【数据】⇨【规划求解】选项，打开【规划求解参数】对话框。规划求解会保留上次使用时输入的选项。

2．单击【添加】按钮，Excel 会显示【添加约束】对话框。

3．在【单元格引用】文本框中，输入准备用作约束的单元格地址。例如，输入 B12（链轮齿的产品利润公式）。

4．使用对话框中间的下拉列表框选择需要使用的运算符。这个列表中包含很多用于约束的比较运算符，如小于等于（<=）、等于（=）、大于等于（>=）等，以及另外 3 个数据类型的运算符：整数（int）、二进制（bin）和差异（dif）。本例中，选择等于（=）。

注意：在某些约束情况下需要使用 int（整数）运算符，如员工总人数，要用整数来代替实际值。当约束设置为 TRUE 或 FALSE（1 或 0）时，使用 bin（二进制）运算符。

5．如果在第 4 步中选择了比较符号，在【约束】文本框中输入准备用来限制单元格的值。本例中输入 0。图 17.4 显示了完成的【添加约束】对话框。

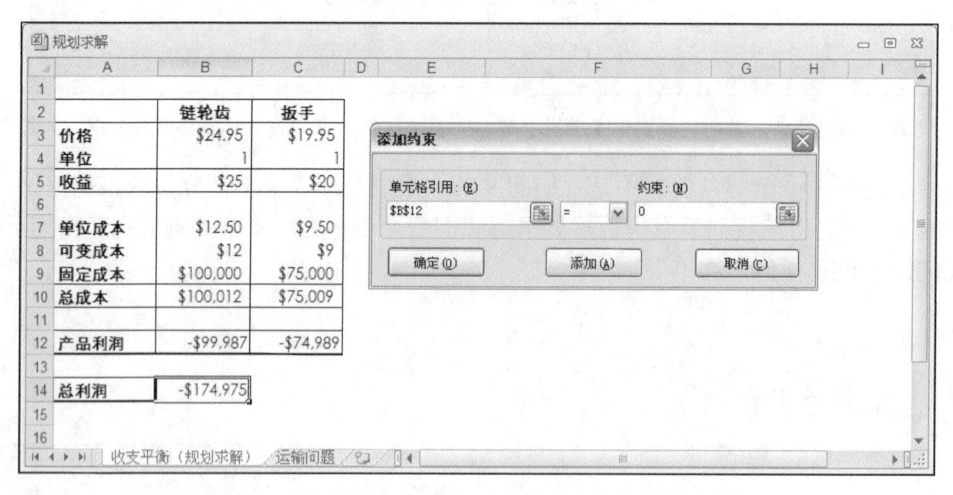

图 17.4　使用【添加约束】对话框指定用在解中的约束

6．如果想要添加更多的约束，单击【添加】按钮，然后重复第 3 到第 5 步。本例中，我们还需要约束单元格 C12（扳手的产品利润公式），同样地，选择等于（=），在【约束】文本框中输入 0。

7．完成以后，单击【确定】按钮返回【规划求解参数】对话框。此时 Excel 在【遵守约束】列表框中显示了添加的约束。

注意：最多可以添加 100 个约束。如果在规划求解之前想更改约束，选择【遵守约束】列表框中的约束，单击【更改】按钮，然后在弹出的【改变约束】对话框中进行调整。想要删除不再需要的约束，选择它并单击【删除】按钮即可。

8．单击【求解】按钮，规划求解再次开始寻找解，但这次会以设置的约束为指导方针。

图 17.5 所示就是添加了约束之后的收支平衡分析结果。我们看到，规划求解找到了两种产品利润都为 0 的解。

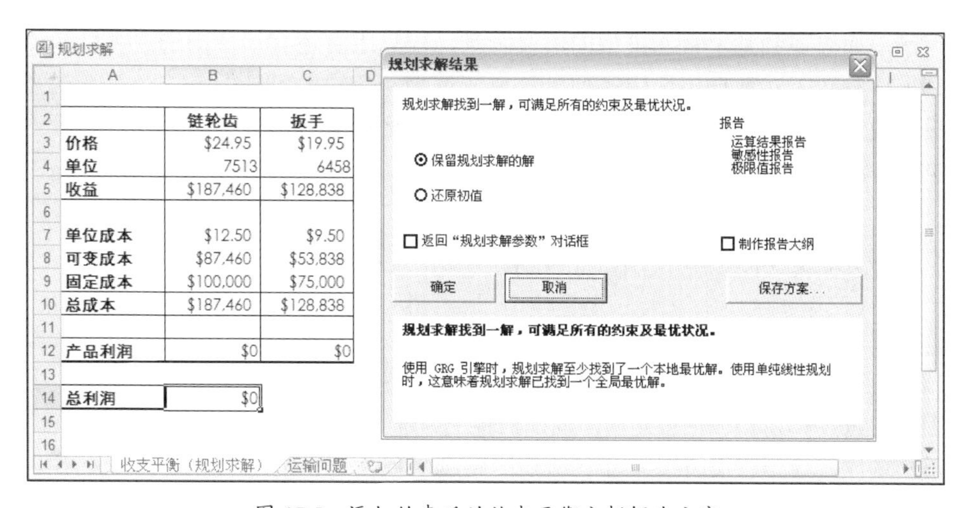

图 17.5　添加约束后的收支平衡分析解决方案

17.5　将解保存为方案

如果规划求解找到了解，我们可以将其保存为方案，这样就可以在任何时候查看了。按照以下步骤将解保存为方案。

→关于方案，请看“15.3　使用方案”。

1．选择【数据】⇨【规划求解】选项，打开【规划求解参数】对话框。

2. 如果需要的话，输入合适的目标单元格、可变单元格和约束。

3. 单击【求解】按钮开始规划求解。

4. 如果找到了解，单击【规划求解结果】对话框中的【保存方案】按钮，Excel 会弹出【保存方案】对话框。

5. 在【方案名称】文本框中输入方案的名称。

6. 单击【确定】按钮，返回【规划求解结果】对话框。

7. 视情况保存或放弃此解。

17.6 设置规划求解的其他选项

到目前为止，大部分的规划求解问题都能根据基本的目标单元格、可变单元格和约束来解决。但是，如果找到某个特殊模型的解很困难，规划求解还有很多的选项可以提供帮助：在【规划求解参数】对话框中选中【使无约束变量为非负数】复选框，这个复选框强迫规划求解假设【通过更改可变单元格】文本框中所列单元格的值必须大于等于 0，这等于给其中的每个单元格添加了>=0 的约束，相当于一种隐性的约束。

17.6.1 选择规划求解使用的方法

规划求解可以使用很多种求解方法（被称为引擎）来执行计算。在【规划求解参数】对话框中，使用【选择求解方法】下拉列表框来选择以下的引擎。

■ 【单纯线性规划】——如果工作表是线性的，选择这个引擎。最普遍的情况下，“线性”模型是指变量没有升幂且没有使用那些所谓的超越函数（如 SIN( )、COS( )等）的模型。线性模型因为可以绘制一条直线而得名，如果公式是线性的，记得选择【单纯线性规划】选项，这样可以极大地加快进程。

■ 【非线性 GRG】——如果工作表模型是非线性而且又整齐的，选择这个引擎。一般来讲，“整齐的”模型是指所使用公式的图表没有锐边或中断（即间断性）。

■ 【演化】——如果工作表不是线性的，也不整齐，选择这个引擎。在实际应用中，这通常意味着工作表模型使用了如 VLOOKUP( )、HLOOKUP( )、CHOOSE( )和 IF( )这样的函数来计算可变单元格或约束单元格的值。

注意：如果不确定使用哪个引擎，就从【单纯线性规划】引擎开始。如果证明是非线性的，规划求解会识别出来并通知我们。接着可以尝试一下【非线性 GRG】引擎，如果规划求解不能得出解决方案，最后再尝试【演化】引擎。

17.6.2　控制规划求解的工作

规划求解中有很多的选项，让我们可以决定其工作的方式。想要看到选项的话，在【规划求解参数】对话框中单击【选项】按钮，打开【选项】对话框，如图 17.6 所示。

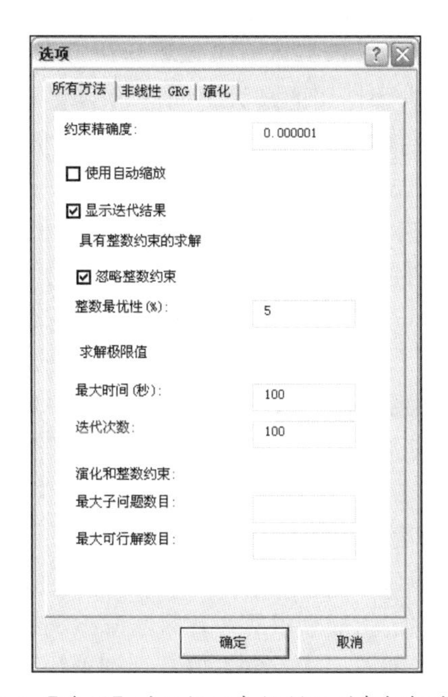

图 17.6　【选项】对话框用来控制规划求解解决问题

【所有方法】选项卡下的选项，不论是哪个，都是用来控制规划求解工作的。

■【约束精确度】——这里的数字用来确定约束单元格与所输入的约束值接近到什么程度时，规划求解才会认为满足约束条件。精确度越高（即数字越低），解决方法越准确，但规划求解所用时间也越长。

■【使用自动缩放】——模型中的可变单元格内的数字在大小方面有很大差异时，选中此复选框。例如，可能有的可变单元格是用来控制客户折扣率的（数字在 0 到 1 之间），而有的是用来控制销售额的（数字可能会到百万）。

■【显示迭代结果】——选中此复选框可以让规划求解暂停并显示中间结果，如图 17.7 所示。要重新开始的话，在【显示中间结果】对话框中单击【继续】按钮。如果觉得这样的中间结果很烦人，取消选中【显示迭代结果】复选框即可。

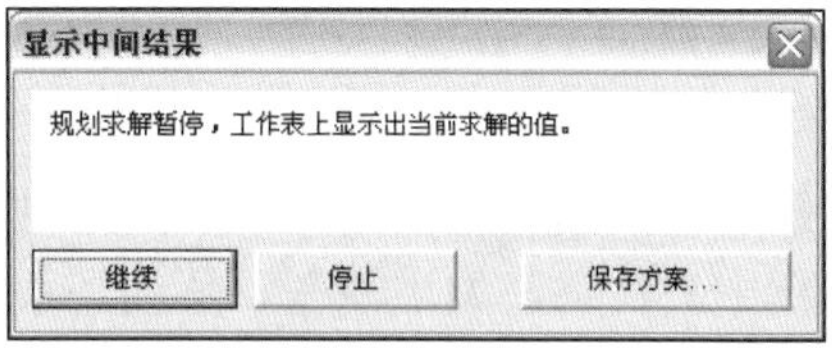

图 17.7　当【显示迭代结果】复选框被选中后，规划求解会显示【显示中间结果】对话框

【忽略整数约束】——执行整数查找（即设置

了整数约束）可能会花费很长的时间，因为查找满足确切的整数约束的解很复杂。如果发现模型求解的时间特别长，可以选中此复选框。或者，也可以增加【整数最优性】文本框内的值来得到较接近的解，我们将在后面讨论到。

■【整数最优性】——如果有整数约束，这个复选框决定的就是规划求解要达到怎样的百分比才能满足约束条件。例如，如果整数公差设为 5（即 0.05%），那么规划求解会确定值为 99.95 的单元格和 100 的单元格足够接近，可以将其认定为整数。

■【最大时间】——规划求解使用的最大时间值是由模型的尺寸和复杂度、可变单元格和约束单元格的数目，以及所选择的其他规划求解选项决定的，如果发现在最大时间之内规划求解还没有找到解，则需要增大文本框中的数字。

■【迭代次数】——这里控制规划求解放弃问题前进行迭代的次数。增大这个数字会给规划求解更多的求解机会，但时间也会相应变长。

■【最大子问题数目】——如果使用的是【演化】引擎或取消选中了【忽略整数约束】复选框，在询问是否继续之前，【最大子问题数目】内的值会规定规划求解可进行研究的最大数量。“子问题”是一个中间步骤，规划求解用其来获得最终解。

■【最大可行解数目】——如果使用的是【演化】引擎或取消选中了【忽略整数约束】复选框，在询问是否继续之前，【最大可行解数目】内的值会规定可生成的可行解数目的最大值。“可行解”是指任意满足所有约束的解（可能不是最优的）。

如果使用的是【非线性 GRG】引擎，就要考虑其中的选项了。

■【收敛】——这个数字规定了规划求解在什么情况下确认找到了解（已收敛）。如果在 5 次连续迭代中，目标单元格的值都小于【收敛】值，规划求解就会确定已找到解并停止迭代。

■【派生】——有些模型需要规划求解计算局部派生，此处的两个选项用来指定派生方法。【向前】派生是默认的方法。【中心】派生会比【向前】派生花费更长的时间，但是当规划求解报告说无法提供解时，最好试一下这个方法。（请看“17.7 理解规划求解的信息”。）

■【使用多初始点】——选中这个复选框可以让【非线性 GRG】引擎使用其多起始点功能。这就意味着规划求解会自动从多个不同的点开始运行非线性 GRG，而这些点都是随机的。接着规划求解会聚集这些点，生成本地最优解，然后比较并得出全局最优解。当【非线性 GRG】引擎在查找模型的解有困难时使用多初始点。

注意：请在接下来的内容中查看关于规划求解选择随机初始点的更多信息。

■【总体大小】——如果选中了【使用多初始点】复选框，则使用此文本框来设置规划求解所使用的初始点的数量。如果规划求解无法找到全局最优解，试着增大【总体大小】文本框中的数字；如果规划求解用了很长时间来查找全局最优解，可以试着减小此文本框中的数字。

■【随机种子】——如果选中了【使用多初始点】复选框，规划求解会随机生成【非线性 GRG】引擎的初始点，而随机数生成器是根据当前系统时钟值来运作的。这通常是最好的方法，但如果想要确保【非线性 GRG】引擎总是使用相同的初始点，在【随机种子】文本框中输入一个整数（非零）即可。

■【需要提供变量的界限】——使用多初始点时，选中这个复选框可以增加【非线性 GRG】引擎找到解的可能性。这就意味着，我们必须添加约束来同时指定【通过更改可变单元格】区域框中每个单元格的下界和上界。当规划求解为【非线性 GRG】引擎生成随机初始点的时候，这些生成值会在下界和上界之间，也就相当于找到了解（假设我们在可变单元格内输入的都是真实的界限）。如果取消选中【需要提供变量的界限】复选框，【非线性 GRG】引擎也是可用的，但是，那就意味着规划求解必须从无穷的值中选择随机初始点，这样就不容易找到全局最优解了。

如果想使用【演化】引擎，可以在【演化】选项卡中设置。【收敛】【总体大小】【随机种子】和【需要提供变量的界限】和我们之前讨论的【非线性 GRG】选项卡中的选项是一样的，【演化】选项卡中有两个唯一的选项。

■【突变速率】——【演化】引擎通过随机尝试固定值来操作，范围通常在可变单元格的上界和下界之间（此处假设【需要提供变量的界限】复选框被选中）。如果中间结果被认为是合适的，那这个结果会成为“总体解决方案”的一部分，然后这些方案都会被改变来查看是否能找到更好的解。突变速率值就是指总体解决方案中各方案被改变的可能性。如果使用【演化】引擎不能找到合适的结果，试着增加突变速率值。

■【无改进的最大时间】——这是【演化】引擎不能找到合适的解，询问用户是否要停止迭代计算之前所能使用的最大时间值。如果发现【演化】引擎在找到解之前花费了太长的时间，可以增大此文本框中的数字值。

17.6.3　使用规划求解模型

Excel 会将我们最近保存的规划求解参数附加在工作表内。如果想要保存不同参数，可以按照下面的步骤操作。

1. 选择【数据】⇨【规划求解】选项，打开【规划求解参数】对话框。
2. 输入想要保存的参数。
3. 单击【选项】按钮，打开【选项】对话框。
4. 输入想要保存的选项，单击【确定】按钮，返回【规划求解参数】对话框。
5. 单击【装入/保存】按钮，弹出【装入/保存模型】对话框，提示输入区域保存模型。
6. 在文本框中输入区域地址。注意不需要指定整个区域，只要第一个单元格就够了。规划求解数据会显示在一列中，所以要选择下面有足够空间的单元格来存放所有的数据。我们需要一个单元格来存储目标单元格引用，一个作为可变单元格，一个放每条约束，还有一个存放规划求解选项的数组。

7．单击【保存】按钮，规划求解将数据集中并存放在选中的区域内，然后返回【选项】对话框。

图 17.8 显示了保存模型（区域 F4:F8）的例子。我们将工作表视图修改以便显示公式，并添加了一些说明，这样就能真切地看到规划求解是如何保存模型的了。注意目标单元格（F4）中的公式同时包含了目标（B14）和目标值（=0）。

注意：在 Excel 中切换公式，可以选择【公式】⇨【显示公式】选项，或按【Ctrl】+【`】（反引号）组合键。

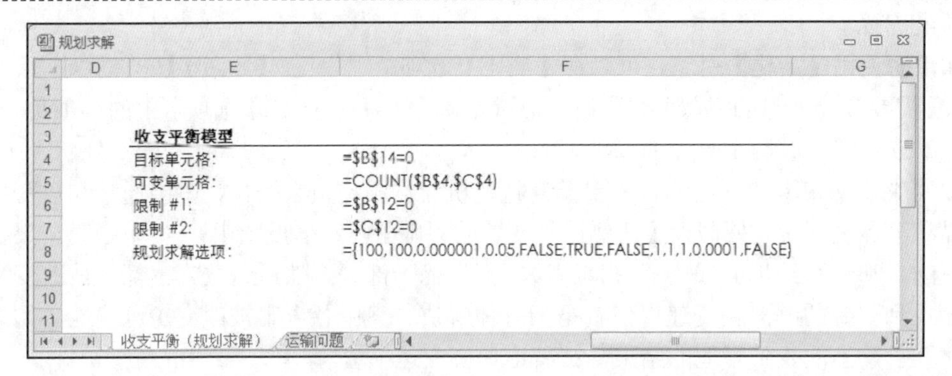

图 17.8 保存的规划求解模型，其中显示的公式可以让人了解规划求解在工作表中保存的详情

如果想使用所保存的设置，按照如下步骤操作即可。

1．选择【数据】⇨【规划求解】选项，打开【规划求解参数】对话框。

2．单击【装入/保存】按钮，显示【装入/保存模型】对话框。

3．选择包含保存模型的正确区域。

4．单击【装入】按钮，Excel 会弹出【装入模型】对话框，询问是要替换当前模型还是将新模型与当前模型进行合并。

5．单击【替换】按钮来使用保存的模型，或单击【合并】按钮将保存的模型添加到当前模型中。然后 Excel 会返回【规划求解参数】对话框。

17.7 理解规划求解的信息

当规划求解完成计算的时候，会显示对话框和信息，告诉我们所发生的事情。有些信息是很直接的，但是有些就很模糊了。本节会讨论最常见的信息并进行解答。

如果规划求解成功找到了解，我们会看到以下信息中的一个。

■　规划求解找到一个解，可满足所有的约束及最优状况。这是我们最想看到的信息，意思是想要的目标单元格内的值已经找到，这个解能满足关于精度、约束等所有的设置。

■　规划求解收敛于当前结果，可满足所有的约束。如果目标单元格公式内的值在迭代计算中一直保持不变，规划求解通常会认为已经找到了解，这被称为“收敛到一解”。这条信息的情况就是这样，但并不一定就意味着规划求解找到了解。迭代过程可能花费了很长时间，或可变单元格内的第一个值设置得离解决方案还很远。我们需要尝试用不同的值来重新运行规划求解，也可以试着使用更精确一些的设置（也就是在【约束精确度】文本框内输入更小的数字）。

■　规划求解无法改善当前解，可满足所有的约束。这条信息告诉我们，规划求解找到了一个解，但可能不是最优解。可以试着将精确度的数字设置得小一点，或者，如果使用的是【非线性 GRG】引擎的话，尝试使用【中间】派生方法得到局部派生。

如果规划求解没有找到解，我们会看到以下几条信息中的一条，它们会告诉我们为什么。

■　目标单元格中的值不收敛。这条信息的意思是没有对目标单元格中公式内的值进行有效的限制。举例来说，如果想根据产品价格和单位成本计算利润最大化，规划求解将不能找到解，因为只要价格越来越高、成本越来越低，利润就会越来越大。我们需要在模型中添加（或更改）约束，例如设置一个最高价格或规定最低成本，如固定成本总数等。

■　规划求解找不到合适的解。规划求解无法找到满足所有约束的解。查看所设置的约束，确保它们都是可行且一致的。

■　达到最大迭代次数的限制。当规划求解遇到最大时间限制或最大迭代次数限制时会出现这样的信息。如果此时规划求解方向是正确的，单击【保存规划求解结果】按钮，然后再次尝试进行规划求解。

■　未满足采用线性模型的条件。规划求解基于线性模型进行迭代计算，但将结果放到工作表中时，它们却并不符合线性模型。此时应该选择【非线性 GRG】引擎再次尝试。

17.8　案例分析：解决运输问题

学习如何使用复杂工具，如规划求解的最好方法，就是用一些实例来练手。Excel 提供了很多样本工作表，它们使用简化模型来演示规划求解可以处理的各种问题。这次的案例分析就将详细讲解其中一个工作表。

运输问题是经典的处理线性问题的模型。基本的目标是将分散在不同地区的产品的运输总成本降到最低。约束如下。

1．运往每个仓库的商品总数必须达到仓库的货物需求量。

2．从每个工厂运出的货物总数必须大于等于 0。

3．从每个工厂运出的货物总数不能超出此工厂的供货能力。

图 17.9 所示的工作表即为解决这个问题的模型。

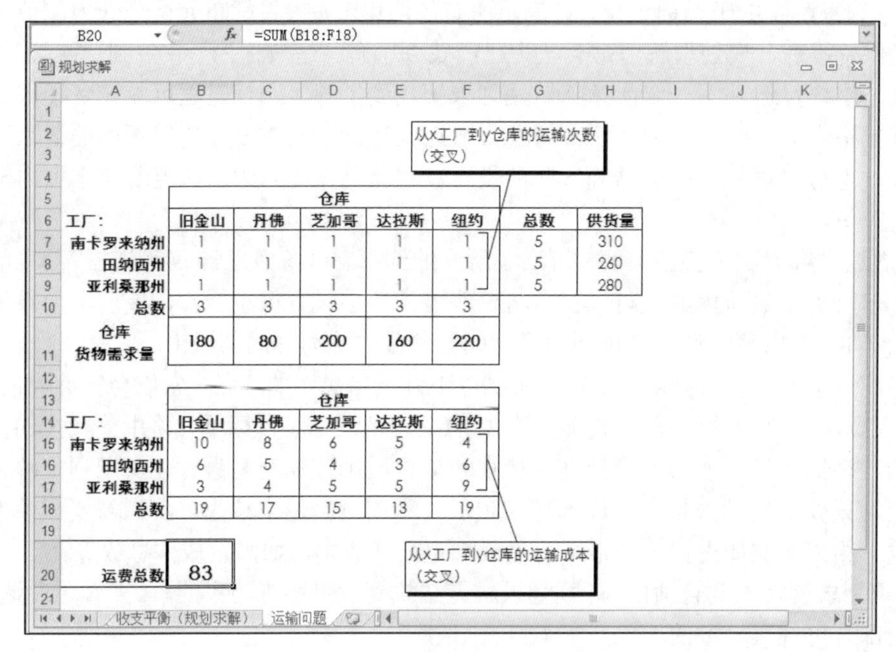

工厂:	旧金山	丹佛	芝加哥	达拉斯	纽约	总数	供货量
南卡罗来纳州	1	1	1	1	1	5	310
田纳西州	1	1	1	1	1	5	260
亚利桑那州	1	1	1	1	1	5	280
总数	3	3	3	3	3		
仓库货物需求量	180	80	200	160	220		

工厂:	旧金山	丹佛	芝加哥	达拉斯	纽约
南卡罗来纳州	10	8	6	5	4
田纳西州	6	5	4	3	6
亚利桑那州	3	4	5	5	9
总数	19	17	15	13	19

图 17.9　解决运输问题的工作表

表的上面部分（A6:F10）列举了 3 个工厂（A7:A9）和 5 个仓库（B6:F6），表内还保存了从每个工厂运往每个仓库的货物数量。在规划求解模型中，这些是可变单元格。运往每个仓库的总数（B10:F10）必须与仓库货物需求量（B11:F11）相配，以满足约束 1；从每个工厂运输的货物总数（B7:F9）必须大于等于 0，以满足约束 2；从每个工厂运输的货物总数（B7:F9）必须小于或等于每个工厂的供货能力，以满足约束 3。

注意：当我们需要使用一个区域内的值作为约束时，不必为每个单元格设置分开的约束，而只要比较整个区域就可以了。举例来说，若要满足“每个工厂的运输总数必须小于或等于工厂的供货能力”这个约束，就可以输入如下公式：

```
G7:G9 <= H7:H9
```

表的下面部分存储的是从每个工厂运往每个仓库的相关运费，运费总数（单元格 B20）是我们想要最小化的目标单元格。

图 17.10 所示即为我们最终用来解决运输问题的【规划求解参数】对话框设置。（注意在【选择求解方法】下拉列表框中我们选择了【单纯线性规划】引擎。）图 17.11 显示了规划求

解找到的解。

图 17.10 【规划求解参数】对话框填写完毕，用来解决运输问题

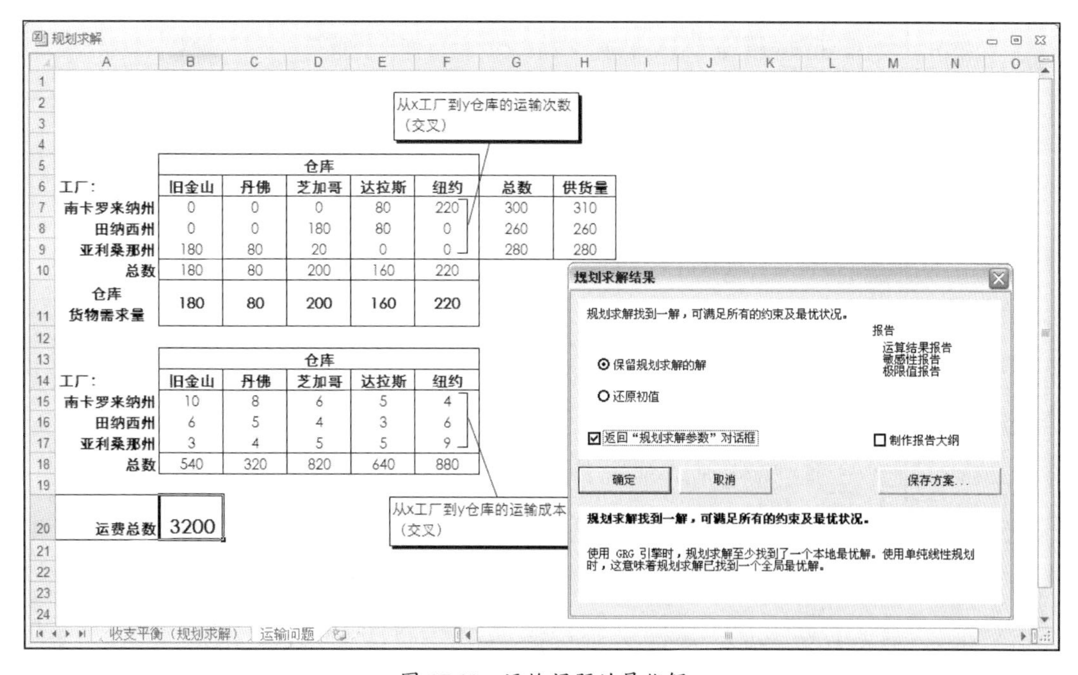

工厂：	旧金山	丹佛	芝加哥	达拉斯	纽约	总数	供货量
	仓库						
南卡罗来纳州	0	0	0	80	220	300	310
田纳西州	0	0	180	80	0	260	260
亚利桑那州	180	80	20	0	0	280	280
总数	180	80	200	160	220		
仓库货物需求量	180	80	200	160	220		

工厂：	旧金山	丹佛	芝加哥	达拉斯	纽约
	仓库				
南卡罗来纳州	10	8	6	5	4
田纳西州	6	5	4	3	6
亚利桑那州	3	4	5	5	9
总数	540	320	820	640	880

运费总数	3200

图 17.11　运输问题的最优解

17.9 显示规划求解报告

当规划求解找到解时，【规划求解结果】对话框内会生成一个有 3 个报告的选项：运算结果报告、敏感性报告和极限值报告。选择想要查看的报告，然后单击【确定】按钮，Excel 会分别用工作表显示每个报告。

小贴士：如果给模型中的单元格命名过，规划求解会使用这些名称来让报告更易读。如果还没有命名，那最好在生成报告前给目标单元格、可变单元格和约束单元格命名。

17.9.1 运算结果报告

运算结果报告显示的是模型的目标单元格、可变单元格和约束的信息。对于目标单元格和可变单元格，规划求解会显示初值和终值。举例来说，图 17.12 显示的是运输问题解决方案的运算结果报告。

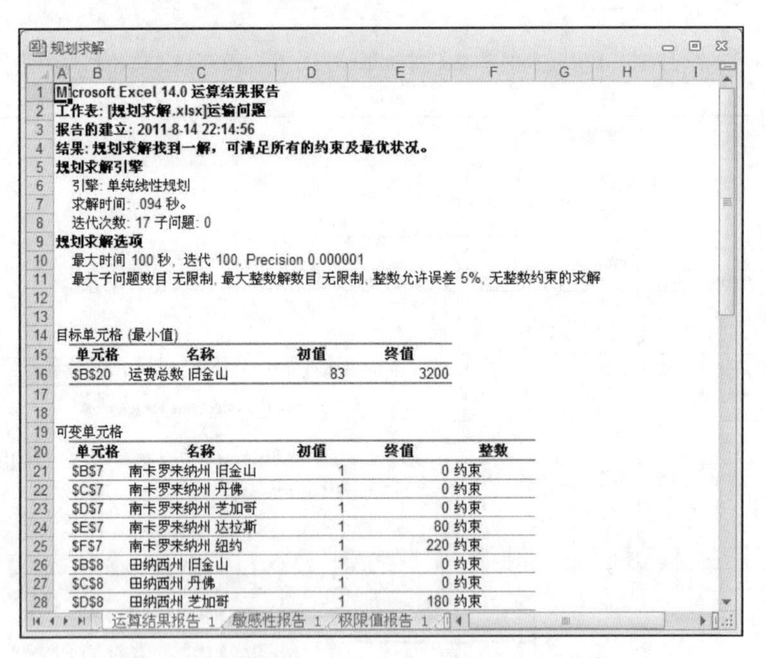
规划求解

Microsoft Excel 14.0 运算结果报告
工作表: [规划求解.xlsx]运输问题
报告的建立: 2011-8-14 22:14:56
结果: 规划求解找到一解，可满足所有的约束及最优状况。
规划求解引擎
引擎: 单纯线性规划
求解时间: .094 秒。
迭代次数: 17 子问题: 0
规划求解选项
最大时间 100 秒, 迭代 100, Precision 0.000001
最大子问题数目 无限制, 最大整数解数目 无限制, 整数允许误差 5%, 无整数约束的求解

目标单元格 (最小值)

单元格	名称	初值	终值
$B$20	运费总数 旧金山	83	3200

可变单元格

单元格	名称	初值	终值	整数
$B$7	南卡罗来纳州 旧金山	1	0	约束
$C$7	南卡罗来纳州 丹佛	1	0	约束
$D$7	南卡罗来纳州 芝加哥	1	0	约束
$E$7	南卡罗来纳州 达拉斯	1	80	约束
$F$7	南卡罗来纳州 纽约	1	220	约束
$B$8	田纳西州 旧金山	1	0	约束
$C$8	田纳西州 丹佛	1	0	约束
$D$8	田纳西州 芝加哥	1	180	约束

运算结果报告 1 / 敏感性报告 1 / 极限值报告 1

图 17.12 运算结果报告中的目标单元格和可变单元格

对于约束，报告显示了每个单元格的地址和名称、单元格值、公式以及两个叫作“状态”和“型数值”的值。图 17.13 显示的是运输问题例子中的约束的信息，其中“状态”可以是

以下 3 个中的一个。

■ 到达限制值——约束单元格内的终值等于约束值（如果约束是一个不等式的话，则等于约束边界）。

■ 未到限制值——约束值满足约束，但是不等于约束边界。

■ 不满足约束——约束未被满足。

规划求解

约束

单元格	名称	单元格值	公式	状态	型数值
$G$7	南卡罗来纳州 总数	300	$G$7<=$H$7	未到限制值	10
$G$8	田纳西州 总数	260	$G$8<=$H$8	到达限制值	0
$G$9	亚利桑那州 总数	280	$G$9<=$H$9	到达限制值	0
$B$10	总数 旧金山	180	$B$10=$B$11	到达限制值	0
$C$10	总数 丹佛	80	$C$10=$C$11	到达限制值	0
$D$10	总数 芝加哥	200	$D$10=$D$11	到达限制值	0
$E$10	总数 达拉斯	160	$E$10=$E$11	到达限制值	0
$F$10	总数 纽约	220	$F$10=$F$11	到达限制值	0
$B$7	南卡罗来纳州 旧金山	0	$B$7>=0	到达限制值	0
$C$7	南卡罗来纳州 丹佛	0	$C$7>=0	到达限制值	0
$D$7	南卡罗来纳州 芝加哥	0	$D$7>=0	到达限制值	0
$E$7	南卡罗来纳州 达拉斯	80	$E$7>=0	未到限制值	80
$F$7	南卡罗来纳州 纽约	220	$F$7>=0	未到限制值	220
$B$8	田纳西州 旧金山	0	$B$8>=0	到达限制值	0
$C$8	田纳西州 丹佛	0	$C$8>=0	到达限制值	0
$D$8	田纳西州 芝加哥	180	$D$8>=0	未到限制值	180
$E$8	田纳西州 达拉斯	80	$E$8>=0	未到限制值	80
$F$8	田纳西州 纽约	0	$F$8>=0	到达限制值	0
$B$9	亚利桑那州 旧金山	180	$B$9>=0	未到限制值	180
$C$9	亚利桑那州 丹佛	80	$C$9>=0	未到限制值	80
$D$9	亚利桑那州 芝加哥	20	$D$9>=0	未到限制值	20
$E$9	亚利桑那州 达拉斯	0	$E$9>=0	到达限制值	0
$F$9	亚利桑那州 纽约	0	$F$9>=0	到达限制值	0

运算结果报告 1　敏感性报告 1　极限值报告 1

图 17.13　规划求解的运算结果报告中的约束部分

型数值是指最终约束单元格的值和原始约束单元格的值（或其边界）之间的差异。举例来说，在运输问题的最优解中，从南卡罗来纳州工厂运输的货物总数是 300，但是约束却是 310（总供货量），因此，型数值就是（或非常接近）10。如果状态是到达限制值，则型数值总是 0。

17.9.2　敏感性报告

敏感性报告显示的是解对模型公式更改的敏感程度。敏感性报告的布局取决于所使用的模型类型，对于线性模型（也就是选择使用【单纯线性规划】引擎的模型），我们看到的报告会和图 17.14 所示的报告相似。

实际上，这个报告被分为了两个部分，上半部分是可变单元格，显示的是每个单元格的地址、名称、终值和以下信息。

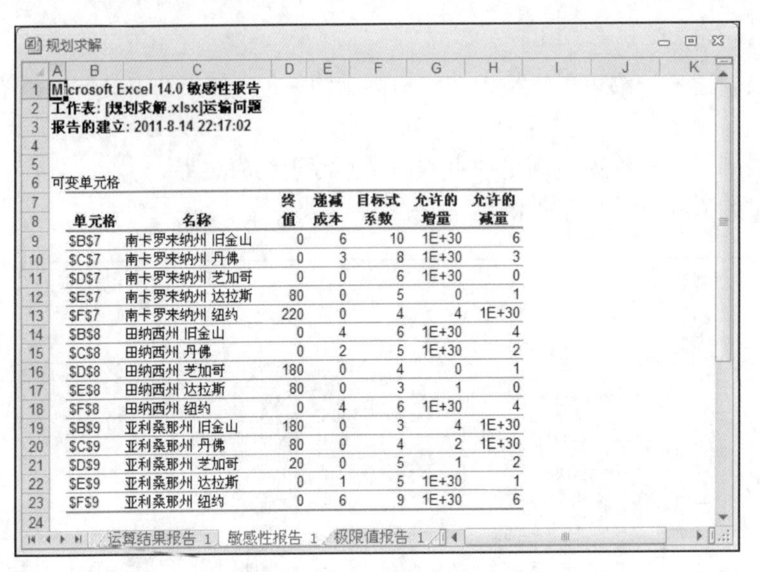

Microsoft Excel 14.0 敏感性报告
工作表: [规划求解.xlsx]运输问题
报告的建立: 2011-8-14 22:17:02

可变单元格

单元格	名称	终值	递减成本	目标式系数	允许的增量	允许的减量
$B$7	南卡罗来纳州 旧金山	0	6	10	1E+30	6
$C$7	南卡罗来纳州 丹佛	0	3	8	1E+30	3
$D$7	南卡罗来纳州 芝加哥	0	0	6	1E+30	0
$E$7	南卡罗来纳州 达拉斯	80	0	5	0	1
$F$7	南卡罗来纳州 纽约	220	0	4	4	1E+30
$B$8	田纳西州 旧金山	0	4	6	1E+30	4
$C$8	田纳西州 丹佛	0	2	5	1E+30	2
$D$8	田纳西州 芝加哥	180	0	4	0	1
$E$8	田纳西州 达拉斯	80	0	3	1	0
$F$8	田纳西州 纽约	0	4	6	1E+30	4
$B$9	亚利桑那州 旧金山	180	0	3	4	1E+30
$C$9	亚利桑那州 丹佛	80	0	4	2	1E+30
$D$9	亚利桑那州 芝加哥	20	0	5	1	2
$E$9	亚利桑那州 达拉斯	0	1	5	1E+30	1
$F$9	亚利桑那州 纽约	0	6	9	1E+30	6

图 17.14　规划求解的敏感性报告中的可变单元格部分

- 递减成本——可变单元格增大一个单位时，目标单元格对应的增量。
- 目标式系数——可变单元格和目标单元格之间的相对关系。
- 允许的增量——目标式系数达到多少变化之前，可变单元格内的最优值会增量。
- 允许的减量——目标式系数达到多少变化之前，可变单元格内的最优值会减量。

敏感性报告的下半部分是约束，显示的是每个约束单元格的地址、名称、终值和以下几个信息，如图 17.15 所示。

- 阴影价格——约束值每增大一个单位，目标单元格对应的增量。
- 约束限制值——指定的约束值（即约束等式右边的值）。
- 允许的增量——目标式系数达到多少变化之前，可变单元格内的最优值会增量。
- 允许的减量——目标式系数达到多少变化之前，可变单元格内的最优值会减量。

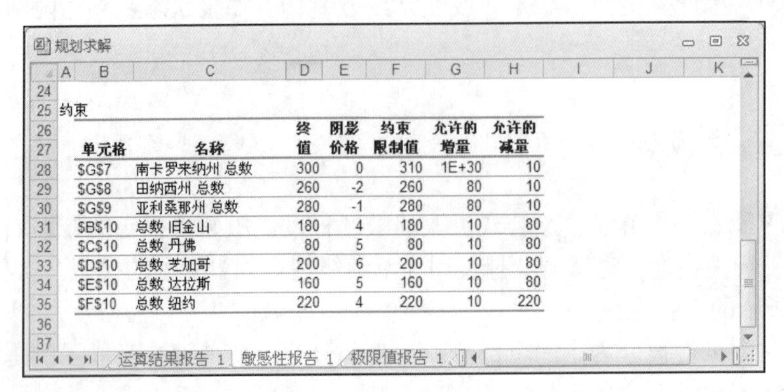

约束

单元格	名称	终值	阴影价格	约束限制值	允许的增量	允许的减量
$G$7	南卡罗来纳州 总数	300	0	310	1E+30	10
$G$8	田纳西州 总数	260	-2	260	80	10
$G$9	亚利桑那州 总数	280	-1	280	80	10
$B$10	总数 旧金山	180	4	180	10	80
$C$10	总数 丹佛	80	5	80	10	80
$D$10	总数 芝加哥	200	6	200	10	80
$E$10	总数 达拉斯	160	5	160	10	80
$F$10	总数 纽约	220	4	220	10	220

图 17.15　规划求解的敏感性报告中的约束部分

非线性模型的敏感性报告会显示可变单元格和约束部分。对于每个单元格，报告都会显示地址、名称以及终值。可变单元格部分还会显示“递减梯度”值，即可变单元格增大一个单位时，目标单元格对应的增量度（和线性模型中的“递减成本”相类似）。约束部分还会显示“拉格朗日乘数”值，即约束值每增大一个单位，目标单元格对应的增量度，类似于线性报告中的“阴影价格”。

17.9.3　极限值报告

图 17.16 所示即为极限值报告，显示了目标单元格及其值，还有可变单元格的地址、名称、值，以及以下几个信息。

- 下限极限——在其他可变单元格保持不变并同时满足约束的情况下，可变单元格可假定的最小值。
- 上限极限——在其他可变单元格保持不变并同时满足约束的情况下，可变单元格可假定的最大值。
- 目标式结果——当可变单元格为下限极限或上限极限时，目标单元格的值。

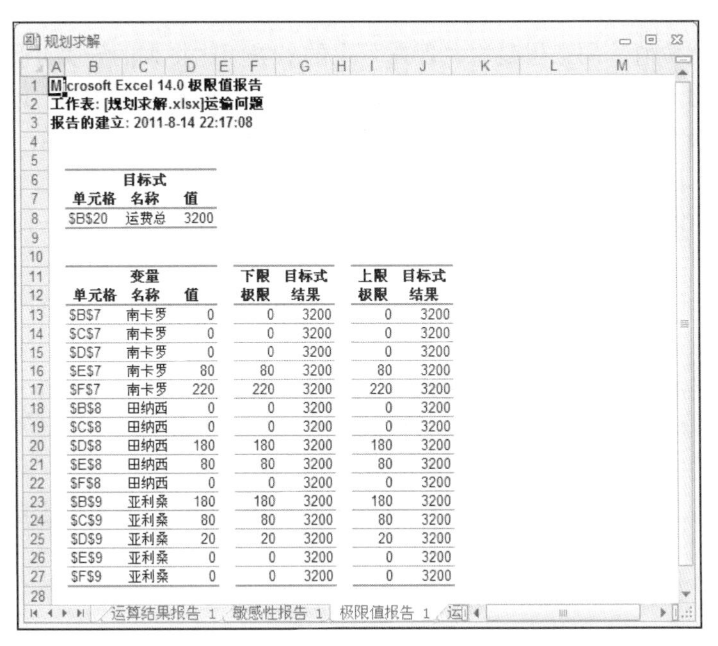

规划求解

Microsoft Excel 14.0 极限值报告
工作表: [规划求解.xlsx]运输问题
报告的建立: 2011-8-14 22:17:08

目标式		
单元格	名称	值
$B$20	运费总	3200

变量			下限	目标式	上限	目标式
单元格	名称	值	极限	结果	极限	结果
$B$7	南卡罗	0	0	3200	0	3200
$C$7	南卡罗	0	0	3200	0	3200
$D$7	南卡罗	0	0	3200	0	3200
$E$7	南卡罗	80	80	3200	80	3200
$F$7	南卡罗	220	220	3200	220	3200
$B$8	田纳西	0	0	3200	0	3200
$C$8	田纳西	0	0	3200	0	3200
$D$8	田纳西	180	180	3200	180	3200
$E$8	田纳西	80	80	3200	80	3200
$F$8	田纳西	0	0	3200	0	3200
$B$9	亚利桑	180	180	3200	180	3200
$C$9	亚利桑	80	80	3200	80	3200
$D$9	亚利桑	20	20	3200	20	3200
$E$9	亚利桑	0	0	3200	0	3200
$F$9	亚利桑	0	0	3200	0	3200

运算结果报告 1　敏感性报告 1　极限值报告 1

图 17.16　规划求解的极限值报告

第 18 章　建立贷款公式

Excel 提供了很多功能强大的财务公式，可以让我们用来管理企业和个人财务。可以使用这些公式计算某项贷款的每月还款额、养老金的将来值、某项投资的内部回报率或资产的年折旧率等。本书的最后 3 章将会介绍 Excel 的财务公式在以上这些方面及其他方面的用途。

本章将会介绍贷款和抵押方面的公式和函数。我们将会学到货币的时间价值，如何计算贷款偿还额、贷款周期、还款额的本金和利率构成、利率，以及如何建立分期偿还计划表等。

18.1　了解货币的时间价值

“货币的时间价值”的意思是说，现在手上的一美元比将来的一美元价值要高。这个看起来很简单的理念，不仅是本章将要学到的概念和技巧的基础，也是“第 19 章　建立投资公式”中投资公式和“第 20 章　建立贴现公式”中贴现公式的基础。现在的一美元比将来的一美元价值要高，原因有以下两个。

■　现在可以投资这一美元。如果得到回报，那么所赚取的总金额和利息就会比将来的一美元要多。

■　将来的这一美元可能不存在。破产问题、资金流动问题或别的很多原因，可能会导致别的公司或个人承诺的将来值落空，你再也拿不到这一美元。

这两个因素（利息和风险）是大部分财务公式和模型的核心。更具体一点讲，这些因素其实意味着我们在将一美元现在所产生的收益和这一美元将来加风险溢价（等待获得这一美元所承担的风险的补偿）后所得的价值相比较。

我们通过查看现值（现在的价值）和将来值（未来的价值）来对以上情况进行比较，它们之间的联系如下：

A. 将来值 = 现值 + 利息

B. 现值 = 将来值 − 贴现

大部分的财务分析都归结到比较这些公式上。如果 A 中的现值比 B 中的大，那么 A 就是较好的投资；相反，如果 B 中的将来值比 A 中的大，那么 B 就是较好的投资。

我们在本章及接下来的两章中所使用的公式大部分都包括以下 3 个因素：现值、将来值和利率（或贴现率）。在本章及接下来的两章中，我们还会学到两个相关的因素：周期，指贷款或投资在某时期内偿还或存款的数目；偿还，指在每个周期内归还或投资的总额。

建立财务公式的时候，我们需要问自己以下几个问题。

- 公式的主体是谁？例如在抵押分析中，执行分析的时候代表的是自己还是银行？
- 就主体而言，资金流动的方式是怎样的？对于现值、将来值和偿还，主体收到的输入为正量，主体付出的输入为负量。举例来说，如果我们是一项抵押分析的主体，那么贷款本金（现值）就是正数，因为这是我们从银行得到的资金；偿还和剩余本金（将来值）就是负数，因为这是需要我们付给银行的。
- 时间单位是什么？利率和周期的单位必须相同。举例来说，如果我们在计算年利率，那周期的单位必须是年。同样地，如果我们使用的周期是月，那么使用的单位必须是月利率。
- 什么时候偿还？Excel 会区分期末和期初的偿还。

18.2　计算贷款偿还

洽谈贷款来购置设备或抵押房子时，首先要考虑的通常都是每个周期所要偿还的数目大小。这是基本的现金流管理，因为每月（或别的周期）的偿还数目必须在预算之内。

想要返回贷款的定期偿还，使用 PMT( )函数：

```
PMT(rate, nper, pv[, fv] [, type])
```

rate：贷款期间的固定利率。

nper：贷款期间的偿还次数。

pv：贷款本金。

fv：贷款的将来值。

type：偿还的类型。0（默认）是期末偿还，1 是期初偿还。

举例来说，下面的公式返回一项总额为$10,000、年利率为 6%（月利率为 0.5%）、周期为 5 年（60 个月）的贷款偿还：

```
=PMT(0.005, 60,10000)
```

18.2.1　贷款偿还分析

我们在财务公式中通常不会使用硬编码变量，而会将变量放在分开的单元格内，然后在公式中引用这些单元格。这样可以让我们完成基本的贷款分析，插入不同的变量以查看它们在公式结果中所产生的影响。

图 18.1 显示的就是执行以上分析的工作表例子。PMT( )函数在单元格 B5 中，函数变量

在 B2（*rate*）、B3（*nper*）和 B4（*pv*）中。

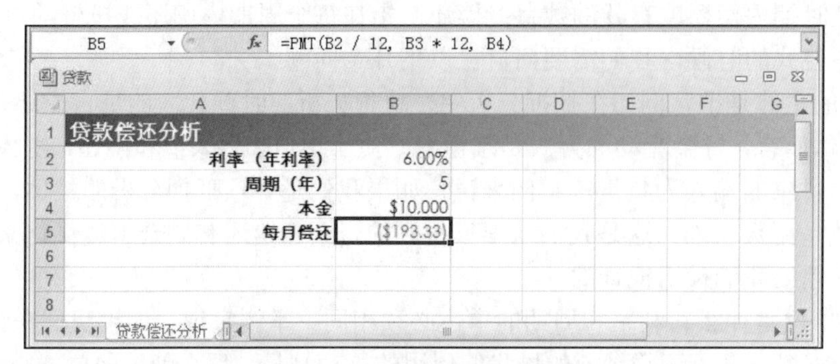

图 18.1　执行简单贷款分析，将 PMT( )函数变量放到分开的单元格内，然后更改这些值以查看它们对公式的影响

注意以下两件关于公式和单元格 B5 中的结果的事。

■　利率是年利率，周期也是按年计，所以想要得到每月的偿还金额，必须把这些值转换为等值的月份，也就是利率要除以 12，而周期要乘以 12：

```
=PMT(B2 / 12, B3 * 12, B4)
```

■　PMT( )函数返回的是负值，这是正确的，因为此工作表是站在借方的立场上的，偿还金额是要从此人手里流出去的。

18.2.2　解决气球式贷款

很多贷款是这样处理的：偿还时只考虑部分本金，其余部分作为气球式偿还在贷款期末支付。这个气球式偿还属于贷款的将来值，所以我们需要把它当作 PMT( )函数的 *fv* 变量插入。

你可能会觉得 *pv* 变量应该是本金的一部分，也就是原始贷款本金减去气球式总额，这看起来像是正确的，因为贷款期限的目的就在于付清部分本金。但实际情况并非如此，在气球式贷款中，同样需要支付气球部分的本金利息，也就是说，气球式贷款的每一笔偿还都由以下 3 个部分组成。

■　部分本金的首付款。

■　部分本金的利息。

■　本金的气球部分的利息。

因此，在 PMT( )函数中，*pv* 变量必须是全部本金，气球部分作为 *fv*（负值）变量。

举例来说，假设之前的内容中贷款的气球部分是$3,000，图 18.2 所示的新工作表在模型中添加了气球偿还，并按照下面修正过的公式计算了偿还额：

```
=PMT(B2 / 12, B3 * 12, B4, -B5)
```

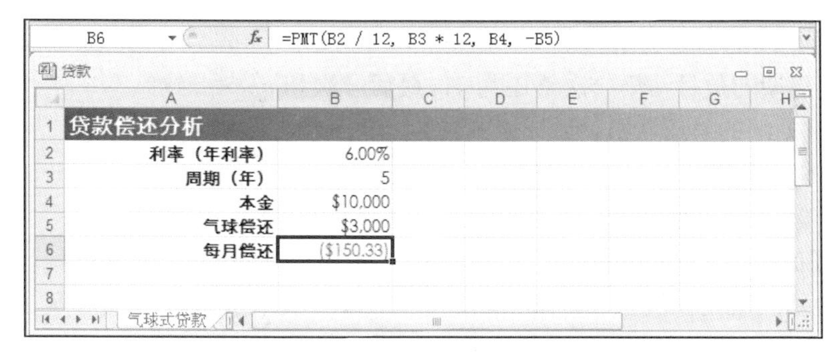

B6　=PMT(B2 / 12, B3 * 12, B4, -B5)

	A	B
1	贷款偿还分析	
2	利率（年利率）	6.00%
3	周期（年）	5
4	本金	$10,000
5	气球偿还	$3,000
6	每月偿还	($150.33)

图 18.2　计算贷款气球式偿还时，在 PMT( )函数中添加了 *fv* 变量

18.2.3　计算利息成本（一）

当我们知道了偿还额的时候，就可以计算利息总成本了，首先计算出总的偿还额，然后从中减去本金，剩余的就是整个贷款期间所要支付的利息了。

图 18.3 所示的工作表就执行了这样的操作。在 B 列中，单元格 B7 显示的是总偿还额（每月偿还额乘以月数），B8 中显示的是差异。C 列中执行的是气球式偿还的贷款计算。正如我们看到的，在气球式偿还方案中，偿还总额少了大约$2,600，但是利息增长了约$400。

B8　=B4 + B7

	A	B	C
1	贷款偿还分析		
2	利率（年利率）	6.00%	6.00%
3	周期（年）	5	5
4	本金	$10,000	$10,000
5	气球偿还	$0	$3,000
6	每月偿还	($193.33)	($150.33)
7	偿还总额	($11,599.68)	($9,019.78)
8	利息总成本	($1,599.68)	($2,019.78)

利息成本

图 18.3　计算整个贷款期间的利息总成本，用定期偿还乘以周期数，然后减去已付本金

18.2.4　计算本金和利息

任何贷款都包括两个部分：本金偿还和利息收取。利息收取通常是“前重后轻”的，也就是在贷款的初期利息最高，并且随着每次偿还而逐渐减少；相反地，本金是随着每次偿还而增加的。

计算贷款的本金和利息，要分别使用 PPMT( )和 IPMT( )函数：

```
PPMT( rate, per, nper, pv [, fv ][, type ])
IPMT( rate, per, nper, pv [, fv ][, type ])
```

rate：贷款期间的固定利率。

per：偿还周期的数目（第一次偿还为 1，最后一次和 *nper* 一致）。

nper：贷款期间的偿还次数。

pv：贷款本金。

fv：贷款的将来值（默认为 0）。

type：偿还的类型。0（默认）是期末偿还，1 是期初偿还。

图 18.4 显示的就是在贷款中应用了以上这些函数的工作表。工作表显示了贷款前 10 个周期和最后一个周期的本金（E 列）和利息（F 列）。注意在每个周期，本金部分增加了而利息部分减少了，但是，总数是保持一致的（通过“总计”列确认），这是正确的，因为在整个贷款期间偿还值应该是保持不变的。

E3 =PPMT($B$2 / 12, D3, $B$3 * 12, $B$4)

贷款

	A	B	C	D	E	F	G	H
1	贷款偿还分析							
2	利率（年利率）	6.00%		周期	本金	利息	总计	
3	周期（年）	5		1	($143.33)	($50.00)	($193.33)	
4	本金	$10,000		2	($144.04)	($49.28)	($193.33)	
5	每月偿还	($193.33)		3	($144.76)	($48.56)	($193.33)	
6				4	($145.49)	($47.84)	($193.33)	
7	贷款总成本（数组）	($1,599.68)		5	($146.22)	($47.11)	($193.33)	
8				6	($146.95)	($46.38)	($193.33)	
9				7	($147.68)	($45.65)	($193.33)	
10				8	($148.42)	($44.91)	($193.33)	
11				9	($149.16)	($44.17)	($193.33)	
12				10	($149.91)	($43.42)	($193.33)	
13				60	($192.37)	($0.96)	($193.33)	
14								

本金和利息

图 18.4　使用 PPMT( )和 IPMT( )函数计算贷款偿还的本金和利息

18.2.5　计算利息成本（二）

另一个计算总利息的方法是计算贷款期间 IPMT( )函数各值的合计。我们可以使用数组公式生成 IPMT( )函数的 *per* 变量的值，通用公式如下：

```
{=IPMT(rate, ROW(INDIRECT("A1:A"& nper)), nper, pv [, fv ][, type])}
```

per 值的数组由以下表达式生成：

```
ROW(INDIRECT("A1:A"& nper ))
```

INDIRECT( )函数将区域串引用转换为区域的实际引用，然后 ROW( )函数返回此区域的行数。从 A1 开始，表达式生成从 1 到 *nper* 的覆盖整个贷款期的整数。

举例来说，下面的公式计算的是图 18.4 所示的贷款模型的利息成本：

```
{=SUM(IPMT(B2 / 12, ROW(INDIRECT("A1:A"& B3 * 12)), B3 * 12, B4))}
```

警告：如果贷款中包含气球式偿还，将不能使用数组公式。

18.2.6 计算累积本金和利息

知道每个周期需要偿还的本金和利息是多少是很有用处的，但知道一定时期内已偿还的本金和利息总数通常更有帮助。举例来说，如果我们签署了一个 5 年期的抵押贷款，那么在期末的时候需要支付多少本金呢？同样地，一个企业需要知道贷款的第一年所需支付的总利息，以便将其添加到支出预算中。

可以通过在时间框架内建立使用 PPMT( )和 IPMT( )函数的模型，然后将结果合计来解决这类型的问题。不过，Excel 提供了两个更直接的函数：

```
CUMPRINC(rate, nper, pv, start_period, end_period, type)
CUMIPMT(rate, nper, pv, start_period, end_period, type)
```

rate：贷款期间的固定利率。

nper：贷款期间的偿还次数。

pv：贷款本金。

start_period：包含在计算中的第一个周期。

end_period：包含在计算中的最后一个周期。

type：偿还的类型。0 为期末偿还，1 是期初偿还。

警告：在 CUMPRINC( )和 CUMIPMT( )函数中，所有的变量都是必需的，如果省略了 *type* 变量（在其他大部分财务函数中都是可选的），Excel 会返回#N/A 错误。

CUMPRINC( )和 CUMIPMT( )函数与 PPMT( )和 IPMT( )函数的区别在于 *start_period* 和 *end_period* 变量。举例来说，想计算贷款第一年的累积本金或利息，设置 *start_period* 为 1、*end_period* 为 12。想计算第二年的累积本金或利息，设置 *start_period* 为 13、*end_period* 为 24。下面的公式计算的是任意年份的值，假设年份值（1、2 等）在单元格 D2 中：

```
start_period: (D2 - 1) * 12 + 1
end_period: D2 * 12
```

图 18.5 所示的工作表返回了贷款每年的累积本金和利息，以及 5 年所有的本金和利息。

注意：CUMIPMT( )函数给了我们一个计算贷款利息总成本的简单方法，只要将 *start_period* 设置为 1、*end_period* 设置为周期的数目（即 *nper* 值）即可。

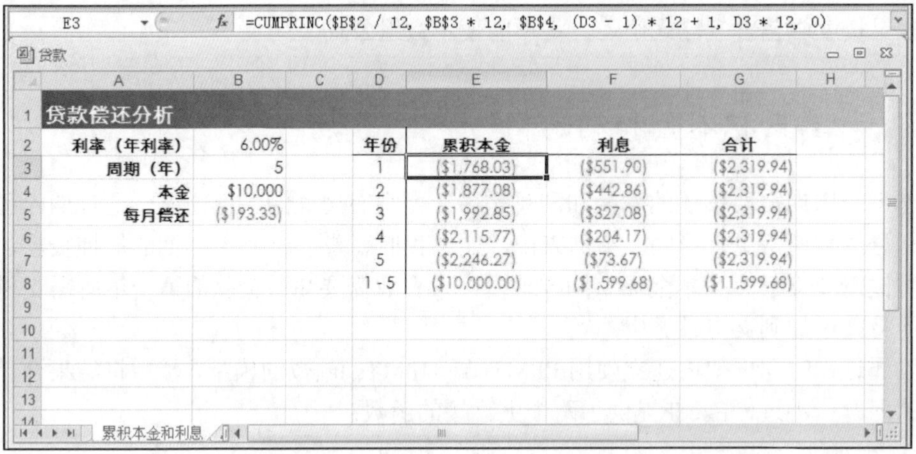

E3 =CUMPRINC($B$2 / 12, $B$3 * 12, $B$4, (D3 - 1) * 12 + 1, D3 * 12, 0)

贷款

	A	B	C	D	E	F	G
1	贷款偿还分析						
2	利率（年利率）	6.00%		年份	累积本金	利息	合计
3	周期（年）	5		1	($1,768.03)	($551.90)	($2,319.94)
4	本金	$10,000		2	($1,877.08)	($442.86)	($2,319.94)
5	每月偿还	($193.33)		3	($1,992.85)	($327.08)	($2,319.94)
6				4	($2,115.77)	($204.17)	($2,319.94)
7				5	($2,246.27)	($73.67)	($2,319.94)
8				1 - 5	($10,000.00)	($1,599.68)	($11,599.68)

累积本金和利息

图 18.5 工作表使用了 CUMPRINC( )和 CUMIPMT( )函数返回贷款每年的累积本金和利息

18.3 制定贷款分期偿还计划表

贷款分期偿还计划表是显示整个贷款期间计算序列的表。对于每个周期，计划表都会显示偿还额、偿还的本金和利息、累积本金和利息，以及剩余本金等组成部分。接下来的小节会带我们学习不同情形下的各种分期偿还计划表。

18.3.1 制定固定利率分期偿还计划表

最简单的分期偿还计划表其实就是我们曾经见到过的 3 个偿还函数的直接应用：PMT( )、PPMT( )和 IPMT( )函数。图 18.6 显示了具有以下特征的结果。

- 偿还函数的 5 个主要变量值存储在区域 B2:B6 中。
- 分期偿还计划表显示在 A9:G19 中。A 列中为周期，接下来一列计算偿还（B 列），然后是本金（C 列）、利息（D 列）、累积本金（E 列）以及累积利息（F 列）。“剩余本金”列显示的是原始本金总数（单元格 B4）减去每个周期的累积本金的结果。
- 累积本金和累积利息是由本金和利息分别累积相加所得，这些需要我们自己来完成，因为 CUMPRINC( )和 CUMIPMT( )函数不适用于气球式偿还。如果贷款中没有气球式偿还，可以在工作表中使用这两个函数。
- 这个计划表使用的时间框架是以年为单位的，所以不用调整 *rate* 和 *nper* 变量。

图 18.6 所示的分期偿还计划表假设在整个贷款期间利率是保持固定的。

G10 =$B$4 + E10

贷款

	A	B	C	D	E	F	G
1	贷款日期						
2	利率（年利率）	6.00%					
3	分期偿还(年)	10					
4	本金	$500,000					
5	气球式偿还	$0					
6	偿还类型	0					
7							
8	分期偿还计划表						
9	周期	偿还	本金	利息	累积本金	累积利息	剩余本金
10	1	($67,933.98)	($37,933.98)	($30,000.00)	($37,933.98)	($30,000.00)	$462,066.02
11	2	($67,933.98)	($40,210.02)	($27,723.96)	($78,144.00)	($57,723.96)	$421,856.00
12	3	($67,933.98)	($42,622.62)	($25,311.36)	($120,766.62)	($83,035.32)	$379,233.38
13	4	($67,933.98)	($45,179.98)	($22,754.00)	($165,946.59)	($105,789.32)	$334,053.41
14	5	($67,933.98)	($47,890.77)	($20,043.20)	($213,837.37)	($125,832.53)	$286,162.63
15	6	($67,933.98)	($50,764.22)	($17,169.76)	($264,601.59)	($143,002.29)	$235,398.41
16	7	($67,933.98)	($53,810.07)	($14,123.90)	($318,411.66)	($157,126.19)	$181,588.34
17	8	($67,933.98)	($57,038.68)	($10,895.30)	($375,450.34)	($168,021.49)	$124,549.66
18	9	($67,933.98)	($60,461.00)	($7,472.98)	($435,911.34)	($175,494.47)	$64,088.66
19	10	($67,933.98)	($64,088.66)	($3,845.32)	($500,000.00)	($179,339.79)	$0.00
20							

分期偿还计划表

图 18.6 固定利率贷款基本的分期偿还计划表

18.3.2 制定动态分期偿还计划表

图 18.6 中的分期偿还计划表是静态的，如果我们仅仅更改利率或本金，它会工作得非常好，但是对于以下类型的更改，这个工作表就无能为力了。

■ 如果想用不同的时间基准，如把年度的改成月度的，我们必须把偿还、本金、利息、累积本金和累积利息的原始公式全部编辑一遍，然后重新填写计划表。

■ 如果想要使用不同的周期数，我们必须延长计划或缩短计划，并且要删除过长计划中的额外周期。

以上这两个操作都既费时又费力，会大大降低分期偿还计划表的价值。为了让计划表真正有用，我们需要重新安排，让计划表及其中的公式能自动调整以适应时间基准或周期长短的更改。

图 18.7 所示的工作表就使用了动态分期偿还计划表。

→学习如何在工作表中添加列表框，请看“4.7 在工作表中使用对话框控件”。

我们在计划表里进行了以下更改来创建动态的计划表。

■ 在【时间基准】组合框里选择一个值（年度、半年、季度和月度）即可更改时间基准。这些值来自区域 F3:F6 的文本，选中项目的编号存储在单元格 E2 中。

■ 时间基准决定了时间系数，我们要据此来调整利率和期限。举例来说，如果时间基准是月度，那么时间系数就是 12，也就是说我们需要把年利率（单元格 B2）中的值除以 12，同时将期限（B3）乘以 12。这些新值存储在调整利率（D4）和周期总数（D5）中。时间系数单元格（D3）中使用的公式如下：

```
=CHOOSE(E2, 1, 2, 4, 12)
```

A11 =IF(A10 < $D$5, A10 + 1, "")

贷款

	A	B	C	D	E	F	G
1	贷款数据						
2	利率（年利率）	6.00%	时间基准	月度	4	时间基准值	
3	分期偿还（年）	15	时间系数	12		年度	
4	本金	$500,000	调整利率	0.5%		半年	
5	气球式偿还	$0	周期总数	180		季度	
6	偿还类型	0				月度	
7							
8	分期偿还计划表						
9	周期	偿还	本金	利息	累积本金	累积利息	剩余本金
10	1	($4,219.28)	($1,719.28)	($2,500.00)	($1,719.28)	($2,500.00)	$498,280.72
11	2	($4,219.28)	($1,727.88)	($2,491.40)	($3,447.16)	($4,991.40)	$496,552.84
12	3	($4,219.28)	($1,736.52)	($2,482.76)	($5,183.68)	($7,474.17)	$494,816.32
13	4	($4,219.28)	($1,745.20)	($2,474.08)	($6,928.89)	($9,948.25)	$493,071.11
14	5	($4,219.28)	($1,753.93)	($2,465.36)	($8,682.82)	($12,413.60)	$491,317.18
15	6	($4,219.28)	($1,762.70)	($2,456.59)	($10,445.51)	($14,870.19)	$489,554.49
16	7	($4,219.28)	($1,771.51)	($2,447.77)	($12,217.03)	($17,317.96)	$487,782.97
17	8	($4,219.28)	($1,780.37)	($2,438.91)	($13,997.40)	($19,756.88)	$486,002.60
18	9	($4,219.28)	($1,789.27)	($2,430.01)	($15,786.67)	($22,186.89)	$484,213.33
19	10	($4,219.28)	($1,798.22)	($2,421.07)	($17,584.88)	($24,607.96)	$482,415.12

动态分期偿还计划表

图 18.7 工作表使用了动态分期偿还计划表，可以自动调整以适应更改的时间基准和周期长度

■ 有了调整利率（D4）和周期总数（D5），计划表公式就可以直接引用这些单元格并返回任意所选时间基准的正确的值了。例如，下面是计算偿还的表达式：

```
PMT(D4, D5, B4, B5, B6)
```

■ 计划表会根据周期总数（D5）自动调整大小。如果周期总数是 15，计划表会有 15 行（不包括行标题）；如果周期总数是 180，那么计划表就有 180 行。

■ 动态调整计划表的大小是由周期总数（D5）中的函数完成的。第一个周期（A10）总是 1，接下来的周期会检查前一个值是否小于周期总数。单元格 A11 中的公式如下：

```
=IF(A10 < D5, A10 + 1, "")
```

如果当前单元格上面的单元格内的周期值小于周期总数，那么当前单元格就仍在计划表内，公式就会计算出当前周期（上面一个单元格的值加 1）并显示结果；否则，说明已到达计划表末尾，会显示一个空值。

■ 不同的偿还列也都会检查周期值。如果不为空，就计算并显示结果；否则，显示空值。单元格 B11 中的公式如下：

```
=IF(A11 <> "", PMT($D$4, $D$5, $B$4, $B$5, $B$6), "")
```

以上这些更改使得计划表完全是动态的，即计划表可以根据时间基准或期限自动调整。

注意：分期偿还计划表中的公式已经填写到了 500 行，对于任何计划表（使用月度基准能到第 40 年）几乎都够用了。如果需要更长的计划表，需要在计划表的最后一行后面填写计划表公式。

18.4　计算贷款期限

在某些情况下，我们需要按照当前利率借一笔确定金额的贷款，而且每次也只能偿还一点。如果贷款的其他因素是确定的，那么调整偿还的唯一途径就是调整贷款期限：贷款期限长意味着每次偿还少，而贷款期限短的话每次就得多偿还一些。

可以通过调整 PMT( )函数中的 *nper* 变量来得到想要的偿还数目。不过，Excel 提供了一个更直接的解决方案，即使用 NPER( )函数返回贷款的周期数目：

```
NPER(rate, pmt, pv[, fv] [, type])
```

rate：贷款期间的固定利率。

pmt：定期偿还额。

pv：贷款本金。

fv：贷款的将来值（默认为 0）。

type：偿还的类型。0（默认）是期末偿还，1 是期初偿还。

举例来说，假设我们准备借一笔金额为$10,000、利率为 6%的无气球式偿还的贷款，每月最多能偿还$750，那么贷款期限是多少？图 18.8 所示的工作表利用 NPER( )函数告诉了我们答案：13.8 个月。下面是一些在这个模型中需要注意的地方。

- 利率是年利率，所以 NPER( )函数的 *rate* 变量需要除以 12。
- 偿还是每月偿还，所以不需要调整 *pmt* 变量。
- 偿还数字是负数，因为这是我们支出的金额。

当然，在现实世界中，尽管经常会计算出非整数的期限，但最后一次偿还也必须发生在最后一个周期的期初或期末。上例中，银行用 13.8 个月的期限来计算偿还、本金和利息，但是也强调最后一次偿还要在第 13 个或第 14 个周期。图 18.8 中 NPER( )公式后面的表显示了以上两个情景。

如果选择在第 13 个周期结束还款，那还有一部分本金没有偿还完毕。想知道原因的话，让我们来看一下上图显示的第一部分分期偿还表：由周期（A 列）、每个周期所偿还的本金（B 列）和累积本金（C 列）组成。正如我们所看到的，在 13 个月后，我们所支付的本金只有$9,378.07，还剩余$621.93 没有支付（单元格 C24），因此第 13 次的偿还总额是$1,371.93（每月$750 的偿还额加上剩余本金$621.93）。

B7 =NPER(B2 / 12, B3, B4, B5, B6)

贷款

	A	B	C	D	E	F	G
1	贷款期限分析						
2	利率（年利率）	6.00%					
3	偿还（月）	($750)					
4	本金	$10,000					
5	气球式偿还	$0					
6	类型	0					
7	期限（月）	13.8					
9	13个月后贷款结束				14个月后贷款结束		
10	周期	本金	累积本金		周期	本金	累积本金
11	1	($700.00)	($700.00)		1	($700.00)	($700.00)
12	2	($703.50)	($1,403.50)		2	($703.50)	($1,403.50)
13	3	($707.02)	($2,110.52)		3	($707.02)	($2,110.52)
14	4	($710.55)	($2,821.07)		4	($710.55)	($2,821.07)
15	5	($714.11)	($3,535.18)		5	($714.11)	($3,535.18)
16	6	($717.68)	($4,252.85)		6	($717.68)	($4,252.85)
17	7	($721.26)	($4,974.12)		7	($721.26)	($4,974.12)
18	8	($724.87)	($5,698.99)		8	($724.87)	($5,698.99)
19	9	($728.49)	($6,427.48)		9	($728.49)	($6,427.48)
20	10	($732.14)	($7,159.62)		10	($732.14)	($7,159.62)
21	11	($735.80)	($7,895.42)		11	($735.80)	($7,895.42)
22	12	($739.48)	($8,634.89)		12	($739.48)	($8,634.89)
23	13	($743.17)	($9,378.07)		13	($743.17)	($9,378.07)
24		13个月后剩余本金	($621.93)		14	($746.89)	($10,124.96)
25		13月后的将来值	($621.93)			14个月后多支付的本金	$124.96
26						14个月后的将来值	$124.96

贷款期限分析

图 18.8 使用 NPER( )函数来确定一项金额为$10,000、利率是 6%的贷款的还款期限，以保证每月偿还金额为$750

注意： 累积本金值使用 SUM( )函数计算。在这里不能使用 CUMPRINC( )函数计算，因为 CUMPRINC( )函数会将 *nper* 变量缩短为一个整数值。

如果选择在第 14 个周期结束贷款，我们将会多支付一定金额的本金。原因请看第二个分期偿还表，它显示的是周期（E 列）、本金（F 列）和累积本金（G 列）。在第 14 个月时，我们所支付的本金为$10,124.06，比原始的本金$10,000 多支付了$124.96，因此，第 14 次的偿还总额是$625.04（每月$750 的偿还额减去多支付的$124.96）。

注意： 另一种计算剩余本金或多支付本金的方法是使用 FV( )函数，它返回偿还序列的将来值。对于 13 个月的方案，将 FV( )函数的 *nper* 变量设置为 13（请看图 18.8 中单元格 C25）；而对于 14 个月的方案，设置 *nper* 变量为 14（请看单元格 G26）。

→我们将在“第 19 章　建立投资公式”中学习 FV( )函数。

18.5　计算贷款所需的利率

有一种不太常见的方案是知道了贷款期限、偿还额和本金，需要计算利率来满足这些参数条件。在以下情况下这个方案是很有用的。

■　可以决定等到利率达到我们所想要的值时再贷款。

■　可以把计算出来的利率看作我们可支付的最大利率，知道小于这个利率的都可以让我们减少偿还额或期限。

■　可以把计算出来的利率当作和贷方谈判的工具，询问是否可以按照这个利率贷款，在对方不同意的情况下终止这个交易。

在给定其他贷款因素的情况下，用 RATE( )函数来计算利率：

```
RATE(nper, pmt, pv[, fv] [, type] [, guess])
```

nper：整个贷款期间的偿还次数。

pmt：定期偿还额。

pv：贷款本金。

fv：贷款的将来值（默认为 0）。

type：偿还的类型。0（默认）为期末偿还，1 是期初偿还。

guess：Excel 用作计算利率的起始百分比值（默认为 10%）。

RATE( )函数的 *guess* 参数表明这个函数会使用迭代计算来求得结果。

→关于迭代，请看“4.4　使用迭代计算和循环引用”。

举例来说，假设我们准备贷款$10,000，5 年还清，无气球式偿还，每月偿还$200。利率为多少时能满足以上条件呢？图 18.9 中的工作表使用 RATE( )函数得出的结果是 7.4%。以下是一些本模型中需要注意的问题。

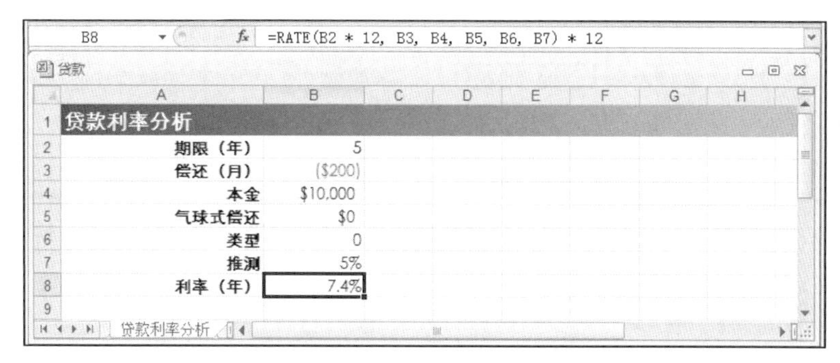

图 18.9　使用 RATE( )函数来确定一项总额为$10,000、期限为 5 年、每月偿还$200 的贷款的利率

■　周期是以年为基准的，所以 RATE( )函数的 *nper* 参数需要乘以 12。

■　偿还是每月偿还，所以 *pmt* 参数不需要调整。

- 偿还额是负数，因为这是需要我们付给贷方的金额。
- RATE( )函数的结果需要乘以 12，以得到年利率。

18.6 计算可借金额

如果知道了银行提供的当前利率、贷款的期限以及每个月要偿还的金额，我们就会考虑：在这些条件下最多可以借到多少贷款呢？想要找到这个答案，需要解决本金问题，也就是现值问题。在 Excel 中我们使用 PV( )函数解决这个问题：

```
PV(rate, nper, pmt[, fv] [, type])
```

rate：贷款期间的固定利率。

nper：贷款期间的偿还次数。

pmt：定期偿还额。

fv：贷款的将来值（默认为 0）。

type：偿还的类型。0（默认）为期末偿还，1 是期初偿还。

举例来说，假设当前贷款利率是 6%，贷款期限是 5 年，每月的偿还金额是$500。图 18.10 显示的工作表使用以下公式计算出我们所能贷款的最大金额为$25,862.78：

```
=PV(B2 / 12, B3 * 12, B4, B5, B6)
```

B7 =PV(B2 / 12, B3 * 12, B4, B5, B6)

	A	B
1	贷款本金分析	
2	利率（年）	6.00%
3	期限（年）	5
4	偿还（月）	($500)
5	气球式偿还	$0
6	类型	0
7	最大本金	$25,862.78

图 18.10　在给定固定利率、期限和每月偿还金额的情况下使用 PV( )函数计算可借到的最大金额

18.7 案例分析：抵押贷款

无论是对企业还是个人，抵押都基本是最大的财务交易了。不管是以百万美元计的新楼

宇还是以成千上万美元计的住宅，抵押都是严肃的商业行为。确切地知道我们将得到什么是很有必要的，不管是依据长期的现金流还是依据之前的抵押类型作出正确的决定，都会帮助我们将利息成本最小化。本次的案例分析将从以上这些方面来展开。

18.7.1　建立浮动利率抵押分期偿还计划表

为简单起见，我们最好还是建立一个和之前的计划表相似的抵押分期偿还计划表。但这样做并不现实，因为抵押贷款的利率一般不会在整个分期偿还时期保持不变，我们通常会有一个指定期限（通常是 1 到 5 年）的固定利率，然后再谈判以后期限的新的利率。这个再谈判包括更改以下 3 个方面的条件。

- 以后期限内的利率会反映出当前市场的利率。
- 分期偿还周期将会比之前的周期更短。例如，一个 25 年的分期偿还抵押在 5 年的周期后会变成 20 年。
- 抵押的限制将会在本次期限期末成为剩余本金。

图 18.11 所示的分期偿还计划表就考虑到了以上抵押的实际情况。

贷款

	A	B	C	D	E	F	G	H	I	J
1	初始抵押数据									
2	利率（年）	6.00%								
3	分期偿还（年）	25								
4	期限（年）	5								
5	本金	$100,000								
6	偿还类型	0								
7										
8	分期偿还计划表									
9	分期偿还年份	期限周期	利率	NPER	偿还	本金	利息	累积本金	累积利息	剩余本金
10	0	0								$100,000.00
11	1	1	6.0%	25	($7,822.67)	($1,822.67)	($6,000.00)	($1,822.67)	($6,000.00)	$98,177.33
12	2	2	6.0%	25	($7,822.67)	($1,932.03)	($5,890.64)	($3,754.70)	($11,890.64)	$96,245.30
13	3	3	6.0%	25	($7,822.67)	($2,047.95)	($5,774.72)	($5,802.66)	($17,665.36)	$94,197.34
14	4	4	6.0%	25	($7,822.67)	($2,170.83)	($5,651.84)	($7,973.49)	($23,317.20)	$92,026.51
15	5	5	6.0%	25	($7,822.67)	($2,301.08)	($5,521.59)	($10,274.57)	($28,838.79)	$89,725.43
16	6	1	7.0%	20	($8,469.45)	($2,188.67)	($6,280.78)	($12,463.24)	($35,119.57)	$87,536.76
17	7	2	7.0%	20	($8,469.45)	($2,341.87)	($6,127.57)	($14,805.11)	($41,247.14)	$85,194.89
18	8	3	7.0%	20	($8,469.45)	($2,505.80)	($5,963.64)	($17,310.91)	($47,210.78)	$82,689.09
19	9	4	7.0%	20	($8,469.45)	($2,681.21)	($5,788.24)	($19,992.12)	($52,999.02)	$80,007.88
20	10	5	7.0%	20	($8,469.45)	($2,868.89)	($5,600.55)	($22,861.02)	($58,599.57)	$77,138.98
21	11	1	8.0%	15	($9,012.11)	($2,840.99)	($6,171.12)	($25,702.01)	($64,770.69)	$74,297.99
22	12	2	8.0%	15	($9,012.11)	($3,068.27)	($5,943.84)	($28,770.28)	($70,714.53)	$71,229.72
23	13	3	8.0%	15	($9,012.11)	($3,313.74)	($5,698.38)	($32,084.02)	($76,412.91)	$67,915.98
24	14	4	8.0%	15	($9,012.11)	($3,578.83)	($5,433.28)	($35,662.85)	($81,846.19)	$64,337.15

抵押分期偿还计划表　Mortgage Paydown Analysis

图 18.11　抵押分期偿还计划表反映了每个新期限内的浮动利率、分期偿还周期和现值

分期偿还计划表内各列的情况如下。

■ 分期偿还年份——这一列显示的是整个分期偿还的年份，主要用来帮助计算期限周期值。注意这列中的值是根据单元格 B3 中的分期偿还（年）的值自动生成的。

■ 期限周期——这一列显示的是当前期限的年份。这是一个计算值，根据“分期偿还年份”列和单元格 B4 内的值用 MOD( )函数来生成。

■ 利率——应用于每个期限的利率。需要我们手动输入。

■ NPER——应用于每个期限的分期偿还周期。它将在 PMT( )、PPMT( )和 IPMT( )函数中作为 *nper* 变量被使用，需要手动输入。

■ 偿还——这是当前期限的月偿还额。PMT( )函数用利率列的值作为 *rate* 变量、NPER 列的值作为 *npe*r 变量。对于 *pv* 变量，函数会在前一个期限期末抓取余额并使用 OFFSET( )函数利用如下通用格式来计算：

```
OFFSET(current_cell, -Term_Period, 5)
```

在这个公式中，*current_cell* 是包含公式的单元格的引用，*Term_Period* 是对应的“期限周期”列内单元格的引用。举例来说，单元格 E11 中的公式如下：

```
=OFFSET(E11, -B11, 5)
```

因为 B11 中的值是 1，所以函数返回向上 1 行、向右 5 行的 J10 中的值，在本例中，即原始本金。

■ 本金和利息——这些列计算了偿还的本金和利息部分，和偿还列所使用的方法是一样的。

■ 累积本金和累积利息——这些列计算的是到每年年末时所支付的本金和利息的总额。因为利率在整个贷款时期并不是一成不变的，所以我们不能使用 CUMPRINC( )和 CUMIPMT( )函数，而要使用 SUM( )函数。

■ 剩余本金——这一列计算了贷款中减去每年“本金”列的值之后的剩余本金。在每一个期末，剩余本金都会被用作下一个期限的 PMT( )、PPMT( )和 IPMT( )函数的 *pv* 变量。举例来说，在图 18.11 中，在第一个 5 年期限的期末，剩余本金是$89,725.43，它也将是第二个 5 年计划所要使用的现值。

18.7.2 允许抵押本金偿还

现在的很多抵押贷款允许人们在每次偿还时多偿还一份额外的金额，即直接偿还抵押本金。在我们决定承担这份额外的本金偿还重担之前，有以下两个问题需要回答。

■ 完成抵押贷款会有多快？

■ 整个分期偿还期间会节省多少？

这些问题都需要用 Excel 的财务函数来回答。让我们来看一下图 18.12 所示的抵押分析模型。初始抵押数据显示了计算所需要的各项基本数据：年利率（B2）、抵押周期（B3）、本金（B4），以及将要添加到每次偿还中的额外的本金（B5。注意这是一个负数，因为它代表的是要流出的货币）。

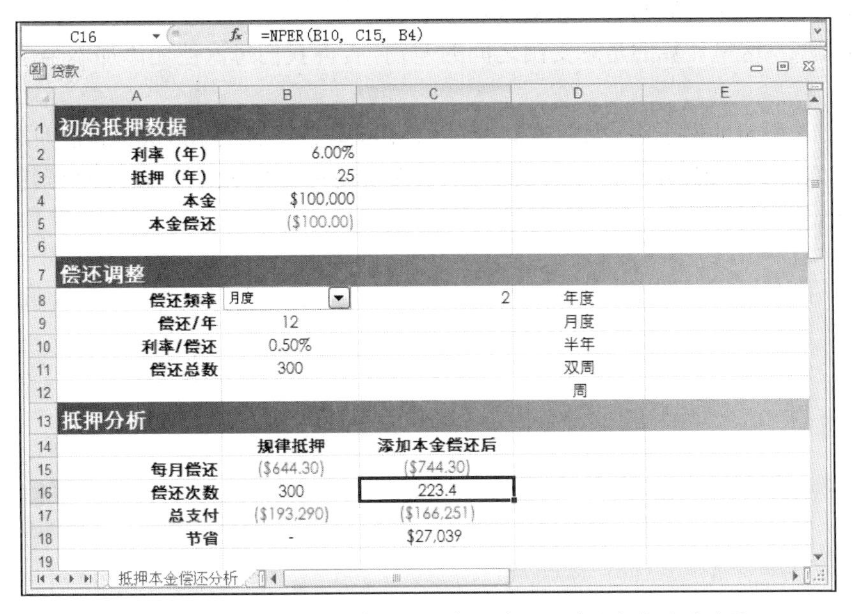

图 18.12 抵押分析工作表显示了每月偿还额外的本金后的效果

偿还调整区域有以下 4 个值。

■ 偿还频率——使用这里的组合框指定多久进行一次抵押偿还。显示的值（年度、月度、半年、双周、周）来自区域 D8:D12，所选择项目的编号存储在单元格 C8 中。

■ 偿还/年——这是指每年偿还的次数，由以下公式指定：

```
=CHOOSE(E2, 1, 12, 24, 26, 52)
```

■ 利率/偿还——年利率除以每年偿还的次数。

■ 偿还总数——抵押值乘以每年偿还的次数。

抵押分析区域显示了多个计算的结果。

■ 频率偿还（频率是指在组合框里选择的项目）——规律抵押每月偿还（单元格 B15）是使用 PMT( )函数计算的，其中 *rate* 变量是利率/偿还的值（D10），*nper* 变量是偿还总数的值（B11）：

```
=PMT(E4, E5, B4, 0, 0)
```

添加本金偿还后的值（C15）是本金偿还的值（B5）和规律抵押每月偿还的值（B15）的总和。

■ 偿还次数——对于规律抵押的值（B16）来说，它和偿还总数的值（B11）是一样的，复制粘贴到这里只是为了让我们更方便地和添加本金偿还后的值（C16）相比较，而后者是包含额外的本金偿还的，它使用了 NPER( )函数来计算，其中 *rate* 变量是利率/偿还值（B10）， *pmt* 变量是“添加本金偿还后”列内的偿还值（C15）。

- 总支付——这个值通过偿还值乘以偿还次数得出。
- 节省——这里计算的是总支出之间的差别，告诉我们每次偿还添加本金偿还之后所节省的金额。

在图 18.12 所示的例子中，每月支付额外的$100 本金偿还，$100,000 的抵押期限会从 300 个月（25 年）减少到 223.4 个月（约 18.5 年），而偿还总数会从$193,290 减少到$166,251，共节省$27,039。

第 19 章　建立投资公式

“第 18 章　建立贷款公式”中曾经介绍过货币的时间价值概念，这个概念在投资中也同样适用。唯一的区别在于我们需要转换货币的正负值，因为贷款通常包括收到的本金总额（正现金流）和所支付的偿还总额（负现金流），而相反地，投资包括投放金额（负现金流）和回报（正现金流）。

把正负号的转换记在脑海中，本章将带领我们学习用 Excel 的工具建立投资公式。我们将学到功能强大的复利，如何在票面利率和实际利率之间转换，如何计算某项投资的将来值，怎样根据计算出的所需利率、期限和存款来制定投资目标，以及如何建立投资计划等。

19.1　使用利率

正如我们在第 18 章中提到的，利率是将现值转换为将来值的途径。（或者，对贴现率来说，它被用来把将来值转为现值。）因此，在我们使用财务公式时，知道如何使用利率以及熟悉财务专有名称是很重要的。在第 18 章中，我们已经看到了利率、期限以及偿还使用同样的时间基准是有决定性意义的，本节下面的部分会带我们学习一些别的需要知道的技巧。

19.1.1　了解复利

“单利”是指那些每个周期支付同样金额的利率。举例来说，如果我们有一项$1,000 的投资，每年的单利是 10%，那么每年会收到$100 的回报。

但是，假设我们可以在投资上增加一些利息回报，例如，在第一年的期末，账户中的金额总共为$1,100，也就意味着我们在第二年会赚取$110（$1,100 的 10%）。将所赚利息添加到投资中就叫作“复合”，而所有赚取的利息（标准利息加上在投资中所赚取的利息，在本例中指额外的$10）就被称为“复利”。

19.1.2　票面利率 vs 实际利率

利率还可以和年度相复合。举例来说，假设$1,000 的投资回报率是 10%复合半年度，到第 6 个月期末的时候，我们赚取了$50 的利息（原始投资的 5%）；将这$50 再投资，等到第二个半年的时候，我们赚取的是$1,050 的 5%，即$52.50。最后，我们所赚取的这一年的总利息为$102.50。换句话来说，实际的利率变成了 10.25%。

那么到底哪个是正确的利率呢，是 10%还是 10.25%？为了回答这个问题，我们需要了解大部分利率的两种报价方式，如下所示。

- 票面利率——这是复合之前的年利率（本例中指 10%）。票面利率通常会伴随复合频率报价，例如，10%复合半年度。

注意：票面年利率通常简称为年利率（Annual Percentage Rate，APR）。

- 实际利率——这是在使用了复合利率之后，投资所获得的实际年利率（在本例中为 10.25%）。

换句话来说，两种利率都是“正确”的，只不过对票面利率来说，我们还需要知道复合频率。

如果知道了票面利率和一年复合周期数（例如，半年度指一年两个复合周期，月度指一年 12 个复合周期），我们就可以用票面利率除以周期数来求得每个周期的实际利率：

```
=nominal_rate / npery
```

这里，*npery* 是指每年的复合周期数。想要将票面年利率转换为实际年利率，使用以下公式：

```
=((1 + nominal_rate / npery) ^ npery) - 1
```

相反，如果知道了每周期的实际利率，可以通过将实际利率乘以周期数得到票面利率：

```
=effective_rate * npery
```

将实际年利率转换为票面年利率的公式如下所示：

```
=npery * (effective_rate + 1) ^ (1 / npery) - npery
```

下一小节讲到的两个函数可以帮助我们处理票面利率和实际利率之间的转换。

19.1.3 票面利率和实际利率之间的转换

将票面年利率转换为实际年利率可以使用 EFFECT( )函数：

```
EFFECT(nominal_rate, npery)
```

nominal_rate：票面年利率。

npery：一年的复合周期数。

举例来说，下面的公式返回某项投资的实际年利率，其中票面年利率为 10%，复合频率为半年度：

```
=EFFECT(0.1, 2)
```

图 19.1 所示的工作表在一项票面年利率为 10%并使用了多种复合频率的投资项目中应用了 EFFECT( )函数。

	A	B	C	D	E	F
1	复合频率	复合周期	票面年利率	实际年利率		
2	年度	1	10.0%	10.00%		
3	半年度	2	10.0%	10.25%		
4	季度	4	10.0%	10.38%		
5	月度	12	10.0%	10.47%		
6	周	52	10.0%	10.51%		
7	日	365	10.0%	10.52%		
8						

图 19.1　D 列中的公式应用了 EFFECT( )函数，根据 B 列中的复合周期，将 C 列中的票面年利率转换为了实际年利率

如果已经知道实际年利率和复合周期数，可以使用 NOMINAL( )函数将其转换为票面年利率：

```
NOMINAL(effect_rate, npery)
```

effect_rate：实际年利率。

npery：一年的复合周期数。

举例来说，下面的公式返回实际年利率为 10.52%、复合频率为日的某项投资的票面年利率：

```
=NOMINAL(0.1052, 365)
```

19.2　计算将来值

正如偿还通常是贷款计算中最重要的值一样，将来值也通常是投资计算中最重要的值。不管怎样，投资的初衷就是把一笔钱（现值）放在某个地方一段时间，最后得到一些新的（最好是更多的）钱，也就是将来值。

计算一项投资的将来值，Excel 提供了 FV( )函数：

```
FV(rate, nper[, pmt] [, pv] [, type])
```

rate：整个投资期间的固定利率。

nper：整个投资期间的周期数。

pmt：每个投资周期所存入的金额总数（默认为 0）。

pv：初始存款（默认为 0）。

type：存款的类型。0（默认）为期末存款，1 是期初存款。

因为每个周期所存入的金额总数（即 *pmt* 变量）和初始存款（*pv* 变量）都是我们需要支付的金额，所有它们在 FV( )函数中都必须是负值。

接下来的几小节会讲解在各种投资情境下使用 FV( )函数的操作。

19.2.1 整笔款项的将来值

最简单的投资情境就是，我们投资一整笔钱，然后在此过程中不新增存款，让它按照指定的利率和期限来增值。这种情况下，我们需要将 *pmt* 变量设置为 0：

```
FV(rate, nper, 0, pv, type)
```

举例来说，图 19.2 所示的是一项金额为$10,000、年利率为 5%、期限为 10 年的投资的将来值。

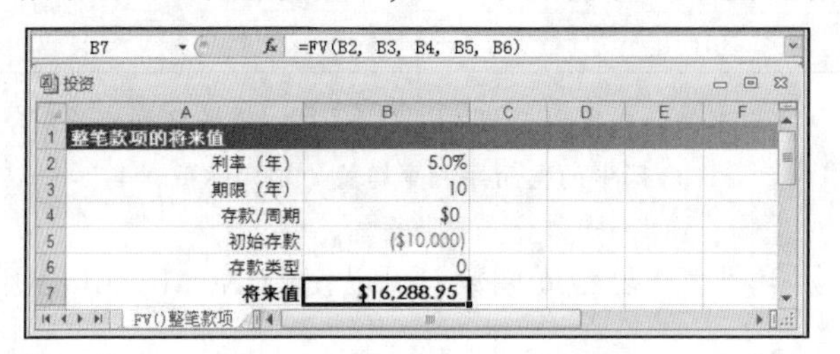

图 19.2 计算整笔款项的将来值时，将 FV( )函数的 *pmt* 变量设置为 0

注意：Excel 的 FV( )函数不能计算连续复合。所以，对于连续复合，我们需要使用以下通用公式（其中 e 是数学常量）：

```
=pv * e ^ (rate * nper)
```

举例来说，下面的公式计算的是一项金额为$10,000、利率为 5%、期限为 10 年的连续复合投资的将来值：

```
=10000 * EXP(0.05 * 10)
```

19.2.2 系列存款的将来值

另一种常见的投资情境是不存入初始金额，但在投资期限内进行一系列的存款操作。在这种情况下，需要将 FV( )函数的 *pv* 变量设置为 0：

```
FV(rate, nper, pmt, 0, type)
```

举例来说，图 19.3 所示的是一项每月存入$100、利率为 5%的 10 年期投资的将来值。注意利率和期限都被转换成了以月度为基准，因为存款是每月都在进行的。

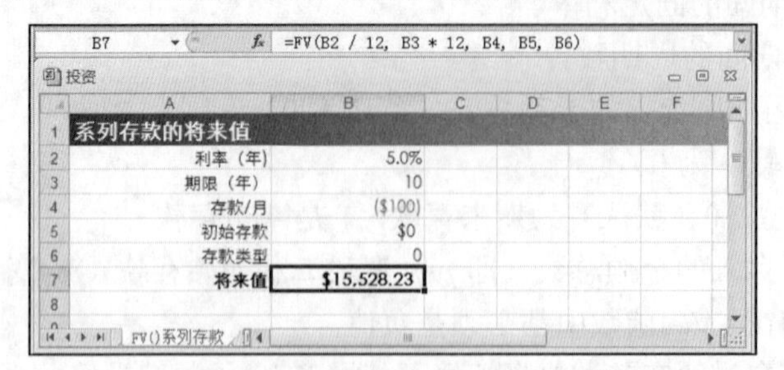

图 19.3 计算系列存款的将来值的时候，将 FV( )函数的 *pv* 变量设置为 0

19.2.3　整笔款项加系列存款的将来值

为了得到最好的投资结果，最好是在投资了整笔款项之后再加上规律存款。在这种情境下，我们需要指定除 *type* 外的所有变量。举例来说，图 19.4 所示的是一项初始存款为$10,000、每月存款$100、利率为 5%的 10 年期投资的将来值。

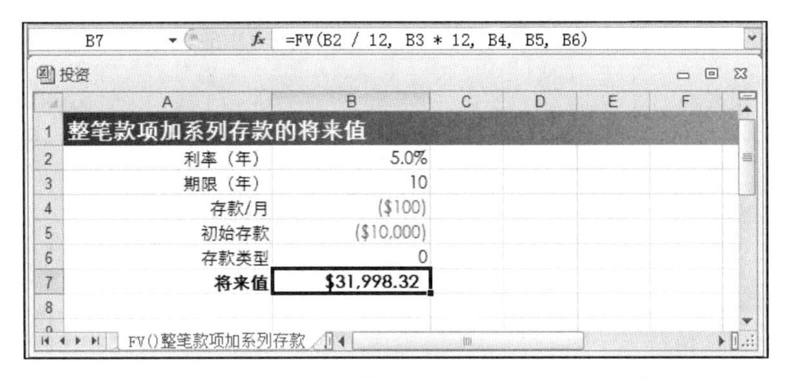

图 19.4　用 FV( )函数计算整笔款项加系列存款的将来值

19.3　达到投资目标

除了查看一项投资何时结束，我们也经常会在脑海中有一个财政目标，并且会问自己：怎么样才能达到这项目标呢？

回答这个问题，也就意味着在解决这 4 项主要的将来值参数（利率、周期数、定期存款和初始存款）中的一项的同时，要保持其他的参数（当然，还有我们的将来值目标）不变。接下来的 4 个小节将会带我们学习解决这个问题的方法。

19.3.1　计算所需利率

如果知道了想要的将来值、所需时间、初始存款，以及可负担的定期存款值，那么达到目标所需要的利率是多少呢？我们可以使用 RATE( )函数来回答这个问题，第 18 章的时候我们已经学习过了，下面是这个函数从投资角度来使用的语法：

```
RATE(nper, pmt, pv, fv[, type] [, guess])
```

nper：整个投资期间的存款数。

pmt：每次存款的总数。

pv：初始投资。

fv：投资的将来值。

type：存款的类型。0（默认）为期末存款，1 是期初存款。

guess：Excel 用来计算利率的起始百分比值（默认为 10%）。

→在贷款环境中使用 RATE( )函数，请看“18.5　计算贷款所需的利率”。

举例来说，如果我们从现在起到 10 年后需要$100,000，初始资金为$10,000，每月可存款$500，那么利率是多少才能够达到目标呢？图 19.5 所示的工作表告诉了我们答案：6%。

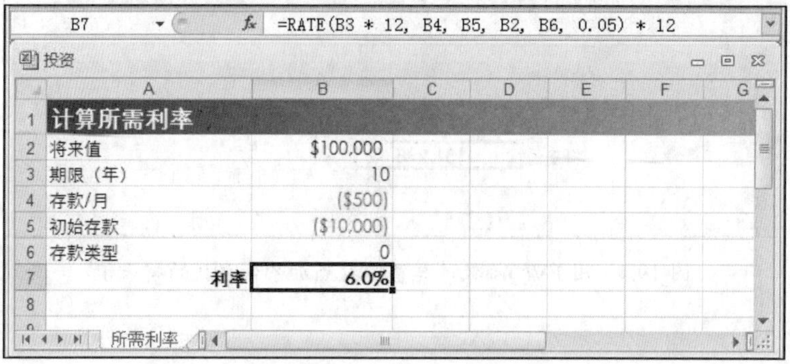

B7　=RATE(B3 * 12, B4, B5, B2, B6, 0.05) * 12

投资

	A	B	C	D	E	F	G
1	计算所需利率						
2	将来值	$100,000					
3	期限（年）	10					
4	存款/月	($500)					
5	初始存款	($10,000)					
6	存款类型	0					
7	利率	6.0%					
8							

所需利率

图 19.5　根据固定期限、定期存款以及初始存款，使用 RATE( )函数计算出达到将来值所需的利率

19.3.2　计算所需的周期数

如果已经有了投资目标，还知道了初始存款额以及可以承担的定期存款额，那么在当前市场利率下，多久可以达到目标呢？要回答这个问题，我们需要使用 NPER( )函数，这个在第 18 章已经学过了，下面是 NPER( )函数从投资角度来使用的语法：

```
NPER(rate, pmt, pv, fv[, type])
```

rate：整个投资期间的固定利率。

pmt：每次存款的总额。

pv：初始投资。

fv：投资的将来值。

type：存款的类型。0（默认）为期末存款，1 是期初存款。

举例来说，假设我们想在退休的时候有$1,000,000。此时我们有$50,000 可以用来投资，每月能存款$1,000，预期利率是 5%，那么多久能达到目标呢？图 19.6 所示的工作表给了我们答案：349.4 个月，也就是 29.1 年。

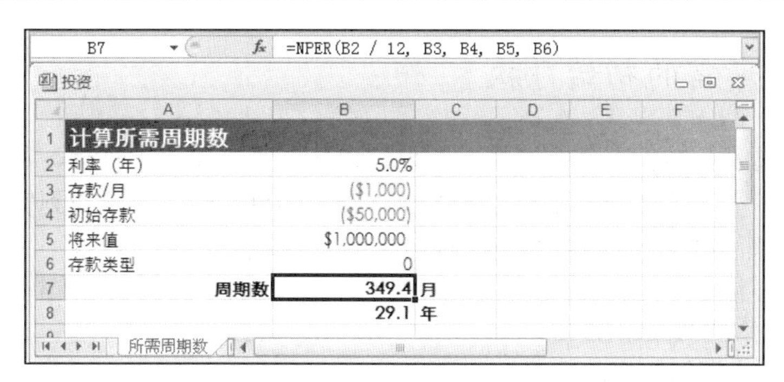

B7　=NPER(B2 / 12, B3, B4, B5, B6)

	A	B	C
1	计算所需周期数		
2	利率（年）	5.0%	
3	存款/月	($1,000)	
4	初始存款	($50,000)	
5	将来值	$1,000,000	
6	存款类型	0	
7	周期数	349.4	月
8		29.1	年

所需周期数

图 19.6　在已知固定利率、定期存款和初始存款的情况下，使用 NPER( )函数计算需要多久能达到想要的将来值

19.3.3　计算所需的定期存款

假设我们已确定达到目标的确切日期以及投资的初始存款，那么在给定当前利率的情况下，每月定期存款多少才能达到目标呢？第 18 章学过的 PMT( )函数可以给我们答案。下面是 PMT( )函数从投资方面来使用的语法：

```
PMT(rate, nper, pv, fv[, type])
```

rate：整个投资期间的固定利率。

nper：整个投资期间的存款数。

pv：初始存款。

fv：投资的将来值。

type：存款的类型。0（默认）为期末存款，1 是期初存款。

举例来说，假设我们想要在 15 年内赚取$50,000 作为孩子的教育基金。如果没有初始存款而投资期间预期利率是 7.5%，那么每月定期存款多少才能达到目标呢？图 19.7 所示的工作表使用 PMT( )函数计算出了结果：每月$151.01。

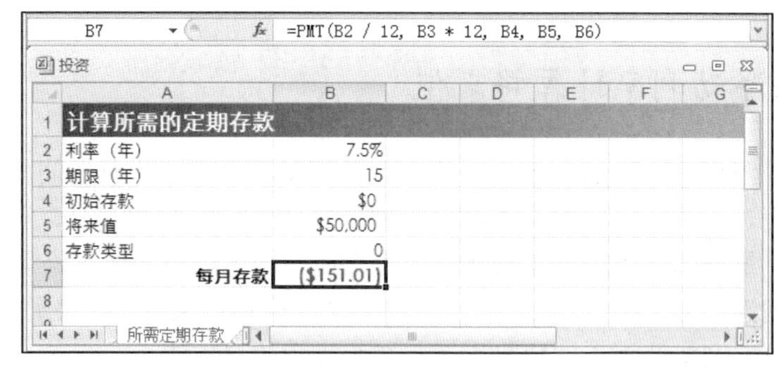

B7　=PMT(B2 / 12, B3 * 12, B4, B5, B6)

	A	B
1	计算所需的定期存款	
2	利率（年）	7.5%
3	期限（年）	15
4	初始存款	$0
5	将来值	$50,000
6	存款类型	0
7	每月存款	($151.01)
8		

所需定期存款

图 19.7　在给定固定利率、固定期限以及初始存款的情况下，使用 PMT( )函数来求得达到将来值的每月定期存款额

19.3.4 计算所需的初始存款

最后一个问题是标准将来值的计算。假设知道什么时候要达到目标、每个周期能存款多少，以及利率是多少，那么一开始要存入多少才能达到目标呢？想要找到答案，我们需要使用 PV( )函数。下面是 PV( )函数从投资的角度来使用的语法：

```
PV(rate, nper, pmt, fv[, type])
```

rate：整个投资期间的固定利率。

nper：整个投资期间的存款数。

pmt：每个周期存款的总额。

fv：投资的将来值。

type：存款的类型。0（默认）为期末存款，1 是期初存款。

举例来说，假设我们的目标是 3 年内赚取$100,000 来购买设备，如果预期利率是 6%，每月定期存款额为$2,000，那么初始存款是多少才能达到目标呢？图 19.8 所示的工作表使用 PV( )函数计算出了结果：$17,822.46。

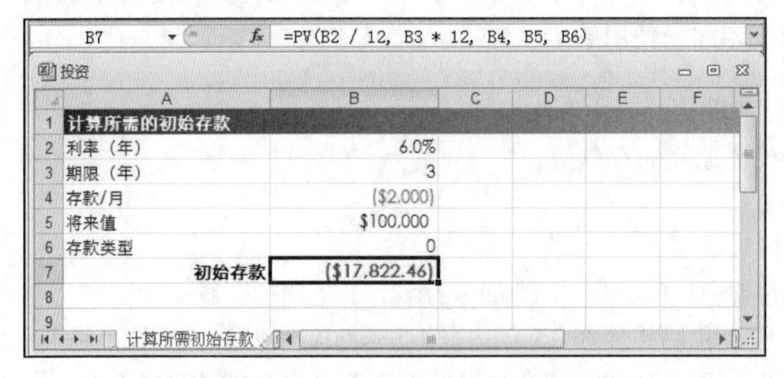

图 19.8 已知固定利率、存款数以及定期存款的情况下，
使用 PV( )函数计算需要存入多少初始存款才能达到目标

19.3.5 根据浮动利率计算将来值

到目前为止，我们所学习的关于将来值的例子都是假设整个投资期间的利率保持不变。对于固定利率投资，这样是可行的；但是对于别的投资，例如共同基金、股票和债券等，使用固定利率的话，最好的作用也就是猜测整个投资期间利率的平均值了。

对于投资期间浮动的利率，或者说投资期间会波动的利率，Excel 提供了 FVSCHEDULE( )函数。该函数在给定利率计划表的情况下返回初始投资的将来值：

```
FVSCHEDULE(principal, schedule)
```

principal：初始投资。

schedule：包含利率的区域或数组。

举例来说，下面的公式返回初始存款为$10,000，期限为 3 年，利率分别为 5%、6%、7%的投资的将来值：

```
FVSCHEDULE(10000, {0.5, 0.6, 0.7})
```

图 19.9 所示的工作表计算了初始存款为$100,000 的一项投资，5 年内的利率分别是 5%、5.5%、6%、7%、6%。

注意：如果想知道某项投资的平均利率，可以使用 RATE( )函数，其中 *nper* 是利率计划表中值的数目，*pmt* 是 0，*pv* 是初始存款，*fv* 是 FVSCHEDULE( )函数结果的负值，通用语法如下：

```
RATE(ROWS(schedule),0 ,principal, -FVSCHEDULE(principal, schedule))
```

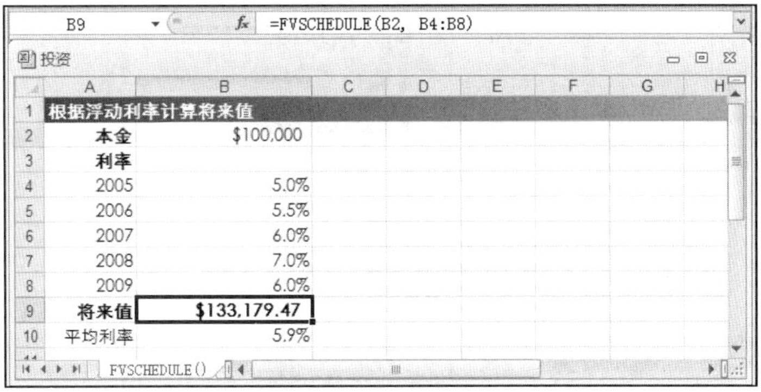

B9　=FVSCHEDULE(B2, B4:B8)

投资

	A	B
1	**根据浮动利率计算将来值**	
2	**本金**	$100,000
3	**利率**	
4	2005	5.0%
5	2006	5.5%
6	2007	6.0%
7	2008	7.0%
8	2009	6.0%
9	**将来值**	**$133,179.47**
10	平均利率	5.9%

FVSCHEDULE()

图 19.9　使用 FVSCHEDULE( )函数返回初始存款已知、利率浮动变化的投资的将来值

19.4　案例分析：建立投资计划表

如果我们在未来有现金流通计划或退休资金需求，那么仅仅知道某项投资最后能赚多少钱是不够的，还需要知道在整个投资期间每个周期内账户或基金里有多少钱。

想要做到这些，我们需要建立一个“投资计划表”。这和分期偿还计划表是类似的，只是它显示的是在整个投资期间的每个周期内的将来值。

→关于分期偿还计划表，请看“18.3　制定贷款分期偿还计划表”。

在典型的投资计划表内，我们需要考虑以下两个方面。

■　要把定期存款放到投资里，尤其是存款的总数和频率，其中存款的频率决定了投资的周期数。例如，一项 10 年的投资复合半年存款，周期是 20 个。

■　要考虑到投资的复合频率（年度、半年度等）。假设我们知道即票面年利率，就可以使用复合频率来确定实际利率了。

但是要注意，不能简单地使用 EFFECT( )函数将已知票面利率转换为实际利率，因为我们将要计算的是每个周期期末的将来值，它可能会、也可能不会和复合频率一致。举例来说，如果投资复合频率是月，而我们却按照半年来存款，那么在每个周期期末记入将来值的复合频率将会是 6 个月。

得到每个周期适当的实际利率需要以下 3 个步骤。

1．根据复合频率，使用 EFFECT( )函数将票面年利率转换为实际年利率。

2．根据存款频率，使用 NOMINAL( )函数将第 1 步得到的实际利率转换为票面利率。

3．用第 2 步得到的票面利率除以存款频率，得到每个周期的实际利率，这将是我们用在 FV( )函数中的值。

图 19.10 所示的工作表就使用以上技巧建立了一个投资计划表。

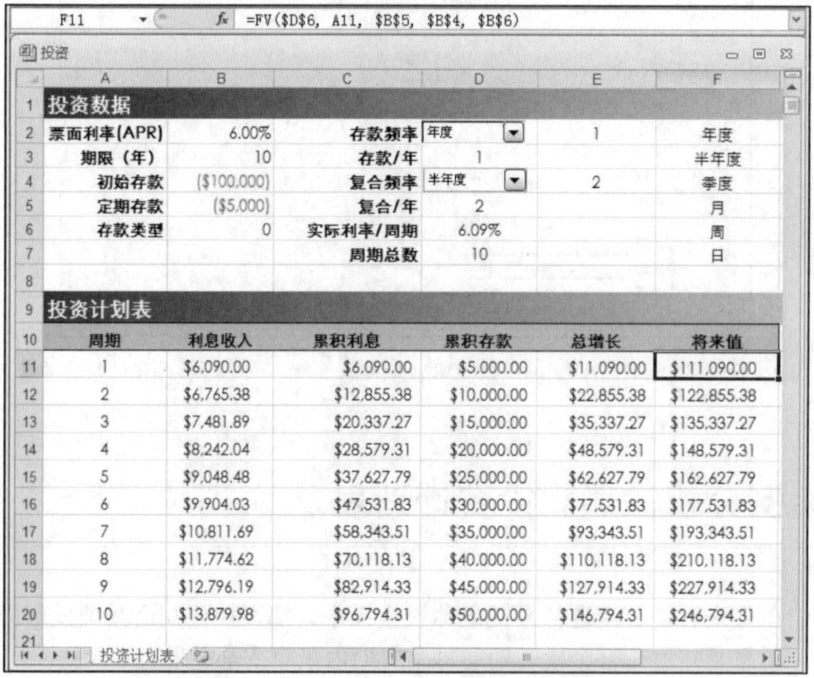

F11 =FV($D$6, A11, $B$5, $B$4, $B$6)

投资

	A	B	C	D	E	F
1	投资数据					
2	票面利率(APR)	6.00%	存款频率	年度	1	年度
3	期限（年）	10	存款/年	1		半年度
4	初始存款	($100,000)	复合频率	半年度	2	季度
5	定期存款	($5,000)	复合/年	2		月
6	存款类型	0	实际利率/周期	6.09%		周
7			周期总数	10		日
8						
9	投资计划表					
10	周期	利息收入	累积利息	累积存款	总增长	将来值
11	1	$6,090.00	$6,090.00	$5,000.00	$11,090.00	$111,090.00
12	2	$6,765.38	$12,855.38	$10,000.00	$22,855.38	$122,855.38
13	3	$7,481.89	$20,337.27	$15,000.00	$35,337.27	$135,337.27
14	4	$8,242.04	$28,579.31	$20,000.00	$48,579.31	$148,579.31
15	5	$9,048.48	$37,627.79	$25,000.00	$62,627.79	$162,627.79
16	6	$9,904.03	$47,531.83	$30,000.00	$77,531.83	$177,531.83
17	7	$10,811.69	$58,343.51	$35,000.00	$93,343.51	$193,343.51
18	8	$11,774.62	$70,118.13	$40,000.00	$110,118.13	$210,118.13
19	9	$12,796.19	$82,914.33	$45,000.00	$127,914.33	$227,914.33
20	10	$13,879.98	$96,794.31	$50,000.00	$146,794.31	$246,794.31
21						

投资计划表

图 19.10　考虑存款频率和复合频率，返回一项投资的每个存款周期期末的将来值的投资计划表

下面是工作表中“投资数据”部分的项目。

■ 票面利率（APR）（B2）——投资的票面年利率。

■ 期限（年）（B3）——投资的期限，以年为基准。

■ 初始存款（B4）——指投资开始的时候存入的总金额，以负值输入（因为这是需要支付的金额）。

■ 定期存款（B5）——投资每个周期存入的金额。（同样地，这个也是负值。）

■　存款类型（B6）——FV( )函数中的 *type* 变量。

■　存款频率——使用这个组合框指定多久存一次款。组合框里的值（年度、半年度、季度、月、周、日）来自区域 F2:F7，所选项目的编号在单元格 E2 中。

■　存款/年（D3）——每年存款的次数，由以下公式生成：

```
=CHOOSE(E2, 1, 2, 4, 12, 52, 365)
```

■　复合频率——使用此组合框指定投资的复合频率。组合框里的选项和存款频率组合框里的选项一样，所选项目的编号在单元格 E4 中。

■　复合/年（D5）——每年的复合周期数，由以下公式生成：

```
=CHOOSE(E4, 1, 2, 4, 12, 52, 365)
```

■　实际利率/周期（D6）——每周期的实际利率，根据我们在本节前面提到过的 3 步算法生成，公式如下：

```
=NOMINAL(EFFECT(B2, D5), D3) / D3
```

■　周期总数（D7）——投资中的存款周期总数，由期限乘以每年存款的次数得出。

接下来是工作表的“投资计划表”部分。

■　周期（A 列）——投资的周期数，根据周期总数值（D7）自动生成。

→投资计划表中使用的动态特性和分期偿还计划表中使用的是一样的，更多关于此内容的信息，请看“18.3.2　制定动态分期偿还计划表”。

■　利息收入（B 列）——投资周期内的利息收入由之前周期的将来值乘以实际利率/周期（D6）生成。

■　累积利息（C 列）——每个周期期末利息收入的总和。由“利息收入”列的值累积合计而成。

■　累积存款（D 列）——每个周期期末添加到投资中的存款总额，由定期存款（B5）乘以当前周期（A 列）生成。

■　总增长（E 列）——每个周期期末投资的初始存款增长总额，由累积利息和累积存款相加得出。

■　将来值（F 列）——每个周期的投资值。单元格 A11 中的 FV( )公式如下：

```
=FV($D$6, A11, $B$5, $B$4, $B$6)
```

第 20 章　建立贴现公式

在“第 19 章　建立投资公式”中，我们看到投资计算在很大程度上和“第 18 章　建立贷款公式”中使用的货币的时间价值概念是一致的，不同的只是现金流通的方向。举例来说，贷款的现值是正现金流，因为这是将流向我们手中的金钱；而投资的现值是负现金流，因为这些金钱都将流向投资。

贴现也遵循货币的时间价值，我们可以通过下面的等式查看它与现值、将来值以及利息的关系：

将来值 = 现值 + 利息

现值 = 将来值 – 贴现

在第 18 章中，我们曾经见过贴现的一种形式，就是当我们根据银行所提供的当前利率、准备什么时候还贷以及每月可以负担的偿还额来决定借多少钱（现值）的时候。

同样地，在第 19 章中，我们也曾经见过贴现的应用，即为了达到目标，在已知利率以及每个周期存款多少的情况下，计算初始存款（现值）的时候。

本章将会带我们进一步了解 Excel 的贴现公式，包括现值和收益率、现金流通分析测量，如净现值和内部收益率等。

20.1　计算现值

货币的时间价值概念告诉我们，现在的一美元和将来的一美元并不相同，我们不能将它们直接进行比较，否则就像是比较苹果和橘子的相似之处一样，非常不靠谱。从贴现的角度来说，现值是非常重要的，它能让我们通过重新变更当前期限下的资产或投资的将来值来作出正确的比较。

在第 19 章中我们学到过，计算将来值要依赖于复合，详情如下。

→请看“19.1.1　了解复利”。

- 第 1 年：$1.00 * (1 + *rate*)
- 第 2 年：$1.00 * (1 + *rate*) * (1 + *rate*)
- 第 3 年：$1.00 * (1 + *rate*) * (1 + *rate*) * (1 + *rate*)

给定利率 *rate* 和周期 *nper*，现在的一美元的将来值计算如下：

```
=$1.00 * (1 + rate) ^ nper
```

计算现值过程与其相反，即给定贴现率 *rate*，通过除法将来的一美元变为现在的一美元。

- 第 1 年：$1.00 / (1 + *rate*)
- 第 2 年：$1.00 / (1 + *rate*) / (1 + *rate*)
- 第 3 年：$1.00 / (1 + *rate*) / (1 + *rate*) / (1 + *rate*)

一般来说，已知贴现率 *rate* 和周期 *nper* 的情况下，将来一美元的现值计算如下：

```
=$1.00 / (1 + rate) ^ nper
```

这个公式的结果就叫作“贴现要素”，用它乘以任意将来值都可以得到现值。

20.1.1　将通货膨胀考虑进去

将来值能告诉我们最后会有多少钱，却不能说明这些钱价值几何。换句话来说，假如某个设备的成本是$10,000，我们投资所得的将来值也是$10,000，可这并不意味着我们能用这个将来值购置这个设备，因为设备的价格很可能会上涨。也就是说，通货膨胀会降低将来值的购买能力。如果想知道将来值价值多少，我们应该按照现值来考虑。

举例来说，如果我们进行一项初始存款为$10,000、每月定期存款$100、年利率为 5%的投资，10 年之后，这项投资的将来值是$31,998.32，假设通货膨胀率保持每年 2%不变，那么此投资的将来值按现值来讲价值多少呢？

在这里，贴现率就是通货膨胀率，所以贴现计算如下：

```
=1 / (1.02) ^ 10
```

此结果返回 0.82。用这个贴现要素乘以将来值得出现值：$26,249.77。

20.1.2　使用 PV( )函数计算现值

你可能已经考虑过 Excel 的 PV( )函数了，我们之前一直没有详细介绍它，这里就可以看到使用这个函数从第一笔本金开始计算现值的方法。了解了现在的情境之后，我们就能很容易地使用 PV( )函数直接计算现值了：

```
PV(rate, nper, pmt[, fv] [, type])
```

rate：资产或投资的固定利率。

nper：资产或投资的周期数。

pmt：每个周期的资产收入或存入投资的存款额。

fv：资产或投资的将来值。

type：*pmt* 的类型。0（默认）为每周期末，1 是每周期初。

举例来说，使用 PV( )函数即可计算通货膨胀对将来值的影响，其中 *rate* 就是通货膨胀率：

```
PV(通货膨胀率, nper, 0, fv)
```

注意：如果设置 PV( )函数的 *pmt* 变量为 0，那么 *type* 变量就可以省略了，因为如果没有 *pmt* 的话，*type* 变量就是无意义的。

图 20.1 所示的工作表使用 PV( )函数，通过下面的公式得出了$26,249.77 的结果：

```
=PV(B9, B3, 0, -B7)
```

B11 =PV(B9, B3, 0, -B7)

贴现

	A	B	C	D	E	F	G	H
1	将通货膨胀考虑进去							
2	利率（年）	5.0%		年	贴现要素			
3	期限（年）	10		0	1.00			
4	存款/月	($100)		1	0.98			
5	初始存款	($10,000)		2	0.96			
6	存款类型	0		3	0.94			
7	将来值	$31,998.32		4	0.92			
8				5	0.91			
9	通货膨胀率	2%		6	0.89			
10	现值（贴现要素）	$26,249.77		7	0.87			
11	现值(PV()函数)	$26,249.77		8	0.85			
12				9	0.84			
13				10	0.82			
14								

通货膨胀

图 20.1　使用 PV( )函数计算通货膨胀对将来值的影响

注意这个结果和使用贴现要素计算出的结果是一样的，后者显示在单元格 B10 中。D2:E13 显示的是每年的贴现要素。

接下来的内容将会带领我们通过一些例子学习 PV( )函数在贴现情境下的使用。

20.1.3　收益型投资 vs 购置出租房

如果手中有一些现金可用来投资，我们经常会考虑是用这些钱投资一些直接的收益型证券（如债券或凭证）好还是购置出租房好。

分析这些情况的方法之一是集中以下数据。

- 固定收益证券类，找到时间框架内最适合的交易。举例来说，我们可以找到一种成熟期为 10 年、利率为 5%的债券。
- 出租房类，找出房屋的年出租收益是多少，同时，估算出租房屋在固定收益债券成熟的那个时候价值是多少。举例来说，我们所看的出租房可能每年收益为$24,000，10 年后估价为$1,000,000。

有了以上这些数据（忽略掉其他的复杂因素，如出租房开支等），我们想知道最多需要为购置出租房支出多少，才能比投资收益型证券得到更高的收益。

想要解决这个问题，按照如下方式使用 PV( )函数：

```
PV(固定收益, nper, 出租收入, 出租房将来值)
```

图 20.2 所示的工作表模型就使用了以上这个公式。PV( )函数的结果是$799,235，也就是说，如果我们购置出租房的花费小于这个数字，那么购置出租房就比购买固定收益型证券好，否则就是购买固定收益型证券为好。

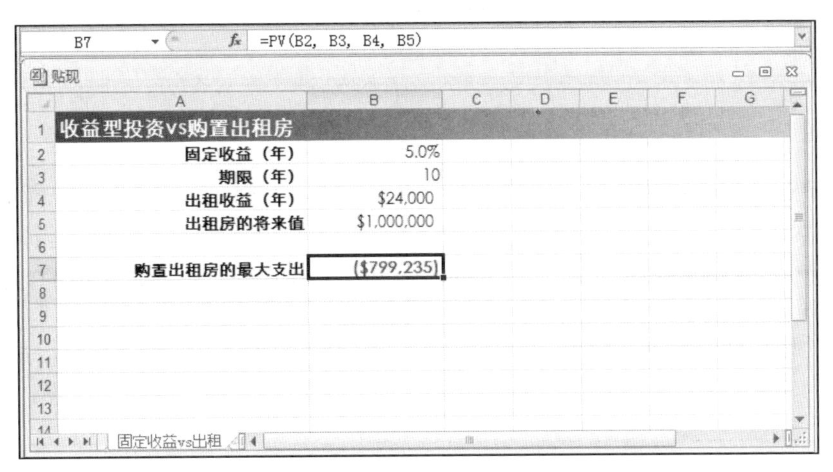

图 20.2　使用 PV( )函数比较购买固定收益型证券和购置出租房的收益情况

20.1.4　购买 vs 租赁

另一个常见的商业难题是关于设备的：设备是立即购买还是租赁比较好？同样地，我们通过计算两边的现值来进行比较：现值最小的就是最好的。

> **注意：**现值计算会忽略掉那些复杂的因素，如贬值和税金等。

现在，首先假设所购买的设备将来没有市场价值，在租赁期末也没有剩余的使用价值。在这种情况下，从购买方面来说，设备的现值就相当于购买价格了，而从租赁方面来说，我们使用 PV( )函数来确定现值：

```
=PV(贴现率, 租赁期, 租赁支出)
```

*贴现率*可以是当前投资利率或当前贷款利率的值。例如，如果我们能将这笔租赁支出投资并得到每年 6%的利率，就可以将这 6%当作*贴现率*变量。

举例来说，假设我们可以支出$5,000 购买设备，也可以在 2 年内每月支出$240 来租赁设备，如果贴现率是 6%，那么租赁的现值是多少呢？图 20.3 所示的工作表计算出了结果：$5,415.09。也就是说，购买设备成本花费较少。

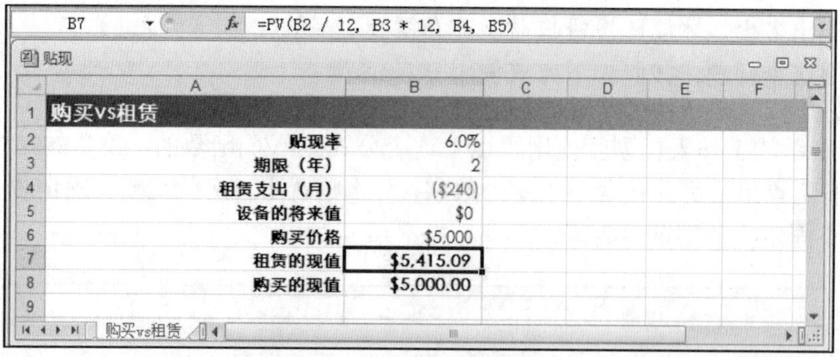

B7 =PV(B2 / 12, B3 * 12, B4, B5)

贴现

	A	B
1	购买vs租赁	
2	贴现率	6.0%
3	期限（年）	2
4	租赁支出（月）	($240)
5	设备的将来值	$0
6	购买价格	$5,000
7	租赁的现值	$5,415.09
8	购买的现值	$5,000.00

购买vs租赁

图 20.3　使用 PV( )函数比较购买和租赁设备的成本花费

如果设备还有将来市场价值（从购买方面来说）或还有剩余使用价值（从租赁方面来说）会怎样呢？其实这对选择购买或租赁设备更好来说并没有什么太大的影响，因为设备的将来价值在这两个方面升高的比率是基本一致的。但是，要注意计算购买的现值的方式：

```
=购买价格 + PV(贴现率, term, 0, 将来值)
```

即购买的现值等于购买价格加上设备将来市场价值的现值。对租赁来说，把设备的剩余使用价值作为 PV( )函数的 *fv* 变量。图 20.4 显示了加上设备的将来值的工作表。

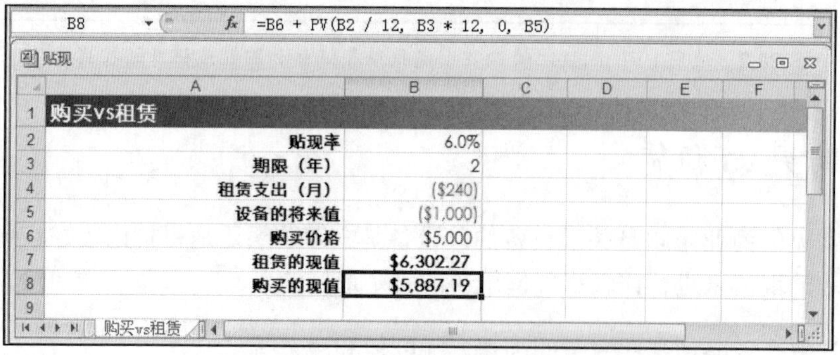

B8 =B6 + PV(B2 / 12, B3 * 12, 0, B5)

贴现

	A	B
1	购买vs租赁	
2	贴现率	6.0%
3	期限（年）	2
4	租赁支出（月）	($240)
5	设备的将来值	($1,000)
6	购买价格	$5,000
7	租赁的现值	$6,302.27
8	购买的现值	$5,887.19

购买vs租赁

图 20.4　有将来市场价值和剩余使用价值的购买和租赁设备的现值之间的对比

20.2　贴现现金流

常见的商业情境之一是将一些钱放到某项资产或投资中得到收益。通过评估现金流（负现金流指投资的初始金额以及维护资产所需的后续花费，正现金流指资产或投资得到的收益），我们可以判断投资的是否是好的项目。

举例来说，考虑一下本章中曾经讨论过的情况：我们投资了一项房产，租金收益会生成定期现金流。那么分析这项投资的时候，需要考虑的现金流类型有以下 3 种。

- 初始购买价格（负现金流）。
- 年租金收益（正现金流）。
- 出售房产所得收益（正现金流）。

本章的前面部分，我们使用 PV( )函数计算出初始购买价格为$799,235、估算出售价格为$1,000,000，这样的话与 10 年 5%的固定收益证券的回报是一样的。现在，让我们使用现金流分析来验证一下。图 20.5 所示的工作表显示的就是此项投资的现金流，行 3 显示了每年的净现金流（本例中，这里是租赁收入减去维护和维修房产所需的花费成本），行 4 显示的是累积净现金流。注意 F 列到 I 列（第 4 年到第 7 年）被隐藏了起来，这样我们就可以看到最终的现金流了：10 年的租金收益加上出售房产的收益。

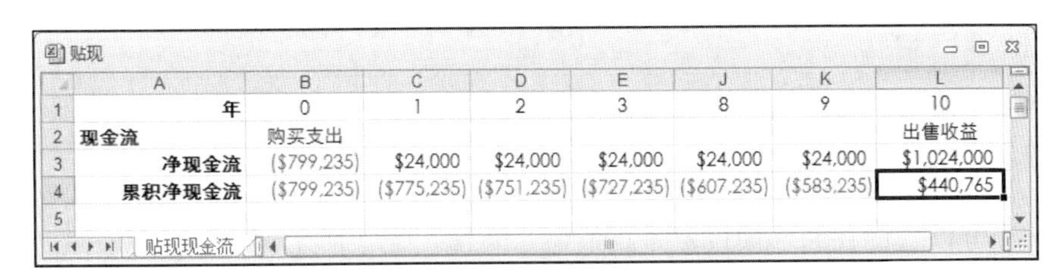

贴现

	A	B	C	D	E	J	K	L
1	年	0	1	2	3	8	9	10
2	现金流	购买支出						出售收益
3	净现金流	($799,235)	$24,000	$24,000	$24,000	$24,000	$24,000	$1,024,000
4	累积净现金流	($799,235)	($775,235)	($751,235)	($727,235)	($607,235)	($583,235)	$440,765
5								

贴现现金流

图 20.5　租赁房产每年的净现金流及累积净现金流

20.2.1　计算净现值

“净现值”是一系列净现金流的总和，每一个现金流都使用固定贴现率进行贴现计算。如果每个现金流都是相同的，可以使用 PV( )函数计算现值，当现金流不同时，例如在租赁房产例子中，也可以直接应用 PV( )函数。

Excel 中有直接计算净现值的路径，但让我们先花费几秒钟验证一下从第一笔本金开始计算净现值的方法，这将帮助我们理解这类型的现金流分析。

想要得到净现值，首先需要将每笔现金流贴现，用现金流乘以贴现要素即可，我们在之前讨论过这个方法。

图 20.6 所示的租赁房产现金流工作表显示了贴现要素（行 8）和贴现现金流（行 9 和行 10）。

图 20.6 中需要注意的关键数字是单元格 L10 中的累积贴现现金流，数值为 0。这就是净现值——10 年后的累积贴现现金流的总和。这个结果是讲得通的，因为我们已经知道初始现金流（即购置价格$799,235）就是租赁收益的现值、5%的贴现率和销售收益$1,000,000 共同作用的结果。

换句话来说，当所有的现金流通过指定的贴现率贴现为当前价值时，花费$799,235 来购置房产可以让我们保持收支平衡（即净现值为 0）。

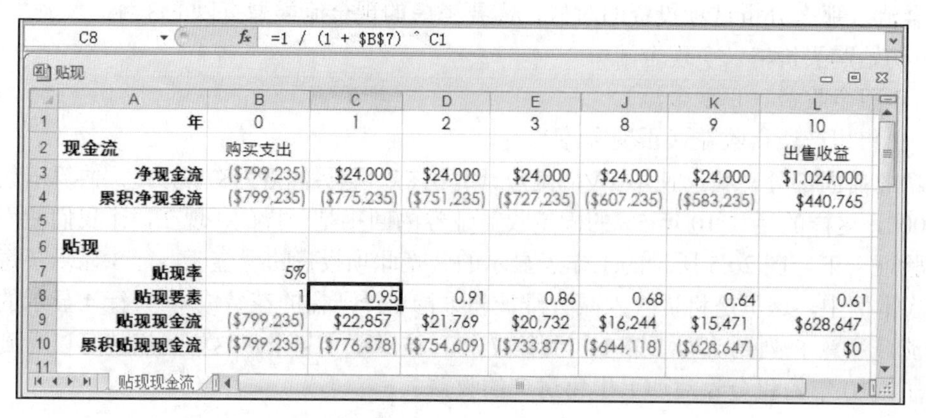

C8 f_x =1 / (1 + $B$7) ^ C1

贴现

	A	B	C	D	E	J	K	L
1	年	0	1	2	3	8	9	10
2	现金流	购买支出						出售收益
3	净现金流	($799,235)	$24,000	$24,000	$24,000	$24,000	$24,000	$1,024,000
4	累积净现金流	($799,235)	($775,235)	($751,235)	($727,235)	($607,235)	($583,235)	$440,765
5								
6	贴现							
7	贴现率	5%						
8	贴现要素	1	0.95	0.91	0.86	0.68	0.64	0.61
9	贴现现金流	($799,235)	$22,857	$21,769	$20,732	$16,244	$15,471	$628,647
10	累积贴现现金流	($799,235)	($776,378)	($754,609)	($733,877)	($644,118)	($628,647)	$0
11								

贴现现金流

图 20.6 租赁房产每年的贴现现金流和累积贴现现金流

注意：返回净现值为 0 的贴现率有时候被称为“最低回报率”，也就是说，这是保证资产或投资有价值的最低的贴现率。

净现值还可以告诉我们一项投资是正值还是负值，如下所示。

■ 如果净现值是负值，可能会有两种情况：要么投入过多，要么收益太少。举例来说，如果我们将-$900,000 插入购置出租房模型中作为初始现金流（也就是购买支出），那么会得出净现值为-$100,765，也就是以当前价值来看我们损失了这么多。

■ 如果净现值是正值，也可能会有两种情况：资产交易很好或收益很高。举例来说，如果我们将-$70,000 插入购置出租房模型中作为初始现金流（也就是购买支出），那么会得出净现值为$99,235，也就是以当前价值来看我们赚取了这么多。

20.2.2 使用 NPV( )函数计算净现值

之前内容中建立的模型主要用来显示现值和净现值之间的关系，幸运的是我们不需要每次计算净现值的时候都把这些模型运算一遍，Excel 提供了更便捷的 NPV( )函数：

```
NPV(rate, values)
```

rate：整个资产或投资期间的贴现率。

values：整个资产或投资期间的现金流。

举例来说，若要计算图 20.6 中现金流的净现值，使用以下公式即可：

```
=NPV(B7, B3:L3)
```

很明显，这样比计算出贴现要素和贴现现金流容易多了。

但是，NPV( )函数有一个问题会严重影响到结果，即此函数假设初始现金流是出现在第 1 个周期期末的。但实际上，在大部分情况下，初始现金流（通常是负现金流，代表资产的购置或存入投资的存款）是出现在期初的，这通常被设计为第 0 个周期，而第一个来自资产或投资的现金流是第 1 个周期。

NPV( )函数的这个问题在于，函数的结果经常会少算一次贴现率。举例来说，如果贴现率是 5%，那么 NPV( )函数的结果必须为第一个周期多加一个 5%，这样才能得到正确的净现值，通用公式如下：

```
净现值 = NPV( ) * (1 + 贴现率)
```

图 20.7 所示的新工作表中就包含了出租房的净现金流（B3:L3）和贴现率（B5），其中净现值使用以下公式计算：

```
=NPV(B5, B3: L3) * (1 + B5)
```

B6　=NPV(B5, B3:L3) * (1 + B5)

贴现

	A	B	C	D	E	F	G	H	I	J	K	L
1	年	0	1	2	3	4	5	6	7	8	9	10
2	现金流	购买支出										出售收益
3	净现金流	($799,235)	$24,000	$24,000	$24,000	$24,000	$24,000	$24,000	$24,000	$24,000	$24,000	$1,024,000
4	贴现											
5	贴现率	5%										
6	净现值	$0.00										
7												

净现值和NPV()

图 20.7　在 NPV( )函数中进行一些调整，计算净现值

警告：要确保将贴现率和贴现周期调整到了一致的频率上，如果周期是年度，则贴现率也必须是年贴现率；而如果周期是月度，我们也需要将贴现率除以 12 以得到月贴现率。

20.2.3　净现值和浮动现金流

NPV( )与 PV( )函数相比较，其主要优点之一就是可以很好地适应浮动现金流。我们可以使用 PV( )函数直接计算达到收支平衡的购置价格，只要资产或投资在每个周期都能生成不变的现金流。或者，也可以使用 PV( )函数来帮助计算不同现金流的净现值，只要建立一个图 20.6 所示的出租房贴现现金流模型。

如果使用 NPV( )函数，以上这些情况就都不用考虑了，因为我们可以简单地输入现金流作为 NPV( )函数的 *values* 变量。

举例来说，假设我们考虑投资一个可产生收益的设备，但是只有这个设备在头 5 年至少生成当前价值的 10%的回报率的时候我们才会真正投资。我们的现金流会是下面这样。

- 第 0 年：-$50,000（购置价格）。
- 第 1 年：-$5,000。
- 第 2 年：$15,000。

- 第 3 年：$20,000。
- 第 4 年：$21,000。
- 第 5 年：$22,000。

图 20.8 所示的工作表模拟的就是以上情境，其中现金流在区域 B4:G4 中。将目标回报率 10%作为贴现率（B6），NPV( )函数返回$881（B7），这个数值是正值，说明这个设备在开始的 5 年内至少能够得到当前价值的 10%的回报率。

B7 =NPV(B6, B4:G4) * (1 + B6)

贴现

	A	B	C	D	E	F	G	H
1								
2	年	0	1	2	3	4	5	
3	现金流							
4	净现金流	($50,000)	($5,000)	$15,000	$20,000	$21,000	$22,000	
5	贴现							
6	贴现率	10%						
7	净现值	$881						

NPV()浮动现金流

图 20.8　查看一串现金流是否能达到所期望的回报率，将该回报率当作 NPV( )函数中的贴现率进行计算即可

20.2.4　不定期现金流的净现值

之前我们看到的例子中，现金流都是定期的，也就是它们会以相同的频率出现，如按年或按月出现。但是在某些投资中，现金流是不定期出现的，在这种情况下就不能使用 NPV( )函数了，因为它只能用在定期现金流中。

幸好，Excel 还提供了 XNPV( )函数，专门用来处理不定期现金流问题：

```
XNPV(rate, values, dates)
```

rate：整个资产或投资期内的年贴现率。

values：整个资产或投资期内的现金流。

dates：每个现金流出现的日期。要保证 *dates* 的第一个值是初始现金流的日期，其他所有的日期都必须晚于这个初始日期，不过可以按任意顺序排列。

举例来说，图 20.9 所示的工作表显示了一串现金流（B4:G4）以及它们对应的日期（B5:G5），假设贴现率为 10%（B7），XNPV( )函数使用以下公式返回$845：

```
=XNPV(B7, B4:G4, B5:G5)
```

注意：XNPV( )函数没有 NPV( )函数的缺少第一个周期的问题，所以可以直接使用 XNPV( )函数，而不用添加缺少的那一个周期。

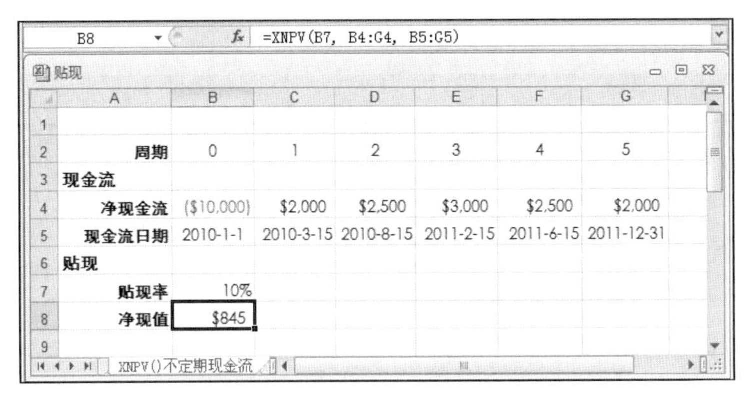

B8　=XNPV(B7, B4:G4, B5:G5)

	A	B	C	D	E	F	G
1							
2	周期	0	1	2	3	4	5
3	现金流						
4	净现金流	($10,000)	$2,000	$2,500	$3,000	$2,500	$2,000
5	现金流日期	2010-1-1	2010-3-15	2010-8-15	2011-2-15	2011-6-15	2011-12-31
6	贴现						
7	贴现率	10%					
8	净现值	$845					
9							

图 20.9　使用 XNPV( )函数计算不定期现金流的净现值

20.3　计算投资回收期

如果我们购置了一些库存或设备来进行投资，总是希望通过这些资产生成正现金流——至少收回最初的支出费用，而收回这些支出费用的那个时间点就叫作“投资回收期”。分析一个商业案例时，一个很常见的考虑就是投资回收期的长短：短的投资回收期总是比长的好。

20.3.1　简单的无贴现投资回收期

查找无贴现投资回收期就是计算累积净现金流并查看它在什么时候由负转正。显示第一个累积正现金流的周期就是投资回收期。

举例来说，假设我们购置了$500,000 的库存并生成了以下现金流。

年	净现金流	累积净现金流
0	-$500,000	-$500,000
1	$55,000	-$445,000
2	$75,000	-$370,000
3	$80,000	-$290,000
4	$95,000	-$195,000
5	$105,000	-$90,000
6	$120,000	$30,000

正如我们所看到的，累积净现金流在第 6 年的时候转为了正现金流，所以第 6 年就是投资回收期。

不需要盯住回收期仔细查看，我们可以使用公式来计算。图 20.10 所示的工作表列举了现金流并使用以下数组公式来计算投资回收期（单元格 B5）：

```
{=SUM(IF(SIGN(C4: I4) <> SIGN(OFFSET(C4: I4, 0, -1)), C1: I1, 0))}
```

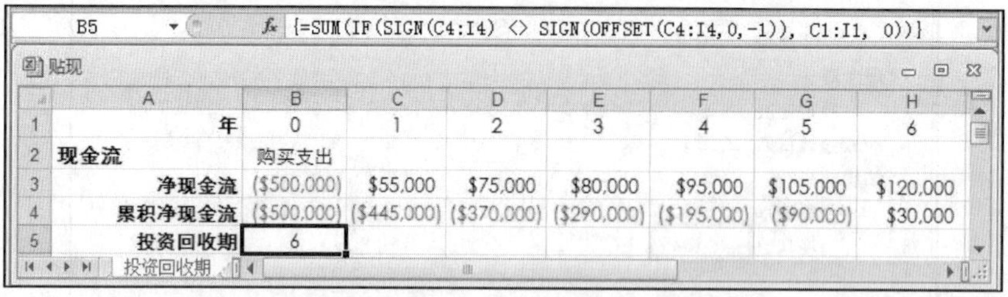

B5 {=SUM(IF(SIGN(C4:I4) <> SIGN(OFFSET(C4:I4,0,-1)), C1:I1, 0))}

贴现

	A	B	C	D	E	F	G	H
1	年	0	1	2	3	4	5	6
2	现金流	购买支出						
3	净现金流	($500,000)	$55,000	$75,000	$80,000	$95,000	$105,000	$120,000
4	累积净现金流	($500,000)	($445,000)	($370,000)	($290,000)	($195,000)	($90,000)	$30,000
5	投资回收期	6						

投资回收期

图 20.10　使用公式计算投资回收期

当累积净现金流的符号由负转正时，就表明投资回收期出现了，因此，公式使用 IF( )函数将每个累积净现金流（C4:I4，这里可以省略第一个现金流）与之前周期的累积净现金流相比较，后者由函数 OFFSET(C4:I4，0，-1)生成。对于所有符号相同的情况，IF( )函数返回 0，而如果符号改变了，IF( )函数会返回第 1 行（C1:I1）中的年份值。总结出那些因为符号改变而返回的年份值，那就是投资回收期了。

20.3.2　确切的无贴现投资回收期

如果收益总是在投资期末才生成，那么我们的投资回收期分析工作也就完成了。但是，大部分的投资都是在各个周期都生成收益的，在这种情况下，投资回收期会告诉我们在周期内的某个时期，累积净现金流会达到 0，这样的话，计算出投资回收期的确切时间也是很有用处的。假设在整个回收期间，收益都是以规律的间隔收到的，那么我们可以通过比较达到投资回收期所需的金额和回收期间赚取的金额来得到确切的投资回收期点。

举例来说，假设在上一个周期期末累积净现金流是-$50,000，而投资所赚取的金额是$100,000，如果整个周期内现金流是规律的，那也就意味着第一个$50,000 和累积净现金流之和为 0。因为这是投资回收期间所赚取总额的一半，所以我们可以说确切的投资回收期点出现在整个回收期的中途。

简单来讲，我们可以使用以下公式计算确切的投资回收期点：

```
=投资回收期 - 回收期内累积净现金流 / 回收期内现金流
```

举例来说，假设我们知道库存的投资回收期在第 6 年，那时的累积净现金流是$30,000，，现金流是$120,000，所以公式是：

```
=6 - 30000 / 120,000
```

结果是 5.75，意味着确切的投资回收期点出现在第 5 年的四分之三处。

想要在工作表中得到这个结果，我们首先需要计算投资回收期，然后在 INDEX( )函数中使用这个数字来返回投资回收期的累积净现金流和净现金流。图 20.11 中的公式如下：

```
=B5-INDEX(B4:H4,B5+1)/INDEX(B3:H3,B5+1)
```

B6　　f_x　=B5 - INDEX(B4:H4, B5 + 1) / INDEX(B3:H3, B5 + 1)

贴现

	A	B	C	D	E	F	G	H
1	年	0	1	2	3	4	5	6
2	现金流	购买支出						
3	净现金流	($500,000)	$55,000	$75,000	$80,000	$95,000	$105,000	$120,000
4	累积净现金流	($500,000)	($445,000)	($370,000)	($290,000)	($195,000)	($90,000)	$30,000
5	投资回收期	6						
6	确切的投资回收期	5.75						
7								

投资回收期

图 20.11　使用公式计算确切的投资回收期点

20.3.3　贴现投资回收期

当然，无贴现投资回收期只能告诉我们一些情况，要想得到真正的关于投资回收期的信息，需要在贴现现金流中应用这些计算回收期的方法，它们会告诉我们投资将在什么时候按照现在的价值回收。

想要完成这些，我们需要设置一份包括每个周期的贴现现金流和贴现累积现金流的计划表，同时扩展周期直到贴现累积现金流转变为正值，然后可以使用前两个小节中学到的公式来计算投资回收期和确切的投资回收期点（如果适用的话）。图 20.12 显示的就是库存现金流的贴现投资回收值。

B13　　f_x　{=SUM(IF(SIGN(C12:K12) <> SIGN(OFFSET(C12:K12,0,-1)), C1:K1, 0))}

贴现

	A	B	C	D	E	F	G	H
1	年	0	1	2	3	4	5	6
2	现金流	购买支出						
3	净现金流	($500,000)	$55,000	$75,000	$80,000	$95,000	$105,000	$120,000
4	累积净现金流	($500,000)	($445,000)	($370,000)	($290,000)	($195,000)	($90,000)	$30,000
5	投资回收期	6						
6	确切的投资回收期	5.75						
7								
8	贴现							
9	贴现率	10%						
10	贴现要素	1	0.91	0.83	0.75	0.68	0.62	0.56
11	贴现现金流	($500,000)	$50,000	$61,983	$60,105	$64,886	$65,197	$67,737
12	贴现累积现金流	($500,000)	($450,000)	($388,017)	($327,911)	($263,025)	($197,828)	($130,091)
13	投资回收期	9						
14	确切的投资回收期	8.25						
15								

投资回收期

图 20.12　想要得到贴现投资回收值，创建一个贴现现金流的计划表，同时扩展周期直到贴现累积现金流变为正值，然后应用投资回报公式

20.3.4 计算内部收益率

在之前的不定期现金流例子中，贴现率被设置为 10%，因为按照当前价值来说，那是购买设备 5 年内所需要达到的最小收益率。某项投资中根据当前价值制定的收益率被称为“内部收益率”，实际上就是达到净现值为 0 的贴现率。

在之前的设备例子中，使用 10%的贴现率得出净现值为$881，这是一个正值，意味着此设备实际上的内部收益率是大于 10%的，那么，实际的内部收益率是多少呢？

20.3.5 使用 IRR( )函数

在上一小节这种情况下，可以通过往高调整贴现率，直到 NPV( )函数返回 0 来找到实际的内部收益率。不过，Excel 提供了更简便的方法，那就是使用 IRR( )函数：

```
IRR(values[, guess])
```

values：资产或调整期间的现金流。

guess：内部收益率的初始估算（默认为 0.1）。

警告： IRR( )函数的 *values* 变量必须包含至少一个正值和一个负值，如果所有的值都是相同的正负号，函数会返回#NUM!错误。

图 20.13 显示了设备购买的现金流和由 IRR( )函数计算的内部收益率（单元格 B7）：

```
=IRR(B3:G3)
```

B7 =IRR(B3:G3)

贴现

	A	B	C	D	E	F	G	H
1	年	0	1	2	3	4	5	
2	现金流							
3	净现金流	($50,000)	($5,000)	$15,000	$20,000	$21,000	$22,000	
4	贴现							
5	贴现率	10%						
6	净现值	$881						
7	内部收益率	10.51%						
8								

内部收益率

图 20.13 使用 IRR( )函数计算一串定期现金流的内部收益率

计算结果 10.51%意味着将这个值插入 NPV( )函数作为贴现率可以返回净现值 0。

注意： IRR( )函数使用迭代计算找到误差率在 0.0001%内的解。如果在 20 次迭代计算后还不能找到解，函数会返回#NUM!错误。如果是这样的话，试着用不同的值来作为 *guess* 变量。

20.3.6　计算不定期现金流的内部收益率

IRR( )函数只能在定期现金流中使用，如果现金流是不定期的，使用 XIRR( )函数：

```
XIRR(values, dates[, guess])
```

values：资产或投资期间的现金流。

dates：每个现金流出现的日期。要保证 *dates* 的第一个值是初始现金流日期，其他的日期必须晚于初始日期，但可以按照任意顺序排列。

guess：内部收益率的初始估算（默认为 0.1）。

图 20.14 显示的是工作表内的不定期现金流和由 XIRR( )函数计算的内部收益率（单元格 B8）：

```
=XIRR(B3: G3, B4: G4)
```

B8　=XIRR(B3:G3, B4:G4)

贴现

	A	B	C	D	E	F	G
1	周期	0	1	2	3	4	5
2	现金流						
3	净现金流	($10,000)	$2,000	$2,500	$3,000	$2,500	$2,000
4	现金流日期	2010-1-1	2010-3-15	2010-8-15	2011-2-15	2011-6-15	2011-12-31
5	贴现						
6	贴现率	10%					
7	净现值	$845					
8	内部收益率	18.99%					
9							

XIRR()不定期现金流

图 20.14　使用 XIRR( )函数计算一串不定期现金流的内部收益率

20.3.7　计算修正内部收益率

很少有企业会用现金来进行主要投资，事实上，大部分甚至全部购置资金都是从银行借的，所以当我们计算内部收益率时，需要进行以下两个假设。

- 负现金流的贴现是付给银行的。
- 正现金流的贴现是货币的再投资。

当我们使用 IRR( )函数时，第三个假定也是成立的：负现金流的财务利率和正现金流的再投资利率是一样的。不过，在现实世界中，这基本是很难实现的：大部分银行都会收取比我们从投资中得到的高 2 到 4 个百分点的贷款利率。

为了解决财务利率和再投资利率之间的差异，Excel 提供了 MIRR( )函数。该函数用来计算修正内部收益率：

```
MIRR(values, finance_rate, reinvest_rate)
```

values：资产或投资期间的现金流。

finance_rate：用来支付负现金流的利率。

reinvest_rate：用来再投资的正现金流利率。

举例来说，假设我们贷款的利率是 8%，而投资所得利率为 6%，图 20.15 所示的工作表根据 B3:G3 内的现金流和各项利率计算了修正内部收益率：

```
=MIRR(B3:G3, B5, B6)
```

B7 =MIRR(B3:G3, B5, B6)

贴现

	A	B	C	D	E	F	G	H
1	年	0	1	2	3	4	5	
2	现金流							
3	净现金流	($50,000)	($5,000)	$15,000	$20,000	$21,000	$22,000	
4	贴现							
5	财务利率	8%						
6	再投资利率	6%						
7	内部收益率	9.14%						
8								

修正内部收益率

图 20.15　当我们需要为负现金流支付一个利率、为正现金流支付另一个利率时，使用 MIRR( )函数计算修正内部收益率

20.4　案例分析：出版一本书

让我们把现金流分析放到具体的例子中来学习。虽然例子依然是简化的，但仍然比我们在之前内容中看到的例子更真实、更详细。具体来讲，这次的案例分析让我们学习如何出版一本书，要考虑到所花费的成本（包括一开始和后续的投入）和由书带来的正现金流。现金流分析将计算书的投资回收期（包括无贴现和贴现的）以及年度净现值和内部收益率。

20.4.1　每单位常量

在（美国的）出版界，包括操作成本和销售在内的很多计算都是按照“每单位”常量（这里指每本书）来执行的，本次案例分析会使用以下 6 个常量，如图 20.16 所示。

B7 =(B2 * (1 - B3) - B4 - B5 - (B2 * B6)) / B2

贴现

	A	B	C	D	E
1	每单位常量				
2	标价	$24.95			
3	客户平均折扣	45%			
4	PP&B	$5.00			
5	销售成本	$3.75			
6	作者版税	7.5%			
7	利润	12.4%			
8					

出版一本书

图 20.16　在操作成本和销售计算中使用的每单位常量

■ 标价——书籍的建议零售价。

■ 客户平均折扣——销售给书店时从零售价格中减去的总额。

■ PP&B——纸张、印刷和装订的每单位成本。

■ 销售成本——销售书籍的成本，包括佣金等。

■ 作者版税——作者可以得到的标价的百分比。

■ 利润——每单位利润，由标价减去客户平均折扣、PP&B、销售成本和作者版税，再除以标价得到。

20.4.2　操作成本和销售

图 20.17 显示的是 10 年间年操作成本和销售。

C15　=C10 * $B$4

贴现

	A	B	C	D	E	F	G	H	I
9	年	0	1	2	3	4	5	6	7
10	印刷单位	0	50,000	0	0	0	0	0	0
11	单位销售量	0	17,000	10,500	4,000	3,500	3,000	2,500	2,000
12									
13	操作成本								
14	新书目成本	$0	$2,500	$0	$0	$0	$0	$0	$0
15	PP&B总支出	0	$250,000	$0	$0	$0	$0	$0	$0
16	市场	0	$15,000	$5,000	$2,000	$2,000	$1,000	$1,000	$1,000
17	销售总支出	$0	$63,750	$39,375	$15,000	$13,125	$11,250	$9,375	$7,500
18	作者预付款	$25,000	$0	$0	$0	$0	$0	$0	$0
19	作者版税	$0	$6,811	$19,648	$7,485	$6,549	$5,614	$4,678	$3,743
20									
21	销售								
22	$销售额	$0	$233,283	$144,086	$54,890	$48,029	$41,168	$34,306	$27,445
23	翻译版权	$0	$5,000	$0	$0	$2,500	$0	$0	$0
24	图书俱乐部版权	$0	$0	$1,000	$0	$0	$0	$1,000	$0

出版一本书

图 20.17　每年的操作成本和销售

■ 印刷单位——一年的书籍印刷数量。

■ 单位销售量——一年的单位销售数量。

■ 新书目成本——和出版书籍有关的花费，包括书籍的获取、编辑、索引等。

■ PP&B 总支出——一年的纸张、印刷和装订的总支出，是由一年的印刷单位值（第 10 行）乘以 PP&B 值（B4）得出的。

■ 市场——一年的市场宣传成本。

■ 销售总支出——一年的销售总支出，是由一年的单位销售量值（第 11 行）乘以销售成本值（B5）得出的。

■ 作者预付款——预先付给作者的版税。这个金额一般是在书籍出版前付给作者的，所以放在第 0 年的位置。

- 作者版税——一年内付给作者的版税，通常是由一年的单位销售量值（第 11 行）乘以标价（B2）和作者版税（B6）得出的，但是，这里的公式同时也将作者预付款考虑了进去，而且在赚到预付款之前不会支付版税。
- $销售额——一年的总销售额，以美元为单位，由一年的单位销售量值（第 11 行）乘以标价（B2）减去客户平均折扣（B3）的值得出。
- 翻译版权——一年内支付翻译版权的费用。
- 图书俱乐部版权——一年内支付图书俱乐部版权的费用。

20.4.3 现金流

有了操作支出和销售，我们就可以通过从销售总和中减去操作支出总和来计算每年的现金流了。图 20.18 所示的工作表在第 27 行显示了书籍的净现金流，以及它的累积现金流（第 28 行）。我们还可以通过使用贴现率 12.4%来得到贴现净现金流和贴现累积现金流，这个贴现率和每单位利润（B7）一致，也是此书籍的目标收益率。

B27 =SUM(B22:B24) - SUM(B14:B19)

贴现

	A	B	C	D	E	F	G	H	I	J
13	操作成本									
14	新书目成本	$0	$2,500	$0	$0	$0	$0	$0	$0	
15	PP&B总支出	0	$250,000	$0	$0	$0	$0	$0	$0	
16	市场	0	$15,000	$5,000	$2,000	$2,000	$1,000	$1,000	$1,000	$1,
17	销售总支出	$0	$63,750	$39,375	$15,000	$13,125	$11,250	$9,375	$7,500	$5,
18	作者预付款	$25,000	$0	$0	$0	$0	$0	$0	$0	
19	作者版税	$0	$6,811	$19,648	$7,485	$6,549	$5,614	$4,678	$3,743	$2,
20										
21	销售									
22	$销售额	$0	$233,283	$144,086	$54,890	$48,029	$41,168	$34,306	$27,445	$20,
23	翻译版权	$0	$5,000	$0	$0	$2,500	$0	$0	$0	
24	图书俱乐部版权	$0	$0	$1,000	$0	$0	$0	$1,000	$0	
25										
26	现金流									
27	净现金流	($25,000)	($99,779)	$81,063	$30,405	$28,854	$23,304	$20,253	$15,203	$11,
28	累积现金流	($25,000)	($124,779)	($43,716)	($13,311)	$15,544	$38,848	$59,101	$74,303	$85,
29	贴现率	12.4%								
30	贴现要素	1.00	0.89	0.79	0.70	0.63	0.56	0.50	0.44	
31	贴现净现金流	($25,000)	($88,748)	$64,130	$21,394	$18,059	$12,972	$10,028	$6,695	$4,
32	贴现累积现金流	($25,000)	($113,748)	($49,618)	($28,223)	($10,165)	$2,808	$12,835	$19,530	$23,

出版一本书

图 20.18 一年的净现金流和累积现金流，以及贴现净现金流和贴现累积现金流

20.4.4 现金流分析

最后，我们准备好进行现金流分析了，如图 20.19 所示，有以下 6 个值。

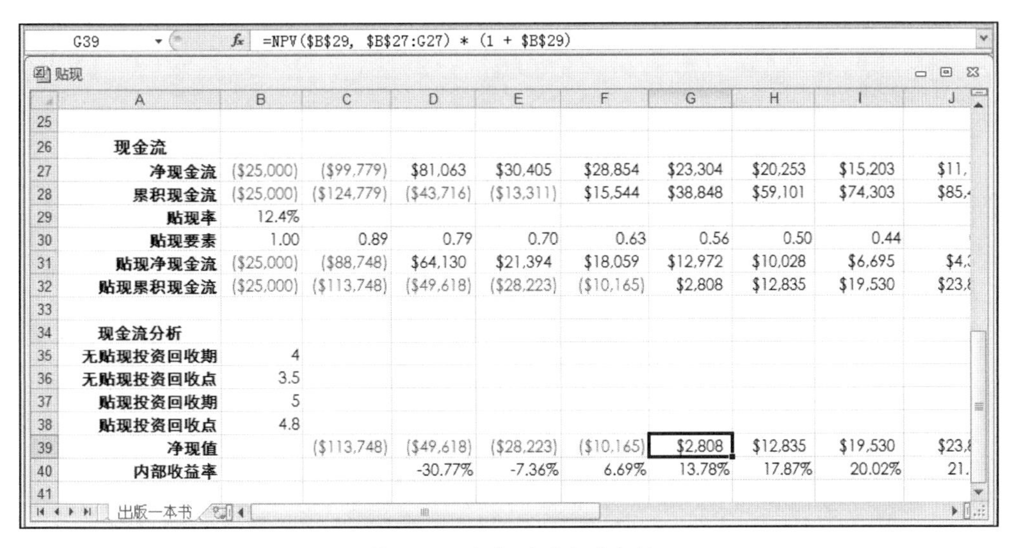

G39　fx　=NPV($B$29, $B$27:G27) * (1 + $B$29)

贴现

	A	B	C	D	E	F	G	H	I	J
25										
26	现金流									
27	净现金流	($25,000)	($99,779)	$81,063	$30,405	$28,854	$23,304	$20,253	$15,203	$11,
28	累积现金流	($25,000)	($124,779)	($43,716)	($13,311)	$15,544	$38,848	$59,101	$74,303	$85,
29	贴现率	12.4%								
30	贴现要素	1.00	0.89	0.79	0.70	0.63	0.56	0.50	0.44	
31	贴现净现金流	($25,000)	($88,748)	$64,130	$21,394	$18,059	$12,972	$10,028	$6,695	$4,
32	贴现累积现金流	($25,000)	($113,748)	($49,618)	($28,223)	($10,165)	$2,808	$12,835	$19,530	$23,
33										
34	现金流分析									
35	无贴现投资回收期	4								
36	无贴现投资回收点	3.5								
37	贴现投资回收期	5								
38	贴现投资回收点	4.8								
39	净现值		($113,748)	($49,618)	($28,223)	($10,165)	$2,808	$12,835	$19,530	$23,
40	内部收益率			-30.77%	-7.36%	6.69%	13.78%	17.87%	20.02%	21.
41										

出版一本书

图 20.19　数据的现金流分析

- 无贴现投资回收期——书籍的无贴现累积现金流转为正值的那一年。
- 无贴现投资回收点——书籍的无贴现累积现金流转为正值的确切的时间点。
- 贴现投资回收期——书籍的贴现累积现金流转为正值的那一年。
- 贴现投资回收点——书籍的贴现累积现金流转为正值的确切的时间点。
- 净现值——每年年末的净现值计算，由 NPV( )函数返回（包括我们之前讨论过的修正因素，具体请看“20.2.2　使用 NPV( )函数计算净现值”）。
- 内部收益率——每年年末的内部收益率计算，由 IRR( )函数返回。注意这个计算只能从第 2 年开始，因为第 1 年只有负现金流。

注意：为了得到第 2 年的内部收益率，我们需要使用-0.1 作为 IRR( )函数的 *guess* 变量：

```
=IRR($B$27: D27, -0.1)
```

但是以这个作为初始估算值，Excel 不能完成迭代计算并会返回#NUM!错误。